Heribert Meffert · Marketing – Arbeitsbuch

Heribert Meffert

Marketing Arbeitsbuch

Aufgaben – Fallstudien – Lösungen

9., aktualisierte und erweiterte Auflage

GABLER

Bibliografische Information Der Deutschen Bibliothek
Die Deutsche Bibliothek verzeichnet diese Publikation in der Deutschen Nationalbibliografie;
detaillierte bibliografische Daten sind im Internet über <http://dnb.ddb.de> abrufbar.

Prof. Dr. Dr. h.c. mult. Heribert Meffert ist Professor der Betriebswirtschaftslehre, insbesondere Marketing, und emeritierter Direktor des Instituts für Marketing am Marketing Centrum der Universität Münster (MCM). Er ist Vorsitzender des Präsidiums der Bertelsmann Stiftung Gütersloh.

1. Auflage 1979
2. Auflage 1983
3. Auflage 1985
4. Auflage 1987
Nachdruck 1990
(1.–4. Auflage unter dem Titel
„Arbeitsbuch zum Marketing")

5. Auflage 1992
Nachdruck 1993
6. Auflage 1997
7. Auflage 1999
8. Auflage Februar 2001
9. Auflage Oktober 2003

Lektorat: Barbara Roscher/Ute Grünberg

Der Gabler Verlag ist ein Unternehmen der Fachverlagsgruppe BertelsmannSpringer.
www.gabler.de

Umschlaggestaltung: Schrimpf und Partner, Wiesbaden
Satz: FROMM MediaDesign GmbH, Selters/Ts.
Druck und Bindung: LegoPrint, Lavis
Printed in Italy

ISBN 3-409-99086-0

Vorwort

Das Arbeitsbuch zum Marketing ist als Ergänzung zu dem Lehrbuch „Marketing. Grundlagen marktorientierter Unternehmensführung" konzipiert. Es enthält Übungsaufgaben und kleine Fallstudien, anhand derer dem Studierenden das nötige Problembewusstsein und die Anleitung zur Lösung marketingbezogener Fragestellungen vermittelt werden sollen. Mit dem Arbeitsbuch werden drei Ziele verfolgt:

1. Es soll zu einer aktiven Auseinandersetzung mit absatzwirtschaftlichen Fragestellungen anregen und somit die problemorientierte Erarbeitung des Stoffgebietes ermöglichen.

2. Es soll zur Vertiefung und Kontrolle des Wissensstandes auf dem Gebiet des Marketing beitragen.

3. Es soll den Studierenden die Fähigkeit vermitteln, erworbenes Marketingwissen in praxisnahe Fragestellungen umzusetzen.

Dementsprechend besitzen die Aufgaben weniger den Charakter reiner Wissensfragen. Vielmehr sind sie so angelegt, dass ihre Beantwortung selbstständiges Mitdenken und eine intensive Auseinandersetzung mit den jeweiligen Themengebieten erfordert. Außerdem bieten die Aufgabenstellungen die Gelegenheit, zuvor gelerntes theoretisches Wissen gezielt auf spezielle Problemstellungen anzuwenden. Den Praxisbezug stellen hierbei vor allem die Fallstudien und die zahlreichen empirischen Beispiele her. Zu jeder Aufgabe beziehungsweise Fallstudie wird eine ausführliche Musterlösung geliefert. Sie zeigt dem Leser, inwieweit er den im Lehrbuch „Marketing" enthaltenen Wissensstoff beherrscht. Diesem Zweck dient auch der Abdruck ausgewählter Zwischenprüfungsklausuren aus dem Gebiet des Marketing.

Für die 9. Auflage wurde der Text aktualisiert und erweitert. Ich danke meinen Mitarbeitern Herrn PD Dr. Dr. Helmut Schneider und Frau Dipl.-Kffr. Nina Fritsch, die mich bei der Überarbeitung des Buches in vielfältiger Weise unterstützt haben.

Heribert Meffert

Inhaltsverzeichnis

Kapitelübersicht

Kapitel 1

**Marketingentscheidung und
Marketingsituation**

Kapitel 1

Lernziele

Der Leser soll nach Bearbeitung dieses Kapitels in der Lage sein,

1. unterschiedliche Marketingziele sowie deren Beziehung untereinander zu diskutieren,

2. die Struktur von Marketingentscheidungen zu erörtern,

3. die grundlegenden Wettbewerbsstrategien nach Porter anzuwenden,

4. unterschiedliche Möglichkeiten zur Abgrenzung strategischer Geschäftsfelder zu benutzen,

5. eine Key-Issue-Analyse durchzuführen,

6. die grundlegenden Wettbewerbsstrategien nach Ansoff zu handhaben,

7. eine Portfolio-Analyse durchzuführen und darauf aufbauend strategische Empfehlungen abzuleiten.

1. Marketingentscheidung und Marketingsituation/Aufgaben

Aufgabe 1 Marketingziele

Der Nachtwäschehersteller Trikotagen KG ist ein seit der Gründung im Jahr 1892 als Familienunternehmen geführter Betrieb. Die Geschäftsleitung wird gemeinschaftlich von den Erben Heinz Safetyfirst, Petra Norisknofun und Klaus Umax gemeinschaftlich ausgeübt.

Die Trikotagen KG beschäftigt 800 Mitarbeiter und hat 2002 bei einem Umsatz von 230 Millionen € einen Gewinn von 690.000 € erwirtschaftet. Das Unternehmen verfügt über eine Eigenkapitalquote von 65 Prozent.

In letzter Zeit ist es zwischen den Erben schon häufiger zu ernsthaften Auseinandersetzungen über die Geschäftspolitik gekommen. Hauptstreitpunkt war dabei insbesondere die Einführung des neuen Produkts Sleep-Well, mit dem die Trikotagen KG in das bislang vom Marktführer Babynight beherrschte Marktsegment der Babynachtwäsche eintreten will.

Das neue Produkt verursacht Fixkosten in Höhe von 150.000 € und variable Kosten in Höhe von 8,00 €. Der Absatz des Produkts ist in erster Linie von seinem Preis abhängig. Die Marketingforschung der Trikotagen KG hat dabei folgenden Zusammenhang zwischen Preis und Absatz von Sleep-Well ermittelt:

$$x = 300.000 - 10.000\ p$$

Strittig zwischen den Geschäftsführern ist insbesondere, welche Zielsetzung mit der Einführung des neuen Produkts verfolgt werden soll. Einigkeit herrscht lediglich darüber, dass der Bekanntheitsgrad des neuen Produkts im ersten Jahr einen Wert von 70 Prozent erreichen soll. Im Hinblick auf eine ökonomische Zielsetzung verfolgen die Geschäftsführer jedoch unterschiedliche Ziele:

Klaus Umax möchte den Umsatz der Trikotagen KG maximieren, da er kommunalpolitisch engagiert ist und sich von einem hohen Umsatz einen größeren Einfluss des Unternehmens in der Kommune verspricht. Heinz Safetyfirst möchte den Absatz des neuen Produkts maximieren, will aber dabei in jedem Fall die Kosten für die Produktion des Produkts gedeckt wissen.

Petra Norisknofun ist hingegen an Gewinnmaximierung gelegen. Ihrer Ansicht nach, ist der letztjährige Gewinn von 690.000 € nicht ausreichend, um den aufwendigen Lebensstil der Familie zu finanzieren.

4

Aufgabe 1a

Offenkundig verfolgen die drei Geschäftsführer unterschiedliche Zielsetzungen für die Produktneueinführung. Bestimmen Sie analytisch die jeweils optimale Absatzmenge von Sleep-Well unter Berücksichtigung der Zielsetzungen der drei Geschäftsführer.

Aufgabe 1b

Welche grundsätzlichen Marketingziele kann die Trikotagen KG verfolgen? Gehen Sie dabei auf ökonomische und psychografische Ziele und mögliche Beziehungen zwischen diesen Zielen ein.

Aufgabe 1c

Welche psychografischen und ökonomischen Ziele verfolgt die Trikotagen KG für ihr neues Produkt Sleep-Well? Welche Anforderungen sind an operationale Ziele zu stellen? Inwieweit ist die psychografische Zielsetzung der Trikotagen KG operational?

Aufgabe 1d

Welche Zielbeziehungen bestehen zwischen den Zielen der Geschäftsführer? Erläutern Sie mögliche Zielbeziehungen anhand folgender Beispiele:

- Qualitätsverbesserung von Sleep-Well durch bessere Stoffe und Umsatzsteigerung für das Produkt

- Imageverbesserung für die Trikotagen KG im Inland und Erschließung eines neuen Marktes in Fernost für das Produkt Sleep-Well

- gleichzeitige Realisierung von Umsatzmaximum und Gewinnmaximum in Aufgabe 1a.

Stellen Sie mögliche Zielbeziehungen grafisch in einem Diagramm dar.

Aufgabe 2   Marketingplanung

Die Frottier-Flausch GmbH stellt als einziges Produkt Handtücher her. Sie hat in einem der ehemaligen Ostblockländer ein eigenständiges Zweigwerk aufgebaut, um von hier aus die GUS-Staaten mit Handtüchern zu beliefern. Da sich das Unternehmen noch in der Aufbauphase befindet, wurde als oberstes Ziel die Maximierung des Umsatzes festgelegt. Sowohl die absetzbare Menge als auch der Umsatz hängen in dieser Phase noch ausschließlich vom Preis ab. Dem Marketingleiter stehen drei Preisalternativen zur Verfügung: $p_1 = 9,00$ €, $p_2 = 8,00$ € oder $p_3 = 7,00$ €. Er überlegt, welche dieser Preisalternativen er festsetzen soll. Einerseits ist zwar der Preis das einzige Steuerungsinstrument, andererseits ist zum Planungszeitpunkt noch nicht bekannt, welche gesamtwirtschaftliche Situation im nächsten Jahr eintreten wird. Die Kenntnis über die Entwicklung der Wirtschaftslage ist jedoch für die Festsetzung des Preises bedeutsam, da die Marktforschungsabteilung in Abhängigkeit von der Wirtschaftslage unterschiedliche funktionale Zusammenhänge zwischen p und x ermittelt hat:

Aufschwung: $\qquad$ $p = 18 - 0{,}00002x$
Normale Entwicklung: $p = 16 - 0{,}00002x$
Rezession: $\qquad$ $p = 14 - 0{,}00002x$

Aufgabe 2a

Berechnen Sie die umsatzmaximalen Preismengenkombinationen und die maximalen Umsätze für die verschiedenen Wirtschaftssituationen.

Aufgabe 2b

Erläutern Sie anhand des Beispiels die Strukturelemente einer Marketingentscheidung, und stellen Sie eine Entscheidungsmatrix in Abhängigkeit von der Konjunkturerwartung des Marketingleiters auf.

Aufgabe 3   Normstrategien nach Porter

Das Warenhaus Kaufstadt AG verfügt über ein sehr breites Vertriebsnetz in der Bundesrepublik Deutschland. Das typische Erfolgskonzept des Kaufhauses war bisher die Idee des „One-stop-shopping". Das große Sortiment der verschiedenartigsten Produkte unterschiedlichster Qualitäten und Preislagen gibt den Konsumenten die Möglichkeit „alles unter einem Dach" zu kaufen. Die Verkaufsmethode reicht dabei von der umfassenden Bedienung inklusive Beratung (zum Beispiel bei Textilien) bis hin zur Selbstbedienung (zum Beispiel bei Lebensmitteln).

Der Vorstand der Kaufstadt AG diskutiert die zukünftige strategische Ausrichtung des Warenhauses. Im Rahmen einer konzeptionellen Sitzung wird darauf aufmerksam gemacht, dass auch das Konkurrenzumfeld der Kaufstadt AG beachtet werden muss. Zum Konkurrenzumfeld zählen folgende Betriebstypen:

- **Verbrauchermarkt:** preispolitisch aggressiver, großflächiger Einzelhandelsbetrieb, der vor allem Lebensmittel und ergänzend Waren anderer Branchen (Nonfood) führt, die für die Selbstbedienung geeignet sind und rasch umgeschlagen werden.

- **Fachmarkt:** bietet ein zusammenhängendes Sortiment in großer Auswahl und in unterschiedlichen Qualitäten und Preislagen mit ergänzenden Dienstleistungen an.

- **Fachdiscounter:** bietet ein zusammenhängendes Sortiment in großer Auswahl und mit aggressiven Preisen meist ohne ergänzende Dienstleistungen an.

6

- **Fachhandel:** kleine Spezialgeschäfte, die sich auf ein bestimmtes Warenangebot spezialisiert haben und diese Waren mit individueller Beratung anbieten.

- **SB-Warenhaus:** bietet ein umfassendes, warenhausähnliches Sortiment an, soweit dieses für die Selbstbedienung geeignet ist.

Aufgabe 3a

Welche grundsätzlichen strategischen Optionen gibt es nach Porter, und an welche Erfolgsvoraussetzungen sind diese Strategien geknüpft?

Aufgabe 3b

Ordnen Sie das Warenhaus Kaufstadt AG und das Konkurrenzumfeld in das Strategieschema von Porter ein.

Aufgabe 3c

Welche Kritikpunkte lassen sich gegen den Ansatz von Porter vorbringen?

Aufgabe 4   Strategische Geschäftsfeldplanung

Das Hamburger Verlagshaus Druck & Co. wurde im Jahr 1921 von Emil Druck gegründet. Nachdem in der Gründerzeit ausschließlich medizinische Nachschlagewerke hergestellt wurden, hat sich das Verlagshaus seit Ende des Zweiten Weltkriegs zu einem Anbieter vielfältiger, sehr unterschiedlicher Verlagsprodukte entwickelt. So werden neben Nachschlagewerken auch Reiseführer, Schulbücher und Belletristik sowie Zeitschriften und weitere Produkte vertrieben. Die Kunden werden von Druck & Co. traditionell nach Altersklassen in die Kundengruppen Erwachsene, Jugendliche und Kinder segmentiert. Nachfolgender Tabelle auf der nächsten Seite ist zu entnehmen, mit welchen Produkten derzeit welche Kundensegmente angesprochen werden.

Felix Druck, 33-jähriger Enkel des Firmengründers, hat im Rahmen der Erbfolge vor sechs Monaten das Verlagshaus übernommen. Bei der Einarbeitung in die Aufgaben der Geschäftsführung hat er festgestellt, dass das Verlagshaus sich zwar sehr erfolgreich als mittelständisches Unternehmen am Markt etabliert hat, eine Definition strategischer Geschäftsfelder als Grundlage einer strategischen Unternehmensplanung aber nie vorgenommen wurde.

7

Sparte	Medium	Kinder	Jugendliche	Erwachsene
Lexika	Buch		X	X
	CD-ROM			X
Natur	Buch	X	X	X
	Zeitschrift		X	
Schulbildung	Buch		X	X
	CD-ROM		X	X
	Video		X	X
Comic/ Zeichentrick	Buch	X	X	
	Zeitschrift	X		
	Video	X		
Fachinformationen (Medizin, Recht etc.)	Buch			X
	CD-ROM			X
	Zeitschrift			X
	Video			X
Auto	Buch			X
	Zeitschrift			X
Gesundheit	Buch	X	X	X
	Zeitschrift			X
Belletristik	Buch	X	X	X
Reise	Buch			X
	Video			X
Studium	Buch			X
	CD-ROM			X
	Video			X

GABLER GRAFIK

Abbildung 1-1: Produkte und Kundensegmente der Druck & Co.

Im Studium der Betriebswirtschaftslehre hat Felix Druck allerdings gelernt, dass der Abgrenzung des relevanten Marktes und der Bildung strategischer Geschäftsfelder eine herausragende Bedeutung beigemessen wird. Nähere Einzelheiten zur Problematik der Abgrenzung strategischer Geschäftsfelder sind ihm jedoch leider entfallen. Er stellt daher Ihnen – in Ihrer Funktion als Assistent der Geschäftsführung – folgende Fragen:

Aufgabe 4a

Welche Anforderungen sind an die Abgrenzung strategischer Geschäftsfelder zu stellen?

Aufgabe 4b

Welche drei zentralen Ansätze zur Abgrenzung strategischer Geschäftsfelder werden in der Literatur diskutiert? Worin liegt der zentrale Vorteil des Abell-Ansatzes gegenüber den beiden anderen Ansätzen?

Aufgabe 4c

Wie lassen sich die drei Ansätze der Geschäftsfeldabgrenzung am Fall des Verlagshauses Druck & Co. konkretisieren? Nennen Sie beispielhaft unterschiedliche strategische Geschäftsfelder, wie sie von Druck & Co. gebildet werden könnten.

Aufgabe 5   Key-Issue-Analyse

Die „Vehikel AG" ist ein großer deutscher Automobilhersteller von Pkw der Mittel- und Oberklasse. Neben dem Verkauf von Autos an private Abnehmer stellt das Großabnehmer- und Behördengeschäft ein zweites wesentliches Standbein der Vehikel AG dar. Die Vehikel AG hat in diesem Geschäft eine traditionell starke Markt- und Wettbewerbsposition inne.

Markt- und Wettbewerbssituation

Der Pkw-Bestand gewerblicher Haltergruppen umfasst insgesamt ca. 4 Millionen Fahrzeuge, was einem Anteil von etwa 20 Prozent am Gesamt-Pkw-Markt entspricht. Der relevante Markt für das Großabnehmergeschäft umschließt alle Institutionen und Personen, die mindestens drei Pkw ausschließlich gewerblich einsetzen oder gewerbliche Pkw für ihren persönlichen Gebrauch nutzen. Aus einer Befragung geht hervor, dass 1994 der Pkw-Bestand aller 190.000 Betriebe mit drei und mehr Fahrzeugen bei 2,5 Millionen Stück liegt.

Das Großabnehmergeschäft weist alles in allem eine stabilere Marktentwicklung als das Privatgeschäft auf, wenngleich sowohl Privat- als auch Flottengeschäft direkt mit der gesamtwirtschaftlichen Entwicklung korrespondieren. Aufgrund der öffentlichen Diskussion über die private Nutzung von Dienst-Pkw befürchtet die Automobilbranche einschränkende Maßnahmen des Gesetzgebers. Diese werden über die bisherigen Restriktionen wie beispielsweise die Besteuerung von Dienstwagen hinausgehen und sich entsprechend auf den Abverkauf bei diversen Großkunden (insbesondere Behörden) niederschlagen.

Darüber hinaus macht sich durch den Binnenmarkt eine Liberalisierung des Beschaffungswesens der Behörden und Großkunden bemerkbar, die ausländischen Automobilproduzenten den Marktzutritt ins Großkundengeschäft erleichtert. In Bezug auf die bisherige Wettbewerbssituation der Vehikel AG ist hauptsächlich durch japanische Anbieter und deren Niedrigpreisstrategie eine Wirkung zu verspüren, während bei den deutschen Automobilherstellern untereinander nur leichte Marktanteilsverschiebungen feststellbar sind.

Abnehmersituation

Im Hinblick auf den Kaufentscheidungsprozess weist das Großabnehmergeschäft einige besondere Merkmale auf. So werden die Einkaufsentscheidungen vieler Großkunden zumeist von mehreren Personen verschiedener Abteilungen (Buying-Center) getroffen, wodurch eine direkte Ansprache der Schlüsselpersonen seitens der Automobilindustrie teilweise erheblich erschwert wird. Darüber hinaus ist bei europaweit tätigen Unternehmen infolge der Binnenmarktharmonisierung eine verstärkte Tendenz zur Zentralisierung des Einkaufs festzustellen, woraus sich ein deutlicher Anstieg der jeweiligen Bestellvolumina der Unternehmen ergeben kann.

Aufgrund einer Studie aus dem Jahr 1994 lässt sich der relevante Markt für das Großabnehmergeschäft in drei Abnehmersegmente einteilen, die in Abbildung 1-2 deutlich werden.

70 Prozent der Betriebe mit mehr als drei Pkw verfügen über einen Wagenpark von drei bis neun Fahrzeugen und 29 Prozent der Betriebe über einen Wagenpark mit mehr als zehn Fahrzeugen. Großabnehmer mit Fuhrparks von 200 und mehr Pkw stellen ein Prozent der Betriebe dar.

Darüber hinaus hat sich in der Marktforschungsstudie gezeigt, dass eine steigende Nachfrage nach personaleigenen Firmenfahrzeugen zu verzeichnen ist, die mit einem deutlichen Prestigedenken der Abnehmer vor allem bei Fahrzeugen der oberen Mittelklasse und der Oberklasse zusammenhängt. Das „Meinungsführerverhalten" und die geringe preisliche Sensitivität dieser Besitzer von Firmen-Pkw steht dabei der zunehmenden Preissensitivität jener Abnehmer gegenüber, die einen Pkw der unteren Mittelklasse beziehen.

Segment	1	2	3
Größe Wagenpark	3 bis 9	10 bis 199	≥ 200
Durchschnittliche Bestellmenge pro Jahr (Anzahl Pkw)	5	48	230
Unternehmens- und Branchen- schwerpunkte	■ Handwerksbetriebe ■ Anwaltssozietäten	■ Sonderabnehmer (Taxis, Fahrschulen, Autovermieter) ■ Mittelständler	■ Behörden ■ Botschaften/ Konsulate ■ Großunternehmen und Konzerne
Wagenklassen- präferenzen	■ untere Mittelklasse ■ Mittelklasse	■ Mittelklasse ■ obere Mittelklasse	■ obere Mittelklasse ■ Oberklasse
Zentrale Kaufmotive	■ Preis-Leistungs- Verhältnis ■ Gebrauchsnutzen	■ Preis-Leistungs- Verhältnis ■ Prestige	■ Zuverlässigkeit ■ Prestige ■ Markenname

GABLER GRAFIK

Abbildung 1-2:　Großabnehmer-Segmente

Unternehmenssituation

Die Vehikel AG verfügt in vier Wagenklassen über je eine Produktlinie, die sich wie folgt zuordnen lassen:

Wagenklasse	Produktlinie der Vehikel AG
Untere Mittelklasse	„Allround"
Mittelklasse	„Kompakt"
Obere Mittelklasse	„Superior"
Oberklasse	„Topstar"

GABLER GRAFIK

Abbildung 1-3:　Wagenklassen und Produktlinien

In einem deutlichen Gegensatz zum hohen Stellenwert des Großabnehmergeschäfts für die Vehikel AG stehen gegenwärtig die Probleme einer geringen Strukturierung der Teilmärkte, eines unprofilierten Marktauftritts insbesondere in kommunikationspoliti- scher Hinsicht sowie des häufigen Fehlens segmentspezifischer Maßnahmenkonzepte. Hinzu kommt, dass aufgrund personeller Engpässe in den vergangenen Jahren die individuelle Betreuung der Großabnehmer und Behörden nicht immer möglich war.

Seitdem die Vehikel AG im Großabnehmergeschäft tätig ist (seit 1960), teilt das Unternehmen den Markt in drei Segmente auf:

Segment 1: „Kleine und große Mittelständler"	(3 bis 199 Pkw im Fuhrpark)
Segment 2: „Behörden und andere Großkunden"	(mindestens 200 Pkw im Fuhrpark)
Segment 3: „Edel-Großkunden"	

GABLER GRAFIK

Abbildung 1-4: Segmente der Vehikel AG

Das Segment 1 wird eigenständig als Kundengruppe „Mittelstand" bearbeitet, und die Segmente 2 und 3 werden zur Kundengruppe „Großkunden" zusammengefasst. Dabei legte die Marketingleitung des gesamten Geschäftbereichs „Flottengeschäft" traditionell schon immer einen deutlichen Schwerpunkt auf die Bearbeitung der Behördenkunden und anderer öffentlichkeitswirksamer Großkunden. Aus diesem Grunde berücksichtigt die ansonsten in großer Serie standardisiert produzierende Vehikel AG die zahlreichen individuellen Produktwünsche der Segemente 2 und 3, obwohl diese aufgrund der handwerklichen Fertigung besonders kostenintensiv sind.

Führen Sie eine SWOT-Analyse für das Großabnehmer- und Behördengeschäft durch, indem Sie zuerst eine Chancen/Risiken-Analyse der Vehikel AG für die drei Bereiche Markt- und Wettbewerbssituation, Abnehmersituation und Umweltsituation durchführen. Arbeiten Sie danach die Stärken und Schwächen der Vehikel AG heraus, und fassen Sie die zentralen Key-Issues in einer Key-Issue-Matrix zusammen.

Aufgabe 6   Normstrategien nach Ansoff

Die Autodruck GmbH war im Jahr 1980 ein alteingesessenes Druck- und Verlagsunternehmen im Markt für Verkehrserziehung. Etwa 55 Prozent des Umsatzes wurde mit Lehrmaterialien für Fahrschulen getätigt. Bei den Lehrmaterialien handelte es sich lange Zeit um weitgehend ausgereifte Produkte, bei denen keine grundsätzlichen Produktinnovationen möglich waren. Abgesetzt wurden die Produkte über Fahrschulen, die vertraglich an das Unternehmen gebunden waren. Die Autodruck GmbH war auf dem Markt für Lehrmaterialien der Bundesrepublik Deutschland Marktführer. In diesem Geschäftsfeld wurden hohe Überschüsse erwirtschaftet, sodass es als „Cash Cow" der Autodruck GmbH bezeichnet werden konnte.

Die Entwicklung der Führerscheinerwerber (Kernzielgruppe der 18- bis 22-Jährigen), bezogen auf das Jahr 1980, ist aus der Abbildung 1-5 ersichtlich.

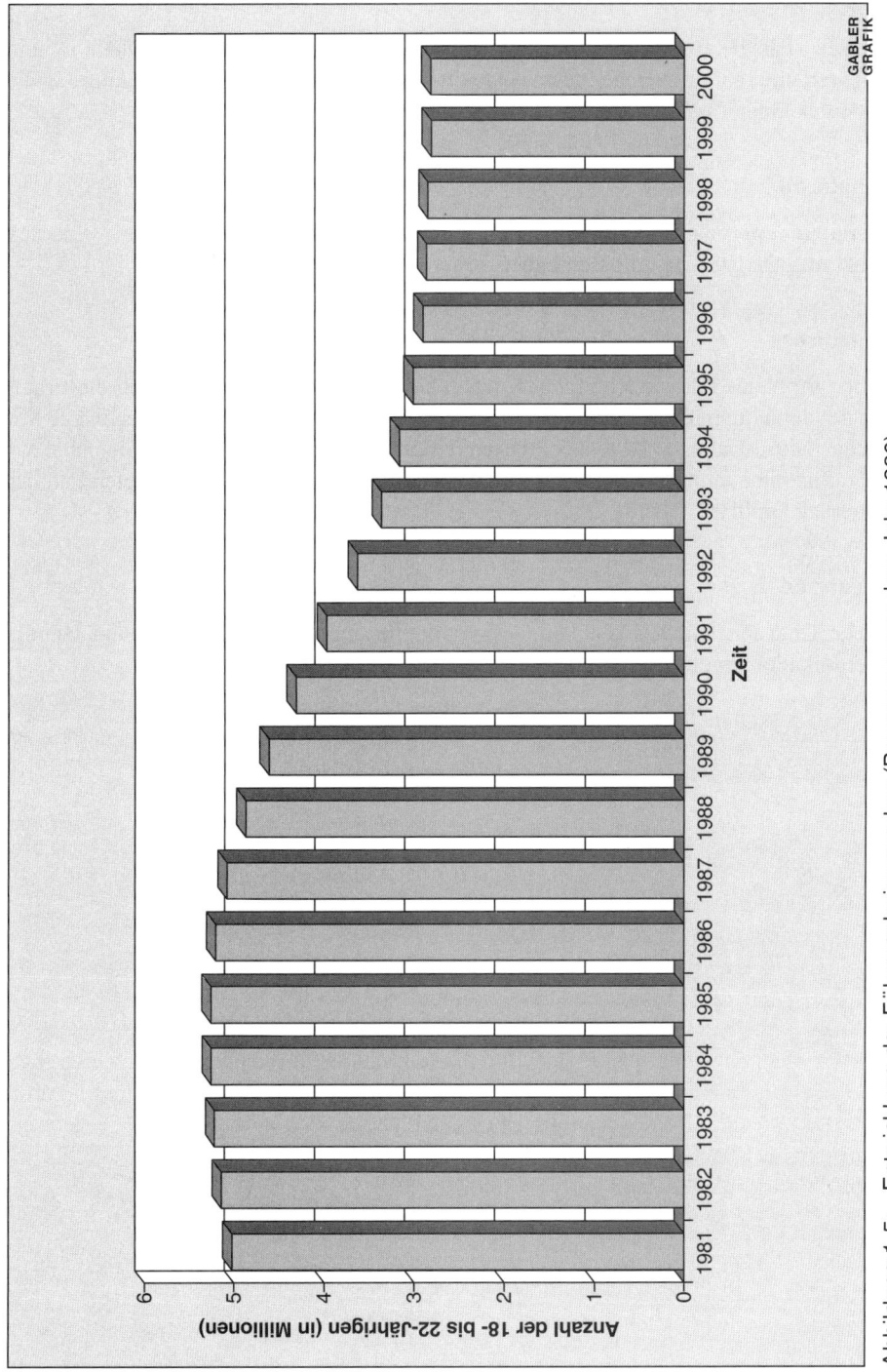

Abbildung 1-5:   Entwicklung der Führerscheinerwerber (Prognosen aus dem Jahr 1980)

Aufgabe 6a

Wie ließ sich die Entwicklung der Anzahl von Personen im Alter zwischen 18 und 22 Jahren errechnen? Welche Auswirkungen konnten anhand dieser Abbildung für die Autodruck GmbH prognostiziert werden?

Aufgabe 6b

Formulieren Sie mögliche strategische Unternehmenszielsetzungen, die die Autodruck GmbH im Jahr 1980 beschlossen haben könnte.

Aufgabe 6c

Welche Probleme hätten sich ergeben, wenn als primäres Unternehmensziel die Erhaltung des derzeitigen Umsatzes in den nächsten zehn Jahren angestrebt worden wäre? Mit welchen Normstrategien hätte das Problem gelöst werden können? Gehen Sie dabei auf die Normstrategien nach Ansoff ein, und beziehen Sie diese auf den konkreten Fall der Autodruck GmbH.

Aufgabe 6d

Welche Chancen und Risiken hätten sich für die horizontale, vertikale und laterale Diversifikation ergeben?

2. Lösungen zu den Aufgaben

Lösung Aufgabe 1   Marketingziele

Lösung Aufgabe 1a

Die Geschäftsführer verfolgen drei unterschiedliche ökonomische Zielsetzungen:

- Absatzmaximierung unter der Nebenbedingung der Kostendeckung (Heinz Safetyfirst),

- Umsatzmaximierung (Klaus Umax) und

- Gewinnmaximierung (Petra Norisknofun).

Die grundlegenden Funktionen sind für alle drei Zielsetzungen identisch:

$$x = 300.000 - 10.000p \rightarrow p = 30 - 0,0001x$$
$$K = 150.000 + 8x$$
$$U = p \cdot x = 30x - 0,0001x^2$$

Das Absatzmaximum unter der Prämisse der Kostendeckung ist erreicht, wenn der Gewinn gleich null ist.

$$G = U - K = 0$$
$$30x - 0,0001x^2 - (150.000 + 8x) = 0$$
$$22x - 0,0001x^2 - 150.000 = 0$$
$$x^2 - 220.000x + 1.500.000.000 = 0$$
$$x_1 = 110.000 + 102.956,3 = 212.956,3 \qquad x_2 = 7.043,7$$

Da Herr Safetyfirst den maximalen Absatz erzielen möchte, wird er die Alternative mit 212.957 Einheiten realisieren. Der dazugehörige Preis ergibt sich durch Einsetzen der Menge in die Preis-Absatz-Funktion:

$$p = 30 - 0,0001 \cdot 212.957 = 8,70 \text{ €}$$

Das Umsatzmaximum ergibt sich wie folgt:

$$U = 30x - 0,0001x^2 \rightarrow \text{max.}$$
$$\frac{dU}{dx} = 30 - 0,0002x = 0$$
$$x = 150.000$$

2. Ableitung:

$$\frac{d^2 U}{dx^2} = -0,0002 < 0 \quad \rightarrow \quad \text{es liegt ein Maximum vor}$$

Das Umsatzmaximum ist bei einem Absatz von 150.000 Stück erreicht. Der dazugehörige Preis ergibt sich wie folgt:

$$p = 30 - 0,0001 \cdot 150.000 = 15$$

Unter der Zielsetzung der Gewinnmaximierung ergibt sich folgendes Optimum:

$$G = U - K \rightarrow \text{max.}$$
$$U = p \cdot x = 30x - 0,0001x^2$$
$$K = 150.000 + 8x$$
$$G = 30x - 0,0001x^2 - 150.000 - 8x \rightarrow \text{max.}$$
$$G = 22x - 0,0001x^2 - 150.000$$
$$G = -0,0001x^2 + 22x - 150.000$$
$$\frac{dG}{dx} = -0,0002x + 22 = 0$$
$$x = 110.000$$

2. Ableitung:

$$\frac{d^2 G}{dx^2} = -0,0002 < 0 \quad \rightarrow \quad \text{es liegt ein Maximum vor}$$

Das Gewinnmaximum ist bei einem Absatz von 110.000 Stück erreicht. Der dazugehörige Preis ergibt sich wie folgt:

$$p = 30 - 0,0001 \cdot 110.000 = 19$$

Zusammenfassend ergeben sich je nach verfolgter Zielsetzung unterschiedliche Optima, wie nachfolgende Tabelle noch einmal verdeutlicht:

Absatzmaximum mit Kostendeckung		Umsatzmaximum		Gewinnmaximum	
Popt = 8,70 €	Xopt = 212.957	Popt = 15 €	Xopt = 150.000	Popt = 19 €	Xopt = 110.000

Abbildung 1-6: Unterschiedliche Zielsetzungen und Optima

Lösung Aufgabe 1b

Marketingziele sind erstrebenswerte Vorzugszustände beziehungsweise gesetzte Imperative für den Marketingbereich, die durch den Einsatz der Marketinginstrumente erreicht werden sollen. Grundsätzlich kann zwischen zwei Gruppen von Marketingzielen unterschieden werden, den ökonomischen und psychografischen Marketingzielen.

Ökonomische Marketingziele beinhalten stets einen Bestandteil des Erwerbsziels. Sie lassen sich relativ einfach anhand von Markttransaktionen messen, da sie direkt mit den beobachtbaren Ergebnissen des Kaufentscheidungsprozesses verbunden sind.

Psychografische Marketingziele werden unter Bezugnahme auf die mentalen Prozesse der Konsumenten formuliert. Jeder Konsument durchläuft von der ersten Wahrnehmung eines Produkts bis zur endgültigen Kaufabsicht verschiedene psychische Prozesse, die nicht unmittelbar beobachtbar, aber dennoch Gegenstand von Marketingzielen sind. Zwischen ökonomischen und psychografischen Zielen besteht eine Mittel-Zweck-Beziehung in der Art, dass Einstellungen, Images und Präferenzen des Konsumenten die Kaufwahrscheinlichkeit bestimmen und dadurch indirekt auf ökonomische Ziele Einfluss nehmen. Somit dient die Verfolgung eines psychografischen Marketingziels als Mittel zum Zweck der Erreichung eines ökonomischen Marketingziels.

Den Zusammenhang zwischen ökonomischen und psychografischen Marketingzielen gibt folgende Abbildung wieder:

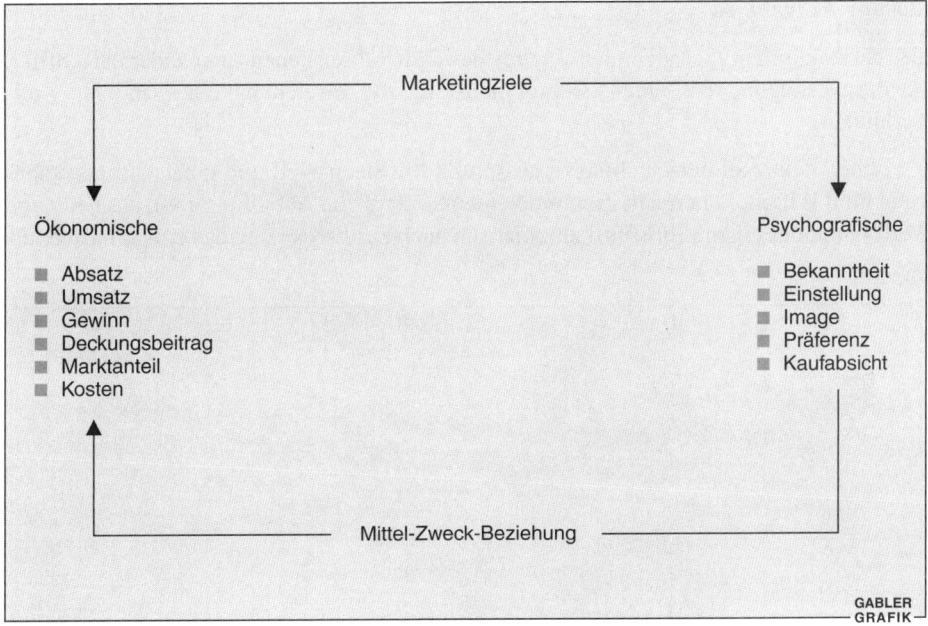

Abbildung 1-7:   Ökonomische und psychographische Marketingziele

Lösung Aufgabe 1c

Die Trikotagen KG verfolgt für ihr Produkt Sleep-Well sowohl ökonomische als auch psychografische Ziele. Die drei Zielsetzungen der Geschäftsführer sind alle ökonomischer Natur. Darüber hinaus möchte die Trikotagen KG für ihr neues Produkt im ersten Jahr einen Bekanntheitsgrad von 70 Prozent erreichen. Dabei handelt es sich um ein psychografisches Ziel. Damit Ziele ihre Funktion erfüllen können und realisierbar sind, müssen sie bestimmten Anforderungen genügen, sie müssen operational sein. Um eine eindeutige Messvorschrift zur Kontrolle der Zielerreichung zu gewährleisten, müssen Marketingziele in fünf Dimensionen festgelegt werden. Dazu gehört im Einzelnen:

- ■ Zielinhalt   →   Was?   Im Beispiel Bekanntheitsgrad.
- ■ Zielausmaß   →   Wie viel?   Im Beispiel 70 Prozent.
- ■ Zeitbezug   →   Wann?   Im Beispiel im ersten Jahr.
- ■ Segmentbezug   →   Wo?   Keine Aussage im Beispiel.
- ■ Objektbezug   →   Womit?   Im Beispiel mit Sleep-Well.

Damit ist die Zielsetzung der Trikotagen KG, die Bekanntheit des neuen Produkts auf 70 Prozent zu steigern nicht operational, da der Segmentbezug, zum Beispiel bei Eltern mit unter dreijährigen Kindern, fehlt. Darüber hinaus müsste das Ziel Bekanntheitsgrad dahingehend konkretisiert werden, ob mit Bekanntheitsgrad die gestützte oder ungestützte Bekanntheit gemeint ist.

Lösung Aufgabe 1d

Die ökonomischen Zielsetzungen der drei Geschäftsführer stehen zueinander in Konflikt, da die Verfolgung des einen Ziels gleichzeitig die Erreichung eines anderen Ziels verhindert.

Zwischen dem Ziel der Qualitätsverbesserung für Sleep-Well und einer Umsatzsteigerung für das Produkt herrscht Zielkomplementarität (siehe Abbildung 1-8), das heißt, die Verfolgung des einen Ziels führt automatisch auch zur Erreichung des anderen Ziels. Es

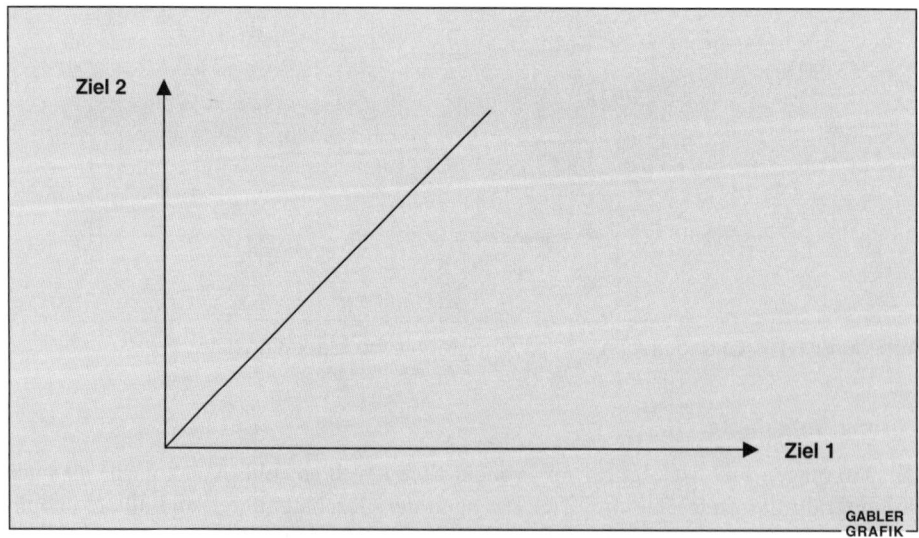

Abbildung 1-8:   Zielkomplementarität

kann davon ausgegangen werden, dass sich mit einer auch vom Konsumenten wahrgenommenen Qualitätsverbesserung bei konstantem Preis eine Absatzsteigerung und damit
auch höhere Umsätze erzielen lassen.

Die Ziele Imageverbesserung für das Produkt Sleep-Well im Inland und Erschließung
eines neuen Marktes in Fernost beeinträchtigen sich gegenseitig nicht. In diesem Fall
spricht man von Zielneutralität (siehe Abbildung 1-9).

Abbildung 1-9:   Zielneutralität

Eine gleichzeitige Erreichung der Ziele Umsatzmaximierung und Gewinnmaximierung
ist, wie gezeigt, nicht möglich. Es handelt sich somit um einen Zielkonflikt (siehe
Abbildung 1-10). Zwar besteht zwischen den Zielen zunächst Zielkomplementarität, da
mit wachsendem Umsatz bis zur gewinnmaximalen Absatzmenge auch der Gewinn
steigt. Jenseits der gewinnmaximalen Absatzmenge liegt jedoch ein Zielkonflikt vor, da
mit steigendem Umsatz der Gewinn sinkt.

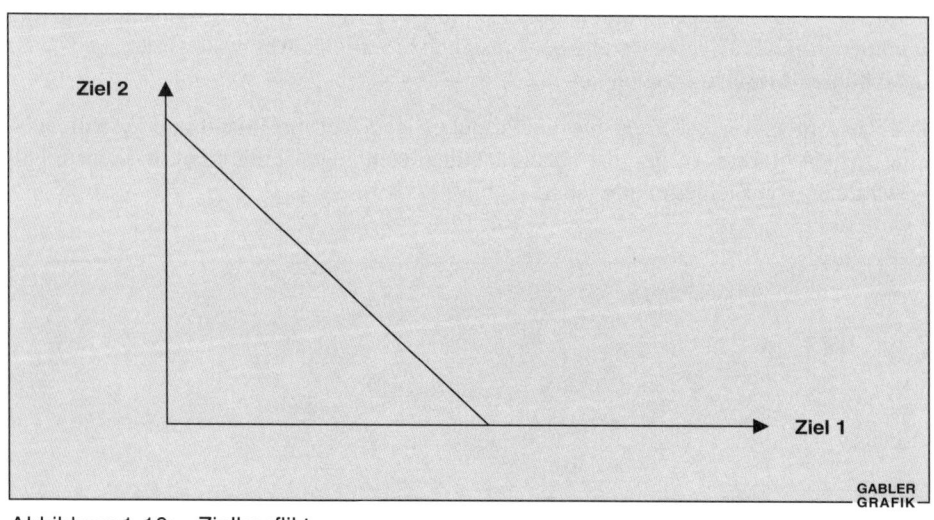

Abbildung 1-10:   Zielkonflikt

Lösung Aufgabe 2   Marketingplanung

Lösung Aufgabe 2a

Aufschwung:

$p = 18 - 0{,}00002x$

$U = p \cdot x$

$U = (18 - 0{,}00002x)x = 18x - 0{,}00002x^2 \rightarrow \text{max.}$

$\dfrac{dU}{dx} = 18 - 0{,}00004x = 0$

$\dfrac{d^2 U}{dx^2} = -0{,}0004 < 0 \qquad \rightarrow \quad \text{es liegt ein Maximum vor}$

$x_{opt} = 18/0{,}00004 = 450.000$

$p_{opt} = 18 - 0{,}00002 \cdot 450.000 = 9$

$U_{max} = p_{opt} \cdot x_{opt} = 9{,}00 \cdot 450.000 = 4.050.000$

Das Umsatzmaximum von 4.050.000 € wird bei $p_{opt} = 9{,}00$ € erreicht.

Normale Entwicklung:

$p = 16 - 0{,}00002x$

$U = p \cdot x$

$U = (16 - 0{,}00002x)x = 16x - 0{,}00002x^2 \rightarrow \text{max.}$

$\dfrac{dU}{dx} = 16 - 0{,}00004x = 0$

$$\frac{d^2 U}{dx^2} = -0,0004 < 0 \quad \rightarrow \quad \text{es liegt ein Maximum vor}$$

$x_{opt} = 16/0,00004 = 400.000$

$p_{opt} = 16 - 0,00002 \cdot 400.000 = 8$

$U_{max} = p_{opt} \cdot x_{opt} = 8,00 \cdot 400.000 = 3.200.000$

Das Umsatzmaximum von 3.200.000 € wird bei p_{opt} = 8,00 € erreicht.

Rezession:

$p = 14 - 0,00002x$

$U = p \cdot x$

$U = (14 - 0,00002x)x = 14x - 0,00002x^2 \rightarrow \text{max.}$

$$\frac{dU}{dx} = 14 - 0,00004x = 0$$

$$\frac{d^2 U}{dx^2} = -0,0004 < 0 \quad \rightarrow \quad \text{es liegt ein Maximum vor}$$

$x_{opt} = 14/0,00004 = 350.000$

$p_{opt} = 14 - 0,00002 \cdot 350.000 = 7$

$U_{max} = p_{opt} \cdot x_{opt} = 7,00 \cdot 350.000 = 2.450.000$

Das Umsatzmaximum von 2.450.000 € wird bei p_{opt} = 7,00 € erreicht.

Lösung Aufgabe 2b

Marketingentscheidungen werden durch Ziele, Alternativen beziehungsweise Aktionen, Umweltsituationen und Konsequenzen näher umschrieben und strukturiert. Ausgangspunkt bilden die von der Unternehmung festgelegten Marketingziele (hier Umsatzmaximierung). Der Grad der Zielerreichung wird von zwei Variablen bestimmt:

1. kontrollierbare Variablen beziehungsweise Aktionsparameter und
2. nicht kontrollierbare Variablen beziehungsweise Daten.

Bei den kontrollierbaren Variablen beziehungsweise Aktionsparametern handelt es sich um solche Größen, die ein Unternehmen beeinflussen oder kontrollieren kann. In der oben beschriebenen Situation kann die Frottier-Flausch GmbH ihre Preisforderung selbstständig festlegen und vollständig kontrollieren.

Die zweite Gruppe von Variablen, die Einfluss auf den Zielerreichungsgrad nimmt, kann nicht oder nur kaum von dem Unternehmen beeinflusst werden. So sind im oben beschriebenen Beispiel die möglichen Wirtschaftssituationen nicht von der Frottier-Flausch GmbH kontrollierbar und gehen deshalb als Daten beziehungsweise Umweltsituationen in den Entscheidungsprozess mit ein.

Unter Berücksichtigung dieser beiden Variablengruppen und des Ziels Umsatzmaximierung lässt sich eine Matrix aufstellen, in der für jede Konstellation von Aktionsalternative und Umweltsituation das Resultat in Gestalt des Zielerreichungsgrades angegeben wird.

Dementsprechend wird diese Matrix als Entscheidungsmatrix bezeichnet.

Für den Marketingleiter der Frottier-Flausch GmbH hat die Entscheidungsmatrix folgendes Aussehen:

Umwelt-situationen (Daten)	Aufschwung		Normal		Rezession	
	Zielvariable		Zielvariable		Zielvariable	
Preis-alternativen (Variablen)	Absatz	**Umsatz**	Absatz	**Umsatz**	Absatz	**Umsatz**
9,00 €	450.000	**4.050.000**	350.000	3.150.000	250.000	2.250.000
8,00 €	500.000	4.000.000	400.000	**3.200.000**	300.000	2.400.000
7,00 €	550.000	3.850.000	450.000	3.150.000	350.000	**2.450.000**

GABLER GRAFIK

Abbildung 1-11:   Entscheidungsmatrix

Das heißt, falls ein Aufschwung erwartet wird, wird er den Preis auf 9,00 € pro Handtuch festsetzen. Bei einer zu erwartenden normalen Entwicklung wird er einen Preis von 8,00 € festlegen und wenn eine Rezession als die wahrscheinlichste wirtschaftliche Entwicklung angesehen wird, wird er den Preis auf 7,00 € festlegen.

Lösung Aufgabe 3   Normstrategien nach Porter

Lösung Aufgabe 3a

Nach Porter gibt es zum einen die Möglichkeit der Profilierung auf dem Gesamtmarkt durch Kosten- oder Leistungsvorteile. Es ist also entweder eine Kosten- beziehungsweise Preisführerschaft anzustreben oder eine Differenzierungsstrategie zu verfolgen. Zum anderen können die Leistungs- oder Kostenvorteile auf dem Gesamtmarkt oder in einem speziellen Marktsegment (Teilmarkt) erzielt werden. Die so ermittelten vier möglichen Basisstrategien können wie in Abbildung 1-12 zusammengefasst werden.

Bei der **aggressiven Preisstrategie** wird versucht, die Kosten unter das Niveau der wichtigsten Konkurrenten zu senken, um dann durch eine Politik relativ niedrigerer Preise, Wettbewerbsvorteile zu realisieren. Damit diese Strategie zum Ziel führt, sind folgende Voraussetzungen einzuhalten:

- relativ große Marktanteile
- Sortimentbeschränkung
- aggressiver Einsatz des absatzpolitischen Instrumentariums

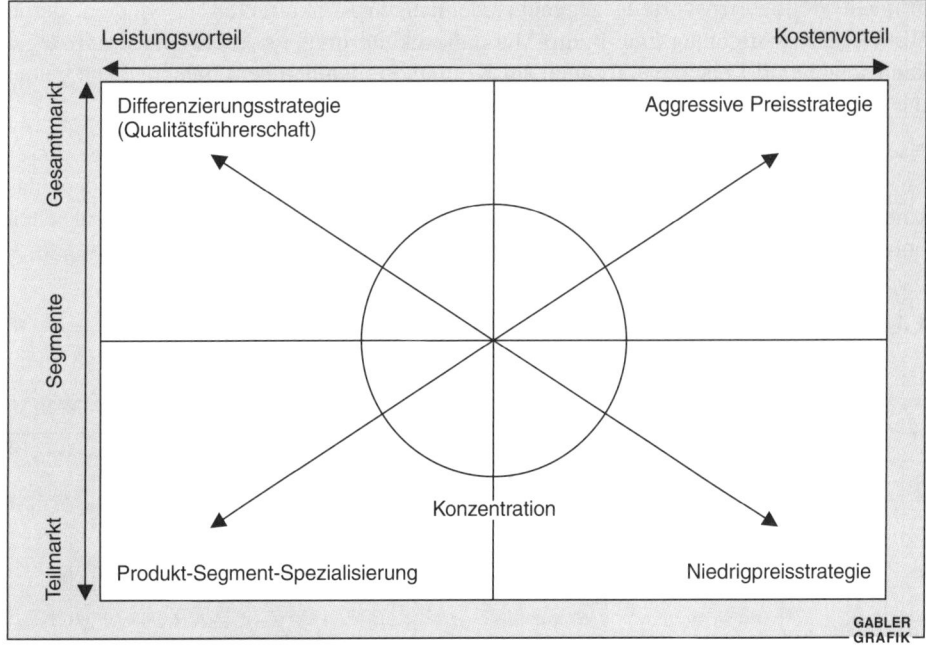

Abbildung 1-12:   Basisstrategien nach Porter

- günstige Finanzierungsmöglichkeiten

- effizientes Controlling

- die Abnehmer müssen den Preis und nicht die Qualität als dominantes Kaufkriterium betrachten.

Die **Differenzierungsstrategie** beruht vornehmlich auf Flexibilität beziehungsweise Anpassungsfähigkeit. Ihr Ziel ist es, durch Schaffung von Produkt- oder Leistungsvorteilen den differenzierten Ansprüchen der Abnehmer gerecht zu werden. Voraussetzungen für diese Strategie sind:

- starke Qualitätsorientierung des relevanten Marktsegments

- hohe Marketingeffektivität

- höchste Produktqualitäten

- hohes Image sowohl bezüglich des Warenhauses als auch der gelisteten Produkte

- Innovationsorientierung

- kontinuierliche Selbstanalyse, Marktbeobachtung und Konkurrenzanalyse.

Bei der **Konzentration auf Marktnischen** wird versucht, durch konsequente Selektion von Marktsegmenten beziehungsweise durch Spezialisierung auf spezifische Zielgruppen Wettbewerbsvorteile gegenüber denjenigen Konkurrenten zu erzielen, deren Wettbewerbsausrichtung eine breite Marktabdeckung umfasst. Diese Nischenstrategie kann sowohl auf Leistungs- als auch auf Kostenvorteilen beruhen. Entsprechend gelten die oben genannten Erfolgsvoraussetzungen.

Nach Porter kann sich ein Unternehmen langfristig nur behaupten, wenn eine dieser Strategien in konsequenter Weise verfolgt wird. Im kritischen Bereich, in dem das Unternehmen „zwischen den Stühlen sitzt" („stuck in the middle") entstehen nicht selten hohe Verluste.

Lösung Aufgabe 3b

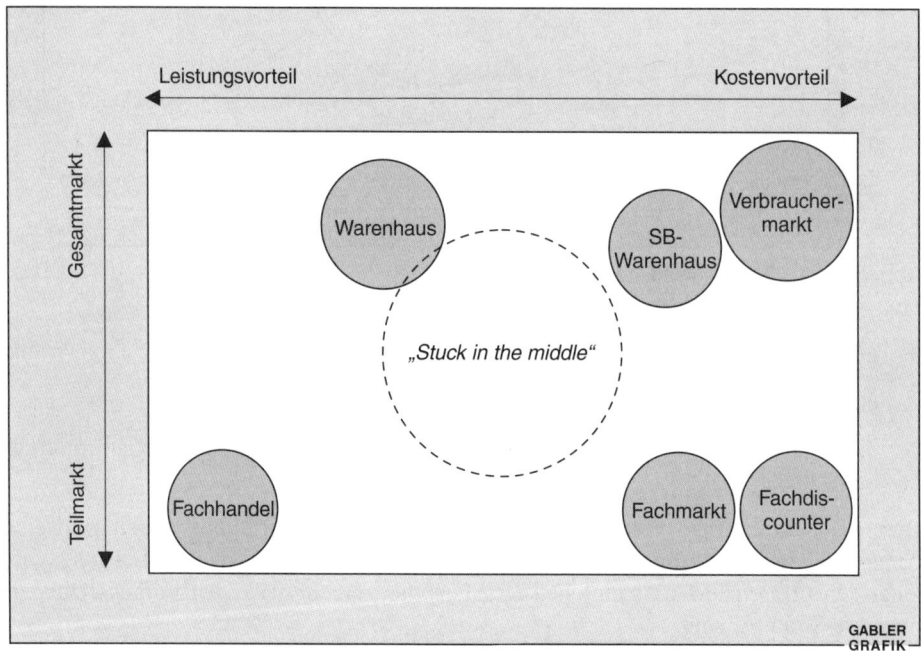

Abbildung 1-13: Einordnung des Warenhauses Kaufstadt AG
in das Strategieschema von Porter

Lösung Aufgabe 3c

In einer kritischen Würdigung des Ansatzes nach Porter lassen sich folgende Aspekte herausstellen:

■ Die Strategiekonzeption beinhaltet im Kern an Wettbewerbsvorteilen orientierte, abnehmergerichtete Strategien. Insbesondere die Konkurrenten und Anspruchs-gruppen sowie das Timing der Strategien werden nicht berücksichtigt.

- Der Strategiebegriff der Differenzierung greift mit Blick auf die Vielzahl anstrebbarer Wettbewerbsvorteile zu kurz. Mit Differenzierung können zum Beispiel Qualitätsvorteile, Innovationsvorteile, Markierungsvorteile oder Programmbreitenvorteile gemeint sein.

- Unternehmen können sowohl kosten- als auch differenzierungsorientiert vorgehen, ohne dabei „zwischen den Stühlen" zu sitzen (so genanntes Outpacing).

- Dynamische Aspekte der Strategieanpassung werden nicht diskutiert, obwohl in der Praxis zu beobachtende Wettbewerbsstrategien die Verknüpfung von Preis- und Qualitätsführerschaft übernehmen.

- Die Abgrenzung des relevanten Marktes ist unklar.

Lösung Aufgabe 4   Strategische Geschäftsfeldplanung

Lösung Aufgabe 4a

Ein strategisches Geschäftsfeld ist dadurch gekennzeichnet, dass es

- eine **eigene**, von anderen Geschäftsfeldern unabhängige **Marktaufgabe** („unique business mission") besitzt, die auf die Lösung abnehmerrelevanter Probleme ausgerichtet ist,

- am Markt als **vollwertiger Konkurrent** mit eindeutig identifizierbaren Konkurrenzunternehmen partizipiert und nicht etwa die Funktion eines internen Lieferanten einnimmt,

- die Formulierung und Implementierung eines weitgehend eigenständigen **strategischen Plans** erlaubt sowie

- einen eigenständigen Beitrag zur **Steigerung des Erfolgspotenzials** der Gesamtunternehmung leistet.

Lösung Aufgabe 4b

Ein in der Praxis weit verbreiteter Ansatz zur Abgrenzung strategischer Geschäftsfelder ist der rein **produktbezogene Ansatz**. Eine ausschließlich produktbezogene Definition strategischer Geschäftsfelder genügt den Anforderungen einer marktorientierten Unternehmensstrategie jedoch nicht. Wie Levitt in seinem inzwischen als „klassisch" formulierten Aufsatz „Marketing Myopia" bereits Anfang der sechziger Jahre herausstellte, kann diese Art der Abgrenzung zu Kurzsichtigkeiten gegenüber Bedarfsentwicklungen und Marktänderungen führen.

Ein weiterer Ansatz der Geschäftsfeldabgrenzung ist die Definition der strategischen Geschäftsfelder durch **Produkt-Markt-Kombinationen**. Produkte beziehungsweise Produktlinien, die gemeinsam eine Funktion erfüllen und sich klar von der Funktion anderer Produkt-Markt-Kombinationen abheben, stehen dabei in einem gegenseitigen Abhängigkeitsverhältnis. Preisänderungen, Veränderungen von Produkteigenschaften etc. nehmen direkt Einfluss auf die Entwicklung anderer Produkte/Produktlinien desselben Geschäftsfeldes, haben aber kaum Auswirkungen auf die Produkte anderer Geschäftsfelder.

Ausgangspunkt des Ansatzes von **Abell** ist die These, dass ein Produkt als das physische Gegenstück der Anwendung einer Technologie zur Realisierung bestimmter Problemstellungen für eine spezifische Zielgruppe zu betrachten ist. Diesem Gedanken entsprechend, erfolgt eine Abgrenzung nach den Dimensionen **Abnehmergruppe, Funktionserfüllung und Technologie.** Entlang der Dimension Abnehmergruppe wird festgelegt, wessen Bedürfnisse angesprochen werden sollen. Die Abnehmer werden hierzu in Marktsegmenten zusammengefasst, die hinsichtlich des Bedarfs und des voraussichtlichen Kaufverhaltens möglichst homogen sind. Die Dimension Funktionserfüllung bezieht sich auf die Aufgabe des Produkts und legt fest, welches Bedürfnis durch die Produkte befriedigt werden soll. Die dritte Dimension schließlich beschreibt alternative Wege zur Funktionserfüllung (Technologie).

Der Vorteil dieser Vorgehensweise ist darin zu sehen, dass die bereits angesprochene Gefahr der Kurzsichtigkeit, die den beiden anderen Vorgehensweisen nachgesagt wird, deutlich reduziert wird. Der Grund hierfür liegt darin, dass vom zentralen Aspekt der Funktionserfüllung eines Produkts ausgegangen wird und die Möglichkeit der unterschiedlichen Erfüllung dieser Funktion durch divergierende Technologien explizit berücksichtigt wird.

Lösung Aufgabe 4c

Die rein **produktbezogene Abgrenzung** könnte beim Verlagshaus Druck & Co. anhand der bestehenden Sparten Lexika, Natur etc. erfolgen. Unter Umständen kann jede einzelne Sparte ein eigenes strategisches Geschäftsfeld bilden. Möglich ist jedoch auch die Zusammenfassung ähnlicher Sparten/Produkte zu einem gemeinsamen strategischen Geschäftsfeld. So könnten die einzelnen Sparten zu den Produktgruppen Informationsprodukte (Lexika, Natur, Fachinformationen, Auto, Gesundheit, Reise), Unterhaltungsprodukte (Comic/Zeichentrick, Bestseller) und Aus-/Weiterbildungsprodukte (Schulbildung, Studium) zusammengefasst werden. In der Verlagsbranche ist allerdings oftmals zu beobachten, dass nicht die Funktionen der Produkte bei einer solchen Abgrenzung im Vordergrund stehen, sondern die Träger der Informationen. Die Druck & Co. könnte so zum Beispiel die Produktgruppen Buch, Zeitschrift, CD-ROM und Video unterscheiden.

Im Rahmen von **Produkt-Markt-Kombinationen** werden die Produkte beziehungsweise Produktgruppen auf bestimmte Abnehmer ausgerichtet. Im konkreten Fall können die drei Abnehmergruppen Kinder, Jugendliche und Erwachsene unterschieden werden.

26

Folgender zweidimensionaler Raum könnte dabei gebildet werden:

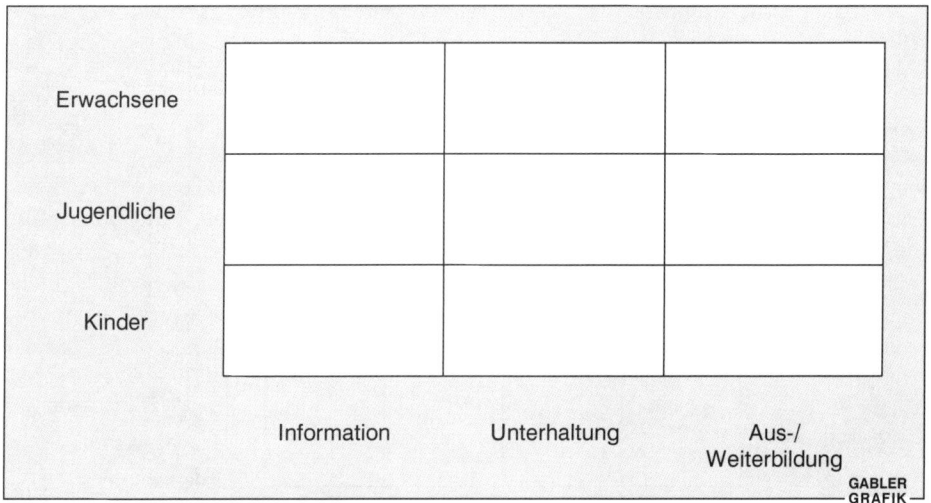

Abbildung 1-14:   Produkt-Markt-Kombinationen

Bei der **Geschäftsfelddefinition nach Abell** werden zu den Produkt-Markt-Kombinationen noch die verwendeten Technologien, die bei der Leistungserbringung benötigt werden, berücksichtigt. Diese Technologien sind im konkreten Fall die Informationsträger:

- Buch

- Zeitschrift

- CD-ROM

- Video

Unter Berücksichtigung der Technologiedimension ergibt sich dann der dreidimensionale Raum wie in Abbildung 1-15 dargestellt.

Beispielhafte Aufgabenstellungen strategischer Geschäftsfelder der Druck & Co. könnten sein:

1. Bedienung des Kundensegments „Kinder" mit Unterhaltungsprodukten durch sämtliche zur Verfügung stehende Technologien.

2. Bedienung sämtlicher Kundensegmente mit Produkten zur Informationsvermittlung über das Medium Buch.

3. Bedienung des Segments „Erwachsene" über die drei Funktionen „Information", „Unterhaltung" und „Aus-/Weiterbildung" mit der CD-ROM-Technologie.

27

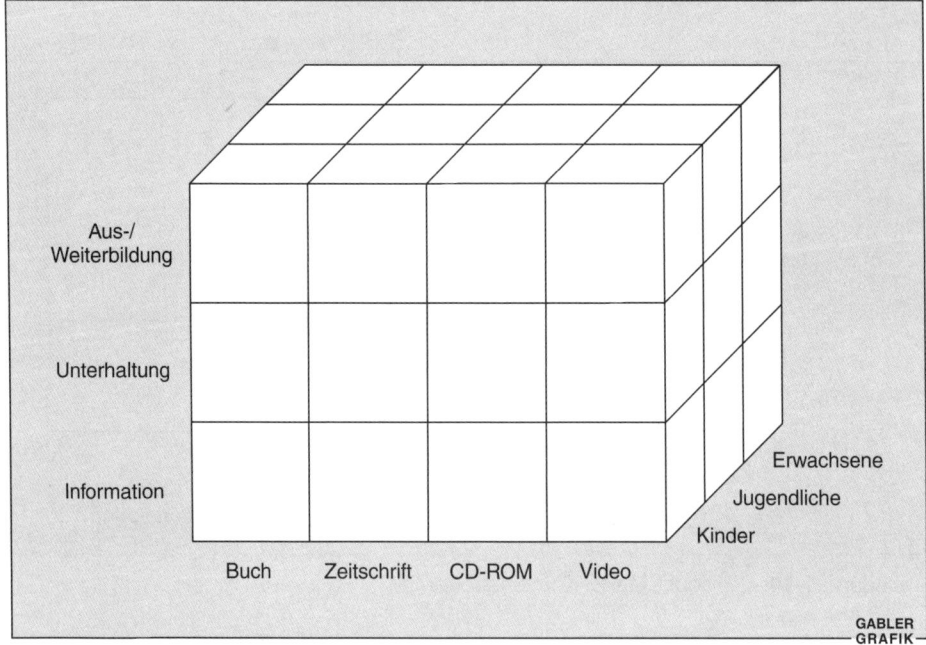

Abbildung 1-15:   Produkt-Markt-Technologie-Kombinationen

Lösung Aufgabe 5   Key-Issue-Analyse

Die Vorgehensweise bei einer SWOT-Analyse wird aus der Aufgabenstellung deutlich. Folgende Schritte sollten nacheinander abgearbeitet werden:

1. Chancen/Risiken-Analyse

2. Stärken/Schwächen-Analyse

3. Zusammenfassung der beiden Analysen in einer Key-Issue-Matrix

Die **Chancen/Risiken-Analyse** ist eine Analyse der externen, das heißt nicht-unternehmensbezogenen Faktoren. Die zentrale Aufgabe dieser Analyse liegt in der Erkennung strategischer Diskontinuitäten. Unter diesen Diskontinuitäten sind schwer vorhersehbare Ereignisse zu verstehen, deren Eintritt die Unternehmung zum einen mit der Gefahr von Verlusten oder sogar des Konkurses konfrontiert. Zum anderen können sich Diskontinuitäten als Chancen erweisen, die sich plötzlich und unvorhergesehen eröffnen und deren Ausnutzung ein schnelles Handeln erfordert.

In der Fallstudie sind eine Vielzahl von Chancen und Risiken enthalten. Deshalb bietet sich eine Aufteilung der Analyse in die drei Bereiche Markt- und Wettbewerbssituation, Abnehmersituation und Umweltsituation an.

Markt- und Wettbewerbssituation

Chancen	Risiken
▪ großes Marktvolumen (Bestand 2,5 Mio. Fahrzeuge) ▪ stabilere Marktentwicklung als im privaten Bereich	▪ Konjunkturabhängigkeit ▪ zunehmende Konkurrenz durch ausländische Anbieter GABLER GRAFIK

Abbildung 1-16:   Markt- und Wettbewerbssituation

Abnehmersituation

Chancen	Risiken
▪ Nachfragekonzentration durch Einkaufszentralisierung ▪ steigende Nachfrage nach personaleigenen Firmenfahrzeugen ▪ Prestigedenken in der Mittel- und Oberklasse (geringe Preissensitivität)	▪ zunehmende Preissensitivität in der unteren Klasse und Mittelklasse ▪ Identifikation und direkte Ansprache der Einkaufentscheider problematisch (aufgrund der Buying-Center) GABLER GRAFIK

Abbildung 1-17:   Abnehmersituation

Umweltsituation

Chancen	Risiken
	▪ Gesetzgebung (Besteuerung von Dienstwagen) ▪ zunehmende öffentliche Diskussion über die private Verwendung von Dienstwagen (Absatzeinbußen) GABLER GRAFIK

Abbildung 1-18:   Umweltsituation

Im Rahmen der **Stärken-Schwächen-Analyse** werden die unternehmensbezogenen Faktoren genauer analysiert. Hier gilt es, die finanziellen, physischen, organisatorischen und technologischen Ressourcen zu erfassen und zu bewerten. Es lassen sich folgende Stärken und Schwächen der Vehikel AG erkennen:

Stärken	Schwächen
▪ breite Marktabdeckung mit hoher Bekanntheit ▪ starke Markt- und Wettbewerbsposition ▪ Stabilisierung der Marktposition durch Flottengeschäft als zweites Standbein ▪ Tradition des Unternehmens ▪ deutlicher Fokus auf öffentlichkeitswirksame Großkunden ▪ Fertigungsanpassung in den Segmenten 2 und 3	▪ geringe Strukturierung der Teilmärkte (Fehlen segmentspezifischer Konzeptionen bzw. Maßnahmen) ▪ unprofilierter Marktauftritt insbesondere in kommunikationspolitischer Hinsicht ▪ Segmentierung ohne Berücksichtigung der Dynamik (seit 1960 gleicher Ansatz) ▪ personelle Engpässe ▪ Behandlung des Mittelstands als ein Segment, obwohl große Unterschiede bestehen (3 bis 199 Pkw)

GABLER GRAFIK

Abbildung 1-19: Stärken-Schwächen-Analyse

Im dritten und letzten Schritt der SWOT-Analyse werden die zentralen Chancen/Risiken und Stärken/Schwächen in einer Vier-Felder-Matrix (Key-Issue-Matrix) zusammengefasst. Im Einzelnen müssen die wesentlichen Stärken und Schwächen subjektiv bewertet werden, ob sie, bezogen auf die Unternehmensumwelt, für das Unternehmen eine Chance oder ein Risiko darstellen. Ebenso müssen die unternehmensexternen Faktoren (Chancen und Risiken) subjektiv bewertet werden, ob das Unternehmen im Rahmen seiner Stärken ausnutzen kann oder ob sie für das Unternehmen eine Gefahr darstellen.

	Stärken	Schwächen
Chancen	▪ Prestigedenken in der Mittel- und Oberklasse ▪ breite Marktabdeckung mit hoher Bekanntheit	▪ Fehlen segmentspezifischer Konzeptionen und Maßnahmen ▪ unprofilierter Marktauftritt insbesondere in kommunikationspolitischer Hinsicht
Risiken	▪ zunehmende Konkurrenz durch ausländische Anbieter ▪ direkte Ansprache der Einkaufsentscheider problematisch (aufgrund der Buying Center)	▪ Gesetzgebung (Besteuerung von Dienstwagen) ▪ zunehmende Preissensitivität in der unteren Klasse und Mittelklasse ▪ Konjunkturabhängigkeit

GABLER GRAFIK

Abbildung 1-20: Key-Issue-Matrix

Lösung Aufgabe 6   Normstrategien nach Ansoff

Lösung Aufgabe 6a

Die Anzahl der Personen der Kernzielgruppe ließ sich aus den Geburtenraten in den sechziger und siebziger Jahren prognostizieren. Die Größe des Marktes für Lehrmaterialien ist dabei eng verknüpft mit der Zahl der Führerscheinerwerber, die sich im Wesentlichen aus Jugendlichen im Alter zwischen 18 und 22 Jahren rekrutieren.

Somit war für das Unternehmen klar ersichtlich, dass das Marktpotenzial für den Absatz von Lehrmaterialien für Fahrschulen in den nächsten Jahren von stetiger Schrumpfung betroffen sein wird.

Lösung Aufgabe 6b

Die Fülle möglicher Unternehmensziele kann in folgenden Basiskategorien zusammengefasst werden:

Markt-stellungs-ziele	▪ Marktanteil ▪ Umsatz ▪ Marktgeltung ▪ Neue Märkte	z. B. Erhaltung des derzeitigen Umsatzes im Segment der Lehr-materialien für Fahrschulen in den nächsten 10 Jahren
Rentabilitäts-ziele	▪ Gewinn ▪ Umsatzrentabilität ▪ Rentabilität des Eigenkapitals ▪ Rentabilität des Gesamtkapitals	z. B. Steigerung des Gewinns um 0,5 % jährlich im Segment der Lehrmaterialien für Fahr-schulen in den nächsten 5 Jahren
Finanzielle Ziele	▪ Kreditwürdigkeit ▪ Liquidität ▪ Eigenkapitalquote ▪ Kapitalstruktur	z. B. Erreichung einer Eigen-kapitalquote von 30 % innerhalb der nächsten 5 Jahre
Soziale Ziele	▪ Arbeitszufriedenheit ▪ Einkommen und soziale Sicherheit ▪ Soziale Integration ▪ Persönliche Entwicklung	z. B. Erhöhung der Einkommen der Angestellten um jeweils 0,5 % höher als tariflich verein-bart in den nächsten 4 Jahren
Markt- und Prestigeziele	▪ Unabhängigkeit ▪ Image und Prestige ▪ Politischer Einfluss ▪ Gesellschaftlicher Einfluss	z. B. Erhöhung des Image auf einer Messskala von 1 (sehr gut) bis 5 (schlecht) von derzeit 3,4 auf 2,5 innerhalb der nächsten 8 Jahre
Umwelt-schutzziele	▪ Verringerung des Ressourcen-verbrauchs ▪ Vermeidung und Verminderung der Belastungen	z. B. Reduzierung des Papier-verschnitts in der Druckerei um 25 % innerhalb der nächsten 4 Jahre GABLER GRAFIK

Abbildung 1-21:   Mögliche Unternehmensziele

Lösung Aufgabe 6c

Wie in Aufgabe 1 bereits dargestellt, stellte sich für die Autodruck GmbH das Problem, dass die Zahl der Fahrschüler zurückging. Somit waren erhebliche Umsatzeinbußen zu erwarten. Hätte das Unternehmen jedoch trotzdem das Ziel der Erhaltung des damaligen Umsatzes in den nächsten zehn Jahren verfolgen wollen, so hätte sich eine Lücke ergeben. Dies macht die folgende Abbildung deutlich:

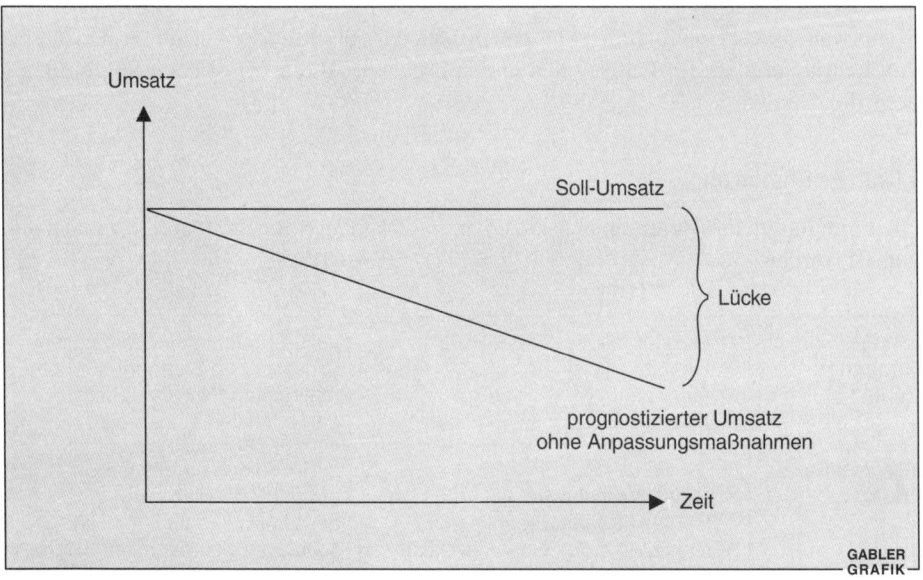

Abbildung 1-22:   Ziellücke

Ohne Anpassungsmaßnahmen hätte folglich das Ziel der Umsatzsicherung nicht eingehalten werden können. Zur Schließung dieser Ziellücke musste nach strategischen Alternativen gesucht werden. Grundsätzlich bietet sich für eine Strukturierung dieser Suche die Produkt-Markt-Matrix nach Ansoff an. Die folgende Abbildung verdeutlicht dies:

	Gegenwärtiger Markt	**Neuer Markt**
Gegenwärtige Produkte	Marktdurchdringung	Marktentwicklung
Neue Produkte	Produktentwicklung	Diversifikation

Abbildung 1-23:   Produkt-Markt-Matrix nach Ansoff

Als wesentliches Entscheidungskriterium für die Auswahl der zu verfolgenden Strategien der Ansoff-Matrix kann der Grad der Synergienutzung angesehen werden. Während die Marktdurchdringungsstrategie das höchste Synergiepotenzial aufweist, lassen sich im Falle der Diversifikation kaum noch Synergien zum bestehenden Geschäft nutzen. Diese Reihenfolge ist in der Matrix mit den Pfeilen in der Mitte dargestellt.

Häufig wird auch von einer „Z"-Strategie gesprochen, da sich die unter Synergiegesichtspunkten günstigste Strategiereihenfolge als „Z" in der Produkt-Markt-Matrix darstellen lässt. Die Reihenfolge lässt sich auch in der Umsatz-Zeit-Darstellung visualisieren:

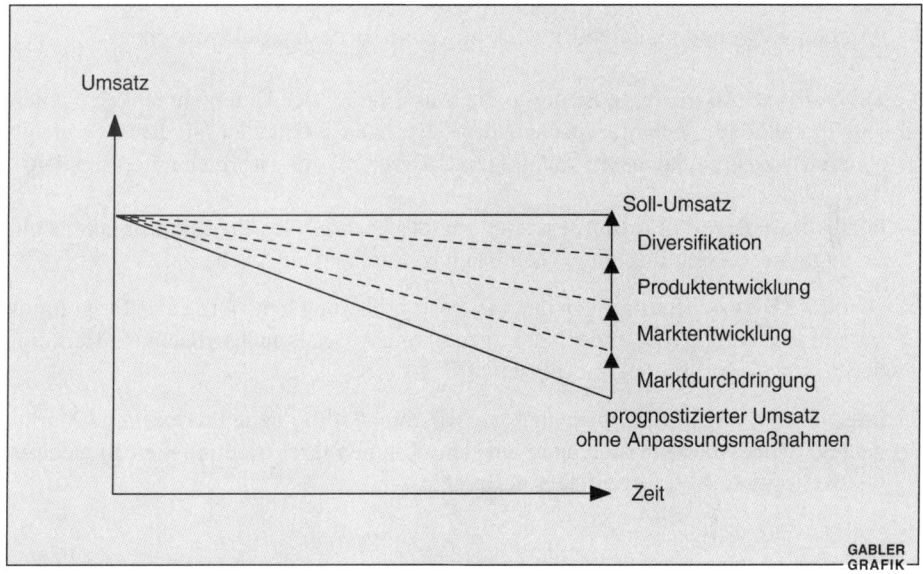

Abbildung 1-24:   Umsatz-Zeit-Darstellung

Die **Strategie der Marktdurchdringung** beinhaltet die Ausschöpfung des Marktpotenzials vorhandener Produkte in bestehenden Märkten. Es sind grundsätzlich drei Ansatzpunkte möglich:

- Erhöhung (Intensivierung) der Produktverwendung bei bestehenden Kunden

- Gewinnung von Kunden, die bisher bei der Konkurrenz gekauft haben

- Gewinnung bisheriger Nichtverwender der Produkte

Bei der **Strategie der Marktentwicklung** wird angestrebt, für die gegenwärtigen Produkte einen oder mehrere neue Märkte zu finden. Der Versuch, neue Marktchancen für ein bestehendes Produkt aufzudecken, umfasst folgende Ansatzpunkte:

■ Erschließung zusätzlicher Absatzmärkte durch regionale, nationale oder internationale Ausdehnung

■ Gewinnung neuer Marktsegmente (zum Beispiel durch speziell auf bestimmte Zielgruppen abgestimmte Produktversionen oder „psychologische" Produktdifferenzierung durch Werbemaßnahmen)

Die **Strategie der Produktentwicklung** basiert auf der Überlegung, für bestehende Märkte neue Produkte zu entwickeln. Als grundlegende Alternativen bieten sich an:

■ Schaffung von Innovationen im Sinne echter Marktneuheiten

■ Programmerweiterung durch Entwicklung zusätzlicher Produktversionen

Die **Diversifikationsstrategie** ist durch die Ausrichtung der Unternehmensaktivitäten auf neue Produkte für neue Märkte charakterisiert. Je nach Grad der mit dieser Strategie verfolgten Risikostreuung lassen sich folgende Diversifikationsformen unterscheiden:

■ **horizontale Diversifikation:** Erweiterung des bestehenden Produktprogramms um Erzeugnisse, die mit diesem in sachlichem Zusammenhang stehen

■ **vertikale Diversifikation:** entspricht der Vergrößerung der Tiefe eines Programms sowohl in Richtung Absatz der bisherigen Erzeugnisse als auch in Richtung Herkunft der Rohstoffe und Produktionsmittel

■ **laterale Diversifikation:** bedeutet den Vorstoß in völlig neue Produkt- und Marktgebiete, wobei die Unternehmung aus dem Rahmen ihrer traditionellen Branche in weitab liegende Aktivitätenfelder ausbricht

Auf den konkreten Fall der Autodruck GmbH bezogen, standen dem Unternehmen 1980 beispielsweise folgende Optionen offen, die in Abbildung 1-25 auf der nächsten Seite tabellarisch aufgelistet sind:

	Gegenwärtiger Markt	Neuer Markt
Gegenwärtige Produkte	▪ Differenzierte Zielgruppen-bearbeitung ▪ Produktverbesserung und -aktualisierung ▪ Optimierung des Vertriebssystems ▪ Segmentspezifische Kommunikation	▪ Auslandsmarktbearbeitung durch – Joint Ventures – Lizenzen – Auslandsniederlassungen
Neue Produkte	▪ Beratung für neue Fahrschulen (Existenzgründungsprogramme) ▪ Ausbildungsprogramme über neue Medien ▪ Konzepte für moderne Fahrschul-ausstattung (Raumausstattung) ▪ Weiterbildungsseminare für Fahrschulleiter ▪ Managementservice (z. B. Buchungen, Versicherungen etc.)	▪ Freizeitmarkt – Motor- und Segelbootausbildung – Jagdausbildung – Flugausbildung – Funkamateurausbildung – Tauchausbildung ▪ Fahrschülermarkt – Lehreinheiten durch neue Medien (Computer based training) ▪ Markt- und Verkehrsteilnehmer – Automobilspezifische Reiseangebote – Diskussionsabende (Länderinfos) – Schulung von Problemgruppen (Kinder, Senioren) – Taxifahrerausbildung

GABLER GRAFIK

Abbildung 1-25: Strategieoptionen

Lösung Aufgabe 6d

Horizontale Diversifikation

Strategiebeschreibung

▪ Entwicklung und Vertrieb von fahrschulfremden Produkten, die auf den persönlichen Bedarf des Fahrlehrers zugeschnitten sind

▪ Entwicklung und Vertrieb von Ausbildungs- und Informationsprogrammen, die die Ausbildungspalette der Fahrschulen erweitern

Chancen	Risiken
▪ Erzielung zusätzlicher Umsätze und Deckungsbeiträge ▪ Schaffung positiver Synergieeffekte (Erhöhung der Kundentreue, Qualitätsausstrahlungseffekte)	▪ zu kleine Zielgruppe ▪ zu wenig geeignete Produkte und Dienstleistungen

GABLER GRAFIK

Abbildung 1-26: Horizontale Diversifikation

Vertikale Diversifikation

Strategiebeschreibung

■ Entwicklung und Vertrieb von Produkten für den persönlichen, nicht ausbildungs-
spezifischen Bedarf von Fahrschülern

Chancen	Risiken
■ Zusatzgeschäfte in der großen Zielgruppe der Führerscheinerwerber	■ schwierige Erzielung von Wettbewerbs-vorteilen gegenüber klassischen Handelsschienen ■ mangelnde Akzeptanz der Fahrschüler ■ Konflikte mit der Basiszielgruppe der Fahrschulen, falls die Produkte nicht über den Fahrlehrer abgesetzt werden

GABLER
GRAFIK

Abbildung 1-27: Vertikale Diversifikation

Laterale Diversifikation

Strategiebeschreibung

■ Übertragung des im Fahrschulmarkt erworbenen Ausbildungs- und Schulungs-
Know-hows auf angrenzende (Straßenverkehr) und völlig neue Anwendungsgebiete

■ Aufbau neuer Geschäftsfelder in ausbildungsintensiven Freizeitmärkten (zum Beispiel Wassersport, Luftsport)

Chancen	Risiken
■ Schaffung neuer Umsatz- und Gewinn-quellen außerhalb des stagnierenden und schrumpfenden Fahrschulmarktes	■ Know-how und Managementkapazität nicht ausreichend ■ Fehlen geeigneter Vertriebswege ■ zu geringe Wettbewerbsfähigkeit in neuen Geschäftsfeldern ■ Akzeptanz- und Durchsetzungsprobleme

GABLER
GRAFIK

Abbildung 1-28: Laterale Diversifikation

3. Fallstudie: Portfolio-Analyse für eine mittelständische Gärtnerei

Die Waldhorst KG ist eine alteingesessene Baumschule und Gärtnerei im nördlichen Münsterland. Das Unternehmen wurde 1923 gegründet und befindet sich mittlerweile in der dritten Generation im Familienbesitz. Die Waldhorst KG hat im Laufe der nunmehr 80-jährigen Firmengeschichte die Produktpalette sukzessiv erweitert.

Während ursprünglich lediglich Bäume abgesetzt wurden, umfasst das Produktprogramm jetzt Bäume und Ziersträucher. Diese Produktpalette wird sowohl an öffentliche als auch private Kunden geliefert.

Mit diesen Produkten erwirtschaftete das Unternehmen 2002 einen Gesamtumsatz von 14 Millionen €. Das private Geschäft wird fast ausschließlich mit lokaler Kundschaft abgewickelt. Zwar kaufen Privatkunden die gesamte Produktpalette der Waldhorst KG, der Schwerpunkt des Absatzes liegt aber eindeutig bei Ziersträuchern. Mit dem Verkauf von Ziersträuchern an Privatkunden wurde 2002 ein Umsatz von 4 Millionen € erzielt.

An die öffentliche Hand werden in erster Linie Bäume verkauft. Dabei beliefert die Waldhorst KG nicht nur die eigene Kommune, sondern auch mehrere Städte im gesamten Münsterland. Im lokalen Geschäft konnte dabei ein Umsatz von 2 Millionen €, im regionalen von 8 Millionen € erzielt werden.

Die Juniorchefin macht sich aufgrund der sich abzeichnenden Umsatzrückgänge im Handel mit der öffentlichen Hand Sorgen um die Zukunft des Unternehmens. Sie möchte daher die Unternehmensaktivitäten grundsätzlich neu ordnen. Als Informationsgrundlage soll dabei die Portfolio-Analyse dienen.

Aufgabe 1

Welche strategischen Geschäftsfelder betreibt die Waldhorst KG? Nehmen Sie eine Einteilung anhand der Kriterien Produkt, Kundengruppe und räumlicher Marktabdeckung vor.

Aufgabe 2

Nachdem die Juniorchefin Klarheit über die Geschäftsfelder der Waldhorst KG gewonnen hat, analysiert sie das Wettbewerbsumfeld sowie die voraussichtliche Unternehmens- und Marktentwicklung. Dabei kommt sie zu folgenden Ergebnissen:

	SGF A	SGF B	SGF C
Waldhorst KG			
Umsatz 2002	8	4	2
prognostizierter Umsatz 2004	6	6	2
	SGF A	**SGF B**	**SGF C**
Wiesel OHG			
Umsatz 2002	5	3	5
prognostizierter Umsatz 2004	3	4	6
Adler GmbH			
Umsatz 2002	10	3	1
prognostizierter Umsatz 2004	7	4	1
Gesamtmarkt			
Umsatz 2002	80	20	10
prognostizierter Umsatz 2004	64	25	11

GABLER
GRAFIK

Abbildung 1-29: Analyse des Wettbewerbsumfeldes

Aufgabe 2a

Berechnen Sie die Positionen der strategischen Geschäftsfelder der Waldhorst KG nach dem Marktanteils-Marktwachstums-Portfolio und zeichnen Sie diese mit Berücksichtigung des Umsatzes in das 6-Felder-Portfolio ein (Skala von –30 Prozent bis 30 Prozent für das Marktwachstum beziehungsweise 0 bis 2 für den relativen Marktanteil = eigener Marktanteil/Marktanteil des Hauptwettbewerbers).

Aufgabe 2b

Welche Normstrategien empfehlen sich aufgrund der Lage der einzelnen strategischen Geschäftsfelder der Waldhorst KG?

Aufgabe 2c

Nehmen Sie zum Aussagewert einer solchen Portfolio-Analyse kritisch Stellung.

4. Lösungen zur Fallstudie: Portfolio-Analyse für eine mittelständische Gärtnerei

Lösung Aufgabe 1

Die Kriterien Kundengruppe, Produkt und räumliche Marktabdeckung weisen jeweils zwei Ausprägungen auf, sodass sich acht (2^3) mögliche Geschäftsfelder ergeben:

Produkt		Kundengruppe		Räumliche Marktabdeckung	
Bäume	Ziersträucher	Privatkunden	öffentliche Hand	lokal	regional

GABLER GRAFIK

Abbildung 1-30:   Kriterienausprägung

Von diesen möglichen Geschäftsfeldern bearbeitet die Waldhorst KG lediglich drei:

Das Geschäftsfeld A umfasst den Verkauf von Bäumen an die öffentliche Hand in der gesamten Region Münsterland. Geschäftsfeld B umfasst den Verkauf von Ziersträuchern an Privatkunden auf lokaler Ebene. Geschäftsfeld C schließlich beinhaltet den Verkauf von Bäumen an die öffentliche Hand auf lokaler Ebene.

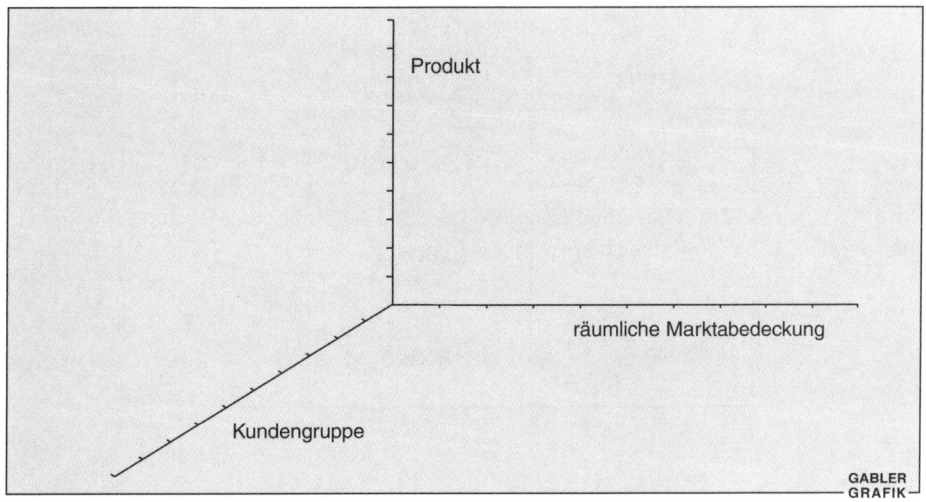

Abbildung 1-31:   Geschäftsfelddimensionen der Waldhorst KG

39

Lösung Aufgabe 2

Lösung Aufgabe 2a

Zur Herleitung des Marktanteils-Marktwachstums-Portfolios müssen für die einzelnen Geschäftsfelder der Waldhorst KG der relative Marktanteil (eigener Marktanteil durch Marktanteil des stärksten Wettbewerbers beziehungsweise eigener Umsatz durch Umsatz des stärksten Wettbewerbers) sowie das Marktwachstum ermittelt werden. Um die Bedeutung der einzelnen Geschäftsfelder für die Waldhorst KG deutlich zu machen, kann der Umfang der Kreispositionen proportional zum Umsatzanteil eingezeichnet werden.

	SGF A	SGF B	SGF C
Relativer Marktanteil	0,8	1,33	0,4
Marktwachstum	−20 %	+25 %	+10 %
Anteil am Gesamtumsatz der Waldhorst KG	57,1 %	28,6 %	14,3 %

GABLER GRAFIK

Abbildung 1-32:   Bedeutung der einzelnen Geschäftsfelder

Anhand dieser Werte kann das Portfolio erstellt werden:

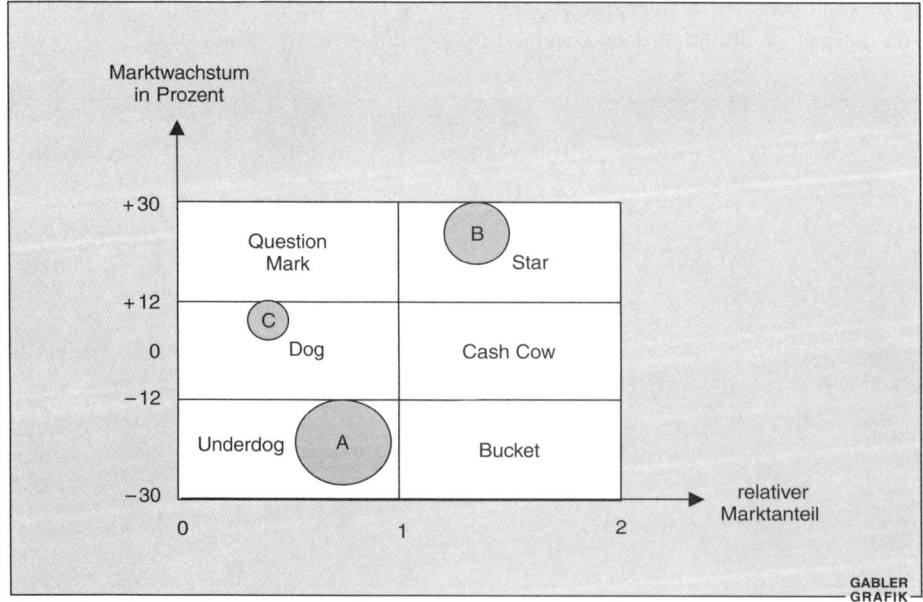

Abbildung 1-33:   Geschäftsfeldportfolio

Lösung Aufgabe 2b

Der Verkauf von Bäumen an die öffentliche Hand in der Region Münsterland hat mit einem Umsatzanteil von 57,1 Prozent zentrale Bedeutung für die Waldhorst KG. Dieses Geschäftsfeld ist durch einen starken prognostizierten Umsatzrückgang gekennzeichnet. Außerdem ist die Waldhorst KG in diesem Geschäftsfeld nicht stärkster Anbieter. Die Normstrategie lautet daher Desinvestition, das heißt Marktaustritt.

Das Geschäftsfeld B, der Verkauf von Ziersträuchern an Privathaushalte im lokalen Markt, ist durch ein ausgesprochen hohes Marktwachstum und eine starke Wettbewerbsposition der Waldhorst KG gekennzeichnet. Die Normstrategie für dieses Geschäftsfeld ist auf weiteres Wachstum ausgelegt, also eine Investitionsstrategie, um so den Anteil von bislang 28,6 Prozent am Gesamtumsatz auszubauen.

Das Geschäftsfeld C schließlich, das bislang 14,3 Prozent zum Umsatz der Waldhorst KG beigetragen hat, ist durch eine nur schwache Wettbewerbsposition gekennzeichnet. Das Marktwachstum von 10 Prozent ist ein Indiz für Sondereinflüsse der Nachfrage auf lokaler Ebene, da regional die Nachfrage der öffentlichen Hand nach Bäumen zurückgegangen ist. Die Normstrategie ist hier nicht eindeutig; entweder kann die Waldhorst KG eine Offensivstrategie verfolgen, um den Marktanteil zu steigern oder eine Rückzugsstrategie, wenn sie dieses Geschäftsfeld für langfristig nicht attraktiv hält. Da im regionalen Markt die Nachfrage nach Bäumen seitens der öffentlichen Hand spürbar zurückgegangen ist, erscheint eine Rückzugsstrategie sinnvoll, da das Marktwachstum von 10 Prozent wahrscheinlich auf einmalige Sondereinflüsse wie zum Beispiel einmalige städtische Bauvorhaben zurückzuführen ist. Zusammenfassend können aus dem Portfolio Modell folgende Normstrategien entwickelt werden:

SGF A: Desinvestitionsstrategie: Underdog
SGF B: Investitionsstrategie: Star
SGF C: Rückzugsstrategie: Grenze Dog/Question mark

Lösung Aufgabe 2c

Die Vorteile der Portfolio-Methode liegen insbesondere in ihrer hohen Anschaulichkeit, der leichten Operationalisierung und Handhabung des Konzepts sowie dem damit verbundenen hohen Kommunikationswert.

Diesen Vorteilen der Portfolio-Planung stehen jedoch eine Reihe gewichtiger Nachteile gegenüber, die eine Anwendung nur sehr begrenzt sinnvoll erscheinen lassen.

Zunächst einmal baut das Modell auf eindeutig abgrenzbaren Geschäftsfelder auf. Zur Abgrenzung der Geschäftsfelder lassen sich jedoch unterschiedliche Kriterien heranziehen. So kann zum Beispiel nach Produkten oder Produktgruppen differenziert werden. Diese Entscheidung hat jedoch Auswirkungen auf die Abgrenzung des relevanten Marktes und damit den Marktanteil und das Marktwachstum. Wenn zum Beispiel die Geschäftsfelder der Waldhorst KG nur nach den Kategorien Produkt/Kunde differenziert

41

werden, ergeben sich lediglich zwei Geschäftsfelder mit anderen Marktanteilen und Wachstumsraten als bei einer Abgrenzung nach den Kriterien Produkt/Kunde/Marktareal.

Die Normstrategien sind zu undifferenziert, da sich die SGF in aller Regel nicht in der Idealposition inmitten der vier beziehungsweise sechs Felder befinden. Darüber hinaus ist die Abgrenzung der Achsen hinsichtlich der Trennmarke willkürlich. Je nachdem, wie die Trennmarke gesetzt wird, erhalten die Geschäftsfelder unterschiedliche Positionen im Portfolio mit entsprechend unterschiedlichen Normstrategien. Fraglich ist darüber hinaus, ob die Klassifikationsmerkmale Marktwachstum und relativer Marktanteil tatsächlich geeignete Indikatoren für die Erfolgs- und Finanzlage eines Unternehmens sind. Die PIMS-Studie hat gezeigt, dass beispielsweise 59 Prozent aller als Dog gekennzeichneten Unternehmen entgegen der Annahmen der Portfolio-Methode einen positiven Cashflow aufwiesen. Schließlich ist die der Portfolio-Planung zugrunde liegende Forderung nach einem ausgeglichenen Cashflow keine unternehmerisch sinnvolle Zielsetzung, da die Möglichkeit der Außenfinanzierung so unbeachtet bleibt.

Die vorgeschlagene Desinvestitionsstrategie für das Geschäftsfeld A weist darüber hinaus beispielspezifische Schwächen auf. Das Geschäftsfeld A trägt 57,1 Prozent zum Gesamtumsatz der Waldhorst KG bei, sodass ein rascher Rückzug aus diesem Geschäftsfeld kaum möglich ist.

Kapitelübersicht

Kapitel 2

Marketing- und Käuferverhaltensforschung

Kapitel 2

Lernziele

Der Leser soll nach Bearbeitung dieses Kapitels in der Lage sein,

1. die wichtigsten Grundtypen des Käuferverhaltens zu unterscheiden,

2. die wichtigsten Kriterien zur Beurteilung von Marktforschungs-
   informationen zu erläutern,

3. die Bedeutung von Informationen der Marketingforschung für
   Marketing-Konzepte aufzuzeigen,

4. die wichtigsten Informationsgewinnungsmethoden der Marketingforschung zu erklären und

5. die wesentlichen Konstrukte der Käuferverhaltensforschung
   zu definieren.

1. Marketing- und Käuferverhaltens-forschung/Aufgaben

Aufgabe 1 Umweltbewusstes Kaufverhalten

Trotz eines gestiegenen Umweltbewusstseins hat sich die Nachfrage nach ökologieorientierten Produkten teilweise nur schleppend entwickelt.

Wie erklären sich derartige Divergenzen zwischen bekundetem und tatsächlichem Kaufverhalten? Systematisieren Sie verschiedene Erklärungsmöglichkeiten.

Aufgabe 2 Kaufentscheidungstypen

Zeigen Sie die Besonderheiten der folgenden Kaufentscheidungssituationen auf und versuchen Sie, Kaufentscheidungstypen zu bilden:

- Familie H. plant erstmals seit Jahren wieder eine längere Urlaubsreise. Während Frau H. gerne an die See fährt, liebt Herr H. die Berge. Für die 14-, 15- und 17-jährigen Kinder der Familie H. muss am Urlaubsort „richtig was los sein".

- Anlässlich des Sommerschlussverkaufs verhandelt der Geschäftsführer eines Textilfilialisten mit einem Textilimporteur über den Kauf von 1.000 Bermuda-Shorts.

- Die Deutsche Telekom AG plant nach ihrer Privatisierung die Beschaffung eines neuartigen Telefonzellenmodells, um die Corporate Identity des Unternehmens zu verändern.

- Student Habenichts erbt von seiner Tante 40.000 €. Da Habenichts schon immer schnelle Autos liebte und außerdem großer James-Bond-Fan ist, plant er, das Geld für den Kauf eines BMW Z4 auszugeben.

Aufgabe 3 Marktforschungs-Informationen

Marketing kann auch als das Management von Komparativen Konkurrenzvorteilen (KKV) verstanden werden. Derartige Wettbewerbsvorteile müssen vom Kunden wahrgenommen werden, eine gewisse zeitliche Stabilität aufweisen und schließlich hinsichtlich eines Leistungsmerkmals erzielt werden, das für den Kunden eine hohe Relevanz besitzt.

Welche Anforderungen ergeben sich im Hinblick auf die Erzielung von Wettbewerbsvorteilen an Marktforschungs-Informationen?

46

Aufgabe 4   Situationsanalyse

In den achtziger Jahren wurde alkoholfreies Bier mit großem Erfolg in den Biermarkt eingeführt. Eine mittelständische Spezialitätenbrauerei überlegt nun, ob sie als Folger in den boomenden Markt eintreten soll. Als Assistent des Marketing-Geschäftsführers werden Sie beauftragt, festzulegen, welche entscheidungsrelevanten Informationen im Rahmen einer Situationsanalyse für diese Entscheidung benötigt werden.

Aufgabe 5   Informationsgewinnungsmethoden

Seit geraumer Zeit wird in der Brauwirtschaft die Einführung einer für alle Hersteller einheitlichen Bierflasche, der so genannten Euroflasche diskutiert. Dies geschieht vor allem vor dem Hintergrund, dass markenspezifische Pfandflaschen immer zum jeweiligen Hersteller zurückgebracht werden müssen. Eine einheitliche Flaschenform könnte hingegen von allen Herstellern wiederverwendet werden, wodurch erforderliche Transportwege erheblich verkürzt werden könnten. Die Brauwirtschaft steht der Einführung der Euroflasche skeptisch gegenüber, da sie die Flaschenform auch weiterhin als Differenzierungsmerkmal nutzen möchte. Um für die Diskussion erste Anhaltspunkte zu erlangen, beabsichtigt der Deutsche Brauer Bund, eine explorative Marktforschungsstudie in Auftrag zu geben, um die Akzeptanz der Euroflasche bei den Konsumenten zu testen. Damit sollen erste Eindrücke über den Zusammenhang zwischen der markenspezifischen Flaschenform und dem Kaufverhalten gewonnen werden. Unterbreiten Sie zu diesem Zweck einen Vorschlag für eine sinnvolle Informationsgewinnungsmethode.

Aufgabe 6   Befragungsdesign

Um das Angebot öffentlicher Leistungen stärker an den Wünschen der Bürger zu orientieren, plant die Stadtverwaltung Münster eine Befragung zum Thema „Öffnungszeiten der Stadtverwaltung".

Welche Entscheidungsprobleme hat die Stadtverwaltung bei der Konzeption der Befragung zu bedenken? Gehen Sie auch auf die Vor- und Nachteile verschiedener Befragungsformen ein und unterbreiten Sie einen begründeten Vorschlag für eine Befragungsform.

Aufgabe 7   Mündliche versus schriftliche Befragung

Durch die gestiegene Zahl von Kirchenaustritten hat in jüngster Zeit auch im Bereich der christlichen Kirchen der Marketing-Gedanke an Bedeutung gewonnen. Vor diesem Hintergrund soll eine Umfrage die Gründe für einen Kirchenaustritt näher untersuchen. Das beauftragte Marktforschungsinstitut hat ermittelt, dass zur Repräsentativität der

Erhebung eine Stichprobe von 2.500 Personen erforderlich ist. Fraglich ist, auf welche Befragungsmethode zurückgegriffen werden soll. Bei einer schriflichen Befragung wird im günstigsten (ungünstigsten) Fall mit einer Rücklaufquote von 15 Prozent (7 Prozent) gerechnet. Die Portogebühren für die Versendung eines Fragebogens sowie für die Gebühren eines Freiumschlages zur Rücksendung des ausgefüllten Fragebogens betragen jeweils 1,80 €. Für die Konfektionierung (Eintüten etc.) der Fragebögen ist mit Kosten von 0,30 € pro Fragebogen zu rechnen.

Bei einer mündlichen Befragung durch Interviewer liegt die Erfolgsquote der verwertbaren Fragebögen weitaus höher. Es wird nur mit einer Ausfallquote von 5 Prozent gerechnet. Die Interviewer können von einem Marktforschungsinstitut für die Befragungstätigkeit angemietet werden. Hierbei fallen pro Arbeitstag und Interviewer Kosten in Höhe von 240,00 € an. Es wird davon ausgegangen, dass jeder Interviewer im Durchschitt täglich acht Interviews durchführen kann.

Die Kosten für den Druck der Fragebögen hängen von der jeweiligen Auflagenhöhe ab. Von folgender Kostenstaffelung ist auszugehen:

2.000 – 2.500 Fragebögen:	1,10 € pro Fragebogen
2.500 – 3.500 Fragebögen:	1,00 € pro Fragebogen
3.500 – 4.500 Fragebögen:	0,85 € pro Fragebogen
mehr als 4.500 Fragebögen:	0,70 € pro Fragebogen

Aufgabe 7a

Welche Befragungsform sollte die Kirchenleitung unter Wirtschaftlichkeitsaspekten präferieren? Berücksichtigen Sie bei Ihrer Beurteilung die unterschiedlichen Ausprägungen der Rücklaufquote bei der schriftlichen Befragung.

Aufgabe 7b

Bei welcher Rücklaufquote der schriftlichen Befragung besteht hinsichtlich der Kosten Indifferenz gegenüber der mündlichen Befragung?

Aufgabe 7c

Welche zusätzlichen Kriterien sollten für die Auswahlentscheidung herangezogen werden?

Aufgabe 8   Panel-Methode

Führende Marktforschungsinstitute wie Nielsen oder die GfK führen neben Einmal-Befragungen auch so genannte Panel-Untersuchungen auf Endverbraucher- und Handels-stufe durch.

Grenzen Sie zunächst die Panel-Methode von einer Einzelbefragung ab und diskutieren Sie anschließend die besonderen Probleme bei Aufbau und Pflege eines Handelspanels.

Welche Vorteile bietet das Panel-Verfahren gegenüber einer normalen Befragung?

Aufgabe 9   Chi-Quadrat-Test

Bei der Analyse des Biermarktes wird häufig die These von der zunehmenden Austausch-barkeit der Produkte im Hinblick auf ihre objektiven Eigenschaften vertreten, die eine psychologische Differenzierung der Marken zunehmend wichtiger erscheinen lassen.

Zur Überprüfung dieser These sollen 100 Versuchspersonen die Produkte der Marktfüh-rer aus dem Sauerland im Blindversuch auf Geschmacksunterschiede überprüfen. Der Experimentleiter stellt die Hypothese auf, dass die Unterschiede so gering sind, dass sie von den Versuchspersonen nicht wahrgenommen werden und sich 50 Personen für die Biersorte A und 50 Personen für die Biersorte B entscheiden werden (Nullhypothese). Im Blindversuch entscheiden sich jedoch 63 Versuchspersonen für Sorte A und 37 für Sorte B.

Lässt sich die Nullhypothese bei einem geforderten Sicherheitsgrad von 95 Prozent aufrechterhalten?

Aufgabe 10   Markttest

Im Rahmen der Produkteinführung sehen sich Hersteller einem großen Floprisiko aus-gesetzt. Um das Risiko zu mindern und gleichzeitig Hinweise für die optimale Gestaltung des Marketing-Mix vor einer nationalen Einführung zu erhalten, greifen viele Hersteller auf die Methode des Markttests zurück.

Charakterisieren Sie das Wesen und die wichtigsten Aufgaben eines Markttests.

Aufgabe 11   Regressionsanalyse

Seniwand, ein Spezialveranstalter von Wanderreisen für Senioren, hat eine Marktforschungsstudie in Auftrag gegeben. Dabei wurde durch eine Regressionsanalyse der Zusammenhang zwischen den Ausgaben (in 1.000 €) für einen aktiven Wanderurlaub und dem Alter der Senioren ermittelt. Mit Hilfe der gefundenen Regressionsbeziehung möchte Seniwand nun ein neues Marketingkonzept entwickeln. Nehmen Sie zu diesem Plan vor dem Hintergrund eines Bestimmtheitsmaßes von r = 0,14 Stellung.

Aufgabe 12   Konstrukte der Käuferverhaltensforschung

Ein großes Verlagshaus hat eine Befragung unter 500 Abonnenten durchgeführt. Neben Daten zum Mediennutzungsverhalten wurden Motive für das Abonnement sowie Wertvorstellungen der Kunden erhoben. Im Verlag wollte man insbesondere der Frage nachgehen, welchen Einfluss der Wertewandel der Konsumenten auf ihre Mediennutzung ausübt.

Der Leiter der Abteilung Öffentlichkeitsarbeit sieht keinen Unterschied zwischen Werten und Motiven. Er wirft dem Leiter der Marktforschungsabteilung vor, sich nicht an neueren Erkenntnissen der Marktforschung zu orientieren. Heute sei es seiner Ansicht nach üblich, statt Werten und Motiven so genannte Lifestyles der Kunden zu erfassen.

Treten Sie als Schlichter auf, und arbeiten Sie die Unterschiede der einzelnen Konstrukte des Käuferverhaltens im Hinblick auf ihre Eignung zur Marktsegmentierung heraus.

2.   Lösungen zu den Aufgaben

Lösung Aufgabe 1   Umweltbewusstes Kaufverhalten

Grundsätzlich lassen sich die Divergenzen nach exogenen und endogenen Faktoren systematisieren:

Exogene Erklärungsvariablen sind produktbezogene Faktoren (Ökologierelevanz, Kennzeichnung der Produkte als umweltfreundlich), situationsbezogene Faktoren (Zeitdruck, Verfügbarkeit umweltfreundlicher Produkte), Faktoren der allgemeinen Umwelt (staatliche Regelungen, neuere Produktentwicklung) sowie soziodemographische Faktoren (Bildungsniveau, Alter, Einkommen, Familienstand etc.).

Als endogene Erklärungsvariablen lassen sich die Konstrukte der Kaufverhaltensforschung anführen: Motive, Risiko, Involvement, Lernen, Dissonanzen, Kommunikation, sozialer Druck, Meinungsführerschaft.

Lösung Aufgabe 2   Kaufentscheidungstypen

Die Urlaubreise der Familie H. verursacht hohe Kosten und kann nicht als Routineentscheidung interpretiert werden, sodass ein extensiver Kaufentscheidungsprozess unterstellt werden kann, an dem die gesamte Familie beteiligt ist. Da alle Familienmitglieder an der Kaufentscheidung beteiligt sind, gleichzeitig aber im Hinblick auf die Urlaubsreise unterschiedliche Interessen haben, ist zu klären, welche Kriterien für die beteiligten Personen bei der Urlaubsreise mit welchem Gewicht relevant sind. Darüber hinaus müsste die Rolle der einzelnen Personen im Entscheidungsprozess analysiert werden.

Im Vergleich zur ersten Kaufentscheidungssituation handelt es sich bei dem Kauf von Bermuda-Shorts nicht um einen Privatkauf. Der Geschäftsführer handelt als Repräsentant des Textilunternehmens. Diese individuelle Kaufentscheidung unterliegt primär ökonomischen Gesichtspunkten und gehört zu den Routineentscheidungen des Geschäftsführers. Sie wird insbesondere von seinen Persönlichkeitsmerkmalen beeinflusst. Für das Marketing des Herstellers von Bermuda-Shorts ist es daher besonders wichtig, diese Persönlichkeitsmerkmale etwa bei der Auswahl der Außendienstmitarbeiter zu berücksichtigen (zum Beispiel durch so genannte matching-Studien).

Die Beschaffung neuer Telefonzellen hat für die Deutsche Telekom AG weitreichende Konsequenzen. Bei der Entscheidungsfindung werden mehrere Personen aus unterschiedlichen Unternehmensbereichen, zum Beispiel aus der Einkaufsabteilung, der Marketingabteilung sowie Experten aus dem technischen Bereich beteiligt sein. Der Kauf beinhaltet eine Ausnahmeentscheidung mit ökonomischer Ausrichtung. Starken Einfluss hat dabei die Verteilung von formaler und informeller Macht auf die unterschiedlichen Entscheidungsträger im Buying Center (gedankliche Zusammenfassung der an der Kaufentscheidung beteiligten Personen). Im Rahmen solcher Analysen wird zum Beispiel zwischen Promotoren (Befürwortern der Kaufentscheidung) und Opponenten (Gegnern der Kaufentscheidung) differenziert. Der Einfluss sowohl der Promotoren als auch der Opponenten kann dabei fachlich (Fachpromoter beziehungsweise -opponent) oder hierarchisch (Machtpromoter beziehungsweise -opponent) bedingt sein.

Der Kauf eines BMW Z4 ist für den Studenten in finanzieller Hinsicht sehr bedeutungsvoll und damit eine Ausnahmeentscheidung. Sie wird auf privater Ebene individuell getroffen. Zu ihrer Erklärung ist es notwendig zu analysieren, warum der Student eine offenbar hohe gefühlsmäßige Bindung an den Roadster von BMW hat.

Zusammenfassend lassen sich folgende Grundtypen von Kaufentscheidungen systematisieren:

	Haushalt	Unternehmung bzw. Institution
Individuum	1 Kaufentscheidungen des Konsumenten	2 Kaufentscheidungen des Repräsentanten
Kollektiv	3 Kaufentscheidungen von Familien	4 Kaufentscheidungen des Einkaufsgremiums (Buying-Center)

GABLER GRAFIK

Abbildung 2-1: Grundtypen von Kaufentscheidungen

Lösung Aufgabe 3   Marktforschungs-Informationen

Erklärungsmodelle des Käuferverhaltens sind eine Informationsgrundlage für die Erzielung von Wettbewerbsvorteilen. Es gilt, die Determinanten des Kaufverhaltens empirisch zu erfassen und im Sinne der jeweiligen Modellansätze des Käuferverhaltens auszuwerten. Aus den skizzierten Anforderungen an Wettbewerbsvorteile ergibt sich, dass die Marketingforschung um die Bereitstellung relevanter, zuverlässiger, genauer und aktueller Informationen bemüht sein muss.

Bei der Informationsbeschaffung muss dabei den Anforderungen der Informationsökonomie Rechnung getragen werden, das heißt, die Kosten der Informationsbeschaffung dürfen nicht höher sein als der Nutzen der Information.

Lösung Aufgabe 4   Situationsanalyse

Zur fundierten Entscheidungsfindung benötigt der Geschäftsführer der Brauerei im Rahmen einer Situationsanalyse Informationen über den Markt, die Marktteilnehmer sowie das relevante Umfeld. Darüber hinaus muss der Geschäftsführer Anhaltspunkte für den möglichen Einsatz von Marketing-Instrumenten erhalten.

Informationen über den Markt (Marktvolumen, Marktpotenzial)

- Entwicklung des Getränkemarktes

- Entwicklung des Biermarktes

- Entwicklung des Marktes für alkoholfreies Bier

Informationen über die Marktteilnehmer

- Konkurrenz: Im Rahmen der Konkurrenzanalyse muss die Wettbewerbsstärke der Konkurrenten – etwa anhand eines Scoring-Modells mit Kriterien wie Marktanteil, Sortimentsstärke, Rentabilität, Liquidität, Markenbekanntheit – untersucht werden. Darüber hinaus müssen Informationen über mögliche Verhaltensreaktionen der Konkurrenz auf die eigene Neuprodukteinführung erfasst werden.

- Handel: Im Hinblick auf den Handel ist es erforderlich, Informationen über die Aufnahmebereitschaft des Handels für ein neues alkoholfreies Bier zu ermitteln. Aufgrund des Machtzuwachses durch eine fortschreitende Handelskonzentration und der Knappheit von qualitativ hochwertigem Regalplatz ist der Handel nur unter bestimmten Bedingungen, zum Beispiel der Zahlung so genannter Listungsgelder, bereit, ein neues Produkt in sein Sortiment aufzunehmen. Daneben muss geklärt werden, inwieweit der Handel den Hersteller in der Einführungsphase bei bestimmten Marketingfunktionen wie zum Beispiel der Einführungswerbung unterstützen kann.

- Konsumenten: Die wichtigsten Informationen in Bezug auf die Konsumenten betreffen ihre Einstellungen und Bedürfnisse im Hinblick auf alkoholfreies Bier. Wichtig ist es hier zu erfahren, inwieweit die Konsumenten alkoholfreies Bier lediglich als alkoholfreien Bierersatz oder auch als Konkurrenzprodukt zu anderen alkoholfreien Getränken auffassen. Daneben ist die Preisbereitschaft der Konsumenten im Vergleich zu alkoholfreiem Bier zu ermitteln und zu prüfen, ob der Trend zu alkoholfreiem Bier lediglich eine kurzfristige Modeerscheinung oder eine nachhaltige Entwicklung darstellt.

- Hersteller: Der Hersteller muss sich fragen, inwieweit er über das nötige Know-how für die Produktion alkoholfreien Bieres verfügt, wie hoch voraussichtlich seine Produktions- und Marketingkosten sind und ob Kapazitäts- und Finanzrestriktionen der Neueinführung im Weg stehen.

Informationen über das relevante Umfeld

- Für die Einführung eines alkoholfreien Bieres sind lebensmittelrechtliche Vorschriften (zum Beispiel: ab welchem Alkoholgehalt darf die Bezeichnung alkoholfreies Bier geführt werden), Konsequenzen für die Umwelt durch Herstellung und Konsum des neuen Produkts (zum Beispiel: Mehrweg- oder Einwegverpackung) von Bedeutung sowie verkehrsrechtliche Bestimmungen (etwaige Verschärfung der Promillegrenze).

Informationen über das Marketing-Mix

- Informationen über die Wirkung präferenzbildender Marketinginstrumente, zum Beispiel: Form und Verpackung des Produkts, Nutzung bisheriger Absatzkanäle (wird alkoholfreies Bier in der Gastronomie akzeptiert), Markenstrategie für das neue Produkt (Einzel- oder Dachmarkenstrategie), Medienwahl zur Erreichung kommunikationspolitischer Ziele (Print- versus elektronische Medien), Preise und Konditionen (wird die alkoholfreie Variante zum gleichen Preis angeboten wie das alkoholhaltige Bier).

Lösung Aufgabe 5   Informationsgewinnungsmethoden

Bei der Eignungsprüfung von alternativen Flaschenformen stehen Bewertungskriterien wie

- Aufforderungscharakter

- Anmutungsqualität und

- Funktionalität

im Vordergrund.

Als Methoden der Informationsgewinnung bieten sich grundsätzlich Befragung, Beobachtung und Experiment an. Das Experiment hat eine Sonderstellung, weil es entweder als Befragung oder als Beobachtung oder als Kombination aus beiden durchgeführt werden kann.

Im vorliegenden Fall soll keine komplette Produkt- oder Marketingkonzeption, sondern nur ein einzelner Wirkungsfaktor des Marketing-Mix analysiert werden. Dazu eignen sich repräsentative Befragungen bei den Konsumenten nicht, weil:

- sonstige Einflüsse wie die Wirkung anderer Marketinginstrumente nicht auszuschließen sind,

- sie zu kosten- und zeitintensiv sind und

- Aufforderungs- und Anmutungsqualität eher emotionalen Charakter haben, der sich in verbalisierter Form nur schwer erfassen lässt.

Andererseits bietet sich die Beobachtung von Verhaltensreaktionen auf unterschiedliche Flaschenformen an. Um deren Einfluss zu isolieren, ist die Anlage eines Experiments in einem Labortestmarkt notwendig. Diese Methode hat zusätzlich den Vorteil, kostengünstig zu sein. Die Versuchspersonen würden in einem Labor-Supermarkt einkaufen. Dabei würden in einer ersten Versuchsrunde die markenspezifischen Flaschen, in einer zweiten Versuchsrunde die einheitlichen Euroflaschen angeboten. Die Differenz der Bierkäufe je Marke zwischen der ersten und zweiten Versuchsrunde lässt Rückschlüsse über den Einfluss der markenspezifischen Flaschenform auf die Kaufentscheidung zu.

Lösung Aufgabe 6   Befragungsdesign

Ausgangspunkt einer Befragungskonzeption ist das exakt definierte Marktforschungsproblem. Im vorliegenden Fall möchte die Stadtverwaltung zur Steigerung der Kundenzufriedenheit die Öffnungszeiten der Verwaltung optimal an die Bedürfnisse der Bürger anpassen. Dazu sollen die Bürger der Stadt nach ihren Präferenzen hinsichtlich der Öffnungszeiten befragt werden. Die Befragungskonzeption beinhaltet im Einzelnen die Festlegung:

- des Befragungskreises. Dazu kann die Datei des Einwohnermeldeamtes genutzt werden.

- des Stichprobenumfangs. Es kann entweder auf eine Vollerhebung (alle Einwohner der Stadt werden befragt) oder auf eine Teilerhebung zurückgegriffen werden. Da eine Vollerhebung bei einer großen Grundgesamtheit kaum durchführbar ist, wird in aller Regel eine Teilerhebung durchgeführt.

- der Befragten. Bei einer Teilerhebung ist durch geeignete Maßnahmen die Repräsentativität der Stichprobe sicherzustellen.

- des Befragungszeitraums. Ein genügend großer Zeitraum, zum Beispiel zwei Wochen, sollte situative Einflussfaktoren ausschließen.

- der Befragungstaktik. Dabei steht insbesondere die Wahl zwischen offenen und geschlossenen Fragestellungen, die Fragenreihenfolge, die Länge sowie die sonstige redaktionelle Gestaltung des Fragebogens im Vordergrund. In einem Pre-Test kann die Eignung des Fragbogens überprüft werden.

- der Befragungsform. Hier besteht die Wahl zwischen einer mündlichen, schriftlichen oder telefonischen Befragung. Die wesentlichen Vor- und Nachteile dieser Methoden sind der nachfolgenden Abbildung zu entnehmen.

55

Vorteile	Nachteile
Mündliche Befragung	
▪ Hohe Erfolgsquote ▪ Größerer Fragebogenumfang möglich ▪ Fragethematik im Grundsatz unbeschränkt ▪ Befragungstaktisches Instrumentarium voll anwendbar ▪ Befragungssituation kontrolliert, ergänzende Beobachtungen möglich	▪ Feldorganisation (Interviewerstab) erforderlich ▪ Interviewerkosten ▪ Interviewereinfluss
Schriftliche Befragung	
▪ Keine Feldorganisation erforderlich ▪ Keine Interviewerkosten ▪ Räumliche Entfernung unerheblich ▪ Anonymitätsgewährleistung unproblematisch	▪ Repräsentanz eingeschränkt (geringe Rücklaufquote) ▪ Fragebogenumfang eingeschränkt ▪ Befragungstaktik stark eingeschränkt, keinerlei Flexibilität ▪ Befragungssituation völlig unkontrolliert, Rückfragen praktisch unmöglich ▪ Längerer Durchführungszeitraum erforderlich
Telefonische Befragung	
▪ Rasche Durchführung ▪ Geringer Erhebungsaufwand	▪ Kreis der Auskunftspersonen eingeschränkt (nur Telefonbesitzer) ▪ Frageumfang eingeschränkt ▪ Fragethematik eingeschränkt (Zurückhaltung, Argwohn gegenüber fremden Anrufern)

GABLER GRAFIK

Abbildung 2-2: Vor- und Nachteile unterschiedlicher Befragungsformen

Im vorliegenden Fall erscheint es sinnvoll, eine schriftliche Befragung bei repräsentativ ausgewählten Bürgern der Stadt durchzuführen. Den Vorteilen einer schriftlichen Befragung stehen kaum Nachteile gegenüber. Das Problem der geringen Rücklaufquote könnte durch den Einsatz von Incentives (zum Beispiel Verlosung einer Reise) vermindert werden. Die Mängel einer eingeschränkten Befragungstaktik und einer unkontrollierten Befragungssituation wiegen aufgrund des vergleichsweise einfachen Marktforschungsproblems nur gering.

Lösung Aufgabe 7 Mündliche versus schriftliche Befragung

Lösung Aufgabe 7a

Zur Ermittlung der kostengünstigsten Befragungsform ist es zunächst erforderlich, den für 2.500 auswertbare Fragebögen erforderlichen Befragungsaufwand zu ermitteln:

■ **schriftliche Befragung**

Bei einer Rücklaufquote von 15 Prozent ergibt sich ein notwendiger Stichprobenumfang von 16.667 Personen (2.500 : 0,15). Bei einer Rücklaufquote von 7 Prozent ergibt sich sogar ein notwendiger Stichprobenumfang von 35.715 Personen (2.500 : 0,07).

■ **mündliche Befragung**

Bei einer mündlichen Befragung ist bei einer Ausfallquote von 5 Prozent ein Stichprobenumfang von 2.632 Personen (2.500 : 0,95) erforderlich.

Auf der Grundlage der so ermittelten Stichprobenumfänge können die Kostenberechnungen für die einzelnen Befragungsformen vorgenommen werden.

1. Kostenberechnung schriftliche Befragung

a) für eine Rücklaufquote von 15 Prozent

Portogebühren	16.667 · 1,80 € + 2.500 · 1,80 € = 34.500,60 €
Konfektionierung der Fragebögen	16.667 · 0,30 € = 5.000,10 €
Druckkosten für Fragebögen	Aufgrund der Kostenstaffelung fallen 0,70 € Druckkosten pro Fragebogen an: 16.667 · 0,70 € = 11.666,90 €

Bei einer Rücklaufquote von 15 Prozent belaufen sich die Gesamtkosten auf 51.167,60 €.

b) für eine Rücklaufquote von 7 Prozent

Portogebühren	35.715 · 1,80 € + 2.500 · 1,80 € = 68.787 €
Konfektionierung der Fragebögen	35.715 · 0,30 € = 10.714,50 €
Druckkosten der Fragebögen	35.715 · 0,70 € = 25.000,50 €

Die Gesamtkosten für die Befragung belaufen sich bei einer Rücklaufquote von 7 Prozent auf 104.502 €.

2. Kostenberechnung mündliche Befragung

Bei einem Kostensatz von 240,00 € pro Interviewertag und einer Arbeitsleistung von acht Interviews pro Tag ergeben sich Kosten für ein Interview von 30,00 €. Für die Repräsentanz der Untersuchung sind 2.632 Befragungen erforderlich, sodass sich die Kosten für den Interviewereinsatz auf 78.960,00 € belaufen. Hinzu kommen noch die Kosten für den Fragebogendruck. Hier fallen aufgrund der geringeren Auflagenhöhe Druckkosten in Höhe von 2.632,00 € (2.632 · 1,00 €) an.

Aufgrund der Ergebnisse der Kostenanalyse ist eine eindeutige Entscheidung für eine der beiden Befragungsformen nicht möglich.

Stellt sich eine geringere Rücklaufquote als 7 Prozent ein, ist die mündliche Befragung mit einem Kostenvorteil von 30.425,00 € vorzuziehen.

Für eine endgültige Entscheidung ist es erforderlich, genauere Informationen über die tatsächlich realisierbare Rücklaufquote einzuholen.

Lösung Aufgabe 7b

Es ist die Rücklaufquote zu bestimmen, bei der die Gesamtkosten für schriftliche und mündliche Befragung identisch sind. Die kritische Rücklaufquote q der schriftlichen Befragung kann dabei sowohl graphisch als auch analytisch ermittelt werden.

▇ graphische Ermittlung

Aus der graphischen Lösung in Abbildung 2-3 kann entnommen werden, dass die kritische Rücklaufquote q zwischen 9 Prozent und 10 Prozent liegen muss. Dies entspricht in etwa einem Stichprobenumfang von 25.000 bis 27.800 Personen.

Auf analytischem Wege lässt sich die exakte Rücklaufquote mit der folgenden Gleichung ermitteln:

$$\frac{2.500}{q} \, 1,80 + 2.500 \cdot 1,80 + 2.500 \cdot 0,3 + \frac{2.500}{q} \, k = 81.592$$

k = Kostensatz für den Druck eines Fragebogens. Da die Auflage größer als 4.500 ist, beträgt k = 0,70 €.

Daraus ergibt sich:

$$\frac{4.500}{q} + 4.500 + \frac{750}{q} + \frac{1.750}{q} = 81.592$$

$$\frac{7.000}{q} = 77.092$$

$$q = 0,0908 = 9,08\,\%$$

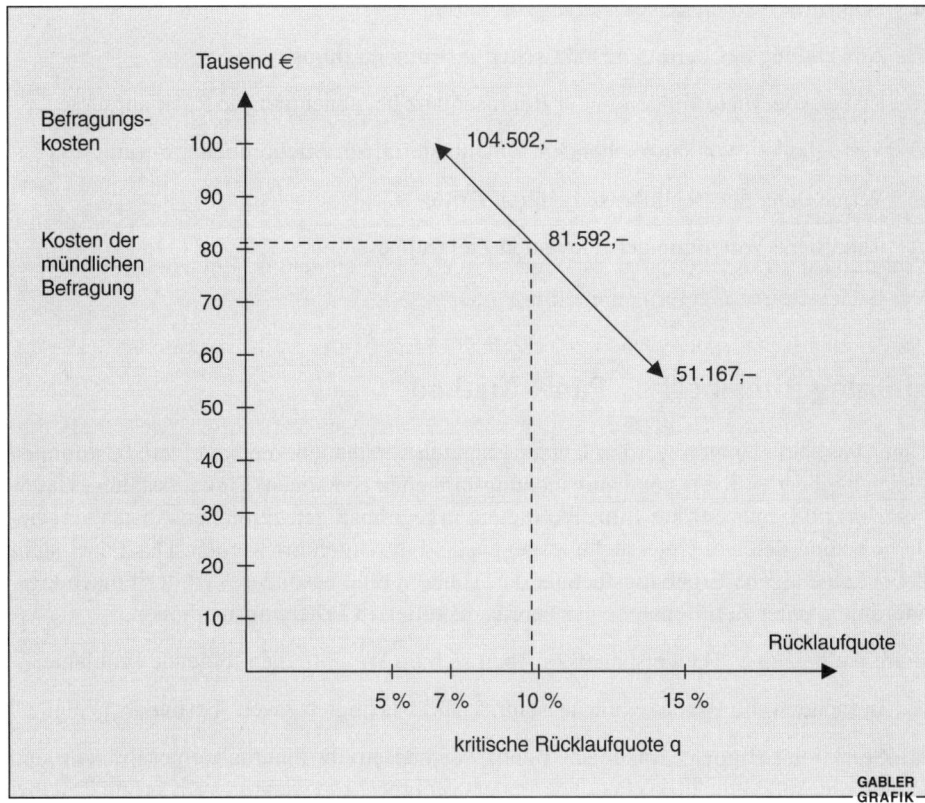

Abbildung 2-3:   Graphische Ermittlung der kritischen Rücklaufquote

Die kritische Rücklaufquote, bei der zwischen einer mündlichen und schriftlichen Befragung Kostenindifferenz vorliegt, beträgt 9,08 Prozent. Dies entspricht einem Stichprobenumfang von 27.533 Personen.

Lösung Aufgabe 7c

Neben der reinen Kostenbetrachtung müssen auch qualitative Aspekte bei der Auswahl der Befragungsform Berücksichtigung finden. Beispielhaft sind folgende Gesichtspunkte anzuführen:

- Problem des sozial erwünschten Anwortverhaltens

- Akzeptanz seitens der Kirchenmitglieder

- Erforderlicher Fragebogenumfang

- Länge des Durchführungszeitraums der Befragung

- Kontrollierbarkeit der Befragungssituation

- Anwendung des befragungstaktischen Instrumentariums

- Risiko von Verzerrungen in der Repräsentanz bei abnehmender Rücklaufquote

- Verfügbarkeit von ausreichendem Datenmaterial zur Stichprobenermittlung

- Vermeidung der Beeinflussung durch Dritte

- Räumliche Verteilung der relevanten Zielgruppe

Lösung Aufgabe 8   Panel-Methode

Unter Panelerhebungen werden Untersuchungen verstanden, die bei einem bestimmten gleich bleibenden Kreis von Untersuchungseinheiten (Personen, Einkaufsstätten, Unternehmen) im Gegensatz zur Einzelbefragung in regelmäßigen zeitlichen Abständen wiederholt zum gleichen Untersuchungsgegenstand durchgeführt werden. Das Panel stellt dabei keine eigene Erhebungstechnik dar, sondern eine besondere Art der Forschungsanordnung unter Zuhilfenahme der bereits diskutierten Erhebungsmethoden.

Beim Aufbau eines Handelspanels ergeben sich im Wesentlichen folgende Probleme:

- Branchenwahl: Welche Branche ist für den beabsichtigten Zweck besonders geeignet?

- Selektion geeigneter Handelsbetriebe: Welche Betriebe innerhalb einer Branche sind für die Aufnahme in das Panel besonders geeignet? Ein wichtiges Kriterium ist dabei etwa das Vorhandensein von Scanner-Kassen in dem Handelsbetrieb.

- Akquisition geeigneter Handelsbetriebe: Im Anschluss an die Auswahl geeigneter Handelsunternehmen müssen diese zur Mitarbeit am Panel gewonnen werden. Dazu müssen den betreffenden Betrieben entsprechende Anreize, zum Beispiel entgeltlose Bereitstellung der Panelergebnisse, geboten werden.

- Festlegung der Erhebungsintervalle

- Festlegung von Erhebungsgebühren

- Lieferung von Gegeninformationen an den Panelteilnehmer

- Inwieweit müssen neben Standarderhebungen auch Sonderanalysen durchgeführt werden?

Die Schwierigkeiten der Panelpflege ergeben sich insbesondere durch die zeitliche Ausdehnung von Paneluntersuchungen. Daraus ergeben sich folgende Probleme:

- Panelsterblichkeit: Der Kreis von Panelteilnehmern unterliegt einer ständigen Fluktuation. Ausscheidende Mitglieder müssen aus Reservekontingenten ersetzt werden.

■ Paneleffekt: Damit werden Verhaltensänderungen der Panelmitglieder umschrieben, die sich aus der Panelzugehörigkeit ergeben. Insbesondere bei neuen Panelmitgliedern sind erst nach einem Gewöhnungszeitraum valide Ergebnisse zu erwarten.

Lösung Aufgabe 9   Chi-Quadrat-Test

Zur Lösung der Aufgabe findet der χ^2-Test Anwendung.

1. Schritt: Hypothesenformulierung

Nullhypothese: Es bestehen keine Geschmacksunterschiede zwischen den Biersorten
(χ^2 gemessen $< \chi^2$ kritisch).

Alternativhypothese: Es bestehen Geschmacksunterschiede zwischen den Biersorten
(χ^2 gemessen $> \chi^2$ kritisch).

2. Schritt: Erstellen einer Arbeitstabelle

Biersorte	m_i = beobachtete Werte	m_i' = aufgrund der Nullhypothese erwartete Werte	$(m_i - m_i')^2$	$\dfrac{(m_i - m_i')^2}{m_i'}$
A	63	50	169	3,38
B	37	50	169	3,38
Summe	100	100	–	6,76

GABLER GRAFIK

$$\chi^2_{\text{gemessen}} = \sum \frac{(m_i - m_i')^2}{m_i'} = 6{,}76$$

Abbildung 2-4:   Arbeitstabelle χ^2-Test

Da der kritische Wert aus der χ^2-Verteilung für den Fall der Annahme der Nullhypothese 3,84 beträgt (Sicherheitsniveau 95 Prozent, Freiheitsgrad = 1) und der errechnete Wert größer ist, muss die Nullhypothese abgelehnt werden. Es bestehen somit signifikante Geschmacksunterschiede.

Lösung Aufgabe 10   Markttest

Der Markttest ist ein probeweiser Verkauf von Produkten in einem begrenzten Teilmarkt. Die Marketinginstrumente werden dabei insgesamt oder nur teilweise eingesetzt. Damit kann der Markttest als umfassendes (komplexes) Feldexperiment betrachtet werden, das einige Monate bis maximal ein Jahr dauert.

Es werden zum Beispiel

■ veränderte Marketingkonzeptionen für bereits eingeführte Produkte,

■ neue Produkte einer bereits vorhandenen Produktfamilie oder

■ vollständig neue Produkte getestet.

Die Aufgaben des Markttests bestehen darin, Marktchancen von Produkten und den Erfolg von Marketingkonzeptionen zu überprüfen. Die Ergebnisse aus dem Teilmarkt werden auf den Gesamtmarkt übertragen.

Besondere Probleme ergeben sich durch die Auswahl des Testmarktes, der für den Gesamtmarkt repräsentativ sein muss. Daneben ist der Handel zur Mitarbeit zu gewinnen. Nicht zuletzt führt der Markttest zu einer frühzeitigen Offenlegung eigener Strategien gegenüber der Konkurrenz, die dadurch rechtzeitig mit Gegenmaßnahmen reagieren kann.

Lösung Aufgabe 11   Regressionsanalyse

Das Bestimmtheitsmaß einer Regressionsgleichung gibt die Qualität der gefundenen Regressionsbeziehung an. Bei einem sehr engen Zusammenhang zwischen der zu erklärenden Variable, hier den Ausgaben für einen aktiven Wanderurlaub, und der erklärenden Variable, hier dem Alter der Konsumenten, nähert sich das Bestimmtheitsmaß dem Wert 1, bei nur sehr geringem statistischem Zusammenhang dem Wert 0.

Insofern muss bei einem Bestimmtheitsmaß von 0,14 davon ausgegangen werden, dass das Alter keinen signifikanten Einfluss auf die Ausgaben für Wanderreisen hat. Daher sollte Seniwand auf Basis dieser Information keine neue Marketing-Konzeption entwickeln.

Lösung Aufgabe 12   Konstrukte der Käuferverhaltensforschung

Der Begriff des Motivs wird in der Marketingforschung synonym zum Bedürfnisbegriff verwendet. Motive versorgen den Konsumenten mit Energie und richten sein Verhalten zusätzlich auf ein Ziel aus. Eine sehr bekannte Systematisierung menschlicher Bedürfnisse findet sich in der Maslow-Pyramide. Hier werden fünf hierarchische Ebenen menschlicher Bedürfnisse unterschieden (physiologische Bedürfnisse, Sicherheitsbedürfnisse, soziale Bedürfnisse, Prestigebedürfnis, Bedürfnis nach Selbstverwirklichung), wobei unterstellt wird, dass die nächsthöhere Ebene erst dann als Bedürfnis empfunden wird, wenn das Bedürfnis auf der vorherigen Stufe befriedigt wurde.

Werte sind hingegen Auffassungen von individuell oder in der Gruppe Wünschenswertem. Sie determinieren die Ziele und Mittel menschlichen Handelns. Das Wertesystem kann auch als individuelles Überzeugungssystem gekennzeichnet werden.

Das Lifestyle-Konstrukt beinhaltet eine Zusammenfassung aus übernommenen Rollen, Interessen und Aktivitäten, die eine bestimmte Art der Lebensführung dokumentieren. Individuelle Werte sind den Lebensstilen übergeordnet und bilden einen Haupteinflussfaktor des Lifestyle-Konstrukts.

Bei der Einteilung des Marktes oder Teilmarktes in homogene Segmente stehen jene Einflussfaktoren auf das Konsumentenverhalten im Vordergrund, die unmittelbar mit dem Verbraucher zu tun haben wie *Demographie*, Konsumverhalten, Medienverhalten, Einstellungen etc. Die begrenzte Aussagefähigkeit demographischer und sozioökonomischer Variablen führt zur Einbeziehung psychographischer Variablen als Segmentierungskriterien. Generelle Typologien wie zum Beispiel Life-Style-Profile erlauben durch ihren allgemeinen Charakter nur ansatzweise eine Verhaltensprognose. Daher wird zur Segmentierung häufig auf differenzierte Typologien zurückgegriffen, bei denen der Zusammenhang zwischen spezifischen Produkten und den dabei interessierenden, intrapersonalen Variablen (zum Beispiel Wahrnehmung, Einstellung, Persönlichkeit) aufgedeckt wird. Es handelt sich um (produkt-)spezifische Life-Style-Profile, die Anhaltspunkte beispielsweise für eine Produktpositionierung oder Marktnischen- beziehungsweise Werbeträgerauswahl liefern können.

Life-Style-Profile eignen sich besonders für die Bildung von Zielgruppen, deren verhaltensrelevante Merkmale weitgehend übereinstimmen und von anderen Gruppen klar abgrenzbar sind (zum Beispiel Einstellungen von Männertypen gegenüber Spirituosen, Zuordnung von Frauentypen in bestimmte Modekategorien).

3.   Fallstudie: Einstellung der Stadtbevölkerung zum Flughafenausbau

Im Vorfeld einer notwendigen Erweiterung eines stadtnahen Flughafens wurde die Einstellung der Bevölkerung zu diesem Vorhaben erfasst. Das Ergebnis der Befragung sollte dem Flughafenbetreiber insbesondere Hinweise für eine Kommunikationsstrategie liefern, um möglichen Akzeptanzproblemen seitens der Bevölkerung entgegenzutreten.

Aus der Grundgesamtheit von ca. 75.000 Einwohnern zwischen fünf und 75 Jahren aus der angrenzenden Stadt wurde ein repräsentativer Personenkreis in Einzelinterviews befragt. Dazu lag ein standardisierter Fragebogen vor, der unter befragungstaktischen Gesichtspunkten konzipiert und getestet war. Neben den soziodemographischen Daten wurde die Einstellung der Befragten zum Flughafen insgesamt und zur geplanten Erweiterung erhoben. Insbesondere sollten die Personen über die von ihnen empfundene Belästigung durch den Flughafen Auskunft geben. Aus der Datei des Einwohnermeldeamtes wurden nach dem Zufallsprinzip 463 Adressen aus der Grundgesamtheit gezogen. Der Umfang ergab sich unter Berücksichtigung einer erwarteten Ausfallquote von 30 Prozent aller Adressen. Einige Tage vor Beginn der Untersuchung wurden alle zu befragenden Personen in einem persönlichen Brief über das bevorstehende Interview informiert. Gleichzeitig wurden alle Interviewer in einem entsprechenden Training auf ihre Aufgabe vorbereitet. Dabei wurden unter anderem Interviewsituationen entworfen und in Rollenspielen geübt.

Zur Überprüfung der Repräsentativität der Stichprobe für die Grundgesamtheit ist ein Vergleich der Altersstruktur der Stichprobe mit derjenigen des Rücklaufs sinnvoll. Dabei zeigt sich folgendes Bild:

Altersklassen (in Jahren)	Befragungsgruppe Anteile in Prozent	Grundgesamtheit Anteile in Prozent
6–15	6,21	10,25
16–25	17,39	13,35
26–35	20,50	16,46
36–45	19,88	17,08
46–60	19,25	21,12
über 60	16,77	21,74

GABLER GRAFIK

Abbildung 2-5:   Altersaufbau der Stichprobe und der Grundgesamtheit

Aufgabe 1   Notwendiger Stichprobenumfang

Von allen geführten Interviews konnten nur 69,6 Prozent verwertet werden. Da aus der Befragung umfangreiche Konsequenzen gezogen werden sollen (Strategie und Konzeption der geplanten Kampagne), ist es wichtig zu wissen, ob die erhaltenen Antworten die Meinung der gesamten Bevölkerung wiedergeben. Mit welcher Sicherheitswahrscheinlichkeit können auf dieser Datenbasis repräsentative Aussagen für die Grundgesamtheit gemacht werden? Der Toleranzwert für die Streuung ist mit +/–5 Prozent (Signifikanzniveau) vorgegeben.

Aufgabe 2   Ziehungsverfahren

Die 78.710 Adressen der Einwohnermeldedatei sind nach Straßen sortiert. Es müssen 463 Personen zwischen fünf und 75 Jahren ermittelt werden, mit denen anschließend die Interviews durchgeführt werden sollen. Konstruieren Sie ein Zufallsziehungsverfahren. Welche Vor-/Nachteile hat das Zufallsverfahren gegenüber dem Quotenverfahren?

Aufgabe 3   Befragungstaktik

Da es sich bei der Flughafenerweiterung für die unmittelbar betroffene Bevölkerung um ein emotionslastiges Thema handelt, sollten die Fragen nach besonderen Kriterien formuliert werden. Dabei sind insbesondere befragungstaktische Aspekte zu beachten. Welche Anforderungen sollten bei der Formulierung der Frage, bei der Konzeption und der Durchführung des Interviews angesichts der besonderen Situation berücksichtigt werden?

Aufgabe 4   Standardisierte Interviews

Der Bürgermeister der Stadt möchte wissen, ob es zu Ergebnisverzerrungen kommen kann, die in der Interviewform begründet sind. Ist die Standardisierung der Interviews (vorgegebener Fragebogen) ein geeignetes Mittel, diese Bedenken auszuräumen?

Aufgabe 5   Typische Interviewsituationen

Am Abend vor der Interviewerschulung muss der Projektleiter noch das Programm zusammenstellen. Welche typischen Interviewsituationen können Gegenstand der geplanten Rollenspiele sein? Geben Sie eine ausführliche Begründung.

Aufgabe 6   Chi-Quadrat-Test

Obwohl aufgrund des Stichprobenumfangs von der Repräsentativität der Befragung ausgegangen werden kann (siehe Aufgabe 1), bleibt der Bürgermeister skeptisch in Bezug auf die soziodemographische Struktur der Befragungsgruppe. Mit welcher Sicherheitswahrscheinlichkeit kann der Leiter der Befragungsaktion behaupten, dass die Altersverteilung in der Grundgesamtheit und im Rücklauf nur zufällig voneinander abweichen?

Aufgabe 7   Rücklaufquote

Die Tatsache, dass ca. 30 Prozent der Interviews nicht verwertet werden konnten, ist in den Augen des kritischen Bürgermeisters auf die schlechte Konzeption der gesamten Befragung zurückzuführen. Wie kann sich der verantwortliche Leiter der Aktion bezüglich dieser Vorwürfe rechtfertigen?

4. Lösungen zur Fallstudie: Einstellung der Stadtbevölkerung zum Flughafenausbau

Lösung Aufgabe 1   Notwendiger Stichprobenumfang

Der Stichprobenumfang hat einen entscheidenden Einfluss auf die Repräsentativität einer Befragung (je größer der Umfang desto größer die Repräsentativität). Es wurden insgesamt 322 verwertbare Interviews durchgeführt. Da die Adressen mit Hilfe der Zufallsziehung gewonnen wurden, lässt sich die Sicherheitswahrscheinlichkeit aus der Formel zum notwendigen Stichprobenumfang ermitteln. Der Auswahlsatz ist kleiner als 5 Prozent. Somit kann die Endlichkeitskorrektur vernachlässigt werden.

$$n = \frac{\theta\,(1-\theta)\,z^2}{\Delta\theta^2}$$

Für den unbekannten Anteilswert q wird die ungünstigste Verteilung zugrunde gelegt. Die Anteile verhalten sich dabei wie $1:1$ ($\theta = 0,5$, $1-\theta = 0,5$). Gesucht ist der z-Wert, über den sich aus der Tabelle der Normalverteilung die gesuchte Sicherheitswahrscheinlichkeit ergibt.

$$z = \sqrt{\frac{\Delta\theta^2 \cdot n}{\theta\,(1-\theta)}} = \sqrt{\frac{0,05^2 \cdot 322}{0,5 \cdot 0,5}}$$

Ein z-Wert von etwa 1,79 entspricht laut Tabelle der Standardnormalverteilung einer Wahrscheinlichkeitsverteilung von 92,65 Prozent. Folglich können mit einer Sicherheitswahrscheinlichkeit von mindestens 92 Prozent repräsentative Aussagen für die Grundgesamtheit getroffen werden.

Lösung Aufgabe 2   Ziehungsverfahren

Ausgangspunkt eines denkbaren Zufallsziehungsverfahrens ist die Ermittlung eines so genannten Ziehungsintervalls. Sollen 463 Adressen aus 78.710 Adressen gezogen werden, muss ungefähr auf jede 170. Adresse zurückgegriffen werden. Da die Adressen nach Straßennamen alphabetisch geordnet sind, ist ein Einstieg in die Kartei nach dem Zufallsprinzip notwendig. Für den Zufallsstart werden die Adressen nummeriert und die Startadresse mit Hilfe eines Zufallsgenerators gezogen. Zur Beschränkung auf Personen zwischen fünf und 75 Jahren hat sich folgende Suchregel bewährt: Wird die Adresse einer Person gezogen, die diesem Kriterium nicht entspricht, kann im Wechsel einmal die nächstfolgende und einmal die nächste davorliegende Adresse mit den geforderten Personenmerkmalen verwendet werden.

Die Zufallsziehung hat im Vergleich zum Quotenverfahren, bei dem den Interviewern Merkmalsanteile bei der Zusammenstellung ihres Befragtenkreises vorgegeben werden, folgende Vorteile: Sie ermöglicht eine statistische Berechnung von Sicherheitswahrscheinlichkeiten für den Repräsentativitätsgrad und die Toleranzbereiche. Im Gegensatz zum Quotenverfahren schützt sie vor Verzerrungen infolge willkürlicher Auswahl der Befragten durch den Interviewer. Zusätzlich lassen sich die Interviewer besser kontrollieren, wenn die Adressen bereits vorliegen.

Gewichtige Nachteile der Zufallsziehung ergeben sich durch den Arbeitsmehraufwand und die notwendige Voraussetzung einer Zugriffsmöglichkeit auf die Grundgesamtheit.

Lösung Aufgabe 3   Befragungstaktik

Im Rahmen der Befragungstaktik ergeben sich zahlreiche Gestaltungs- und Handlungsalternativen. Zunächst lassen sich vier unterschiedliche Fragegruppen unterscheiden:

1. Einleitungs-, Kontakt- und Eisbrecherfragen: Sie dienen dazu, dem Befragten die erste Befangenheit zu nehmen und ihn auf die Befragung einzustimmen. In der Regel sind diese Fragen relativ leicht zu beantworten.

2. Sachfragen: Sie beziehen sich auf den Untersuchungsgegenstand. Im vorliegenden Fall sind dies Fragen zur Einstellung gegenüber der Flughafenerweiterung.

3. Kontrollfragen: Sie dienen der Überprüfung der Antworten oder der Interviewerkontrolle.

4. Fragen zur Person: Sie erfassen soziodemographische Merkmale wie zum Beispiel Alter, Geschlecht und Einkommen.

Fragen lassen sich in offener oder geschlossener Form (mit vorgegebenen Antwortkategorien) gestalten. Eine weitere taktische Entscheidung ist die Wahl zwischen direkter und indirekter Fragestellung. Die indirekte Form lässt keinen Zusammenhang zwischen Untersuchungsgegenstand und Frageinhalt erkennen. Sie bietet sich vor allem bei heiklen Themen an.

Durch die Frageformulierung muss es gelingen, den interessierenden Sachverhalt verständlich abzufragen.

Im Mittelpunkt der Fragebogendramaturgie stehen die Festlegung von Themen- und Fragenreihenfolge sowie der Fragebogenlänge. Damit lässt sich die Aussagewilligkeit und das Interesse der Befragten positiv beeinflussen. Außerdem können Antworttendenzen durch ähnliche Fragestellungen vermieden werden.

Lösung Aufgabe 4   Standardisierte Interviews

Ein standardisiertes Interview ist dadurch gekennzeichnet, dass die Fragen in Wortlaut und Reihenfolge festgelegt sind. Vielfach werden geschlossene Fragen formuliert und die Antwortkategorien sind vorgegeben. Bei Interviews ist es notwendig, eine möglichst standardisierte Interviewsituation zu gewährleisten. Dazu müssen die Interviewer entsprechend geschult werden.

Trotz aller Vorkehrungen lassen sich ergebnisverzerrende Einflüsse, die zum Teil in der Person des Interviewers begründet sind, nicht ausschließen. Neben sichtbaren Merkmalen, wie Alter oder Geschlecht, können insbesondere Meinungen, Einstellungen und Erwartungen des Interviewers sein Befragungsverhalten beeinflussen. Seine Betonung oder Gesprächsführung bei Abschweifungen des Befragten vom Thema rufen Antwortverzerrungen hervor.

Lösung Aufgabe 5   Typische Interviewsituationen

Als typische Interviewsituationen können die folgenden fünf Befragungsepisoden gelten:

1. Kontaktaufnahme mit dem Befragten

2. Terminabsprache für das Interview

3. Verständnisschwierigkeiten des Befragten bei einzelnen Fragestellungen

4. Abschweifungen des Befragten vom Untersuchungsgegenstand

5. Anwesenheit und Beeinflussungsmöglichkeiten von dritten Personen

In Rollenspielen muss geübt werden, wie sich der Interviewer bei der Kontaktaufnahme vorstellt und die Zielperson (nach Vorgabe) identifiziert.

Kann das Interview nicht sofort durchgeführt werden, muss ein Termin vereinbart werden. Hierzu lernt der Interviewer, konkrete Termine abzusprechen und ein Hinhalten der Befragungspersonen zu vermeiden.

Treten Verständnisschwierigkeiten auf, müssen diese geklärt werden. Der Interviewer muss in Rollenspielen erkennen, wie groß die Gefahr von Beeinflussungen durch Erklärungen von Fragen ist. Dabei muss er unbedingt versuchen seine eigene Meinung zu verbergen, gerade in diesem Fall könnte er zum Beispiel selbst für oder gegen eine Flughafenerweiterung sein, was die latente Gefahr einer Beeinflussung in sich birgt. Im Hinblick auf mögliche Abschweifungen des Befragten – der Befragte könnte zum Beispiel die Frage nach der empfundenen Belästigung durch den Flughafen nutzen, um sich über die allgemeine politische Situation auszulassen – muss der Interviewer bemüht sein, das Gespräch diplomatisch, aber bestimmt auf den Befragungsgegenstand zurückzulenken.

Werden Interviews in der Wohnung des Befragten durchgeführt, besteht die Gefahr, dass sich Familienmitglieder an der Befragung beteiligen und die Antworten des Interviewten beeinflussen (der Ehemann könnte beispielsweise ständig versuchen, seine Frau dahingehend zu beeinflussen, seine eigene Einstellung zur Flughafenerweiterung wiederzugeben). In diesem Fall hat der Interviewer die Aufgabe, die Notwendigkeit einer Einzelbefragung zu erklären, ohne eine Verärgerung hervorzurufen.

Lösung Aufgabe 6   Chi-Quadrat-Test

Die Frage lässt sich mit Hilfe des χ^2-Tests beantworten. Dabei wird die betrachtete Häufigkeitsverteilung über die Altersklassen in der Befragungsgruppe mit der erwarteten Häufigkeitsverteilung verglichen. Die erwartete Häufigkeitsverteilung ergibt sich aus der Altersklassenverteilung der Grundgesamtheit. Nach folgender Formel lässt sich der χ^2-Wert ermitteln:

$$\chi^2 = \sum_{i=1}^{k} \frac{(m_i - m_i')^2}{m_i'}$$

mit: m_i: absolute Häufigkeitsverteilung in der Altersklasse i aus der Befragungsgruppe

m_i':   erwartete absolute Häufigkeit in der Altersklasse i aus der Grundgesamtheit

k: Anzahl der Altersklassen

Altersklasse (in Jahren)	m_i	m_i'	$(m_i - m_i')^2$	$\frac{(m_i - m_i')^2}{m_i'}$
6–15	20	33	169	5,121
16–25	56	43	169	3,930
26–35	66	53	169	3,189
36–45	64	55	81	1,473
46–60	62	68	36	0,529
über 60	54	70	256	3,657
Summe	322	322	880	17,899

GABLER
— GRAFIK —

Abbildung 2-6:   Arbeitstabelle zum χ^2-Test

Mit Hilfe des χ^2-Wertes und der Freiheitsgrade k – 1 = 5 lässt sich die Sicherheitswahrscheinlichkeit aus der Tabelle der χ^2-Verteilung entnehmen. Es ergibt sich, dass mit einer Sicherheitswahrscheinlichkeit von 99,5 Prozent angenommen werden kann, dass die Altersverteilungen nur zufällig voneinander abweichen. Der entsprechende Tabellenwert (18,55) ist bei dieser Wahrscheinlichkeit erstmals größer als der ermittelte χ^2-Wert.

Lösung Aufgabe 7   Rücklaufquote

Erfahrungsgemäß kann bei einer mündlichen Befragung mit einem Rücklauf verwertbarer Ergebnisse von etwa 70 Prozent gerechnet werden. Dafür lassen sich eine Reihe von Gründen anführen:

1. Aktualität der Adressenkartei. Eine Zufallsziehung der Adressen aus einer Einwohnermeldedatei führt auch zu Adressen, die nicht mehr aktuell sind. So können Personen zwischenzeitlich verzogen oder verstorben sein. Der Erfahrungssatz solcher nicht verwertbarer Adressen in einer Einwohnermeldedatei liegt bei etwa 5 Prozent.

2. Personen sind im Zeitraum der Befragung nicht erreichbar (Urlaub etc.).

3. Befragungspersonen lehnen es grundsätzlich ab, Fragebögen zu beantworten. Gründe dafür können sein:
    – Ungewissheit über die weitere Verwendung der Daten.
    – Man sieht in dem Interviewer einen Vertreter, der unter dem Vorwand einer Befragung einen Geschäftsabschluss anstrebt.

4. Befragungspersonen zeigen Desinteresse für den Befragungsgegenstand oder wollen durch eine bewusste Interviewverweigerung ihre negative Einstellung zur geplanten Flughafenerweiterung demonstrieren.

5. Interviewer schätzt den Aufwand für eine mehrfache Anfahrt zu einer Befragungsperson zu hoch ein. Er gibt deshalb an, die Person nicht erreichen zu können.

6. Interviewer wird von der Befragungsperson nicht akzeptiert.

Kapitelübersicht

Kapitel 3

Grundlagen der Absatzprognosemethoden

Kapitel 3

Lernziele

Der Leser soll nach Bearbeitung dieses Kapitels in der Lage sein,

1. den Begriff und Gegenstand von Absatzprognosen zu präzisieren,

2. die Unterschiede zwischen Markt- und Absatzpotenzial, Markt- und Absatzvolumen darzulegen sowie den Begriff des Marktanteils zu erläutern,

3. verschiedene Kriterien zur Systematisierung von Absatzprognosen zu diskutieren und die Grundtypen der Absatzprognose herauszuarbeiten,

4. Verfahren der Entwicklungsprognose auf Beispiele anzuwenden,

5. wichtige qualitative Prognosemethoden zu kennzeichnen.

1. Grundlagen der Absatzprognosemethoden/ Aufgaben

Aufgabe 1 Prognosebegriff

Nach bestandenem Examen bewerben Sie sich bei einem großen deutschen Marktforschungsunternehmen. In Ihrem Bewerbungsgespräch bittet Sie der Personalchef, den Begriff der Prophetie gegen den der Prognose abzugrenzen und gleichzeitig anhand Ihrer Definition die Bedeutung der Prognose für die Marktforschung aufzuzeigen.

Aufgabe 2 Prognoseverfahren

Sie arbeiten als Marketing-Assistent in der Marketingplanungsabteilung eines Herstellers von Babynahrung. Zur Prognose zukünftiger Absatzchancen verwendet Ihre Abteilung unterschiedliche Verfahren:

■ Zehn-Jahresplan: Hierbei kommen Expertisen von Futurologen über die Bevölkerungsentwicklung zum Einsatz.

■ Drei-Jahresplan: Hier finden Trend- und Indikatorprognosen Verwendung.

■ Monatsplan: Für den Monatsplan wird das Verfahren der exponentiellen Glättung genutzt. Außerdem werden die Außendienstmitarbeiter befragt.

■ Aktionsplan: Hier kommen Regressionsverfahren auf der Basis von Markt- und Produkttests zum Einsatz.

Ihr Abteilungsleiter, Herr Dr. Prognos, soll an seiner alten Universität einen Vortrag über die Anwendungsprobleme von Prognoseverfahren halten. Er bittet Sie als seinen jungen Assistenten, die im Unternehmen verwendeten Prognoseverfahren anhand geeigneter Kriterien zu systematisieren und die Unterschiede zwischen ihnen anhand der verwendeten Systematisierungskriterien zu erläutern.

Aufgabe 3 Regressionsanalyse

Als Mitarbeiter der Marktforschungsabteilung eines Automobilherstellers werden Sie beauftragt, das Volumen des Pkw-Marktes für 1996 und 1997 zu ermitteln. Den Pkw-Bestand für die Jahre 1989 bis 1994 gibt nachfolgende Tabelle wieder.

76

t (Jahr)	1989	1990	1991	1992	1993	1994
Tsd. Stck.	29.190	30.152	30.695	31.309	37.579	39.202

GABLER
GRAFIK

Abbildung 3-1:   Pkw-Bestand 1989 bis 1994

Führen Sie anhand dieser Werte mittels einer Kleinste-Quadrate-Regressionsfunktion der Form $Y_i = a + bt_i$ eine Prognose durch.

Aufgabe 3a

Ermitteln Sie die Regressionsfunktion und die Prognosewerte für 1996 und 1997.

Als Hilfe stehen Ihnen folgende Formeln zur Verfügung:

$$a = \frac{\sum t_i^2 \sum y_i - \sum t_i \sum t_i \cdot y}{n \sum t_i^2 - \left(\sum t_i\right)^2}$$

$$b = \frac{n \sum t_i \cdot y_i - \sum t_i \sum y_i}{n \sum t_i^2 - \left(\sum t_i\right)^2}$$

Aufgabe 3b

Unter welchen Bedingungen ist grundsätzlich das mit der Trendextrapolation gewonnene Ergebnis sinnvoll?

Aufgabe 3c

Berechnen und interpretieren Sie den Korrelationskoeffizienten. Wie beurteilen Sie das Ergebnis?

$$r_{yt} = \frac{n \sum t_i y_i - \sum t_i \sum y_i}{\sqrt{n \sum t_i^2 - \left(\sum t_1\right)^2} \cdot \sqrt{n \sum y_i^2 - \left(\sum y_i\right)^2}}$$

Aufgabe 4   Wirkungsprognose

Sie sind als Junior-Produktmanager bei einem großen Waschmittelhersteller beschäftigt. Dort hat man zur Ermittlung des optimalen Marketing-Mix folgendes multiplikatives Wirkungsprognosemodell entwickelt:

$Y_i = (a \cdot P_i)^{-1} \cdot bW_i \cdot cD_i$

Y_i = Absatz pro Jahr (3-kg-Paket)

P_i = Preis

W_i = Werbebudget

D_i = Distributionsbudget

i = Marketingstrategie; $i = 1$ bis 3

Als Koeffizienten wurden in den letzten Jahren folgende Werte benutzt:

a = 12,384

b = 0,001

c = 0,015

Zur Auswahl des optimalen Marketing-Mix stehen dem Senior-Produktmanager folgende Instrumentekombinationen zur Verfügung:

Marketing-Mix i	Preis (in €)	Werbebudget (in Mio. €)	Distributionsbudget (in Mio. €)
1	9	12	5
2	7	12	2
3	8	9	4

GABLER GRAFIK

Abbildung 3-2:   Mögliche Instrumentekombinationen

Aufgabe 4a

Berechnen Sie die Absatzmengen der drei unterschiedlichen Marketing-Mixe. Welche Instrumentekombination erbringt den maximalen Absatz?

Aufgabe 4b

Als junger Hochschulabsolvent kommt Ihnen das Verfahren des multiplikativen Wirkungsprognosemodells etwas suspekt vor. Sie nehmen sich vor, den Senior Produktmanager bei nächster Gelegenheit kritisch auf die Annahmen der multiplikativen Wirkungsprognosemodelle aufmerksam zu machen. Welche Punkte sollten Sie ansprechen?

Aufgabe 4c

Mit welchen Methoden der Marketingforschung lassen sich die Parameter des multiplikativen Wirkungsprognosemodells erfassen?

Aufgabe 5   Quantitative versus qualitative Prognose

Nach Ihren überzeugenden Ausführungen zum Problem der Wirkungsprognosemodelle ist man bei Ihrem Arbeitgeber auf Sie aufmerksam geworden. Im Zuge einer Neubesetzung der Position eines Vorstandsassistenten werden Sie in einem internen Bewerbungsgespräch gebeten, die Unterschiede zwischen qualitativen und quantitativen Prognosen deutlich zu machen. Gleichzeitig möchte man von Ihnen wissen, welche unternehmensinternen und -externen Personen für qualitative Absatzprognosen zur Verfügung stehen.

Aufgabe 6   Befragung als Prognosebasis

Der Fotoartikelhersteller DigCam hat eine neue digitale Kamera entwickelt. Er steht nun vor dem Problem, den Preis festzusetzen und die zukünftigen Absatzmengen zu prognostizieren. Zur Gewinnung der notwendigen Informationen überlegt der Produktmanager eine Befragung des Außendienstes, des Handels und der Konsumenten durchzuführen.

Aufgabe 6a

Entwickeln Sie Fragen, die den einzelnen Gruppen vorgelegt werden können.

Aufgabe 6b

Gehen Sie kritisch auf das verwendete Prognosekonzept ein und diskutieren Sie Erweiterungsmöglichkeiten.

Aufgabe 7   Gegenstand von Absatzprognosen

Gegenstand von Absatzprognosen ist die zukünftige Höhe beziehungsweise das Wachstum von Markt- und Absatzpotenzial, Markt- und Absatzvolumen sowie des Marktanteils eines Unternehmens. Wenden Sie diese Begriffe auf das folgende Beispiel an: Eine deutsche Brauerei setzt jährlich in Deutschland 6,3 Millionen hl Bier ab. Experten schätzen, dass im deutschen Markt maximal jährlich 140 Millionen hl Bier verkauft werden können. Der Hersteller hat sich zum Ziel gesetzt, davon 10 Prozent auszuschöpfen. Zum augenblicklichen Zeitpunkt deckt die gesamte Branche 85 Prozent des geschätzten Gesamtbedarfs ab.

2. Lösungen zu den Aufgaben

Lösung Aufgabe 1   Prognosebegriff

Die Prophetie ist eine reine Weissagung, die nicht aus Informationen beziehungsweise Gesetzmäßigkeiten der Vergangenheit abgeleitet ist. Beispiel: Examenskandidatin L. behauptet: „In 20 Jahren bin ich Vorstandsmitglied einer großen Aktiengesellschaft!"

Dagegen kann die Prognose als eine Voraussage wahrscheinlicher oder möglicher Vorkommnisse beziehungsweise deren Abläufe charakterisiert werden. Im Gegensatz zur Prophetie stützt sie sich auf Beobachtungen und Erfahrungen, aus denen Schlussfolgerungen mit möglichst hohem empirischen Gehalt abgeleitet werden. Beispiel: Examenskandidatin L. wird in 20 Jahren Vorstandsmitglied einer großen Aktiengesellschaft sein, weil sie in Münster nach sieben Semestern ein Einser-Examen erreicht hat, drei Fremdsprachen perfekt in Wort und Schrift beherrscht, zwei Semester im Ausland studiert hat und schließlich mehrere Praktika in großen internationalen Unternehmen absolvierte.

Die für Absatzprognosen erforderlichen sekundär- (zum Beispiel Statistisches Jahrbuch) oder primärstatistischen Daten und Informationen (zum Beispiel aus Befragungen) stellt die Marktforschung bereit.

Lösung Aufgabe 2   Prognoseverfahren

Die vom Hersteller für Babynahrung verwendeten Prognoseverfahren lassen sich nach folgenden Kriterien systematisieren:

- Grad der analytischen Absicherung: Hiernach können quantitative und qualitative Prognosemethoden unterschieden werden. Quantitative Prognosen sind statistisch abgesichert, während qualitative Prognosen auf Expertenurteilen beruhen.

- Fristigkeit: Hiernach kann zwischen lang- und kurzfristigen Prognosen getrennt werden. Zur Abgrenzung dient dabei die Länge des Planungszeitraums.

- Art der einbezogenen unabhängigen Variablen: Hierbei kann zwischen Wirkungs- und Entwicklungsprognosen differenziert werden. Entwicklungsprognosen prognostizieren den Absatz von Babynahrung in Abhängigkeit von nicht durch den Hersteller kontrollierbaren Variablen. Als Ersatz für die Vielzahl von Kausalfaktoren wird in Entwicklungsprognosen auf die Zeit als verursachende Variable zurückgegriffen. Wirkungsprognosen bestimmen demgegenüber die Prognosegröße unter expliziter

Berücksichtigung der vom Hersteller für Babynahrung kontrollierten Variablen, insbesondere Instrumentevariablen des Marketing-Mix. So könnte zum Beispiel der Absatz eines bestimmten Milchbreis in Abhängigkeit von verschiedenen Ausprägungen des Preises für diesen Milchbrei und des eingesetzten Werbebudgets prognostiziert werden.

Mit Hilfe dieser Differenzierungskriterien lässt sich folgende Systematik der vom Hersteller für Babynahrung verwandten Prognosemethoden aufstellen:

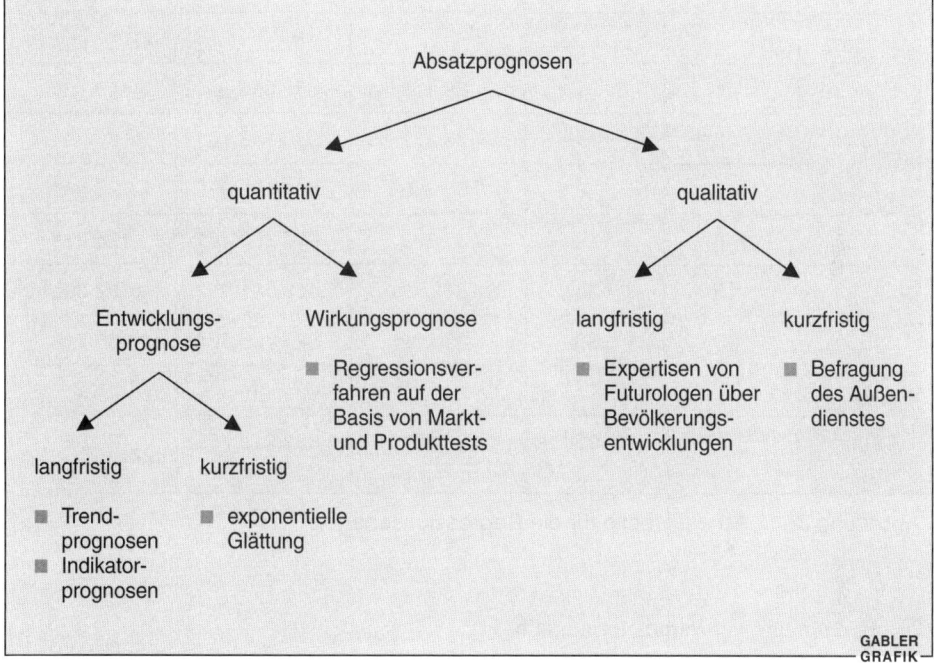

Abbildung 3-3:   Absatzprognosen

81

Lösung Aufgabe 3   Regressionsanalyse

Lösung Aufgabe 3a

Die Lösung der Teilaufgabe erfolgt in drei Arbeitsschritten:

- Erstellen einer Arbeitstabelle

Jahr	t_i	t_i^2	Y_i	Y_i^2	$t_i Y_i$
1989	1	1	29.190	852.056.100	29.190
1990	2	4	30.152	909.143.104	60.304
1991	3	9	30.695	942.183.025	92.085
1992	4	16	31.309	980.253.481	125.236
1993	5	25	37.579	1.412.181.241	187.895
1994	6	36	39.202	1.536.796.804	235.212
Summe	21	91	198.127	6.632.613.755	729.922

GABLER
GRAFIK

Abbildung 3-4:   Arbeitstabelle für die Regressionsanalyse

- Berechnung der Parameter a und b

$$a = \frac{91 \cdot 198.127 - 21 \cdot 729.922}{6 \cdot 91 - 21^2} = 25.725{,}67$$

$$b = \frac{6 \cdot 729.922 - 21 \cdot 198.127}{6 \cdot 91 - 21^2} = 2.084{,}43$$

Die Regressionsfunktion lautet: $Y_i = 25.725{,}67 + 2.084{,}43 \cdot t_i$

- Prognose des Marktvolumens für die Jahre 1996 und 1997

1996: $Y_8 = 25.725{,}67 + 2.084{,}43 \cdot 8 = 42.401$

1997: $Y_9 = 25.725{,}67 + 2.084{,}43 \cdot 9 = 44.485$

Für 1996 ergibt sich ein Marktvolumen von 42,401 Millionen Pkw, für 1997 von 44,485 Millionen Pkw.

Lösung Aufgabe 3b

Die Trendextrapolation ist nur dann sinnvoll, wenn sich der Pkw-Bestand als lineare Funktion der Zeit darstellen lässt. Die Ergebnisse sind insofern nur dann valide, wenn keine großen Strukturbrüche im Verbraucherverhalten auftreten. Da im vorliegenden Fall auch Einflüsse der Sonderkonjunktur durch die Wiedervereinigung zu vermuten sind, müssen die Ergebnisse der Regressionsanalyse mit weiteren Untersuchungen gestützt werden.

Lösung Aufgabe 3c

■ Berechnung des Korrelationskoeffizienten

Der Korrelationskoeffizient lässt sich aus der unter a) erstellten Arbeitstabelle berechnen:

$$r_{yt} = \frac{6 \cdot 729.922 - 21 \cdot 198.127}{\sqrt{6 \cdot 91 - 21^2} \cdot \sqrt{6 \cdot 6.632.613.755 - 198.127^2}} = 0{,}917979$$

Der Korrelationskoeffizient liegt immer zwischen +1 und –1. Er gibt die Stärke des Zusammenhangs zwischen der unabhängigen (Zeit t_i) und der abhängigen Variable (Pkw-Bestand) wieder. Ein hoher positiver (negativer) Korrelationskoeffizient lässt auf eine starke gleichgerichtete (entgegengesetzte) Entwicklung beider Zeitreihen schließen, ohne dass dabei jedoch eine Aussage über die Kausalität gemacht werden kann.

Der hohe Korrelationskoeffizient im vorliegenden Beispiel verweist auf eine relativ gute Reproduktionsfähigkeit des linearen Trends. Daraus lässt sich auf vergleichsweise zuverlässige Prognosewerte für 1996 und 1997 schließen. Allerdings könnte die Untersuchung durch den „Ausreißer" 1994 verzerrt worden sein. Hier müssten genauere Analysen über die Ursachen des sprunghaften Anstiegs angestellt werden. Außerdem ließe sich die Validität der Regressionsfunktion durch eine Verlängerung des Beobachtungszeitraums erhöhen.

Lösung Aufgabe 4   Wirkungsprognose

Lösung Aufgabe 4a

Berechnung der Absatzmengen, die mit den alternativen Instrumentekombinationen erzielt werden können:

$$Y_i = (a \cdot P_i)^{-1} \cdot bW_i \cdot cD_i$$
$$Y_a = (12{,}384 \cdot 9)^{-1} \cdot 0{,}001 \cdot 12 \cdot 10^6 \cdot 0{,}015 \cdot 5 \cdot 10^6 = 8{,}075 \text{ Mio.}$$
$$Y_b = (12{,}384 \cdot 7)^{-1} \cdot 0{,}001 \cdot 12 \cdot 10^6 \cdot 0{,}015 \cdot 2 \cdot 10^6 = 4{,}153 \text{ Mio.}$$
$$Y_c = (12{,}384 \cdot 8)^{-1} \cdot 0{,}001 \cdot \ 9 \cdot 10^6 \cdot 0{,}015 \cdot 4 \cdot 10^6 = 5{,}451 \text{ Mio.}$$

Marketing-Mix 1 mit einem Preis von 9,00 €, einem Werbebudget von 12 Millionen € und einem Distributionsbudget von 5 Millionen € erzielt den maximalen Absatz von 8,075 Millionen Paketen.

Lösung Aufgabe 4b

Positiv ist, dass das multiplikative Modell dem Interaktionseffekt zwischen den Marketinginstrumenten Rechnung trägt, da die partielle, marginale Absatzwirkung jedes Instruments vom Niveau der übrigen Instrumente abhängt.

Beweis:

$$\frac{\delta y_1}{\delta p_1} = -a^{-1} \cdot p_i^{-2} \cdot bW_i \cdot cD_i$$

Andererseits ist in dem Modell der Absatz ausschließlich vom Aktivitätsniveau der eigenen Marketinginstrumente abhängig; Konkurrenz- und Händleraktivitäten bleiben somit unberücksichtigt. Weiterhin weist das Modell folgende Schwächen auf:

- Mit Ausnahme des Preises sind die Instrumentewirkungen linear.

- Die Instrumentewirkung tritt unmittelbar innerhalb des Planungszeitraums ein, sodass Carryover-Effekte unberücksichtigt bleiben.

- Zur Erreichung einer Absatzwirkung muss aufgrund der multiplikativen Verknüpfung der Instrumente jedes Instrument ein Aktivitätsniveau aufweisen, das größer als Null ist. Ist die Wirkung nur eines Marketing-Instruments gleich Null, so kommt in dem Modell überhaupt kein Absatz zustande.

Lösung Aufgabe 4c

Die Parameter lassen sich wie folgt ermitteln:

- Extrapolation aus Vergangenheitsdaten (zum Beispiel mit Hilfe einer Regressionsanalyse)

- Schätzung durch Experten (zum Beispiel Außendienstmitarbeiter, Produktmanager)

- Durchführung eines Experiments (zum Beispiel Produkt- und Markttest)

Lösung Aufgabe 5   Quantitative versus qualitative Prognose

Qualitative Prognosen stützen sich in erster Linie auf den Erfahrungsschatz von Experten. Die mit ihrer Hilfe generierten Prognosewerte sind nicht intersubjektiv nachvollziehbar. Häufig finden qualitative Prognosen bei strukturdefekten, komplexen Entscheidungsproblemen Anwendung wie zum Beispiel im Rahmen der Einführung von Marktneuheiten. Derartige Strukturdefekte zeichnen sich dadurch aus, dass in der Entscheidungssituation entweder

1. keine effiziente Lösungsmethode zur Verfügung steht (Lösungsdefekt) oder

2. keine operationale Zielfunktion existiert (Zielsetzungsdefekt) oder

3. die entscheidungsrelevanten Merkmale nicht eindeutig ökonomisch bewertbar sind (Bewertungsdefekt) oder

4. schließlich der Zusammenhang zwischen den relevanten Merkmalen eines Problems und dem Niveau der Variablen unbekannt ist (Wirkungsdefekt).

Im Gegensatz dazu beruhen quantitative Prognosen auf empirischen Daten. Die Prognosewerte werden mit Hilfe von mathematisch-statistischen Verfahren ermittelt.

Einen beispielhaften Überblick über unternehmensinterne und -externe Personen, die qualitative Absatzprognosen abgeben können, gibt folgende Darstellung:

Prognostiker	
unternehmensinterne	**unternehmensexterne**
▪ Vorstandsmitglieder ▪ Produktmanager ▪ Kundenmanager ▪ Marktmanager ▪ Verkaufsmanager ▪ Marktforscher ▪ Außendienst	▪ Absatzmittler ▪ Handelsvertreter ▪ Kunden ▪ Futurologen GABLER GRAFIK

Abbildung 3-5:   Qualitative Absatzprognosen

Lösung Aufgabe 6   Befragung als Prognosebasis

Lösung Aufgabe 6a

Es handelt sich in diesem Fall um eine qualitative Prognose, die einerseits auf den Entwicklungsaspekt (Vorhersage der Absatzmengen) und andererseits auf den Wirkungsaspekt (Einfluss des Marketingintruments Preis) abzielt.

	Art der Prognose	
	Wirkungs-prognose	Entwicklungs-prognose
Befragung des Außendienstes 1. Bei welchem Handelsabgabepreis ist ein bislang das alte Kameramodell vertreibender Händler bereit, ein Kontingent von 20 digitalen Kameras zu übernehmen?	X	
2. Wie viele der neuartigen Kameras werden in Ihrem Verkaufsgebiet zu einem durchschnittlichen Preis von 120,00 € vom Handel gekauft?	X	X
Befragung des Handels 1. Welchen Endverbraucherpreis müsste die neue, digitale Kamera haben, um mindestens den Absatz konventioneller Kameras zu erreichen?	X	
2. Wie viele digitale Kameras aller Anbieter werden Sie in Ihrem Geschäft nächstes Jahr verkaufen?		X
Befragung der Konsumenten 1. Zu welchem Preis wären Sie bereit, eine digitale Kamera der Firma DigCam zu kaufen?	X	
2. Beabsichtigen Sie innerhalb des nächsten Jahres den Kauf einer digitalen Kamera?		X

GABLER GRAFIK

Abbildung 3-6:   Mögliche Fragen im Rahmen einer Prognose

Lösung Aufgabe 6b

Eine Befragung von Handel, Konsumenten und Außendienstmitarbeitern erscheint nicht unproblematisch, weil:

- Der Außendienst beispielsweise versuchen kann, in Bezug auf die Absatzmengen zu untertreiben, um später mit höheren Verkaufszahlen seinen „Erfolg" zu unterstreichen. Es besteht ferner die Gefahr, dass er den Preis niedrig halten möchte, damit er gegenüber dem Handel ein wichtiges Verkaufsargument hat.

- Der Handel einen geringeren Endverbraucherpreis fordert, um sich gegenüber dem Konsumenten preislich als attraktive Einkaufsstätte zu profilieren.

- Die Konsumenten in eine hypothetische Kaufsituation versetzt werden, in der real existierende trade offs (Zielkonflikte), etwa zwischen einer Forderung nach hoher Qualität bei gleichzeitig niedrigem Preis, nicht wahrgenommen werden. Daher sollten Preisbereitschaften eher über eine Conjoint-Analyse erhoben werden.

Lösung Aufgabe 7   Gegenstand von Absatzprognosen

- **Marktpotenzial:** Mit diesem Begriff wird die oberste Grenze für den möglichen Abverkauf eines bestimmten Produkts auf dem Markt in einer bestimmten Periode umschrieben. Im Beispiel: 140 Millionen hl Bier jährlich.

- **Absatzpotenzial:** Dieser Wert gibt den Anteil am Marktpotenzial an, den ein Unternehmen glaubt, erreichen zu können. Im Beispiel: 10 Prozent von 140 Millionen hl = 14 Millionen hl.

- **Marktvolumen:** Das Marktvolumen entspricht der tatsächlichen Absatzmenge eines bestimmten Produkts in einer bestimmten Periode. Im Beispiel: 85 Prozent von 140 Millionen hl = 119 Millionen hl.

- **Absatzvolumen:** Dieser Wert gibt die von einem Unternehmen realisierte Absatzmenge für ein bestimmtes Produkt in einer bestimmten Periode an. Im Beispiel: 6,3 Millionen hl.

- **Marktanteil:** Dieser Wert gibt den mengenmäßigen Anteil einer Unternehmung am Gesamtabsatz einer Branche an (Absatzvolumen/Marktvolumen). Im Beispiel: 6,3/119 Millionen hl = 5,29 Prozent.

3. Fallstudie: Prognoseprobleme eines Kosmetikherstellers

Die Tenderskin GmbH ist ein namhafter Kosmetik-Hersteller. Eine wichtige Sparte des Unternehmens stellen Pflegeprodukte für die Rasur dar. Dabei hat man sich besonders im Bereich der klassischen Nassrasur zu einem Markenanbieter entwickelt. Da in den letzten Jahren die Allergieraten in der Bevölkerung immer weiter gestiegen sind und damit auch die Probleme vieler Männer bei der Rasur ständig zunehmen, glaubt die Geschäftsleitung, in den Markt der besonders hautfreundlichen Rasier-Pflege-Produkte einsteigen zu müssen. Hier besteht sogar besonderer Handlungsbedarf, da viele Konkurrenten bereits sehr hautfreundliche Produkte anbieten. Aufgrund der zunehmenden Umweltverschmutzung und den damit verbundenen dermatologischen Belastungen ist zudem damit zu rechnen, dass der Markt für hautfreundliche Pflegeprodukte in den nächsten Jahren stark wachsen wird. Die allgemeine Konsumstagnation und die damit verbundenen Umsatzrückgänge in dem bislang solide erscheinenden, klassischen Rasier-Pflegemittel-Markt lassen die geplante Produktneuentwicklung noch notwendiger erscheinen. Man will zunächst ein Basisprodukt lancieren und entscheidet sich für einen besonders hautfreundlichen Rasierschaum. Darauf aufbauend soll später eine komplette Pflegeserie entwickelt werden.

Die Marketingabteilung des Unternehmens wird beauftragt, eine Marktanalyse für besonders hautfreundlichen Rasierschaum durchzuführen und in Zusammenarbeit mit der Forschungs- und Entwicklungsabteilung eine marktgerechte Produktkonzeption zu entwickeln.

Bei der Suche nach Marktentwicklungsdaten erfahren die Marktforscher, dass ein bekanntes Institut ermittelt hat, dass ca. 24,4 Millionen Männer in Deutschland potenziell eine Nassrasur bevorzugen. Auf dieser Basis wurde der Pro-Kopf-Verbrauch von hautfreundlichem Rasierschaum ermittelt. Auf einer gleichartigen Datenbasis wurde auch der Pro-Kopf-Verbrauch in Frankreich ermittelt. Dabei stellte man fest, dass die Entwicklung des französischen Marktes der Entwicklung des deutschen Marktes um vier Jahre vorauseilt.

Beide Marktforschungsergebnisse liegen in Form der folgenden Tabelle vor.

Jahr	Marktvolumen BRD in m³	Pro-Kopf-Verbrauch in ml, BRD	Pro-Kopf-Verbrauch in ml, F
1993	1.620	66,40	70,10
1994	1.690	67,45	74,65
1995	1.722	63,85	78,60
1996	1.620	66,50	81,95
1997	1.753	70,55	85,55
1998	1.838	75,35	89,90
1999	1.912	78,35	92,50
2000	2.004	82,15	96,20
2001	2.076	85,10	101,00
2002	2.184	89,50	105,55
2003	2.250	92,20	109,65

GABLER GRAFIK

Abbildung 3-7:   Ergebnisse der Marktforschung

Als weitere Information verfügt man über Daten aus denen hervorgeht, dass die Anzahl der Männer mit Hautproblemen den Verbrauch von hautfreundlichen Rasier-Pflege-mitteln beeinflusst. Die folgende Tabelle zeigt den Anteil der Männer mit Hautproblemen an der männlichen Gesamtbevölkerung in Deutschland bis zum Jahr 2013.

Jahr	1997	1998	1999	2000	2001	2002	2003	2004	2005	2008	2013
% Anteil der Männer mit Haut-problemen	10,80	11,48	13,55	14,13	15,18	16,40	17,30	18,08	18,73	19,68	20,13

GABLER GRAFIK

Abbildung 3-8:   Männer mit Hautproblemen

Aufgabe 1   Prognosebasis

Zeichnen sie eine Punktwolke der Marktvolumensentwicklung und argumentieren Sie anhand der vorliegenden Skizze und den vorliegenden Informationen, von welchem Jahr an Sie die Beobachtungswerte den folgenden Prognosen zugrunde legen wollen.

Aufgabe 2   Trendfunktionen

Die Marketingplanung will das Marktvolumen bis zum Jahr 2013 prognostizieren. Unklar ist, welches Trendmodell unterstellt werden soll. Entscheiden Sie mit Hilfe der Punktwolke aufgrund des optischen Eindrucks, welche Trendfunktion zutrifft:

1. linearer Trend: $\qquad y_i = a + b \cdot t_i$

2. exponentieller Trend: $\qquad y_i = a \cdot e^{a-bt}$

3. logistischer Trend: $\qquad y_i = \dfrac{s}{1 + e^{a-bt}}$

Prognostizieren Sie die Volumenwerte für 2004, 2005, 2008, 2013 mit Hilfe der gewählten Trendfunktion.

Aufgabe 3   Indikatorprognose

Die zunehmende Zahl von Allergien und damit auch der ansteigende Prozentsatz von Männern mit Hautproblemen scheint ein sicherer Indikator für die Absatzprognose von hautfreundlichen Pflegeprodukten zu sein. Somit beschließt man eine Absatzprognose mit dem Indikator „Anteil der Männer mit Hautproblemen an der gesamten männlichen Bevölkerung" durchzuführen. Berechnen Sie mit Hilfe der linearen Einfachregression auf der Basis der oben aufgeführten Daten das Marktvolumen für 2004, 2005, 2008 und 2013. Charakterisieren Sie kurz die Vewendung von Indikatormodellen für die Entwicklungsprognose. Sind Sie davon überzeugt, dass der gewählte Indikator gute Absatzprognosewerte ergibt?

Aufgabe 4   Korrelationskoeffizient

Da die parallele Entwicklung des deutschen und französischen Marktes so offensichtlich ist, möchte der Leiter der Marktforschungsabteilung eine zweite Indikatorprognose erstellen. Dabei soll der Pro-Kopf-Verbrauch in Frankreich als Indikator verwendet werden. Wie sinnvoll dieser Indikator ist, lässt sich in den Augen seines umsichtigen Assistenten am besten mit Hilfe des Korrelationskoeffizienten bestimmen. Prüfen Sie die Eignung des Indikators und ermitteln Sie mit Hilfe der Leitvariablen den Pro-Kopf-Verbrauch in der BRD für 2004 und 2005.

4. Lösungen zur Fallstudie: Prognoseprobleme eines Kosmetikherstellers

Lösung Aufgabe 1   **Prognosebasis**

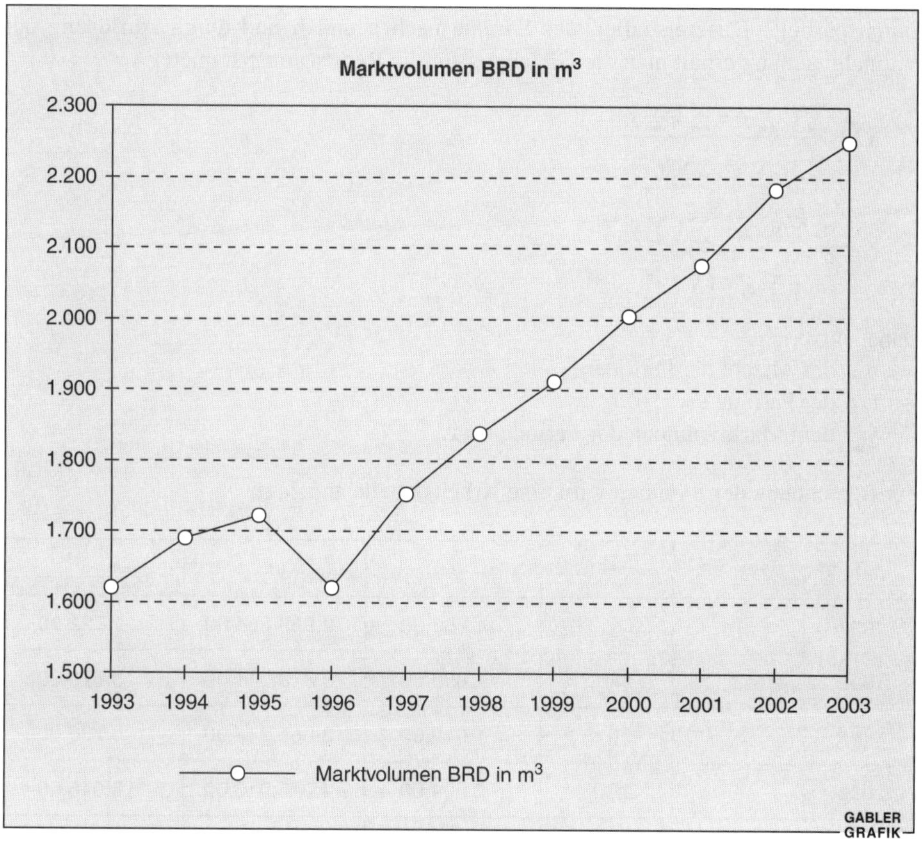

Marktvolumen BRD in m³

[Diagramm: Marktvolumen BRD in m³, Jahre 1993 bis 2003, Werte steigend von ca. 1.620 (1993) über Zwischenhoch 1.720 (1995), Tief 1.620 (1996), dann steigend bis 2.240 (2003)]

——○—— Marktvolumen BRD in m³

GABLER
GRAFIK

Abbildung 3-9:   Skizze zur Marktvolumensentwicklung

Der Strukturbruch macht es notwendig, als Ausgangspunkt für Trendextrapolationen das Jahr 1997 zu wählen.

Lösung Aufgabe 2 Trendfunktionen

Der optische Eindruck lässt vermuten, dass es sich um eine lineare Trendfunktion der Form $y_i = a + b \cdot t_i$ handelt. Für die unbekannten Parameter a und b werden mit Hilfe der Methode der kleinsten Quadrate Näherungswerte bestimmt, und zwar, indem die Summe der quadrierten Abweichungen der tatsächlichen Absatzwerte y_i von den durch die Trendfunktion gelieferten Schätzwerten y_i' minimiert wird:

$$\sum (y_i - y_i')^2 = \sum (y_i - a - bt_i)^2 \rightarrow \min !$$

Durch partielle Differenziation der Summe nach a und b und durch Auflösung der Normalgleichung erhält man die Gleichung für die Regressionsparameter:

$$a = \frac{\sum t_i^2 \sum y_i - \sum t_i \sum y_i \cdot t}{n \sum t_i^2 - \left(\sum t_i \right)^2}$$

$$b = \frac{n \sum y_i \cdot t_i - \sum t_i \sum y_i}{n \sum t_i^2 - \left(\sum t_i \right)^2}$$

Dabei entspricht:

    n   der Anzahl der Perioden

    t_i der Periode t = i

    y_i dem Marktvolumen der Periode t = i

Zur Berechnung der Summen wird eine Arbeitstabelle angelegt:

Jahr	t_i	t_i^2	y_i	y_i^2	$t_i \cdot y_i$
1997	1	1	1.753,00	2.965.284,00	1.722,00
1998	2	4	1.838,00	3.378.244,00	3.676,00
1999	3	9	1.912,00	3.655.744,00	5.736,00
2000	4	16	2.004,00	4.016.016,00	8.016,00
2001	5	25	2.076,00	4.309.776,00	10.380,00
2002	6	36	2.184,00	4.769.856,00	13.104,00
2003	7	49	2.250,00	5.062.500,00	15.750,00
Summe	28,00	140,00	13.986,00	28.157.420,00	58.384,00

GABLER
GRAFIK

Abbildung 3-10: Arbeitstabelle zur Parameterberechnung

$$a = 1.667,14$$
$$b = 83,82$$

Die lineare Trendfunktion lautet: $y_i = 1.667,14 + 83,82 \cdot t_i$

Als Prognosewerte für das Marktvolumen erhält man (Angabe in m^3):

Jahr	2004	2005	2008	2013
t_i	8	9	12	17
Marktvolumen	2.337,7	2.421,52	2.672,98	3.092,08

GABLER
GRAFIK

Abbildung 3-11:   Prognosewerte für das Marktvolumen

Lösung Aufgabe 3   Indikatorprognose

Indikatoren sind Variablen, auf die die Unternehmung nur einen geringfügigen Einfluss hat, von denen die Entwicklung des Absatzes jedoch wesentlich bestimmt wird.

Zur Anwendung von Indikatorprognosen sind zwei Voraussetzungen notwendig:

1. Eine hohe Korrelation zwischen der Entwicklung der Indikatoren und der zu prognostizierenden Variablen (zum Beispiel Anzahl der Baugenehmigungen als Indikator für die Zahl der zu erwartenden Neubauten)

2. Eine leichte und sichere Vorausschätzung der Indikatoren

Die Indikatorprognose hat gegenüber der Trendextrapolation den großen Vorteil, dass die bisherige Entwicklungsrichtung nicht beibehalten werden muss.

Die Indikatorfunktion lautet allgemein: $y_i = a + b \cdot x_i$

Dabei steht y_i für das Marktvolumen und x_i für den Indikator „Anteil der Männer mit Hautproblemen an der gesamten männlichen Bevölkerung".

Die Parameter a und b der Indikatorfunktion werden nach folgenden Gleichungen berechnet:

$$a = \frac{\sum x_i^2 \sum y_i - \sum x_i \cdot y_i}{n \sum x_i^2 - \left(\sum x_i\right)^2}$$

$$b = \frac{n \sum x_i \cdot y_i - \sum x_i \sum y_i}{n \sum x_i^2 - \left(\sum x_i\right)^2}$$

Auch für die Indikatorprognose wird eine Arbeitstabelle erstellt:

i	x_i	x_i^2	y_i	y_i^2	$x_i \cdot y_i$
1	10,80	116,64	1.753,00	3.073.009,00	18.932,40
2	11,48	131,79	1.838,00	3.378.244,00	21.100,24
3	13,55	183,60	1.912,00	3.655.744,00	25.907,60
4	14,13	199,66	2.004,00	4.016.016,00	28.316,52
5	15,18	230,43	2.076,00	4.309.776,00	31.513,68
6	16,40	268,96	2.184,00	4.769.856,00	35.817,60
7	17,30	299,29	2.250,00	5.062.500,00	38.925,00
Summe	98,84	1.430,37	14.017,00	28.265.145,00	200.513,04

GABLER
GRAFIK

Abbildung 3-12:   Arbeitstabelle zur Parameterberechnung

$$a \quad = \quad 948,89$$
$$b \quad = \quad 76,62$$

Die Indikatorfunktion lautet entsprechend: $y_i = 948,89 + 76,618 \cdot x_i$

Die geforderten Prognosewerte lauten daher (Angabe in m^3):

Jahr	2004	2005	2008	2013
Marktvolumen	2.334,14	2.383,95	2.456,73	2.491,21

GABLER
GRAFIK

Abbildung 3-13:   Prognosewerte für das Marktvolumen

Kritik:

Dieser Zusammenhang berücksichtigt nur den kausalen Zusammenhang zwischen der Zunahme der Anzahl von Männern mit Hautproblemen und dem Kauf von hautfreundlichen Rasierpflegemitteln. Andere Gründe für einen möglichen Mengenzuwachs, wie zum Beispiel ein allgemein zunehmendes Pflege- und Gesundheitsbewusstsein oder auch ein möglicher allgemeiner Trend zur Nassrasur, gehen in die Indikatorprognose nicht ein.

Lösung Aufgabe 4   Korrelationskoeffizient

Der Pro-Kopf-Verbrauch innerhalb der Zielgruppe in Frankreich ist dem der Bundesrepublik um vier Jahre voraus. Demnach müsste zum Beispiel 1997 in Frankreich pro Kopf soviel hautfreundlicher Rasierschaum verbraucht worden sein wie 2001 in der Bundesrepublik. Wie stark dieser Zusammenhang ist, lässt sich mit Hilfe des Korrelationskoeffizienten bestimmen:

$$r = \frac{n \sum F_i B_i - \sum F_i \sum B_i}{\sqrt{n \sum F_i^2 - \left(\sum F_i\right)^2} \cdot \sqrt{n \sum B_i^2 - \left(\sum B_i\right)^2}}$$

B_i = Pro-Kopf-Verbrauch in der BRD
F_i = Pro-Kopf-Verbrauch in F

Auch für die Bestimmung des Korrelationskoeffizienten wird eine Arbeitstabelle benötigt:

i	F_i	F_i^2	B_i	B_i^2	$B_i F_i$
1	70,10	4.914,0	70,55	4.977,30	4.945,55
2	74,65	5.572,6	75,35	5.677,62	5.624,87
3	78,60	6.178,0	78,35	6.138,72	6.158,31
4	81,95	6.715,8	82,15	6.748,62	6.732,19
5	85,55	7.318,8	85,10	7.242,01	7.280,30
6	89,90	8.082,0	89,50	8.010,25	8.046,05
7	92,50	8.556,3	92,20	8.500,84	8.528,50
Summe	573,25	47.337,0	573,20	47.295,37	47.315,79

GABLER
GRAFIK

Abbildung 3-14:   Arbeitstabelle zur Bestimmung
des Korrelationskoeffizienten

Aus den Daten der Tabelle ergibt sich ein Korrelationskoeffizient von r = 0,9994.

Aufgrund des starken Zusammenhangs zwischen dem Pro-Kopf-Verbrauch von hautfreundlichem Rasierschaum in der BRD und in Frankreich scheint eine Prognose mittels dieses Indikators sinnvoll.

Mit Hilfe der linearen Indikatorfunktion $B_i = a + bF_i$ können jetzt die Prognosewerte für 2004 und 2005 ermittelt werden. Es müssen jedoch zuerst die Parameter a und b mit Hilfe der Methode der kleinsten Quadrate ermittelt werden. Auch dazu dient wieder die bereits erstellte Arbeitstabelle (siehe oben).

$$a = \frac{\sum F_i^2 \sum B_i - \sum F_i \sum B_i}{n \sum F_i^2 - \left(\sum F_i\right)^2}$$

$$b = \frac{n \sum F_i \cdot B_i - \sum F_i \sum B_i}{n \sum F_i^2 - \left(\sum F_i\right)^2}$$

Durch Einsetzen in die Gleichung ergeben sich folgende Parameterwerte:

$$a = 3{,}66$$
$$b = 0{,}9552$$

Prognosewert für den Pro-Kopf-Verbrauch von hautfreundlichem Rasierschaum:
2004:   95,55 ml/Jahr

Prognosewert für den Pro-Kopf-Verbrauch von hautfreundlichem Rasierschaum:
2005:   100,14 ml/Jahr

Das entspricht bei einer Basiszielgruppe von ca. 24,4 Millionen Männern einem Marktvolumen von 2.331,4 m³ für 2004 und 2.443,4 m³ für 2005.

Kapitelübersicht

Kapitel 4

Preispolitik

Kapitel 4

Lernziele

Der Leser soll nach Bearbeitung dieses Kapitels in der Lage sein,

1. die Funktion der Preispolitik im Marketing zu kennzeichnen,

2. das preispolitische Entscheidungsfeld abzugrenzen,

3. die Preis-Absatz-Funktion und ihre speziellen Ausprägungen herzuleiten,

4. die Preiselastizität der Nachfrage zu definieren und zu berechnen sowie ihre zentralen Bestimmungsfaktoren zu nennen,

5. Merkmale und Arten des Monopols, Oligopols und Polypols herauszustellen,

6. die gewinn- und rentabilitätsmaximale Preisforderung bei monopolistischer Angebotsstruktur zu erläutern und zu berechnen,

7. Preisuntergrenzen zu definieren und zu ermitteln,

8. die Preis-Absatz-Funktion für den unvollkommenen Markt bei polypolistischer Konkurrenz zu erklären,

9. preispolitische Modelle im Lichte praktischer Preisbildung zu würdigen.

1. Preispolitik – Grundlagen

1.1 Aufgaben: Preispolitik – Grundlagen

Aufgabe 1   Preis als Marketinginstrument

Kennzeichnen Sie den Bedeutungswandel des Preises als Instrument der Absatzpolitik.

Aufgabe 2   Preispolitische Ziele

Im Rahmen der preispolitischen Zielbildung wird zwischen markt- und betriebsgerichteten Zielsetzungen differenziert. Präzisieren Sie mögliche markt- und betriebsgerichtete Ziele der Preispolitik eines Herstellers für Bademoden. Konkretisieren Sie die Zielformulierungen nach Inhalt, Ausmaß, Zeit-, Objekt- und Segmentbezug.

Aufgabe 3   Preispolitisches Entscheidungsfeld

Konkretisieren Sie die Dimensionen des preispolitischen Entscheidungsfeldes eines Apothekers.

Aufgabe 4   Preis-Absatz-Funktion

Was ist unter einer Preis-Absatz-Funktion zu verstehen?

Aufgabe 5   Bestimmungsgründe unterschiedlicher Preis-Absatz-Funktionen

Kennzeichnen Sie den Verlauf spezieller Formen von Preis-Absatz-Funktionen und diskutieren Sie die Bestimmungsgründe:

Aufgabe 5a

Im Fall runder/gebrochener Preise.

Aufgabe 5b

Im Fall psychologischer Preislagen.

Aufgabe 5c

Im Fall von Prestige- beziehungsweise Qualitätseffekten des Preises.

Aufgabe 6   Veränderungen von Preis-Absatz-Funktionen

Ein Unternehmer A sieht sich einer linear fallenden Preis-Absatz-Funktion gegenüber. Er bietet sein Produkt in einem Markt mit drei Konkurrenten an. Welche absatzmäßigen Konsequenzen ergeben sich, wenn folgende Situationsänderungen auf dem Markt eintreten:

Aufgabe 6a

Ein Konkurrent scheidet aus.

Aufgabe 6b

Die Inflationsrate erhöht sich sprunghaft.

Aufgabe 6c

Der Hauptkonkurrent B intensiviert seine Endverbraucherwerbung.

Aufgabe 7   Preiselastizität I

Kennzeichnen Sie den Elastizitätsbegriff und dessen unterschiedliche Formen. Verdeutlichen Sie die verschiedenen Preiselastizitäten anhand der Preis-Absatz-Funktion $p = \dfrac{10}{x}$, indem Sie – soweit möglich – entsprechende Werte für die Mengen $x_1 = 1$ und $x_2 = 2$ berechnen.

Aufgabe 8 Preiselastizität II

Eine Preis-Absatz-Funktion hat die Form $p = 8 - \frac{1}{3} x$. Bei welchem Preis ergibt sich eine Punktelastizität von $\eta_{x,\,p} = -1$?

Aufgabe 9 Preiselastizität III

Eine Preis-Absatz-Funktion der allgemeinen Form $p = a + bx$ hat die Steigung $-\frac{1}{6}$. Berechnen Sie im Punkt ($p = 3/x = 6$) die Preis-Elastizität der Nachfrage.

Wie lautet die Preis-Absatz-Funktion?

Aufgabe 10 Preiselastizität IV

Die Preis-Absatz-Funktion $p = 4 - \frac{1}{6} x$ wird

1. um den Höchstpreis gedreht und lautet $p = 4 - \frac{1}{2} x$,
2. um die Sättigungsmenge gedreht und lautet $p = 12 - \frac{1}{2} x$,
3. parallel verschoben und lautet $p = 6 - \frac{1}{6} x$.

Aufgabe 10a

Berechnen Sie für alle vier Preis-Absatz-Funktionen die Preismengenkombinationen mit einer Elastizität von –3.

Aufgabe 10b

Ändert sich bei einem gegebenen Preis $p = 3$ die Preiselastizität der Nachfrage auf den neuen Preis-Absatz-Funktionen?

Aufgabe 11 Preiselastizität V

Leiten Sie allgemein die Preiselastizität der Nachfrage für die umsatzmaximale Absatzmenge ab. Es gilt: $U = x \cdot p\,(x)$.

Aufgabe 12   Preiselastizität VI

Welche Faktoren bestimmen die Preiselastizität eines Anbieters von technischen Kundendienstleistungen (zum Beispiel Reparaturen)?

Aufgabe 13   Kostenelastizität

Eine Kostenfunktion hat die Form $K = 66{,}16 - 0{,}96x + 0{,}06\ x^2$. Ermitteln Sie die Kostenelastizität bei einer Absatzmenge von 100 ME, und interpretieren Sie das Ergebnis.

Aufgabe 14   Kreuzpreiselastizität

Welche Bedeutung hat die Kreuzpreiselastizität in Bezug auf

- die Abgrenzung von Marktformen?

- die absatzmäßigen Verflechtungen in einem Mehrproduktunternehmen?

Aufgabe 15   Triffin'scher Koeffizient

Auf einem von störenden Einflüssen isolierten Markt setzen fünf Unternehmen jeweils 1.000 ME eines identischen Gutes bei p = 50,00 € ab. Das Unternehmen j erhöht seinen Preis auf 51,00 € und verliert seinen gesamten Absatz an die Konkurrenten.

Aufgabe 15a

Welchen Wert hat der Triffin'sche Koeffizient?

Aufgabe 15b

Welchen Wert erhält man, wenn das Unternehmen nur die Hälfte seines Absatzes verliert?

<table>
<tr><td>1.2</td><td></td></tr>
</table>

Lösungen zu den Aufgaben: Preispolitik – Grundlagen

Lösung Aufgabe 1   Preis als Marketinginstrument

Der Preis ist das monetäre Äquivalent für das Leistungsangebot eines Anbieters. Die Preispolitik beschäftigt sich mit der Planung, Durchführung und Kontrolle aller auf die Preisfestsetzung und die Preisdurchsetzung gerichteten Aktivitäten. Diese Aktivitäten müssen einerseits an den Marketingzielen ausgerichtet sein, andererseits unternehmensinterne und -externe Beschränkungsfaktoren beachten.

In der Verkäufermarktsituation wurde die Preispolitik als die bedeutendste Determinante des Absatzerfolgs betrachtet. Im Zuge eines höheren Lebensstandards sowie des Wandels zum Käufermarkt verlor dieses klassische Marketinginstrument seine Dominanz in der Absatzpolitik. Heute kann der Absatz von Produkten nicht mehr allein durch den Preis gesteuert werden. Er stellt nur eine Aktivität im Spektrum der absatzpolitischen Instrumente dar. Als solcher ist er nicht individuell zu optimieren, sondern wirkungsvoll in das absatzpolitische Instrumentarium einzuordnen.

Besondere Bedeutung erlangen preispolitische Entscheidungen dadurch, dass sie direkt auf die Wert- und Mengenkomponente des Umsatzes einwirken. Der unmittelbare Zusammenhang mit dem Kaufakt verleiht ihnen die für sie charakteristische Flexibilität, das heißt kurzfristige Variierbarkeit.

Lösung Aufgabe 2   Preispolitische Ziele

Im Rahmen eines hierarchischen Zielbildungsprozesses leiten sich die preispolitischen Ziele nach Mittel-Zweck-Vermutungen aus den Marketingzielen ab. Da preispolitische Entscheidungen sowohl auf die Wert- als auch auf die Mengenkomponente des Umsatzes einwirken, stehen im Mittelpunkt der preispolitischen Zielbildung insbesondere quantitative Zielsetzungen. Dies sind neben Umsatz- oder Rentabilitätszielen vor allem Gewinnziele. Preispolitische Zielsetzungen können deshalb zum einen auf die positive Gewinnkomponente, den Umsatz, zum anderen auf die negative Gewinnkomponente, die Kosten, Bezug nehmen. Dementsprechend kann zwischen markt- und betriebsgerichteten Zielen der Preispolitik differenziert werden.

Für einen Bademodenhersteller sind folgende Ziele denkbar:

Marktgerichtete Ziele

- Erhöhung des Absatzes um 20 Prozent für das gesamte Sortiment während der nächsten Badesaison im regionalen Marktsegment „Nordseeküste".

- Gewinnung von 30 Einzelhändlern als Neukunden innerhalb eines Geschäftsjahres im Marktsegment „staatlich anerkannte Kur- und Kneippporte".

- Erhöhung des Marktanteils für das gesamte Sortiment in den nächsten drei Jahren um 5 Prozent in der Bundesrepublik.

- Erringung der Marktführerschaft für Bademoden innerhalb des nächsten Jahres in den Seebädern „Langeoog", „Baltrum" und „Spiekeroog".

Betriebsgerichtete Ziele

- Verwirklichung einer optimalen Kostensituation für Badetücher im Werk „Bremen" für den auftragsschwachen September.

- Anpassung des Absatzes von Herrenbadehosen Modell „Delphin" an den Produktionsgang in den Herbstmonaten.

- Sicherung der Vollbeschäftigung im saisonal schwachen Winterhalbjahr.

Lösung Aufgabe 3   Preispolitisches Entscheidungsfeld

Das preispolitische Entscheidungsfeld setzt sich aus dem preispolitischen Aktionsfeld, dem preispolitischen Datenfeld und dem preispolitischen Erwartungsfeld zusammen. Für einen Apotheker lassen sich die Dimensionen des preispolitischen Entscheidungsfeldes folgendermaßen konkretisieren:

1. Das preispolitische Aktionsfeld umfasst die preispolitischen Handlungsalternativen eines Apothekers. Hierbei handelt es sich um mögliche Preisstrategien gegenüber Ärzten, Krankenhäusern, Krankenkassen und Privatkunden. Außerdem können unterschiedliche Preishöhen für spezifische Artikel und Sonderpreisaktionen bei freiverkäuflichen medizinischen Warengruppen festgelegt werden.

2. Das preispolitische Datenfeld umfasst die Beschränkungsfaktoren seiner Preispolitik. Zu den relevanten Faktoren gehören vor allem:

   - Rechtliche Faktoren wie das Verbot der unlauteren Preisangebote („Mondpreise"), das Gesetz zur Kostendämpfung im Gesundheitswesen, die Preisbildungsvorschriften bei Aufträgen von öffentlichen Krankenhäusern.
   - Institutionalisierte Normen und Rollenerwartungen wie die kaufmännischen Sitten und Gebräuche, die bei Nichteinhaltung zu Sanktionen der Umwelt führen können (zum Beispiel Preisschleuderei, Ausnutzung einer Monopolstellung).

105

    – Ökonomische Faktoren wie Absatzbeschränkungen bei verschreibungspflichtigen Medikamenten, beschränkte Raum- und Personalkapazitäten, Liquiditätsgrenzen.

3. Das preispolitische Erwartungsfeld umfasst die Entscheidungskonsequenzen seiner preispolitischen Aktionen, das heißt die möglichen Zielerreichungsgrade, die der Apotheker für alternative preispolitische Entscheidungen prognostizieren muss.

Lösung Aufgabe 4   Preis-Absatz-Funktion

Nachfrage- beziehungsweise Preis-Absatz-Funktionen zeigen die mengenmäßigen Konsequenzen von preispolitischen Entscheidungen eines einzelnen Anbieters, das heißt, welche Mengen des betrachteten Erzeugnisses in der betrachteten Periode bei jeweils unterschiedlichen Preisforderungen absetzbar sind. Jede Preis-Absatz-Funktion gilt nur für eine ganz bestimmte Konstellation der übrigen Marketinginstrumente, deren Einsatz bereits festgelegt ist. Wird diese Konstellation verändert, so nimmt die Preis-Absatz-Funktion eine andere Form an. Ebenso werden für eine Ausprägung der Preis-Absatz-Funktion andere Einflussfaktoren (zum Beispiel Einkommen der Haushalte, Preise von substituierbaren und komplementären Produkten, das absatzwirtschaftliche Instrumentarium von konkurrierenden Unternehmen, der Einfluss des Staates) konstant gesetzt. Variationen dieser Faktoren können die Lage/Form der Preis-Absatz-Funktion verändern.

Lösung Aufgabe 5   Bestimmungsgründe unterschiedlicher Preis-Absatz-Funktionen

Lösung Aufgabe 5a

Das Problem der runden/gebrochenen Preise kann an folgendem Beispiel verdeutlicht werden: Die Erhöhung des Preises eines Gutes von 99,50 auf 100,00 € führt in vielen Fällen zu einem höheren Absatzrückgang als bei einer Erhöhung von 100,00 auf 101,00 €. Dieser Preiseffekt lässt sich nur psychologisch erklären. Der gebrochene Preis lässt den Käufer auf eine scharfe Kalkulation schließen und hat schon optisch eine positivere Wirkung.

Lösung Aufgabe 5b

Eine psychologische Preislage wird durch eine obere und untere Preisschwelle eingegrenzt. Sie gibt den preispolitischen Spielraum an, innerhalb dessen eine segmentspezifische Käuferschaft den Preis für ein Gut akzeptiert. Bei Überschreiten der oberen Preisschwelle geht dieses Käufersegment verloren; bei Unterschreiten der unteren Preisschwelle werden neue Käuferschichten hinzugewonnen. Beide Preisschwellen bringen ein aus der Gewohnheit bzw. Erfahrung der segmentspezifischen Käuferschaft resultierendes allgemeines Werteempfinden für das betreffende Produkt zum Ausdruck.

Lösung Aufgabe 5c

Bei fehlenden Kriterien für die Beurteilung der Qualität eines Produkts neigen Konsumenten dazu, die Höhe des Preises ersatzweise zur Qualitätseinschätzung heranzuziehen. Sie assoziieren einen höheren Preis mit einer höheren Qualität. Der Preis-Qualitäts-Effekt kann deshalb dazu führen, dass bei einer Preiserhöhung die nachgefragte Menge sogar steigt.

Lösung Aufgabe 6 — Veränderungen von Preis-Absatz-Funktionen

Lösung Aufgabe 6a

In diesem Fall dreht sich die Preis-Absatz-Funktion des A um den Prohibitivpreis, weil sich die Nachfrage des ausscheidenden Wettbewerbers auf die verbleibenden Anbieter verteilt. Bei gegebenem Preis setzt der Unternehmer A mehr ab.

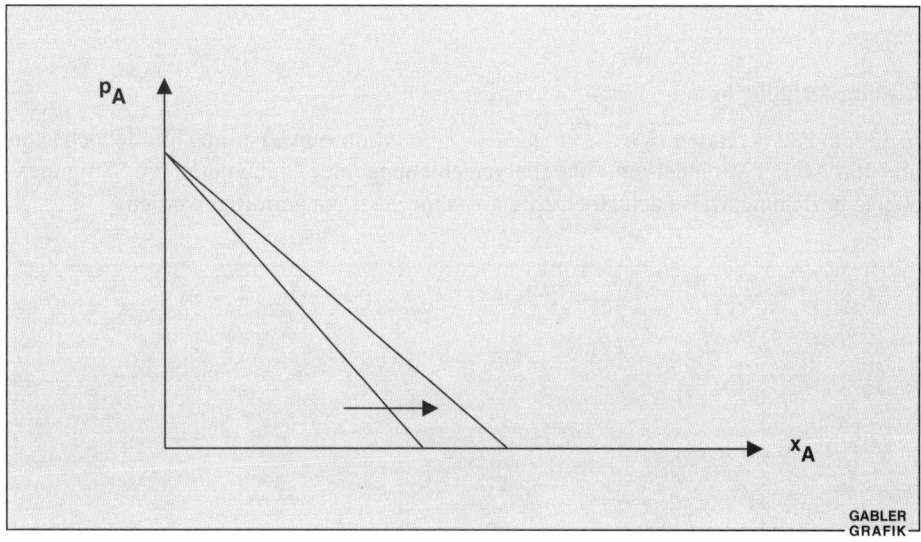

Abbildung 4-1:   Veränderte Preis-Absatz-Funktion bei Ausscheiden eines Konkurrenten

Lösung Aufgabe 6b

In diesem Fall dreht sich die Preis-Absatz-Funktion des A um die Sättigungsmenge, weil sich die Inflationsrate auf die Preise aller Wettbewerber gleichermaßen auswirkt und deshalb keine Mengeneffekte auftreten. Der Unternehmer A realisiert die gleiche Absatzmenge bei einem höheren Preis.

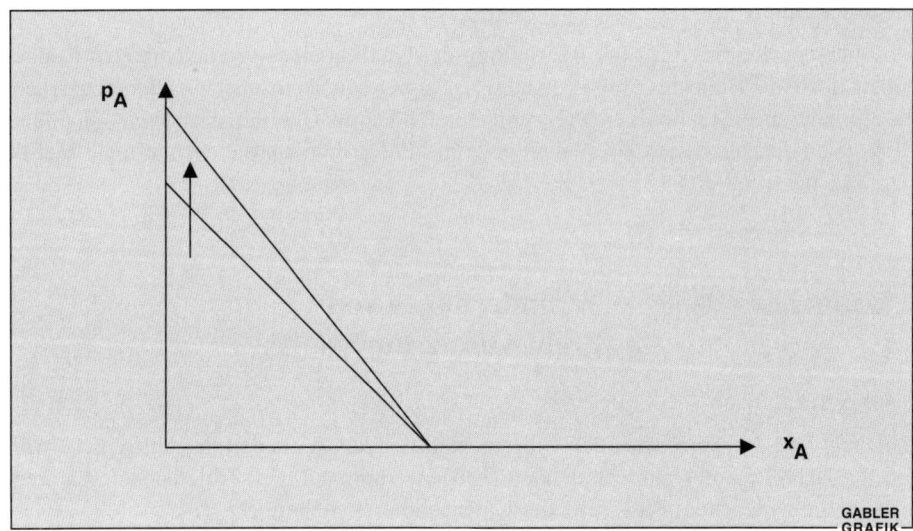

Abbildung 4-2:   Veränderte Preis-Absatz-Funktion bei erhöhter Inflationsrate

Lösung Aufgabe 6c

In diesem Fall verändert sich die Preis-Absatz-Funktion zum Ursprung hin. Jedoch kann über die Art der Veränderung – Parallelverschiebung oder Drehung um die Sättigungs-menge beziehungsweise den Höchstpreis – keine Aussage getroffen werden.

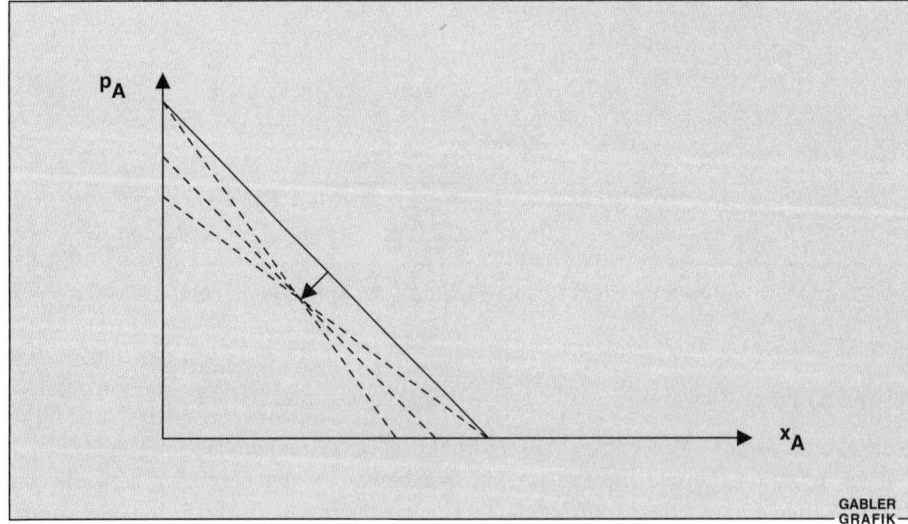

Abbildung 4-3:   Veränderte Preis-Absatz-Funktion bei intensivierter
Endverbraucherwerbung des Hauptkonkurrenten

Lösung Aufgabe 7   Preiselastizität I

Die Marktreaktion auf veränderte Einsatzniveaus der Marketinginstrumente (zum Bei-spiel Preis) kann durch die Elastizität der Nachfrage (η) gemessen werden. Diese Maßgröße gibt das Verhältnis der relativen Nachfrageänderung bei einem Gut zu der sie verursachenden relativen Änderung des Aktivitätsniveaus eines Marketinginstruments (zum Beispiel Preishöhe) an. Dabei wird die Änderung auf einen Ausgangs-, End- oder Durchschnittswert bezogen. Grundsätzlich lassen sich zwei Vorzeichenfälle unter-scheiden:

1. Gleichgerichtete Änderungen: Die Erhöhung (Verminderung) des Einsatzniveaus des Marketinginstruments führt zu einer Zunahme (Abnahme) der Nachfrage. Der Wert dieser Maßgröße hat ein positives Vorzeichen.

2. Gegenläufige Änderungen: Die Erhöhung (Verminderung) des Einsatzniveaus des Marketinginstruments führt zu einer Abnahme (Zunahme) der Nachfrage. Der Wert dieser Maßgröße hat ein negatives Vorzeichen.

3. Ein Betrag von Null zeigt eine vollkommen unelastische Nachfrage, ein Betrag von unendlich eine vollkommen elastische Nachfrage an.

Zur Systematisierung unterschiedlicher Formen der Nachfrageelastizität lassen sich folgende polare Merkmale heranziehen:

Direkte/indirekte Elastizität

Direkte Elastizitäten drücken das Verhältnis zwischen der relativen Änderung des Instru-menteneinsatzes und der Nachfragemenge des Gutes eines Anbieters aus.

Indirekte Elastizitäten drücken das Verhältnis zwischen der relativen Änderung des Instrumenteneinsatzes des Anbieters A und der relativen Änderung der Nachfragemenge des Gutes eines anderen Anbieters B aus.

Punkt-/Bogenelastizität

Punktelastizitäten setzen relative Änderungen in einem infinitesimal kleinen Bereich, das heißt bezogen auf einen Punkt, zueinander in Beziehung.

Bogenelastizitäten setzen relative Änderungen in einem endlichen Bereich zueinander in Beziehung.

Die Kombination dieser Merkmale ergibt – wie folgende Abbildung verdeutlicht – vier Elastizitätstypen. In der Absatztheorie haben vor allem die Elastizitätstypen (1), (2) und (3) Relevanz erlangt.

	Direkte Elastizität	Indirekte Elastizität
Punktelastizität	(1)	(3)
Bogenelastizität	(2)	(4)

Abbildung 4-4:　Formen der Nachfrageelastizität

1. Direkte Punktelastizität

Sie ist definiert als das Verhältnis der relativen Änderung der Nachfrage nach einem Gut zu der sie auslösenden relativen Änderung der Marketingaktivitäten für dieses Gut in einem infinitesimal kleinen Bereich:

$$\eta_{x,MI} = \frac{dx}{x} : \frac{dMI}{MI} = \frac{dx}{dMI} \cdot \frac{MI}{x}$$

mit　MI　=　Aktivitätsniveau eines beliebigen Marketinginstruments
　　　x　=　Absatzmenge

Sie gibt an, um wie viel Prozent sich die abhängige Variable x bei einer einprozentigen Änderung der unabhängigen Variable MI (zum Beispiel p) ändert.

Für eine Preis-Absatz-Funktion wird die Nachfrageelastizität synonym als Preiselastizität der Nachfrage, Nachfrageelastizität in Bezug auf den Preis oder einfach nur als Nachfrage- beziehungsweise Preiselastizität bezeichnet.

Rechenbeispiel

Für die Preis-Absatz-Funktion $p = \dfrac{10}{x}$ beziehungsweise $x = \dfrac{10}{p}$ ergibt sich die folgende Preiselastizität der Nachfrage:

$$\eta_{x,p} = \frac{dx}{dp} \cdot \frac{p}{x} = - \frac{10}{p^2} \cdot \frac{p}{x} = - \frac{10}{p \cdot x}$$

a)　Im Punkt x = 1/p = 10 errechnet sich eine direkte Punkt-Preiselastizität von

$$\eta_{x,p} = - \frac{10}{p \cdot x} = - \frac{10}{10 \cdot 1} = -1$$

b)　Im Punkt x = 2/p = 5 errechnet sich eine direkte Punkt-Elastizität von

$$\eta_{x,p} = - \frac{10}{p \cdot x} = - \frac{10}{5 \cdot 2} = -1$$

Es handelt sich hier um den Sonderfall einer Funktion mit konstanter Elastizität. Eine Erhöhung (Senkung) des Preises um ein Prozent hat eine Abnahme (Zunahme) der Absatzmenge um den gleichen Prozentsatz zur Folge.

2. Direkte Bogenelastizität

Sie ist definiert als das Verhältnis der durchschnittlichen relativen Änderung der Nachfrage nach einem Gut zu der sie auslösenden durchschnittlichen relativen Änderung der Marketingaktivitäten für dieses Gut in einem endlichen Bereich:

$$\eta_B = \frac{\Delta x}{\frac{x + (x + \Delta x)}{2}} : \frac{\Delta MI}{\frac{MI + (MI + \Delta MI)}{2}} = \frac{\Delta x}{\Delta MI} \cdot \frac{\frac{MI + (MI + \Delta MI)}{2}}{\frac{x + (x + \Delta x)}{2}}$$

Diese auf Mittelwerten basierende Bogenelastizität kann als durchschnittliche relative Steigung der Markt-Reaktions-Funktion (zum Beispiel x = f (p)) in dem betrachteten Bereich interpretiert werden. Ein Wert von η_B = a für einen bestimmten Funktionsbereich bedeutet, dass innerhalb dieses Bereichs im Durchschnitt eine Änderung der unabhängigen Variablen um ein Prozent eine Änderung der abhängigen Variablen um a Prozent zur Folge hat.

Rechenbeispiel

Für $p = \dfrac{10}{x}$ (bzw. $x = \dfrac{10}{p}$) ergibt sich im Bereich von $x_1 = 1/p_1 = 10$ bis $x_2 = 2/p_2 = 5$ eine direkte Bogenelastizität von

$$\eta_B = \frac{\Delta x}{\Delta p} \cdot \frac{\frac{p_1 + (p_1 + \Delta p)}{2}}{\frac{x_1 + (x_1 + \Delta x)}{2}}$$

$$= \frac{x_1 - x_2}{p_1 - p_2} \cdot \frac{\frac{p_1 + p_2}{2}}{\frac{x_1 + x_2}{2}}$$

$$= \frac{1 - 2}{10 - 5} \cdot \frac{\frac{10 + 5}{2}}{\frac{1 + 2}{2}}$$

$$= -\frac{1}{5} \cdot \frac{7,5}{1,5} = -1$$

Die Bogenelastizität gibt den Durchschnitt aller Punktelastizitäten im Bereich x_1 bis x_2 an. Da diese an jeder Stelle der Funktion $x = \dfrac{10}{p}$ stets den Wert –1 annehmen, ist der Wert der Durchschnittselastizität ebenfalls –1.

3. Indirekte Punktelastizität

Sie gibt die relative Änderung der Nachfragemenge des Gutes B bei einer sie bewirkenden relativen Änderung der Marketingaktivitäten für das Gut A an:

$$T = \frac{dx_B}{x_B} : \frac{dMI_A}{MI_A} = \frac{dx_B}{dMI_A} \cdot \frac{MI_A}{x_B}$$

Bezogen auf das Marketinginstrument „Preis" wird diese Elastizität als Kreuzpreiselastizität beziehungsweise Triffin'scher Koeffizient bezeichnet.

Lösung Aufgabe 8   Preiselastizität II

Die Preiselastizität der Nachfrage definiert sich als $\eta_{x,p} = \frac{dx}{dp} \cdot \frac{p}{x}$

Da $\frac{dx}{dp} = \frac{1}{\frac{dp}{dx}}$ ist, ergibt sich für $\frac{dx}{dp} = \frac{1}{-\frac{1}{3}} = -3$

Die Preiselastizität der Nachfrage der Funktion $p = 8 - \frac{1}{3}x$ ist somit

$$\eta_{x,p} = -3 \cdot \frac{8 - \frac{1}{3}x}{x} = \frac{-24 + x}{x} = -\frac{24}{x} + 1$$

$$\eta_{x,p} = -\frac{24}{x} + 1 = -1$$

Es gilt:

$$\frac{24}{x} = 2$$

$$2x = 24$$

$$x = 12$$

Bei einer Absatzmenge von 12 ME ergibt sich ein Preis von:

$$p = 8 - \frac{1}{3}x = 8 - \frac{1}{3}12 = 4 \text{ GE}$$

Lösung Aufgabe 9   Preiselastizität III

Berechnung der Elastizität

Die Preiselastizität der Nachfrage ist definiert als

$$\eta_{x,p} = \frac{dx}{dp} \cdot \frac{p}{x}$$

Aus der Steigung der Preis-Absatz-Funktion $\frac{dp}{dx} = -\frac{1}{6}$ ergibt sich

$$\frac{dx}{dp} = \frac{1}{\frac{dp}{dx}} = \frac{1}{-\frac{1}{6}} = -6$$

$$\eta_{x,p} = -6 \cdot \frac{p}{x}$$

$$= -6 \cdot \frac{3}{6} = -3$$

Bestimmung der Preis-Absatz-Funktion

Die Preis-Absatz-Funktion hat die Form

$$p = a - bx \text{ mit } b = \frac{1}{6}$$

Durch Einsetzen des Punktes x = 6; p = 3 ergibt sich

$$p = a - \frac{1}{6} x$$

$$3 = a - \frac{1}{6} \cdot 6$$

$$a = 4$$

Die Preis-Absatz-Funktion lautet somit:

$$p = 4 - \frac{1}{6} x$$

Lösung Aufgabe 10   Preiselastizität IV

Lösung Aufgabe 10a

Für die Preiselastizität gilt: $\eta_{xp} = \frac{dx}{dp} \cdot \frac{p}{x}$

▪ Berechnung der Preismengenkombination auf der ursprünglichen Preis-Absatz-Funktion:

Aus ihrer Steigung $\frac{dp}{dx}$ von $-\frac{1}{6}$ ergibt sich für $\frac{dx}{dp} = -6$

$$\eta_{x_A p_A} = -6 \cdot \frac{4 - \dfrac{1}{6}\,x}{x} = -3$$

$$\frac{-24 + x}{x} = -3$$

$$\frac{-24}{x} + 1 = -3$$

Es gilt: $-24 + x = -3x$

$\qquad\qquad x = 6$

$\qquad\qquad p = 3$

Berechnung der Preismengenkombination auf der um den Höchstpreis gedrehten Preis-Absatz-Funktion: Aus ihrer Steigung $\dfrac{dp}{dx}$ von $-\dfrac{1}{2}$ ergibt sich für $\dfrac{dx}{dp} = -2$.

$$\eta_{x_N p_N} = -2 \cdot \frac{4 - \dfrac{1}{2}\,x}{x} = -3$$

Es gilt: $-8 + x = -3x$

$\qquad\qquad x = 2$

$\qquad\qquad p = 3$

■ Berechnung der Preismengenkombination auf der um die Sättigungsmenge gedrehten Preis-Absatz-Funktion:

$$\eta_{x_N p_N} = -2 \cdot \frac{12 - \dfrac{1}{2}\,x}{x} = -3$$

Es gilt: $-24 + x = -3x$

$\qquad\qquad x = 6$

$\qquad\qquad p = 9$

■ Berechnung der Preismengenkombination auf der parallel verschobenen Preis-Absatz-Funktion:

$$\eta_{x_N p_N} = -6 \cdot \frac{6 - \dfrac{1}{6}\,x}{x} = -3$$

Es gilt: $-36 + x = -3x$

$\qquad\qquad x = 9$

$\qquad\qquad p = 4,5$

Lösung Aufgabe 10b

■ Berechnung von x bei p = 3
- alte Preis-Absatz-Funktion: $\qquad$ $3 = 4 - \dfrac{1}{6}x$ $\qquad$ → x = 6
- um den Höchstpreis gedrehte
  Preis-Absatz-Funktion: $\qquad$ $3 = 4 - \dfrac{1}{2}x$ $\qquad$ → x = 2
- um die Sättigungsmenge gedrehte
  Preis-Absatz-Funktion: $\qquad$ $3 = 12 - \dfrac{1}{2}x$ $\qquad$ → x = 18

- parallelverschobene Preis-Absatz-Funktion: $\qquad$ $3 = 6 - \dfrac{1}{6}x$ $\qquad$ → x = 18

■ Berechnung der jeweiligen Preiselastizität:
- alte Preis-Absatz-Funktion: $\qquad$ $\eta_{x=6,\,p=3} = -6 \cdot \dfrac{3}{6} = -3$
- um den Höchstpreis gedrehte
  Preis-Absatz-Funktion: $\qquad$ $\eta_{x=2,\,p=3} = -2 \cdot \dfrac{3}{2} = -3$
- um die Sättigungsmenge gedrehte
  Preis-Absatz-Funktion: $\qquad$ $\eta_{x=18,\,p=3} = -2 \cdot \dfrac{3}{18} = -\dfrac{1}{3}$

- parallel verschobene Preis-Absatz-Funktion: $\qquad$ $\eta_{x=18,\,p=3} = -6 \cdot \dfrac{3}{18} = -1$

Mit Ausnahme der Drehung um den Höchstpreis ändert sich die Preiselastizität der Nachfrage. Ihr Betrag sinkt, das heißt, die Nachfrage wird unelastischer.

Lösung Aufgabe 11   Preiselastizität V

Die Preiselastizität der Nachfrage ist definiert als

$$\eta_{x,p} = \frac{dx}{dp} \cdot \frac{p}{x}$$

Berechnung der umsatzmaximalen Absatzmenge:

$$U = x \cdot p(x)$$

$$\frac{dU}{dx} = 1 \cdot p(x) + x \cdot \frac{dp(x)}{dx} = 0$$

$$x \frac{dp(x)}{dx} = -p(x)$$

$$x = -p \cdot \frac{1}{\dfrac{dp}{dx}}$$

$$x = -p \cdot \frac{dx}{dp}$$

Berechnung der Elastizität:

$$\eta_{x,p} = \frac{dx}{dp} \cdot \frac{p}{x}$$

$$= \frac{dx}{dp} \cdot \frac{p}{-p \cdot \dfrac{dx}{dp}} = -1$$

Lösung Aufgabe 12   Preiselastizität VI

Folgende Determinanten können die Preiselastizität eines Anbieters von technischen Kundendienstleistungen beeinflussen:

1. Existenz von konkurrierenden Serviceanbietern: Je kleiner die Anzahl konkurrierender Kundendienstangebote ist beziehungsweise je eher ein Angebotsengpass für Kundendienstleistungen besteht, um so unelastischer reagieren tendenziell die Nachfrager auf den Preis.

2. Markttransparenz: Je geringer die Markttransparenz ist, umso unelastischer reagieren tendenziell die Nachfrager auf den Preis.

3. Entbehrlichkeit beziehungsweise Bedeutung des Gerätes: Je weniger ein Kunde auf ein Gerät verzichten kann und je schwieriger der Ersatz ist, umso unelastischer reagiert der Nachfrager auf den Preis.

4. Branchenübliches Stundenlohnniveau: Je mehr der geforderte Preis pro Arbeitsstunde das branchenübliche Stundenlohnniveau überschreitet, umso elastischer reagieren tendenziell die Nachfrager auf den Preis.

5. Zeitpunkt des Kundendienst-Call: Fällt der Call nicht in die normale Geschäftszeit, dann reagieren die Nachfrager tendenziell unelastisch auf den Preis.

6. Schnelligkeit des Kundendienstes: Je kürzer die Ausfallzeit eines Gerätes ist, umso unelastischer reagieren tendenziell die Nachfrager auf den Preis.

7. Schwierigkeit der Kundendienstleistung: Je eher eine Kundendienstleistung von den Nachfragern selbst vollzogen werden kann, umso elastischer reagieren tendenziell die Nachfrager auf den Preis.

8. Neupreis des Gerätes: Je höher der Anschaffungspreis eines Gerätes ist, umso unelastischer reagieren tendenziell die Nachfrager auf den Preis.

Lösung Aufgabe 13   Kostenelastizität

Die Kostenelastizität ist definiert als:

$$\eta_{K,x} = \frac{dK}{dx} \cdot \frac{x}{K}$$

Berechnung der Steigung der Kostenfunktion:

$$\frac{dK}{dx} = -0{,}96 + 0{,}12x$$

Berechnung der Elastizität:

$$\eta_{K,x} = (-0{,}96 + 0{,}12x) \cdot \frac{x}{66{,}16 - 0{,}96x + 0{,}06x^2}$$

$$\eta_{K,x} = \frac{-0{,}96x + 0{,}12x^2}{66{,}16 - 0{,}96x + 0{,}06x^2}$$

$$\eta_{K,x} = \frac{-96 + 1.200}{66{,}16 - 96 + 600} = \frac{1.104}{570{,}16} = 1{,}94$$

Somit hat eine einprozentige Erhöhung der Absatzmenge eine 1,94%ige Erhöhung der Kosten zur Folge.

Lösung Aufgabe 14   Kreuzpreiselastizität

Die Kreuzpreiselastizität ist ein Maß zur Bestimmung von Konkurrenzbeziehungen. Sie wird als Triffin'scher Koeffizient bezeichnet.

Mittels der Intensität der Konkurrenzbeziehungen zwischen zwei und mehr Anbietern lassen sich drei Marktformen abgrenzen. Beträgt der Triffin'sche Koeffizient

1. T = 0, dann gibt es keine Konkurrenz in dem Sinne, dass eine Preisvariation eines Anbieters keinen Einfluss auf das Absatzvolumen anderer hat.

2. T = ∞, dann besteht homogene Konkurrenz. Diese äußerst enge und intensive Konkurrenzbeziehung liegt vor, wenn eine minimale Preisvariation eines Anbieters die Absatzmenge anderer stark beeinflusst.

3. 0 < T < ∞, dann besteht heterogene Konkurrenz. Sie ist gegeben, wenn eine Preisvariation eines Anbieters die Absatzmenge anderer zwar nicht übermäßig stark, aber durchaus spürbar beeinflusst.

Die Grenzen zwischen den Marktformen sind fließend. Der Triffin'sche Koeffizient gibt an, ob ein konkreter Einzelfall mehr zu der einen oder anderen Form der Konkurrenz gebundenheit tendiert. Darüber hinaus lässt sich die Kreuzpreiselastizität zur Analyse der Substitutionalitäts- und Komplementaritätsbeziehungen im eigenen Sortiment (Sortimentsverbund) heranziehen. Ist sie positiv, so handelt es sich um eine substitutionale, ist sie negativ, um eine komplementäre Relation.

Lösung Aufgabe 15 Triffin'scher Koeffizient

Lösung Aufgabe 15a

Der Triffin'sche Koeffizient ist definiert als:

$$T = \frac{dx_i}{dp_j} \cdot \frac{p_j}{x_i}$$

Das Unternehmen j setzt bei einem Preis p_j von 50,00 € 1.000 ME ab. Das Gleiche gilt für die anderen Unternehmen i. Durch eine Preissteigerung dp_j von 1,00 € verliert das Unternehmen j die gesamte Nachfrage an seine Konkurrenten. Deren Absatzmenge steigt somit jeweils um dx_i = 250 ME.

Berechnung des Triffinschen Koeffizienten (Kreuzpreiselastizität):

$$T = \frac{250}{1} \cdot \frac{50}{1.000} = 12,50$$

Lösung Aufgabe 15b

Es liegt die gleiche Situation wie in a) vor, jedoch verliert der Unternehmer j nur die Hälfte seiner Absatzmenge an seine Konkurrenten. Deren Absatzmenge steigt somit jeweils um dx_i = 125 ME.

Berechnung der Kreuzpreiselastizität:

$$T = \frac{125}{1} \cdot \frac{50}{1.000} = 6,25$$

1.3 Fallstudie: Handelsspannenanalyse des Herstellers „Blitzlicht"

Der Fotohersteller „Blitzlicht" unterhält eine zentrale Reparaturwerkstatt, die defekte Fotogeräte (Kameras und Fotozubehör) aus eigener Produktion repariert. In diesem Reparaturgeschäft konkurriert er mit zahlreichen wirtschaftlich unabhängigen Handwerksbetrieben. Bei ihnen handelt es sich in der Regel um kleine bis mittlere Familienunternehmen, die defekte Fotogeräte aller Marken reparieren. Die Ersatzteile für ein bestimmtes Fotogerät beziehen sie vom jeweiligen Fotohersteller.

In die Abwicklung seiner Reparaturgeschäfte schaltet der Fotohersteller „Blitzlicht" – wie andere Fotohersteller auch – den Fotohandel ein. Nur etwa 10 Prozent der Reparaturaufträge seiner Werkstatt stammen von direkt einsendenden Fotoamateuren. Die meisten defekten Fotogeräte werden bei Fotoeinzelhändlern abgegeben. Die Präferenz des Fotohändlers bestimmt sodann, ob das defekte Fotogerät an eine freie Werkstatt oder die Herstellerwerkstatt weitergeleitet wird.

Empirische Erhebungen der Marktforschung des Herstellers „Blitzlicht" über das so genannte Einsendeverhalten der Fotohändler zeigten, dass im Jahresdurchschnitt pro Fotofachhandlung mehr Kameras an die freien als an die Herstellerwerkstätten eingesandt wurden (37 gegenüber 28 Stück).

Als maßgebliche Gründe der Fotohändler, die eine freie Werkstatt präferieren, wurden Weg-, Zeit- und Kostenersparnisse einerseits, vor allem aber die erzielbare Handelsspanne andererseits ermittelt. So lassen Daten zum Einsendeverhalten und zur Preispolitik der Fotohändler den Schluss zu, dass hohe Handelsspannen hauptsächlich durch Reparaturen bei freien Werkstätten erzielt werden können, die im Durchschnitt niedrigere Reparaturpreise als die Hersteller verlangen. Abbildung 4-5, die sich nur auf den klassischen Fotohandel (Fotofachgeschäfte und -drogerien) bezieht, zeigt deutlich, dass der Anteil der an freie Werkstätten gesandten Fotogeräte mit der Höhe der Handelsspanne steigt.

Der Fotohersteller „Blitzlicht" muss bei der Kalkulation seiner Reparaturkosten neben der Konsumentenreaktion zusätzlich das preispolitische Verhalten der Fotohändler einbeziehen. Hinsichtlich des Konsumentenverhaltens ergaben Marktforschungsanalysen, dass Fotoamateure höchstens einen Reparaturpreis von etwa 50 Prozent des Geräteneupreises akzeptieren.

	Handelsspanne							
	bis 10 %		11 – 30 %		31 – 50 %		51 % und mehr	
ø Anzahl jährlich eingesandter Foto-geräte pro Geschäft	in Stück	in %	in Stück	in %	in Stück	in %	in Stück	in %
an den Hersteller	19	53	35	44	28	39	50	39
an freie Werkstätten	17	47	45	56	43	61	77	61
Summe	36	100	80	100	71	100	127	100

GABLER GRAFIK

Abbildung 4-5: Durchschnittliche Anzahl eingesandter Fotogeräte nach der Handelsspanne der Fotohändler

Aufgabe 1 Determinanten der Handelsspanne

Welche Determinanten bestimmen die Höhe der Handelsspanne der Fotohändler im Kamerareparaturgeschäft und wie kann die Handelsspanne interpretiert werden?

Aufgabe 2 Handelsspannenelastizität

Es ist zu vermuten, dass eine funktionale Beziehung zwischen den vom Herstellerkundendienst beim Fotohandel erzielten Reparaturaufträgen und der Handelsspanne besteht.

Aufgabe 2a

Bestimmen Sie die Handelsspannenreaktionsfunktion für den Hersteller „Blitzlicht". (Hyperbolische Regressionsfunktion: $y = a \cdot x^{-b}$). Gehen Sie hierbei von den Prozentwerten aus. Beziehen Sie zur rechnerischen Vereinfachung die Anzahl der eingeschickten Geräte auf die Intervallenden der Handelsspannenausprägung. Bei $i = 4$ wird unter dem Aspekt gleicher Intervallbreite $HS_i = 70$ angenommen.

Aufgabe 2b

Ermitteln Sie die Handelsspannenelastizität.

Aufgabe 3 Ersatzteilpreispolitik

Nennen Sie aus der Sicht des Fotoherstellers „Blitzlicht" beispielhaft Anlässe und Ziele für eine Änderung seiner Reparatur- und Ersatzteilpreise.

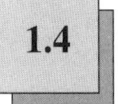

1.4   Lösungen zur Fallstudie: Handelsspannenanalyse des Herstellers „Blitzlicht"

Lösung Aufgabe 1   Determinanten der Handelsspanne

Die Handelsspanne des Reparaturgeschäfts im Fotohandel gibt die Differenz zwischen dem Reparaturpreis, den der Amateurkunde an den Fotohändler zahlt und dem (Reparatur-)Einstandspreis an, den der Fotohändler seinerseits der jeweiligen Reparaturinstitution vergütet. Darin schlagen sich die preispolitischen Aktivitäten der beiden konkurrierenden Reparaturinstitutionen „freie Werkstatt" und „Herstellerwerkstatt" sowie des Fotohandels nieder.

Unter der Annahme eines mehr oder weniger vorgegebenen Endverbraucherpreises – Kamerareparaturen sollten nach einer Faustregel einen bestimmten Prozentsatz des Geräteneupreises nicht übersteigen – hängt die Handelsspanne vor allem vom Einstandspreis ab. Zu dieser Annahme berechtigt die empirische Untersuchung zum Einsendeverhalten des Handels, nach der der Fotohandel hohe Handelsspannen im Reparaturgeschäft vor allem bei einer Auftragsvergabe an die preisgünstigeren freien Werkstätten erzielt. Folglich kann die Handelsspanne als preispolitisches Instrument der Reparaturinstitution interpretiert werden.

Lösung Aufgabe 2   Handelsspannenelastizität

Lösung Aufgabe 2a

Als Datenbasis für eine Validierung der vermuteten funktionalen Beziehung zwischen den Reparaturaufträgen und der Handelsspanne kann die Abbildung 4-5 herangezogen werden, die Auskunft über die durchschnittliche Anzahl der eingesandten Fotogeräte nach der Handelsspanne des klassischen Fotohandels gibt. In der folgenden Reaktionsfunktion werden die Reparaturaufträge der Herstellerwerkstatt in Abhängigkeit von der Handelsspanne des klassischen Fotohandels aufgezeigt, wenn dieser 100 Reparaturaufträge zu vergeben hat.

$$y_i = f\,(HS_i)$$

wobei y_i = Reparaturaufträge der Herstellerwerkstatt
HS_i = Höhe der Handelsspanne
i = Laufindex i von 1 bis 4

121

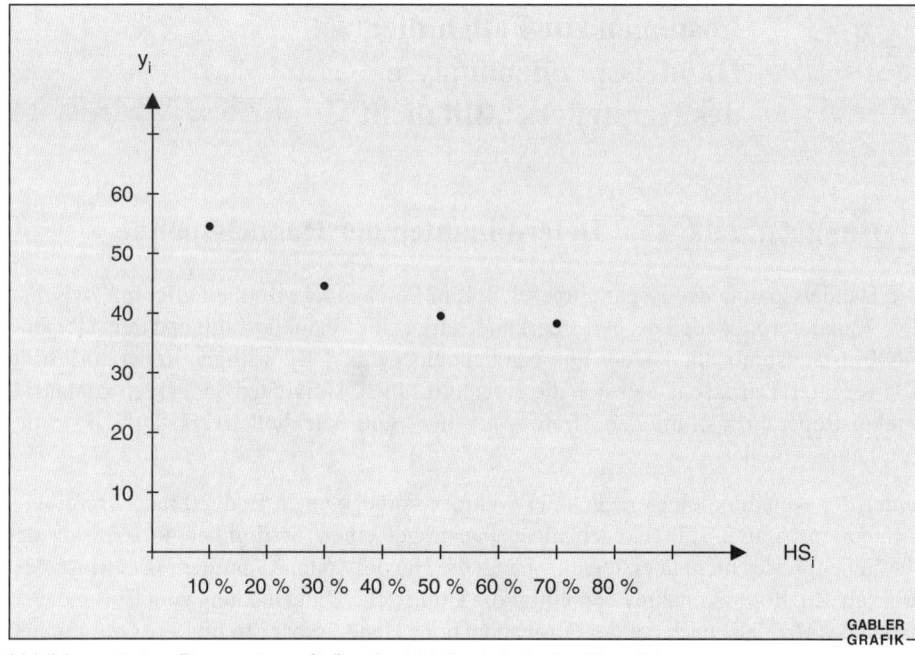

Abbildung 4-6:   Reparaturaufträge in Abhängigkeit der Handelsspanne

Werden die HS_i/y_i-Kombinationen in ein Diagramm eingetragen (vgl. Abbildung 4-6), so lässt sich die Hypothese aufstellen, dass der Reparaturabsatz der Herstellerwerkstatt mit wachsender Handelsspanne degressiv abnimmt. Eine gute Approximation dieses Verlaufs liefert die hyperbolische Funktion: $y_i = a \cdot HS_i^{-b}$.

Durch Logarithmieren beider Seiten der Gleichung kann diese Funktion linearisiert werden. Ihre Parameter sind dann mittels der Methode der Kleinsten Quadrate schätzbar. Es ergeben sich folgende Normalgleichungen:

$$\log \hat{a} = \frac{\sum \log HS_i^2 \cdot \sum \log y_i - \sum \log HS_i \cdot \sum \log HS_i \cdot \log y_i}{n \cdot \sum \log HS_i^2 - (\log HS_i)^2}$$

$$\log \hat{b} = \frac{\sum \log HS_i \cdot \sum \log y_i - n \cdot \sum \log HS_i \cdot \log y_i}{n \cdot \sum \log HS_i^2 - (\sum \log HS_i)^2}$$

Um $\hat{a}$ und $\hat{b}$ numerisch zu bestimmen, sind die entsprechenden Werte aus folgender Arbeitstabelle zu entnehmen:

i	HS_i	$\log HS_i$	$\log HS_i^2$	y_i	$\log y_i$	$\log y_i^2$	$\log HS_i \cdot \log y_i$
1	10	1,0000	1,0000	53	1,7243	2,9732	1,7243
2	30	1,4771	2,1818	44	1,6435	2,7011	2,4276
3	50	1,6990	2,8866	39	1,5911	2,5316	2,7033
4	70	1,8451	3,4044	39	1,5911	2,5316	2,9357
Σ		6,0212	9,4728		6,5500	10,7375	9,7909

GABLER
GRAFIK

Abbildung 4-7:   Arbeitstabelle zur Schätzung
                 der Handelsspannenreaktionsfunktion

$$\log \hat{a} = \frac{9{,}4728 \cdot 6{,}55 - 6{,}0212 \cdot 9{,}7909}{4 \cdot 9{,}4728 - 6{,}0212^2} = \frac{3{,}0939}{1{,}6364} = 1{,}8907$$

$$\hat{a} = 77{,}75$$

$$\hat{b} = \frac{6{,}0212 \cdot 6{,}55 - 4 \cdot 9{,}7909}{4 \cdot 9{,}4728 - 6{,}0212^2} = \frac{0{,}2753}{1{,}6364} = 0{,}1682$$

Damit lautet die Reaktionsfunktion: $\hat{y}_i = 77{,}75\, HS_i^{-0{,}1682}$

Sie zeigt – wie sich durch Einsetzen der vorgegebenen HS_i-Werte nachweisen lässt – eine gute Anpassung an die wahren y_i-Ausprägungen:

HS_i	y_i	$\hat{y}_i$
10	53	53
30	44	44
50	39	40
70	39	38

GABLER
GRAFIK

Abbildung 4-8:   Vergleich Schätzwerte und reale Werte

Lösung Aufgabe 2b

Die Handelsspannenelastizität der Nachfrage ist definiert als

$$\eta_{y,HS} = \frac{dy}{dHS} \cdot \frac{HS}{y}$$

Berechnung der Steigung der Reaktionsfunktion:

$$\frac{dy}{dHS} = -0{,}1682 \cdot 77{,}75 \, HS^{-1{,}1682}$$

Berechnung der Elastizität:

$$\eta_{y,HS} = -0{,}1682 \cdot 77{,}75 \, HS^{-1{,}1682} \cdot \frac{HS}{77{,}75 \cdot HS^{-0{,}1682}}$$

$$\eta_{y,HS} = -0{,}1682$$

Der Koeffizient ist größer als −1 und zeigt daher ein unelastisches Auftragsverhalten des Handels gegenüber der Herstellerwerkstatt. So hat eine 10%ige Veränderung der Handelsspanne etwa nur eine 1,68%ige Mengenveränderung zur Folge.

Lösung Aufgabe 3   Ersatzteilpreispolitik

Anlässe	Ziele
Veränderte Preise der freien Werkstätten	▪ Erhaltung der Wettbewerbsfähigkeit ▪ Marktanteilserhaltung ▪ Sicherung der Vollbeschäftigung in der Reparaturwerkstatt ▪ Verbesserung der Kosten- und Gewinnsituation
Veränderungen auf der Konsumenten-ebene (zum Beispiel Nachfrageverlagerung auf Ersatzkäufe, Stagnation oder Schrumpfung des Marktvolumens)	▪ Marktanteilserhaltung bzw. -erweiterung ▪ Sicherung der Vollbeschäftigung in der Reparaturwerkstatt
Kostenänderungen	▪ Kostendeckung ▪ Weitergabe von Kostenvorteilen
Sonderpreisaktionen bei Ersatzteilen	▪ Lagerabbau ▪ Ausverkauf von Ersatzteilen für Geräte, für die die Herstellerwerkstatt keine Reparaturdienste mehr anbietet
Veränderte Preispolitik der Fotohändler	▪ Konstanz des Handelsspannengefüges ▪ Keine Verärgerung der Fotoamateure wegen zu hoher Reparaturkosten
Sonstige Umweltveränderungen, insbesondere veränderte rechtliche Bestimmungen	▪ Konsens mit der veränderten Umweltlage

GABLER GRAFIK

Abbildung 4-9: Anlässe und Ziele für eine Änderung von Reparatur- und Ersatzteilpreisen

2.   Preispolitik – Monopol

2.1   Aufgaben: Preispolitik – Monopol

Aufgabe 1   Preiskartelle

Kennzeichnen Sie das preispolitische Entscheidungfeld des Erdöl-Kartells OPEC unter den Annahmen, dass nur seine Mitgliedsstaaten Erdöl fördern und dass hinsichtlich ihres preispolitischen Verhaltens strenge Kartelldisziplin herrscht.

Aufgabe 2   Umsatzmaximum

Ein Monopolist sieht sich der Preis-Absatz-Funktion $p = 18 - 0,25x$ gegenüber. Ermitteln Sie die umsatzmaximale Preismengenkombination und die Preiselastizität der Nachfrage im Optimum. Analysieren Sie, ob das Ergebnis allgemeingültig ist.

Aufgabe 3   Cournot-Menge

Ein Monopolist sieht sich der Preis-Absatz-Funktion

$$p = 5 - \frac{1}{4}x$$

und der Gesamtkostenfunktion

$$K = 2 + \frac{1}{2}x \quad \text{gegenüber.}$$

Aufgabe 3a

Stellen Sie die Preis-Absatz-Funktion und die Erlösfunktion graphisch dar.

Aufgabe 3b

Bestimmen Sie zeichnerisch die gewinnmaximale und die erlösmaximale Absatzmenge.

Aufgabe 3c

Bestimmen Sie die gewinnmaximale Preismengenkombination (Cournot'scher Punkt) algebraisch.

Aufgabe 3d

Begründen Sie, warum die Grenzerlösfunktion bei linear fallender Preis-Absatz-Funktion stets die doppelte Steigung der Preis-Absatz-Funktion hat.

Aufgabe 3e

Wie verändert sich die gewinnmaximale Absatzmenge, wenn

1. sich die Absatzsituation verbessert und sich dadurch die Preis-Absatz-Funktion parallel nach rechts verschiebt? Ist eine Änderung der Absatzsituation denkbar, in der sich nur die optimale Absatzmenge, nicht aber der Preis ändert?

2. nur Fixkosten anfallen?

3. sich die Fixkosten auf 3 GE erhöhen?

4. sich die variablen Stückkosten um $\frac{1}{2}$ GE erhöhen?

5. keine Kosten entstehen?

Aufgabe 4   Produktvariation und Gewinnmaximum

Aufgrund von Nachfragerückgängen hat sich die linear fallende Preis-Absatz-Funktion eines Monopolisten parallel zum Ursprung hin verschoben. Der gewinnmaximale Preis ist dabei von 8 GE auf 6 GE, die gewinnmaximale Menge um 4 ME gesunken.

Der Monopolist hat die Möglichkeit, diese Entwicklung durch eine Produktvariation und durch gezielte Kommunikationsaktivitäten zu kompensieren. Die Grenzkosten von bisher 3 GE würden sich dabei jedoch um 1 GE erhöhen. Die Kosten der Kommunikationsmaßnahmen werden mit 15 GE pro Periode veranschlagt. Für die Entwicklung des neuen Produktkonzepts sind bereits Kosten in Höhe von 15 GE angefallen.

Aufgabe 4a

Bestimmen Sie die Preis-Absatz-Funktion nach Nachfragerückgang mit und ohne Marketingaktivitäten (Produktvariation und Kommunikationsaktivitäten).

Aufgabe 4b

Entscheiden Sie, ob der nach Gewinnmaximierung strebende Monopolist die Marketingaktivitäten (Produktvariation und Kommunikationsaktivitäten) durchführen soll.

Aufgabe 5   Gewinn- versus Renditemaximum

Ein Monopolist sieht sich der Preis-Absatz-Funktion $p = 8 - \frac{1}{3} x$, der Kostenfunktion $K = 3 + \frac{1}{4} x$ und einer Kapitalbedarfsfunktion $C = 100x$ gegenüber. Berechnen Sie die gewinn- und gesamtkapitalrentabilitätsmaximalen Preismengenkombinationen sowie die jeweilige Gewinnhöhe und Gesamtkapitalrentabilität. Vergleichen Sie die Ergebnisse bezüglich des Informationsbedarfs des Entscheidungsträgers.

Aufgabe 6   Maximale Umsatzrendite

Ein Monopolist sieht sich der Preis-Absatz-Funktion $p = 10 - 0{,}25x$, der Kostenfunktion $K = 30 + 2x$ und der Kapitalbedarfsfunktion $C = 120 + 15x$ gegenüber.

Aufgabe 6a

Der Monopolist will seine Umsatzrendite maximieren. Ermitteln Sie die optimale Preismengenkombination.

Aufgabe 6b

Bestimmen Sie im Optimum Umsatz- und Kapitalrendite und die Umschlagshäufigkeit des eingesetzten Kapitals.

Aufgabe 7   Angemessener Gewinn

Ein Monopolist hat die Preis-Absatz-Funktion $p = 8 - \frac{1}{3} x$ und die Kostenfunktion $K = 3 + \frac{1}{4} x$. Er will einen angemessenen Gewinn von mindestens $G^+ = 3{,}75$ GE realisieren. Welche Preismengenkombinationen entsprechen dieser Zielsetzung?

Aufgabe 8   Mindestrendite

Ein Monopolist, der sich der Preis-Absatz-Funktion $p = 8\frac{1}{4} - \frac{1}{3} x$, der Gesamtkostenfunktion $K = 3 + \frac{1}{4} x$ und einer Kapitalbedarfsfunktion $C = 0{,}5x$ gegenübersieht, verfolgt das Ziel, eine Mindestrendite von 10 Prozent zu erwirtschaften. Berechnen Sie die Preismengenkombinationen, die dieser Zielsetzung genügen.

Aufgabe 9   Mindestgewinn

Ein Monopolist hat die Preis-Absatz-Funktion $p = 8\frac{1}{4} - \frac{1}{3}x$ und die Gesamtkostenfunktion $K = 3 + \frac{1}{4}x$. Er verfolgt das Ziel der Umsatzmaximierung unter Einhaltung eines Mindestgewinns von 2 GE.

Aufgabe 9a

Welchen Preis wird er verlangen?

Aufgabe 9b

Nehmen Sie an, dass sich die Gesamtkostenfunktion wie folgt verändert: $K = 3 + 4\frac{2}{3}x$. Welche Preismengenkombination wird in diesem Fall realisiert?

Aufgabe 10   Zuschlagskalkulation

Ein Monopolist kalkuliert seinen Preis, indem er einen Gewinnzuschlag von 20 Prozent auf seine Durchschnittskosten erhebt. Das Unternehmen sieht sich einer Preis-Absatz-Funktion von $p = 8{,}4 - \frac{1}{5}x$ und einer Gesamtkostenfunktion von $K = 24 + \frac{1}{3}x$ gegenüber.

Aufgabe 10a

Berechnen Sie die Grenzen, innerhalb derer die Unternehmung Preismengenkombinationen realisieren wird.

Aufgabe 10b

Welche Preismengenkombination wird langfristig realisiert? Begründen Sie Ihre Aussage.

Aufgabe 10c

Welcher Zielsetzung entspricht ein solches preispolitisches Verhalten?
Hilfsangaben:

$$0 = x^2 + ax + b$$
$$x_{1,2} = -\frac{a}{2} \pm \sqrt{\frac{a^2}{4} - b}$$

Aufgabe 11   Engpassplanung

Ein Monopolist bietet zwei marktsegmentspezifische Produkte A und B an, für die folgende Preis-Absatz-Funktionen gelten:

128

$$p_A = 48 - 4\, x_A$$
$$p_B = 44 - 2\, x_B$$

Die Herstellung beider Produkte erfolgt auf einer Produktionsanlage, deren fixe Kosten 100 Geldeinheiten (GE) betragen. An variablen Kosten verursacht A 8 GE/ME, B 12 GE/ME. Die Produktionszeit von A beträgt 32, von B 4 Zeiteinheiten (ZE/ME).

Aufgabe 11a

Ermitteln Sie analytisch für beide Güter die gewinnmaximale Preismengenkombination sowie die absolute Gewinnhöhe im Optimum für den Fall

1. unbeschränkter Produktionskapazität.

2. der vollen Ausnutzung einer beschränkten Kapazität der Produktionsanlage in Höhe von 60 Zeiteinheiten in der Planungsperiode mittels einer erweiterten Zielfunktion.

Aufgabe 11b

Wie ist der Lagrange-Multiplikator im Fall (2) zu interpretieren?

Aufgabe 12   Preisuntergrenze

Ein nach Gewinnmaximierung strebender Monopolist legt seinen preispolitischen Überlegungen die Kostenfunktion $K = 3 + \frac{1}{4}\, x$ und die Preis-Absatz-Funktion $p = 8 - \frac{1}{3}\, x$ zugrunde.

Aufgabe 12a

Bestimmen Sie analytisch seine kurz- und langfristige Preisuntergrenze.

Aufgabe 12b

Welchem Informationszweck dient die Ermittlung der Preisuntergrenze? Haben die unter a) ermittelten Preisuntergrenzen für den Monopolisten praktische Relevanz? Unter welchen Bedingungen muss er sich mit diesem preispolitischen Problem befassen?

Aufgabe 12c

Bestimmen Sie die Preis-Absatz-Funktion, die bei einer Verschlechterung der Nachfragesituation (Parallelverschiebung der Preis-Absatz-Funktion) vom gewinnmaximierenden Monopolisten langfristig höchstens hingenommen werden kann. Wie viele Mengeneinheiten wird er hierbei absetzen?

2.2

Lösungen zu den Aufgaben: Preispolitik – Monopol

Lösung Aufgabe 1   Preiskartelle

Wenn die Annahmen zutreffen, steht die OPEC als einziger Anbieter von Erdöl vielen mehr oder weniger kleinen Nachfragern gegenüber. Erdöl kann nur von ihr beziehungsweise ihren Mitgliedern bezogen werden. Ein Wettbewerb auf der Angebotsseite findet nicht statt; der Triffin'sche Koeffizient beträgt Null. Dieser Rohstoffmarkt kann daher morphologisch als Angebotsmonopol bezeichnet werden.

Unter Anwendung der Ceteris-paribus-Klausel bezüglich anderer Absatzinstrumente hängt die Nachfrage nach OPEC-Erdöl allein vom gesetzten Preis ab.

Die OPEC kann sich preispolitisch völlig autonom verhalten, ohne auf Reaktionen anderer Anbieter achten zu müssen. Ihre Preis- und Absatzpolitik unterliegt keinem Konkurrenzeinfluss.

Lösung Aufgabe 2   Umsatzmaximum

Aus der Preis-Absatz-Funktion $p = 18 - 0{,}25x$ kann die Umsatzfunktion hergeleitet werden:

$$U = p \cdot x = 18x - 0{,}25x^2$$

Das Umsatzmaximum ist dort erreicht, wo die 1. Ableitung der Umsatzfunktion den Wert Null annimmt (notwendige Bedingung), sofern die 2. Ableitung in diesem Punkt negativ ist (hinreichende Bedingung).

1. Ableitung: $U' = 18 - 0{,}5x = 0$
$$x_{opt} = 36; \; p_{opt} = 9$$

2. Ableitung: $U'' = -0{,}5 < 0$

Somit liegt im Punkt $x = 36/p = 9$ ein Umsatzmaximum vor.

Die Preiselastizität der Nachfrage ist definiert als

$$\eta_{x,p} = \frac{dx}{dp} \cdot \frac{p}{x}$$

Obige Preis-Absatz-Funktion führt zu einer Preiselastizität von

$$\eta_{x,p} = -4 \cdot \frac{18 - 0{,}25x}{x}$$

$$= \frac{-72}{x} + 1$$

Im Umsatzmaximum ergibt sich somit eine Preiselastizität von

$$\eta_{x,p} = -\frac{72}{36} + 1 = -1$$

Überprüfung der Allgemeingültigkeit

Die Preis-Absatz-Funktion hat die Form

$$p = a - bx$$

Berechnung des Umsatzmaximums:

$$U = ax - bx^2$$

$$U' = a - 2bx = 0$$

$$x_{opt} = \frac{a}{2b}$$

Berechnung der Preiselastizität der Nachfrage im Umsatzmaximum:

$$\eta_{x,\,p} = \frac{dx}{dp} \cdot \frac{p}{x}$$

$$= -\frac{1}{b} \cdot \frac{a - bx}{x}$$

$$= -\frac{1}{b} \cdot \frac{a - b \cdot \dfrac{a}{2b}}{\dfrac{a}{2b}} = -\frac{1}{b} \cdot \frac{\dfrac{a}{2}}{\dfrac{a}{2b}}$$

$$\eta_{x,\,p} = -1$$

Das Ergebnis hat Allgemeingültigkeit.

Lösung Aufgabe 3   Cournot-Menge

Lösung Aufgabe 3a

Für die Preis-Absatz-Funktion $p = 5 - \frac{1}{4} x$ lautet die **Erlösfunktion**:

$$U = p \cdot x = \left(5 - \frac{1}{4} x \right) \cdot x = 5x - \frac{1}{4} x^2$$

Wertetabelle und zeichnerische Darstellung siehe Abbildung 4-10 und 4-11.

Lösung Aufgabe 3b

Die erlösmaximale Absatzmenge (x_u) ist in dem Punkt erreicht, in dem eine Parallele zur Abszisse die Erlöskurve tangiert.

Die gewinnmaximale Absatzmenge (x_G) ist in dem Punkt erreicht, in dem eine Parallele zur Kostenfunktion die Erlöskurve tangiert (siehe Abbildung 4-12).

Wertctabelle

x	p	U
0	5,00	0
1	4,75	4,75
2	4,50	9,00
3	4,25	12,75
5	3,75	18,75
9	2,75	24,75
10	2,50	25,00
11	2,25	24,75
15	1,25	18,75
18	0,50	9,00
20	0	0

GABLER
GRAFIK

Abbildung 4-10:   Wertetabelle zur Umsatzermittlung

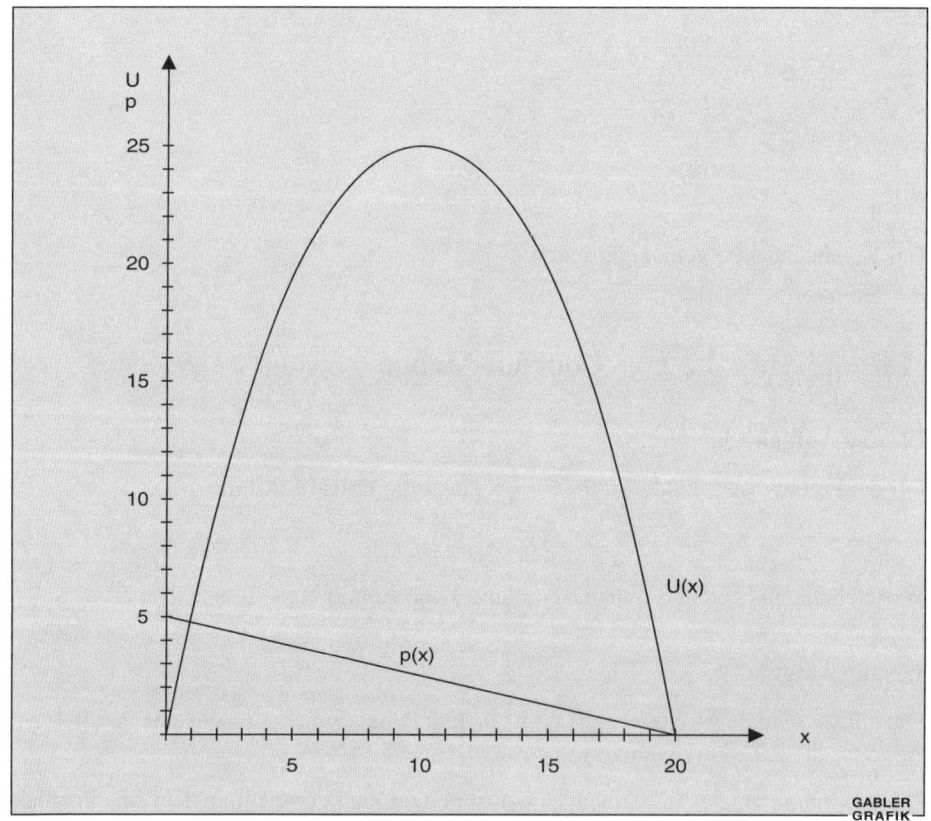

GABLER
GRAFIK

Abbildung 4-11:   Preis-Absatz- und Erlösfunktion

x	K
0	2
10	7

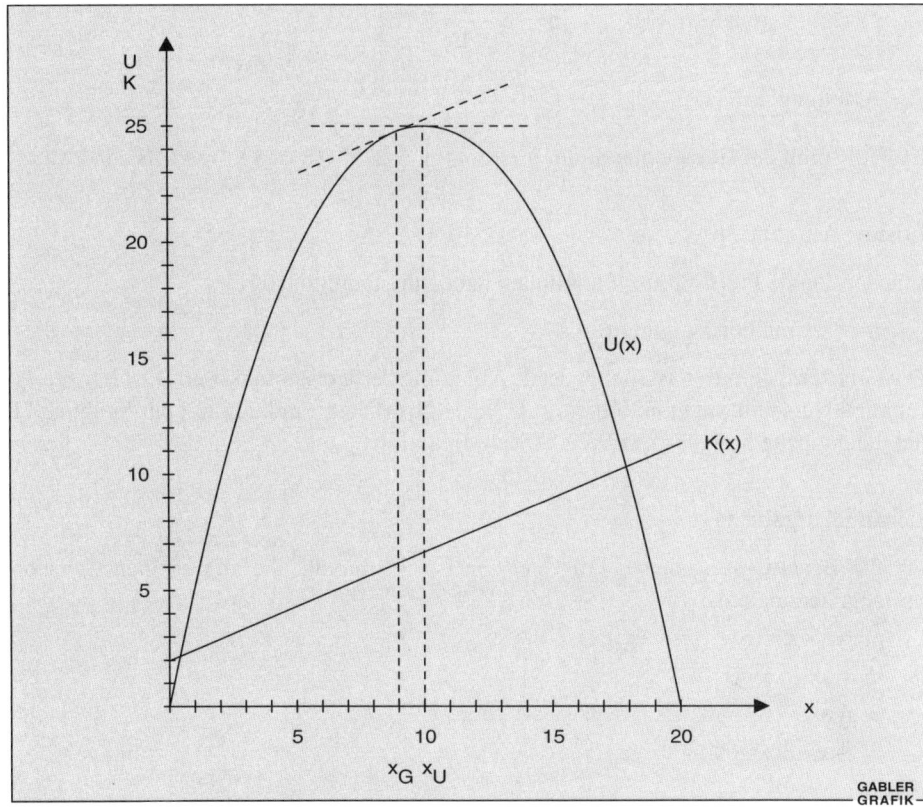

Abbildung 4-12:   Wertetabelle zur Kostenfunktion (oben) und
Zeichnerische Ermittlung der gewinn- und erlösmaximalen
Absatzmengen (unten)

Lösung Aufgabe 3c

Es ist das Gewinnmaximum zu bestimmen. Notwendige Bedingung für die Existenz eines Gewinnmaximums ist, dass die 1. Ableitung der Gewinnfunktion den Wert Null annimmt, hinreichende Bedingung, dass die 2. Ableitung im Gewinnmaximum kleiner als Null ist.

Gewinnfunktion: $G(x) = U(x) - K(x)$

$$= 5x - \frac{1}{4}x^2 - 2 - \frac{1}{2}x$$

$$= -\frac{1}{4}x^2 + 4,5x - 2 \rightarrow \text{max.!}$$

1. Ableitung: $\quad\quad\quad\quad\quad\quad\quad G'(x) = -\frac{1}{2}x + 4,5 = 0$

   gewinnmaximale Menge: $\quad\quad x_c = 9$

   gewinnmaximaler Preis: $\quad\quad p_c = 5 - \frac{9}{4} = 2,75$

2. Ableitung: $\quad\quad\quad\quad\quad\quad\quad G''(x) = -\frac{1}{2} < 0$

Es liegt somit ein Gewinnmaximum im Punkt $p_c = 2,75$ GE und $x_c = 9$ ME vor.

Lösung Aufgabe 3d

Linear fallende Preis-Absatz-Funktionen haben die Funktionsform:

$p = a - b \cdot x$ mit der Steigung b.

Die Grenzerlösfunktion ist gleich der 1. Ableitung der Umsatzfunktion. Die Grenzerlösfunktion hat somit die Funktionsform $U' = a - 2bx$. Diese Funktion mit der Steigung 2b hat die doppelte Steigung der Preis-Absatz-Funktion.

Lösung Aufgabe 3e

Für die Beantwortung dieser Fragestellung ist es sinnvoll, die allgemeinen Cournot-Formeln herzuleiten:

$$p = a - bx$$
$$U = ax - bx^2$$
$$G = ax - bx^2 - K$$
$$G' = a - 2bx - K'$$
$$x_c = \frac{a - K'}{2b}$$

Die gewinnmaximale Preisforderung erhält man durch Einsetzen von x_c in die Preis-Absatz-Funktion:

$$p_c = a - b \cdot \frac{a - K'}{2b}$$
$$p_c = \frac{a + K'}{2}$$

Mit Hilfe dieser Cournot-Formeln lassen sich Aussagen über die Preis- beziehungsweise Mengenwirkung von kosten- beziehungsweise absatzmäßigen Änderungen treffen:

1. Durch Parallelverschiebung nach rechts erhöht sich der Prohibitivpreis a. Da, wie aus der Cournot-Formel für x_c ersichtlich ist, K' und b konstant bleiben, wächst die gewinnmaximale Menge.

Beispiel

alte Preis-Absatz-Funktion: $x_{c_1} = 9$, $p_{c_1} = 2,75$

Nach einer Parallelverschiebung der Preis-Absatz-Funktion von a = 5 auf beispiels-

weise a = 7 ergibt sich ein neues $x_c = \dfrac{7 - 0,5}{2 \cdot 0,25} = 13$. Gleichzeitig ändert sich der

gewinnmaximale Preis von $p_{c_1} = 2,75$ auf $p_{c_2} = 3,75$. Hierbei entspricht bei konstanten Grenzkosten die Änderung des gewinnmaximalen Preises immer der Hälfte der
Änderung des Prohibitivpreises.

Dieses Ergebnis ist denkbar, wenn sich nur die Steigung b der Preis-Absatz-Funktion
ändert, der Prohibitivpreis a aber konstant bleibt (Drehung der Preis-Absatz-Funktion um a). Dann ändert sich – wie aus den Cournot-Formeln ersichtlich ist – nur die
gewinnmaximale Absatzmenge, nicht aber der gewinnmaximale Preis.

2. Die gewinnmaximale Absatzmenge steigt. K'(x) nimmt den Wert Null an, wenn nur
   Fixkosten anfallen. Die gewinnmaximale Preismengenkombination entspricht der
   umsatzmaximalen Preismengenkombination.

Beispiel

– Grenzerlösfunktion: $\qquad\qquad\qquad\qquad$ $U'(x) = 5 - \dfrac{1}{2}x = 0$

– umsatzmaximale Preismengenkombination: $\qquad$ $x_u = 10$, $p_u = 2,5$

– gewinnmaximale Menge: $\qquad\qquad\qquad$ $x_c = \dfrac{5 - 0}{2 \cdot \dfrac{1}{4}} = 10$

– gewinnmaximaler Preis: $\qquad\qquad\qquad$ $p_c = \dfrac{5 + 0}{2} = 2,5$

3. Die gewinnmaximale Absatzmenge ändert sich nicht, weil die Grenzkosten K'(x) von
   den Fixkosten unabhängig sind und konstant bleiben. Die gewinnmaximale Absatzmenge ist daher unabhängig von den Fixkosten (vgl. Cournot-Formel für x_c).

4. Die gewinnmaximale Absatzmenge ändert sich. Sie sinkt, weil sich die Grenzkosten
   erhöhen und damit der Zähler in der Cournot-Formel für x_c kleiner wird.

Beispiel

– neue Kostenfunktion: $\qquad\qquad$ $K_{neu} = 2 + x$
– neue Grenzkostenfunktion: $\qquad$ $K'_{neu} = 1$

– gewinnmaximale Menge: $\qquad\quad$ $x_c = \dfrac{5 - 1}{2 \cdot \dfrac{1}{4}} = 8$

5. Dieser Fall entspricht (2). Die gewinnmaximale ist gleich der umsatzmaximalen
   Preismengenkombination. Ein Unterschied zu (2) besteht lediglich in der absoluten
   Gewinnhöhe. Sie ist hier größer.

Lösung Aufgabe 4   Produktvariation und Gewinnmaximum

Lösung Aufgabe 4a

Die Berechnung des gewinnmaximalen Preises erfolgt nach der Formel:

$$p_{opt} = \frac{a + K'}{2}$$

Nach a aufgelöst ergibt sich:

$$a = 2 \cdot p_{opt} - K'$$

■ Berechnung des Prohibitivpreises **nach** Nachfragerückgang (nNR)

$$a_{nNR} = 2 \cdot 6 - 3 = 9$$

■ Berechnung des Prohibitivpreises **vor** Nachfragerückgang (vNR)

$$a_{vNR} = 2 \cdot 8 - 3 = 13$$

Erläuterung

Durch die Marketingaktivitäten kann die alte PAF wiederhergestellt werden. Diese ist analytisch nur mit den Ausgangsdaten rekonstruierbar. Das heißt, der gewinnmaximale Preis und die Grenzkosten bleiben zunächst gleich. Im zweiten Teil der Aufgabe wird dann diese alte PAF unter der Bedingung gestiegener Grenzkosten analysiert.

Die Berechnung der optimalen Absatzmenge erfolgt nach der Formel:

$$x_{opt} = \frac{a - K'}{2b}$$

Entsprechend lautet die Formel für die Differenz zwischen den optimalen Absatzmengen:

$$x_{opt\,(vNR)} - x_{opt(nNR)} = \frac{a_{vNR} - K'_{vNR}}{2b} - \frac{a_{nNR} - K'_{nNR}}{2b}$$

Nach b aufgelöst ergibt sich:

$$b = \frac{(a_{vNR} - K'_{vNR}) - (a_{nNR} - K'_{nNR})}{2 \cdot (x_{opt\,(vNR)} - x_{opt(nNR)})}$$

Durch Einsetzen der angegebenen Werte ergibt sich die Steigung für beide Preis-Absatz-Funktionen (Parallelverschiebung).

$$b = \frac{(13 - 3) - (9 - 3)}{2 \cdot 4} = 0,5$$

Setzt man die errechneten Werte in die allgemeine Form der linear fallenden Preis-Absatz-Funktion ein, so ergibt sich

■ PAF vor Nachfragerückgang:

$$p_{vNR} = 13 - 0,5 x_{vNR}$$

■ PAF nach Nachfragerückgang:

$$p_{nNR} = 9 - 0,5 x_{nNR}$$

Lösung Aufgabe 4b

Die Entscheidung muss auf der Grundlage der maximalen Gewinne ermittelt werden. Dabei können im Folgenden nur die entscheidungsrelevanten Kosten berücksichtigt werden. (Dazu gehören die erhöhten Grenzkosten im Fall der Produktvariation sowie die Kosten der Kommunikationsaktivitäten. Die bereits entstandenen Kosten in Höhe von 15 GE für die Produktentwicklung sind sunk costs und daher nicht entscheidungsrelevant).

▪ Berechnung des Maximalgewinns ohne Produktvariation und Kommunikationsaktivitäten:

$$x_{opt(o)} = \frac{a_o - K'_o}{2b} = \frac{9 - 3}{2 \cdot 0,5} = 6$$

$(a_o = a_{vNR})$

$$G_{max(o)} = (p_{opt(o)} - K'_o) \cdot x_{opt(o)} = (6 - 3) \cdot 6 = 18 \text{ GE}$$

▪ Berechnung des Maximalgewinns mit Produktvariation und Kommunikationsaktivitäten: (Für die Berechnung der optimalen Absatzmenge mit Produktvariation und Kommunikationsaktivitäten müssen die erhöhten Grenzkosten berücksichtigt werden ($K'_m = 4$ GE).)

$$x_{opt(m)} = \frac{a_m - K'_m}{2b} = \frac{13 - 4}{2 \cdot 0,5} = 9$$

$(a_m = a_{nNR})$

Bei Berücksichtigung der gestiegenen Grenzkosten ist $\quad p_{opt(m)} = 8,5$ GE

$$G_{max(m)} = (p_{opt(m)} - K'_m) \cdot x_{opt(m)} - K_f = (8,5 - 4) \cdot 9 - 15 = 25,5 \text{ GE}$$

Mittels der Produktvariation und der Kommunikationsaktivitäten kann der Monopolist seinen Gewinn um 7,5 GE steigern. Er sollte deshalb diese Maßnahmen durchführen.

Lösung Aufgabe 5   Gewinn- versus Renditemaximum

▪ **Bestimmung des Gewinnmaximums** mit den Cournot-Formeln

– gewinnmaximale Menge: $\qquad x_G = \dfrac{a - K'}{2b} = \dfrac{8 - \frac{1}{4}}{2 \cdot \frac{1}{3}} = 11,625$

– gewinnmaximaler Preis: $\qquad p_G = \dfrac{a + K'}{2} = \dfrac{8 + \frac{1}{4}}{2} = 4,125$

– Höhe des maximalen Gewinns: $\quad \begin{aligned} G(x) &= U(x) - K(x) \\ &= p \cdot x - 3 - \frac{1}{4}x \\ &= \frac{33}{8} \cdot \frac{93}{8} - 3 - \frac{1}{4} \cdot \frac{93}{8} = 42,05 \end{aligned}$

– Gesamtkapitalrentabilität im Gewinnmaximum:

$$R(x) = \frac{G(x)}{C(x)} = \frac{42{,}05}{100 \cdot \dfrac{93}{8}} = \frac{42{,}05}{1.162{,}5} = 0{,}036 \approx 3{,}6\,\%$$

■ **Bestimmung des Gesamtkapitalrentabilitätsmaximums**

Notwendige Bedingung für die Existenz eines Gesamtkapitalrentabilitätsmaximums ist, dass die 1. Ableitung der Gesamtkapitalrentabilitätsfunktion den Wert Null annimmt. Die hinreichende Bedingung lautet, dass die 2. Ableitung im Gesamtkapitalrentabilitätsmaximum kleiner als Null ist.

– Gesamtkapitalrentabilitätsfunktion:
$$R(x) = \frac{G(x)}{C(x)} = \frac{U(x) - K(x)}{C(x)}$$
$$= \frac{8x - \dfrac{1}{3}x^2 - 3 - \dfrac{1}{4}x}{100x}$$
$$= \frac{-\dfrac{1}{3}x^2 + 7{,}75x - 3}{100x}$$

– 1. Ableitung:
$$\frac{dR}{dx} = \frac{(C \cdot G') - (G \cdot C')}{C^2}$$
$$= \frac{100x\left(7{,}75 - \dfrac{2}{3}x\right) - \left(7{,}75 - \dfrac{1}{3}x^2 - 3\right) \cdot 100}{10.000x^2}$$
$$= \frac{-\dfrac{200}{3}x^2 + 775x + \dfrac{100}{3}x^2 - 775x + 300}{10.000x^2}$$
$$= \frac{-\dfrac{1}{3}x^2 + 3}{100x^2} = 0$$

Bei der Berechnung der Nullstellen kann der Nenner vernachlässigt werden.

$$\frac{dR}{dx} = -\frac{1}{3}x^2 + 3 = 0$$

– gesamtkapitalrentabilitätsmaximale Menge: $\quad x_{1,2} = \pm\,3$

(Eine negative Menge ist ökonomisch nicht sinnvoll.)

– gesamtkapitalrentabilitätsmaximaler Preis: $\quad p_1 = 8 - \dfrac{1}{3} \cdot 3 = 7$

– 2. Ableitung:
$$\frac{dR^2}{dx} = \frac{100x^2 \cdot \left(-\dfrac{2}{3}x\right) - 200x \cdot \left(-\dfrac{1}{3}x^2 + 3\right)}{10.000x^4} = -\frac{3}{50}x^{-3}$$

– Wert der 2. Ableitung an der Stelle x_1: $R''(x = 3) = -\dfrac{3}{50} \cdot 3^{-3} = -0{,}002$

Da $R''(x_1) < 0$ ist, liegt an dieser Stelle ein Gesamtkapitalrentabilitätsmaximum vor.

– Höhe des gesamtkapitalrentabilitätsmaximalen Gewinns:

$$G(x) = p \cdot x - 3 - \frac{1}{4} x$$

$$= 7 \cdot 3 - 3 - \frac{1}{4} \cdot 3 = 17{,}25$$

– Höhe der maximalen Gesamtkapitalrentabilität:

$$R(x) = \frac{G(x)}{C(x)} = \frac{17{,}25}{100 \cdot 3} = \frac{17{,}25}{300} = 0{,}058 \cong 5{,}8\,\%$$

Informationsbedarf: Ausgehend von der Kapitalbedarfsfunktion $C(x) = d + e \cdot x$ sind zwei Fälle zu unterscheiden:

– Für $d = 0$ (wie hier) ist x_{opt} lediglich von den Fixkosten und der Steigung der Preis-Absatz-Funktion abhängig. Es gilt

$$x_{opt} = \sqrt{\frac{K_{Fix}}{b}}$$

– Für $d \neq 0$ ist x_{opt} von den Fixkosten, der Steigung der Preis-Absatz-Funktion **und** den Grenzkosten abhängig.

Lösung Aufgabe 6   Maximale Umsatzrendite

Lösung Aufgabe 6a

Die Umsatzrendite ist definiert als $r_u = \dfrac{G}{U}$

Notwendige Bedingung für die Existenz eines Rentabilitätsmaximums ist, dass die 1. Ableitung der Rentabilitätsfunktion den Wert Null annimmt. Die hinreichende Bedingung lautet, dass die 2. Ableitung in der Nullstelle kleiner als Null ist.

■ Umsatzrentabilität: $r_u = \dfrac{G}{U} = \dfrac{U - K}{U}$

$$= \frac{10x - 0{,}25x^2 - 2x - 30}{10x - 0{,}25x^2}$$

$$= \frac{-0{,}25x^2 + 8x - 30}{10x - 0{,}25x^2}$$

1. Ableitung:

$$\frac{dr_u}{dx} = \frac{(-0,5x+8)\cdot(10x-0,25x^2)-(10-0,5x)\cdot(-0,25x^2+8x-30)}{(10x-0,25x^2)^2}$$

$$= \frac{-5x^2+80x+0,125x^3-2x^2+2,5x^2-80x+300}{(10x-0,25x^2)^2} + \frac{-0,125x^3+4x^2-15x}{(10x-0,25x^2)^2}$$

$$= \frac{-0,5x^2-15x+300}{(10x-0,25x^2)^2}$$

Bei der Berechnung der Nullstelle kann der Nenner vernachlässigt werden.

$-0,5x^2 - 15x + 300 = 0$

$x^2 + 30x - 600 = 0$

$x_{1,2} = -15 \pm \sqrt{225 + 600}$

$x_{1,2} = -15 \pm \sqrt{825}$

$x_{1,2} = -15 \pm 28,7$

$x_1 = 13,7$

$x_2 = -43,7$ (ökonomisch nicht sinnvoll)

2. Ableitung:

Die 2. Ableitung nimmt bei einer Absatzmenge von $x_1 = 13,7$ einen Wert von $-0,0034$ an. Es liegt somit ein Maximum der Umsatzrentabilitätsfunktion vor.

■ Berechnung des optimalen Preises:

$p = 10 - 0,25 \cdot 13,7$

$p_{opt} = 6,58$

Lösung Aufgabe 6b

■ Bestimmung der Umsatzrendite:

$G = U - K = 6,58 \cdot 13,7 - 2 \cdot 13,7 - 30$

$G_{opt} = 32,75$

$U = p \cdot x$

$U_{opt} = 13,7 \cdot 6,58 = 90,15$

$r_u = \dfrac{G}{U} = \dfrac{32,75}{90,15} = 0,3633$

Die Umsatzrendite beträgt 36,33 Prozent.

▣ Bestimmung des Kapitalumschlags:

$$KU = \frac{U}{C}$$

$$KU_{opt} = \frac{90,15}{120 + 15x} = \frac{90,15}{120 + 205,5} = 0,277$$

▣ Bestimmung der Kapitalrendite:

$$r_c = r_u \cdot KU$$

$$r_c = 0,3633 \cdot 0,277 = 0,1006$$

Die Kapitalrendite beträgt 10,06 Prozent.

Lösung Aufgabe 7   Angemessener Gewinn

Aus der Preis-Absatz-Funktion $p = 8 - \frac{1}{3}x$ und der Kostenfunktion $K = 3 + \frac{1}{4}x$ ergibt sich die Gewinnfunktion

$$G = -\frac{1}{3}x^2 + 7,75x - 3 = 3,75$$

$$-\frac{1}{3}x^2 + 7,75x - 6,75 = 0$$

$$x^2 - 23,25x + 20,25 = 0$$

$$x_{1,2} = 11,625 \pm \sqrt{135,141 - 20,25}$$

$$x_{1,2} = 11,625 \pm 10,719$$

$$x_1 = 0,906$$

$$x_2 = 22,344$$

$$p_1 = 7,698$$

$$p_2 = 0,552$$

Ein Mindestgewinn von 3,75 GE wird innerhalb der beiden Preismengenkombinationen

$$x_1 = 22,35 / p_1 = 0,55 \quad \text{(Obergrenze) und}$$

$$x_2 = 0,91 / p_2 = 7,7 \quad \text{(Untergrenze)}$$

realisiert.

Lösung Aufgabe 8 — Mindestrendite

Es ist von folgendem Lösungsansatz auszugehen:

$$R(x) = \frac{G(x)}{C(x)} = \frac{U(x) - K(x)}{C(x)} = 0,1$$

$$\frac{8x - \frac{1}{3}x^2 - 3 - \frac{1}{4}x}{\frac{1}{2}x} = 0,1$$

$$-\frac{1}{3}x^2 + 7,75x - 3 = 0,05x$$

$$x^2 - 23,1x + 9 = 0$$

Es ergeben sich folgende Absatzmengen:

$$x_{1,2} = \frac{23,1}{2} \pm \sqrt{\left(\frac{23,1}{2}\right)^2 - 9}$$

$$= 11,55 \pm 11,15$$

Die gesuchten Preise ergeben sich durch Einsetzen von $x_{1,2}$ in die Preis-Absatz-Funktion:

$$p_{1,2} = 8 - \frac{1}{3}(11,55 \pm 11,15)$$

Eine Mindestrendite von 10 Prozent wird innerhalb der beiden Preismengenkombinationen

$$x_1 = 0,4/p_1 = 7,87 \qquad \text{(Untergrenze) und}$$
$$x_2 = 22,7/p_2 = 0,43 \qquad \text{(Obergrenze)}$$

erzielt.

Lösung Aufgabe 9 — Mindestgewinn

Lösung Aufgabe 9a

Es liegt eine kombinierte Zielsetzung vor. Es ist der umsatzmaximale Preis zu bestimmen, der zugleich einen Mindestgewinn von 2 GE garantiert. Folgende Abbildung verdeutlicht die Problemstellung:

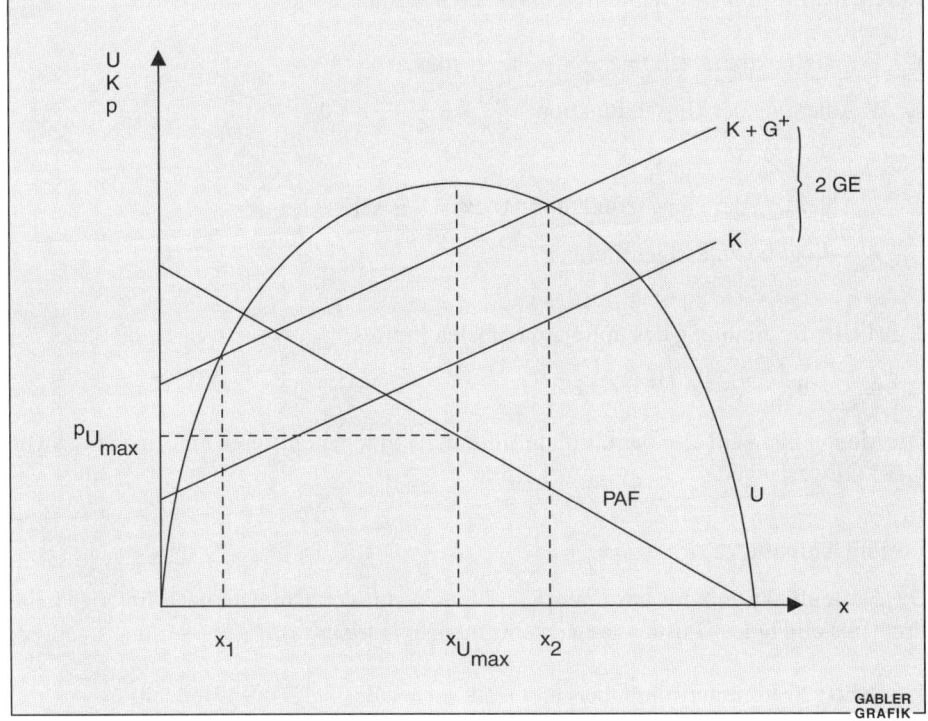

Abbildung 4-13:   Umsatzmaximaler Preis mit Mindestgewinn

In einem ersten Schritt sind die Absatzmengen x_1 und x_2 zu bestimmen, bei denen ein Gewinn von 2 GE entsteht. Unter den Absatzmengen des zulässigen Bereichs zwischen x_1 und x_2 ist im zweiten Schritt die umsatzmaximale Absatzmenge auszuwählen. Im dritten Schritt ist der umsatzmaximale Preis zu berechnen.

1. Schritt: Bestimmung der Ober- und Untergrenze des zulässigen Bereichs.

$$G(x) = U(x) - K(x) = 2$$

$$8\frac{1}{4}x - \frac{1}{3}x^2 - 3 - \frac{1}{4}x = 2$$

$$x^2 - 24x + 15 = 0$$

Es ergeben sich folgende Absatzmengen:

$$x_{1,2} = 12 \pm \sqrt{144 - 15}$$

$$= 12 \pm 11{,}36$$

Alle Absatzmengen zwischen $x_1 = 0{,}64$ und $x_2 = 23{,}36$ erfüllen die Nebenbedingung, einen Gewinn von mindestens 2 GE zu erzielen.

2. Schritt: Bestimmung der umsatzmaximalen Absatzmenge.

- Umsatzfunktion: $U(x) = 8\frac{1}{4}x - \frac{1}{3}x^2 \rightarrow \text{max.!}$
- 1. Ableitung der Umsatzfunktion: $\frac{dU}{dx} = 8\frac{1}{4} - \frac{2}{3}x = 0$

  $x_{U_{Max}} = 12{,}375$
- 2. Ableitung der Umsatzfunktion: $U''(x) = -\frac{2}{3} < 0$

  $x_{U_{Max}}$ liegt im zulässigen Bereich.

3. Schritt: Bestimmung des umsatzmaximalen Preises.

$$p_{U_{Max}} = 8\frac{1}{4} - \frac{1}{3} \cdot 12{,}375 = 4{,}125$$

Der Monopolist wird also das absolute Umsatzmaximum realisieren und einen Preis von 4,125 GE verlangen.

Lösung Aufgabe 9b

Die Kostenfunktion wird um ihren Schnittpunkt mit der Ordinate nach links gedreht. Problemstellung und Lösungsweg entsprechen Teilaufgabe a).

1. Schritt: Bestimmung der Ober- und Untergrenze des zulässigen Bereichs.

$$G(x) = 8\frac{1}{4}x - \frac{1}{3}x^2 - 3 - 4\frac{2}{3}x = 2$$

$$x_2 - 10{,}75x + 15 = 0$$

Es ergeben sich folgende Absatzmengen:

$$x_{1,2} = \frac{10{,}75}{2} \pm \sqrt{\left(\frac{10{,}75}{2}\right)^2 - 15}$$

$$= 5{,}375 \pm 3{,}727$$

Alle Absatzmengen zwischen $x_1 = 1{,}65$ und $x_2 = 9{,}1$ erfüllen die Nebenbedingung, einen Gewinn von mindestens 2 GE zu erzielen.

2. Schritt: Bestimmung der umsatzmaximalen Absatzmenge.

Die umsatzmaximale Menge $x_{U_{Max}} = 12{,}375$ fällt nicht in den zulässigen Bereich; sie liegt rechts davon. Der Monopolist wird daher ein relatives Umsatzmaximum anstreben, das bei der höchsten Absatzmenge des zulässigen Bereichs ($x_2 = 9{,}1$) liegt.

3. Schritt: Bestimmung des zu x_2 zugehörigen Preises.

$$p_2 = 8\frac{1}{4} - \frac{1}{3} \cdot 9,1 = 5,22$$

Der Monopolist wird ein relatives Umsatzmaximum realisieren und bei einem Preis von 5,22 GE 9,1 ME absetzen.

Lösung Aufgabe 10   Zuschlagskalkulation

Lösung Aufgabe 10a

Aus der Preis-Absatz-Funktion $p = 8,4 - 0,2x$, der Durchschnittskostenfunktion $kg = \frac{24}{x} + \frac{1}{3}$ und dem Gewinnzuschlag ergibt sich folgender Lösungsansatz:

$$p = \frac{24}{x} + \frac{1}{3} + 0,2 \cdot \left(\frac{24}{x} + \frac{1}{3}\right)$$

$$p = \frac{28,8}{x} + 0,4$$

$$8,4 - 0,2x = \frac{28,8}{x} + 0,4$$

$$8,4x - 0,2x^2 = 28,8 + 0,4x$$

$$-0,2x^2 + 8x - 28,8 = 0$$

$$x^2 - 40x + 144 = 0$$

$$x_{1,2} = 20 \pm \sqrt{400 - 144}$$

$$x_{1,2} = 20 \pm 16$$

$$x_1 = 4 \qquad p_1 = 7,6$$

$$x_2 = 36 \qquad p_2 = 1,2$$

Der Monopolist kann somit Preismengenkombinationen innerhalb des Intervalls $x_1 = 4/p_1 = 7,6$ und $x_2 = 36/p_2 = 1,2$ realisieren.

Lösung Aufgabe 10b

Bei konstanten Nachfrage- und Kostenverhältnissen wird langfristig der untere Schnittpunkt (S) der um den Gewinnaufschlag verschobenen Stückkostenkurve mit der Preis-Absatz-Funktion realisiert.

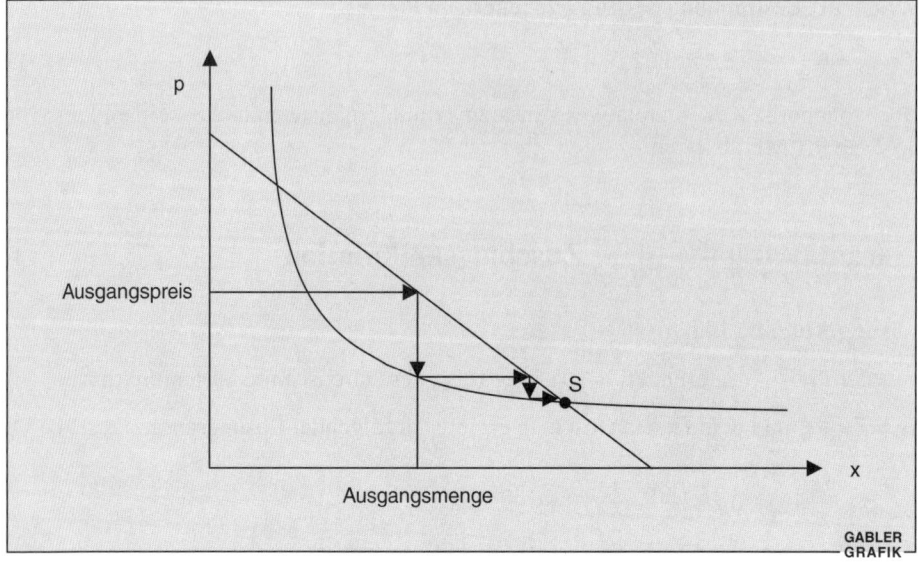

Abbildung 4-14:   Preisfestlegung bei Zuschlagskalkulation

Begründung:

1. Die Wahl von Preisen auf der Basis von Durchschnittskosten innerhalb des preispolitischen Spielraums führt zu einem Anpassungsprozess, der automatisch im Schnittpunkt S endet.

oder:

2. Erlös und Gewinn steigen mit wachsender Ausbringung. Es gilt:

$$U = p \cdot x = 1{,}2 \text{ kg} \cdot x$$
$$= 1{,}2K$$
$$= 28{,}8 + 0{,}4x$$

$$G = U - K = 1{,}2K - K$$
$$= 0{,}2K$$
$$= 4{,}8 + 0{,}07x$$

Da bei der hier verfolgten kostenorientierten Preispolitik die maximale Absatzmenge im Schnittpunkt S erreicht wird, ergeben sich dort der größte relative Erlös und Gewinn.

Lösung Aufgabe 10c

Zielsetzung:
Absatzmaximierung unter Einhaltung eines bestimmten Mindestgewinns in Form eines bestimmten Prozentsatzes der Einstandskosten (bei Gewinnzuschlag von 0 Prozent = Absatzmaximierung bei voller Kostendeckung).

146

Lösung Aufgabe 11   Engpassplanung

Lösung Aufgabe 11a

Gewinnmaximierung bei Mehrproduktunternehmen

1. **Unbeschränkte Produktionskapazität**

$G = U_A + U_B - K$

$G = 48x_A - 4x_A^2 + 44x_B - 2x_B^2 - 8x_A - 12x_B - 100$

$G = 40x_A - 4x_A^2 + 32x_B - 2x_B^2 - 100$

Die gewinnmaximalen Preismengenkombinationen können durch isolierte Bestimmung der Nullstellen der 1. Ableitungen ermittelt werden.

$\dfrac{dG}{dx_A} = -8x_A + 40 = 0$

$x_A = 5$

$p_A = 28$

$\dfrac{dG}{dx_B} = -4x_B + 32 = 0$

$x_B = 8$

$p_B = 28$

Höhe des maximalen Gewinns:

$$G(x_A, x_B) = p_A \cdot x_A - kv_A x_A + p_B \cdot x_B - kv_B x_B - K_F$$
$$= 28 \cdot 5 - 8 \cdot 5 + 28 \cdot 8 - 12 \cdot 8 - 100 = 128$$

2. **Volle Ausnutzung einer beschränkten Kapazität von 60 ZE**

Bestimmung der beiden gewinnmaximalen Preismengenkombinationen mit dem Lagrange-Ansatz. Die beiden Produkte müssen sich eine beschränkte Kapazität teilen. Daher ergibt die Summe der isoliert abgeleiteten Gewinnmaxima für die beiden Produkte A und B nicht den maximalen Gesamtgewinn. Seine Ermittlung erfordert vielmehr eine simultane Bestimmung der beiden gewinnmaximalen Preismengenkombinationen. Hierzu ist die Funktion des Gesamtgewinns unter Beachtung der Kapazitätsrestriktion zu maximieren.

Zielfunktion:

$G(x_A, x_B) = (p_A - kv_A) \cdot x_A + (p_B - kv_B) \cdot x_B - K_F$

$\qquad = (48 - 4 \cdot x_A - 8) \cdot x_A + (44 - 2 \cdot x_B - 12) \cdot x_B - 100 \rightarrow \text{max.!}$

Kapazitätsrestriktion: $32x_A + 4x_B = 60$

Zur Bestimmung eines restriktiven Extremwertes kann das Verfahren von Lagrange herangezogen werden. Hierzu wird die Nebenbedingung in die Form:

$$32x_A + 4x_B - 60 = 0$$

gebracht, mit der Hilfsvariablen λ multipliziert

$$\lambda\,(32x_A + 4x_B - 60) = 0$$

und von der zu maximierenden Zielfunktion subtrahiert.

$$F = (40 - 4x_A)x_A + (32 - 2x_B)x_B - 100 + \lambda\,(32x_A + 4x_B - 60) \rightarrow \text{max.!}$$

Notwendige Bedingung für die Existenz der gesuchten Extremwerte ist, dass die partiellen Ableitungen der so genannten Lagrangefunktion nach x_A, x_B und λ den Wert Null annehmen:

$$\frac{\partial F}{\partial x_A} = 40 - 8x_A + 32\lambda = 0 \qquad \rightarrow x_A = 5 + 4\lambda$$

$$\frac{\partial F}{\partial x_B} = 32 - 4x_B + 4\lambda = 0 \qquad \rightarrow x_B = 8 + \lambda$$

$$\frac{\partial F}{\partial \lambda} = 32x_A + 4x_B - 60 = 0$$

Die Auflösung des Systems von drei Bestimmungsgleichungen nach den drei Unbekannten ergibt den Wert des so genannten Lagrange-Multiplikators $\lambda = -1$ und die gewinnmaximalen Mengen $x_A = 1$; $x_B = 7$.

Durch Einsetzen der beiden x-Werte in die jeweilige Preis-Absatz-Funktion lassen sich die gewinnmaximalen Preise berechnen:

$$p_A = 48 - 4 \cdot 1 = 44$$

$$p_B = 44 - 2 \cdot 7 = 30 \qquad .$$

■ Prüfung, ob die Nebenbedingung erfüllt ist:

$$32 \cdot 1 + 4 \cdot 7 = 60$$

Die Kapazität wird voll ausgeschöpft.

■ Höhe des maximalen Gewinns:

$$G(x_A, x_B) = (44 - 8)\,1 + (30 - 12)\,7 - 100 = 62$$

Lösung Aufgabe 11b

Der Lagrange-Multiplikator kann als 1. Ableitung der Lagrange-Funktion bezogen auf den Kapazitätsengpass interpretiert werden. Der für einen Extremwert bestimmte numerische Wert von λ gibt den Betrag an, um den sich der Extremwert (hier: maximaler Gewinn) ändert (hier: eine GE), wenn der Kapazitätsengpass (hier: 60 ZE) um eine Zeiteinheit variiert wird. Sofern die Lagrange-Funktion wie in Aufgabe a) gebildet wird, bedeutet ein positiver Wert des Lagrange-Multiplikators, dass eine Zunahme (Abnahme) des restriktiven Wertes zu einer Zunahme (Abnahme) des Extremwertes führt. Ein negativer Wert des Lagrange-Multiplikators bedeutet, dass eine Zunahme (Abnahme) des restriktiven Wertes zu einer Abnahme (Zunahme) des Extremwertes führt.

Lösung Aufgabe 12   Preisuntergrenze

Lösung Aufgabe 12a
Bestimmung der langfristigen Preisuntergrenze

Die langfristige Preisuntergrenze ist jener Angebotspreis einer Produkteinheit, bei der gerade noch die gesamten Stückkosten gedeckt werden (Vollkostendeckung).
Stück- beziehungsweise Durchschnittskostenfunktion:

$$kg = \frac{K}{x} = \frac{3}{x} + \frac{1}{4}$$

Es ist jener der zwei möglichen Schnittpunkte der linear fallenden Preis-Absatz-Funktion mit der hyperbolischen Durchschnittskostenfunktion zu bestimmen, welcher die niedrigere p- und somit höhere x-Koordinate aufweist:

$$p = kg$$

$$8 - \frac{1}{3}x = \frac{3}{x} + \frac{1}{4}$$

$$x^2 - 23{,}25x + 9 = 0$$

$$x_{1,2} = 11{,}625 \pm \sqrt{11{,}625^2 - 9}$$

$$= 11{,}625 \pm 11{,}231$$

$$x_1 = 22{,}856$$

$$x_2 = 0{,}394$$

Die gesuchte langfristige Preisuntergrenze ergibt sich durch Einsetzen der größeren Absatzmenge x_1 in die Preis-Absatz-Funktion:

$$p_L = 8 - \frac{1}{3} \cdot 22{,}856 = 0{,}38$$

Bestimmung der kurzfristigen Preisuntergrenze

Die kurzfristige Preisuntergrenze ist jener Angebotspreis einer Produkteinheit, der gerade noch die variablen Stückkosten beziehungsweise Grenzkosten deckt (Teilkostendeckung).

Grenzkostenfunktion: $K'(x) = \frac{1}{4}$

Es ist die p-Koordinate des Schnittpunktes der Preis-Absatz-Funktion mit der Grenzkostenfunktion zu bestimmen. Da im vorliegenden Fall die Grenzkosten konstant sind und daher die Grenzkostenfunktion parallel zur Abszisse verläuft, ist die kurzfristige Preisuntergrenze:

$$p_K = K'(x) = 0{,}25$$

Lösung Aufgabe 12b

Die Preisuntergrenze kann als ein Entscheidungskriterium interpretiert werden. Sie informiert darüber, inwieweit der Preis eines Produkts reduziert werden kann, damit

Produktion und Absatz einer Produkteinheit hinsichtlich des Gewinnziels noch lohnen. Von Ausgleichsmöglichkeiten innerhalb eines Sortimentsverbunds wird dabei abgesehen. Während kurzfristig zumindest die Kosten, die durch eine Stilllegung vermieden werden können – also die variablen Kosten – durch den Preis gedeckt sein müssen, haben Anbieter auf lange Sicht nur dann Überlebenschancen, wenn vollkostendeckende Erlöse erwirtschaftet werden.

Für einen nach Gewinnmaximierung strebenden Monopolisten haben die unter a) berechneten Preisuntergrenzen keinerlei praktische Bedeutung, da er in der gegebenen Absatz- und Kostensituation seine Preismengenkombinationen stets autonom festlegt und dabei bestimmte Zielsetzungen berücksichtigt. Mit dem Preisuntergrenzenproblem wird er erst dann konfrontiert, wenn eine Verschlechterung der Absatz- und/oder Kostensituation eintritt. Dabei interessiert zunächst nur die langfristige Preisuntergrenze. Die kurzfristige Preisuntergrenze gewinnt erst dann an Bedeutung, wenn der Monopolist keine Vollkostendeckung mehr erzielen kann.

Lösung Aufgabe 12c

Langfristig kann der Monopolist solange eine Verschlechterung der Absatzsituation hinnehmen, bis die parallel verschobene Preis-Absatz-Funktion die Durchschnittskostenkurve tangiert. Im Tangentialpunkt deckt der Umsatz gerade noch die vollen Kosten. Die p-Koordinate des Tangentialpunktes ist die langfristige Preisuntergrenze.

Die Steigung der neuen ist gleich der Steigung der alten Preis-Absatz-Funktion: $b = -\frac{1}{3}$. Zur Bestimmung des Höchstpreises a der neuen Preis-Absatz-Funktion werden die Koordinaten des Tangentialpunktes benötigt. Ihre Berechnung ist möglich, da die Steigungen der Preis-Absatz- und der Durchschnittskostenfunktion **im Berührungspunkt** gleich sind:

$$p'(x) = kg'(x)$$
$$-\frac{1}{3} = -\frac{3}{x^2}$$
$$x_{1,2} = \pm 3$$

Die negative Absatzmenge ist ökonomisch nicht sinnvoll, daher ist die positive Absatzmenge in die Durchschnittskostenfunktion einzusetzen. Es ergibt sich die langfristige Preisuntergrenze: $kg = \frac{3}{3} + \frac{1}{4} = 1{,}25 = p_L$. Berechnung von a:

$$a = 1{,}25 + \frac{1}{3} \cdot 3 = 2{,}25$$

Die gesuchte Preis-Absatz-Funktion lautet:

$$p = 2{,}25 - \frac{1}{3}x$$

Der Monopolist fordert einen Preis in Höhe der langfristigen Preisuntergrenze und setzt drei Mengeneinheiten ab.

2.3 Fallstudie: Monopolistische Preispolitik eines Andenkenherstellers

Ein Hersteller für Reiseandenken produziert silberne Spazierstock-Plaketten des Alpenvereins (Produkt A), Eiffeltürme (Produkt B), Hermanns-Denkmäler (Produkt C) und US-Freiheitsstatuen (Produkt D) aus Messing, die er auf unterschiedlichen Märkten anbietet. Es ist ihm gelungen, für diese Reiseandenken eine monopolartige Marktstellung zu erlangen.

Durch Marktforschung hat der Andenkenhersteller versucht, die Marktreaktion, gemessen in Mengeneinheiten, auf alternative Preisforderungen zu ermitteln. Folgende Ergebnisse sind für das **Produkt A** festgestellt worden: Zu einem Preis von 90,00 € und mehr war keine der befragten Personen bereit, das Produkt A zu erwerben. Bei einer Preisforderung von 80,00 € können 50 Mengeneinheiten (ME) im Monat, bei 70,00 € 100 ME, bei 60,00 € 150 ME usw. abgesetzt werden. Für **Produkt B** ergaben sich ein Prohibitivpreis von 110,00 € und eine Sättigungsmenge von 1.100 ME. Beim **Produkt C** wurde festgestellt, dass bei einem Preis von 41,00 € und einem Absatz von 1.025 ME die Nachfrageelastizität den Wert −1 annimmt. Der Prohibitivpreis des **Produkts D** beträgt 185,00 €. Bei einer Senkung dieses Preises um 8,00 € steigt die Absatzmenge um 10 ME.

Das Produkt A wird auf einer Anlage I hergestellt, die nur für dieses Produkt verwendbar ist. Sie kann in der betrachteten Periode maximal 175 ME produzieren. An fixen Kosten entstehen durch die Anlage I im Planungszeitraum $K_{f, I}$ = 2.000,00 €. Jede Mengeneinheit von A verursacht variable Stückkosten von k_{V_A} = 20,00 €/ME. Die Produkte B, C und D können nur auf einem Aggregat II gefertigt werden. Dieses Aggregat steht in der Planungsperiode insgesamt 1.466,5 Zeiteinheiten (ZE) zur Verfügung. Die Produktionszeit für 1 ME von Produkt B beträgt 1,5 ZE, von Produkt C 1 ZE und von Produkt D 2,4 ZE. Jedes Stück von Produkt B verursacht variable Kosten in Höhe von K_{V_B} = 30,00 €/ME, von Produkt C k_{V_C} = 10,00 €/ME und von Produkt D k_{V_D} = 25,00 €/ME. Die fixen Kosten des Aggregates II belaufen sich in der Periode auf $K_{f, II}$ = 29.330,00 €.

Der Kapitalbedarf für jedes Produkt beträgt – unabhängig von der abgesetzten Menge – 10.000,00 €.

Aufgabe 1   Gewinn- versus Rentabilitätsmaximum bei Engpass

Wie viele Mengeneinheiten von den Spazierstock-Plaketten, Eiffeltürmen, Hermanns-Denkmälern und Freiheitsstatuen soll der Andenkenhersteller im Monat produzieren und zu welchen Preisen absetzen, wenn er das Ziel der

a)   Gewinnmaximierung

b)   Rentabilitätsmaximierung

bei voller Kapazitätsausnutzung der Anlage II verfolgt? Wie groß ist sein Gesamtgewinn beziehungsweise seine Rentabilität im jeweiligen Maximum?

Es wird unterstellt, dass die Preis-Absatz-Funktionen einen linear fallenden Verlauf haben.

2.4 Lösungen zur Fallstudie: Monopolistische Preispolitik eines Andenkenherstellers

Lösung Aufgabe 1 Gewinn- versus Rentabilitätsmaximum bei Engpass

Lösung Aufgabe 1a

1. Schritt: Ermittlung der Preis-Absatz-Funktionen

■ für **Produkt A:**

- Prohibitivpreis: $p_H = a = 90$

- Steigung: $b = \dfrac{\Delta p}{\Delta x} = \dfrac{p_2 - p_1}{x_2 - x_1} = \dfrac{90 - 80}{0 - 50} = -0{,}2$
  (Preissenkung von p_H auf $p = 80$)

- Preis-Absatz-Funktion: $p_A = 90 - 0{,}2 x_A$

■ für **Produkt B:**

- Prohibitivpreis: $p_H = a = 100$

- Steigung: $b = \dfrac{\Delta p}{\Delta x} = \dfrac{p_2 - p_1}{x_2 - x_1} = \dfrac{110 - 0}{0 - 1.100} = -0{,}1$
  (Preissenkung von p_H auf $p = 0$)

- Preis-Absatz-Funktion: $p_B = 110 - 0{,}1 x_B$

■ für **Produkt C:**

Die Preiselastizität einer linearen Preis-Absatz-Funktion nimmt bei $\dfrac{p_H}{2}$ und $\dfrac{x_s}{2}$ den Wert 1 an.

- Prohibitivpreis: $p_H = a = 2 \cdot 41 = 82$

- Steigung: $b = \dfrac{\Delta p}{\Delta x} = \dfrac{p_2 - p_1}{x_2 - x_1} = \dfrac{82 - 0}{0 - 2.050} = -0{,}04$
  (Sättigungsmenge: $x_S = 2 \cdot 1.025$)

- Preis-Absatz-Funktion: $p_C = 82 - 0{,}04 x_C$

■ für **Produkt D:**

- Prohibitivpreis: $p_H = a = 185$

- Steigung: $b = \dfrac{\Delta p}{\Delta x} = \dfrac{185 - 177}{0 - 10} = -0{,}8$

- Preis-Absatz-Funktion: $p_D = 185 - 0{,}8 x_D$

2. Schritt: Ermittlung der gewinnmaximalen Preismengenkombination und der Gewinnhöhe für Produkt A

Das Produkt A wird auf der Anlage I erstellt. Da auch keine absatzmäßige Verflechtung mit den übrigen Produkten besteht, kann die optimale Preismengenkombination für A isoliert von den anderen Produkten nach dem üblichen Optimierungskriterium $E'(x) = K'(x)$ beziehungsweise der Cournot-Formel berechnet werden.

■ gewinnmaximale Absatzmenge:

$$x_{A_G} = \frac{a - K'(x)}{2b} = \frac{90 - 20}{2 \cdot 0{,}2} = 175$$

wobei $K'(x) = k_{v_A}$

Die gewinnmaximale Absatzmenge des Produkts A schöpft die maximale Kapazität der Anlage I von 175 ME vollständig aus.

■ gewinnmaximaler Preis:

$$p_{A_G} = \frac{a + K'}{2} = \frac{90 + 20}{2} = \text{€/ME}$$

■ Höhe des maximalen Gewinns:

$$\begin{aligned}
G_A &= p_A \cdot x_A - k v_A x_A - K_{f,I} \\
&= 55 \cdot 175 - 20 \cdot 175 - 2.000 = 4.125 \ \text{€}
\end{aligned}$$

3. Schritt: Ermittlung der gewinnmaximalen Preismengenkombination und der Gewinnhöhe für die Produkte B, C und D

Die Produkte B, C und D sind produktionsmäßig miteinander verflochten. Daher ist die Funktion des Gesamtgewinns unter Beachtung der Kapazitätsrestriktion zu maximieren.

Zielfunktion:

$$\begin{aligned}
G(x_B, x_C, x_D) &= (p_B - k v_B) \cdot x_B + (p_C - k v_C) \cdot x_C + (p_D - k v_D) \cdot x_D - K_{f,II} \\
&= (110 - 0{,}1 x_B - 30) \cdot x_B + (82 - 0{,}04 x_C - 10) \cdot x_C + \\
&\quad (185 - 0{,}8 x_D - 25) \cdot x_D - 29.330
\end{aligned}$$

Kapazitätsrestriktion:

$$1{,}5x_B + 1x_C + 2{,}4x_D = 1.466{,}5$$

Zur Bestimmung eines restriktiven Extremwertes wird das Verfahren von Lagrange herangezogen. Hierzu ist die Nebenbedingung in die Form

$$1{,}5x_B + 1x_C + 2{,}4x_D - 1.466{,}5 = 0$$

zu bringen, mit der Hilfsvariablen λ zu multiplizieren und von der zu maximierenden Zielfunktion zu subtrahieren.

$$F = (80 - 0{,}1x_B) \cdot x_B + (72 - 0{,}04x_C) \cdot x_C + (160 - 0{,}8x_D) \cdot x_D - 29.330 + \\ \lambda\,(1{,}5x_B + x_C + 2{,}4x_C - 1.466{,}5)$$

Notwendige Bedingung für die Existenz der gesuchten Extremwerte ist, dass die partiellen Ableitungen nach x_B, x_C, x_D und λ den Wert Null annehmen:

$$\frac{\partial F}{\partial x_B} = 80 - 0{,}2x_B + 1{,}5\lambda = 0 \qquad\qquad \rightarrow x_B = 400 + 7{,}5\lambda$$

$$\frac{\partial F}{\partial x_C} = 72 - 0{,}08x_C + \lambda = 0 \qquad\qquad \rightarrow x_C = 900 + 12{,}5\lambda$$

$$\frac{\partial F}{\partial x_D} = 160 - 1{,}6x_D + 2{,}4\lambda = 0 \qquad\qquad \rightarrow x_D = 100 + 1{,}5\lambda$$

$$\frac{\partial F}{\partial \lambda} = 1{,}5x_B + x_C + 2{,}4x_D - 1.466{,}5 = 0$$

Die Auflösung des Systems von vier Bestimmungsgleichungen nach den vier Unbekannten ergibt den Wert des Lagrange-Multiplikators $\lambda = -10$ und die gewinnmaximalen Mengen: $x_B = 325$; $x_C = 775$; $x_D = 85$.

Für die Prüfung, ob die Kapazitätsrestriktion erfüllt ist, sind die optimalen Absatzmengen mit ihrem Zeitbedarf pro ME zu multiplizieren:

$$325 \cdot 1{,}5 + 775 \cdot 1 + 85 \cdot 2{,}4 = 1.466{,}5$$

Die optimalen Absatzmengen der Produkte B, C und D können produziert werden und nutzen die Kapazität des Aggregates II voll aus.

Durch Einsetzen der x-Werte in die jeweilige Preis-Absatz-Funktion lassen sich die gewinnmaximalen Preise berechnen:

$$p_B = 110 - 0{,}1 \cdot 325 = 77{,}50 \ \text{€/ME}$$

$$p_C = 82 - 0{,}04 \cdot 775 = 51 \quad \text{€/ME}$$

$$p_D = 185 - 0{,}8 \cdot 85 = 117 \quad \text{€/ME}$$

Der unter Beachtung der Kapazitätsrestriktion maximale Gewinn über die Produkte B, C und D beträgt:

$$G(x_B, x_C, x_D) = (80 - 0,1 \cdot 325) \cdot 325 + (72 - 0,04 \cdot 775) \cdot 775 + (160 - 0,8 \cdot 85) \cdot 85 - 29.330 = 25.702,50 \text{ €}$$

Der Andenkenhersteller erwirtschaftet einen maximalen Gesamtgewinn von 29.827,50 € pro Monat, wenn er 175 silberne Spazierstock-Plaketten des Alpenvereins zu einem Preis von 55,00 €, 325 Eiffeltürme zu einem Preis von 77,50 €, 775 Hermanns-Denkmäler zu einem Preis von 51,00 € und 85 US-Freiheitsstatuen zu einem Preis von 117,00 € verkauft.

Lösung Aufgabe 1b

Die Verfolgung des Ziels der Rentabilitätsmaximierung führt zu den gleichen Preismengenkombinationen und zum gleichen Gewinn, weil das eingesetzte Kapital von der Absatzmenge unabhängig ist. Im Gegensatz dazu ändert sich der Lagrange-Multiplikator, da statt des Gewinnmaximums das Rentabilitätsmaximum und damit ein anderer Extremwert zu bestimmen ist. λ beträgt

$$-\frac{10}{30.000} = -0,0003$$

Die (durchschnittliche) Rentabilität des Andenkenherstellers beträgt:

$$R = \frac{G(x_A, x_B, x_C, x_D)}{C(x_A, x_B, x_C, x_D)} = \frac{29.827,50}{40.000} = 0,75 \cong 75 \%$$

3. Preispolitik – Polypol und Oligopol

3.1 Aufgaben: Preispolitik – Polypol und Oligopol

Aufgabe 1   Polypolistisches Angebot

Kennzeichnen Sie grundsätzliche und spezifische Merkmale einer polypolistischen Angebotsstruktur auf vollkommenem und unvollkommenem Markt.

Aufgabe 2   Gleichgewichtspreis im Polypol

Auf einem Markt mit atomistischer Konkurrenz gilt die Gesamtnachfragefunktion

$$Ng(x) = 250.015 - \frac{1}{4}x^2$$

und die Gesamtangebotsfunktion $Ag(x) = -749.985 + \frac{3}{4}x^2$

Aufgabe 2a

Bestimmen Sie den einheitlichen Marktpreis.

Aufgabe 2b

Der Polypolist A will einen Preis fordern, der vom ermittelten Gleichgewichtspreis um 10 Prozent nach

1. oben
2. unten

abweicht. Wie viele Mengeneinheiten seines Produkts wird er jeweils absetzen?

Aufgabe 3   Gewinnmaximum im Polypol

Ein Polypolist auf vollkommenem Markt sieht sich der Preis-Absatz-Funktion p = 16 und der Kostenfunktion K = 48 + 4x gegenüber.

Aufgabe 3a

Bestimmen Sie die Gewinnschwelle und das Gewinnmaximum.

Aufgabe 3b

Untersuchen Sie sowohl für die Gesamtfunktion als auch für die stückbezogene Betrachtung, wie sich

1. ein sukzessiv sinkender Preis
2. steigende Fixkosten
3. unterschiedliche variable Kosten

auf die gewinnoptimale Absatzmenge und die maximale Gewinnhöhe auswirken. Gehen Sie hierbei von einer maximalen Produktionskapazität von 48 ME aus.

Aufgabe 4   Betriebsoptimum

Für einen Mengenanpasser gilt die Grenzerlösfunktion $U'(x) = 64$ und die Kostenfunktion

$$K = 66,16x - 0,48x^2 + 0,02x^3$$

Aufgabe 4a

Bestimmen Sie die Preis-Absatz-Funktion, die Gewinn- und Verlustschwelle sowie das Betriebsminimum, -optimum und -maximum.

Aufgabe 4b

Untersuchen Sie, wie sich

1. ein sukzessiv sinkender Preis
2. der Anfall von Fixkosten
3. unterschiedliche variable Kosten

auf die gewinnmaximale, betriebsoptimale und -minimale Absatzmenge sowie die Gewinn- beziehungsweise Verlustschwelle und die maximale Gewinnhöhe auswirken.

Aufgabe 5   Akquisitorisches Potenzial

Erläutern Sie die Begriffe „Präferenzen" und „akquisitorisches Potenzial" sowie ihre Bedeutung für die Preispolitik eines Polypolisten. Verdeutlichen Sie anhand unterschiedlicher Preis-Absatz-Funktionen die Intensität des akquisitorischen Potenzials innerhalb eines Polypols.

Aufgabe 6   Polypolistische Preis-Absatz-Funktion

Berechnen Sie eine aus linearen Abschnitten zusammengesetzte polypolistische Preis-Absatz-Funktion unter folgenden Annahmen:

a) Der obere monopolistische Grenzpreis liegt bei p = 7/x = 6.

b) Die Preiselastizität der Nachfrage beträgt beim oberen monopolistischen Grenzpreis
    für den monopolistischen Bereich $-\dfrac{7}{3}$.

c) Die dem unteren monopolistischen Grenzpreis zugeordnete Absatzmenge ist x = 10.

d) Der Ordinatenabschnitt des oberen atomistischen Astes ist p = 8.

e) Die Sättigungsmenge beim unteren atomistischen Ast beträgt x = 60.

Aufgabe 7   Gewinnmaximum bei einer polipolistischen Preis-Absatz-Funktion

Eine Unternehmung sieht sich der polypolistischen Preis-Absatz-Funktion

$$p = \begin{cases} 8 - \dfrac{1}{6}x & 0 \leq x \leq 6 \\[2mm] 10 - \dfrac{1}{2}x & 6 \leq x \leq 10 \\[2mm] 6 - \dfrac{1}{10}x & 10 \leq x \leq 60 \end{cases}$$

und der Gesamtkostenfunktion K = 2 + 3x gegenüber.

Aufgabe 7a

Berechnen Sie unter Beachtung der Definitionsbereiche das Gewinnmaximum.

Aufgabe 7b

Beweisen Sie, dass bei dieser polypolistischen Preis-Absatz-Funktion aufgrund der Preiselastizitäten der Nachfrage in den jeweiligen Definitionsbereichen Aussagen über das Fallen und Steigen der Gesamterlöskurve zu gewinnen sind. Berechnen Sie die Preismengenkombination des Erlösmaximums.

Aufgabe 8   Mindestgewinn und Rentabilitätsmaximum im Polypol

Bei einer Unternehmung mit polypolistischer Angebotsstruktur gilt folgende
Grenzumsatzfunktion: und Kostenfunktion:

$$U'(x) = \begin{cases} 9 - \dfrac{1}{25}x & 0 \leq x \leq 50 \\[2mm] 13 - \dfrac{1}{5}x & 50 \leq x \leq 80 \\[2mm] 7 - \dfrac{1}{20}x & 80 \leq x \leq 280 \end{cases} \qquad K(x) = 220 + 2{,}5x$$

Aufgabe 8a

Wie lautet die Preis-Absatz-Funktion?

Aufgabe 8b

Bestimmen Sie den oberen und unteren monopolistischen Grenzpreis.

Aufgabe 8c

Berechnen Sie die Preismengenkombinationen, die einen angemessenen Gewinn in Höhe von mindestens 50 GE garantieren.

Aufgabe 8d

Bestimmen Sie unter Berücksichtigung der Kapitalbedarfsfunktion $c(x) = \frac{1}{2}x$ das Rentabilitätsmaximum.

Aufgabe 9   Unterschied zwischen Oligopol und Polypol

Zeigen Sie die Unterschiede zwischen dem preispolitischen Entscheidungsfeld eines Oligopolisten und Polypolisten auf.

Aufgabe 10   Gleichgewichtspreis im Oligopol

Begründen Sie das Phänomen der Preiserstarrung in einer oligopolistischen Marktsituation nach Sweezy und Gutenberg.

Aufgabe 11   Monopolistische Grenzpreise

Von welchen Faktoren ist der Abstand der monopolistischen Grenzpreise im Oligopolfall abhängig?

Aufgabe 12   Prämissen marginalanalytischer Preismodelle

Welche Prämissen werden in der Regel bei marginalanalytischen Preismodellen getroffen? Nennen Sie eine Möglichkeit zur Überwindung der jeweiligen Prämisse im Rahmen einer realistischen Preisbildung.

3.2 Lösungen zu den Aufgaben: Preispolitik – Polypol und Oligopol

Lösung Aufgabe 1   Polypolistisches Angebot

▣ Grundsätzliche Merkmale:
- Sehr viele Nachfrager.
- Sehr viele Anbieter mit relativ kleinen Marktanteilen.
- Preisforderungen der Konkurrenz beeinflussen, wenn auch nur kaum merklich, den Absatz des einzelnen Polypolisten. Gewonnene oder verlorene Nachfrage verteilt sich auf eine große Zahl von Konkurrenten.
- Preisaktivitäten eines Polypolisten haben keine Reaktionen seiner Konkurrenten zur Folge. Daher können die Preisforderungen der Konkurrenten als Datum aufgefasst werden.

▣ Artspezifische Merkmale:

	Vollkommener Markt (=atomistische Konkurrenz)	Unvollkommener Markt
Preispolitische Aktivitäten	nicht möglich, da einheitlicher Marktpreis (Mengenanpassung, Preis-Kosten-Kontrolle)	nur innerhalb des preispolitischen Spielraums
Einsatz anderer Marketing-instrumente (Präferenz-politik)	nein, weil keine Profilie-rungsmöglichkeiten bestehen	ja
Präferenzen bzw. akquisito-risches Potenzial	keine, da es sich um ein homogenes Gut handelt	persönliche, sachliche und zeitliche Präferenzen (heterogene Güter)
Räumliche Konzentration der Anbieter- und Nach-fragerstandorte	Punktmarkt	Punkt- oder Gebietsmarkt
Reaktionsgeschwindigkeit	unendlich schnell	time-lag
Informationen	vollkommen	unvollkommen
Triffin'scher Koeffizient	$T = \infty$	$0 < T < \infty$

GABLER GRAFIK

Abbildung 4-15:   Spezifische Merkmale einer polypolistischen Angebots-struktur auf vollkommenem und unvollkommenem Markt

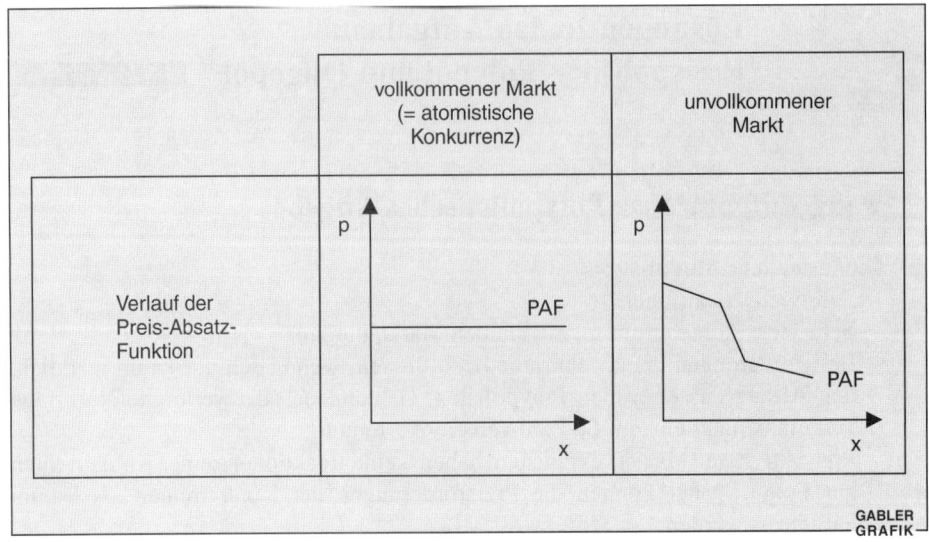

Abbildung 4-16:   Verlauf der Preis-Absatz-Funktion auf vollkommenem
und unvollkommenem Markt

Lösung Aufgabe 2   Gleichgewichtspreis im Polypol

Lösung Aufgabe 2a

Bei atomistischer Konkurrenz existiert gemäß den Bedingungen des vollkommenen Marktes ein Gleichgewichtspreis p^+, der sich aus der Übereinstimmung von Gesamtnachfrage und Gesamtangebot ergibt.

Ermittlung des Schnittpunktes der Gesamtnachfrage- und Gesamtangebotsfunktion:

$$Ng(x) = 250.015 - \frac{1}{4}x^2 = -749.985 + \frac{3}{4}x^2 = Ag(x)$$

$$x^2 = 1.000.000$$

$$x_{1,2} = \pm 1.000$$

Die negative Menge ist ökonomisch nicht sinnvoll. Es ergibt sich folgender Gleichgewichtspreis:

$$Ng(x) = 250.015 - \frac{1}{4} \cdot 1.000^2 = 15 = p^+$$

Lösung Aufgabe 2b

1. In diesem Fall verkauft der Polypolist A keine Mengeneinheit seines Produktes. Er verliert seinen gesamten Absatz an die Konkurrenz.

2. In diesem Fall zieht der Polypolist A zwar die Gesamtnachfrage des Marktes auf sich. Er kann sie aber aufgrund begrenzter Kapazitäten nicht befriedigen.

   Beide Marktreaktionen vollziehen sich gemäß den Bedingungen vollkommener Marktübersicht und mit unendlich schneller Reaktionsgeschwindigkeit.

Lösung Aufgabe 3   Gewinnmaximum im Polypol

Lösung Aufgabe 3a

Es gilt:

$$U(x) = K(x)$$
$$\bar{p} \cdot x = 16x = 48 + 4x$$
$$x = 4$$

Bestimmung des Gewinnmaximums:

Da sowohl die Umsätze als auch die Kosten gemäß den Funktionen U = 16x und K = 48 + 4x linear steigen, kann die Maximierungsbedingung U'(x) = K'(x) nicht angewandt werden. Der gewinnmaximierende Mengenanpasser produziert an seiner Kapazitätsgrenze, da dort die Differenz zwischen linear steigenden Erlösen und linear steigenden Gesamtkosten am größten ist.

Lösung Aufgabe 3b

Bei einer maximalen Produktionskapazität von x = 48 ME betragen

- die Gesamterlöse 768 GE,
- die Gesamtkosten 240 GE,
- der maximale Gesamtgewinn 528 GE,
- die Grenzerlöse 16 GE,
- die Grenzkosten 4 GE,
- die Stückkosten 5 GE,
- der maximale Stückgewinn 11 GE.

163

Graphische Darstellung der Ausgangssituation:

■ für die Gesamtfunktion

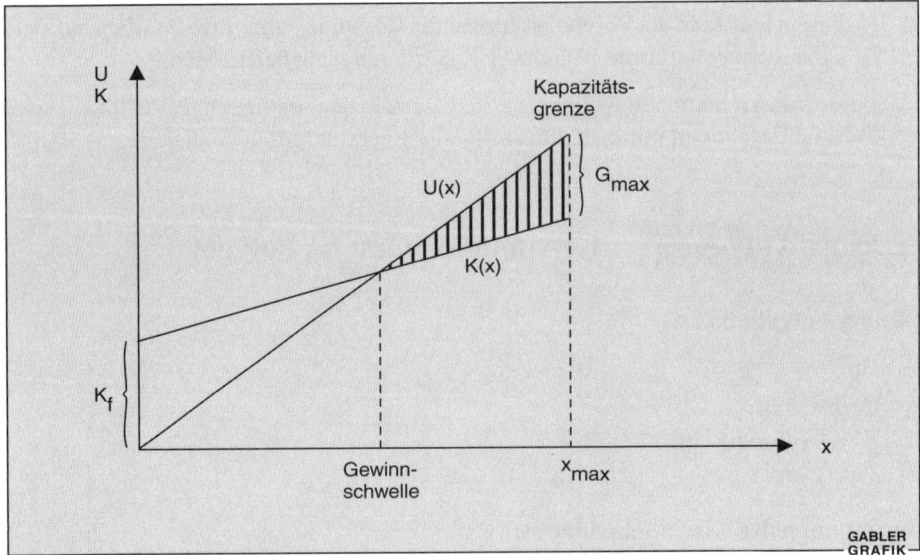

Abbildung 4-17:   Ausgangssituation Gesamtkostenbetrachtung

■ für die stückbezogene Betrachtung

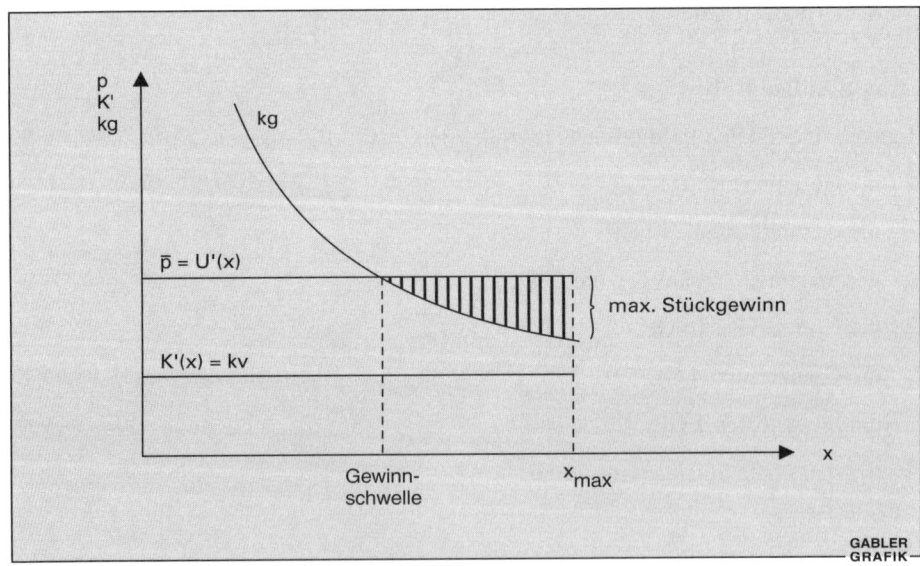

Abbildung 4-18:   Ausgangssituation Stückkostenbetrachtung

1. Sukzessiv sinkender Preis

▦ Die Steigung der Erlösfunktion nimmt ab, da $U'(x) = p$; das heißt, die Erlösfunktion wird um den Nullpunkt nach unten gedreht.

▦ Die Gewinnschwelle wird erst bei größerem x erreicht.

▦ Die Höhe des maximalen Gewinns bei gleicher Kapazitätsgrenze sinkt; ab $p < 5$ ist $U(x) < K(x)$ (Verlust).

▦ Die gewinnoptimale Absatzmenge bleibt unberührt, da sie stets an der Kapazitätsgrenze liegt.

▦ Der Schnittpunkt von $U'(x)$ und kg (= Gewinnschwelle) wandert nach rechts.

▦ Bei $U'(x) = K'(x) = 4$ unvermeidbarer Verlust in Höhe der Fixkosten von 48 GE (Betriebsminimum).

▦ Bei $U(x) < K(x)$ aber $U'(x) > K'(x)$ Verlust durch Kapazitätserweiterung vermeidbar.

2. Steigende Fixkosten

▦ Die Kostenfunktion verschiebt sich parallel nach oben.

▦ Die Gewinnschwelle wird erst bei höherem x erreicht.

▦ Die Höhe des maximalen Gewinns bei gleicher Kapazitätsgrenze sinkt; ab $K_f > 576$ GE ist $U(x) < K(x)$ (durch Kapazitätserweiterung vermeidbarer Verlust).

▦ Die gewinnoptimale Absatzmenge bleibt unberührt. Sie liegt stets an der Kapazitätsgrenze.

▦ Die Durchschnittskostenfunktion verschiebt sich nach rechts oben; der Schnittpunkt von $U'(x)$ und kg (= Gewinnschwelle) wandert nach rechts.

3. Unterschiedliche variable Kosten

a) Die Steigung der Kostenfunktion nimmt zu, das heißt, die Kostenfunktion wird um den Ordinatenabschnitt nach oben gedreht.
   - Die Höhe des maximalen Gewinns sinkt bei gleicher Kapazitätsgrenze.
   - Die gewinnoptimale Absatzmenge bleibt unberührt, da sie stets an der Kapazitätsgrenze liegt.
   - Bei $U'(x) = K'(x) = 16$ unvermeidbarer Verlust in Höhe der Fixkosten von 48 GE.
   - Bei $U(x) < K(x)$ aber $U'(x) > K'(x)$ Verlust durch Kapazitätserweiterung vermeidbar.
   - Die Durchschnittskostenfunktion verschiebt sich nach oben; der Schnittpunkt von $U'(x)$ und kg (= Gewinnschwelle) wandert nach rechts.

b) Die Steigung der Kostenfunktion nimmt ab, das heißt die Kostenfunktion wird um den Ordinatenabschnitt nach unten gedreht.

- Die Gewinnschwelle wird bei geringerem x erreicht.
- Die Höhe des maximalen Gewinns steigt bei gleicher Kapazitätsgrenze.
- Die gewinnoptimale Absatzmenge bleibt unberührt. Sie liegt stets an der Kapazitätsgrenze.
- Die Durchschnittskostenfunktion verschiebt sich nach unten; der Schnittpunkt von U'(x) und kg (= Gewinnschwelle) wandert nach links.

Lösung Aufgabe 4   Betriebsoptimum

Lösung Aufgabe 4a

▦ Bestimmung der Preis-Absatz-Funktion:

$U'(x) = 64 = \bar{p}$

▦ Bestimmung der Gewinn- und der Verlustschwelle:
Die Gewinnschwelle (beziehungsweise Verlustschwelle) ist der untere (beziehungsweise obere) Schnittpunkt von Erlös- und Kostenfunktion. Links (beziehungsweise rechts) von diesem Schnittpunkt sind die Kosten größer als die Erlöse, rechts (beziehungsweise links) davon ist es umgekehrt. Es gilt also:

$U(x) = K(x)$

$64x = 66{,}16x - 0{,}48x^2 + 0{,}02x^3$

$x^3 - 24x^2 + 108x = 0$

$x^2 - 24x + 108 = 0$

$x_{1,2} = 12 \pm 6$

- Verlustschwelle: $x_o = 18$
- Gewinnschwelle: $x_u = 6$

▦ Bestimmung des Betriebsminimums:
Als Betriebsminimum wird das Minimum der variablen Durchschnittskostenfunktion bezeichnet. Diese Funktion ist eine nach oben geöffnete Parabel, die vor ihrem Minimum über, danach unterhalb der Grenzkostenfunktion verläuft. Das Betriebsminimum gibt zugleich die kurzfristige Preisuntergrenze eines Mengenanpassers mit s-förmiger Kostenfunktion an.

▦ variable Durchschnittskostenfunktion:

$K_v = 66{,}16 - 0{,}48x + 0{,}02x^2$

▦ 1. Ableitung der variablen Durchschnittskostenfunktion:

$K_v' = -0{,}48 + 0{,}04x = 0$

▦ betriebsminimale Absatzmenge:

$X_m = 12$

■ Bestimmung des Betriebsoptimums:
Als Betriebsoptimum wird das Minimum der totalen Durchschnittskostenfunktion bezeichnet. Diese Funktion ist eine nach oben geöffnete Parabel, die vor ihrem Minimum über, danach unterhalb der Grenzkostenfunktion verläuft. Das Betriebsoptimum gibt zugleich die langfristige Preisuntergrenze eines Mengenanpassers mit s-förmiger Kostenfunktion an. Im vorliegenden Fall fällt die totale mit der variablen Durchschnittskostenfunktion zusammen. Das Betriebsoptimum ist also gleich dem Betriebsminimum von $X_m = 12$.

■ Bestimmung des Betriebsmaximums:
Das Betriebs- beziehungsweise Gewinnmaximum ist der Schnittpunkt der Grenzerlös- und der Grenzkostenfunktion mit der größeren Absatzmenge. Links von diesem Schnittpunkt sind die Grenzkosten kleiner, rechts davon größer als der Preis.

$U'(x) = K'(x)$

$64 = 66,16 - 0,96x + 0,06\,x^2$

$x^2 - 16x + 36 = 0$

$x_{1,2} = 8 \pm 5,29$

$x_G = 13,29$ (gewinnmaximale Absatzmenge)

$x_2 = 2,71$

Lösung Aufgabe 4b

1. **Sukzessiv sinkender Preis**
   - Die Steigung der Erlösfunktion nimmt ab, da $U'(x) = p$; das heißt, die Erlösfunktion wird um den Nullpunkt nach rechts gedreht.
   - Die Gewinnschwelle wird erst bei größerem x erreicht.
   - Die Verlustschwelle wird bereits bei kleinerem x erreicht.
   - Die Höhe des maximalen Gewinns sinkt.
   - Die gewinnmaximale Absatzmenge sinkt; das Betriebsmaximum wandert auf der Grenzkostenfunktion nach unten (beziehungsweise nach $K'(x) = kg$).
   - Wenn die Erlösgerade die Gesamtkostenkurve beziehungsweise die konstante Preis-Absatz-Funktion die Durchschnittskostenkurve tangiert, das heißt, wenn $U'(x) = p = kg = K'(x)$ gilt, dann werden gerade noch die vollen Kosten gedeckt (Betriebsoptimum).
   - Wenn $U(x) < K(x)$ beziehungsweise $U'(x) = p < kg$, dann entsteht ein Verlust aufgrund ungedeckter Kosten.
   - Die Lage des Betriebsoptimums beziehungsweise -minimums bleibt unberührt.

2. **Anfall von Fixkosten**
   - Die Kostenfunktion verschiebt sich parallel nach oben.
   - Die totale und variable Durchschnittskostenfunktion fallen auseinander. Damit ist das Betriebsminimum nicht mehr gleich dem Betriebsoptimum.
   - Die Gewinnschwelle wird erst bei größerem x erreicht.
   - Die Verlustschwelle wird bereits bei kleinerem x erreicht.

Graphische Darstellung der Ausgangssituation

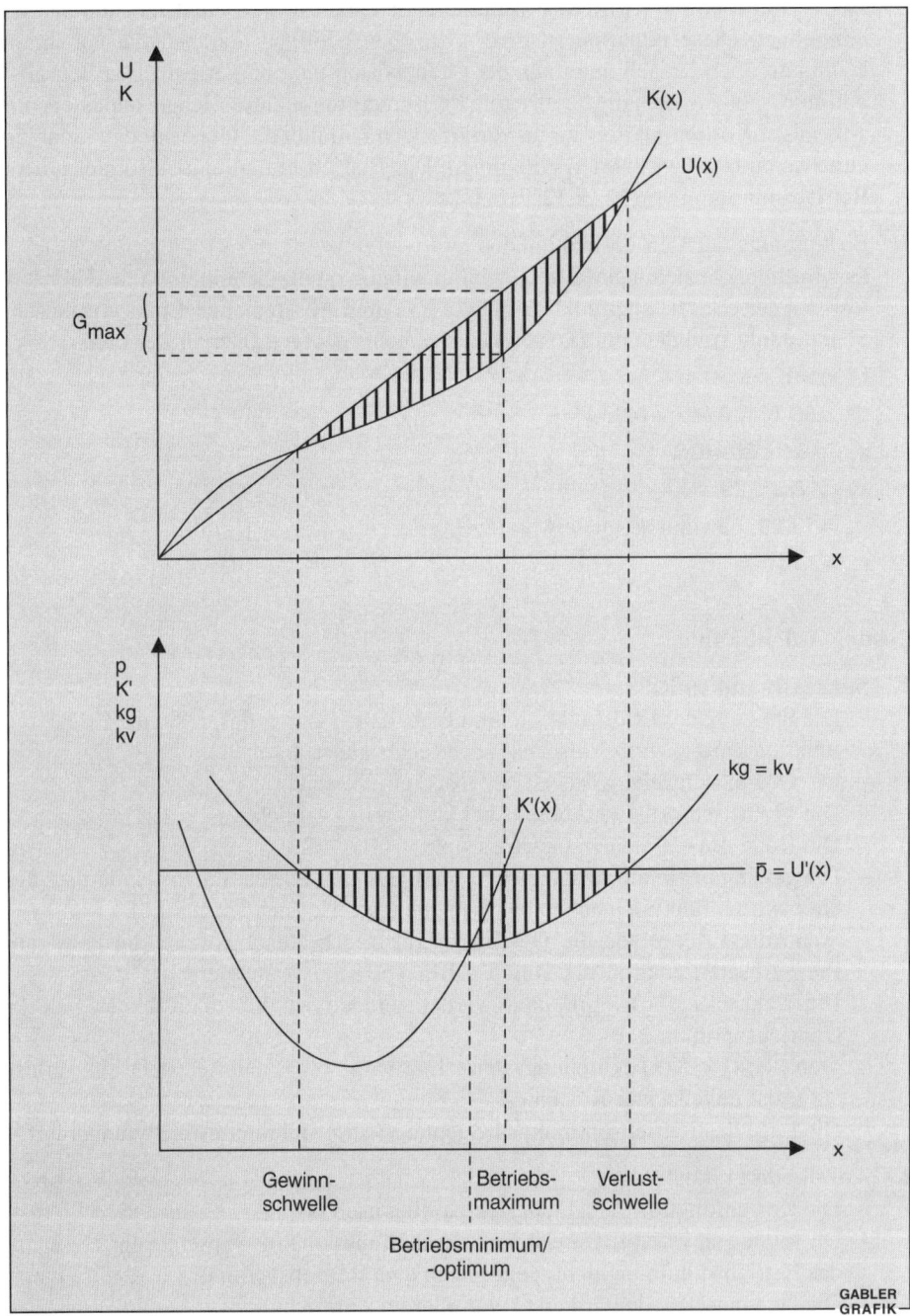

Abbildung 4-19:   Ausgangssituation eines Mengenanpassers

- Die Höhe des maximalen Gewinns sinkt.
- Die gewinnmaximale Absatzmenge (Betriebsmaximum) bleibt unverändert, da sie unabhängig von den Fixkosten ist.
- Das Betriebsoptimum wird bei größerem x erreicht.
- Wenn die Gesamtkostenkurve die Erlösgerade beziehungsweise die totale Durchschnittskostenkurve die Preisgerade tangiert, dann werden gerade noch die vollen (Stück-)Kosten gedeckt.
- Wenn für alle x $U(x) < K(x)$ beziehungsweise $U'(x) = p < kg$, dann entsteht ein Verlust durch ungedeckte Fixkosten.

3. **Unterschiedliche variable Kosten**

   Änderungen in der Struktur der variablen Kosten beeinflussen sowohl die Höhe des maximalen Gewinns, die Gewinn- und Verlustschwelle als auch die Lage des Betriebsminimums, -optimums und -maximums. Wegen der Vielgestaltigkeit der möglichen variablen Gesamtkosten kann allgemein keine eindeutige Aussage über die Wirkung einer solchen Kostenänderung getroffen werden. Tendenziell gilt, dass die gewinnmaximale Absatzmenge bei gegebenem Preis um so größer ist, je flacher und je lang gestreckter die variable Gesamtkosten- und damit auch die Grenzkostenkurve verlaufen.

Lösung Aufgabe 5   Akquisitorisches Potenzial

Das akquisitorische Potenzial einer Unternehmung stellt die Summe der Wirkungen aller jemals eingesetzten absatzpolitischen Aktivitäten der Unternehmung und aller sonstigen, zum Teil nicht rational erfassbaren, kaufrelevanten Faktoren dar, die bei den Käufern Präferenzen für das Unternehmen beziehungsweise sein Produkt erzeugen. Es kann auch als „goodwill", Ruf, Image und Attraktivität der Unternehmung beziehungsweise des Produkts interpretiert werden. Haben Käufer Präferenzen, schätzen sie konkurrierende Produkte als heterogen ein. Diese Differenzierung kann sachlich (zum Beispiel Produkteigenschaften), zeitlich (zum Beispiel kurze Lieferzeit), örtlich (zum Beispiel Ladennähe) und/oder persönlich (zum Beispiel freundliche Bedienung) bedingt sein.

Die Existenz von Präferenzen hebt die Einheitlichkeit des Marktpreises auf. Käufer, die ein bestimmtes Produkt präferieren, sind bereit, einen höheren Preis als für vergleichbare Konkurrenzprodukte zu bezahlen. Der Polypolist verfügt in diesem Fall über einen preispolitischen Spielraum, innerhalb dessen er seinen Preis nach oben und unten variieren kann, ohne dass er Käufer an die Konkurrenz verliert oder von dieser abzieht. Die Preis-Absatz-Funktion setzt sich aus einem monopolistischen und einem oberen und unteren atomistischen Abschnitt zusammen. Der monopolistische Bereich weist betragsmäßig eine größere Steigung als die atomistischen Bereiche auf. Mengenzuwächse im monopolistischen Preisintervall resultieren ex definitione ausschließlich aus der Mobilisierung latenter Nachfrage. Eine Überschreitung des oberen beziehungsweise Unterschreitung des unteren Grenzpreises führt zu einer empfindlichen Nachfragereaktion, die der bei atomistischer Konkurrenz entspricht.

Je nach der relativen Stärke des eigenen akquisitorischen Potenzials kann die Preis-Absatz-Funktion eines Polypolisten folgende tendenzielle Verläufe annehmen:

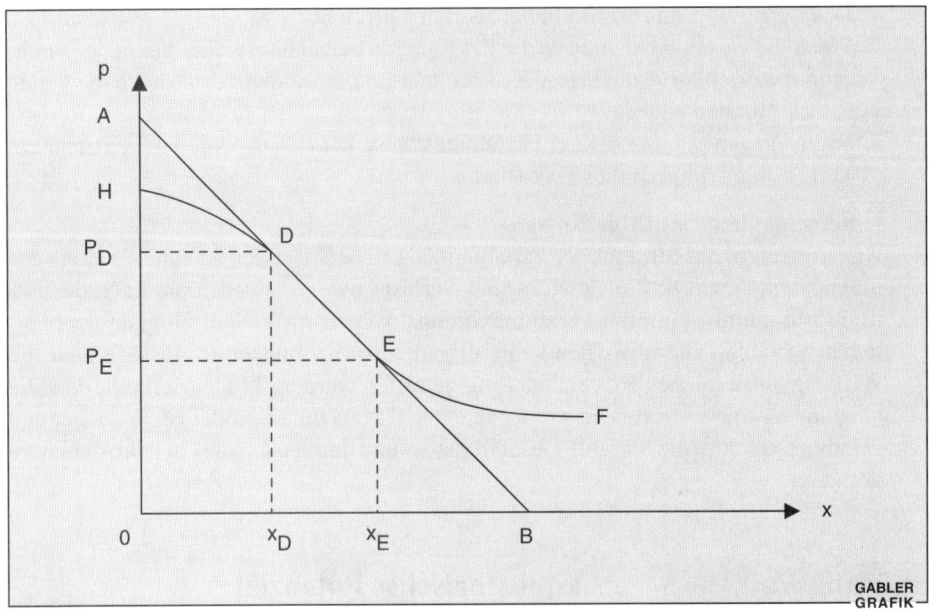

Fall	Verlauf der PAF	Eigenes akquisitorisches Potenzial	Akquisitorisches Potenzial der Konkurrenz
1	H D E F	schwach	schwach
2	H D E B	schwach	stark
3	A D E F	stark	schwach
4	A D E B	stark	stark

Abbildung 4-20: Preis-Absatz-Funktion eines Polypolisten in Abhängigkeit des akquisitorischen Potenzials

Lösung Aufgabe 6   Polypolistische Preis-Absatz-Funktion

Berechnung des monopolistischen Bereichs:

▨ Berechnung der Steigung:

$$n_{6/7} = \frac{dx}{dp} \cdot \frac{7}{6} = -\frac{7}{3} \;\rightarrow\; \frac{dx}{dp} = -2$$

Die Steigung beträgt $-\frac{1}{2}$.

▪ Berechnung des Prohibitivpreises:

$$p = a - \frac{1}{2}x$$

In diese Preis-Absatz-Funktion wird der obere monopolistische Grenzpreis

$p = 7/x = 6$ eingesetzt.

$$7 = a - \frac{1}{2} \cdot 6$$

$$7 = a - 3$$

$$a = 10$$

Die Funktion des monopolistischen Bereichs lautet:

$p = 10 - \frac{1}{2}x$. Sie ist definiert für $6 \leq x \leq 10$.

▪ Berechnung des oberen atomistischen Astes:
  – Ordinatenabschnitt: $a = 8$

  – Berechnung der Steigung: $b = \dfrac{p_2 - p_1}{x_2 - x_1} = \dfrac{8 - 7}{0 - 6} = -\dfrac{1}{6}$

    Die Funktion des oberen atomistischen
    Astes lautet: $p = 8 - \dfrac{1}{6}x$

    Sie ist definiert für $0 \leq x \leq 6$.

▪ Berechnung des unteren atomistischen Astes:
  – Berechnung der Steigung: $b = \dfrac{p_2 - p_1}{x_2 - x_1} = \dfrac{5 - 0}{10 - 60} = -\dfrac{1}{10}$

  – Berechnung des Ordinatenabschnitts: $p = a - \dfrac{1}{10}x$

                                         $a = \dfrac{1}{10} \cdot 10 + 5 = 6$

    Die Funktion des unteren atomistischen
    Astes lautet: $p = 6 - \dfrac{1}{10}x$

    Sie ist definiert für $10 \leq x \leq 60$.

Die polypolistische Preis-Absatz-Funktion lautet:

$$p = \begin{cases} 8 - \dfrac{1}{6}x & 0 \leq x \leq 6 \\[2mm] 10 - \dfrac{1}{2}x & 6 \leq x \leq 10 \\[2mm] 6 - \dfrac{1}{10}x & 10 \leq x \leq 60 \end{cases}$$

171

Lösung Aufgabe 7   Gewinnmaximum bei einer poly-polistischen Preis-Absatz-Funktion

Lösung Aufgabe 7a

Das Gewinnmaximum wird nach der Regel $U'(x) = K'(x)$ bestimmt.

▨ Bestimmung der Grenzerlösfunktion:

$$U'(x) = \begin{cases} 8 - \dfrac{1}{3}x & 0 \leq x \leq 6 \\[2mm] 10 - x & 6 \leq x \leq 10 \\[2mm] 6 - \dfrac{1}{5}x & 10 \leq x \leq 60 \end{cases}$$

▨ Bestimmung der Grenzkostenfunktion:

$K'(x) = 3$

▨ Berechnung der gewinnmaximalen Absatzmenge:

$3 = 8 - \dfrac{1}{3}x \rightarrow x = 15$

nicht definiert!

$3 = 10 - x \rightarrow x = 7$

im Definitionsbereich!

$3 = 6 - \dfrac{1}{5}x \rightarrow x = 15$

im Definitionsbereich!

Es ergeben sich somit zwei Partialoptima mit den Preismengenkombinationen

$x = \dfrac{7}{p} = \dfrac{13}{2} = 6,5$

$x = \dfrac{15}{p} = \dfrac{9}{2} = 4,5$

Zur Ermittlung des absoluten Gewinnmaximums wird ein Vergleich der Gewinnhöhe an den beiden gewinnmaximalen Stellen der Gewinnfunktion $G(x) = U(x) - K(x)$ durchgeführt.

x/p	U = px	K = 2 + 3x	G
7/6,5	45,5	23	22,5
15/4,5	67,5	47	20,5

Das absolute Gewinnmaximum ist bei der Preismengenkombination $x = 7/p = 6,5$ gegeben. Die Kombination $x = 15/p = 4,5$ stellt dagegen ein relatives Maximum dar.

Lösung Aufgabe 7b

Die Preiselastizität der Nachfrage wird jeweils für die Grenzpunkte des Definitions-bereichs eines jeden Abschnitts der Preis-Absatz-Funktion berechnet.

■ Definition der Preiselastizität:

$$\eta_{xp} = \frac{dx}{dp} \cdot \frac{p}{x}$$

■ oberer atomistischer Bereich:

$$\frac{dp}{dx} = -\frac{1}{6} \ \rightarrow \ \frac{dx}{dp} = -6$$

$$p = 8 - \frac{1}{6} \cdot 0 = 8 \ \rightarrow \ x = 0/p = 8$$

$$p = 8 - \frac{1}{6} \cdot 6 = 7 \ \rightarrow \ x = 6/p = 7$$

$$\eta_{0/8} = -6 \cdot \frac{8}{0} = -\infty$$

$$\eta_{6/7} = -6 \cdot \frac{7}{6} = -7$$

Die Preiselastizität der Nachfrage ist im gesamten Definitionsbereich des oberen atomistischen Astes $\eta < -1$.

■ monopolistischer Bereich:

$$\frac{dp}{dx} = -\frac{1}{2} \ \rightarrow \ \frac{dx}{dp} = -2$$

$$p = 10 - \frac{1}{2} \cdot 6 = 7 \ \rightarrow \ x = 6/p = 7$$

$$p = 10 - \frac{1}{2} \cdot 10 = 5 \ \rightarrow \ x = 10/p = 5$$

$$\eta_{6/7} = -2 \cdot \frac{7}{6} = -2,33$$

$$\eta_{10/5} = -2 \cdot \frac{5}{10} = -1$$

Die Preiselastizität der Nachfrage ist im Definitionsbereich des monopolistischen Astes $\eta \leq -1$.

■ unterer atomistischer Bereich

$$\frac{dp}{dx} = -\frac{1}{10} \ \rightarrow \ \frac{dx}{dp} = -10$$

$$p = 6 - \frac{1}{10} \cdot 10 = 5 \ \rightarrow \ x = 10/p = 5$$

$$p = 6 - \frac{1}{10} \cdot 60 = 0 \ \rightarrow \ x = 60/p = 0$$

$$\eta_{10/5} = -10 \cdot \frac{5}{10} = -5$$

$$\eta_{60/0} = -10 \cdot \frac{0}{60} = 0$$

Die Preiselastizität der Nachfrage ist im unteren atomistischen Bereich erst $\eta < -1$, dann $\eta > -1$.

Aus dieser Elastizitätsbetrachtung folgt:

1. Im oberen atomistischen Bereich steigt die Erlöskurve monoton an; sie besitzt kein Maximum ($\eta < -1 \to U'(x) > 0$).

2. Im monopolistischen Bereich steigt die Erlöskurve bis zum unteren Grenzpreis monoton an ($\eta < -1 \to U'(x) > 0$); im Grenzpunkt $x = 10/p = 5$ hat sie ein Erlösmaximum von ($\eta = -1 \to U'(x) = 0$).

3. Im unteren atomistischen Bereich muss die Erlöskurve ein weiteres Maximum besitzen, da sie erst monoton steigt ($\eta < -1 \to U'(x) > 0$) und dann monoton fällt ($\eta > -1 \to U'(x) < 0$).

■ Berechnung des Erlösmaximums im unteren atomistischen Bereich:

1. Möglichkeit

$U(x) = px \to \text{max.!}$

$U'(x) = 6 \cdot \dfrac{1}{5} x = 0$

$x = 30$

$p = 3$

2. Möglichkeit

Da im Erlösmaximum immer eine Preiselastizität der Nachfrage von $\eta = -1$ gilt, folgt:

$\eta_{xp} = -1 = -10 \ \dfrac{6 - \dfrac{1}{10} x}{x}$

$1 = \dfrac{60}{x} - 1$

$x = 30$

$p = 3$

Im Bereich $10 \leq x \leq 30$ ist $\eta_{xp} < -1$;

im Bereich $30 \leq x \leq 60$ ist $\eta_{xp} > -1$.

Die Erlöskurve besitzt bei $x = 30/p = 3$ ihr 2. Maximum.

Lösung Aufgabe 8   Mindestgewinn und Rentabilitäts- maximum im Polypol

Lösung Aufgabe 8a

Die Preis-Absatz-Funktion ergibt sich durch Halbierung der Steigung der Grenzerlös- funktion:

$$p = \begin{cases} 9 - \dfrac{1}{50}x & 0 \le x \le 50 \\[2mm] 13 - \dfrac{1}{10}x & 50 \le x \le 80 \\[2mm] 7 - \dfrac{1}{40}x & 80 \le x \le 280 \end{cases}$$

Lösung Aufgabe 8b

Die monopolistischen Grenzpreise ergeben sich durch Einsetzen der x-Werte der beiden Grenzpunkte in den monopolistischen oder den entsprechenden atomistischen Funktions- bereich.

- oberer monopolistischer Grenzpreis:

$$p = 13 - \frac{1}{10} \cdot 50 = 8$$

- unterer monopolistischer Grenzpreis:

$$p = 13 - \frac{1}{10} \cdot 80 = 5$$

Lösung Aufgabe 8c

Jeder Abschnitt der Gewinnfunktion ist mit dem angemessenen Gewinn gleichzusetzen:

- oberer atomistischer Bereich ($0 \le x \le 50$):

$$G(x) = \left(9 - \frac{1}{50}x\right)x - 220 - 2{,}5x = 50$$

$$x^2 - 325x = -13.500$$

$$x_{1,2} = 162{,}5 \pm 113{,}61$$

$$x_1 = 276{,}11 \qquad \text{nicht definiert!}$$

$$\left. \begin{array}{l} x_2 = 48{,}89 \\ p_2 = \ 8{,}02 \end{array} \right\} \quad \text{im Definitionsbereich!}$$

■ monopolistischer Bereich ($50 \leq x \leq 80$):

$$G(x) = \left(13 - \frac{1}{10}x\right)x - 220 - 2,5x = 50$$

$$x^2 - 105x = -2.700$$

$$x_{1,2} = 52,5 \pm 7,5$$

$\left.\begin{array}{l} x_1 = 60 \\ p_1 = 7 \end{array}\right\}$ im Definitionsbereich!

$x_2 = 45$ nicht definiert!

■ unterer atomistischer Bereich ($80 \leq x \leq 280$):

$$G(x) = \left(7 - \frac{1}{40}x\right)x - 220 - 2,5x = 50$$

$$x^2 - 180x = -10.800$$

$$(x - 90)^2 = -2.700$$

$$x = 90 \pm \sqrt{-2.700}$$

Da es sich hier um eine komplexe Zahl handelt, ist die Lösung ökonomisch nicht sinnvoll.

Der Polypolist erzielt einen angemessenen Gewinn in Höhe von 50 GE, wenn er eine Preismengenkombination realisiert, die zwischen $x = 48,89/p = 8,02$ und $x = 60/p = 7$ liegt.

Lösung Aufgabe 8d

Jeder Abschnitt der Renditefunktion ist auf eine rentabilitätsmaximale Preismengen-kombination zu untersuchen.

■ oberer atomistischer Bereich ($0 \leq x \leq 50$):

$$R(x) = \frac{\left(9 - \frac{1}{50}x\right)x - 220 - 2,5x}{\frac{1}{2}x} \rightarrow \text{max.!}$$

$$= 13 - \frac{1}{25}x - 440x^{-1}$$

$$R'(x) = -\frac{1}{25} + 440x^{-2} = 0$$

$$x^2 = 11.000$$

$$x_{1,2} = \pm\,104,88 \text{ nicht definiert!}$$

■ monopolistischer Bereich ($50 \leq x \leq 80$):

$$R(x) = \frac{\left(13 - \frac{1}{10}x\right)x - 220 - 2,5x}{\frac{1}{2}x} \to \text{max.!}$$

$$= 21 - \frac{1}{5}x - 440x^{-1} = 0$$

$$R'(x) = -\frac{1}{5} + 440x^{-2} = 0$$

$$x^2 \quad = 2.200$$
$$x_{1,2} = \pm\, 46,9 \text{ nicht definiert!}$$

■ unterer atomistischer Bereich ($80 \leq x \leq 280$):

$$R(x) = \frac{\left(7 - \frac{1}{40}x\right)x - 220 - 2,5x}{\frac{1}{2}x} \to \text{max.!}$$

$$= 9 - \frac{1}{20}x - 440x^{-1}$$

$$R'(x) = -\frac{1}{20} + 440x^{-2} = 0$$

$$x^2 = 8.800$$
$$\left.\begin{array}{l} x_1 = 93,81 \\ p_1 = 4,65 \end{array}\right\} \quad \text{im Definitionsbereich!}$$
$$x_2 = -\,93,81 \qquad \text{ökonomisch nicht sinnvoll!}$$

Da die Rentabilität für $x = 93,81$ negativ ist, sind die Randwerte des monopolistischen Bereichs auf Rentabilitätsmaxima zu prüfen:

$$R(x = 50) = \frac{8 \cdot 50 - 220 - 2,5 \cdot 50}{\frac{1}{2} \cdot 50}$$

$$= \frac{55}{25} = 2,2 = 220\,\%$$

$$R(x = 80) = \frac{5 \cdot 80 - 220 - 2,5 \cdot 80}{\frac{1}{2} \cdot 80}$$

$$= -\frac{20}{40} = -0,5 = -50\,\%$$

Bei einer Absatzmenge von $x = 93,81$ und einem Preis von $p = 4,65$ erreicht der Polypolist ein relatives, bei einer Absatzmenge von $x = 50$ und einem Preis von $p = 8$ ein absolutes Rentabilitätsmaximum.

Lösung Aufgabe 9 — Unterschied zwischen Oligopol und Polypol

Es bestehen folgende Unterschiede zwischen dem preispolitischen Entscheidungsfeld eines Oligopolisten und eines Polypolisten:

	Polypolist	Oligopolist
Zahl der Anbieter	viele	wenige
Marktanteil pro Anbieter	relativ klein	relativ groß
Wirkung von Preisaktivitäten eines Anbieters auf die Menge anderer	kaum	Reaktionsverbundenheit
Bedeutung des preispolitischen Spielraums bei unvollkommenem Markt	keine Käuferbewegung von oder zur Konkurrenz	keine Käuferbewegung von oder zur Konkurrenz und keine Konkurrenzreaktion

GABLER
GRAFIK

Abbildung 4-21: Preispolitisches Entscheidungsfeld von Polypolisten und Oligopolisten

Lösung Aufgabe 10 — Gleichgewichtspreis im Oligopol

Das Phänomen der Preiserstarrung auf Oligopolmärkten resultiert:

- nach **Sweezy** daraus, dass es sich für einen Oligopolisten nicht lohnt, von einem gegebenen „optimalen" Preis abzuweichen.

- nach **Gutenberg** daraus, dass es sich für einen Oligopolisten nicht lohnt, seinen preispolitischen Spielraum zu verlassen.

Beide Begründungen leiten sich aus unterschiedlichen Erklärungsansätzen oligopolistischer Preispolitik auf unvollkommenem Markt bei wirtschaftsfriedlichem Verhalten ab:

Sweezy unterstellt, dass Oligopolisten bei Nachfragezugewinnen nicht reagieren, bei Nachfrageverlusten hingegen Kompensationsmaßnahmen in Form von Preissenkungen ergreifen. Die Preis-Absatz-Funktion des einzelnen Oligopolisten ist in der Folge für Preiserhöhungen elastisch, weil Käufer zur Konkurrenz wechseln, für Preissenkungen unelastisch, weil aufgrund der kompensierenden Konkurrenzreaktion nur latente Nachfrage hinzugewonnen werden kann. Die Preis-Absatz-Funktion ist folglich geknickt, wobei die Knickstelle den optimalen Preis angibt.

Gutenberg unterstellt, dass sich jeder Oligopolist durch Absatzpolitik einen begrenzten preispolitischen Spielraum schaffen kann, wo er seine gewinnmaximale Preismengen- kombination realisiert. Preisänderungen im monopolistischen Bereich berühren lediglich latente Nachfrage und führen zu keinen Konkurrenzreaktionen. Preiserhöhungen über den oberen Grenzpreis hinaus verbieten sich aufgrund der starken Käuferabwanderung zur Konkurrenz und den damit verbundenen Gewinneinbußen. Preissenkungen in den unteren konkurrenzgebundenen Funktionsbereich hinein veranlassen die Konkurrenz zu kompensierenden Preisanpassungen. Dies führt letztlich zum alten Marktanteilsverhält- nis und Preisklassengleichgewicht sowie für alle Oligopolisten zu neuen Preis-Absatz- Funktionen auf niedrigerem Preisniveau. Die mobilisierte latente Nachfrage lohnt jedoch nur dann, wenn der durch sie verursachte Umsatzzuwachs größer ist als die durch die Preissenkung bewirkte Erlösabnahme. Da dies aufgrund unvollkommener Information jedoch nicht mit Sicherheit vorhersehbar ist, präferieren Oligopolisten in der Regel die relativ sichere Marktposition in ihrer augenblicklichen Preisklasse.

Lösung Aufgabe 11   Monopolistische Grenzpreise

Der Abstand zwischen dem oberen und dem unteren Grenzpreis des monopolistischen Bereichs einer oligopolistischen Preis-Absatz-Funktion hängt von folgenden Faktoren ab:

1. dem **akquisitorischen Potenzial** des Unternehmens. Mit seiner Höhe nehmen die Präferenzen der Käufer und damit der Umfang des reaktionsfreien Spielraums des Oligopolisten zu.

2. der **Substituierbarkeit** beziehungsweise wahrgenommenen **Heterogenität** der Pro- dukte: Je weniger das Produkt eines Oligopolisten durch Konkurrenzerzeugnisse substituiert werden kann, umso größer ist sein preispolitischer Spielraum.

3. der **Marktübersicht** der Nachfrager und Konkurrenten: Je unübersichtlicher der Markt ist, umso größer ist tendenziell der preispolitische Spielraum des Oligopolis- ten.

4. der **Stärke** beziehungsweise Attraktivität der Konkurrenten: Je schwächer die Mar- ketingaktivitäten der Konkurrenten ausgeprägt sind, umso größer ist der preispoliti- sche Spielraum des Oligopolisten.

Demgegenüber tangieren die Zahl der Konkurrenten und die Marktreaktionsgeschwin- digkeit auf Preisänderungen lediglich die drei Steigungen der oligopolistischen Preis- Absatz-Funktion. Diese verlaufen tendenziell um so flacher, je höher die obigen Faktoren ausgeprägt sind. So wirken sich zum Beispiel Nachfrageverschiebungen zwischen den Oligopolisten mit wachsender Zahl von Konkurrenten weniger stark aus.

179

Lösung Aufgabe 12 Prämissen marginalanalytischer Preismodelle

In der Regel werden bei marginalanalytischen Preismodellen folgende Prämissen getroffen:

Prämissen	Möglichkeit zu ihrer Überwindung
Kurzfristige beziehungsweise taktische Modelle	Einbeziehung unterschiedlich hoher Kosten und Nachfragemengen im Planungszeitraum
Monetäre Zielsetzung der kurzfristigen Gewinnmaximierung	Einbeziehung weiterer Unternehmens- beziehungsweise Marketingziele, wobei befriedigende Zielniveaus angestrebt werden
Deterministische Modelle, das heißt vollkommene Information und eindeutig gegebene Umweltkonstellationen	Einbeziehung stochastisch ausgeprägter Modellvariablen, indem zum Beispiel die Preis-Absatz-Funktion mittels einer Regressionsanalyse aus Vergangenheits- daten abgeleitet wird
Einproduktunternehmung	Berücksichtigung des Sortimentsverbunds zum Beispiel in Form des preispolitischen Ausgleichs
Einstufige Marktbetrachtung	Einbeziehung der Preispolitik des Handels und der Handelsspannenprobleme
Unendlich schnelle Informations- und Reaktionsgeschwindigkeit	Berücksichtigung von Anpassungswiderstän- den und zeitlich verzögerten Marktreaktionen mittels Lag-Variablen
Rationalverhalten der Konsumenten, das heißt Nutzenmaximierung	Einbeziehung psychologischer und soziologischer Hypothesen des Kaufverhaltens
Ceteris-paribus-Klausel für die übrigen Marketinginstrumente	Einbeziehung des Wirkungsverbunds zwischen Preispolitik und anderen Marketinginstrumenten durch Interaktionsterme
Statische Modelle	Berücksichtigung mehrperiodischer, dynami- scher Umweltentwicklungen und Wirkungen der Preispolitik mittels Carry-over-Raten
Freie Preisbildung	Berücksichtigung staatlicher Eingriffe und Vorschriften in Form von Nebenbedingungen
Die optimale Preisforderung ist das Ergebnis einer Individualentscheidung unter Rationalverhalten	Berücksichtigung der pluralistischen Willensbildung in der Unternehmung

GABLER GRAFIK

Abbildung 4-22: Prämissen marginalanalytischer Preismodelle

3.3   Fallstudie: Preispolitik auf dem Polypolmarkt für Billigrechner

Der Hersteller „Adam Riese" will einen neuen Billigrechner auf dem nationalen Markt für elektronische Taschenrechner einführen. Sein bisheriger Marktanteil ist wie der seiner zahlreichen Konkurrenten relativ klein. Alle Anbieter dieses Marktes betreiben eine mehr oder weniger ausgeprägte Präferenzpolitik. Ein Markttest von „Adam Riese" lieferte bezüglich preispolitischer Aktivitäten für das neue Produkt folgende Daten:

Innerhalb des Preisintervalls zwischen $p_1 = 10$ und $p_2 = 14$ kann der Hersteller „Adam Riese" den Preis für seinen Billigrechner variieren, ohne nennenswert an Nachfrage zu gewinnen oder zu verlieren. Senkt er den Preis unter $p_1 = 10$, bei dem 1.200 ME in der Planungsperiode absetzbar sind, so zieht er einen großen Teil der bisher von der Konkurrenz befriedigten Nachfrage auf sich. Die Preiselastizität der Nachfrage beträgt bei diesem „kritischen" Preis für den atomistischen Funktionsbereich $\eta = -5$. Hebt der Hersteller „Adam Riese" dagegen den Preis über $p_2 = 14$ an, bei dem 800 ME absetzbar sind, so geht ihm überdurchschnittlich viel Nachfrage verloren. Bei einer Preisforderung von $p = 15$ besteht keine Nachfrage mehr nach dem Billigrechner.

Die Marktforschung des Herstellers „Adam Riese" nimmt an, dass die Preis-Absatz-Funktion für den Billigrechner abschnittsweise linear verläuft. Der Billigrechner wird auf einer Mikroprozessor-gesteuerten Anlage hergestellt, deren Kostenfunktion $K = 4x + 5.100$ lautet. Die Kapazität der Anlage beträgt $x_{max} = 2.700$.

Aufgabe 1   Gewinnmaximum bei monopolistischer Konkurrenz

Bestimmen Sie die gewinnmaximale Preismengenkombination.

3.4 Lösungen zur Fallstudie: Preispolitik auf dem Polypolmarkt für Billigrechner

Lösung Aufgabe 1 Gewinnmaximum bei monopolistischer Konkurrenz

Der Hersteller „Adam Riese" ist ein Polypolist auf unvollkommenem Markt.

1. Bestimmung der doppelt geknickten Preis-Absatz-Funktion

▪ oberer atomistischer Funktionsbereich:
- Prohibitivpreis: $\quad a = 15 \ (= \text{Preis für } x = 0)$

- Steigung: $\quad b = \dfrac{\Delta p}{\Delta x} = \dfrac{p_2 - p_1}{x_2 - x_1} = \dfrac{15 - 14}{0 - 800} = -\dfrac{1}{800}$

- Definitionsbereich: $\ 0 \leq x \leq 800$

Die Funktion des oberen atomistischen Abschnitts lautet:

$$p = 15 - \frac{1}{800}\, x$$

▪ monopolistischer Funktionsbereich:

- Steigung: $\quad b = \dfrac{p_2 - p_1}{x_2 - x_1} = \dfrac{14 - 10}{800 - 1.200} = -\dfrac{1}{100}$

- absoluter Abschnitt: $a = 14 + \dfrac{1}{100} \cdot 800 = 22$

- Definitionsbereich: $\ 800 \leq x \leq 1.200$

Die Funktion des monopolistischen Abschnitts lautet:

$$p = 22 - \frac{1}{100}\, x$$

▪ unterer atomistischer Funktionsbereich:

$$\eta_{xp} = \frac{dx}{dp} \cdot \frac{p}{x} = \frac{dx}{dp} \cdot \frac{10}{1.200} = -5$$

- Steigung: $\qquad \dfrac{dx}{dp} = -5 \cdot 120 = -600$

$$b = \frac{dp}{dx} = -\frac{1}{600}$$

– absoluter Abschnitt: $a = 10 + \dfrac{1}{600} \cdot 1.200 = 12$

– Definitionsbereich: $1.200 \leq x \leq 2.700$ (max. Kapazität)

Die Funktion des unteren atomistischen Abschnitts lautet:

$$p = 12 - \frac{1}{600}\, x$$

Die Preis-Absatz-Funktion des Billigrechners ist:

$$p = \begin{cases} 15 - \dfrac{1}{800}\, x & 0 \leq x \leq 800 \\[2mm] 22 - \dfrac{1}{100}\, x & 800 \leq x \leq 1.200 \\[2mm] 12 - \dfrac{1}{600}\, x & 1.200 \leq x \leq 2.700 \end{cases}$$

2. Bestimmung der gewinnmaximalen Preismengenkombination

Da lineare Abschnitte der Preis-Absatz-Funktion vorliegen und die variablen Stückkosten kv von der Gesamtausbringung unabhängig sind, kann die gewinnmaximale Preismengenkombination mit den Cournot-Formeln ermittelt werden:

$$x = \frac{a - kv}{2b} \;\; ; \;\; p = \frac{a + kv}{2}$$

Es ergibt sich folgende gewinnmaximale Absatzmenge für den

▓ oberen atomistischen Bereich:

$$x_{I} = \frac{15 - 4}{2 \cdot \dfrac{1}{800}} = 4.400$$

▓ monopolistischen Bereich:

$$x_{II} = \frac{22 - 4}{2 \cdot \dfrac{1}{100}} = 900$$

▓ unteren atomistischen Bereich:

$$x_{III} = \frac{12 - 4}{2 \cdot \dfrac{1}{600}} = 2.400$$

Von diesen drei Mengen sind nur x_{II} und x_{III} definiert. Ihre zugehörigen gewinnmaximalen Preisforderungen lauten:

$$P_{II} = 22 - \frac{1}{100} x_{II}$$

$$= 22 - \frac{1}{100} \cdot 900 = 13$$

$$P_{III} = 12 - \frac{1}{600} x_{III}$$

$$= 12 - \frac{1}{600} \cdot 2.400 = 8$$

Um festzustellen, welche dieser beiden Preismengenkombinationen zum absoluten Gewinnmaximum führen, müssen die zugehörigen absoluten Gewinnhöhen verglichen werden:

$$
\begin{aligned}
G_{II} &= p_{II} \cdot x_{II} - 4x_{II} - 5.100 \\
&= 13 \cdot 900 - 4 \cdot 900 - 5.100 = 3.000
\end{aligned}
$$

$$
\begin{aligned}
G_{III} &= p_{III} \cdot x_{III} - 4x_{II} - 5.100 \\
&= 8 \cdot 2.400 - 4 \cdot 2.400 - 5.100 = 4.500
\end{aligned}
$$

Demzufolge liegt das absolute Gewinnmaximum bei der Preismengenkombination

$$p = 8/x = 2.400.$$

Kapitelübersicht

Kapitel 5

Produktpolitik

Kapitel 5

Lernziele

Der Leser soll nach Bearbeitung dieses Kapitels in der Lage sein,

1. die Funktionen der Produktpolitik im Marketing zu kennzeichnen,

2. verschiedene produktpolitische Zielsetzungen zu kennen und voneinander abzugrenzen,

3. die zentralen Entscheidungstatbestände der Produkt- und Sortiments- politik zu erklären und gegeneinander abzugrenzen,

4. das Lebenszykluskonzept sowie verschiedene Formen der Programm- strukturanalyse zu erläutern,

5. die Funktionen und Phasen der Neuproduktplanung zu erklären,

6. mit Entscheidungsmodellen zur Beurteilung von Neuprodukteinfüh- rungen und Produktdifferenzierungen umzugehen und Beziehun- gen zu investitionsrechnerischen Überlegungen herzustellen,

7. Bedeutung und Aufbau einer Marktsegmentierung zu erläutern,

8. Programmstrukturanalysen mit Hilfe der Deckungsbeitragsrechnung durchzuführen.

1. Produktpolitik/Aufgaben

Aufgabe 1   Bedeutung der Produktpolitik

Erläutern Sie am Beispiel eines Möbelherstellers die zentrale Bedeutung der Produkt-
und Sortimentspolitik im Rahmen des Marketing-Mix. Nehmen Sie dabei insbesondere
auf die Entscheidungstatbestände der Produktpolitik Bezug.

Aufgabe 2   Ziele der Produktpolitik

Stellen Sie in synoptischer Form dar, welche Ziele ein Unternehmen im Rahmen der
Produktpolitik tendenziell verfolgen kann. Erstellen Sie eine Matrix, aus der ersichtlich
wird, welche Entscheidungstatbestände der Produktpolitik (vgl. Aufgabe 1) für das
jeweilige Ziel besonders wichtig sind.

Aufgabe 3   Produktlebenszyklus

In der Analyse von Produkt- und Sortimentsstrukturen findet häufig das Lebenszyklusmodell Anwendung. Das Lebenszykluskonzept basiert auf der Erkenntnis, dass Erzeugnisse in den Markt eingeführt werden, die sich dann zur Befriedigung von Kundenbe-
dürfnissen als geeignet erweisen und nach einiger Zeit durch andere Produkte vom Markt
verdrängt werden.

Aufgabe 3a

Beschreiben Sie den klassischen Verlauf eines Lebenszyklusmodells. Grenzen Sie die
einzelnen Phasen anhand der Umsatz- und Gewinnentwicklung im Zeitablauf voneinander ab. In welchen Phasen des Lebenszyklus kommt welchen Marketinginstrumenten aus
welchem Grund jeweils eine besondere Bedeutung zu?

Aufgabe 3b

Diskutieren Sie kritisch den Aussagewert des Lebenszykluskonzepts anhand der folgenden vier Beispiele:

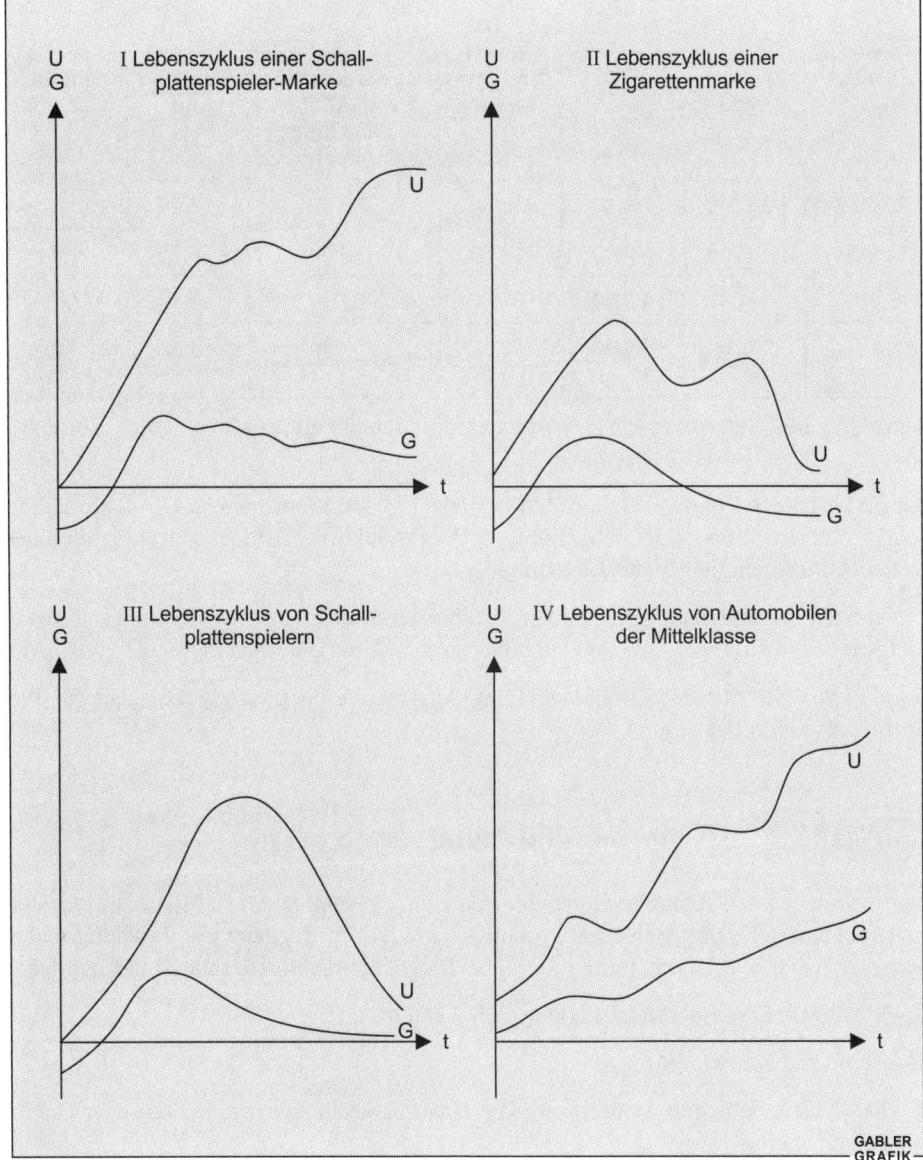

Abbildung 5-1:   Vier Beispiele unterschiedlicher Produktlebenszyklen

Aufgabe 4   Sortimentspolitik

Die „Lumo AG" stellt seit mehreren Jahren Halogenscheinwerfer für den Autozubehör-markt her. Zur Analyse des Absatzprogramms stehen folgende Informationen zur Ver-fügung:

Artikel	Zahl der Verkäufe	Preis	Variable Kosten	Beanspruchte Produktions-kapazität in Minuten	Markt-anteil in %	Zahl der Abnehmer
HS 110	20.000	38,00	35,60	28.800	3,00	28
HS 115	42.750	40,00	39,50	17.280	6,75	8
HS 118	6.080	62,50	61,70	46.080	1,50	32
HNS 100	19.000	50,00	42,80	23.040	3,75	12

GABLER GRAFIK

Abbildung 5-2:   Informationen zum Absatzprogramm der Lumo AG

An Fixkosten sind in der vergangenen Periode 195.350 € entstanden. Das wertmäßige Marktvolumen umfasst 25,333 Millionen €. Die Produktion orientiert sich ausschließlich an den Auftragseingängen der Kunden.

Entwickeln Sie aus dem vorliegenden Datenmaterial das Umsatz-, Deckungsbeitrags- und Kundenprofil der „Lumo AG" und interpretieren Sie die Ergebnisse.

Formulieren Sie auf der Grundlage Ihrer Analyse Verbesserungsvorschläge für die Sortimentspolitik der „Lumo AG".

Aufgabe 5   Neuproduktplanung

Der in Deutschland führende Hersteller von Benzinrasenmähern sieht sich in jüngster Zeit rückläufigen Umsätzen und Deckungsbeiträgen im Segment der Privathaushalte ausgesetzt. Die Marketingleitung führt diese Entwicklung auf folgende Trends zurück:

■ preisaggressive Importe aus Niedriglohnländern,

■ Trend zu Naturwiesen,

■ ökologisch bedingter Mehreinsatz von Handmähtechniken wie Sensen oder Hand-rasenmähern,

■ erhöhtes Umweltbewusstsein und Lärmempfinden der Konsumenten.

Das Marketingmanagement beschließt, der Entwicklung durch Einführung eines neuen, preiswerten, umweltfreundlichen und leisen Rasenmähers entgegenzutreten. Ein interdisziplinäres Projektteam unter Ihrer Leitung wird mit der Neuproduktplanung beauftragt. Das Team besteht aus einem Dipl.-Ing., einem Designer sowie einem Dipl.-Kfm. Während der Ingenieur insbesondere die Hitzebeständigkeit des Motors für sehr wichtig erachtet und er daher für den verstärkten Einsatz neuer Materialien aus der Raumfahrt plädiert, hält der Designer ein hochwertiges Design für besonders relevant. Dem Kaufmann schließlich geht es vor allem um eine günstige Kostenstruktur des neuen Rasenmähers. Sie als Projektleiter sind für die erfolgreiche Abwicklung des Neuproduktplanungsprozesses und für die Koordination der unterschiedlichen Interessen der Teammitglieder verantwortlich. Erstellen Sie eine Arbeitsunterlage in der Sie die einzelnen Phasen des Neuproduktplanungsprozesses sowie die im Einzelnen durchzuführenden Aktivitäten vorstellen.

Aufgabe 6   Ideenfindung in der Neuproduktplanung

Zur Generierung von Neuproduktideen finden sowohl diskursive als auch intuitive Verfahren Anwendung. Erörtern Sie anhand der nachfolgenden Beispiele die wesentlichen Unterschiede zwischen diesen Verfahren. Welche Methode würden Sie in den jeweiligen Fällen benutzen?

Beispiel 1

Ein Möbelhersteller beabsichtigt neue Marktsegmente durch funktionale Möbel zu erschließen, die sich gleichzeitig durch ein hochwertiges Design auszeichnen.

Beispiel 2

Die Unternehmensleitung steht vor dem Problem, ein neuartiges innerbetriebliches Transportsystem für hoch empfindliche Präzisionsgeräte zu entwickeln.

Beispiel 3

Das Produktmanagement eines Lebensmittelherstellers sucht für die Einführung einer kalorienarmen Mayonnaise nach Ideen für eine innovative Flaschengestaltung.

Aufgabe 7   Produktbewertungsmodelle

Für die Einführung eines neuen Rasierschaums hat ein Hersteller zwei Produktkonzeptionen (A und B) entwickelt. Mit einem Punktbewertungsmodell will die Planungsabteilung die erfolgversprechende Alternative ermitteln. Die beiden Konzeptionen werden nach folgenden sieben Kriterien bewertet:

Kriterien	Gewichtung	Bewertung			
		sehr gut	gut	durch-schnittlich	schlecht
		6	4	2	0
Absatzvolumen	3		A, B		
Nutzung von Synergien mit vorhandenen Produkten	1		B	A	
Kapazitätsbeanspruchung	2		A		B
Kannibalisierung alter Produkte	2		B	A	
Konkurrenzfähigkeit	4	B		A	
Erwartete Nachfrage	3		B	A	
Investitionsbedarf	2		A	B	

Abbildung 5-3: Punktbewertungsmodell

Die Beurteilungskriterien sind von 1 bis 4 gewichtet (1 = geringe Bedeutung, 4 = hohe Bedeutung). Erhält eine Konzeption einen Gesamtpunktwert, der kleiner als 50 ist, wird sie nicht realisiert.

Aufgabe 7a

Ermitteln Sie die Punktesummen für die Konzeptionen A und B. Interpretieren Sie das Ergebnis, und kritisieren Sie den Aussagewert des zugrunde gelegten Scoring-Modells.

Aufgabe 7b

Charakterisieren Sie den Unterschied zwischen Punktbewertungsverfahren und Methoden der Wirtschaftlichkeitsrechnung zur Bewertung von Neuproduktvorschlägen anhand des für die jeweiligen Methoden benötigten Informationsbedarfes.

Aufgabe 8   Break-Even-Analyse

Sie sind als Junior-Produktmanager in einer mittelständischen Brauerei beschäftigt. Aufgrund der Marktstagnation hat sich Ihr Unternehmen entschlossen, ein neues Bier-Mix-Getränk in den Markt einzuführen. Sie werden nun beauftragt, mit Hilfe der Break-Even-Analyse eine Wirtschaftlichkeitsrechnung für die Innovation durchzuführen. Dazu stehen Ihnen folgende Informationen zur Verfügung: Für die Produktion des Bier-Mix-Getränkes fallen jährlich Fixkosten von 1,2 Millionen GE an. Das Produkt wird an den Handel für 1,60 GE pro Liter verkauft. An variablen Kosten entsteht 1,00 GE pro Liter.

Aufgabe 8a

Berechnen Sie den Break-Even-Absatz x_B, und interpretieren Sie diesen.

Aufgabe 8b

Welche Kritikpunkte lassen sich gegen die Break-Even-Analyse anführen? Welche über die Break-Even-Analyse hinausgehenden qualitativen Faktoren müssen für die Einführungsentscheidung herangezogen werden?

Aufgabe 9   Wirtschaftlichkeitsrechnung zur Bewertung von Produktinnovationen

Ein Produzent von Tiefkühl-Gerichten hat im Rahmen einer Grobplanung drei Konzepte für ein neues Vollwertmenü entwickelt. Einer dieser Entwürfe soll das aktuelle Menüprogramm ergänzen. Nachdem die drei Menüs durch ein Scoring-Modell als grundsätzlich tauglich bewertet wurden, soll nun im Rahmen einer Feinauswahl auf der Basis finanzmathematischer Daten die endgültige Entscheidung erfolgen.

Als Basis für Ihr Urteil stehen die Informationen in Abbildung 5-4 auf der nächsten Seite zur Verfügung.

Welcher Konzeption würden Sie den Vorzug geben? Untersuchen Sie die Vorteilhaftigkeit der Produktinvestition mit Hilfe der:

1. Kapitalwertmethode für einen Kalkulationszinssatz von $i = 0,1$.

2. Break-Even-Analyse.

Konzeption	Markenloses Billigprodukt „Bio-Basic"	Vegetarisches Qualitätsprodukt „Bio-Top"	Vegetarisches Aktivmenü „Bio-Aktiv"
Preis	8	10	12
Variable Kosten	7	8	10
Erwarteter Absatz			
t_1	250.000	100.000	125.000
t_2	275.000	120.000	135.000
t_3	300.000	170.000	140.000
t_4	305.000	230.000	140.000
t_5	250.000	270.000	145.000
Investitionen			
Maschinen einmalig	300.000	200.000	250.000
Forschung & Entwicklung	50.000	100.000	120.000
Einführungskampagne	120.000	250.000	320.000
Summe	470.000	550.000	690.000

GABLER GRAFIK

Abbildung 5-4: Informationen zur finanzmathematischen Produktbewertung

Aufgabe 10   Vorteilhaftigkeit von Produktvariationen

Ihr erster Job nach dem Studium führt Sie zu einem Unternehmen, das im Markt als Monopolist agieren kann. Um sich nicht dem Vorwurf mangelnder Innovationsfreudigkeit im Monopol auszusetzen, plant Ihre Firma eine Qualitätsverbesserung des angebotenen Produktes. Auf Seiten der Geschäftsleitung ist man sich allerdings nicht sicher, ob eine solche Produktvariation ökonomisch vorteilhaft ist, da sie mit einer Erhöhung der Grenzkosten verbunden ist.

Sie werden gebeten zu prüfen, ob die Produktvariation ökonomisch vorteilhaft ist. Dafür werden Ihnen folgende Informationen zur Verfügung gestellt.

Ausgangs-Nachfragefunktion: $p_i = 17 - 0{,}5x$

Ausgangs-Grenzkosten: $K_i' = 3$

Neue Nachfragefunktion: $p_{ii} = 20 - 0{,}25x$

Neue Grenzkosten: $K_{ii}' = 5$

Aufgabe 11   Partizipations- und Substitutionseffekt

Nachdem Light-Zigaretten mit großem Erfolg in den Zigarettenmarkt eingeführt wurden, überlegt die Geschäftsleitung des Marktführers auf dem deutschen Zigarettenmarkt, ob die Einführung einer Medium-Zigarette für das Unternehmen ebenfalls vorteilhaft sein könnte. Als Junior-Produktmanager werden Sie beauftragt, eine Vorteilhaftigkeitsanalyse durchzuführen. Nach Rücksprache mit der Marktforschung ist mit folgender Datensituation zu rechnen:

t	1	2	3	4	5	6
XB_{PE}	300.000	250.000	200.000	150.000	50.000	50.000
XB_{SE}	120.000	130.000	200.000	210.000	300.000	350.000
DS alt	5	5	4	4	3	3
DS neu	4	4	4	5	5	6

XB_{PE}	Partizipationseffekt:	Neukäufe von Kunden, die bislang noch nicht bei der Unternehmung gekauft haben.
XB_{SE}	Substitutionseffekt:	Neukäufe von Kunden, die bislang schon andere Produkte bei der Unternehmung gekauft haben (Kannibalisierung). GABLER GRAFIK

Abbildung 5-5:   Daten für die Vorteilhaftigkeitsanalyse

Berechnen Sie die periodenbezogenen Bruttogewinne der neuen Zigarettenmarke. Welche Schlüsse lassen sich aus der Entwicklung der Bruttogewinne ziehen? Sollte das neue Produkt eingeführt werden?

Aufgabe 12   Programmanalyse

Aufgrund einer im Zeitablauf gesunkenen Umsatzrentabilität beabsichtigt ein Kosmetikunternehmen, sein Aftershave-Programm zu bereinigen. Die Programmanalyse soll auf der Basis folgender Daten durchgeführt werden:

Aftershave	Absatz	Preis/ Stück	k_v / Stück	Kg	Selbstkosten/ Stück
sun	2.420	20,40	8,50	41.140,00	25,50
moon	1.730	25,50	17,00	14.705,00	25,50
stars	9.250	13,60	5,10	23.247,50	7,61
Summe				79.092,50	GABLER GRAFIK

Abbildung 5-6:   Daten für die Programmanalyse

Der Marketing- und der Produktionsleiter sind beauftragt worden, eine Sortimentsanalyse durchzuführen und Produkte zu empfehlen, die eliminiert werden sollten. Der Produktionsleiter legt seiner Analyse eine Vollkostenrechnung, der Marketingleiter eine Teilkostenrechnung zugrunde. Welche Ergebnisse sind zu erwarten? Welche Entscheidung würden Sie treffen? Begründen Sie Ihren Vorschlag.

Aufgabe 13   Produktelimination

Die Firma Cycletech wurde Mitte der achtziger Jahre während des aufkommenden Fahrradbooms gegründet und ist in den ersten Jahren sehr stark gewachsen. Der Schwerpunkt der Produktion lag von Anfang an in den Bereichen Mountain-, Touren- und Treckingbikes. Hier bietet man Fahrräder der gehobenen Mittelklasse an. Bislang war der Marketingleiter davon überzeugt, dass unbedingt auch ein klassisches Hollandrad die Produktpalette abrunden müsse. Obgleich sich das Hollandrad sehr gut verkauft, hat sich die Gewinnsituation des Unternehmens nach der Einführung verschlechtert. Von daher zweifelt der Marketingleiter an der Richtigkeit der Entscheidung, ein Hollandrad ins Sortiment aufzunehmen. Sein Assistent soll ihm mit Hilfe einer Analyse der Sortimentsstruktur Klarheit verschaffen. Dabei stehen folgende Daten zur Verfügung:

Sortiment	Variable Kosten	Preis	Absatz in Stück	Händler
Trecking-Bike Start-Up	966	1.526	1.150	84
Trecking-Bike	1.148	1.932	960	48
MTB-Allround	1.029	1.225	1.280	32
MTB-Competition	1.246	2.142	320	40
Hollandrad	980	882	1.530	204 GABLER GRAFIK

Abbildung 5-7:   Daten für die Analyse der Sortimentsstruktur

Die Fixkosten betragen insgesamt 1.084.300 €. Führen Sie die geforderte Sortimentsanalyse im Hinblick auf mögliche Produkteliminationen durch.

Aufgabe 13a

Treffen Sie Ihre Eliminationsentscheidung auf Basis der Deckungsbeitragsrechnung.

Aufgabe 13b

Wie verändert sich das Entscheidungskalkül, wenn durch die in der Tabelle wiedergegebenen Absatzmengen aller Fahrräder die Produktionskapazität der Cycletech GmbH überschritten wird?

Aufgabe 13c

Die Händler, die Hollandräder kaufen, sind zu 25 Prozent Nachfrager der anderen Produkte. Diese Verbundkäufer kaufen nur dann die anderen von Cycletech angebotenen Produkte, wenn sie auch das Hollandrad beziehen. Welche Eliminationsentscheidung ist unter zusätzlicher Berücksichtigung der Händlerverbundkäufe herbeizuführen, wenn bei jedem Fahrradtyp im Durchschnitt gleiche Umsätze pro Händler realisiert werden?

Aufgabe 13d

Welche über die Deckungsbeitragsanalyse hinausgehenden Faktoren sollten bei einer Eliminationsentscheidung herangezogen werden?

Aufgabe 14   Marktsegmentierungskriterien

Um die Instrumente des Marketing-Mix optimal an die Bedürfnisse der Konsumenten anzupassen und so einen Wettbewerbsvorteil zu erreichen, werden im Rahmen der Marktsegmentierung Gruppen mit möglichst homogenen Eigenschaften isoliert. An jedes Segment wird die Forderung gestellt, dass es in sich möglichst homogen, im Vergleich zu anderen Segmenten hingegen möglichst heterogen ist.

Aufgabe 14a

Welchen Anforderungen müssen Marktsegmentierungskriterien genügen?

Aufgabe 14b

Welche Kriterien sind zur Segmentierung des Automobilmarktes aus der Sicht eines Automobilherstellers besonders geeignet? Begründen Sie Ihre Aussage.

Aufgabe 15   Öko-Segmentierung im Automobilmarkt

Das in den letzten Jahren gestiegene Umweltbewusstsein hat einen namhaften deutschen Automobilhersteller dazu veranlasst, ein Marktforschungsinstitut mit einer Kunden-segmentierung deutscher Autokäufer nach ihrem Umweltbewusstsein zu beauftragen. Als Ergebnis präsentiert das Marktforschungsinstitut folgende Segmente:

**Segment 1: Der sture Umweltignorant
(15 Prozent der Gesamtkäuferschaft)**

Soziodemographische Merkmale

- überwiegend ältere Personen

- mehr Männer als Frauen

- mittleres Bildungsniveau

- meist in Städten wohnhaft

Einstellungen zur Umwelt

- Individualnutzen geht vor Sozialnutzen

- Tempolimit ist nicht notwendig

- das Duale System hat sich bewährt

Merkmale der Autonutzung

- durchschnittliche Fahrleistung pro Jahr von 25.000 km

- hoher Anteil von Zweitwagen in der Familie (35 Prozent)

- wöchentliche Wagenwäsche

- relativ preisunelastische Kraftstoffnachfrage

**Segment 2: Der aufgeschlossene Umweltfreund
(25 Prozent der Gesamtkäuferschaft)**

Soziodemographische Merkmale

- höchstes Bildungsniveau

- höchstes persönliches Einkommen

- hoher Anteil von Eigenheimbesitzern

Einstellungen zur Umwelt

- Verzicht auf das Auto möglich

- Tempolimit wird bereits freiwillig beachtet

- überdurchschnittliche Verwendung von Energiesparlampen

Merkmale der Autonutzung

- höchster Anteil an Dieselfahrzeugen

- höchster Anteil an Carsharing

- durchschnittliche Jahreslaufleistung von 8.000 km

**Segment 3: Der opportunistische Umweltschoner
(10 Prozent der Gesamtkäuferschaft)**

Soziodemographische Merkmale

- mehr Frauen als Männer

- hoher Bildungsstand

Einstellungen zur Umwelt

- Umwelttrend ist eine Modeerscheinung

- umweltfreundliches Verhalten muss sich auch wirtschaftlich rechnen

- wenn alle die Umwelt schonen, kann man sich nicht dagegen wehren

Merkmale der Autonutzung

- überwiegend Kurzfahrten in die Stadt

- Anschaffungswert des Autos durchschnittlich hoch

- Auto ist werkstattgepflegt

**Segment 4: Der realistische Umweltpragmat
(50 Prozent Anteil an Gesamtkäuferschaft)**

Soziodemographische Merkmale

- eher unterdurchschnittliches Einkommen

- unterdurchschnittliches Alter

- häufig alleinstehend

- eher in ländlichen Gebieten ansässig

Einstellungen zur Umwelt

- wenn die Umwelt verbessert werden soll, muss jeder Einzelne anfangen

- der Staat muss die Rahmenbedingungen für Umweltschutz richtig setzen

- Mülltrennung wird von den Umweltpragmaten überdurchschnittlich häufig realisiert

- relative preiselastische Kraftstoffnachfrage

Merkmale der Autonutzung

- überwiegend kleinere Autos

- meist nur ein Wagen pro Haushalt

- Komplettangebote beim Neukauf bevorzugt

- Benzinverbrauch ist ein wichtiges Anschaffungskriterium

Aufgabe 15a

Auf Grundlage der vorliegenden Segmentierung möchte sich der Anbieter als ein im Umweltschutz offensiv tätiges Unternehmen positionieren. Als Assistent des Marketing-Vorstands werden Sie beauftragt, einen Entscheidungsvorschlag zu unterbreiten. Welche konkreten Ansatzpunkte zur ökologieorientierten Positionierung sehen Sie auf Basis der vorliegenden Daten?

Gehen Sie insbesondere auf die zu bearbeitenden Segmente sowie die Ausgestaltung der Marketing-Mix-Instrumente ein.

Aufgabe 15b

Nehmen Sie kritisch zum Aussagewert der vorliegenden Segmentierung Stellung. Welche Informationen müssten Ihnen für eine fundierte Marketingstrategie und die Gestaltung des Marketing-Mix noch zur Verfügung stehen?

2. Lösungen zu den Aufgaben

Lösung Aufgabe 1   Bedeutung der Produktpolitik

Im Rahmen der Produkt- und Sortimentspolitik wird der eigentliche Kern der unternehmerischen Leistungen festgelegt. Bei einem Möbelhersteller geht es hierbei um die quantitative und qualitative Zusammensetzung seines Möbelangebotes.

Die wesentlichen Entscheidungstatbestände der Produkt- und Sortimentspolitik sind die Produktinnovation, -variation, -eliminierung sowie die Diversifikation.

Die Produktinnovation umfasst sämtliche mit der Entwicklung und Einführung von neuen Möbeln verbundenen Änderungsprozesse im Unternehmen. Dabei gilt es insbesondere, neue Modetrends und Stilrichtungen zu berücksichtigen beziehungsweise zu prägen.

Letzteres verweist zugleich auf die Notwendigkeit, das bestehende Möbelprogramm den sich ständig ändernden Bedürfnissen und Geschmacksrichtungen der Verbraucher anzupassen. Dazu ist die Produktvariation ein geeignetes Instrument. Produktvariationen beinhalten die Änderung physikalischer (zum Beispiel Holz versus Kunststoff), funktionaler (zum Beispiel Dekorations- versus Gebrauchsmöbel), ästhetischer (zum Beispiel Design der Möbel) und symbolischer Eigenschaften (zum Beispiel Markierung) sowie die Variation von Zusatzleistungen (zum Beispiel Anlieferung, Reparatur).

Der rasche Mode- und Stilwechsel in der Möbelbranche macht eine ständige Überprüfung des Absatzprogramms im Hinblick auf eliminierungsverdächtige Produkte erforderlich. Neben den produktspezifischen Entscheidungskriterien, wie zum Beispiel der Deckungsspanne, sind bei einer Eliminationsentscheidung auch Ausstrahlungseffekte auf das Sortiment zu beachten, die Eliminationsentscheidungen besonders komplex machen.

Zur Reduktion von Marktrisiken gewinnen Diversifikationsentscheidungen auch in der Möbelbranche zunehmend an Bedeutung. Diversifikation umfasst die Entwicklung und den Absatz neuer Produkte auf neuen Märkten. Je nach Richtung der Diversifikation spricht man von horizontaler, vertikaler oder lateraler Diversifikation. Für einen Möbelhersteller lassen sich beispielhaft folgende Diversifikationen anführen:

- die Aufnahme dekorativer Textilien und kunstgewerblicher Gegenstände ins Sortiment (horizontale Diversifikation)

- der Ankauf einer Spanplattenfabrik oder der Aufbau einer Franchise-Möbelkette (vertikale Diversifikation)

- der Aufbau einer neuen Geschäftseinheit „Ladenbau und Büroeinrichtungen" (laterale Diversifikation).

201

Lösung Aufgabe 2   Ziele der Produktpolitik

Entscheidungs- tatbestände / Ziele	Innovation	Variation	Diversifikation	Eliminierung
Wachstum	X		X	
Angemessener Gewinn	X	X	X	X
Imageverbesserung	X			X
Verbesserung der Wettbewerbs- situation	X			
Risikostreuung und Sicherheit			X	
Auslastung von Kapazitäten		X	X	

GABLER GRAFIK

Abbildung 5-8:   Ziele im Rahmen der Produktpolitik

Lösung Aufgabe 3   Produktlebenszyklus

Lösung Aufgabe 3a

Das Lebenszykluskonzept unterstellt für jedes Produkt das Gesetz des ökonomischen Werdens und Vergehens. Anhand der Umsatz- und Gewinnentwicklung lässt sich folgender idealtypischer Phasenverlauf aufzeigen:

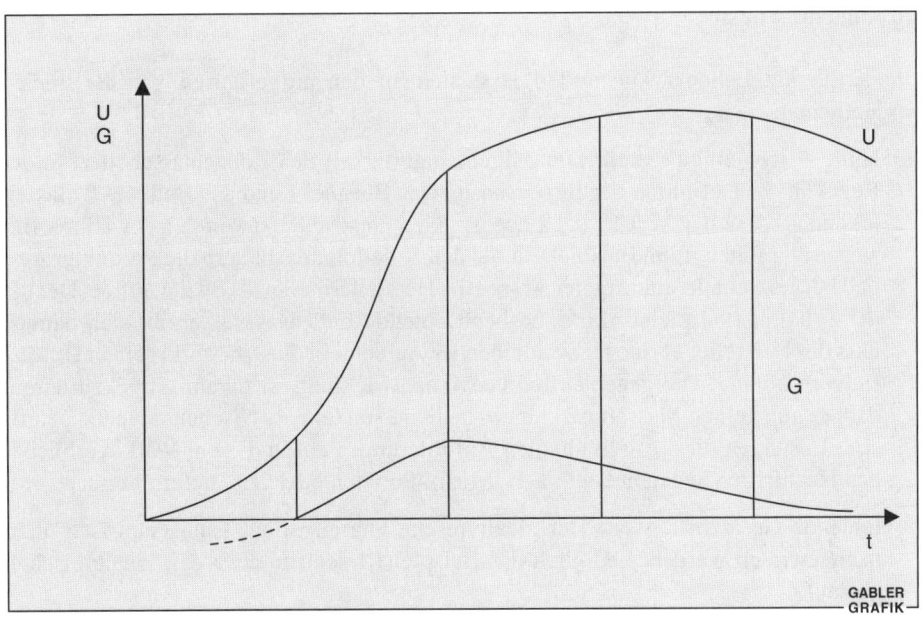

Phase	Einführung	Wachstum	Reife	Sättigung	Degeneration
Umsatz	steigend auf geringem Niveau	stark steigend, höchste Zuwachsrate	steigend, Zuwachsrate abnehmend	U erreicht Maximum, fällt dann ab	Umsatz rückgängig, Grenzumsätze negativ
Gewinn	negativ wegen hoher F&E-Kosten und geringem Absatz	positiv, steigend	positiv	positiv, abnehmend	positiv, weiter abnehmend
Marketinginstrument	Produktqualität, um Kinderkrankheiten auszuschalten	Werbung, um Produkt bekannt zu machen	Preis, um Mitkonkurrenten den Markteintritt zu erschweren	Produktvariation	Werbung, um ggf. letztmögliche Gewinne zu erzielen
Übergang zur nächsten Phase	mit Erreichen der Gewinnschwelle	Maximum der Umsatzzuwachsrate	mit Verflachung der Umsatzkurve	mit weiterem Absinken der Umsatzkurve	

Abbildung 5-9:   Idealtypischer Verlauf des Produktlebenszyklus

Lösung Aufgabe 3b

Die Kritik am Lebenszyklusmodell lässt sich an den aufgeführten vier Beispielen verdeutlichen:

■ keine Allgemeingültigkeit: Die Allgemeingültigkeit des Konzepts scheitert in der Regel an der Definition der Bezugsbasis. Das Beispiel I und das Beispiel III lassen erkennen, dass der Verlauf der Lebenszyklen entscheidend von der gewählten Bezugsgröße abhängt. Im Beispiel gilt bei den Schallplattenspielern die Produktgruppe und bei der Schallplattenspieler-Marke die Herstellermarke als Bezugsgröße. Der bei der Schallplattenspieler-Marke zu beobachtende Lebenszyklus ergibt sich daraus, dass der Hersteller als letzter verbleibender Anbieter in diesem Markt seinen Umsatz steigern konnte. Die gegenläufige Gewinnentwicklung ist darauf zurückzuführen, dass er nun keinen Massenmarkt mehr bedient, sondern als Nischenanbieter spezifische Lösungen für die individuellen Anforderungen der in diesem Markt verbliebenen Nachfrager-Segmente, wie z. B. Musik-Puristen oder DJs, liefern muss.

■ fehlende Gesetzmäßigkeit: Der idealtypische Phasenverlauf kann empirisch nicht nachgewiesen werden. Lediglich das Beispiel III zeigt in etwa den idealtypischen Verlauf.

■ fehlende Berücksichtigung absatzpolitischer Instrumente: Der Produktlebenszyklus hängt nicht nur von der Zeit, sondern auch von den Marketingaktivitäten ab. So könnte der Umsatzanstieg im Beispiel II durch verstärkte Marketingaktivitäten bewirkt worden sein.

■ Phasenabgrenzung: Es fehlen eindeutige Kriterien zur Phasenabgrenzung. Dies wird besonders an den Beispielen I und IV deutlich.

Zusammenfassend ist festzuhalten, dass das Lebenszykluskonzept daher keine normative Aussagekraft besitzt.

Aus dem Konzept heraus können keine Empfehlungen gegeben werden, wann welches Marketing-Mix einzusetzen ist und welcher Funktionstyp zur Umsatzprognose heranzuziehen ist.

Das Lebenszyklusmodell ist lediglich beschreibender Natur und dient vorwiegend einer didaktischen Problemstrukturierung.

Lösung Aufgabe 4   Sortimentspolitik

Zur Ableitung der Profile ist zunächst die Erstellung einer Arbeitstabelle erforderlich.

Artikel	HS 110	HS 115	HS 118	HNS 100	Summe
Umsatz	760.000	1.710.000	380.000	950.000	3.800.000
Umsatzanteil	20 %	45 %	10 %	25 %	100 %
Beanspruchte Kapazität (in Minuten)	28.800	17.280	46.080	23.040	115.200
Kapazitätsanteil	25 %	15 %	40 %	20 %	100 %
Umsatzanteil/ Kapazitätsanteil	0,80	3,00	0,25	1,25	–
Rangordnung nach der Umsatzanalyse	3	1	4	2	–
Deckungsspanne	2,40	0,50	0,80	7,20	–
Deckungsbeitrag	48.000	21.375	4.864	136.800	211.039
Deckungsbeitragsanteil	23 %	10 %	2 %	65 %	100 %
DB-Anteil/ Kapazitätsanteil	0,92	0,67	0,05	3,25	–
Rangordnung nach DB-Analyse	2	3	4	1	–
Zahl der Kunden	28	8	32	12	80
Kundenanteil	35 %	10 %	40 %	15 %	100 %
Umsatzanteil/ Kundenanteil	0,57	4,50	0,25	1,67	
Rangordnung nach Kundenanalyse	3	1	4	2	

GABLER GRAFIK

Abbildung 5-10:   Arbeitstabelle für die Ableitung der Profile

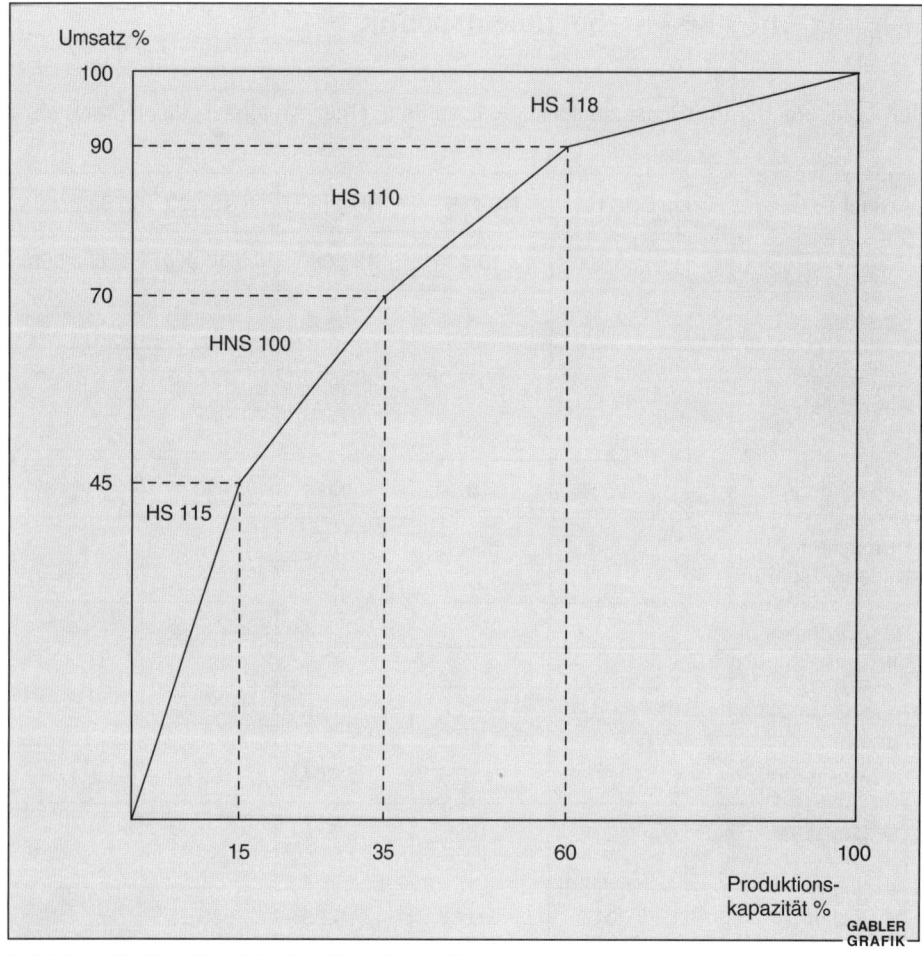

Abbildung 5-11:   Graphik des Umsatzprofils

Interpretation

Das Sortiment der „Lumo-AG" weist eine starke Umsatzkonzentration beim Artikel HS 115 auf. Dieser Artikel erzielt 45 Prozent des Gesamtumsatzes und benötigt dafür nur 15 Prozent der Produktionskapazität. Demgegenüber wird mit dem Artikel HS 118 lediglich 10 Prozent des Umsatzes erwirtschaftet, die Produktionskapazität wird jedoch zu 40 Prozent beansprucht.

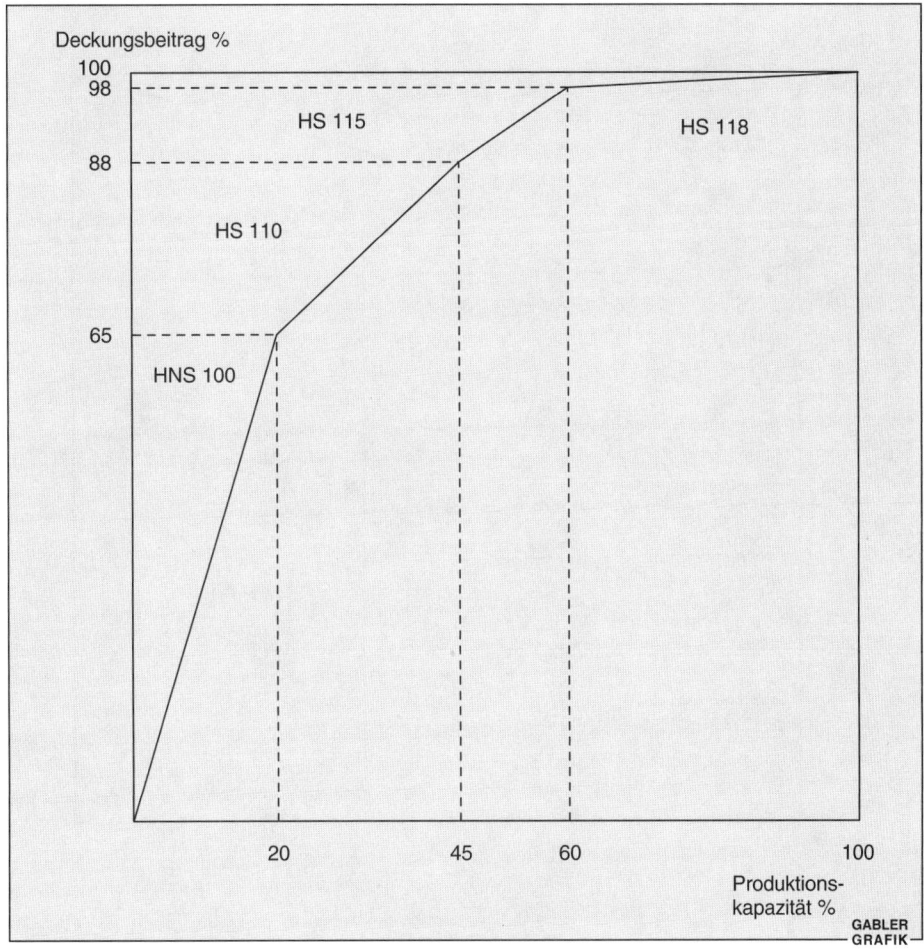

Abbildung 5-12:   Graphik des Deckungsbeitragsprofils

Interpretation

Im Hinblick auf den Deckungsbeitrag ist das Produkt HNS 100 mit großem Abstand das erfolgreichste. Mit ihm werden 65 Prozent des gesamten Deckungsbeitrags unter Inanspruchnahme von nur 20 Prozent der Kapazität erwirtschaftet. Besonders schlecht ist das Erzeugnis HS 118 zu beurteilen. Es blockiert 40 Prozent der Produktionskapazität, trägt aber nur 2 Prozent zum gesamten Deckungsbeitrag bei.

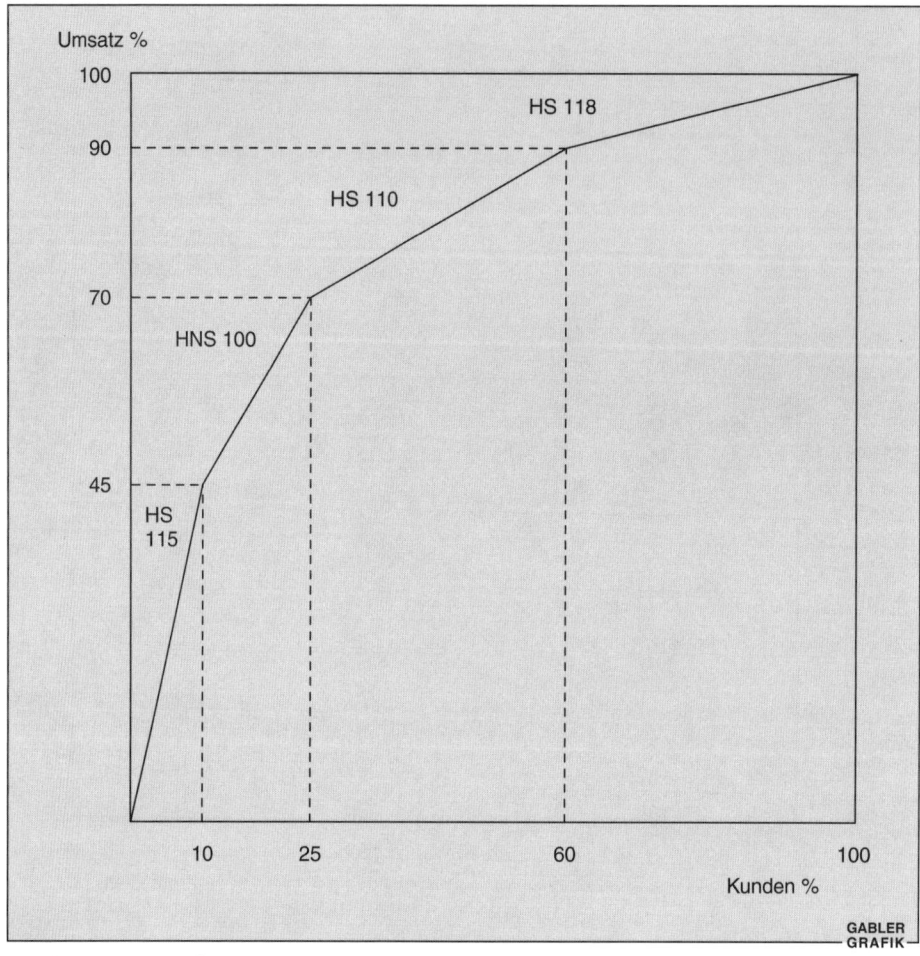

Abbildung 5-13:   Graphik des Kundenprofils

Interpretation

Auf das umsatzstärkste Produkt HS 115 und das gewinnträchtigste Produkt HNS 100 entfallen lediglich Kundenanteile von 10 Prozent beziehungsweise 15 Prozent. Diese starke Kundenkonzentration zeigt eine hohe Abhängigkeit der „Lumo AG" von den Abnehmern dieser Produkte und beinhaltet ein hohes unternehmerisches Risiko. Ziel der Unternehmung sollte es daher sein, ihre wichtigsten Produkte an einen breiteren Abnehmerkreis abzusetzen.

Zusammenfassend liefert die Programmstrukturanalyse folgende Informationen:

Artikel	Rangfolge nach Umsatz	Rangfolge nach DB	Beanspruchte Kapazität	Kunden
HS 110	3	2	25 %	viele
HS 115	1	3	15 %	sehr wenig
HS 118	4	4	40 %	sehr viele
HNS 100	2	1	20 %	wenig

GABLER GRAFIK

Abbildung 5-14:   Informationen aus der Programmstrukturanalyse

Das Produkt HS 110 sollte unverändert im Sortiment bleiben, da es einen vergleichsweise hohen Deckungsbeitrag liefert und eine breite Kundenstruktur besitzt. Der umsatzstärkste Artikel HS 115 wird nur von einem sehr kleinen Kundenkreis abgenommen. Die daraus resultierende große Abhängigkeit von nur wenigen Kunden bedeutet ein hohes Risiko und eine schwache Verhandlungsposition gegenüber den Kunden, da der Verlust nur eines Großkunden einen empfindlichen Umsatzrückgang zur Folge hätte. Die „Lumo AG" sollte versuchen, den Abnehmerkreis für dieses Produkt zu erweitern.

Obwohl das Produkt HS 118 40 Prozent der vorhandenen Produktionskapazität beansprucht, ist es gleichzeitig der umsatz- und deckungsbeitragsschwächste Sortimentsbestandteil. Daher sollte die „Lumo AG" die Produktion dieses Artikels erheblich einschränken beziehungsweise ganz einstellen, um die freiwerdende Kapazität für HNS 100 zu verwenden. Als deckungsbeitragsstärkstes Erzeugnis sollte HNS 100 verstärkt produziert und zugleich einem größeren Abnehmerkreis angeboten werden, um auch hier dem Risiko zu starker Abhängigkeit von nur wenigen Kunden entgegenzutreten.

Lösung Aufgabe 5   Neuproduktplanung

Der Planungsprozess für die Einführung des neuen Rasenmähers beginnt mit der Wahrnehmung von Soll-/Ist-Abweichungen der Marketingziele.

Derartige Anregungsinformationen sind im vorliegenden Fall:

▪ die rückläufigen Umsatz- und Gewinnzahlen bei Rasenmähern,

▪ die von der Marketingleitung gewonnenen Erkenntnisse über die Ursachen der für den Hersteller ungünstigen Entwicklung, die bereits konkrete Vorgaben für die Gestaltung des neuen Rasenmähers liefert.

Der Neuproduktplanungsprozess durchläuft die Phasen der Ideengewinnung, -prüfung und -verwirklichung. Im Einzelnen steht das Projektteam vor folgenden Planungsaktivitäten:

■ Phase der Ideengewinnung: Das Projektteam hat die Aufgabe, eine möglichst große Anzahl von Produktkonzepten für einen neuen Rasenmäher zu gewinnen. Ausgangspunkt der Ideensuche ist eine systematische Sammlung vorhandener Informationen aus internen und externen Quellen wie zum Beispiel Verkaufsaußendienst, Marktforschungsdaten über Kundenbedürfnisse, Material von Kleingärtnerverbänden etc. Wichtiger als die Sammlung von Ideen ist jedoch eine systematische Ideenproduktion mittels kreativer Verfahren wie zum Beispiel Brainstorming, Synektik oder Ähnliche.

■ Phase der Ideenprüfung: Aus der großen Zahl gewonnener Produktkonzepte ist die im Sinne der Marketingziele erfolgversprechende Rasenmäher-Konzeption Schritt für Schritt herauszufiltern. Aufgrund unzureichender Informationen müssen in einer Vorauswahl anhand allgemeiner Kriterien wie zum Beispiel Markt- und Konkurrenzfähigkeit, Lebensdauer, Produktionsmöglichkeiten, Wachstumspotenzial und Sortimentseffekte, jene Ideen eliminiert werden, die nicht erfolgversprechend erscheinen. Für die verbleibenden Ideen werden mögliche Marketingaktivitätsniveaus konkretisiert und hinsichtlich ihrer Auswirkungen auf Umsatz und Gewinn mit Wirtschaftlichkeitsanalysen untersucht.

■ Phase der Ideenverwirklichung: Zur Sicherung des Markterfolgs des neuen Rasenmähers sind einerseits Produkt- und Markttests durchzuführen. Dabei geht es um die Markierung, Fragen des Designs, der technischen Ausstattung sowie die konkrete Ausgestaltung der Einführungsaktivitäten. Den Abschluss des Planungsprozesses zur Einführung des neuen Rasenmähers bilden eine letzte Überprüfung der Marketingpläne sowie die von der Marketingleitung zu erteilende formale Einführungsgenehmigung.

Lösung Aufgabe 6   Ideenfindung in der Neuproduktplanung

Im Rahmen der diskursiven Verfahren zur Ideenproduktion kann zwischen Fragenkatalogen, Funktionsanalysen und der morphologischen Methode differenziert werden. Zu den intuitiven Verfahren zählen das Brainstorming und die Synektik. Die grundlegenden Unterschiede zwischen den beiden Ansätzen lassen sich wie folgt zusammenfassen:

■ Während diskursive Verfahren vorwiegend auf analytischem Denken basieren, steht bei den intuitiven Verfahren das kreative Denken im Vordergrund.

■ Während diskursive Methoden sowohl von Gruppen als auch individuell genutzt werden können, lassen sich intuitive Verfahren nur in Gruppen einsetzen.

Welches der skizzierten Verfahren eingesetzt wird, hängt entscheidend von der Art des zu lösenden Ideengewinnungsproblems ab. Einfach strukturierte Fragen lassen sich mit diskursiven Verfahren lösen; komplexe oder besonders kreative Probleme erfordern den Einsatz intuitiver Verfahren.

Für die drei Beispiele bedeutet dies:

Lösung Beispiel 1

Ideen für neue beziehungsweise abgeänderte Möbel lassen sich insbesondere mit Fragenkatalogen und Funktionsanalysen gewinnen. Dabei können folgende Fragen über denkbare Merkmalskombinationen von Möbeln gestellt werden:

- Wie kann das Möbeldesign geändert werden?

- Kann die Möbeleinheit vergrößert, verkleinert oder einem neuen Verwendungszweck zugeführt werden?

- Welche Werkstoffe können substituiert werden?

Auf der anderen Seite erfordert die Gestaltung hochwertig designter Möbel begleitend den Einsatz intuitiver Verfahren.

Lösung Beispiel 2

Zur Lösung des Transportproblems eignen sich sowohl die morphologische Analyse wie auch die Synektik. Bei der morphologischen Analyse wird das Transportproblem in Detailprobleme zerlegt (zum Beispiel Antriebsart, Operationsbasis, Behältnis). Kombinationen aus Detaillösungen führen zu neuen Ideen (zum Beispiel magnetfeldangetriebener Schienenschlitten). Bei der Synektik werden kreative Ideen durch systematische Analogiebildungen erzeugt (zum Beispiel Übertragung des vorliegenden Transportproblems in die Welt von Ameisen oder Bienen).

Lösung Beispiel 3

Für ein innovatives Flaschendesign bietet sich das Brainstorming an. In Gruppensitzungen werden von problemfernen und besonders kreativen Personen alle nur denkbaren, auch unsinnig erscheinenden Ideen gesammelt. Dabei sind besondere Spielregeln einzuhalten. So ist zum Beispiel jegliche Kritik untersagt. Diskursive Verfahren sind hier weniger geeignet, da sie zu sehr auf vorhandenen Problemlösungen aufbauen.

Lösung Aufgabe 7   Punktbewertungsmodelle

Lösung Aufgabe 7a

Die Punktesummen beider Konzeptionsalternativen lassen sich wie folgt ermitteln:

- Multiplikation der Einzelbewertungen mit der jeweiligen Gewichtungsziffer,

- Addition der gewichteten Einzelbewertungen.

	Bewertung		Gewichtungs-ziffern	Gewichtete Bewertung	
Kriterien	A	B		A	B
Absatzvolumen	4	4	3	12	12
Nutzung von Synergien mit vorhandenen Produkten	2	4	1	2	4
Kapazitäts-beanspruchung	4	0	2	8	0
Kannibalisierung alter Produkte	2	4	2	4	8
Konkurrenzfähigkeit	2	6	4	8	24
Erwartete Nachfrage	2	4	3	6	12
Investitionsbedarf	4	2	2	8	4
Summe	–	–	–	48	64

GABLER GRAFIK

Abbildung 5-15: Tabelle zur Ermittlung der Punktesummen
der Alternativen A und B

Das Konzept A wird abgelehnt, weil ihr Gesamtpunktwert unter dem kritischen Wert von 50 liegt. Konzeption B wird hingegen weiter verfolgt.

Am eingesetzten Scoring-Modell ist beispielhaft folgende Kritik zu üben:

■ Die Auswahl und Anzahl der Beurteilungskriterien ist unzureichend: Es fehlen Kriterien wie zum Beispiel Aufnahmebereitschaft des Handels, erwartete Lebenszyklusdauer des neuen Produkts usw.

■ Die Kriterien sind nicht überschneidungsfrei, wodurch einzelne Aspekte eine unbeabsichtigte Übergewichtung erhalten wie zum Beispiel Absatzvolumen und erwartete Nachfrage, Kapazitätsbeanspruchung und Investitionsbedarf.

■ Die Kriterien sind ebenso wie die Punktezuordnung und die Festlegung des kritischen Wertes subjektiv ausgewählt. Somit kann das Ergebnis eines Scoring-Modells keinen Anspruch auf Richtigkeit im mathematischen Sinne erheben. Vielmehr handelt es sich bei Scoring-Modellen um eine in Zahlen ausgedrückte Meinung der bewertenden Personen.

■ In dem Modell wird das Problem der Unsicherheit nicht berücksichtigt.

Lösung Aufgabe 7b

Der Informationsbedarf ist bei Punktbewertungsmodellen wesentlich geringer als bei Methoden der Wirtschaftlichkeitsrechnung. In Scoring-Modelle gehen Experteninformationen ein; qualitative Urteile werden in quantitative Werte umgewandelt. Für Wirtschaftlichkeitsrechnungen sind Informationen über konkrete Ein- und Auszahlungen im Zeitablauf notwendig. Derartige Daten sind in dieser frühen Phase der Neuproduktplanung und wegen der Vielzahl unbekannter Einflussfaktoren praktisch nicht verfügbar. Daher wird häufig auf Punktbewertungsmodelle zurückgegriffen.

Lösung Aufgabe 8   Break-Even-Analyse

Lösung Aufgabe 8a

Der Break-Even-Absatz lässt sich mit der folgenden Formel berechnen:

$$x_B = \frac{K_f}{p - k_v} = \frac{1{,}2\text{ Mio.}}{1{,}60 - 1} = 2\text{ Mio.}$$

Der Break-Even-Absatz liegt bei 20.000 hl (2 Millionen l), das heißt, bei einem über 20.000 hl liegenden Absatz pro Jahr erwirtschaftet das Produkt einen Gewinn. Somit ist die Einführung des Bier-Mix-Getränkes sinnvoll, wenn mehr als 20.000 hl pro Jahr abgesetzt werden können.

Lösung Aufgabe 8b

Wesentliche Kritikpunkte gegen die Break-Even-Analyse ergeben sich aus folgenden Punkten:

- Es handelt sich um eine statische Analyse. So wird keine Diskontierung der Ein- und Auszahlungen vorgenommen.

- Es werden lineare Funktionsverläufe unterstellt, die besonders in der Einführungsphase unrealistisch sind.

- Die Unsicherheit der Daten wird nicht berücksichtigt.

- Unterschiedliche Marketingstrategien werden nicht in die Analyse einbezogen.

- Im Rahmen der hier vorgenommenen einperiodigen Break-Even-Analyse wird fälschlicherweise ein konstantes Durchschnittsumsatzniveau über den Lebenszyklus des Produkts unterstellt. Von daher ist es in der Regel zweckmäßiger, mit Hilfe einer zeitbezogenen Break-Even-Analyse zu bestimmen, zu welchem Zeitpunkt die kumulierten Deckungsbeiträge gleich den bis zu diesem Zeitpunkt kumulierten Fixkosten sind.

Lösung Aufgabe 9 Wirtschaftlichkeitsrechnung zur Beurteilung von Produktinnovationen

1. Vorteilhaftigkeit nach der Kapitalwertmethode

Der Kapitalwert ist folgendermaßen definiert:

$$C = -a_0 + \sum_{t=1}^{n} \frac{(e_t - a_t)}{(1 + i)^t}$$

mit a_0 = Anschaffungsauszahlung
e_t = laufende Einzahlungen
a_t = laufende Auszahlungen
n = Nutzungsdauer
i = Kalkulationszinsfuß

Ermittlung der Zahlungsströme:

■ Die laufenden Einzahlungsüberschüsse ergeben sich durch die Multiplikation der jeweiligen Deckungsspannen mit den zugehörigen Absatzmengen.

■ Die Anschaffungsauszahlung entspricht der Summe aller zu tätigenden Investitionen. Die Ausgaben für Forschung und Entwicklung sind sunk costs.

Die Kapitalwerte können daher mit folgender Arbeitstabelle errechnet werden.

Einzahlungsüberschüsse	Konzeption 1	Konzeption 2	Konzeption 3
t_1	250.000,00	200.000,00	250.000,00
t_2	275.000,00	240.000,00	270.000,00
t_3	300.000,00	340.000,00	280.000,00
t_4	305.000,00	460.000,00	280.000,00
t_5	250.000,00	540.000,00	290.000,00
Diskontierte Einzahlungsüberschüsse			
t_1	227.272,73	181.818,18	227.272,73
t_2	227.272,73	198.347,11	223.140,50
t_3	225.394,44	255.447,03	210.368,14
t_4	208.319,10	314.186,19	191.243,77
t_5	155.230,33	335.297,51	180.067,18
Summe	1.043.489,33	1.285.096,02	1.032.092,32
Anschaffungsauszahlung	– 420.000,00	– 450.000,00	– 570.000,00
Kapitalwert	623.489,33	835.096,02	462.092,32

GABLER
GRAFIK

Abbildung 5-16: Arbeitstabelle zur Bestimmung der Kapitalwerte

Entsprechend dem Kapitalwertkriterium sollte die Konzeption 2 gewählt werden, da sie den höchsten Kapitalwert besitzt.

2.   Vorteilhaftigkeit nach der Break-Even-Analyse

Die Break-Even-Absatzmenge lässt sich als Quotient aus der Anschaffungsauszahlung und der Deckungsspanne bestimmen.

Berechnung der Break-Even-Absatzmenge für:

Konzeption 1:

$$x_B = \frac{420.00}{1} = 420.000$$

Konzeption 2:

$$x_B = \frac{450.00}{2} = 225.000$$

Konzeption 3:

$$x_B = \frac{570.00}{2} = 285.000$$

Entscheidet man auf Basis der Break-Even-Analyse, dann ist ebenfalls die Konzeption 2 zu wählen, da sie die geringste Break-Even-Absatzmenge erfordert. Wird jedoch die Break-Even-Periode berücksichtigt, ändert sich die Vorteilhaftigkeits-Reihenfolge:

1.   Mit Konzeption 1 wird die Break-Even-Absatzmenge in Periode $t = 2$ erreicht.

2.   Mit Konzeption 2 wird die Break-Even-Absatzmenge in Periode $t = 3$ erreicht.

3.   Mit Konzeption 3 wird die Break-Even-Absatzmenge in Periode $t = 3$ erreicht.

Demnach wäre Konzeption 1 zu wählen, weil sie die kürzeste Amortisationszeit hat.

Welches der Verfahren zum Einsatz kommt, hängt wesentlich von dem Sicherheitsbe-dürfnis des Entscheiders ab. Der auf Sicherheit bedachte Entscheider wird sich für das Verfahren mit der kürzesten Amortisationszeit entscheiden, da in diesem Fall am schnells-ten die Gewinnzone erreicht wird. Die Höhe des Gewinns spielt dabei eine untergeord-nete Rolle. Der Entscheider, dessen Sicherheitsbedürfnis nicht so ausgeprägt ist, wird sich eher für die Option mit dem höchsten Kapitalwert entscheiden, auch wenn hier der Break-Even-Punkt erst später erreicht wird.

Da die Verfahren insgesamt nicht zu einer eindeutigen Lösung führen, sollten weitere Informationen hinzugezogen werden.

Lösung Aufgabe 10 — Vorteilhaftigkeit von Produktvariationen

Grundsätzlich ist zu prüfen, ob es sinnvoll ist, die Veränderung der Nachfragefunktion unter Inkaufnahme der höheren Grenzkosten herbeizuführen.

Zunächst wird der Bruttogewinn vor der Differenzierung berechnet:

$$U'(x) = K'(x)$$
$$17 - x = 3$$
$$x_{opt} = 14$$
$$p_{opt} = 10$$
$$DB_i = (10 - 3) \cdot 14 = 98$$

Anschließend erfolgt die Ermittlung des Bruttogewinns nach der Qualitätsverbesserung:

$$20 - 0{,}5x = 5$$
$$x_{opt} = 30$$
$$p_{opt} = 12{,}5$$
$$DB_{ii} = (12{,}5 - 5) \cdot 30 = 225$$

Unter der Annahme unveränderter Fixkosten ist die Qualitätsverbesserung unter ökonomischen Gesichtspunkten sinnvoll. Der zusätzliche Bruttogewinn beträgt 127 GE.

Lösung Aufgabe 11 — Partizipations- und Substitutionseffekt

Die periodenbezogenen Bruttogewinne sind nach folgender Formel zu berechnen:

$$BG = XB_{PE} \cdot DS_{neu} - XB_{SE} \cdot (DS_{alt} - DS_{neu})$$

Nach Einsetzen der Daten ergibt sich folgende Tabelle:

t	1	2	3	4	5	6
BG	1.080.000	870.000	800.000	960.000	850.000	1.350.000

GABLER
GRAFIK

Abbildung 5-17: Periodenbezogene Bruttogewinne

In der Anfangsphase überwiegt der Partizipationseffekt. Im Zeitablauf wird jedoch der Substitutionseffekt immer stärker. Da das neue Produkt aber eine deutlich höhere Deckungsspanne aufweist als das alte, steigt der Bruttogewinn in Periode 6 dennoch stark an. Mit Blick auf den Bruttogewinn ist die Neueinführung zu befürworten, wenn davon ausgegangen wird, dass andere Aspekte nicht berücksichtigt werden sollen.

Lösung Aufgabe 12   Programmanalyse

Das unterschiedliche methodische Vorgehen führt dazu, dass der Marketingleiter seiner Eliminationsentscheidung die Deckungsspanne und der Produktionsleiter den Stückgewinn zugrunde legt. Es ergibt sich folgendes Bild:

Aftershave	Absatz	DS	Gewinn/Stück	Bruttogewinn
sun	2.420	11,90	– 5,10	28.798,00
moon	1.730	8,50	0,00	14.705,00
stars	9.250	8,50	5,99	78.625,00
Summe				122.128,00
			Gesamte Fixkosten	– 79.092,50
			Netto-Gewinn	43.035,50

GABLER GRAFIK

Abbildung 5-18:   Daten für die Eliminationsentscheidung

Der Marketingleiter empfiehlt, kein Produkt zu eliminieren, weil alle drei Produkte eine positive Deckungsspanne aufweisen und damit zur Fixkostendeckung beitragen. Diese Entscheidung führt zu dem oben aufgeführten Nettogewinn.

Der Produktionsleiter empfiehlt, die Aftershave-Marken Sun und Moon zu eliminieren, da sie keinen Gewinn erwirtschaften. Diese Entscheidung führt zu folgendem Gesamtgewinn:

Aftershave	Absatz	DS	Gewinn/Stück	Nettogewinn
stars	9.250	8,50	5,99	78.625,00
			Gesamte Fixkosten	– 79.092,50
			Netto-Gewinn	– 467,50

GABLER GRAFIK

Abbildung 5-19:   Gesamtgewinnberechnung

Die Eliminationsentscheidung des Produktionsleiters verschlechtert die Gewinnsituation des Unternehmens um 43.503 GE.

Bei einer Gesamtkostenbetrachtung werden auch nicht entscheidungsrelevante Fixkosten verrechnet. Nicht entscheidungsrelevant bedeutet, dass sich die Fixkosten durch eine Eliminationsentscheidung nicht verändern. Daher ist die Entscheidung des Marketingleiters richtig. Für Eliminationsentscheidungen ist die Deckungsspanne eines Produkts relevant.

Lösung Aufgabe 13   Produktelimination

Lösung Aufgabe 13a

Für die Eliminationsentscheidung sind die Deckungsbeiträge der einzelnen Produkte zu ermitteln:

	Kv	P	Absatz	DS	DB	Umsatz
Trecking-Bike Start-Up	966	1.526	1.150	560	644.000	1.754.900
Trecking-Bike	1.148	1.932	960	784	752.640	1.854.720
MTB-Allround	1.029	1.225	1.280	196	250.880	1.568.000
MTB-Competition	1.246	2.142	320	896	286.720	685.440
Hollandrad	980	882	1.530	− 98	− 149.940	1.349.460
Summe						7.212.520

GABLER
GRAFIK

Abbildung 5-20:   Tabelle zur Ermittlung der Deckungsbeiträge

Eine negative Deckungsspanne führt zur Elimination eines Produkts, wenn die Deckungsspanne das alleinige Entscheidungskriterium darstellt. Da das klassische Hollandrad eine negative Deckungsspanne aufweist, sollte dieses Produkt aus dem Sortiment genommen werden.

Lösung Aufgabe 13b

Sofern die Produktionskapazität der noch jungen Firma nicht ausreicht, um die gesamte Absatzmenge zu produzieren, führt eine Entscheidung, die nur die Deckungsspanne als Kriterium heranzieht, zu falschen Ergebnissen. Zwar werden nach wie vor Produkte mit einer negativen Deckungsspanne eliminiert, darüber hinaus müssen aber in einem zweiten Schritt bei knapper Kapazität auch alle Produkte mit einer positiven Deckungsspanne einer weiteren Prüfung unterzogen werden. Die Eliminationsentscheidung muss in einem solchen Fall anhand der relativen Deckungsspannen, das heißt, der pro Engpasseinheit erzielten Deckungsspanne der einzelnen Produkte, getroffen werden. Das Entscheidungskriterium ist somit wie folgt definiert:

Relative Deckungsspanne = Deckungsspanne/Engpassbelastung

Die Eliminationsreihenfolge entspricht dann der umgekehrten Rangfolge der pro Produkt erzielten relativen Deckungsspanne.

Lösung Aufgabe 13c

25 Prozent der Handelspartner der Cycletech GmbH sind Verbundkäufer. Das bedeutet, wenn das klassische Hollandrad aus dem Programm genommen würde, würden 51 der 204 Händler ihre Nachfrage bei Konkurrenzunternehmen befriedigen. Dadurch ergäbe sich ein Verlust von jeweils 25 Prozent der Deckungsbeiträge bei den einzelnen Produkten. Die Veränderungen der produktspezifischen Deckungsbeiträge lassen sich in folgender Tabelle darstellen:

	DB vor Elimination des Hollandrades	DB-Veränderung bei Elimination des Hollandrades	DB nach Elimination des Hollandrades
Trecking-Bike Start-Up	644.000	– 161.000	483.000
Trecking-Bike	752.640	– 188.160	564.480
MTB-Allround	250.880	– 62.720	188.160
MTB-Competition	286.720	– 71.680	215.040
Hollandrad	– 149.940	149.940	0
Summe	1.784.300	– 333.620	1.450.680

GABLER
GRAFIK

Abbildung 5-21:   Veränderungen der produktspezifischen Deckungsbeiträge

Da der aufgrund der Produkteliminierung entgehende Deckungsbeitrag (483.560 €) größer ist als der durch das Produkt Hollandrad erzeugte negative Deckungsbeitrag (149.940 €), ergibt sich für die kumulierten Deckungsbeitragsveränderungen ein negativer Wert (–333.620 €). Das bedeutet, dass das Hollandrad unter Berücksichtigung von Verbundkäufen auf der Händlerseite im Sortiment verbleiben sollte, um den Gesamtdeckungsbeitrag nicht zu verringern.

Lösung Aufgabe 13d

In den meisten Entscheidungssituationen kann der Deckungsbeitrag nicht als alleiniges Entscheidungskriterium herangezogen werden. Vielmehr sollten darüber hinaus folgende Faktoren bei einer Eliminationsentscheidung zusätzlich berücksichtigt werden:

■ Beschaffungsverbund

■ Produktionsverbund

■ Sortimentsimage

■ Sortimentsstruktur

■ langfristige Zielsetzungen.

Lösung Aufgabe 14 Marktsegmentierungskriterien

Lösung Aufgabe 14a

- Die Kriterien müssen mit vorhandenen Marktforschungsmethoden messbar sein.

- Die Kriterien müssen in einem nachweisbaren Zusammenhang zum Käuferverhalten stehen.

- Die gewählten Kriterien müssen zu tragfähigen Marktsegmenten führen, die eine differenzierte Marktbearbeitung ökonomisch vorteilhaft machen.

- Die Kriterien müssen über einen längeren Zeitraum stabil sein.

- Die Kriterien müssen in einem Zusammenhang mit möglichen Marketingmaßnahmen stehen, sodass die ermittelten Segmente ansprechbar sind.

Lösung Aufgabe 14b

Es bestehen zahlreiche Möglichkeiten zur Segmentierung des Automobilmarktes. Die in der Aufgabenstellung angesprochene Eignung der Kriterien muss anhand der Ziele beziehungsweise der Zielerreichungsgrade der Segmentierung beurteilt werden. Diese liegen global in einer differenzierten Behandlung der Segmente, was einen höheren Zielerreichungsgrad bei Oberzielen wie Gewinn ermöglichen soll als eine undifferenzierte Behandlung.

Die meisten Automobilhersteller sehen eine differenzierte Marktbearbeitung bereits dadurch realisiert, dass verschiedene Produktlinien angeboten werden (zum Beispiel Corsa, Astra usw.). Diese unterscheiden sich meist nach funktional-technischen Kriterien (Größe, Motorleistung, Karosserieform), die stellvertretend für bestimmte Käufersegmente stehen. Beispiel hierfür ist das Segment der kompakten Sportlimousinen mit einer ganz bestimmten Käuferschaft. Dementsprechend ist das zentrale Segmentierungskriterium der aktuelle Autobesitz (zum Beispiel wird das Segment der Astra-Fahrer gebildet). Darüber hinaus gibt es aber noch weitere Kriterien, die entweder zur Markterfassung (segmentbildende Kriterien) oder zur Marktbearbeitung (segmentbeschreibende Kriterien) herangezogen werden können:

Demographische Kriterien

Verwendet werden insbesondere sozio-ökonomische Kriterien (Geschlecht, Ausbildung, Beruf, Einkommen und Alter), da sie einen deutlichen Bezug zum Kaufverhalten aufweisen. Zudem sind sie relativ leicht erfassbar. Im Gegensatz dazu werden geographische Kriterien (Größe von Städten) selten verwendet, da sie nicht immer in einem deutlichen Bezug zum Kaufverhalten stehen.

Kriterien des beobachtbaren Verhaltens

■ gegenwärtiger Automobilbesitz: Die ermittelten Segmente werden dann mittels anderer Kriterien beschrieben, um ein Bild vom zum Beispiel typischen „Astra-Fahrer" zu erhalten und damit zum Beispiel bei Modellveränderungen entsprechend reagieren zu können.

■ vor dem jetzigen Automobil gefahrenes Fahrzeug (Vorkäuferstruktur): Anhand derartiger Untersuchungen lässt sich die Markentreue erkennen.

Psychographische Kriterien

■ Einstellungen und Erwartungen (insbesondere Einstellungen gegenüber Eigenschaften von Automobilen, zum Beispiel Sportlichkeit, Umweltaspekte, Sicherheit) unterteilen die Gesamtkäuferschaft in heterogene Segmente.

■ Allgemeine grundlegende Persönlichkeitsmerkmale, Charaktereigenschaften (zum Beispiel ängstlich, prestigeorientiert oder sicherheitsbewusst) werden vielfach verwendet, um schon ermittelte Segmente zu beschreiben (segmentbeschreibende Kriterien). Beispielsweise wurde das Segment der Golf-I-Fahrer (Segmentierung nach Kriterien des beobachtbaren Kaufverhaltens) als eher ängstlich in ihrer Persönlichkeitsstruktur beschrieben. Grundsätzlich sind diese Kriterien schwieriger zu erheben als beispielsweise demographische Kriterien.

Lösung Aufgabe 15 — Öko-Segmentierung im Automobilmarkt

Lösung Aufgabe 15a

Langfristig bieten lediglich die Segmente 2 und 4 die Möglichkeit einer erfolgversprechenden Umweltpositionierung. Für die Konsumenten in Segment 1 ist der Umweltaspekt kein kaufrelevantes Kriterium. In Segment 3 ist zwar eine latente Bereitschaft zum umweltgerechten Verhalten erkennbar, allerdings ist fraglich, ob das Segment die für eine Segmentierung notwendige zeitliche Stabilität aufweist. Im Hinblick auf die einzelnen Bereiche des Marketing-Mix erscheinen folgende Maßnahmen sinnvoll:

■ **Produktpolitik:** Der Hersteller sollte ausgeprägt umweltverträgliche Autos anbieten, die sich zum Beispiel durch einen sehr geringen Kraftstoffverbrauch, einen hohen Recyclinganteil, umweltfreundliche Materialien (Stoffe, Farben) etc. auszeichnen.

■ **Kommunikationspolitik:** Der Hersteller muss gleichzeitig an die individuelle Umweltverantwortung appellieren sowie seine eigene ökologische Problemlösung deutlich machen. Auf diesem Weg kann er eine kognitive Dissonanz erzeugen, wobei er dem Konsumenten gleichzeitig einen Weg zum Dissonanzabbau über den Konsum der eigenen, umweltfreundlichen Produkte aufzeigt.

■ **Distributionspolitik:** Der Hersteller sollte einen Vertrieb mit integriertem Entsorgungskonzept für Altautos anbieten.

Lösung Aufgabe 15b

Zunächst ist zu bemängeln, dass einige der Segmentierungskriterien zwar einen generellen Bezug zum Umweltverhalten aufweisen, der konkrete Bezug zum Kaufverhalten beim Erwerb von Automobilen jedoch fehlt. Insbesondere bleibt die Bedeutung ökologischer Aspekte für die Gesamtkaufentscheidung unklar. Hierzu müsste mit Hilfe dekompositioneller Verfahren der Nutzenmessung wie zum Beispiel der Conjoint-Analyse der Teilnutzenwert ökologischer Kriterien in den einzelnen Segmenten erhoben werden. Erst dann wäre zu prüfen, ob eine umweltorientierte Positionierung erfolgversprechend ist. Außerdem ist zu kritisieren, dass keine Informationen über die Ansprechbarkeit der Segmente, insbesondere mit den Mitteln der Kommunikationspolitik, vorhanden sind. Hierzu wären weitere Erhebungen, etwa über die Mediennutzungsgewohnheiten in den einzelnen Segmenten, erforderlich.

Schließlich könnte es sich bei dem bekundeten Umweltbewusstsein um eine Folge sozial erwünschten Antwortverhaltens handeln. Gerade im Umweltbereich zeigen empirische Arbeiten starke Unterschiede zwischen dem bekundeten und dem tatsächlichen Umweltbewusstsein.

3. Fallstudie:
Einführung eines Spezialfittings

Die GUTEMPA GmbH ist eine traditionsreiche Gießerei, die sich im Laufe ihrer Entwicklung auf den Temperguss und speziell auf das Gießen von Fittings (Verbindungs- bzw. Anschlussstücke für Rohrleitungen) spezialisiert hat. In den letzten Jahren wurde jedoch deutlich, dass die Herstellung von Standardfittings in Deutschland immer unrentabler wird. Gleichzeitg verstärkt sich der Konkurrenzdruck durch massive Importe von Fittings aus Billiglohnländern. Diese Länder verfügen zudem über eigene Rohstoffquellen (Eisenerze), müssen nur extrem geringe Abgaben zahlen und das Lohnniveau beträgt ebenfalls nur ein Bruchteil des deutschen Niveaus. Da das Produkt nicht besonders Know-how-intensiv ist, gibt es kaum Qualitätsunterschiede zu inländischen Produkten. Die Importe liegen preislich jedoch weit unter denen der GUTEMPA GmbH. Da der Markt für Standardfittings fast ausschließlich von einer Preis-Mengenstrategie geprägt ist, wird in der GUTEMPA GmbH intensiv darüber nachgedacht, sich zum Teil aus diesem Markt zurückzuziehen und ein anderes Marktsegment zu erschließen.

Dabei wurde die Idee entwickelt, sich in dem noch wachsenden Markt der kundenorientierten Spezialfittings zu engagieren, da hier in erster Linie eine Präferenzstrategie verfolgt werden kann. Eine solche Strategie hätte den großen Vorteil, dass die Produktionskosten nicht mehr den primären Erfolgsfaktor darstellen. Mit diesem Ziel vor Augen wurde bereits mit der Entwicklung eines Spezialfittings begonnen, das eine echte Innovation darstellt, da es den Anschluss von Privathaushalten an das öffentliche Gasnetz extrem vereinfacht. Vor diesem Hintergrund wurde ein Team aus Forschern, Technikern und Marketingspezialisten zusammengestellt, das die Erfolgsträchtigkeit dieses Fittings mit Hilfe eines Punktbewertungsverfahrens und durch Wirtschaftlichkeitsanalysen ermitteln soll. Im Frühjahr 2002 erhielt dieses Team den Auftrag zu entscheiden, ob zum gegenwärtigen Zeitpunkt das neu entwickelte Spezialfitting auf den Markt gebracht werden soll.

Das Punktbewertungsverfahren soll einen Index liefern, der die qualitativen (also die nicht in Geldeinheiten messbaren) Anforderungen an das Produkt berücksichtigt. Dieser Index besteht aus den vier Hauptfaktoren: Marktfähigkeit, Lebensdauer, Produktionsmöglichkeit und Wachstumspotenzial. Jeder dieser Hauptfaktoren umfasst wiederum Teilfaktoren. Da die beiden Hauptfaktoren Marktfähigkeit und Wachstumspotenzial eine herausragende Bedeutung besitzen, werden sie mit 10 Prozentpunkten über ihrem mathematischen Durchschnitt gewichtet (35 Prozent anstelle von 25 Prozent). Die beiden anderen Faktoren werden gleich gewichtet.

In der ersten Sitzung werden für das neue Spezialfitting bezüglich der drei Hauptfaktoren folgende Werte ermittelt:

Lebensdauer:	65,6
Produktionsmöglichkeit:	87,6
Wachstumspotenzial:	68,6

Ein solcher Wert muss noch für die Marktfähigkeit errechnet werden. Dazu einigen sich die Teammitglieder nach langen Diskussionen auf die folgende Lageeinschätzung:

Marktfähigkeit	(Gewicht)	sehr gut	gut	durch-schnittlich	schlecht	sehr schlecht	Summe
Punkte		10	8	6	4	2	
1. Erforderliche Absatzwege	1,0	0,20	0,50	0,20	0,10		1,00
2. Beziehung zur bestehenden Produktlinie	2,0	0,50	0,30	0,20			1,00
3. Preis-Qualitäts-Verhältnis	3,0	0,30	0,40	0,20	0,10		1,00
4. Konkurrenz-fähigkeit	2,0	0,50	0,30	0,20			1,00
5. Einfluss auf den Umsatz der alten Produkte	2,0	0,30	0,30	0,20	0,10	0,10	1,00

GABLER GRAFIK

Abbildung 5-22: Einschätzung der Marktfähigkeit des Spezialfittings

Die Tabellenwerte spiegeln die Bewertung der Teammitglieder bezüglich der jeweiligen Teilfaktoren wider (zum Beispiel wird mit einer Wahrscheinlichkeit von 50 Prozent angenommen, dass das Produkt eine sehr gute Konkurrenzfähigkeit besitzen wird).

Der Gesamtpunktwert ergibt sich aus der additiven Verknüpfung der gewichteten Werte der Hauptfaktoren. Die abschließende Einschätzung der Erfolgsträchtigkeit des Neuprodukts soll mit der folgenden Beurteilungsskala vorgenommen werden:

0 bis 50 Punkte:	Das Produkt wird schlecht bis sehr schlecht abschneiden (Ablehnung des Produktvorschlags).
51 bis 60 Punkte:	Das Produkt wird einen geringen Erfolg bringen.
61 bis 75 Punkte:	Das Produkt wird einen durchschnittlichen Erfolg bringen.
76 bis 90 Punkte:	Das Produkt wird einen guten Erfolg bringen.
91 bis 100 Punkte:	Das Produkt wird außerordentlich erfolgreich sein.

Für die Wirtschaftlichkeitsanalyse stehen folgende Kosten und Absatzprognosen zur Verfügung:

Anschaffungskosten einer neuen Maschine	495.000 €
Kosten für Forschung und Entwicklung	300.000 €
Marketingkosten	240.000 €
sonstige Kosten	75.000 €

Für die Berechnung des Kapitalwertes gilt: Alle oben aufgeführten Kosten sind auszahlungswirksam und fallen in der Periode $t = 0$ an.

Die Forschungs- und Entwicklungskosten sind als „sunk costs" zu betrachten.

Für die Berechnung der Erlöse stehen folgende Angaben zur Verfügung:

variable Kosten/Stück	10,50 €
Preis/Stück	15,00 €

Absatzmengen Jahr	mit Konkurrenzreaktion	ohne Konkurrenzreaktion
$t = 1$	50.000	83.000
$t = 2$	167.000	250.000
$t = 3$	300.000	350.000

Abbildung 5-23:   Absatzprognosen mit und ohne Konkurrenzsituation

Das Bewertungsteam rechnet mit einer Wahrscheinlichkeit von 65 Prozent damit, dass die Konkurrenz mit einem ähnlichen Produkt in den Markt eintreten wird (Konkurrenzreaktion).

Aufgabe 1   Scoring-Modell

Aufgabe 1a

Berechnen Sie den Wert des Hauptfaktors Marktfähigkeit.

Aufgabe 1b

Berechnen Sie den Gesamtwert aus den Hauptfaktoren Marktfähigkeit, Lebensdauer, Produktionsmöglichkeit und Wachstumspotenzial, und interpretieren Sie das Ergebnis.

Aufgabe 2   Diskussion des Scoring-Verfahrens

Wie beurteilen Sie das angewandte Punktbewertungsverfahren?

Aufgabe 3   Break-Even-Analyse

Berechnen Sie die Break-Even-Absatzmenge.

Aufgabe 4   Kapitalwertmethode

Ermitteln Sie bei einem Kalkulationszinsfuß von $i = 10$ Prozent den Kapitalwert der Produktinvestition, und interpretieren Sie das Ergebnis. Gehen Sie davon aus, dass sich die Entscheidungsträger nach dem Erwartungswertkonzept verhalten.

4. Lösungen zur Fallstudie: Einführung eines Spezialfittings

Lösung Aufgabe 1　　Scoring-Modell

Lösung Aufgabe 1a

Ermittlung des Wertes für den Hauptfaktor Marktfähigkeit:

Teilfaktoren der Marktfähigkeit	sehr gut	gut	durch-schnitt-lich	schlecht	sehr schlecht	Erwar-tungs-wert	gewich-teter Er-wartungs-wert	Teil-faktor-wert
Punkte	10	8	6	4	2			
1. Erforderliche Absatzwege (Gewicht: 1,0)	0,20	0,50	0,20	0,10		7,60	7,60 · 1	7,60
2. Beziehung zur bestehenden Produktlinie (Gewicht: 2,0)	0,50	0,30	0,20			8,60	8,60 · 2	17,20
3. Preis-Quali-täts-Verhältnis (Gewicht: 3,0)	0,30	0,40	0,20	0,10		7,80	7,80 · 3	23,40
4. Konkurrenz-fähigkeit (Gewicht: 2,0)	0,50	0,30	0,20			8,60	8,60 · 2	17,20
5. Einfluss auf den Umsatz der alten Produkte (Gewicht: 2,0)	0,30	0,30	0,20	0,10	0,10	7,20	7,20 · 2	14,40
Wert des Hauptfaktors = Summe der Teilfaktorwerte								79,80

GABLER GRAFIK

Abbildung 5-24:　Tabelle zur Ermittlung des Hauptfaktorwertes: Marktfähigkeit

227

Lösung Aufgabe 1b

Ermittlung des Gesamtwertes:

Faktor	Faktorgewicht	Faktorwert	Gewichteter Faktor
Marktfähigkeit	0,35	79,80	27,93
Lebensdauer	0,15	65,60	9,84
Produktionsmöglichkeit	0,15	87,60	13,14
Wachstumspotenzial	0,35	68,60	24,01
Summe			74,92

GABLER
GRAFIK

Abbildung 5-25:   Gesamtbewertung des Spezialfittings

Der Gesamtwert beträgt 74,92. Entsprechend der zugrunde gelegten Beurteilungsskala kann somit erwartet werden, dass das Produkt durchschnittlich erfolgreich sein wird.

Lösung Aufgabe 2   Diskussion des Scoring-Verfahrens

Scoring-Modelle sollen in einer groben Vorauswahl Neuproduktideen auf ihre Erfolgsträchtigkeit hin untersuchen und feststellen, ob sie mit den Zielen und Ressourcen der Unternehmung vereinbar sind.

Vorteile des Bewertungsverfahrens bei der GUTEMPA GmbH sind:

■ Leichte Handhabbarkeit

■ Leicht durchschaubarer Bewertungsprozess

■ Konkrete Vorgabe einer Entscheidungsregel

■ Aussonderung undurchführbarer Produktideen

■ Berücksichtigung des Marktrisikos durch:
  – Zuordnung subjektiver Wahrscheinlichkeiten bei der Lagebeurteilung
  – Relativierung des Gesamtwertes an der Beurteilungsskala

Nachteile des Bewertungsverfahrens sind:

■ Es gibt keine wissenschaftlich fundierte Regel dafür, welche und wie viele Kriterien zur Beurteilung eines Produktvorschlags herangezogen werden sollen.

■ Das Bewertungsergebnis fällt unterschiedlich aus, wenn die Bewertung durch die einzelnen Experten oder durch eine Gruppe von Experten vorgenommen wird.

■ Sowohl die Gewichtung der Hauptfaktoren als auch die eigentliche Bewertung unterliegt der subjektiven Schätzung des Entscheidenden.

■ Die gewählten Teilfaktoren sind nicht immer überschneidungsfrei.

■ Es fehlt eine Entscheidungsregel für den Fall, dass mehrere Produktvorschläge zu überprüfen sind.

■ Die Art der gewählten Verknüpfung (additiv, multiplikativ) der Teil- und Hauptfaktoren beeinflusst das Ergebnis.

■ Die Zurückweisungsgrenze wird subjektiv festgelegt.

Lösung Aufgabe 3   Break-Even-Analyse

Der Break-Even-Absatz entspricht der Absatzmenge, die notwendig ist, um alle für Produktion und Absatz eines Produkts relevanten Kosten zu decken.

Für den Break-Even-Absatz gilt die Beziehung: Umsatz = Kosten.

$$p \cdot x_b = K_f + K_v \cdot x_b$$

Die Auflösung nach x_b gibt den Break-Even-Absatz:

$$x_b = \frac{K_f}{K_v \cdot p}$$

mit x_b = Break-Even-Absatz
       K_f = Fixkosten
       K_v = variable Kosten
       p = Preis

Die Deckungsspanne pro ME beträgt:

$$p - K_v = 15,00 - 10,50 = 4,50$$

Für den Break-Even-Absatz gilt:

$$x_b = (495.000 + 240.000 + 75.000)/4,5 = 180.000$$

Das bedeutet, es müssen 180.000 Fittings verkauft werden, um die Gewinnschwelle zu erreichen. Diese wird im ungünstigsten Fall, nämlich bei 100 Prozent Konkurrenzreaktion, zwischen dem zweiten und dritten Jahr realisiert.

Lösung Aufgabe 4   Kapitalwertmethode

Der Kapitalwert eines Investitionsobjekts ist die Summe aller auf den Zeitpunkt $t = 0$ abgezinsten Zahlungen, die mit der Investition zusammenhängen. Der Kapitalwert ist folgendermaßen definiert:

$$C = -a_0 + \sum (e_t - a_t)(1 + i)^{-t}$$

a_0 = Anschaffungsauszahlung
e_t = laufende Einzahlungen
a_t = laufende Auszahlungen
i = Kalkulationszinsfuß
t = Periodenindex

Zur Ermittlung der Einzahlungsüberschüsse ist es zunächst erforderlich, die Zahl der absetzbaren Spezialfittings zu bestimmen. Da sich die Entscheidungsträger nach dem Erwartungswertkonzept verhalten, ergeben sich für die einzelnen Jahre folgende Absatzmengen:

im 1. Jahr: $50.000 \cdot 0,65 + 83.000 \cdot 0,35 = 61.550$

im 2. Jahr: $167.000 \cdot 0,65 + 250.000 \cdot 0,35 = 196.050$

im 3. Jahr: $300.000 \cdot 0,65 + 350.000 \cdot 0,35 = 317.500$

Bei einer Deckungsspanne von 4,50 € ergibt sich folgende Zahlungsreihe:

im 1. Jahr: $61.550 \cdot 4,50 = 276.975$

im 2. Jahr: $196.050 \cdot 4,50 = 882.225$

im 3. Jahr: $317.500 \cdot 4,50 = 1.428.750$

Für den Kapitalwert ergibt sich damit:
$$C_0 = -810.000 + 276.975 \cdot 1,1^{-1} + 882.225 \cdot 1,1^{-2} + 1.428.750 \cdot 1,1^{-3} = 1.244.348$$

Interpretation

Nach dem Kapitalwertkriterium ist die Produktinvestition eindeutig zu befürworten. Trotz dieser eindeutigen Lösung ist jedoch zu beachten, dass das Entscheidungsverhalten des Teams nach dem Erwartungswertkonzept Risikoneutralität impliziert.

Kapitelübersicht

Kapitel 6

Distributionspolitik

Kapitel 6

Lernziele

Der Leser soll nach Bearbeitung dieses Kapitels in der Lage sein,

1. Funktionen der Distributionspolitik im Marketing zu kennzeichnen,

2. Ziele, Entscheidungstatbestände und Daten der Distributionspolitik zu erläutern,

3. Strategien zur Akquisition und Selektion von Absatzmittlern zu erläutern,

4. Modellansätze als Entscheidungsgrundlage für den Einsatz von Handelsvertretern oder Reisenden zu entwickeln,

5. die Bedeutung der Logistik für das Marketing aufzuzeigen sowie

6. Determinanten und zentrale Entscheidungstatbestände der Absatzkanalwahl zu erklären.

1. Distributionspolitik/Aufgaben

Aufgabe 1 Bedeutungswandel der Distributionspolitik

Im Zuge des Wandels von der Produktionsorientierung im Verkäufermarkt zur Marketingorientierung im Käufermarkt hat auch die Distributionspolitik einen deutlichen Bedeutungswandel durchlaufen. Kennzeichnen Sie diesen Wandel am Beispiel der Bekleidungsbranche.

Aufgabe 2 Distributionspolitische Ziele

Typischerweise wird beim Bierabsatz zwischen zwei grundsätzlichen Distributionskanälen unterschieden: der Gastronomie und dem Handel, wobei zwischen Hersteller und Einzelhandel beziehungsweise Gastronomie in aller Regel eine Großhandelsstufe zwischengeschaltet ist. Besondere Bedeutung im Distributionssystem für Bier, insbesondere für die national distribuierten Marken, haben dabei die Getränkefachgroßhändler. Über diese Zwischenstufe finden knapp 40 Prozent des gesamten Bierabsatzes ihren Weg zur Gastronomie oder zum Einzelhandel.

Über die Gastronomie werden zwar nur rund 25 Prozent des Gesamtbierabsatzes vertrieben, gleichwohl werden hier wegen der eingeschränkten Wettbewerbssituation und der Bindung vieler Gaststätten an die Brauereien über so genannte Bierlieferungsverträge bessere Renditen als beim Heimkonsum erzielt. Dies manifestiert sich in dem überproportional hohen Umsatzanteil der Gastronomie am Gesamtbierumsatz, der mit rund 30 Prozent mehr als 5 Prozentpunkte über dem mengenmäßigen Anteil liegt.

Darüber hinaus sind für die Brauer die Pflege der Gastronomie und die Entwicklung eigener Gastronomie-Konzepte wichtige Instrumente im Aufbau eines Markenprofils. Allerdings hat die Bedeutung der Gastronomie als Absatzkanal im Zeitablauf deutlich abgenommen.

Eine Spezialitätenbrauerei für Kölsch, die bislang lediglich im lokalen Kölner Markt agiert, sieht sich vor dem Problem, dass auf diesem sehr engen Markt kaum noch Absatzzuwächse zu erzielen sind. Angeregt durch den Erfolg von Weizenbier, das ebenfalls sehr lange nur regionale Bedeutung hatte, inzwischen aber auch in Norddeutschland beachtliche Marktanteile erreicht, plant die Kölschbrauerei die Ausweitung ihres regionalen Marktes. Bislang verfügt man in Köln sowohl in der Gastronomie als auch im Handel über eine sehr hohe Distributionsdichte. Außerhalb von Köln ist Kölsch allerdings bislang kaum verbreitet.

Formulieren Sie ausgehend von den Besonderheiten der Bierdistribution operationale distributionspolitische Ziele für die Kölschbrauerei.

Aufgabe 3   Determinanten der Absatzkanalwahl

Die Absatzkanalpolitik trägt wesentlich zur Erreichung distributionspolitischer Ziele bei. Die Wahl des Absatzkanals wird dabei durch eine Reihe von Faktoren beeinflusst. Gehen Sie zunächst allgemein auf mögliche Determinanten der Absatzkanalwahl ein und erörtern Sie diese anschließend anhand folgender Produktbeispiele:

- Joghurt,

- verschreibungspflichtige Pharmazeutika,

- Zigaretten,

- hochwertige Fahrräder.

Aufgabe 4   Entscheidungstatbestände der Absatzkanalwahl

Ein Hersteller von Elektrorasierern beabsichtigt aufgrund eines sinkenden Marktvolumens, erstmals einen Elektrostaubsauger in sein Sortiment aufzunehmen. Welche Entscheidungen hinsichtlich der Wahl des Absatzkanals muss der Hersteller treffen?

Aufgabe 5   Direkter versus indirekter Vertrieb

Ein großes Verlagsunternehmen plant die Neuauflage seines 20-bändigen Standardlexikons. Der Verlagsleiter zeigt sich mit dem bisherigen Vertrieb der Altauflage unzufrieden und erwägt, den Direktvertrieb im Rahmen einer neuen Vertriebsstrategie zu berücksichtigen. Die Geschäftsleitung ist sich unsicher, welche Argumente für oder gegen einen indirekten Vertrieb sprechen. Stellen Sie eine Entscheidungsmatrix auf, in der anhand von Ihnen definierter Beurteilungskriterien die Vor- und Nachteile des indirekten Vertriebs deutlich werden.

Aufgabe 6   Marketingfunktion der Absatzmittler

Welche Marketingaktivitäten kann der Groß- beziehungsweise Facheinzelhandel dem Hersteller im Rahmen eines indirekten Vertriebs abnehmen? Argumentieren Sie am Beispiel eines Kameraherstellers.

Aufgabe 7   Regalplatzsicherung

Als Ende der siebziger Jahre alkoholfreies Bier in den Markt eingeführt wurde, waren sowohl Handel als auch Konsumenten sehr skeptisch gegenüber dem neuen Produkt. Wie konnte die Binding-Brauerei dennoch den knappen Regalplatz im Handel und die notwendige Zahl von Absatzmittlern für ihr Produkt Clausthaler gewinnen? Systematisieren Sie Ihre Ansatzpunkte.

Aufgabe 8   Großhändler versus Handelsvertreter

Während Ihres Studiums sind Sie gemeinsam mit einem Kommilitonen, der Elektrotechnik studiert, auf eine äußerst erfolgversprechende Geschäftsidee gestoßen. Nachdem Sie beide Ihre Examen absolviert haben, gründen Sie ein Unternehmen, um diese Idee in ökonomischen Erfolg umzusetzen. Fraglich ist, ob Sie beim Vertrieb ihres Produkts auf Großhändler oder Handelsvertreter zurückgreifen. Ihr Kompagnon ist gegenüber der Entscheidung indifferent und bittet Sie, den Unterschied zwischen diesen Vertriebsformen zu erläutern.

Aufgabe 9   Reisender versus Handelsvertreter

Der Hausautor der Letter-GmbH, Jan Grothan, hat sein neues Buch „Der Balkon" abgeschlossen. Nachdem alle von Grothan bislang im Letter-Verlag erschienenen Bücher Bestseller waren, rechnet die Geschäftsleitung der Letter GmbH auch für das neue Buch mit einer Bestseller-Auflage. Geplant ist, das Buch in einer Hardcoverversion zum Preis von 50,00 GE zu verkaufen. Fraglich ist, ob für den Vertrieb des Buches Reisende oder Handelsvertreter eingesetzt werden sollen. Auf eine entsprechende Stellenanzeige haben sich Herr Lauf und Frau Kontakt beworben. Herr Lauf will nur dann als Reisender tätig werden, wenn ihm ein Fixum (f_r) von 3.500,00 GE garantiert wird. Zusätzlich verlangt er 6 Prozent Provision (q_r) der von ihm vermittelten Umsätze. Frau Kontakt ist der Meinung, sie sei eine „Topverkäuferin". Sie verzichtet deshalb auf ein Fixgehalt und ist mit 10 Prozent Vertreterprovision (q_v) zufrieden. Der Vertriebsleiter hat Zweifel, ob er das Verkaufsgebiet an den Reisenden Herrn Lauf oder die Handelsvertreterin Frau Kontakt geben soll.

Aufgabe 9a

Wird er sich für den Reisenden Herrn Lauf oder für die Handelsvertreterin Frau Kontakt entscheiden, wenn beide gleichermaßen im Verkaufsgebiet 1.500 Bücher verkaufen?

Aufgabe 9b

In einem anderen Verkaufsgebiet liegen von dem letzten Bestseller Jan Grothans Erfahrungswerte vor. Es zeigte sich, dass der Reisende monatlich rund 1.800 Bücher verkaufen kann, während ein Vertreter maximal 1.500 Bücher absetzt. Der über 1.500 Stück hinausgehende Mehrabsatz erbringt einen zusätzlichen Gewinn von 7,50 GE/Buch. Welche Absatzform ist bei dieser Konstellation vorteilhafter?

Aufgabe 9c

Neben finanzmathematischen Argumenten gibt es noch eine Reihe weiterer Kriterien, die die Entscheidung für den Einsatz von Handelsvertretern beziehungsweise Reisenden beeinflussen. Nennen Sie diese Kriterien stichwortartig und vergleichen Sie beide Vertriebsformen in einer Tabelle.

Aufgabe 10   Marketinglogistik

Die Geschäftsführung eines Bekleidungsherstellers plant aufgrund sinkender Umsätze und Einbrüchen in der Umsatzrentabilität eine Reorganisation. Es ist beabsichtigt, den Funktionsbereich Logistik aus der Marketingabteilung auszugliedern. Begründet wird diese Maßnahme mit der Behauptung, dass „physische Distribution ja doch nichts mit Marketing zu tun hat".

Entwerfen Sie eine Gegendarstellung zu dieser These. Gehen Sie dabei auf die Aufgaben der Marketinglogistik ein.

Aufgabe 11   Optimales Transportmittel

Dem Kosmetikhersteller Shower ist es gelungen, einen osteuropäischen Großabnehmer für seine Gesichtscreme Clearface zu gewinnen. Mit dem Abnehmer wurde vereinbart, dass der Kunde die monatlichen Abnahmemengen auf Paletten, die jeweils 120 Pakete (à 12 Flaschen) aufnehmen, frei Haus erhält. Bis zum gegenwärtigen Zeitpunkt beliefert Shower seine Kunden mit einem eigenen Lkw, dessen monatliche Fixkosten 5.000 GE betragen. Wenn die eigene Transportkapazität ausgelastet ist, besteht die Möglichkeit, auf die Bahn auszuweichen oder eine Spedition zu beauftragen. Die Bahn setzt in ihrem Angebot neben einer Grundpauschale von 500 GE einen Kostensatz von 2,5 GE pro Palette an. Liegt das Auftragsvolumen über 60 Paletten, erhöht sich zwar der Grundpreis um 50 GE, auf die Transportkosten pro Palette wird aber eine Rabatt von 33 Prozent gewährt.

Die Spedition verlangt für jeden Auftrag eine Grundvergütung von 300 GE. An variablen Kosten werden 4 GE pro Palette berechnet.

Beim Transport mit dem eigenen Lkw entstehen variable Kosten von 16 GE.

Aufgabe 11a

Der Absatz nach Osteuropa wird vermutlich von Monat zu Monat stark schwanken. Von daher möchte die Geschäftsleitung das jeweils kostenminimale Transportmittel für alternative Transportmengen ermitteln. Lösen Sie das Problem analytisch und graphisch.

Aufgabe 11b

Nehmen sie zu dem unter a) durchgeführten Verfahrensvergleich kritisch Stellung.

Aufgabe 12   Distributionspolitik im Biermarkt

Typischerweise wird beim Bierabsätz zwischen zwei grundsätzlichen Distributionskanälen unterschieden: der Gastronomie und dem Handel, wobei zwischen Hersteller und Einzelhandel beziehungsweise Gastronomie in aller Regel eine Großhandelsstufe zwischengeschaltet ist. Besondere Bedeutung im Distributionssystem für Bier, insbesondere für die national distribuierten Marken, haben dabei die Getränkefachgroßhändler. Über diese Zwischenstufe finden knapp 40 Prozent des gesamten Bierabsätzes ihren Weg zur Gastronomie oder zum Einzelhandel.

Der Absatzkanal Handel, über den rund 75 Prozent des Bierausstoßes abgesetzt wird, kann nach vier Betriebstypen weiter differenziert werden:

- Verbrauchermärkte,
- Discounter,
- traditioneller Lebensmitteleinzelhandel (LEH),
- Getränkeabholmärkte (GAM).

Innerhalb dieser Betriebstypen des Handels hat es hinsichtlich ihrer Bedeutung für den Bierabsatz in den letzten Jahren Verschiebungen gegeben, die Implikationen für das Marketing, insbesondere im Hinblick auf den Preis und die Gebindeform, nach sich zogen und ziehen. Gewinner im preisaggressiven Wettbewerb des Bierhandels sind die GAM, die Verbrauchermärkte (in der Regel mit eigenem Getränkeshop) und die Discounter.

In dem augenblicklich im Lebensmitteleinzelhandel zu beobachtenden scharfen Preiswettbewerb nutzen immer mehr Handelsunternehmen Bier als Lockangebot beziehungsweise Demonstrationsobjekt einer besonderen Preiswürdigkeit des gesamten Sortiments. Gelang es den Premiummarken 1993 noch nahe an die psychologische Preisschwelle von 20,00 GE pro Kasten zu gelangen (höchster Wert nach GfK im April 1993 mit 19,34 GE), sind Angebote von unter 17,00 GE inzwischen keine Seltenheit. Es wundert nicht, dass der Handel dabei vorzugsweise die imageträchtigen, werbewirksamen Premiummarken in den Mittelpunkt rückt und in seinen Inseraten auch deutlich hervorhebt. Auch Untereinstandspreise gehören mittlerweile im Biergeschäft beinahe zum Alltag.

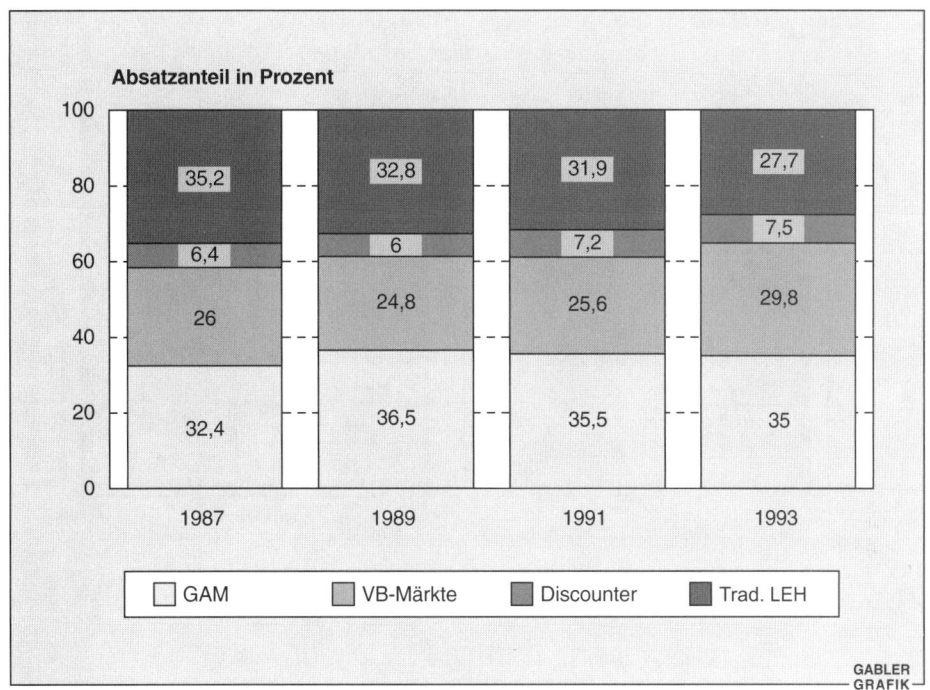

Abbildung 6-1:   Entwicklung des Bierabsatzes von 1987 bis 1993
                 (nach Geschäftstypen)
                 (Quelle: Lebensmittel-Zeitung vom 13. April 1995)

Im Zentrum des aggressiven Preiswettbewerbs steht im LEH, insbesondere im Discountbereich, wo kostenintensive Mehrwegsysteme gescheut werden, allerdings nicht das
20er-Mehrweggebinde, sondern die Halbliterdose. Während 1993 noch rund die Hälfte
der Halbliterdosen für einen Preis von über 1,00 GE abgesetzt werden konnte, waren dies
Ende 1994 nur noch 26 Prozent. Auffallend ist das starke Wachstum des Preissegments
unter 0,59 GE, also des so genannten Billigbiersegments (vgl. Abbildung 6-2).

57 Prozent der Verbraucher kaufen gleich zehn oder mehr Dosen auf einmal. Dies zeigt,
dass das Dosenbier immer weniger ein klassisches Zwischendurch-Produkt und immer
mehr ein Substitutionsprodukt zum 20er-Mehrweggebinde geworden ist.

Die Halbliterdose konnte vom 1. Halbjahr 1993 zum 1. Halbjahr 1994 bundesweit einen
Zuwachs von über 20 Prozent verbuchen und vereint inzwischen rund 12 Prozent des
Bierabsatzes auf sich. Dabei ist die Varianz sowohl des Wachstums als auch des Markt-
anteils der Gebindeform in den Bundesländern sehr hoch. So betrug das Wachstum in
Bayern ausgehend von einer niedrigen Basis beispielsweise 85,7 Prozent und der Markt-
anteil der 0,5-l-Dose schwankt zwischen 37,7 Prozent in Sachsen-Anhalt und 3,9 Prozent
in Baden-Württemberg. Auch wenn das Dosenwachstum in erster Linie zu Lasten der
Einwegflasche geht, ist es unter ökologischen Gesichtspunkten bemerkenswert, dass sich

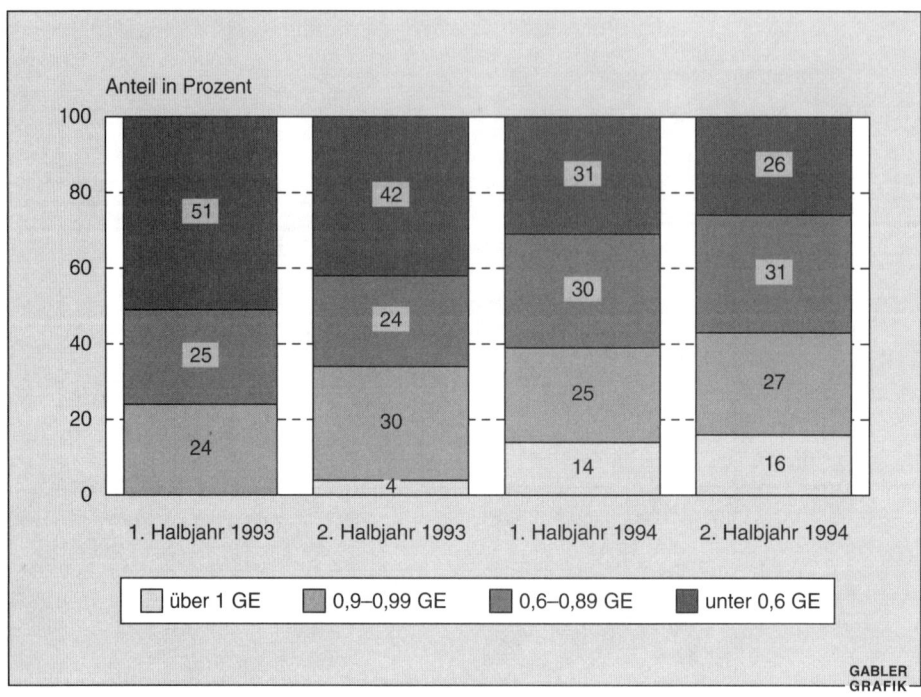

Anteil in Prozent

| | über 1 GE | 0,9–0,99 GE | 0,6–0,89 GE | unter 0,6 GE |

Abbildung 6-2: Preisverfall bei Dosenbier – Entwicklung der Preisklassenanteile
bei der 0,5-l-Dose von 1993 bis 1994
(Quelle: o. V.: Nur oben brummt's, in: Lebensmittel-Praxis vom 10. März 1995)

der Einweganteil im Handel von 1980 bis 1993 (alte Bundesländer) von 11,5 Prozent auf 16,5 Prozent erhöht hat.

Nicht nur regional variiert die Bedeutung der Halbliterdose. Auch in den aufgezeigten Betriebstypen ist ihre Verbreitung sehr heterogen. Während über den Betriebstyp Discounter lediglich 6,8 Prozent des Gesamtbierabsatzes verkauft werden, finden 27 Prozent aller Halbliterdosen über diesen Absatzkanal ihren Weg zum Verbraucher (Zahlen für 1994).

Trotz des Trends zur Dose bleibt Bier ein Mehrweggetränk. 1993 wurden über 80 Prozent des Bierabsatzes im Lebensmitteleinzelhandel (LEH) und den Getränkeabholmärkten (GAM) in Mehrwegflaschen verkauft.

	Verbrau-cher-märkte	Discounter	Trad. LEH	GAM	Marktanteil Gebinde in %
	Marktanteile bezogen auf LEH und GAM in %				
Mehrweg-Fl. 0,5 l	60,0	35,0	61,6	74,1	63,4
Mehrweg-Fl. 0,33 l	22,8	4,1	13,4	21,9	17,9
Einweg-Fl. 0,5 l	0,1	0,5	0,1	0,7	0,1
Einweg-Fl. 0,33 l	4,6	13,6	4,7	2,0	4,0
Dosen 0,5 l	8,8	33,1	16,3	0,6	10,9
Dosen 0,3 l	2,1	12,5	3,0	0,5	2,6
Partydosen	1,2	0,4	0,3	0,1	0,6
Sonstige	0,4	0,9	0,5	–	0,4
Marktanteil Betriebstyp in %	25,3	6,8	35,6	32,2	100

GABLER
GRAFIK

Abbildung 6-3:   Absatz von Bier im LEH und GAM nach Betriebstyp
und Gebindeart 1993

Eng verknüpft mit dem Trend zur Dose ist der Vormarsch der Handelsmarken, da rund zwei Drittel des Gesamthandelsmarkenvolumens in der 0,5-l-Dose abgesetzt wird. Spielten Handelsmarken noch zu Beginn der neunziger Jahre mit einem Umsatzanteil von 1,5 Prozent (1992) eine eher untergeordnete Rolle im Biermarkt, so hat sich dies in den vergangenen Jahren, nicht zuletzt wegen hoher Überkapazitäten der Brauer, deutlich gewandelt. Bereits 1993 stieg der Anteil der Handelsmarken am Gesamtumsatz auf 2,4 Prozent. 1994 wuchs ihr Marktanteil abermals kräftig auf nunmehr über 5 Prozent. Am stärksten vertreten sind die Handelsmarken in den ostdeutschen Ländern, wo ihr erheblicher Preisvorteil Marktanteile von durchgängig über 10 Prozent, in Sachsen-Anhalt sogar von 20 Prozent bewirkte. Liegt der Durchschnittspreis für den Liter Bier über alle Gebinde und Sorten bei 2,06 GE, gehen die Handelsmarken mit einem Durchschnittspreis von 1,39 GE in den Wettbewerb.

Aufgabe 12a

Wie erklärt sich der wachsende Anteil von Handelsmarken im Biermarkt?

Aufgabe 12b

Wie lässt sich der Preisverfall im Biermarkt erklären?

Aufgabe 12c

Welche Gründe sind für den wachsenden Anteil von Dosenbier am Gesamtbierabsatz ausschlaggebend?

Aufgabe 12d

Welcher Zusammenhang besteht zwischen den aufgezeigten Entwicklungen?

2. Lösungen zu den Aufgaben

Lösung Aufgabe 1   Bedeutungswandel der Distributionspolitik

In der Verkäufermarktsituation entspricht das Instrument der Distribution dem ursprünglichen Wortsinn, das heißt der reinen Verteilung der Ware. Im Wesentlichen sind logistische Aufgabenstellungen zu lösen. Zentrales Ziel im Rahmen der Distributionspolitik eines Bekleidungsherstellers war die Kostenminimierung der Warendistribution.

Die Marketingorientierung in der Käufermarktsituation impliziert den bewussten Einsatz der Distribution als präferenzpolitisches Instrument. Zur Erlangung eines Wettbewerbsvorteils kann der Bekleidungshersteller zum Beispiel versuchen, seine Ware nur in exklusiven Boutiquen anzubieten. Eine derartige distributionspolitische Entscheidung steht in engem Zusammenhang mit den anderen Instrumenten des Marketing-Mix und erfordert eine Integration aller Marketing-Instrumente. So bedingt ein exklusiver oder selektiver Vertrieb zum Beispiel einen vergleichsweise höheren Preis, eine auf ein Markenimage ausgerichtete Kommunikationspolitik sowie hochwertige Produkte. Das heißt umgekehrt nicht, dass das Kostenziel für die Distributionspolitik in der Käufermarktsituation keine Bedeutung besitzt. Ebenso wie jedes Marketing-Instrument steht auch die Distributionspolitik im Spannungsfeld von Kosten und Leistungen. Es geht also um die Optimierung des Preis-Leistungs-Verhältnisses. Die raschen Saisonwechsel sowie das gleichzeitige Bestreben des Bekleidungshandels, die Lagerbestände auf ein Minimum zu reduzieren, haben der Logistik in der Bekleidungsindustrie zu einer starken Bedeutung verholfen. Die richtige Ware zum richtigen Zeitpunkt an den richtigen Ort zu liefern ist Ausdruck der Lieferqualität, der aufgrund der besonderen Situation in der Bekleidungsindustrie eine hohe Bedeutung zukommt.

Lösung Aufgabe 2   Distributionspolitische Ziele

Distributionspolitische Entscheidungen können nach folgenden Kriterien getroffen werden:

- potenzieller Umsatz des Absatzkanals, Marktanteil des Absatzkanals,
- Vertriebskosten,
- ungewichteter oder gewichteter Distributionsgrad,

Definition

Ungewichteter Distributionsgrad: Zahl der belieferten Absatzmittler im Verhältnis zur Gesamtzahl der Absatzmittler für das entsprechende Produkt.

Gewichteter Distributionsgrad: Umsatz der belieferten Absatzmittler im Verhältnis zum Gesamtumsatz der Absatzmittler für das entsprechende Produkt.

- Image des Absatzkanals,

- Kontrolle des Absatzkanals,

- Flexibilität des Absatzkanals,

- Kommunikationsmöglichkeiten mit den Absatzmittlern.

Für die Herleitung distributionspolitischer Ziele ist es erforderlich, die obigen Kriterien in Beziehung zu den Marketingzielen zu setzen und sie nach Inhalt, Ausmaß, Zeit-, Segment- und Objektbezug zu konkretisieren.

Die Brauerei könnte für ihr Kölsch zum Beispiel folgende Ziele verfolgen:

- Erreichung eines Marktanteils von 5 Prozent im Lebensmitteleinzelhandel und Getränkeabholmärkten in Nordrhein-Westfalen im Jahr 2002.

- Um diesen Marktanteil erreichen zu können, ist ein höherer Distributionsgrad auch außerhalb von Köln erforderlich. Die Brauerei könnte sich daher zum Ziel setzen, innerhalb der nächsten drei Jahre in Nordrhein-Westfalen einen gewichteten Distributionsgrad von 60 Prozent im Lebensmitteleinzelhandel und in Getränkeabholmärkten zu erreichen.

- Aufgrund der besonderen Bedeutung der Gastronomie für das Image und die Bekanntheit des Produktes, sollte die Brauerei eine Steigerung der Anzahl von Vertriebsbindungen (Bierlieferungsverträge) auf 10 Prozent der Abnehmer in Nordrhein-Westfalen im Absatzkanal Gastronomie innerhalb der Jahre 2002 und 2003 anstreben.

- Die starke Stellung des Getränkefachgroßhandels in der Bierdistribution macht es schließlich erforderlich, den Getränkefachgroßhandel in die distributionspolitische Zielsetzung einzubeziehen. So könnte die Brauerei auf der Fachgroßhandelsstufe einen gewichteten Distributionsgrad von 65 Prozent innerhalb der nächsten fünf Jahre anstreben.

Lösung Aufgabe 3   Determinanten der Absatzkanalwahl

Das Entscheidungsfeld möglicher Absatzwegealternativen wird vor allem durch folgende Faktoren begrenzt:

▨ Art des Produktes,

▨ Zahl und Verteilung der Konsumenten,

▨ Größe und Finanzkraft des eigenen Unternehmens,

▨ Zahl und Stärke der Konkurrenten sowie

▨ rechtliche Bestimmungen.

Für die angeführten Produktbeispiele haben diese Begrenzungsfaktoren unterschiedliche Bedeutung:

▨ Joghurt ist ein begrenzt haltbares Produkt, das schnell den Endverbraucher erreichen muss. Die Absatzmittler müssen außerdem über Kühlkapazität verfügen.

▨ Verschreibungspflichtigen Pharmazeutika steht durch gesetzliche Regelungen nur der Vertrieb über Apotheken offen. Für bestimmte Präparate sind zudem Transport- und Lagerrestriktionen zu beachten.

▨ Zigaretten sind ein Produkt, von dem die Konsumenten Ubiquität (Überallerhältlichkeit) erwarten. Ziel eines Zigarettenherstellers in der Distributionspolitik ist daher ein sehr hoher Distributionsgrad.

▨ Hochwertige Fahrräder sind ein erklärungsbedürftiges Produkt, das über ein Netz ausgewählter Fachhändler mit entsprechendem Know-how vertrieben werden sollte.

Lösung Aufgabe 4   Entscheidungstatbestände
der Absatzkanalwahl

Für den Vertrieb seines Staubsaugers muss der Hersteller folgende Entscheidungen treffen:

1. Entscheidungen zwischen direktem und indirektem Vertrieb. Es bestehen folgende Alternativen:

    – direkter Vertrieb über den eigenen Außendienst (Haus-zu-Haus-Vertrieb),
    – Vertrieb über die gegenwärtig für den Vertrieb von Rasierern eingeschalteten Elektrohändler,

245

– Verkauf des Staubsaugers als markenloses Produkt an einen Hersteller, der in diesem Markt bereits etabliert ist oder an einen Händler, der das Produkt als Handelsmarke führt. In diesem Fall müsste der Hersteller keinen eigenen Absatzkanal aufbauen. Erforderlich wäre eine zuverlässige Lieferung an den Hersteller beziehungsweise Händler.

2. Zahl und Art der Absatzmittler, die bei indirektem Vertrieb eingeschaltet werden sollen. Es bestehen im Hinblick auf die unterschiedlichen Betriebsformen folgende Alternativen: Warenhäuser, Versandhandel, Verbrauchermärkte, Fachmärkte oder Fachgeschäfte. Innerhalb dieser Betriebsformen kann der Hersteller dann je nach Marktauftritt des Handelsunternehmens zwischen verschiedenen Betriebstypen wie zum Beispiel Discounter oder erlebnisorientierte Warenhäuser wählen. Die Wahl der Betriebsform beziehungsweise des Betriebstyps ist dabei abhängig von der Vertriebsstrategie. Der Hersteller kann seinen Staubsauger exklusiv, selektiv oder intensiv vertreiben. Der Exklusivvertrieb ist dabei der Extremfall des Selektivvertriebs, wobei die Absatzmittler nach qualitativen und quantitativen Kriterien selektiert werden, um den Absatz nach den Vorstellungen des Herstellers sicherzustellen. Beim intensiven Vertrieb hingegen steht nicht die Auswahl geeigneter, sondern die Gewinnung von möglichst vielen Absatzmittlern im Vordergrund.

3. Entscheidung über die Art und Zahl der einzuschaltenden Außendienstmitarbeiter. Der Elektrohersteller steht den Alternativen Handelsvertreter oder Reisende gegenüber. Darüber hinaus muss er festlegen, wie viele Außendienstmitarbeiter pro Verkaufsgebiet eingesetzt werden und wie diese Mitarbeiter kontrolliert und gesteuert werden können.

4. Entscheidung über die Art der vertraglichen und kommunikativen Beziehungen zwischen den Mitgliedern des Distributionssystems. Der Elektrohersteller kann seine Vertriebspartner vertraglich an sich binden (zum Beispiel durch Franchise-Systeme) oder lediglich partnerschaftlich mit ihnen kooperieren.

5. Schließlich muss eine Entscheidung über die Einteilung des Verkaufsgebietes in Verkaufsbezirke getroffen werden.

Lösung Aufgabe 5   Direkter versus indirekter Vertrieb

Die Beurteilungs- und Entscheidungskriterien für alternative Absatzwege lassen sich aus den distributionspolitischen Zielen ableiten. Die folgende Übersicht zeigt die entsprechende Beurteilung für den Verlag:

Vertriebsweg Beurtei- lungskriterien	Direkter Vertrieb	Indirekter Vertrieb
Vertriebskosten	▪ kostenintensiver Außendienst	▪ kostengünstiger wegen Funktionsübernahme des Handels; aber Ertragsein- bußen durch Handelsspanne
Kontrolle der Marketing- aktivitäten	▪ genaue und kontrollierbare Vorgaben an den Außen- dienst bei der Kundenberatung	▪ nur bedingt gewährt
Aufbaudauer	▪ relativ lang, da ein völlig neuer Außendienst aufgebaut werden muss	▪ relativ kurz, da auf bestehende Vertriebskanäle zurückge- griffen werden kann
Flexibilität	▪ Mitarbeiterwechsel nur unter Berücksichtigung personal- rechtlicher Bestimmungen ▪ tendenziell bessere Anpas- sungsfähigkeit des eigenen Mitarbeiterstabs an neue Marketingsituationen und -konzepte	▪ leicht austauschbare Absatz- mittler, wenn keine länger- fristigen vertraglichen Verein- barungen bestehen ▪ schwerfälligerer Vollzug not- wendiger Anpassungen auf- grund geringerer Einfluss- möglichkeiten auf den Handel

GABLER GRAFIK

Abbildung 6-4:   Beurteilungskriterien alternativer Vertriebswege

Lösung Aufgabe 6   Marketingfunktion der Absatzmittler

Der Handel kann dem Hersteller insbesondere solche Funktionen abnehmen, die

▪ dem Hersteller nicht zugänglich sind und die

▪ der Handel effizienter als der Hersteller erfüllen kann.

Dazu gehören im Einzelnen:

▪ Sortimentsfunktion: Zusammenstellung einzelner Produkte zu einem Fachhandels- sortiment, zum Beispiel Projektoren, Leinwände, Filme.

▪ Bereitstellung von Lager- und Verkaufsfläche in Kundennähe, um zum Beispiel die saisonalen Nachfrageschwankungen nach Fotoartikeln auszugleichen (Weihnachts- geschäft, Urlaubszeit).

▪ Kundendienstleistungen wie zum Beispiel Kamerareparaturen und Filmentwick- lungen.

247

■ Beratungsleistungen beim Kameraerstkauf sowie bei der Zusammenstellung und Bedienung komplexer Fotoausrüstungen.

■ Werbung am „point of sale" (zum Beispiel Fotokataloge, Kameraprospekte) und Präsentation von Fotogeräten in Verkaufsvitrinen und Schaufenstern.

■ Gewährung von Absatzkrediten (zum Beispiel Inzahlungnahme gebrauchter Kameras).

■ Verkaufsförderung, zum Beispiel Sonderverkaufsaktionen für Fotofilme, Ausverkaufsaktionen für auslaufende Kameramodelle.

Lösung Aufgabe 7   Regalplatzsicherung

Wenn die notwendige Zahl von Händlern nicht ohne weiteres zur Listung des neuen Artikels bereit ist, muss der Hersteller Akquisitionspolitik in Form der Pull- und Push-Methode betreiben.

Pull-Strategie: Es handelt sich um eine Kombination absatzpolitischer Maßnahmen, die an die Endverbraucher gerichtet sind und sie veranlassen sollen, das Produkt im Handel nachzufragen. Die damit bewirkte Nachfrage der Konsumenten soll den Handel zur Neuproduktaufnahme veranlassen. Im Falle von Clausthaler hieß das insbesondere massive Werbung, vorzugsweise im TV, zu betreiben.

Push-Strategie: Es handelt sich um eine Kombination absatzpolitischer Maßnahmen, die direkt an die Händler gerichtet sind. In Ergänzung zu Geschmacksproben, Nachweis der Rentabilität des neuen Produkts etc. können den Händlern Einführungsrabatte oder Listungsgelder gezahlt werden. So hätte die Binding-Brauerei dem Handel mit der Methode der direkten Produktrentabilität von der im Vergleich zu anderen Bieren höheren Wirtschaftlichkeit des neuen Produkts überzeugen können.

Diesen Zusammenhang verdeutlicht nachfolgende Abbildung:

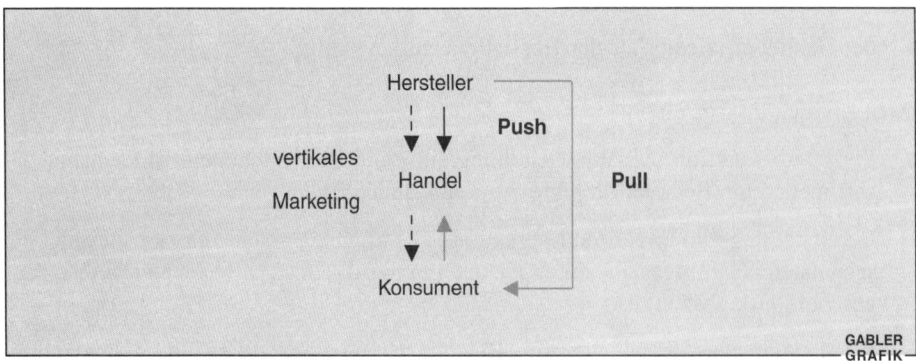

Abbildung 6-5:   Pull und Push im vertikalen Marketing

Lösung Aufgabe 8   Großhändler versus Handelsvertreter

Der Handelsvertreter ist nicht Angestellter des Herstellers. Er ist ein selbstständiger Gewerbetreibender, der seine Tätigkeit im Wesentlichen frei gestalten kann und seine Arbeitszeit selbst bestimmt. Er unterhält ein eigenes Büro, muss für die Geschäftskosten selbst aufkommen und trägt das Risiko der Berufsexistenz.

Im Einzelnen unterscheidet er sich vom Großhändler wie folgt:

Handelsvertreter	Großhändler
■ hinsichtlich der produktbezogenen Marketingaktivitäten (z. B. Preis) bedingt weisungsgebunden	■ kann völlig selbstständig handeln
■ Mitglied der Marketing-Organisation des Herstellers	■ Abnehmer der Unternehmensleistung
■ handelt im fremden Namen und auf fremde Rechnung	■ handelt in eigenem Namen
■ wenn die Ware vom Handelsvertreter übernommen wird, ist sie noch nicht verkauft; erst wenn dieser einen Abnehmer gefunden hat, kommt zwischen Hersteller und Abnehmer ein Kaufvertrag zustande	■ erwirbt Eigentum an der vom Hersteller gelieferten Ware
■ erhält Provision	■ erhält Gewinn als Residualgröße
■ trägt kein Risiko beim Warenabsatz sowie beim Forderungsausfall	■ trägt volles Risiko bei Nicht-Absatz oder Nicht-Bezahlung GABLER GRAFIK

Abbildung 6-6:   Handelsvertreter und Großhändler im Vergleich

Lösung Aufgabe 9   Reisender versus Handelsvertreter

Lösung Aufgabe 9a

Da sowohl Handelsvertreterin als auch Reisender annahmegemäß gleichviel Bücher absetzen, ist für die Lösung ein Kostenvergleich heranzuziehen. Es ist zu prüfen, ob ein Reisender mehr oder weniger Kosten verursacht als ein Handelsvertreter. Dabei soll die kostengünstigere Alternative gewählt werden.

Vertriebskosten bei dem Reisenden Herrn Lauf:

$$K_r = f_r + q_r \cdot x \cdot p = 3.500 + 0,06 \cdot 1.500 \cdot 50 = 8.000$$

Vertriebskosten bei der Handelsvertreterin Frau Kontakt:

$$K_v = f_v + q_v \cdot x \cdot p = 0 + 0{,}1 \cdot 1.500 \cdot 50 = 7.500$$

Die Handelsvertreterin ist bei einem Kostenvergleich günstiger.

Lösung Aufgabe 9b

Da nunmehr nicht von einem identischen Absatz der Handelsvertreterin und des Reisenden ausgegangen werden kann, ist ein Gewinnvergleich heranzuziehen. Die Kosten, die der Reisende und die Handelsvertreterin verursachen, sind diesmal unter Einbeziehung des zusätzlichen Gewinns, den der Reisende erzielt, zu betrachten.

Bei dem Reisenden kommt es zu einem Mehrabsatz von 300 Büchern (1.800 – 1.500), diese Bücher können mit einem Gewinn von 7,50 GE/Stck. verkauft werden. Daraus entsteht ein Gewinnvorteil von $300 \cdot 7{,}50$ GE = 2.250 GE.

Die Vertriebskosten bei einem Reisenden betragen in diesem Fall:

$$K_r = f_r + q_r \cdot x \cdot p = 3.500 + 0{,}06 \cdot 1.800 \cdot 50 - 300 \cdot 7{,}50 = 6.650 \text{ GE}$$

Die Vertriebskosten bei einem Handelsvertreter bleiben gleich:

$$K_v = f_v + q_v \cdot x \cdot p = 0 + 0{,}1 \cdot 1.500 \cdot 50 = 7.500 \text{ GE}$$

Für diese Konstellation ist es günstiger, den Reisenden einzustellen.

Lösung Aufgabe 9c

Weitere Kriterien für den Vorteilhaftigkeitsvergleich von Reisenden und Vertretern sind:

Vertriebs-alternative / Kriterium	Reisender	Handelsvertreter
Vertragliche Bindung	§§ 59 ff. HGB, unselbstständig, stark weisungsgebunden	§§ 84 ff., HGB, selbstständig, nicht weisungsgebunden
Arbeitszeitgestaltung der Tätigkeit	Vorgabe durch das Unternehmen (Umsatzsoll)	freie Gestaltung im Rahmen des Vertrages
Kostencharakter	größtenteils fix	fast nur variabel
Kundenbearbeitung	nach Vorgabe durch die Vertriebsleitung, daher intensiv	nach eigener Disposition, in Abstimmung mit dem Unternehmen, daher meist extensiver

Kontakte zu Abnehmern	im Rahmen des Vertriebsprogramms und der persönlichen Beziehungen	vielseitigere Kontakte durch ein breites Sortiment von verschiedenen Firmen
Verhalten gegenüber Kunden	vertritt die Interessen des Unternehmens	vertritt vorwiegend seine Interessen und das seiner Kunden, bildet einen eigenen Kundenstamm
Änderung der Absatzbezirke	leichter möglich	schwierig, u. U. nur mit Änderungskündigung (Abfindung)
Berichterstattung	regelmäßig, Vorschriften für Inhalt, Form, Umfang und Häufigkeit	je nach Vereinbarung, generell seltener und in geringem Umfang
Reiseroute	Planung durch Verkaufsleiter	vorwiegend eigene Planung
Einsatz-, Steuerungs- und Verwendungsmöglichkeit	überall im Außen- und Innendienst	im Rahmen des Vertrages, nur im Außendienst
Arbeitsweise	vorwiegend unternehmensorientiert	unternehmens- und einkommensorientiert
Arbeitskapazität	konzentriert auf ein Unternehmen	verteilt auf mehrere Unternehmen
Verkaufstraining	fester Bestandteil der Aus- und Fortbildung	freiwillig oder im Rahmen der Vereinbarung
Nachwuchsförderung	aus den eigenen Reihen, auf dem Stellenmarkt	auf dem Stellenmarkt
Nebenfunktionen	Verkaufsförderung, Markterkundung, Kundendienst	je nach Vereinbarung
Kündigung	wie bei jedem Angestellten	Sonderregelung, eventuell Ausgleichsanspruch nach § 89 b HGB GABLER GRAFIK

Abbildung 6-7:   Reisender und Handelsvertreter im Vergleich

Lösung Aufgabe 10   Marketinglogistik

Die Marketinglogistik befasst sich mit der physischen Bewegung der Produkte zwischen Hersteller und Endkäufer sowie dem dazugehörigen Informationsaustausch. Aufgabe der Marketinglogistik ist es, dafür zu sorgen, dass

- das richtige Produkt,

- zur gewünschten Zeit,

- in der richtigen Menge,

- im richtigen Zustand,

- an den gewünschten Ort,

- zu geringstmöglichen Kosten

gelangt.

Da der Handel bestrebt ist, seine Lagerbestände zu minimieren und die Bekleidungsbranche gleichzeitig durch eine besondere Schnelllebigkeit und häufigen Kollektionswechsel gekennzeichnet ist, kommt der Logistik im Modebereich eine herausragende Bedeutung zu. Die Ware muss in kurzer Zeit am point of sale verfügbar sein, da die Produkte aufgrund ihres hohen modischen Charakters nur eine begrenzte Zeit absetzbar sind. Ist die Saison vorbei, lässt sich die so genannte Altware nur mit deutlichen Preisreduzierungen verkaufen. Hinzu kommt, dass der Textilhandel seine Läger deutlich verkleinert, um so die Kapitalbindung zu mindern und die Lagerumschlagsgeschwindigkeit zu erhöhen. Daher hat der Handel zum Beispiel nicht alle Größen im Lager, sodass derartige Waren bei Kundenanfragen innerhalb sehr kurzer Zeit lieferbar sein müssen. Daher muss die Geschäftsleitung ihre Meinung dahingehend ändern, dass ein hoher Lieferservice sehr wohl als präferenzpolitisches Instrument in der Bekleidungsbranche genutzt werden kann.

Lösung Aufgabe 11   Optimales Transportmittel

Lösung Aufgabe 11a

Analytische Lösung

Zur Ermittlung des kostenminimalen Transportmittels sind zunächst die relevanten Kostenfunktionen aufzustellen:

- Kostenfunktionen Bahn:
    a) $K_B = 500 + 2{,}5x$ $\qquad$ $0 < x \le 60$
    b) $K_B = 550 + 1{,}68x$ $\qquad$ $60 > x$

▨ Kostenfunktion Spedition:

$K_F = 300 + 4x$

▨ Kostenfunktion eigener Lkw:

$K_E = 16x$

Die Fixkosten für den eigenen Lkw von 5.000 GE sind nicht entscheidungsrelevant, da sie unabhängig von der Wahl des Transportmittels entstehen.

Nunmehr müssen die drei Transportmittel im Hinblick auf ihre Kosten verglichen werden:

▨ Kostenvergleich zwischen eigenem Lkw und Spedition:

$16x_A = 300 + 4x_A$

$x_A = 25$

Wegen der Grundvergütung ist die Spedition erst bei mehr als 25 Paletten kostengünstiger als der eigene Lkw.

▨ Kostenvergleich zwischen Spedition und Bahn:

$300 + ax_B = 500 + 2{,}5x_B$

$x_B = 133{,}33$

Für die Bahn gilt ab einer Transportmenge von 60 Paletten eine andere Kostenfunktion:

$300 + 4x_B = 550 + 1{,}68x_B$

$x_B = 107{,}53$

Wegen der höheren Grundvergütung ist die Bahn erst bei mehr als 107,53 Paletten kostengünstiger als die Spedition.

▨ Kostenvergleich zwischen Bahn und eigenem Lkw:

$500 + 2{,}5x_C = 16x_C$

$13{,}5x_C = 500$

$x_C = 37{,}04$

Wegen der Grundpauschale ist die Bahn erst bei mehr als 37,04 Paletten kostengünstiger als der eigene Lkw.

Aus diesen Berechnungen ergeben sich folgende Einsatzbereiche der drei Transportmittel:

▨ eigener Lkw $0 < x \le 25$
▨ Spedition $25 < x < 107{,}53$
▨ Bahn $107{,}53 \ge x$

Graphische Lösung

Zur graphischen Lösung müssen zunächst die Kostenfunktionen der einzelnen Transportmittel eingezeichnet werden, um dann die jeweils kostenminimale abzutragen. Die geknickte Kurve für das Transportmittel Bahn resultiert aus der in zwei Intervallen unterschiedlich definierten Kostenfunktion (siehe oben). Bei x = 60 weist die Kurve damit eine Sprungstelle von 650 GE auf 650,5 GE auf.

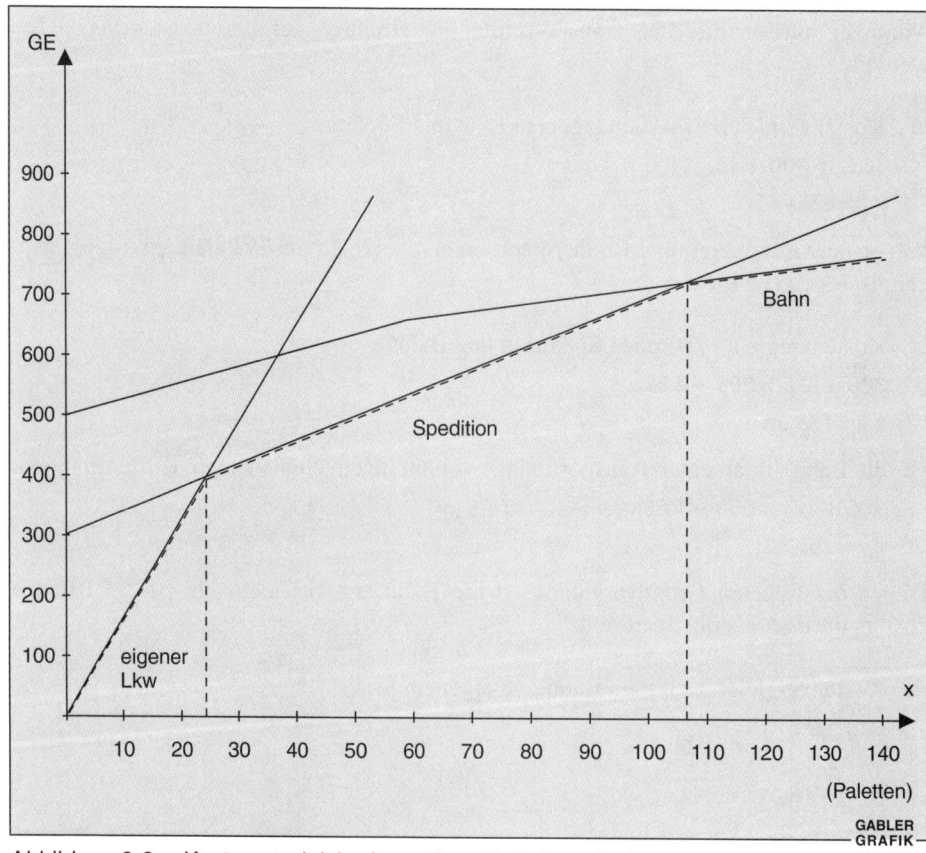

Abbildung 6-8:   Kostenvergleich alternativer Verkehrsmittel

Lösung Aufgabe 11b

Der Kostenvergleich beruht lediglich auf quantitativen Daten. Da die einzelnen Transportmittel in ihrer Transportleistung nicht homogen sind, muss die Analyse um folgende qualitative Kriterien erweitert werden:

254

- Produktspezifische Besonderheiten, durch die bestimmte Transportmittel ausscheiden (zum Beispiel Sperrigkeit, Verderblichkeit von Waren).

- Imagekomponenten, das heißt Adäquanz der logistischen Instrumente mit dem Produkt, der Werbebotschaft usw.

- Schnelligkeit. Um diese Komponente zu erfassen, müssten auch Zinskosten und Kosten durch entgangene Aufträge – da die Lieferung eventuell zu langsam erfolgte – auch für die Bahn und Spedition berücksichtigt werden.

- Längerfristige Verträge. Falls Bahn und Spedition nur langfristig Verträge abschließen, ist eine flexible Anpassung an unterschiedliche Transportmengen nicht möglich.

- Verfügbarkeit, insbesondere fremder Transportorgane braucht nicht gewährleistet zu sein.

- Kontrollmöglichkeit ist bei fremden Transportorganen eingeschränkt.

Lösung Aufgabe 12   Distributionspolitik im Biermarkt

Lösung Aufgabe 12a

Handelsmarken gehen mit einem deutlichen Preisvorteil in den Wettbewerb. Offenbar ist die Biernachfrage insbesondere in Ostdeutschland, wo der Marktanteil der Handelsmarken besonders hoch ist, relativ preiselastisch. Ausschlaggebend dafür könnte eine in Ostdeutschland vergleichsweise geringe Kaufkraft sein. Die preiselastische Nachfrage wird auch wesentlich durch die wahrgenommene Austauschbarkeit der Biere im Hinblick auf ihre harten Produkteigenschaften wie zum Beispiel die lebensmittelrechtliche Qualität verursacht. Da für viele Verbraucher deutsches Bier aufgrund des Reinheitsgebots per se qualitativ hochwertig ist, billigen sie auch preisgünstigen Handelsmarken eine hohe Qualität zu.

Da der Biermarkt durch hohe Überkapazitäten geprägt ist, sehen viele Hersteller in der Produktion von Handelsmarken die einzige Möglichkeit, im Verdrängungswettbewerb zu bestehen. Schließlich gewinnt der Discountvertrieb im Biermarkt an Bedeutung. Gerade dieser Betriebstyp ist durch einen generell hohen Handelsmarkenanteil gekennzeichnet.

Lösung Aufgabe 12b

Der Preisverfall im Biermarkt hat seinen Ursprung im Verhalten des preisaggressiven Lebensmitteleinzelhandels. Der harte Verdrängungswettbewerb zwischen den großen Handelsunternehmen hat ausgehend von den Discountern zu einem sehr preisaggressiven Wettbewerb geführt. Bier steht dabei aus mehreren Gründen im Vordergrund. Bier ist ähnlich wie Brot oder die 100-g-Tafel Schokolade ein Eckartikel für den Verbraucher, an dem er die Preiswürdigkeit des gesamten Handelssortiments festmacht. Insofern sind die Handelsunternehmen bemüht, den Bierpreis niedrig zu halten. Verstärkend kommt hinzu, dass gerade die werbeintensiven Bier-Premiummarken vom Handel zur Demonstration eines besonders guten Preis-Leistungs-Verhältnisses genutzt werden. Als Reaktion auf die Preissenkungen der Premiummarken sind auch die Hersteller von Bieren in anderen Preisklassen zu Preissenkungen gezwungen, sodass es zu einem allgemeinen Preisverfall kommt.

Lösung Aufgabe 12c

Für den wachsenden Anteil von Dosenbier sind drei Gründe ausschlaggebend. Von Seiten der Verbraucher ist ein Trend zu bequemen Konsum, zu Convenience festzustellen. Diesem Trend kommt die Dose entgegen, da sie vom Konsumenten unproblematisch konsumiert und entsorgt werden kann. Hinzu kommt, dass Käufer von Dosenbier durch die Kennzeichnung mit dem Grünen Punkt im Rahmen des Dualen Systems Deutschland die Einwegverpackung als ökologisch unbedenklich betrachten.

Die großen Bierproduzenten nutzen die Dose darüber hinaus als Instrument im Wettbewerb. Viele kleine, insbesondere bayrische Brauereien sind mit der Investition in eine eigene Dosenabfüllanlage finanziell überfordert und können so dem gemachten Trend zur Dose nicht folgen.

Auch auf der Handelsstufe wird die Dose als Wettbewerbsinstrument zwischen Lebensmitteleinzelhandel und Getränkeabholmärkten genutzt. Der Discountbereich des Lebensmitteleinzelhandels scheut kostenintensive Mehrwegsysteme und forciert daher den Vertrieb in Dosen, während die Getränkeabholmärkte der klassische Mehrwegvertriebsweg sind.

Die Aufgabenstellung bezog sich auf die Entwicklungen im Biermarkt zu Anfang der 1990er Jahre. Die aktuell geführte Diskussion um die Einführung eines Zwangspfandes für Einweggetränkeverpackungen ist für die Lösung folglich nicht relevant. Allerdings verdeutlicht dieses Beispiel die hohe Bedeutung von exogen vorgegebenen „Spielregeln" für das Marketing. Mit Einführung des Zwangspfandes kann erwartet werden, dass der Anteil des Dosenbiers am Gesamtmarkt im Jahre 2003 durch die veränderten Rahmenbedingungen wieder deutlich rückläufig sein wird.

Lösung Aufgabe 12d

Der Preisverfall bei Bier, der Vormarsch der Handelsmarken und das starke Wachstum bei Dosenbier korrelieren sehr stark miteinander. Die Discounter, die sich sehr handelsmarkenorientiert zeigen, sind gleichzeitig Vorreiter im aggressiven Preiswettbewerb des Lebensmitteleinzelhandels und vermeiden aus Kostengründen Mehrwegsysteme. An dem Beispiel des Biermarktes zeigt sich, dass die Instrumente des Marketing sehr stark miteinander verknüpft sind. Im Beispiel sind dies die Markenpolitik, die Wahl des Vertriebswegs und der Verpackung sowie die Preispolitik.

3. Fallstudie: Absatzkanalprobleme eines Frottierwebers

Das Unternehmen Frottier-Flausch GmbH konnte sich in den letzten Jahren im Markt der Heimtextilien unter anderem als Hersteller von exklusiven, relativ hochpreisigen Frottier-Handtüchern etablieren. Die Produkte der Firma gehören mittlerweile zu den echten Markenartikeln im Haustextiliensegment. Die Frottier-Flausch GmbH vertreibt ihre Produkte über eine regional organisierte Verkaufsorganisation an den klassischen Fachhandel. In den letzten Jahren ist jedoch der jahrelang positive Trend beim Absatz von Handtüchern abgebrochen. Auch die Marktentwicklung für klassische Frottier-Bademäntel, die ebenfalls ein wichtiger Umsatzträger des Unternehmens sind, stagniert seit einiger Zeit. Gleichzeitig drängen aggressive Wettbewerber aus dem asiatischen Raum sowie Großversender mit Eigenimporten auf den deutschen Markt, die mit extremen Billigangeboten an die Käufer herantreten. Dieser Konkurrenzkampf der Haustextilienhersteller findet nicht nur auf der Konsumentenebene, sondern auch auf der Absatzmittlerebene statt. Auf der Ebene der Absatzmittler werden gegenüber den Fachhändlern neben kontrahierungspolitischen insbesondere logistische Maßnahmen eingesetzt.

Darüber hinaus hat sich das Handtuchgeschäft zugunsten der Versender und Großfilialisten der Nahrungsmittelbranche (zum Beispiel Kaffeeröster) verlagert. Der klassische Vertriebsweg über den Facheinzelhandel und Einzelhandel verliert hingegen zunehmend an Bedeutung. Während einerseits Konzentrationstendenzen festgestellt werden können (Zusammenschlüsse von Einzelhandelsunternehmen, Bildung von Einkaufsverbänden), sterben andererseits kleine Betriebsformen mehr und mehr aus. Die Kooperations- und Konzentrationsprozesse führen zu einer wachsenden Zentralisation der Einkaufsentscheidungen und zu einer erheblichen Nachfragemacht. Da die Frottier-Flausch GmbH einen Großteil ihres Umsatzes über den klassischen Einzelhandel abwickelt, ist sie von dieser Entwicklung besonders betroffen. Demgegenüber ist das Unternehmen in den ständig an Marktbedeutung gewinnenden Großvertriebsformen (Parfümerieketten, Möbelhandelsketten etc.) noch unterrepräsentiert (siehe Abbildung 6-9 und Abbildung 6-10).

Das Bevorratungsverhalten der Einzelhändler ist von den Abverkäufen an die Konsumenten im Jahresablauf geprägt. Diese weisen in der Regel zwei saisonale Spitzen auf: Die Orderzeit vor der Sommer- und Badesaison und die Orderzeit vor dem Weihnachtsgeschäft im Herbst. Allgemein neigt der Haustextilien-Handel zu relativ kurzfristiger Disposition: Die Hälfte aller Aufträge der Frottier-Flausch GmbH sind Klein- und Kleinstaufträge. Wesentliche Ursache dafür ist die mangelnde Bereitschaft des Handels, ein eigenes Lager zu unterhalten. In diesem Zusammenhang lässt sich feststellen, dass eine ausgeprägte Servicekultur des Produzenten gegenüber dem Handel zu einem immer wichtigeren Wettbewerbsfaktor, besonders unter Berücksichtigung der preisaggressiven Mitbewerber, wird.

Gerade mit Blick auf diesen immer wichtiger werdenden Dienstleistungsaspekt fallen gewisse Lieferserviceschwächen der Frottier-Flausch GmbH besonders ins Gewicht:

- zu hohe Transportkosten,

- zu hohe Kosten für Kleinsendungen,

- Lieferzeiten sind zu lang,

- oft sind nur Teillieferungen möglich,

- Lieferreklamationen werden oft umständlich bearbeitet.

Zur Übermittlung von Bestellungen bedienen sich mittlerweile ca. 38 Prozent der Kunden des Telefaxgerätes, 10 Prozent des Briefes, 24 Prozent des Telefons und 28 Prozent bestellen über den Außendienst, der wiederum die Bestellung per Fax an den zentralen Versand der Frottier-Flausch GmbH weiterleitet.

Die Lieferbereitschaft des Unternehmens beträgt zur Zeit 86 Prozent. Sie wird wesentlich von der Warenbeschaffung und der Lagerbestandsreichweite, also dem Sicherheitsbestand, bestimmt. Diese beträgt für die Handtücher im Jahresdurchschnitt ca. drei Monate. Die durchschnittliche Lieferzeit beträgt zurzeit noch drei Arbeitstage. Die wahrgenommene Lieferzuverlässigkeit wird von einer Reihe von Faktoren bestimmt, unter anderem von der Verhaltensweise und der Auskunftsfähigkeit der Mitarbeiter in der Marketinglogistik, dem Lieferzeitpunkt und der Liefergenauigkeit, dem Zustand der gelieferten Ware sowie der Einhaltung von Lieferzusagen. Als Indikator für die Lieferzuverlässigkeit dient die Retourenquote (der Anteil der ausgelieferten Ware, der von den Kunden zurückgesandt wird, weil die Qualität mangelhaft war oder der Liefertermin über-/unterschritten wurde). Diese hat sich im vergangenen Jahr von 2,5 Prozent auf 3,5 Prozent verschlechtert.

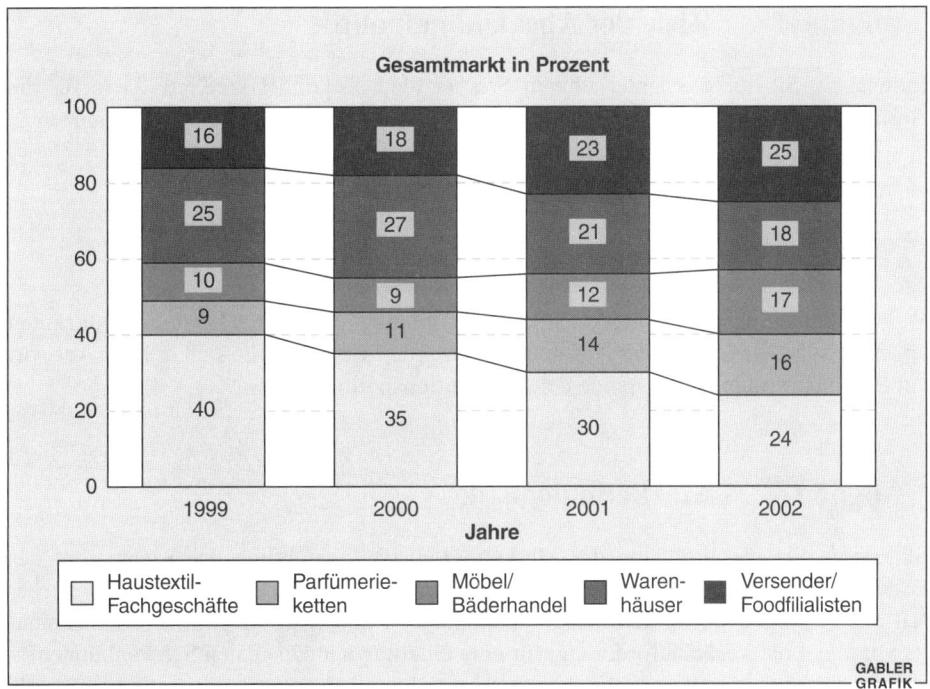

Abbildung 6-9:   Verkaufsentwicklung (in Stück) der Betriebsformen
                 des Haustextilienhandels

Kundenart	Umsatz in Mio. € gesamtes Verkaufsprogramm	Umsatz in % gesamtes Verkaufsprogramm
Fachhandel	53	37
Parfümerieketten	13	9
Möbelketten	10	7
Warenhäuser	45	31
Versender	11	8
Großvertriebsformen	13	9
	145	100

Abbildung 6-10:   Umsatz der Frottier-Flausch GmbH nach Absatzmittlern
                  im Jahr 2002

259

Aufgabe 1   Ziele der Absatzkanalpolitik

Entwickeln Sie für das Unternehmen Frottier-Flausch GmbH konkrete Ziele für die Absatzkanalpolitik und für die Marketinglogistik. Zeigen Sie dabei Interdependenzen zu den anderen Marketinginstrumenten auf.

Aufgabe 2   Strategien der Absatzkanalpolitik

Welche Strategien der Absatzkanalpolitik empfehlen Sie dem Handtuchproduzenten angesichts des Wandels in der Absatzmittlerstruktur? Beziehen Sie sich in Ihrer Antwort auf die Entscheidungstatbestände der Distributionspolitik.

Aufgabe 3   Marketinglogistik

Skizzieren Sie die Probleme der Marketinglogistik hinsichtlich der Saisonalität des Badetuch-Absatzes. Welche logistischen Maßnahmen sind zur Sicherung der Lieferbereitschaft zu ergreifen? Welche Möglichkeiten bieten andere absatzpolitische Instrumente, vor allem die Verkaufsförderung, für eine Glättung der saisonalen Schwankungen?

4.   **Lösungen zur Fallstudie:**
Absatzkanalprobleme eines Frottierwebers

Lösung Aufgabe 1   **Ziele der Absatzkanalpolitik**

1. Ziele der Absatzkanalpolitik

- Beibehaltung und Stabilisierung des bestehenden Image als hochpreisiger Markenartikler.

- Steigerung des Umsatzanteils in den Parfümerieketten von 9 Prozent auf 15 Prozent, bei den Möbelketten von 7 Prozent auf 14 Prozent und bei den Warenhäusern von 31 Prozent auf 35 Prozent innerhalb der nächsten zwei Jahre.

- Gewinnung von zehn Neukunden aus dem Bereich Möbel-/Bäderhandelsketten im nächsten Jahr.

- Änderung des Bevorratungsverhaltens der Kunden durch ein Anreizsystem zu kontinuierlichen Bestellungen in wirtschaftlichen Auftragsgrößen in den nächsten vier Jahren.

- Erhöhung des Anteils der Telefaxbesteller auf 50 Prozent innerhalb der nächsten zwei Jahre.

2. Ziele der Logistik

- Schnellstmögliche Senkung der Reklamationsrate auf das alte Niveau von 2,5 Prozent.

- Verkürzung der Lieferzeiten auf einen Tag, Etablierung eines „24-Stunden-Services" für 80 Prozent der Lieferungen in den nächsten 18 Monaten.

- Anpassung der Versandkostenbeteiligung der Händler an das Konkurrenzniveau in den nächsten zwei Jahren.

- Reduktion der Teillieferungen auf Null durch Verbesserung der Lieferbereitschaft auf 95 Prozent in den nächsten zwei Jahren.

- Vereinfachung der Reklamationsbearbeitung durch Erhöhung der Auskunftsfähigkeit und -geschwindigkeit der Mitarbeiter.

- Verbesserung des vertikalen Informationsaustausches durch Etablierung eines Efficient-Consumer-Response-Systems in den nächsten zwei Jahren.

3. Beziehung zu anderen Marketinginstrumenten

■ Das Imageziel impliziert, dass keine wesentlichen Veränderungen am Produkt vorgenommen werden dürfen. Zudem sollte das Imageziel auch kommunikationspolitisch stärker unterstützt werden. Die Preishöhe muss als Qualitätsmerkmal ebenfalls beibehalten werden.

■ Schulung des Personals im persönlichen Verkauf und Telefonmarketing, um Reklamationen etc. kundengerecht zu behandeln.

■ Kommunikationspolitische Aussagen (zum Beispiel Ubiquität) müssen durch entsprechende Absatzwege (Distributionsgrad) erfüllt werden.

Lösung Aufgabe 2   Strategien der Absatzkanalpolitik

■ Entwicklung spezieller handelsgerichteter Marketingpläne, um sich auf die Umstrukturierungen im Handel (Kettenbildung, Einkaufskooperationen) einzustellen.

■ Gezielte Repräsentanz in den Großvertriebsformen ohne die zurzeit wichtigsten Partner, die Einzelhandels-Fachgeschäfte, zu verärgern. Möglichkeiten diskutieren, ob der Großhandel mit einer spezifischen Marke beliefert werden soll.

■ Akquisitionsstrategie bei den Großvertriebsformen (Parfümerie- und Möbelketten) durch Profilierung als leistungsfähiger, aktiver und kooperationsbereiter Partner.

■ Einrichtung von handelsorientierten Organisationseinheiten. Für die Großkunden sollte zum Beispiel unbedingt ein Key-Account-Manager eingestellt werden, um deren optimale Betreuung zu gewährleisten.

■ Selektionsstrategie für mögliche sonstige Einzelhändler, die als Handelspartner in Frage kommen.

■ Prüfung anderer Absatzkanäle, zum Beispiel Hotelketten, Fitnessstudios etc.

Lösung Aufgabe 3   Marketinglogistik

1. Problem der Saisonalität

■ Gefahr der Überschreitung von Lieferterminzusagen zur Saisonspitze.

■ Gefahr von Unwirtschaftlichkeitsproblemen im Saisontief.

■ Saisonal schwankender Bedarf an Kapazitäten aufgrund des unterschiedlichen Warendurchflusses.

2. Sicherung der Lieferbereitschaft

▪ Rechtzeitige Antizipation der saisonal zusätzlich erforderlichen Mengen (zum Beispiel aufgrund von Erfahrungswerten).

▪ Rechtzeitige Planung und Disposition der zusätzlichen personellen, räumlichen und technischen Kapazitäten.

▪ Frühzeitige Abstimmung mit dem Verkauf.

3. Absatzpolitische Möglichkeiten zur Glättung der saisonalen Schwankungen

▪ Beeinflussung des Bevorratungsverhaltens der Einzelhändler durch entsprechende Konditionenpolitik (zum Beispiel Frühorderrabatt, Lagerrabatt, Saisonrabatt).

▪ Handelsbezogene Verkaufsförderung, zum Beispiel Unterstützung kleinerer Einzelhändler mit Verkaufsförderungsmaterialien wie Plakaten, Präsentationsständern etc., Naturalrabatte, Verkaufswettbewerbe, Schulungsangebote für das Verkaufspersonal.

Kapitelübersicht

Kapitel 7

Kommunikationspolitik

Kapitel 7

Lernziele

Der Leser soll nach Bearbeitung dieses Kapitels in der Lage sein,

1. Funktionen und Ziele der Kommunikationspolitik im Marketing zu beschreiben,

2. die Entscheidungstatbestände der Werbung zu erläutern,

3. die Ziele und Bedeutung des Sponsoring zu beurteilen,

4. das Problem des optimalen Werbebudgets mittels unterschiedlicher Modellansätze zu lösen,

5. die Problematik der Mediaselektion und des Mediensplit zu erläutern,

6. mit Hilfe des LP-Ansatzes einen optimalen Belegungsplan zu ermitteln.

1. Kommunikationspolitik/Aufgaben

Aufgabe 1   Sponsoring

Im deutschen Biermarkt erfreut sich das Sponsoring wachsender Beliebtheit. Das gesamte Sponsoringengagement der deutschen Brauer 1994 wird auf ca. 150 Millionen GE, rund 25 Prozent der Ausgaben für klassische Werbung, geschätzt. Damit ist die Bierbranche besonders sponsoringfreudig. Untersuchungen über alle Branchen gehen davon aus, dass weniger als 5 Prozent der Gesamtausgaben für klassische Werbung für Sponsoring ausgegeben werden.

Schwerpunkt des Sponsoring ist das Sportsponsoring mit einem geschätzten Anteil am Gesamtsponsoringvolumen von rund 65 Prozent. Von den hundert größten Brauereien gaben in einer Befragung 91 Prozent zu Protokoll, im Sportsponsoring aktiv zu sein.[1]

Im Hinblick auf die Sportarten überrascht es nicht, dass Fußball die Biersponsoringsportart Nummer eins ist; 29 Prozent der befragten TOP-100-Brauer gaben an, sich im Fußball zu engagieren.

Beispiele für Sportsponsoring finden sich auch unter den TOP-10-Brauereien. So sicherte sich die Beck's-Brauerei 1994 das Programmsponsoring bei der SAT-1-Fußballshow „ran" für 4,5 Millionen GE pro Jahr und beim fußballlastigen „Aktuellen Sportstudio" des ZDF für 2,5 Millionen GE. Die Bitburger-Brauerei gab 1992 10 Millionen GE für das Sponsoring der Fußball-Weltmeisterschaft 1992 aus und die Privatbrauerei Diebels sponsert in der Fußball-Bundesliga mit Borussia Mönchengladbach und Fortuna Düsseldorf gleich zwei Erstliga-Vereine im regionalen Stammmarkt.

Marktführer Warsteiner engagiert sich trotz einer auch im Verhältnis zu den Gesamtwerbeausgaben sehr starken Sponsoringaktivität im Fußball hingegen kaum. Die Schwerpunkte des ca. 20 Millionen Sportsponsoring-Etats sind mit Eishockey (Weltmeisterschaft) sowie dem alpinen und nordischen Ski-Weltcup in den Wintersportarten zu finden. Daneben werden auch Motorsport, Volleyball und Ballonfahren unterstützt.

Die Veltins-Brauerei hat sich bis 1997 die Sponsoringrechte an der Basketball-Bundesliga sowie der Basketball-Nationalmannschaft gesichert. Gleiches gilt für das Programmsponsoring der Basketballspiele aus der amerikanischen und deutschen Erstliga.

---

1   Die Befragungsergebnisse zum Sponsoring im Biermarkt stammen aus einer Studie des Instituts für Sportpublizistik an der Deutschen Sporthochschule Köln: Brauereien & Sportsponsoring Studie 95.

Aufgabe 1a

Grenzen Sie den Begriff des Sponsoring vom Mäzenatentum ab.

Aufgabe 1b

Welche Hauptziele verfolgen die Brauer mit ihrem intensiven Sponsoring-Engagement?

Aufgabe 1c

Welche Gründe sind für das wachsende Sponsoring ausschlaggebend? Warum sponsert die Brauwirtschaft gerade den Fußball so stark?

Aufgabe 1d

Weshalb kann Sponsoring nur als ergänzendes Kommunikationsinstrument eingesetzt werden?

Aufgabe 1e

Welches Risiko ergibt sich für eine einzelne Brauerei durch das hohe Sponsoringvolumen der gesamten Branche?

Aufgabe 2   Neupositionierung mit Hilfe der Kommunikationspolitik

Der Tabakhersteller Black Wonderful will eine neue Zigarettenmarke in den Markt einführen, um einerseits dem Verbrauchertrend zu leichteren und weniger gesundheitsschädlichen Zigaretten gerecht zu werden und andererseits eine grundsätzliche Neuorientierung des Unternehmens einzuleiten. Raucher und Handel sehen den Hersteller Black Wonderful gleichermaßen als besonders kompetent im Bereich der kräftigen, schwarzen Tabake für Selbstdreher an.

Die Marktsituation ist wie folgt gekennzeichnet: Neueinführungen werden zunehmend schwerer, da auf dem Markt einerseits bereits über 200 Marken angeboten werden und andererseits die Nachfrage nach Tabakwaren aufgrund eines wachsenden Gesundheitsbewusstseins spürbar zurückgegangen ist. Da die Geschmacksunterschiede zwischen den Sorten nur marginal sind, ist eine Differenzierung über das Produkt kaum möglich.

Hauptvertriebsweg sind neben dem Automaten (50 Prozent) die Kassenregale des Lebensmitteleinzelhandels (35 Prozent). Der Rest wird über Tankstellen und Kioske vertrieben.

Die eigene Wettbewerbsposition ist durch die Marktführerschaft im Segment der starken, würzigen Tabake gekennzeichnet.

Aufgabe 2a

Charakterisieren Sie ausgehend von einer Situationsanalyse das Marketingproblem des Tabakherstellers.

Aufgabe 2b

Formulieren Sie denkbare allgemeine Kommunikationsziele und prüfen Sie die Eignung unterschiedlicher Kommunikationsinstrumente zur Erreichung dieser Ziele.

Aufgabe 3   Mediasplit

Die nachfolgenden Tabellen zeigen den Mediensplit im deutschen Biermarkt sowie aller werbetreibender Branchen der deutschen Wirtschaft im Vergleich.

	1990	1991	1992	1993	1994
	Anteile in %				
Zeitungen	10	11	8	7	7
Zeitschriften	30	27	22	21	16
TV	27	33	39	31	36
Hörfunk	16	15	14	18	20
Plakat	17	14	17	23	21

GABLER GRAFIK

Abbildung 7-1:   Mediensplit im Biermarkt von 1990 bis 1994

	1990	1991	1992	1993	1994
	Anteile in %				
Zeitungen	26	25	25	25	23
Zeitschriften	39	37	34	31	29
TV	25	29	32	34	38
Hörfunk	8	7	7	7	7
Plakat	2	2	2	3	3

GABLER GRAFIK

Abbildung 7-2:   Mediensplit über alle Branchen von 1990 bis 1994

Aufgabe 3a

Beschreiben und interpretieren Sie die in den Tabellen wiedergegebene Entwicklung des Mediensplits.

Aufgabe 3b

Arbeiten Sie die wesentlichen Unterschiede zwischen dem Mediensplit des Biermarktes und dem allgemeinen Mediensplit heraus. Wie erklären sich die Differenzen?

Aufgabe 4 Werbekonzeption für einen Textilfilialisten

Der Textilfilialist „Summ" expandierte in den vergangenen Jahren sowohl durch internes als auch externes Wachstum. Das Unternehmen verfügt über rund 30 Filialen und erwirtschaftet einen Jahresumsatz von rund 1,4 Milliarden €. Der Vorstand ist bestrebt, das Unternehmen als Markenartikel im Modehandel zu etablieren. Daher wird ein einheitlicher Marktauftritt sowohl über das Sortiment, die Gestaltung der Verkaufsräume als auch eine einheitliche Marktkommunikation angestrebt. Dem Bemühen um eine Markenbildung steht die Notwendigkeit eines an die lokalen Wettbewerbsverhältnisse und Kundenanforderungen angepassten Marktauftritts gegenüber. Ihre Aufgabe als Trainee in der Konzernmarketingabteilung ist es nun, eine Gesamtwerbekonzeption zu entwickeln, die integrativ den Erfordernissen einer Teil- und Gesamtprofilierung des Textilfilialisten Rechnung trägt.

Aufgabe 4a

Welche Entscheidungstatbestände muss die Werbeabteilung bei ihrer Planung berücksichtigen?

Aufgabe 4b

Zeigen Sie die besondere Problematik der geforderten integrativen Werbekonzeption im Hinblick auf eine Gesamtunternehmensprofilierung und eine auf die lokalen Verhältnisse abgestimmten Werbekonzeption für die unterschiedlichen Unternehmensebenen auf.

Aufgabe 4c

Zeigen Sie die Eignung unterschiedlicher Werbeträger für die von Ihnen entwickelte Werbekonzeption auf.

Aufgabe 5   Werbewirkung

Die folgenden Anzeigen sind zwei Beispiele für Werbung aus dem Bekleidungsbereich und aus dem Finanzbereich.

Abbildung 7-3:   Printanzeige Joop-Swimwear (Quelle: Alpha GmbH Werbeagentur)

Abbildung 7-4:   Printanzeige Der Pfandbrief (Quelle: Verband Deutscher Hypothekenbanken e. V.)

Analysieren Sie die unterschiedlichen Stilelemente der beiden Anzeigen (Joop-Anzeige im Original farbig). Wie würden Sie die verschiedenen Werbewirkungen beurteilen? Argumentieren Sie anhand des werbepsychologischen Bezugsrahmens zur Werbewirkung.

Aufgabe 6   Belegplanung

Der Accessoireshersteller „Blue-Bag" hat von seinem Designteam eine neue Handtaschenserie entwickeln lassen. Nach ersten sehr positiven Resonanzen wichtiger Handelspartner und einiger ausgewählter Endverbraucher soll nun die Werbekonzeption für die Einführung dieses neuen Produktes verabschiedet werden. In der nächsten Geschäftsführerkonferenz soll der Marketingleiter seine Empfehlung für eine von zwei alternativen Werbekonzeptionen abgeben. Für beide Alternativen werden hinsichtlich der Aufmerksamkeitswirkung jeweils unterschiedliche Funktionsverläufe in Abhängigkeit von der Schalthäufigkeit prognostiziert. Die Aufmerksamkeit soll als Indikator für die Vorteilhaftigkeit der jeweiligen Konzeption dienen, da eine komplementäre Beziehung zwischen Aufmerksamkeitswirkung und Umsatz unterstellt wird. Alternative Umsatzwirkungen können in diesem Modell nicht prognostiziert werden.

Folgende prognostizierte Wirkungsfunktionen liegen dem Marketingleiter vor:

Konzeption 1: $A_1 = 3{,}5x_1 - 0{,}04375x_1^2$

Konzeption 2: $A_2 = 2{,}30505x_2 - 0{,}01844x_2^2$

dabei steht A für die Aufmerksamkeitswirkung und x für die Anzahl der Schaltungen.

Die Belegkosten pro Seite für die Konzeption 1 betragen 98.000 €, die Belegkosten für die Konzeption 2 betragen 71.000 €. Da die ausgewählten Zeitschriften wöchentlich erscheinen, können pro Jahr maximal 52 Schaltungen vorgenommen werden.

Aufgabe 6a

Welcher Konzeption würden Sie mit dem Ziel der Aufmerksamkeitsmaximierung den Vorzug geben, wenn Sie die Belegkosten als zweite zu optimierende Größe zugrunde legen?

Aufgabe 6b

Sind Sie davon überzeugt, dass das Ziel der Aufmerksamkeitsmaximierung richtig gewählt wurde? Nehmen Sie kritisch dazu Stellung.

Aufgabe 7   Gewinnmaximales Werbebudget

Die Giga-Soft GmbH hat sich zum weltweit größten Hersteller von Computer Software entwickelt. Durch die Übernahme seiner wichtigsten Mitbewerber und nach einem jahrelangen Preiskrieg mit kleineren Herstellern hat die Giga-Soft GmbH mittlerweile auf dem Markt für Softwareprogramme eine Monopolstellung erreicht. Das neueste Produkt aus der Entwicklungsabteilung ist ein ausgefeiltes Kostenanalyseprogramm für Großunternehmen, welches Rationalisierungspotenziale in der Größenordnung von

30 Prozent eröffnet, ohne die teuren Dienste externer Unternehmensberater in Anspruch nehmen zu müssen. Dieses Programm stieß schon im Vorfeld auf reges Interesse und es wird davon ausgegangen, dass der Preis nur als sekundäres Entscheidungskriterium hinzugezogen wird.

Die Giga-Soft GmbH sieht sich einer fallenden Preis-Absatz-Funktion gegenüber. Die Eigentümerin, Gil Trades, zählt bereits heute zu den reichsten Frauen der Welt. Ihr oberstes Unternehmensziel besteht nach wie vor in der kurzfristigen Maximierung des Gewinns. Die Hauptaktionsparameter des Unternehmens sind der Absatzpreis und die Werbung. Aufgrund der Monopolstellung kann die Marketingabteilung davon ausgehen, dass, bei gegebenem Werbekonzept, eine quantitative Beziehung zwischen Werbekosten K_w und der Verschiebung der Preis-Absatz-Funktion besteht. Die Verschiebung wird durch die Zunahme der Cournotmenge x_c angegeben. Die Steigung der Preis-Absatz-Funktion bleibt konstant.

Die Werbekostenfunktion lautet:

$$K_w = 0{,}01\Delta x_c - 0{,}023\Delta x_c^2 + 0{,}0008\Delta x_c^3$$

Δx_c gibt die Absatzmenge an, die bei der Realisierung der Cournotmenge und des Cournotpreises zusätzlich zur Cournotmenge, die ohne Werbung erreicht wird, erzielt werden kann.

Die Produktionsfunktion lautet:

$$K_p = 800.000 + 10x$$

Die Preis-Absatz-Funktion ohne Werbung lautet:

$$p_0 = 299.200 - 11{,}662x$$

Bei konstanter Steigung äußert sich die Verschiebung der Preis-Absatz-Funktion in einer Veränderung des Prohibitivpreises.

Sie als Absatzspezialist der Marketingabteilung werden beauftragt, die gewinnmaximale Absatzmenge, den zugehörigen Preis und den entsprechenden Gewinn zu ermitteln. Dabei sollen Sie davon ausgehen, dass nur direkte Verschiebungen der Preis-Absatz-Funktion möglich sind.

Basis für Ihre Entscheidung sollen folgende unterstellte Preis-Absatz-Funktionen sein, die sich durch Werbung ergeben:

$$p_1 = 469.200 - 11{,}662x$$
$$p_2 = 639.200 - 11{,}662x$$
$$p_3 = 809.200 - 11{,}662x$$

Welche Preis-Absatz-Funktion wird gewählt und wie hoch sind jeweils die zugehörigen Werbekosten?

Aufgabe 8   Werbebudgetierung

Der Parfümhersteller „Smell AG" möchte sein Werbebudget für 2004 festlegen. Die dazu gebildete Projektgruppe besteht aus insgesamt vier Mitgliedern. Leider kann sich die Projektgruppe nicht auf ein vernünftiges Verfahren der Budgetierung einigen.

Insgesamt stehen vier Vorschläge zur Disposition:

■ Das Werbebudget soll 0,75 Prozent vom Umsatz 2002 betragen.

■ Das Werbebudget richtet sich nach den für Werbung verfügbaren finanziellen Mitteln.

■ Das Werbebudget soll mindestens genauso groß sein wie das der Konkurrenz.

■ Das Werbebudget soll an den aufgestellten Werbezielen ausgerichtet werden.

Sie sind als Marketingassistent bei der „Smell AG" beschäftigt und werden gebeten, die Projektgruppe bei der Auswahl des vorteilhaftesten Budgetierungsverfahrens zu beraten.

Aufgabe 9   Mediaselektion

Als Marketingassistent der „Smell AG" sind Sie unter anderem für den Bereich Werbung zuständig. Der junge Praktikant in Ihrer Abteilung soll in die Problematik der Mediaselektion eingeführt werden. Kennzeichnen Sie in groben Zügen das Entscheidungsproblem der Mediaselektion.

Aufgabe 10   Mediaplan

Der Produktmanager des Kosmetik-Herstellers „Palmsoft" hat die Betreuung für den Hautreiniger „Clear-up-Real", der vor allem für eine jugendliche Zielgruppe entwickelt wurde, übernommen. Im Rahmen der Marketingplanung für das kommende halbe Jahr hat er die Aufgabe, einen Mediaplan für sein Produkt zu erstellen. Die Marktforschungsabteilung der Palmsoft GmbH hat ermittelt, dass als Kunden 55 Prozent aller weiblichen und 15 Prozent aller männlichen Jugendlichen in Frage kommen. Als Werbebudget stehen 1.500.000 € zur Verfügung, die der Produktmanager aus Kostenerwägungen auf zwei Printmedien verteilen will, und zwar die Jugendzeitschrift „Prado" und die Zeitschrift „Ragazza", die sich an weibliche Jugendliche wendet. Aus vorangegangenen Werbekampagnen ist bekannt, dass in der Jugendzeitschrift mindestens zwei, in der Frauenzeitschrift mindestens drei Anzeigen geschaltet werden müssen, um den gewünschten Werbeerfolg zu erreichen. Außerdem liegen folgende Angaben zu den Zeitschriften vor:

	Absatz in Tsd.	Männliche Leser in %	Weibliche Leser in %	Einschalt- kosten je 1/1 Seite	Kontakt- wahr- schein- lichkeit	Faktor für Kontakt- qualität	Erschei- nungs- weise
1. Jugend- zeitschrift „Prado"	1500	50	50	112.500	0,65	1	wöchent- lich
2. Mädchen- zeitschrift „Ragazza"	750	15	85	79.500	0,70	1	14-tägig

GABLER GRAFIK

Abbildung 7-5:   Absatzbezogene Daten der beiden Jugendzeitschriften

Aufgabe 10a

Ermitteln Sie graphisch mit Hilfe des LP-Ansatzes den optimalen Belegungsplan für den Hautreiniger.

Aufgabe 10b

Ihr Abteilungsleiter will wissen, ob mit den angestellten Berechnungen wirklich eine optimale Mediaplanung erfolgen kann. Analysieren Sie kritisch den Aussagewert der Linearen Programmierung (LP) für Optimierungsaufgaben im Rahmen der Mediaselektion. Welche Prämissen unterstellt dieses Verfahren der Entscheidungsrechnung?

Aufgabe 10c

Wie sollte der zeitliche Belegungsplan ausgestaltet sein, wenn der Produktmanager das Ziel „Steigerung des Bekanntheitsgrades für das Produkt ‚Clear-up-Real' in der definierten Zielgruppe um 5 Prozent" innerhalb des Planungszeitraums verfolgt. Legen Sie den in Teilaufgabe a) ermittelten optimalen Belegungsplan zugrunde.

Aufgabe 11   Streuplanung

Die Quick-Meal GmbH bietet seit einigen Jahren einen Tiefkühl-Brokkoli-Auflauf nach echt italienischem Rezept an. Allerdings ist der Absatz in letzter Zeit etwas schwieriger geworden, da immer mehr Lebensmittelhersteller derartige Fertiggerichte anbieten. Die Quick-Meal GmbH will darum eine Werbekampagne durchführen, um den Umsatz wieder zu steigern. Marktforschungsanalysen haben gezeigt, dass überwiegend Frauen dieses Tiefkühlgericht kaufen. Darum will die Marketingabteilung sich bei der Erstellung eines Streuplanes auf folgende Werbeträger konzentrieren:

277

Zeitschrift	Leser in Mio.	Männliche Leser	Weibliche Leser	Einschaltkosten 1/1 Seite 4c
Brigitte	4,45	0,53	3,92	90.016 €
Freundin	3,49	0,41	3,08	59.607 €
Für Sie	3,40	0,39	3,01	50.990 €

GABLER GRAFIK

Abbildung 7-6: Leseranzahl und Einschaltkosten
der drei Frauenzeitschriften

Aufgabe 11a

Geben Sie die Rangfolge der zu belegenden Zeitschriften anhand eines geeigneten Kriteriums an.

Aufgabe 11b

Warum reicht ein Vergleich der Tausender-Kontaktpreise nicht aus? Beziehen Sie Ihre Kritik sowohl auf den Intra- als auch auf den Inter-Media-Vergleich.

2.   Lösungen zu den Aufgaben

Lösung Aufgabe 1   Sponsoring

Lösung Aufgabe 1a

Unter Sponsoring versteht man die systematische Förderung von Personen, Organisationen oder Veranstaltungen im Bereich Sport, Kultur oder Soziales (Umwelt) durch Geld-, Dienst- oder Sachleistungen zur Erreichung bestimmter Kommunikationsziele. Das sponsernde Unternehmen verfolgt also mit dem Engagement konkrete Ziele. Hierin liegt der Unterschied zum Mäzenatentum, das einen uneigennützigen Charakter hat.

Lösung Aufgabe 1b

Die wichtigsten Sponsoringziele sind Förderung des Bekanntheitsgrades sowie insbesondere der Imagetransfer vom Sponsoring-Objekt auf die Marke oder das sponsernde Unternehmen. In der Praxis finden sich jedoch selten konkrete Sponsoringziele. Nur bei rund 60 Prozent der Unternehmen basiert das Sponsoring auf einem schriftlich fixierten Konzept.

Lösung Aufgabe 1c

Die Gründe für das wachsende Sponsoring der deutschen Brauer sind vielschichtig und sowohl in qualitativen als auch quantitativen Motiven zu suchen. Hinsichtlich quantitativer Kriterien muss man den (gewichteten) Tausender-Preis anderer Instrumente beziehungsweise Medien mit den Kosten des Sportsponsoring vergleichen. Im Bereich der Bandenwerbung gibt es dazu Untersuchungen, die zwar keine genaue Quantifizierung leisten, aber doch tendenziell zu dem Ergebnis kommen, dass Bandenwerbung einen wesentlich günstigeren Tausender-Preis als klassische TV-Werbung aufweist. Die Reichweite der Bandenwerbung ergibt sich aus Stadionbesuchern (in der Bundesliga pro Saison im Schnitt 306.000), aus zunehmenden Fußball-Live-Übertragungen sowie Multiplikatoreffekten durch die Sportberichterstattung (34 Spieltage bei ca. fünf Sendeminuten in ARD, ZDF, RTL, SAT 1, Pro 7).

Neben diesen quantitativen Gründen gibt es eine Reihe von qualitativen Ursachen für ein wachsendes Sponsoring. Sportsponsoring spielt sich im Hintergrund der eigentlichen Geschehnisse ab. Durch eine unterschwellige Kommunikation können sinkende Akzeptanz gegenüber klassischer TV-Werbung, Stichwort „Werbefrust", und Umgehungsstrategien der Rezipienten, Stichwort „Zapping", vermieden werden.

Das Sportsponsoring erreicht den Rezipienten in seiner Freizeit. Hier kann ein prinzipiell hoher Aktivierungsgrad unterstellt werden, sodass die für eine Werbewirkung notwendige Kombination kognitiver (Logo) und affektiver Elemente (Sponsoringumfeld) dem Sponsoringinstrument inhärent ist.

Sponsoring ermöglicht zudem den Transfer von originär dem betreffenden Sport oder Sponsoringpartner zugeschriebenen Eigenschaften, wie dynamisch, fair, sportlich, auf das Produkt des Sponsors. Dafür ist allerdings eine langfristige Beziehung erforderlich. Nicht übersehen werden darf die Gefahr von Badwill-Transfers, insbesondere bei Testimonial-Sponsoring (etwa bei Doping-Affären). Dies offenbart die Notwendigkeit einer sehr sorgfältigen Auswahl der Sponsoringpartner und einer ständigen Überprüfung der Eignung des Sponsoringpartners für die angestrebten Kommunikationsziele (zum Beispiel im Falle des Sponsoring von Jan Ullrich durch den Sportausrüster Adidas).

Die hohe Affinität der Zielgruppe „Männer" zum Hauptsponsoringobjekt, dem Fußball, ist brauerspezifisch. 82 Prozent der nach einer UFA-Studie als „fußballverrückt" gekennzeichneten Personen, sind Männer, und Bier ist sowohl im Konsum (65,3 Prozent) als auch beim Einkauf (60 Prozent) Männersache.

Außerdem ist Fußball mit deutlichem Abstand die beliebteste TV-Sportart bei den Bundesbürgern.

Lösung Aufgabe 1d

Die Begrenztheit der Sponsoringbotschaft, in der Regel ist nur das Logo kommunizierbar, macht die Ergänzung durch andere Kommunikationsinstrumente erforderlich, um neben der Bekanntheit des Logos auch bestimmte Kommunikationsinhalte vermitteln zu können. Außerdem werden die Rezipienten ein ihnen bereits durch andere Kommunikationsinstrumente bekanntes Logo im Sponsoringumfeld besser wahrnehmen. Daher sollte das Sponsoring in ein integriertes Kommunikationsmix eingebunden werden.

Lösung Aufgabe 1e

Fraglich ist, ob die deutschen Brauer beziehungsweise die größten unter ihnen, mit ihrem starken Sportsponsoringengagement nicht einer neuen Austauschbarkeit der Marken Vorschub leisten. Dies gilt umso mehr, als man sich mit Fußball auf eine Sportart konzentriert. Andererseits mag eine Profilierung unter den Top-Brauereien solange nicht zur Überlebensnotwendigkeit werden, wie Marktanteile von den unprofilierten Konsumbieren im mittleren Preissegment gewonnen werden können.

Lösung Aufgabe 2   Neupositionierung mit Hilfe der Kommunikationspolitik

Lösung Aufgabe 2a

Das grundlegende Marketingproblem für Black Wonderful resultiert aus seiner besonderen Markt- und Unternehmenssituation. Die wesentlichen Aspekte dabei sind:

Verbraucher

▦ Schrumpfende Gesamtnachfrage nach Tabakwaren

▦ Zunehmender Trend zum leichten Rauchen

▦ Profilierungsmöglichkeiten über harte Produkteigenschaften sind eingeschränkt, da die Geschmacksunterschiede zwischen den Marken marginal sind, sodass der psychologischen Differenzierung mit Hilfe der Kommunikationspolitik eine besondere Bedeutung zukommt.

Wettbewerb

▦ Neueinführung einer Marke wird durch das Konkurrenzangebot von bereits 200 Marken erschwert

Unternehmenssituation

▦ Bisher führende Position im Bereich der starken und würzigen Tabake

▦ Mit der Einführung der neuen Zigarette soll eine grundsätzliche Neuorientierung von Black Wonderful erwirkt werden

Absatzkanal

▦ Die notwendige hohe Distributionsdichte ist nur durch einen Vertrieb sowohl über Automaten als auch Kassenregale des Handels zu erreichen.

▦ Regalplatz und Automatenkapazitäten sind knapp und bleiben so zunächst etablierten Zigarettenmarken vorbehalten.

Umfeld

▦ Aus gesundheitspolitischen Überlegungen heraus werden immer wieder Forderungen nach einem generellen Werbeverbot für die Tabakwirtschaft laut, die eine Umpositionierung von Black Wonderful in das Segment der Leichtraucher erheblich erschweren würde.

▦ Ferner wird aufgrund finanzieller Engpässe der öffentlichen Hand eine nochmalige Erhöhung der Tabaksteuer diskutiert, durch die ein weiterer Nachfragerückgang bei Tabakprodukten erwartet wird.

Zusammenfassend besteht das Problem des Herstellers in einem sich abzeichnenden deutlichen Schrumpfen des Marktpotenzials in seinem Stammmarkt, dem Markt für schwarze Tabake. Auf der anderen Seite wird ein Neueintritt in den Markt für leichte Zigaretten durch eine Reihe von Faktoren erschwert. Ein wesentliches Hindernis stellt das Image von Black Wonderful als kompetenter Hersteller schwarzer Tabake dar.

Lösung Aufgabe 2b

Die Kommunikationsziele des Zigarettenherstellers lassen sich in psychographische und ökonomische Ziele unterteilen:

Ökonomische Ziele

■ Sicherung des Marktanteils, der durch den Trend zum Leichtrauchen gefährdet ist.

■ Umsatzsicherung durch Kompensation des zu erwartenden Umsatzrückgangs bei starken Tabaken mit Hilfe der neuen Leicht-Marke.

Psychographische Ziele

■ Änderung von Einstellungen der Konsumenten und Absatzmittler gegenüber dem Unternehmen. Absatzmittler und Konsumenten müssen den Hersteller zwar noch als kompetent im Bereich schwarzer Tabake ansehen, gleichzeitig muss aber ein glaubwürdiger Markteintritt in den Markt für Leichtzigaretten gelingen. Denkbar wäre zum Beispiel die Einführung einer Einzelmarke White Beauty im Marktsegment der leichten Zigaretten.

■ Profilierung der neuen Marke und des eigenen Unternehmens gegenüber den Wettbewerbern im Segment der leichten Zigaretten.

■ Vermittlung von Informationen über die Neuorientierung der Unternehmung und die neue Leicht-Marke.

Für die Maßnahmenplanung müssen diese noch sehr allgemeinen Ziele nach Ausmaß, Zeit- und Segmentbezug operationalisiert werden.

Die Eignung unterschiedlicher Kommunikationsinstrumente für die aufgezeigten Zielsetzungen ist wie folgt zu kennzeichnen:

■ Die klassische Werbung hat trotz der rechtlichen Beschränkungen, zum Beispiel Verbot der TV-Werbung für Tabakprodukte, die größte Bedeutung in der Tabakbranche. Sie kann in der Neuorientierungsphase der Unternehmung in kurzer Zeit auf breiter Ebene die Aufmerksamkeit von Handel und Verbraucher für die neuen Herstelleraktivitäten wecken und die neue Marke bekannt machen.

■ Im Rahmen von PR-Maßnahmen können zum Beispiel die besonderen Anstrengungen des Unternehmens in der Entwicklung weniger gesundheits- und umweltschädlicher Produkte herausgestellt werden. Diese Informationstätigkeit richtet sich an die breite Öffentlichkeit und dient der Pflege der allgemeinen Beziehungen zwischen der Unternehmung und ihrer Umwelt.

■ Im Sponsoring könnte das Unternehmen beziehungsweise die Marke White Beauty Veranstaltungen mit einem starken Bezug zum Segment der Leichtraucher, wie zum Beispiel Cabrio-Fahrer-Wochenenden, fördern.

■ Der Hersteller könnte über Verkaufsförderung und Promotion, etwa in Kneipen, Cafés oder in den Fußgängerzonen die Bekanntheit der Marke steigern und zudem die Probierbereitschaft der Konsumenten erhöhen.

Lösung Aufgabe 3   Mediasplit

Lösung Aufgabe 3a

Wenn man zunächst vom Niveau der Medienanteile abstrahiert und das Augenmerk ausschließlich auf die Tendenz lenkt, so lassen sich folgende Aussagen treffen:

■ Zeitungen verlieren Anteile im Mediensplit.

■ Zeitschriften haben sehr deutliche Werbeanteile verloren, im Biermarkt sogar etwas stärker als im Allgemeinen.

■ Das Fernsehen ist eindeutiger Gewinner im Intermedienwettbewerb und ist inzwischen stärkster Werbeträger.

■ Der Hörfunk ist in seinen Werbeanteilen relativ stabil, im Biermarkt steigt der Anteil leicht an.

■ Das Plakat konnte seinen Anteil am Mediasplit leicht ausbauen, im Biermarkt dabei deutlicher als im Branchendurchschnitt.

Trotz der Unterschiede im Niveau der einzelnen Medien kann zusammenfassend festgehalten werden, dass es sowohl im Durchschnitt über alle Branchen als auch speziell im Biermarkt eine ähnliche Tendenz gibt. Die Printmedien verlieren Werbeanteile, während das Fernsehen deutliche Zuwächse verzeichnen kann. Es gibt somit einen Trend zu elektronischen Medien.

Ein wesentlicher Faktor für die verstärkte TV-Werbung ist die Zulassung privater Fernsehsender in Deutschland, die nicht den Werbebeschränkungen der öffentlich-rechtlichen Anstalten unterliegen. Der insgesamt starke Anstieg der TV-Werbung hat ausschließlich zu Mehreinnahmen bei den privaten TV-Anbietern geführt. So nähert sich der TV-Anteil im Mediasplit den international üblichen Werten von rund 50 Prozent. Der Anteil öffentlich-rechtlicher Sender an den TV-Werbeaufwendungen ist von 50 Prozent 1990 auf 13 Prozent 1994 zurückgegangen.

Neben diesen medienrechtlichen Gründen lässt sich der Trend zur TV-Werbung auch aus der wachsenden Bedeutung der Bildkommunikation erklären. Im Zeitalter der Informationsüberlastung bietet das Fernsehen durch seine multisensorische Kommunikation ein höheres Aktivierungspotenzial als die Printmedien. Darüber hinaus ist das Fernsehen besser zur Vermittlung von Emotionen geeignet, was es aufgrund der hohen Austauschbarkeit der Produkte im Biermarkt für die Kommunikationspolitik im Biermarkt besonders wichtig macht.

Lösung Aufgabe 3b

Unter den 30 werbeintensivsten Branchen ist die Bierbranche diejenige mit dem höchsten Anteil für Plakatwerbung. Ausschlaggebend dafür dürfte die lokale Zielgenauigkeit dieses Mediums sein, die sich vor allem die kleinen lokalen Brauereien zu Nutze machen. Darüber hinaus ist das Plakat ein Werbemedium, das auch kleineren Brauereien mit entsprechend kleinen Werbebudgets die Möglichkeit zur Massenkommunikation eröffnet.

Interessant ist der eklatante Unterschied zwischen der Brauwirtschaft und der sonstigen werbetreibenden Wirtschaft bei der Nutzung der Hörfunkwerbung. Die Brauwirtschaft nutzt dieses Medium sehr viel stärker als dies andere Branchen tun. Dies mag zum einen an der Regionalität des Biermarktes liegen, die über die regionale Struktur der Hörfunklandschaft besser als beim Fernsehen berücksichtigt werden kann. Zum anderen kommen bei Bier die Vorzüge einer Konditionierung über akustische Reize, hoher aktivierender und geringer kognitiver Anteil, besonders zum Tragen. So nutzen viele Brauer Musik als Erkennungsmerkmal oder das Geräusch eines sich füllenden Bierglases zur Aktivierung.

Lösung Aufgabe 4   Werbekonzeption für einen Textilfilialisten

Lösung Aufgabe 4a

Grundlage für die Festlegung einer Werbekonzeption ist der Regelkreis der Marktkommunikation. Die Marketingabteilung des Textilfilialisten kann die Werbekonzeption wie folgt entwickeln:

- Festlegung der Werbeziele:
  Ausgangspunkt der Werbekonzeption ist die Festlegung von Werbezielen, die nach Organisationsebenen gegliedert und nach Ausmaß, Objekt-, Zeit- und Segmentbezug operationalisiert werden müssen. Diese Ziele müssen dabei aus den Unternehmens- und Marketingzielen abgeleitet werden.

- Festlegung der Werbestrategie:
  Die Werbestrategie orientiert sich an der Corporate Identity, deren integrativer Bestandteil die Corporate Communication ist. Das Corporate-Identity-Konzept gewährleistet den zur Markenbildung erforderlichen einheitlichen Marktauftritt. Andererseits muss das gewählte CI-Konzept genügend Entfaltungsmöglichkeiten für eine lokale Profilierung lassen. Konkret muss im Rahmen der Strategie das Werbeversprechen und die damit angestrebte Unique Advertising Proposition festgelegt werden.

- Festlegung des Werbebudgets:
  Auf Basis der Werbeziele muss das notwendige Werbebudget ermittelt werden. Wichtig ist dabei eine ausgewogene Aufteilung des Budgets auf die Zentralebene und die einzelnen Filialen.

- Gestaltung der Werbebotschaft:
  Inhalt und Aufbereitung der werblichen Botschaft müssen sich an den Erfordernissen der konzern- und filialbezogenen Teilstrategie orientieren.

- Mediaselektion:
  Für die Teilstrategien sind Medienpläne zu entwickln. Sie zeigen die zeitliche Schaltung unterschiedlicher Medien wie Zeitschriften, Zeitungen, Fernsehen oder Hörfunk (Intermediaselektion). Dabei haben die einzelnen Medien für jede Teilstrategie ein anderes Gewicht. Die Mediapläne enthalten ferner die Belegung von einzelnen Zeitschriftentiteln oder Rundfunkprogrammen (Intramediaselektion).

Lösung Aufgabe 4b

Der Erfolg der Werbekonzeption für den Textilfilialisten „Summ" hängt entscheidend davon ab, ob sich die Teilkonzeption auf der Unternehmens- und Filialebene ergänzen und gegenseitig fördern. Die besondere Problematik eines solchen integrativen Gesamtkonzeptes liegt in der Abstimmung der zeitlichen und sachlichen Entscheidungstatbestände. Dabei sind besonders folgende Aspekte zu koordinieren:

- zeitliche Dimension:
  Abgestimmte Durchführungszeiträume einzelner Kampagnen.

- sachliche Dimension:
  Abstimmung der werblichen Teilziele, koordinierte Aufteilung des Budgets, Abstimmung über die verschiedenen Werbebotschaften.

Zusammenfassend muss eine Werbekonzeption gewährleisten, dass einerseits ein einheitliches Gesamtunternehmensimage aufgebaut wird, andererseits den einzelnen Filialen die Möglichkeit von standortspezifischen Werbemaßnahmen eingeräumt wird.

Lösung Aufgabe 4c

Die folgende Tabelle zeigt stichwortartig die Einsatzmöglichkeiten der wichtigsten Werbeträger und ihre Vorteile auf:

Einsatzmöglichkeiten / Werbeträger	Regionale Werbekonzeption der Verkaufshäuser	Überregionale Werbekonzeption des Unternehmens
Tageszeitungen/ Anzeigenblätter	■ regionale Zielgruppenansprache ■ aktuelle Produkt-informationen	
Publikums-zeitschriften		■ breite Zielgruppenansprache ■ mehrfarbige Darstellung ■ günstiger Tausender-Preis ■ Mehrfachkontakte
Fachzeitschriften		■ mehrfarbige Darstellung ■ gezielte Ansprache von Meinungsführern ■ Herausstellung eines Pro-duktes oder einer Abteilung
Fernsehen		■ breite Zielgruppenansprache ■ Erreichung einer hohen Bekanntheit
Hörfunk	■ regionale Zielgruppenan-sprache über Lokalradios/ Regionalsender	■ breite Zielgruppenansprache ■ begrenzte Darstellungs-möglichkeiten
Plakate	■ gezielter regionaler Einsatz ■ mehrfarbige Darstellung ■ Mehrfachkontakte möglich	■ kann auch überregional eingesetzt werden ■ mehrfarbige Darstellung ■ Mehrfachkontakte möglich

GABLER GRAFIK

Abbildung 7-7: Einsatzmöglichkeiten der wichtigsten Werbeträger

Lösung Aufgabe 5 Werbewirkung

Anzeigen Gestaltungs- kriterien	JOOP	Der Pfandbrief
Größe	ganzseitig	ganzseitig
Text-/Bildanteil	fast ausschließlich Bildcharakter	Textcharakter überwiegt eindeutig
Darstellung von Personen	dominiert	fehlt
Verbale Gestaltung	nur Markenname und Produktbezeichnung	sehr detaillierte Einzelinformationen
Anteile emotionaler und kognitiver Informationen	emotionale Informationen	kognitive Informationen
Thematische Argumentation	keine	fast ausschließlich sachlich/ technische Informationen
Originalität	Modellauswahl und Kombination	sachlicher Charakter
Zusammenspiel aller Werbeargumente	rein emotionale Werbung Bildkommunikation	starker Produktbezug
Aufmerksamkeit	hoch	niedrig
Anmutung	hoch	niedrig
Aufnahme thematischer Informationen	niedrig	sehr hoch
Verständnis der Botschaft		aufwendig
Identifikation	über die abgebildeten Personen möglich	über die Information möglich
Wissen	kaum beeinflusst	sehr informativ
Bekanntheit	wird durch einfache Botschafts- gestaltung und hohen Auf- merksamkeitswert gefördert	wird durch den niedrigen Aufmerksamkeitswert kaum gefördert
Motivation	auf Basis emotionaler Aktivierung	durch umfangreiche kognitive Informationen
Einstellungsbildung	durch emotionale Konditionierung	durch hohe Wissenswirkung

GABLER
GRAFIK

Abbildung 7-8: Kriterienvergleich der beiden Printanzeigen

Lösung Aufgabe 6   Belegplanung

Lösung Aufgabe 6a

Die optimale Beleghäufigkeit ermittelt man, indem man die Aufmerksamkeitswirkungsfunktion maximiert. Dazu wird die 1. Ableitung dieser Funktion gleich Null gesetzt.

Konzeption 1:

Die erste Ableitung der Funktion $A_1 = 3{,}5x_1 - 0{,}04375x_1{}^2$ lautet:

$$\frac{dA_1}{dx_1} = 3{,}5 - 0{,}0875x_1 = 0$$

$$x_{1_{opt}} = \frac{3{,}5}{0{,}0875} = 40$$

Die maximale Aufmerksamkeitswirkung der Konzeption 1 wird somit bei 40 Schaltungen erreicht und hat folgenden Wert:

$$A_{1_{max}} = 3{,}5 \cdot 40 - 0{,}04375 \cdot 40^2 = 70$$

Konzeption 2:

Die erste Ableitung der Funktion $A_2 = 2{,}30505x_2 - 0{,}01844x_2{}^2$ lautet:

$$\frac{dA_2}{dx_2} = 2{,}30505 - 0{,}03688x_2 = 0$$

$$x_{2_{opt}} = \frac{2{,}30505}{0{,}03688} = 62{,}5$$

Die maximale Aufmerksamkeitswirkung der Konzeption 2 wird theoretisch bei 62,5 Schaltungen erreicht. Da 62,5 keine zulässige Lösung ist (es sind maximal nur 52 Schaltungen möglich), erreicht die Konzeption 2 bei 52 Schaltungen ihre maximale Aufmerksamkeitswirkung. Die Aufmerksamkeitswirkung der Konzeption 2 hat folgenden Wert:

$$A_{2_{max}} = 2{,}30505 \cdot 52 - 0{,}01844 \cdot 52^2 = 70$$

Die Konzeptionen erreichen somit beide die gleiche Aufmerksamkeitswirkung, sie sind also hinsichtlich des Oberziels indifferent. Zur Entscheidungsfindung sind darum zusätzlich Kostenwirkungen heranzuziehen.

Die Kosten für beide Werbekonzeptionen stellen sich wie folgt dar:

$$K_1 = 40 \cdot 98.000 = 3.920.000 \ \text{€}$$

$$K_2 = 52 \cdot 71.000 = 3.692.000 \ \text{€}$$

Bei zusätzlicher Berücksichtigung der Kosten sollte die Konzeption 2 gewählt werden.

Lösung Aufgabe 6b

Die Basis für die gewählte Zielsetzung „maximale Aufmerksamkeitswirkung" bildet das Werbewirkungsmodell, das folgende Phasen enthält:

■ Aktivierung (Aufmerksamkeit erzeugen), Werbemittelkontakt

■ emotionale Reizverarbeitung und kognitive Informationsverarbeitung

■ Einstellungsbeeinflussung/Kaufabsicht

■ Verhalten.

Bei diesem Werbewirkungsmodell wird davon ausgegangen, dass das Verhalten des Verbrauchers beeinflussbar ist, wenn es gelingt seine Aufmerksamkeit für die Werbebotschaft zu wecken. Somit ist der unterstellte Zusammenhang zwischen Umsatz und Aufmerksamkeitswirkung durchaus realistisch.

Lösung Aufgabe 7   Gewinnmaximales Werbebudget

Da vier Preis-Absatz-Funktionen existieren, müssen auch vier Gewinnfunktionen aufgestellt werden. Bei der Zielsetzung der Gewinnmaximierung ist die Differenz zwischen Umsätzen und Kosten zu maximieren. Die gewinnmaximale Preismengenkombination nach Cournot, liegt vor, wenn der Grenzgewinn, also die erste Ableitung der Gewinnfunktion, den Wert Null annimmt ($U'(x) - K'(x) = 0$) und die zweite Ableitung negativ ist. In diesem gewinnmaximalen Punkt sind Grenzumsatz und Grenzkosten gleich ($U'(x) = K'(x)$), das heißt, die Steigung der Umsatzkurve und der Gesamtkostenkurve sind identisch. (P. S.: Wegen der großen Zahlen in dieser Aufgabe können Taschenrechner-Ergebnisse von der Musterlösung abweichen. Dies ist auf rechnerinterne Rundungsabweichungen zurückzuführen.)

Maximumbestimmung ohne Werbung

$$G_0 = U_0 - K_{po} = p_0 \cdot x - K_p$$

$$G_0 = 299.200x - 11,662x^2 - 800.000 - 10x \rightarrow max.!$$

Zur Maximumbestimmung wird die Ableitung der Funktion gleich Null gesetzt:

$$\frac{dG_0}{dx} = 299.200 - 23,324x - 10 = 0 \qquad \text{da die 2. Ableitung} < 0 \text{ ist, liegt ein Maximum vor.}$$

Die Cournot'sche Menge x_c ergibt sich durch Auflösen dieser Gleichung nach x:

$$x_{co} = 12.828$$

$$\Delta x_c = 0$$

$$K_w = 0,00 \ €$$

Der zugehörige Gewinn beträgt:

$$G_0 = 1.918.138.724 \text{ €}$$

1. Alternative mit Werbung

$$G_1 = U_1 - K_{p1} = p_1 \cdot x - K_p - K_w$$

$$G_1 = 469.200x - 11,662x^2 - 800.000 - 10x - K_w$$

Zur Maximumbestimmung wird die Ableitung der Funktion gleich Null gesetzt:

$$\frac{dG_0}{dx} = 469.200 - 23,324x - 10 = 0 \qquad$$ da die 2. Ableitung < 0 ist, liegt ein Maximum vor.

Die Cournot'sche Menge x_c ergibt sich durch Auflösen dieser Gleichung nach x:

$$x_{c1} = 20.116$$
$$\Delta x_c = 7.288$$
$$K_w = 308.459.798 \text{ €}$$

Der zugehörige Gewinn beträgt:

$$G_1 = 4.409.897.637 \text{ €}$$

2. Alternative mit Werbung

$$G_2 = U_2 - K_{p2} = p_2 \cdot x - K_p - K_w$$

$$G_2 = 639.200x - 11,662x^2 - 800.000 - 10x - K_w$$

Zur Maximumbestimmung wird die Ableitung der Funktion gleich Null gesetzt:

$$\frac{dG_0}{dx} = 639.200 - 23,324x - 10 = 0 \qquad$$ da die 2. Ableitung < 0 ist, liegt ein Maximum vor.

Die Cournot'sche Menge x_c ergibt sich durch Auflösen dieser Gleichung nach x:

$$x_{c2} = 27.405$$
$$\Delta x_c = 14.577$$
$$K_w = 2.473.073.794 \text{ €}$$

Der zugehörige Gewinn beträgt:

$$G_2 = 6.284.569.355 \text{ €}$$

3. Alternative mit Werbung

$$G_3 = U_3 - K_{p3} = p_3 \cdot x - K_p - K_w$$

$$G_3 = 809.200x - 11{,}662x^2 - 800.000 - 10x - K_w$$

Zur Maximumbestimmung wird die Ableitung der Funktion gleich Null gesetzt:

$$\frac{dG_0}{dx} = 809.200 - 23{,}324x - 10 = 0 \qquad \text{da die 2. Ableitung} < 0 \text{ ist, liegt ein Maximum vor.}$$

Die Cournot'sche Menge x_c ergibt sich durch Auflösen dieser Gleichung nach x:

$$x_{c3} = 34.693$$

$$\Delta x_c = 21.865$$

$$K_w = 8.351.548.731 \ €$$

Der zugehörige Gewinn beträgt:

$$G_3 = 5.684.447.188 \ €$$

Der Vergleich der vier denkbaren Situationen zeigt, dass Werbekosten in Höhe von 2.473.073.794 € zum höchsten Gewinn führen, nämlich 6.284.569.355 €. Demnach sollte die 2. Preis-Absatz-Funktions-Alternative gewählt werden.

Der zugehörige Preis des neuen Kostenanalyseprogramms beträgt 319.603 €.

Lösung Aufgabe 8   Werbebudgetierung

Eine prozentuale Orientierung am Umsatz ist kein geeignetes Verfahren zur Werbebudgetierung, da kein Ursache-Wirkungs-Zusammenhang zwischen dem Umsatz des vorangegangenen Jahres und dem Werbebudget besteht.

Die verfügbaren Mittel können kein alleiniger Orientierungsmaßstab sein, da auch hier der Ursache-Wirkungs-Zusammenhang mit der Werbebudgethöhe fehlt. Als Restriktion bietet diese Kerngröße allerdings wichtige Zusatzinformationen.

Bei beiden Verfahren besteht zudem die Gefahr des prozyklischen Werbeverhaltens. Eine Periode, in der ein hoher Umsatz beziehungsweise Cashflow erwirtschaftet wurde, bewirkt ein hohes Werbebudget in der Folgeperiode. Umgekehrt wird in umsatzschwachen Phasen nur wenig Werbung betrieben. Eine solche Verhaltensweise ist ökonomisch nicht sinnvoll.

Eine Orientierung an der Konkurrenz kann ebenfalls zu Fehlentscheidungen führen, insbesondere dann, wenn Sondereinflüsse wie etwa kostspielige Neueinführungen der Konkurrenz das Bild verzerren. Außerdem müssten zumindest Überlegungen über das Verhältnis von Marktanteil und Werbeanteil angestellt werden. Das heißt, dass sich das eigene Werbebudget nicht an den bloßen Budgets der Konkurrenten orientieren kann, sondern dass die Werbebudgets der Wettbewerber ins Verhältnis zu deren Marktanteil gesetzt werden. Erst dieses Verhältnis (share of market zu share of voice) ist ein geeigneter Maßstab für das eigene Werbebudget.

Die Orientierung an den angestrebten Werbezielen kann als geeignete Vorgehensweise gelten. Der Ursache-Wirkungs-Zusammenhang zwischen Werbeziel und Werbebudget ist korrekt. Wenn die Werbeabteilung nachweisen kann, dass die zuvor formulierten Ziele mit einem bestimmten Budget erreichbar sind, so wäre dieses Budget optimal. Die dazu erforderliche Kenntnis der Werbewirkung ist allerdings oftmals nur unzureichend.

Lösung Aufgabe 9   Mediaselektion

Bei der Mediaselektion sind zwei Aspekte zu berücksichtigen: sachliche und zeitliche.

Unter **sachlichen Aspekten** ist zu entscheiden, wie die Etats auf die einzelnen Werbeträger verteilt werden sollen. Dabei soll eine optimale Allokation des Budgets im Sinne der Werbeziele erreicht werden. Die Selektion der Werbeträger erfolgt in zwei Schritten:

■ Die Inter-Media-Selektion befasst sich mit der Auswahl bestimmter Werbeträgergruppen wie zum Beispiel Publikumszeitschriften, Tageszeitungen, Fernsehen, Hörfunk, Plakatwände oder Filme. Hierbei ist festzulegen, welchen Stellenwert bestimmte Mediagattungen zur Verfolgung festgelegter Werbeziele einnehmen sollen. Abhängig vom relativen Gewicht, welches einzelne Medien im Rahmen der Mediastrategie einnehmen sollen, kann man noch zwischen Basismedium und flankierendem Medium unterscheiden.

■ Die Intra-Media-Selektion befasst sich mit der Auswahl der speziellen Werbeträger innerhalb der einzelnen Werbeträgergruppen. Bei Zeitschriften könnte zum Beispiel eine Selektion zwischen Stern, Spiegel und Focus erfolgen. In diesem Zusammenhang bieten Daten zur Reichweite erste Anhaltspunkte, die aber über die Kontaktqualität der einzelnen Werbeträger nur wenig Auskunft geben.

Unter **zeitlichen Aspekten** ist zu bestimmen, wie die einzelnen Werbemaßnahmen zeitlich koordiniert werden müssen, um im Hinblick auf die zu erreichenden Werbeziele ein optimales Timing der Werbemaßnahmen zu gewährleisten. Die Planung sollte unter Berücksichtigung saisonaler Umsatzschwankungen und im Hinblick auf konsumentenspezifische Lern- und Vergessenswirkungen erfolgen.

Lösung Aufgabe 10   Mediaplan

Lösung Aufgabe 10a

Die Anwendung des LP-Ansatzes erfordert zunächst, die Zielfunktion und die Nebenbedingungen zu formulieren.

1. Zielfunktion

Die Zielfunktion lautet:

$$W_G = \sum_{i=1}^{n} W_i \cdot x_i \rightarrow max.!$$

mit: W_i = Werbewirkung einer Schaltung im Medium i (gewichtete Reichweite)
        x_i = Belegung des Mediums i

Für die Werbewirkung gilt:

$$W_i = l_i \cdot e_i \cdot p_i \cdot q_i$$

mit: l_i = Leserschaftsgröße des Mediums
        e_i = Zielgruppengewichtung der Leserschaft des Mediums
        p_i = Kontaktwahrscheinlichkeit mit der geschalteten Anzeige im Medium i
        q_i = Qualität des Mediums i

Für die einzelnen Zeitschriften ergeben sich folgende Werbewirkungen pro Schaltung:

Jugendzeitschrift „Prado" (Medium 1):

l_i = Männer: 1.500 Tsd. · 50 %; Frauen: 1.500 Tsd. · 50 %
e_i = Männer: 15 %; Frauen: 55 %
p_i = 0,65
q_i = 1
W_1 = (1.500 · 0,5 · 0,15 + 1.500 · 0,5 · 0,55) · 0,65 · 1 = 341,25

Mädchenzeitschrift „Ragazza" (Medium 2):

l_i = Männer: 750 Tsd. · 15 %; Frauen: 750 Tsd. · 85 %
e_i = Männer: 15 %; Frauen: 55 %
p_i = 0,70
q_i = 1
W_2 = (750 · 0,15 · 0,15 + 750 · 0,85 · 0,55) · 0,70 · 1 = 257,25

Die Zielfunktion lautet somit:

$$W_G = 341,25x_1 + 257,25x_2 \rightarrow max.!$$

2. Nebenbedingungen

■ Budgetrestriktion

$$112.500x_1 + 79.500x_2 \leq 1.500.000$$

■ Belegungsrestriktionen

$$2 \leq x_1 \leq 26$$
$$3 \leq x_2 \leq 13$$

Denn im Planungszeitraum (sechs Monate) können maximal 26 Anzeigen in der Zeitschrift „Prado" und maximal 13 Anzeigen in der Zeitschrift „Ragazza" erscheinen. Dabei darf nicht vergessen werden, dass mindestens zwei beziehungsweise drei Anzeigen in den jeweiligen Zeitungen geschaltet werden müssen, um den angestrebten Werbeerfolg zu erreichen.

Die optimalen Werte für x_1 und x_2 können graphisch folgendermaßen bestimmt werden:

Die Zielfunktion und die Nebenbedingungen werden in ein x_1/x_2-Koordinatenkreuz eingetragen. Dazu werden die Nebenbedingungen in Gleichungen umgewandelt und die jeweiligen Achsenschnittpunkte ermittelt, indem man in den Gleichungen abwechselnd x_1 und x_2 gleich Null setzt.

Für die Budgetrestriktion gilt:

$$112.500x_1 + 79.500x_2 = 1.500.000 \iff x_2 = 18,87 - 1,415x_1$$

für $x_2 = 0$ gilt: $x_1 = \dfrac{1.500.000}{112.500} = 13,34$

für $x_1 = 0$ gilt: $x_2 = \dfrac{1.500.000}{79.500} = 18,87$

In der Zielfunktion tritt neben x_1 und x_2 die Größe W_G als dritte Unbekannte auf. Um die Zielfunktion einzeichnen zu können muss die Zielgröße W_G zunächst willkürlich festgelegt werden.

Es gilt:

$$W_G = 341,25x_1 + 257,25x_2 \iff x_2 = \dfrac{W_G}{257,25} - 1,326x_1$$

mit $W_G = W_G' = 1.500$ erhält man

für $x_1 = 0$ gilt: $x_2 = \dfrac{1.500}{257,25} = 5,83$

für $x_2 = 0$ gilt: $x_1 = \dfrac{1.500}{341,25} = 4,39$

Die optimale Lösung ergibt sich genau in dem Punkt, in dem die Zielfunktion den zulässigen Lösungsbereich tangiert. Diesen Punkt ermittelt man graphisch, indem die vorläufig eingezeichnete Zielfunktion parallel verschoben wird, bis der Tangentialpunkt erreicht ist. Die optimale Lösung besteht in diesem Fall darin, 4,2 Anzeigen in der

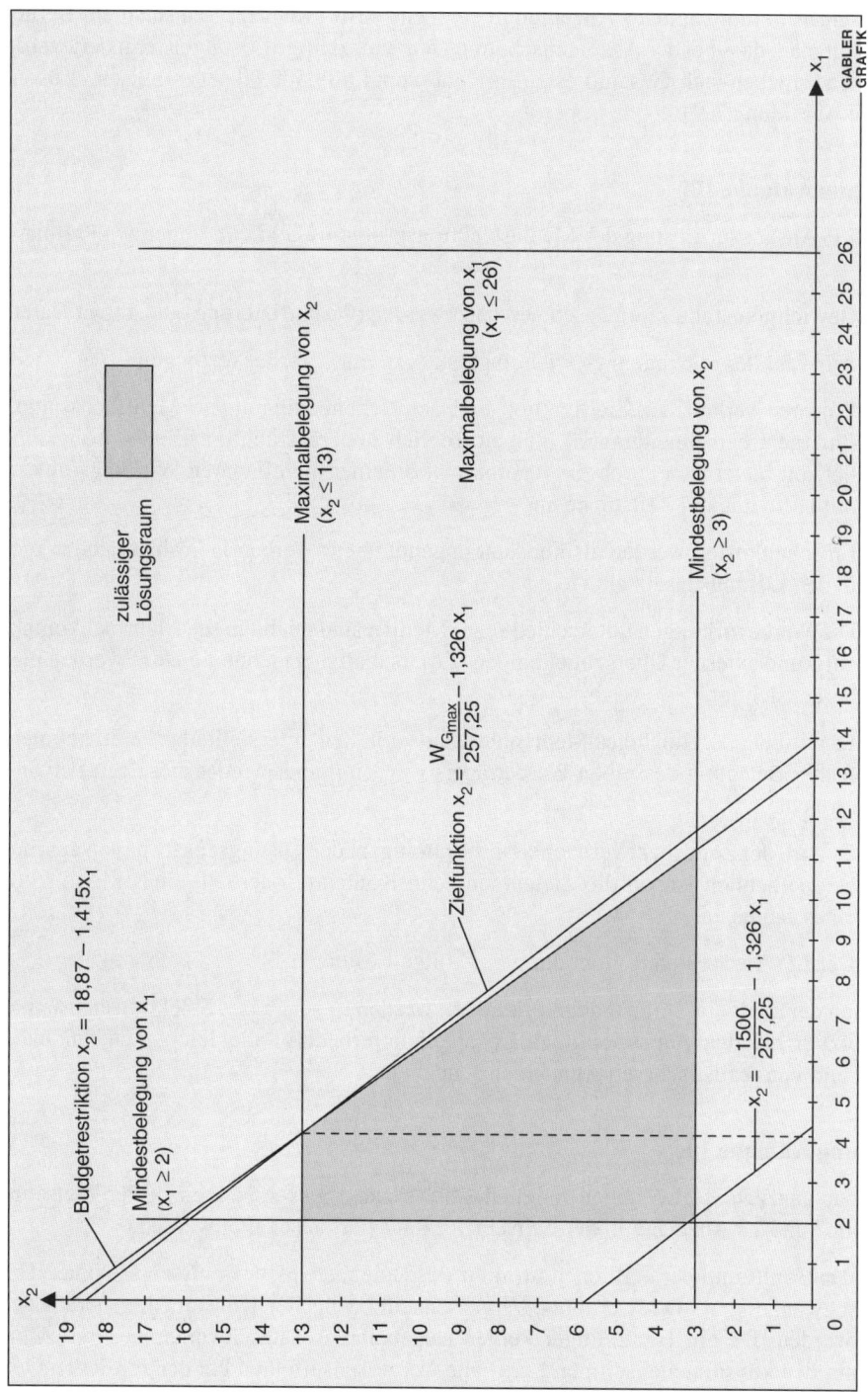

Abbildung 7-9:   Graphische Lösung, Lineare Programmierung

Zeitschrift „Prado" und 13 Anzeigen in der Zeitschrift „Ragazza" zu schalten. Berücksichtigt man, dass bei der Anzeigenschaltung nur ganzzahlige Lösungen realisiert werden können, ergeben sich Gesamtkosten in Höhe von 1.483.500,00 € (graphische Lösung: siehe Abbildung 7-9).

Lösung Aufgabe 10b

Der LP-Ansatz zur Lösung des Mediaselektionsproblems geht von folgenden Prämissen aus:

- Gewichtungsfaktoren müssen geschätzt werden (Quantifizierung qualitativer Daten).

- Auswahl der relevanten Gewichtungsfaktoren muss vorher festliegen.

- Linearer Verlauf der Zielfunktion und der Nebenbedingungen. Mehrfachkontakte (interne Überschneidungen) bleiben folglich unberücksichtigt. Eine Lösungsmöglichkeit bietet sich durch die Approximation einer nichtlinearen Wirkungsfunktion mit Hilfe linearer Teilstücke an.

- Einschaltkosten werden als konstant angenommen. Werbeträgerrabatte gehen nicht in den Lösungsansatz ein.

- Die Werbewirkungen unterschiedlicher Medien sind unabhängig. Mehrfachkontakte aufgrund externer Überschneidungen (Leserschaftsüberschneidungen) werden nicht berücksichtigt.

- Es wird ein regelmäßiges Mediennutzungsverhalten unterstellt, das heißt, bei mehrfacher Belegung desselben Werbeträgers werden immer wieder dieselben Personen erreicht.

- Es wird der Zeitaspekt vernachlässigt. Damit geht der Lösungsansatz davon aus, dass es unerheblich ist, ob die Zielperson zehn Kontakte innerhalb eines Monats oder eines Jahres hat.

- Der LP-Ansatz liefert nicht nur ganzzahlige Lösungen.

Wegen der stark einschränkenden Prämissen werden in der Praxis Selektionsheuristiken bevorzugt, die zwar nur suboptimale Lösungen liefern, dafür aber leichter zu handhaben sind und von realistischeren Annahmen ausgehen.

Lösung Aufgabe 10c

Da nur ganzzahlige Lösungen möglich sind, können vier Anzeigen in der Zeitschrift „Prado" und 13 Anzeigen in der Zeitschrift „Ragazza" geschaltet werden.

Bei der Ermittlung der zeitlichen Struktur des Belegungsplanes müssen saisonale Umsatzschwankungen sowie Lern- und Vergessenseffekte bei den Konsumenten berücksichtigt werden. Da ein Hautreiniger keinen saisonalen Absatzschwankungen unterliegt, kommt den konsumentenseitigen Lern- und Vergessenseffekten bei der zeitlichen Optimierung besondere Bedeutung zu. Es empfiehlt sich, zu Beginn der Kampagne in konzentrierter Form zu werben. Denn vor dem Hintergrund eines intensiver werdenden Kommunikationswettbewerbes ist es notwendig, zunächst eine gewisse Reizschwelle zu überwinden, damit die Botschaft trotz der zunehmenden Informationsüberlastung der Konsumenten überhaupt wahrgenommen wird. Ein weiteres Problem besteht darin, dass die Werbebotschaft von den Konsumenten zu schnell wieder vergessen wird, wenn sie zu selten an das Produkt erinnert werden. Diesem Vergessenseffekt sollte durch regelmäßiges Wiederholen der Werbebotschaft entgegengewirkt werden (Erinnerungswerbung). Diese Überlegungen lassen folgenden zeitlichen Belegungsplan am sinnvollsten erscheinen:

In den ersten vier Wochen wird die Anzeige in beiden Zeitschriften geschaltet, ab der fünften Woche sollte dann die Anzeige im 14-tägigen Rhythmus in der Zeitschrift Ragazza geschaltet werden. Der Streuplan sähe dann folgendermaßen aus:

Woche	1	2	3	4	5	7	9	11	13	15	17	19	21	23	25	Summe
Prado	*	*	*	*												4
Ragazza	*		*		*	*	*	*	*	*	*	*	*	*	*	13

GABLER GRAFIK

Abbildung 7-10:   Streuplan für die beiden Zeitschriften

Lösung Aufgabe 11   Streuplanung

Lösung Aufgabe 11a

Ein geeignetes Entscheidungskriterium für die Rangordnung der zu belegenden Zeitschriften ist der gewichtete Tausender-Leser-Preis. Dieser gibt an, wie viel es kostet, 1.000 Personen der Zielgruppe, in diesem Fall Frauen, mit einer Anzeige zu erreichen.

Brigitte: $\dfrac{90.016}{3.920.00} \cdot 1.000 = 22{,}96$ €   Rang 3

Freundin: $\dfrac{59.607}{3.080.000} \cdot 1.000 = 19{,}35$ €   Rang 2

Für Sie: $\dfrac{50.990}{3.010.000} \cdot 1.000 = 16{,}94$ €   Rang 1

Lösung Aufgabe 11b

Für die Grobauswahl der Werbeträger kann der Tausender-Kontaktpreis herangezogen werden. Die daraus resultierende Wirtschaftlichkeitsrangfolge muss allerdings wie folgt kritisch beurteilt werden:

Intra-Media-Vergleich:

▪ Zur Beurteilung eines spezifischen Werbeträgers wird dessen gesamte Nutzerschaft herangezogen. Der Tausender-Preis vernachlässigt demnach die Zielgruppenadäquanz des Mediums.

▪ Es werden die potenziellen und nicht die tatsächlichen Kontakte zur Medienbewertung herangezogen. In unterschiedlichen Zeitschriften sind jedoch zum Beispiel die Kontaktwahrscheinlichkeiten mit einer geschalteten Anzeige nicht gleich hoch.

▪ Einschaltzeitpunkte bleiben unberücksichtigt.

▪ Mögliche Rabattgewährungen gehen nicht in die Tausender-Kontaktpreise ein.

Inter-Media-Vergleich:

▪ Die unterschiedlichen Darstellungsmöglichkeiten und Einschaltqualitäten der Mediengattungen werden vernachlässigt (zum Beispiel Erscheinungswerte, Verfügbarkeit, Nutzungshäufigkeit, Medienfunktion usw.).

▪ Leserschaftsüberschneidungen (externe Mehrfachkontakte) werden neben der Zielgruppenadäquanz der Leserschaft nicht berücksichtigt.

In der Praxis hat diese Kritik dazu geführt, den Tausender-Kontaktpreis durch unterschiedliche Gewichtungsfaktoren für die einzelnen Medien zu korrigieren (zum Beispiel Zielgruppenadäquanz, Kontaktwahrscheinlichkeit, Darstellungsqualität etc.). Problematisch ist dabei allerdings die Schätzung der Gewichtungswerte.

3. Fallstudie: Einführungskampagne für ein alkoholfreies Bier

Die „Met-AG" ist eine traditionsreiche deutsche Markenbrauerei. Trotz ihrer langen, eindrucksvollen Geschichte und der hohen Qualität ihrer Produkte, sieht sich die „Met-AG" einer ständig schwieriger werdenden Absatzsituation gegenüber.

Im Jahr 1994 konkurrierten 1.278 deutsche Braustätten mit rund 5.000 Marken um das Gesamtmarktvolumen in Deutschland von 20,5 Milliarden GE. Trotz wachsender Konzentration gilt der deutsche Biermarkt im internationalen Vergleich jedoch als fragmentiert. Diese Feststellung wird durch eine Analyse der Marktanteile noch unterstützt.

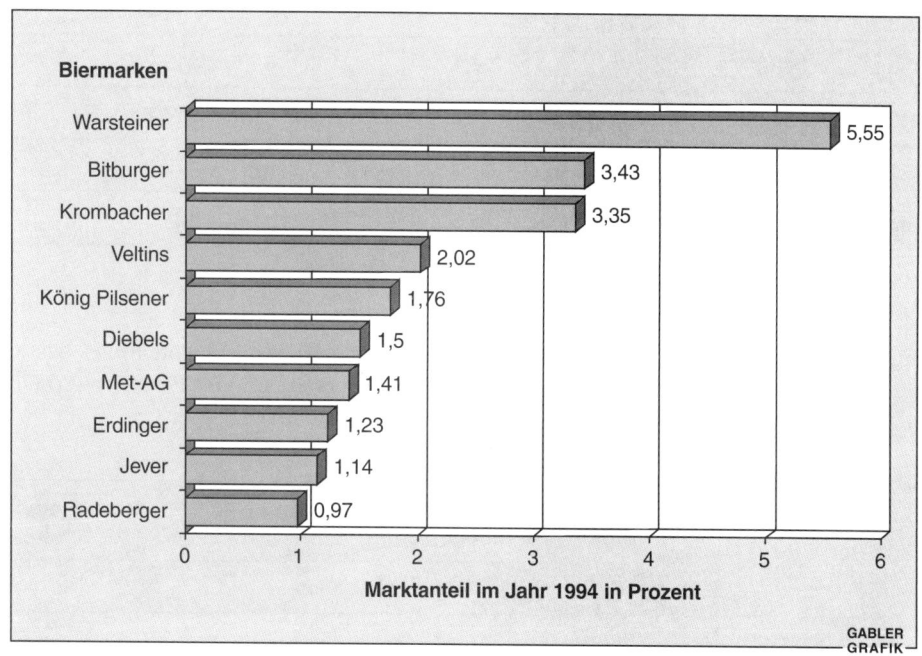

Abbildung 7-11: Marktanteile ausgewählter Biermarken

Während der Markt für klassisches Bier eine „atomistische" Struktur aufweist, finden sich in dem recht jungen Markt für alkoholfreies Bier nur wenige Anbieter und die Marktanteile in diesem Segment bewegen sich in Bereichen zwischen 4 Prozent (Gerstel) und 54 Prozent (Clausthaler).

Nachfragestruktur und -verhalten auf dem deutschen Biermarkt

68,4 Prozent der Gesamtbevölkerung ab 14 Jahren gehören zu den Konsumenten von Bier – das entspricht 42,8 Millionen Menschen (alle Zahlen für 1993). Dabei wird Bier in erster Linie, nämlich zu fast 70 Prozent, von Männern konsumiert.

Im Hinblick auf die **Altersstruktur** der Bierkonsumenten ist eine hohe Ähnlichkeit zur Struktur der Gesamtbevölkerung zu konstatieren. Der Anteil der Bierkonsumenten weicht, abgesehen von den Altersgruppen der 14- bis 19-Jährigen und der über 60-Jährigen, nicht wesentlich vom Anteil in der Gesamtbevölkerung ab.

	Anteil an der Gesamtbevölkerung	Anteil der Altersgruppe an Bierkonsumenten
	in %	
14 bis 19 Jahre	7,3	3,8
20 bis 29 Jahre	18,3	19,5
30 bis 39 Jahre	17,1	19,2
40 bis 49 Jahre	14,9	17,2
50 bis 59 Jahre	17,0	18,5
ab 60 Jahre	25,5	21,8

GABLER GRAFIK

Abbildung 7-12:   Bierkonsumenten nach Altersstruktur

Im Hinblick auf das **Haushalts-Nettoeinkommen** sind Bierkonsumenten eher besser verdienend. Von den jährlichen Gesamthaushaltsausgaben eines Vier-Personen-Arbeitnehmerhaushaltes entfielen 1992 0,8 Prozent (oder 372,00 GE) auf Bier.

	Anteil an der Gesamtbevölkerung	Anteil an Bierkonsumenten
	in %	
unter 2.000 GE	17,4	13,6
2.000 bis 3.000 GE	25,0	25,7
3.000 bis 4.000 GE	21,9	22,7
mehr als 4.000 GE	35,7	38,1

GABLER GRAFIK

Abbildung 7-13:   Bierkonsumenten nach Einkommensklassen

Deutschland ist ein „Biertrinkerland" – dies belegt nicht nur die emotionale Debatte um das deutsche Reinheitsgebot für Bier, sondern auch der **Pro-Kopf-Bierverbrauch**. Mit 139,6 l (1994) nimmt Deutschland im internationalen Vergleich einen Spitzenplatz ein (die nachfolgende Tabelle gibt Daten aus dem Jahr 1991 wieder).

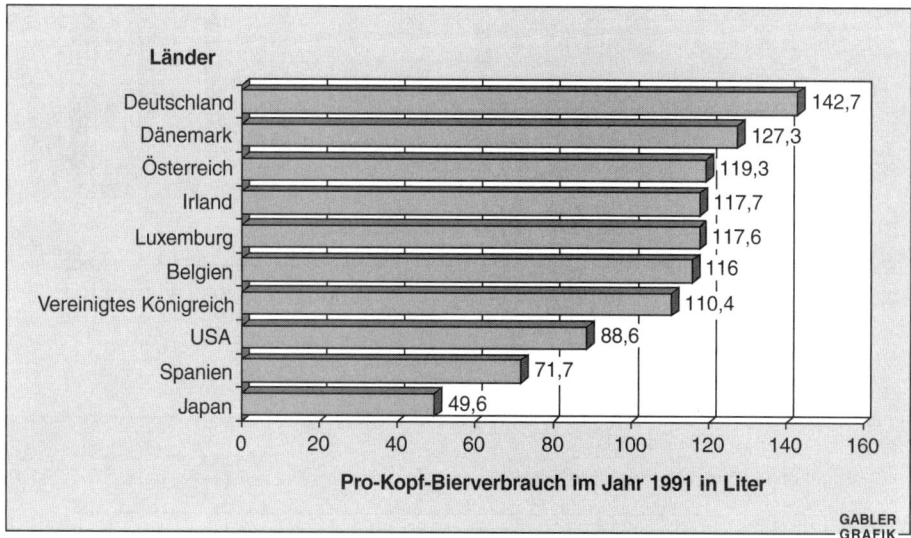

Abbildung 7-14:   Der deutsche Pro-Kopf-Bierverbrauch im internationalen Vergleich (1991)

Allerdings ist auf dem deutschen Biermarkt die **Sättigungsgrenze** schon seit langem erreicht. Dies wird an der Entwicklung des Pro-Kopf-Verbrauchs sehr deutlich. Bereits 1970 hatte dieser Indikator den Wert von 141,1 l erreicht. Bis zum Jahr 1976 stieg der Pro-Kopf-Verbrauch auf seinen maximalen Wert von 151,9 l an und ist seitdem rückläufig. Konnten die deutschen Brauer noch in den achtziger und beginnenden neunziger Jahren über 140 l pro Kopf absetzen, sank der Verbrauch 1993 mit 138,1 l pro Kopf unter diese Marke. Zwar gelang 1994 eine Stabilisierung mit 139,6 l pro Kopf, dennoch muss man angesichts der Tendenz den deutschen Biermarkt zweifelsfrei als **gesättigten Markt auf hohem Niveau** kennzeichnen (vgl. Abbildung 7-15).

Eine Erklärung für die Stagnation beziehungsweise den Rückgang des Bierverbrauchs liegt in der durch den **Wertewandel** zu beobachtenden wachsenden Substitution alkoholhaltiger durch alkoholfreie Getränke, insbesondere durch Fruchtsäfte und Mineralwasser. So profitierten von dem beträchtlichen Anstieg des **Gesamtgetränkeverbrauchs** von 577,7 l auf 672,5 l oder 16,4 Prozent im Zeitraum 1980 bis 1994 ausschließlich alkoholfreie Getränke. Ihr Konsum stieg im selben Zeitraum von 398,2 l auf 506,7 l (+27,2 Prozent), während der Pro-Kopf-Verbrauch alkoholhaltiger Getränke von 179,5 l auf 168,8 l sogar zurückging (–6,3 Prozent) (vgl. Abbildung 7-16).

301

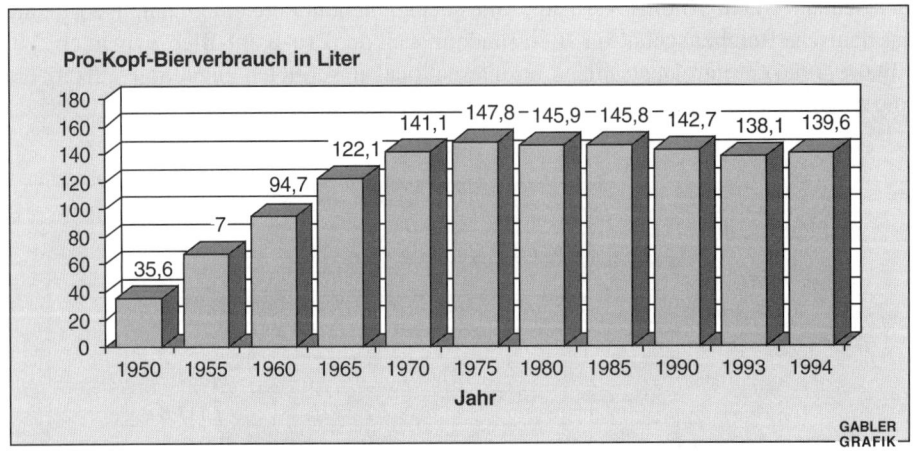

Abbildung 7-15: Der Pro-Kopf-Bierverbrauch in der Bundesrepublik Deutschland
von 1950 bis 1994

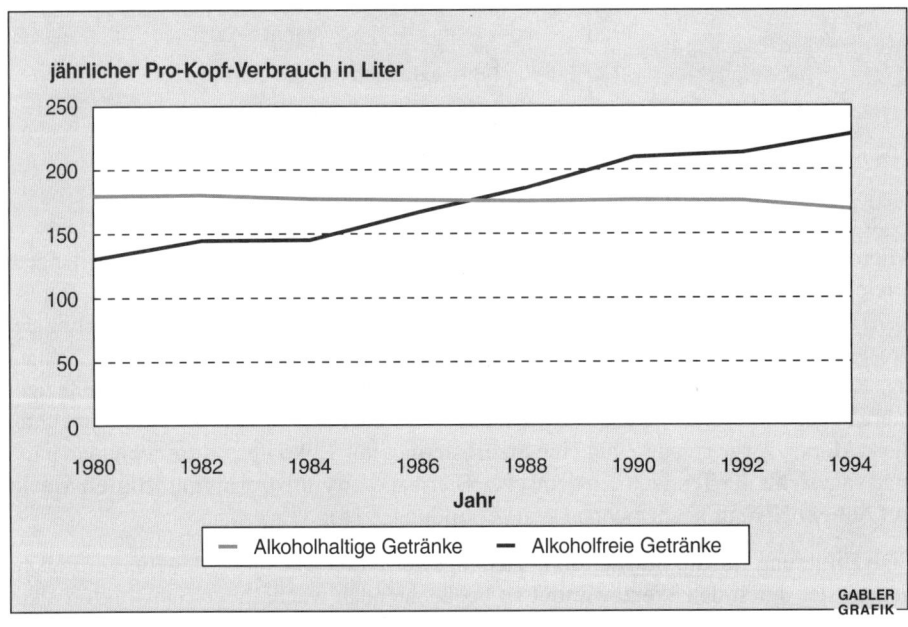

Abbildung 7-16: Alkoholfreie Getränke im Trend – Getränkeverbrauch
in Deutschland von 1980 bis 1994

302

In diesen Zahlen manifestiert sich das gestiegene Gesundheitsbewusstsein der Bundes-
bürger. Auf der einen Seite zieht eine vermehrte Sporttätigkeit einen deutlichen Geträn-
kemehrverbrauch, vorzugsweise von Wasser und Säften nach sich. Andererseits raten
Mediziner aus gesundheitlichen Gründen zu hohem Getränkekonsum.

Der Bierverbrauch nach Haushaltstypen stellt sich folgendermaßen dar:

Jahr	4 Pers.-HH, Arbeiter und Angestellte, mittleres EK	4 Pers.-HH, Beamte und Angestellte, gehobenes EK	2 Pers.-HH, Rentner und Sozialhilfeempfänger, geringes EK
1980	196,8 l	153,6 l	85,2 l
1989	178,8 l	187,2 l	100,8 l
1990	190,8 l	188,4 l	96,0 l
1991	187,2 l	183,6 l	98,4 l

GABLER GRAFIK

Abbildung 7-17:   Bierverbrauch nach Haushaltstypen

Neben den Daten zum Verbrauch ist die Bekanntheit der einzelnen Biermarken ein
wichtiger Aspekt, der bei der Planung der Marketingkommunikation zu berücksichtigen
ist. Die hauseigene Marktforschungsabteilung hat die gestützte Markenbekanntheit ausgewählter Biermarken erhoben. Daraus ergab sich folgendes Bild:

Als weitere Charakteristika des Biermarktes liegen folgende Erkenntnisse vor:

■ In den Städten wird pro Kopf mehr Bier getrunken als auf dem Lande.

■ In Süddeutschland wird im Durchschnitt mehr Bier getrunken als im Norden der
Bundesrepublik.

■ Bezüglich der Einstellung der Bierkäufer zum alkoholfreien Bier konnte zusammenfassend festgestellt werden, dass:

  – bei 60 Prozent der Bierkäufer pauschale Vorurteile gegenüber dem Geschmack
    von alkoholfreien Bieren bestehen und
  – die älteren Männer alkoholfreies Bier generell nicht als Bier im klassischen Sinne
    akzeptieren und es eher mit Getränken wie Limonade und Mineralwasser ver-
    binden

Bei den professionellen Verwendern konnte festgestellt werden, dass 900 von 15.000
Veranstaltern bereits heute aus Sicherheitsgründen nur noch alkoholfreies Bier aus-
schenken.

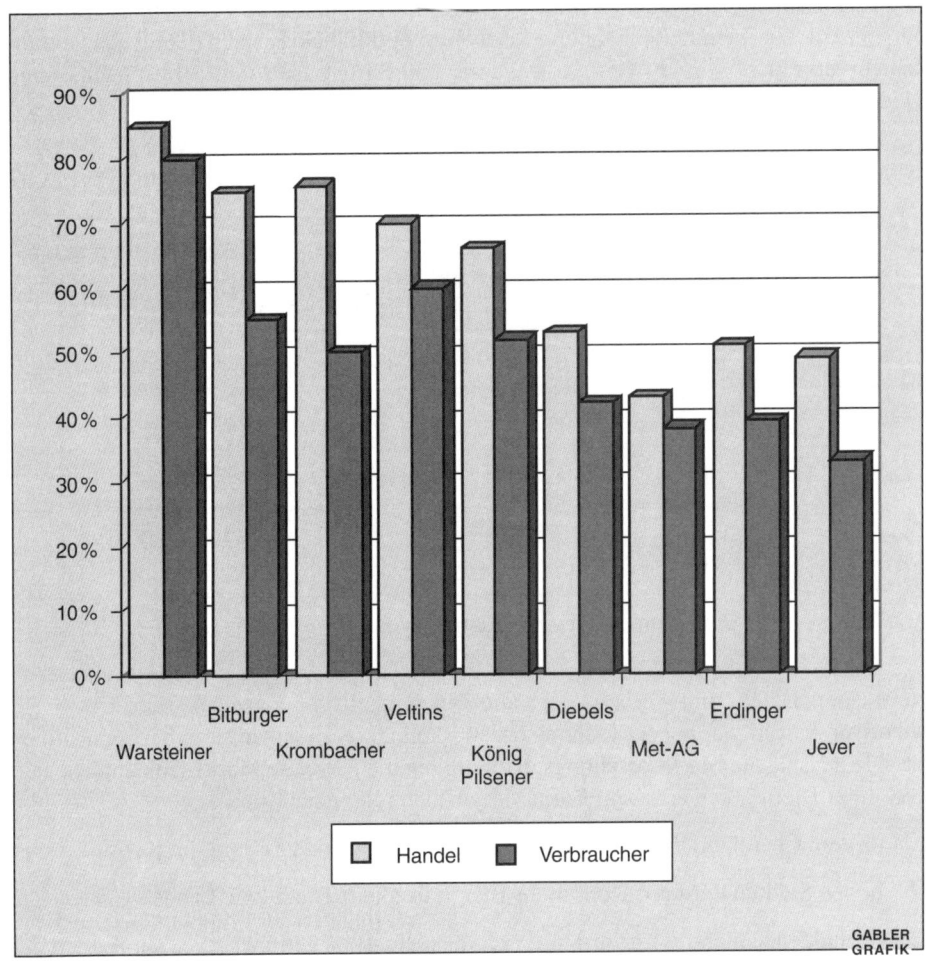

Abbildung 7-18:   Gestützter Bekanntheitsgrad einzelner Biermarken
beim Handel und bei Endverbrauchern

In dieser Marktsituation wird in der Geschäftsführung der „Met-AG" intensiv darüber diskutiert, ob ein alkoholfreies Bier unter der Dachmarke „Met-Aktiv" im Markt positioniert werden soll. Durch die Nutzung des Unternehmungsnamens im Sinne einer Dachmarke will man die gleichen Zielgruppen ansprechen, die man bereits mit der Biermarke erreicht.

Für die „Met-AG" existieren drei relevante Zielgruppen: der Handel, gewerbliche Verwender und private Haushalte. Allerdings besteht bei allen drei Zielgruppen ein Wissensdefizit in Bezug auf die Produkteigenschaften wie zum Beispiel: echtes Qualitätsprodukt,

Gesundheitsaspekte, Neuartigkeit etc. Obwohl bereits fast 50 Prozent der Händler über die Vorteile des alkoholfreien Bieres informiert sind, gibt es auch hier noch Handlungsbedarf.

Versetzen Sie sich in die Situation des Marketing-Assistenten. Sie erhalten die Aufgabe, Vorschläge bezüglich der Kommunikationsstrategie zu präsentieren. Dazu liegen Ihnen für die Mediaselektion neben den oben genannten Daten noch folgende Informationen vor:

Zeitschrift	Leser gesamt in Tsd.	Leser weiblich in Tsd.	Leser männlich in Tsd.	Preis 1/1 S. in GE	Preis/ 1.000 Leser
AZ	1.800	1.000	800	46.800	26
BZ	1.600	700	900	57.600	36
CZ	1.600	800	800	51.200	32
DZ	800	100	700	33.600	42
EZ	4.100	2.100	2.000	114.800	28

GABLER GRAFIK

Abbildung 7-19:   Daten für die Mediaselektion

Die AZ besitzt kein besonders hohes intellektuelles Niveau und sie wird überwiegend von den unteren Sozialschichten und auf dem Lande gelesen. Die DZ ist schon seit vielen Jahren am Markt eine echte Konstante und hat entsprechend viele regelmäßige Leser. Die EZ umfasst ein weites Feld an Themen und spricht auch aufgrund ihres Schreibstils alle Gesellschaftsschichten an. Da der Verlag in München seine Zentrale hat, gibt es bei der Berichterstattung über nationale Themen einen süddeutschen Schwerpunkt, entsprechend wird die EZ im norddeutschen Raum weniger gelesen. Die Leserschaft ist insgesamt nicht sehr treu.

Es steht ein Budget von 540.000 bis 580.000 GE für Einschaltungen in diesen fünf Medien zur Verfügung. Es sollen zwei Zeitschriften in den Streuplan aufgenommen werden. Ferner müssen wenigstens drei Belegungen pro Zeitschrift erfolgen, um die gewünschte Wirkung zu erzielen.

Aufgabe 1   Zielgruppenwahl

Stellen Sie die wichtigsten Zielgruppen, die Sie mit der Marktkommunikation für das neue alkoholfreie Bier Met-Aktiv erreichen wollen, zusammen.

Aufgabe 2   Kommunikationsziele

Formulieren Sie im Hinblick auf die relevanten Zielgruppen konkrete Kommunikationsziele für die Einführung des alkoholfreien Bieres. (Da die Formulierung von Zielen immer eine gewisse Bandbreite erlaubt und nicht mathematisch eindeutig abgeleitet werden kann, geht es in dieser Aufgabe nur darum, einen plausiblen Lösungsvorschlag zu präsentieren.)

Aufgabe 3   Kommunikationsmix

Nachdem die Ziele festgelegt wurden, geht es darum zu bestimmen, welche Kommunikationsinstrumente in welchem Ausmaß verwendet werden sollen. Wie würden Sie ein gegebenes Kommunikationsbudget auf die unterschiedlichen Instrumente verteilen?

Aufgabe 4   Inhaltliche Werbegestaltung

Welche Werbeargumente würden Sie bei der Ansprache der Haushalte einerseits und der gewerblichen Verwender andererseits in den Vordergrund stellen?

Aufgabe 5   Werbeträgerauswahl

Welche Typen von Werbemitteln und Werbeträgern würden Sie wählen, um die Haushalte und die gewerblichen Verwender von alkohlfreiem Bier anzusprechen und zu beeinflussen?

Aufgabe 6   Inter-Media-Selektion

Die Haushalte können durch die Zeitschriften AZ-EZ erreicht werden. Welche Zeitschriften sollen wie oft belegt werden, um dieses große Segment gezielt zu bearbeiten und gleichzeitig das Budget einzuhalten?

4. Lösungen zur Fallstudie: Einführungskampagne für ein alkoholfreies Bier

Lösung Aufgabe 1   Zielgruppenwahl

Die relevanten Zielgruppen lassen sich nach privaten Haushalte, gewerblichen Verwendern und dem Handel differenzieren. Aus diesen Zielgruppen lassen sich einige besonders erfolgversprechende Segmente identifizieren:

1. Handel: Getränkehandel, Tankstellen, Lebensmitteleinzelhandel, Warenhäuser

2. Gewerbliche Verwender: Restaurants und Gaststätten, Autobahnraststätten, Veranstaltungsservice-Unternehmen, Imbissstuben

3. Endverbraucher: sportlich orientierte und gesundheitsbewusste Männer mit einem mittleren bis hohen Einkommen, Autofahrer, Vier-Personen-Haushalte mit mittlerem Einkommen.

Lösung Aufgabe 2   Kommunikationsziele

Die Konkretisierung der Kommunikationsziele sollte insbesondere nach Zielinhalt, Zielausmaß, Zeit-, Segment- und Objektbezug vorgenommen werden. Da im vorliegen Fall das Objekt Met-Aktiv klar definiert ist, wird in der nachfolgenden Tabelle der Objektbezug nicht explizit erwähnt. Die Konkretisierung der Ziele lässt sich übersichtlich in Form einer Tabelle darstellen, die zum Beispiel folgendes Aussehen haben könnte:

Zielgruppe	Zielinhalt	Zielausmaß	Zeit-bezug
Private Haushalte	Schaffung einer Markenbekanntheit für das alkoholfreie Bier „Met-Aktiv"	von ca. 50 %	1 Jahr
	Vermittlung von Informationen über das Produkt	30 % sollen die positiven Produkteigenschaften kennen	1 Jahr

Private Haushalte	Veränderung der negativen Einstellungen bei Männern zu alkoholfreien Bieren	Verringerung des Anteils negativer Einstellungen – zum Geschmack von 60 % auf 20 % bei den Bier-käufern allgemein – zur Akzeptanz als klassisches Bier von 40 % auf 15 % bei den älteren Männern	1 Jahr
	Schaffung von Kaufabsichten	bei 30 % potenzieller Käufer von alkoholfreiem Bier	bis 2 Jahre
	Erringung eines Marktanteils im Markt für alkoholfreie Biere	von ca. 20 %	bis 2 Jahre
Gewerbliche Verwender	Schaffung einer Marken-bekanntheit für das alkohol-freie Bier „Met-Aktiv"	von ca. 65 %	1 Jahr
	Vermittlung der Informationen über die Produktvorteile	40 % sollen die Produkt-eigenschaften kennen	1 Jahr
	Stärkung positiver Einstel-lungen bei Geschäftsführern von Gaststätten	Anteilswert kann erst nach der Gewinnung exakterer Marktinformationen festgelegt werden	1 Jahr
	Erhöhung des Anteils an Veranstaltern, die alkohol-freies Bier verwenden	auf 10 %, wobei der Zuwachs insbes. durch das eigene Produkt erreicht werden soll	bis 2 Jahre
Getränke-händler, Tankstellen, Lebensmittel-händler	Schaffung einer Markenbekanntheit für das alkoholfreie Bier „Met-Aktiv"	von ca. 90 %	1 Jahr
	Vermittlung von Informationen über Produkt- und Wettbewerbsvorteile bei Aufnahme des alkoholfreien Bieres in das Sortiment	70 % sollen Vorteile kennen	1 Jahr
	Bildung positiver Einstellungen zu alkoholfreiem Bier	Anteilswert kann erst nach der Gewinnung exakterer Marktinformationen festgelegt werden	1 Jahr
	Distributionsdichte	von etwa 60 %	bis 2 Jahre

GABLER GRAFIK

Abbildung 7-20:   Formulierung möglicher Kommunikationsziele

Lösung Aufgabe 3   Kommunikationsmix

Die Bedeutung der Kommunikationsinstrumente für die Einführung des alkoholfreien Bieres muss sich an den einzelnen Zielgruppen orientieren. Vor dem Hintergrund der angestrebten segmentspezifischen Kommunikationsziele ist zum Beispiel folgende Aufteilung des Kommunikationsbudgets auf die einzelnen Instrumente denkbar:

Kommunika-tionsinstru-mente / Zielgruppen	Werbung	Verkaufs-förderung	Sponsoring	Public Relations
Private Haushalte	80 %	15 %	–	5 %
Gewerbliche Verbraucher	35 %	40 %	30 %	5 %
Handel	30 %	45 %	20 %	5 %

GABLER
GRAFIK

Abbildung 7-21:   Aufteilung des Kommunikationsbudgets

Lösung Aufgabe 4   Inhaltliche Werbegestaltung

Unter Berücksichtigung der gewonnenen Marktinformationen können folgende Werbeargumente gegenüber den Endverbrauchern und gewerblichen Verwendern besonders herausgestellt werden:

1. Haushalte:
   - Gesundheitsargument
   - Fitnesswelle
   - Führerscheinargument
   - Klarer Kopf, klares Vergnügen
   - Junges, modernes Produkt
   - Echtes Qualitätsprodukt (Reinheitsgebot)

2. Gewerbliche Verwender:
   - Sicherheitsargument bei Großveranstaltungen
     (keine Randalierer)
   - Zusätzlicher Umsatz bei Gaststätten durch Autofahrer
   - Echtes Neuprodukt
   - Erreichung einer jungen aktiven Zielgruppe

Lösung Aufgabe 5   Werbeträgerauswahl

Für eine wirksame breit gestreute Ansprache der Endverbraucher eignen sich folgende Werbemittel/Werbeträger-Kombinationen:

Werbemittel	Werbeträger
Plakate	diverse Anschlagflächen
Anzeigen	Tageszeitungen Publikumszeitschriften
Regionalprogramme	Funk Fernsehen

GABLER GRAFIK

Abbildung 7-22:   Geeignete Werbemittel/Werbeträger-Kombinationen

Die gewerblichen Verwender können besonders wirksam durch folgende Werbemittel/Werbeträger-Kombinationen erreicht werden:

Werbemittel	Werbeträger
Anzeigen	Fachzeitschriften Tageszeitungen
Prospektbeilagen	Fachzeitschriften
Direktwerbung	Direct Mailings, postalisch oder per Fax
Eventmarketing, Werbeveranstaltungen	Veranstaltungen der eigenen Werbeabteilung
Werbeverkaufshilfen	Probenausteilung bei Events

GABLER GRAFIK

Abbildung 7-23:   Geeignete Werbemittel/Werbeträger-Kombinationen

Lösung Aufgabe 6   Inter-Media-Selektion

Bei der Lösung dieses Problems sind unterschiedliche Vorgaben und Restriktionen zu beachten, die dem Text zu entnehmen sind. Die wichtigste Restriktion besteht in dem begrenzten Budget. Dennoch soll die Streuung optimiert werden. Als ökonomisches Kriterium für die Budgetallokation kann der Tausender-Kontaktpreis herangezogen werden:

Tausender-Preis = (Preis je Anzeigenseite · 1.000)/(Leser pro Ausgabe)

Nach diesem Kriterium sind die Zeitschriften AZ (26,00 GE/1.000 Leser) und EZ (28,00 GE/1.000 Leser) die günstigsten Alternativen. Sollen jedoch Männer gezielt angesprochen werden, da Bier überwiegend von männlichen Konsumenten gekauft wird, so ist der ungewichtete Tausender-Preis als Kriterium der Reichweitenmaximierung bei begrenztem Budget nicht geeignet. Es muss eine zielgruppenspezifische Gewichtung vorgenommen werden. Dazu wird der Preis je Anzeigenseite auf die qualitative Reichweite, sie entspricht in diesem Fall der männlichen Leserschaft, bezogen. Für die Zeitschriften AZ bis EZ ergeben sich folgende **zielgruppenspezifische** Tausender-Preise:

Zeitschrift	Leser männlich in Tsd.	Preis 1/1 S. in GE	Preis/1.000 Leser
AZ	800	46.800	58,5
BZ	900	57.600	64,0
CZ	800	51.200	64,0
DZ	700	33.600	48,0
EZ	2.000	114.800	57,4

GABLER GRAFIK

Abbildung 7-24:   Zielgruppenspezifische Tausender-Preise

Während beim ungewichteten Tausender-Preis die Zeitschrift DZ mit 42,00 GE am teuersten ist, wird sie, wenn man sie auf die Zielgruppe der Männer bezieht, mit 48,00 GE zur kostengünstigsten Alternative. Danach folgt die Zeitschrift AZ. Die Zeitschrift AZ weist mit 58,50 GE einen fast gleich hohen zielgruppenspezifischen Tausender-Preis auf wie die Zeitschrift EZ. Dennoch scheidet sie als geeigneter Träger aus, weil sie nicht die angestrebte Zielgruppe für alkoholfreies Bier erreicht. Somit werden DZ und EZ in den Streuplan aufgenommen. Mindestens drei Belegungen kosten:

    3 · DZ = 100.800,00 GE
    3 · EZ = 344.400,00 GE

Damit sind erst 445.200,00 GE des Budgets verbraucht, es verbleiben noch 134.800,00 GE. Das heißt, es sind noch weitere Belegungen in den Zeitschriften DZ oder EZ möglich. Da EZ überwiegend im süddeutschen Raum gelesen wird und der Bierkonsum hier ebenfalls höher ist, bietet es sich an, EZ zu belegen. Außerdem ist die Leserschaft von EZ nicht besonders treu. So können Kontakte mit wechselnden Lesern erreicht werden, die zu einer Reichweitenkumulation führen. Die Budgetaufteilung sollte demnach folgendermaßen aussehen:

    DZ wird 3 · belegt.
    EZ wird 4 · belegt.

Es verbleibt ein Restbudget von 20.000,00 GE.

Kapitelübersicht

Kapitel 8

Marketing-Mix

Kapitel 8

Lernziele

Der Leser soll nach Bearbeitung dieses Kapitels in der Lage sein,

1. eine Verbindung zwischen den Elementen des Marketing-Mix herzustellen,

2. die Interdependenzen zwischen den einzelnen Instrumenten aufzuzeigen,

3. das Optimierungsproblem des Marketing-Mix zu kennzeichnen,

4. mathematische Lösungsansätze zur Optimierung des Marketing-Mix zu erläutern und durchzuführen,

5. die Annahmen dieser Optimierungsansätze kritisch zu würdigen.

1. Marketing-Mix/Aufgaben

Aufgabe 1   Entscheidungstatbestände der Mixplanung

Welche Entscheidungen sind im Rahmen der Planung des Marketing-Mix zu treffen?

Aufgabe 2   Interdependenzen im Marketing-Mix

Zur optimalen Planung des Marketing-Mix ist theoretisch eine simultane Planung aller Mix-Bereiche erforderlich. Ein solches Vorgehen scheitert in der Praxis jedoch an der Komplexität dieses Problems und an zuverlässigen, umfassenden Simulationsmodellen. Daher wird in der Regel bei der Mixplanung auf sukzessive Verfahren zurückgegriffen, wobei den Interdependenzen zwischen den Mix-Bereichen aber dennoch Rechnung getragen werden muss. Zeigen Sie am Beispiel der Kommunikationspolitik praxisrelevante Abstimmungsmöglichkeiten zwischen der Budgetierung des Kommunikationsmix und der Planung der übrigen Mix-Bereiche auf.

Aufgabe 3   Determinanten des optimalen Marketing-Mix

Die Dedem GmbH, Marktführer im Bereich der Tiernahrung, ist seit längerer Zeit als Förderer hoch begabter Studenten bekannt. Da Sie Ihr Vordiplom mit Auszeichnung bestanden haben, empfiehlt Ihnen ein Assistent, sich um ein Stipendium für das Hauptstudium in Kombination mit mehreren Praktika und einer praktischen Diplomarbeit bei der Dedem GmbH zu bewerben. Aufgrund Ihres guten Zeugnisses werden Sie zu einem Assessment-Center für die Vergabe des Stipendiums geladen. Dort werden Sie vor die Aufgabe gestellt, die Einflussfaktoren bei der Planung des optimalen Marketing-Mix für einen Hundefutter-Hersteller zu beschreiben und zu systematisieren.

Aufgabe 4   Wirkungsbeziehungen zwischen Marketinginstrumenten

Während der vorlesungsfreien Zeit absolvieren Sie ein Praktikum bei einem großen Käsehersteller im Allgäu. In der Marketing-Abteilung wird währenddessen das Marketing-Budget für das Folgejahr geplant. Ihnen fällt auf, dass die Planung die Zusammenhänge zwischen den einzelnen Mix-Bereichen nur unzureichend erfasst. Nachdem Sie den Leiter der Marketing-Abteilung auf das Problem angesprochen haben, bittet er Sie, anhand folgender Beispiele die Wirkungsbeziehungen zwischen einzelnen Marketing-Instrumenten aufzuzeigen, um so das Problem zu verdeutlichen:

- Sortimentspolitik und Werbung
- Preispolitik und Werbung
- Produkt- und Distributionspolitik
- Distributionspolitik und Werbung.

Aufgabe 5   Interessenkonflikte im vertikalen Marketing

Für einen erfolgreichen Marktauftritt ist es im Rahmen des indirekten Vertriebs von entscheidender Bedeutung, dass die endverbrauchergerichteten Marketing-Aktivitäten von Hersteller und Handel aufeinander abgestimmt sind. Dagegen ist in den letzten Jahren zu beobachten, dass der Handel verstärkt darum bemüht ist, ein vom Hersteller losgelöstes, eigenständiges Marketing-Konzept zu verwirklichen. Zeigen Sie anhand der Marketinginstrumente „Sortimentspolitik", „Werbung", „Verkaufsförderung", „Markenpolitik" und „Preispolitik" auf, welche Interessenkonflikte zwischen Hersteller und Handel im vertikalen Marketing auftreten können.

Aufgabe 6   Berechnung eines optimalen Marketing-Mix

Ein Hersteller für Herrenoberbekleidung will eine neue Marke für Herrenoberhemden einführen. Marktexperten haben für dieses Neuprodukt folgende Marktreaktionsfunktion geschätzt:

$$x = f(p, Q) = 2.200 - 12p + 2Q$$

wobei gilt: x = Absatzmenge
p = Preis
Q = Index für Produktqualität

Die durchschnittlichen Produktionskosten hängen von der Absatzmenge und dem Qualitätsindex ab:

$$kg(x, Q) = \frac{5Q^2}{x} + 40$$

Aufgabe 6a

Bestimmen Sie die Umsatz-, Kosten- und Gewinnfunktion.

Aufgabe 6b

Bestimmen Sie das gewinnmaximale Marketing-Mix (aus didaktischen Gründen werden hier nur der Preis und die Qualität des Produktes berücksichtigt).

317

Aufgabe 6c

Bestimmen Sie die Nachfragemenge, Produktionskosten, Deckungsspanne und Gewinnhöhe für das gewinnmaximale Nachfragemix.

Aufgabe 6d

Bestimmen Sie die Preiselastizität der Nachfrage sowie das Produkt aus Kostenelastizität der Nachfrage bei Qualitätsänderung und dem Quotienten aus Preis und Kosten pro Einheit im Gewinnmaximum. Interpretieren Sie das Ergebnis.

Aufgabe 7   Optimaler Marketing-Mix mit Hilfe des LP-Ansatzes

Die Vanadium AG bietet Bohrer an. Ihren Markt hat die Vanadium AG in die beiden Segmente kommerzielle Verbraucher (zum Beispiel Handwerks- und Industriebetriebe) und Heimwerker aufgeteilt. Während Vanadium an kommerzielle Verbraucher direkt verkauft, schaltet sie im Heimwerkersegment den Einzelhandel ein. Aufgrund unterschiedlicher Vertriebskosten, Preise und Konditionen erwirtschaftet die Vanadium AG im Marktsegment der kommerziellen Verbraucher einen Deckungsbeitrag von 0,60 € pro Stück, im Heimwerkermarktsegment dagegen nur 0,48 €.

Für das kommende Jahr plant die Vanadium AG ein Werbebudget von 47.500,00 €. Die Werbeaufwendungen belaufen sich bei kommerziellen Kunden auf einen Cent, bei den Heimwerkerbedarfshändlern auf 2,5 Cent pro Stück. Ihre drei Reisenden haben eine Besuchskapazität von 3.200 Stunden pro Jahr. Erfahrungsgemäß ist für einen Auftrag bei kommerziellen Kunden eine durchschnittliche Besuchszeit von 60 Minuten, bei Einzelhändlern im Heimwerkerbereich von 45 Minuten erforderlich. Die durchschnittliche Auftragsmenge bei kommerziellen Kunden beträgt 500 Bohrer, bei den Händlern 1.500 Bohrer. Der Hersteller verfolgt das Ziel der Gewinnmaximierung. Um den jetzt realisierten Marktanteil von 7 Prozent halten zu können, will der Hersteller aber sowohl im Heimwerkersegment als auch im Segment der kommerziellen Verwender im kommenden Jahr mindestens 500.000 Stück absetzen.

Aufgabe 7a

Bestimmen Sie graphisch mit Hilfe eines LP-Ansatzes für beide Marktsegmente die optimale Kombination der Marketinginstrumente Werbung und persönlicher Verkauf. Berechnen Sie die dabei jeweils erzielten Absatzmengen. Wie groß ist der Gewinnbeitrag beider Marktsegmente?

Aufgabe 7b

Welche Argumente sprechen gegen eine Optimierung des Marketing-Mix mit Hilfe der Linearen Programmierung?

2.   Lösungen zu den Aufgaben

Lösung Aufgabe 1   Entscheidungstatbestände
der Marketing-Planung

Bei der Planung des optimalen Marketing-Mix sind folgende drei Entscheidungen zu fällen:

- die Bestimmung der optimalen Höhe des Marketingbudgets,

- die Zusammensetzung des Marketing-Mix, das heißt die Bestimmung der einzusetzenden Marketinginstrumente,

- die Allokation des Marketingbudgets auf die einzelnen Instrumente.

Lösung Aufgabe 2   **Interdependenzen im Marketing-Mix**

Grundsätzlich bieten sich zwei unterschiedliche Vorgehensweisen zur Koordination der Budgetierung des Kommunikationsmix und der Planung der übrigen Mix-Bereiche an:

1. Ausgehend von der Marketingsituation und den Marketingzielen des Unternehmens wird zunächst die optimale Höhe des Marketingbudgets, das heißt das globale Marketing-Aktivitätsniveau bestimmt. Die Allokation dieses optimalen Marketingbudgets auf die einzelnen Mix-Bereiche sowie die einzusetzenden Marketinginstrumente ergibt dann in einem zweiten Schritt unter anderem das optimale Kommunikationsbudget. Bei der Allokation des Budgets müssen dabei die Interdependenzen zwischen den Marketinginstrumenten, zum Beispiel Preis und Werbung, berücksichtigt werden.

2. Ausgehend von den Zielen in der Kommunikationspolitik, zum Beispiel der Steigerung des Bekanntheitsgrades eines Produkts um 2 Prozentpunkte innerhalb des nächsten Halbjahres in einer bestimmten Zielgruppe, wird zunächst isoliert das optimale Kommunikationsbudget festgelegt. Im zweiten Schritt ist das Kommunikationsbudget dann unter Berücksichtigung des Wirkungsverbunds mit den anderen Instrumentebudgets zu koordinieren und eventuell zu korrigieren.

Keines der Verfahren führt dabei zu optimalen Ergebnissen im Sinne einer Simultanplanung. Vielmehr müssen in die suboptimalen Ergebnisse der Partialmodelle die Interdependenzen nachträglich integriert werden.

319

Lösung Aufgabe 3   Determinanten des optimalen Marketing-Mix

Die Komplexität des optimalen Marketing-Mix liegt in der Vielzahl der zu berücksichtigenden Einflussfaktoren und deren Abhängigkeit untereinander begründet. Sie lassen sich in zwei Gruppen systematisieren:

1. instrumentebedingte Einflussfaktoren:
   a) Kombinationsproblem
   b) Substitutionsproblem
   c) Interdependenzproblem
   d) Ungewissheitsproblem

2. marketingsystembedingte Einflussfaktoren:
   a) Entscheidungsinterdependenzen innerhalb der Unternehmung
   b) Entscheidungsinterdependenzen im Absatzkanal

Die Problematik dieser Einflussfaktoren soll beispielhaft an der Mixplanung eines Hundefutter-Herstellers aufgezeigt werden:

Zu 1a: In der Regel setzen Hersteller im Hundefuttermarkt die Marketinginstrumente „Produktqualität", „Preis", „Rabatt", „Werbung", „Verkaufsförderung", „Absatzkanalpolitik" und „Logistik" ein. Wesentliches Ziel dieser Anstrengungen ist häufig der Aufbau einer Marke. Bei jedem der aufgeführten Instrumente stehen dem Hersteller eine Vielzahl alternativer Aktivitätsniveaus zur Auswahl. Bei sieben Instrumenten mit wenigstens im Durchschnitt zehn Ausprägungen ergeben sich $10^7 = 10$ Millionen Kombinationsmöglichkeiten, aus denen genau die optimale herauszufinden ist.

Zu 1b: Verschiedene Instrumentekombinationen des Hundefutterherstellers können die gleiche ökonomische Wirkung erzielen. Diese partielle Substituierbarkeit der Marketinginstrumente beeinflusst einerseits die Budgetallokation, andererseits verweist sie auf die unterschiedliche Wirkungsweise von Marketing-Aktivitäten. So kann zum Beispiel der Deckungsbeitrag eines Trockenfutter-Produktes, das bisher mit einer Hochpreisstrategie und starker werblicher Unterstützung angeboten wurde, durch Senkung des Preises, Forcierung der Verkaufsförderung bei den Tierhandlungen und gleichzeitiger Reduzierung der Konsumentenwerbung gehalten oder ausgebaut werden.

Zu 1c: Es bestehen sachliche und zeitliche Interdependenzen zwischen dem Einsatz und der Wirkung der vom Hundefutter-Hersteller ergriffenen Marketing-Aktivitäten. So macht zum Beispiel die Konzeption der Hundefutterprodukte als qualitativ hochwertige Markenartikel in der Regel eine Hochpreisstrategie erforderlich (Wirkungsverbund). Bietet der Hersteller verschiedene Hundefutterprodukte an (zum Beispiel Trockenfutter, Dosenfutter, Hundekuchen, Kauknochen), dann kann er damit rechnen, dass ein Kunde, der zum Beispiel regelmäßig Trockenfutter kauft, auch einmal Hundekuchen und Kauknochen als Leckerbissen für „seinen Liebling" wählt (Sortimentsverbund). Darüber hinaus muss bei der Mixplanung beachtet werden, dass sich die Wirkung eingesetzter

Marketinginstrumente erst mit einer instrumentespezifischen zeitlichen Verzögerung entfaltet (time-lag) und in der Regel über den Planungshorizont hinaus in nachgelagerte Perioden hineinreicht (carry-over-Effekt). So bedarf es zur Schaffung von Präferenzen bei den Hundebesitzern eines wiederholten beziehungsweise mehrperiodischen Instrumenteeinsatzes.

Zu 1d: Die Wirkung der Marketingaktivitäten des Hundefutter-Herstellers hängt von Umfeldsituationen ab, deren Konstellation er nicht eindeutig voraussagen kann. Dies gilt zum Beispiel für die Entwicklung bei Zutaten wie zum Beispiel die Fleischqualität, veterinärmedizinische Bestimmungen oder Aktivitäten der Konkurrenz.

Zu 2a: Der Hundefutter-Hersteller muss seine Marketingaktivitäten mit den Maßnahmen der übrigen Funktionsbereiche innerhalb seines Unternehmens abstimmen (zum Beispiel Produktion, Finanzierung, Beschaffung).

Zu 2b: Die eingeschalteten Zoohandlungen und Tierfutterhändler beeinflussen durch ihren unmittelbaren Kundenkontakt die Wirkung der Herstelleraktivitäten. Daher ist eine Abstimmung im vertikalen Marketing notwendig.

Aufgrund der Vielzahl von Einflussfaktoren ist ein optimales Marketing-Mix im exakten Sinne nicht bestimmbar. In der Praxis muss vielmehr in Kenntnis dieser Probleme ein Marketing-Mix realisiert werden, das eine zumindest zufriedenstellende Erreichung der Unternehmens- und Marketingziele gewährleistet.

Lösung Aufgabe 4 — Wirkungsbeziehungen zwischen Marketinginstrumenten

Zwischen der **Sortimentspolitik** und der **Werbung** besteht ein komplementärer Wirkungsverbund. Wenn der Käsehersteller ein breites Sortiment mit verschiedenen Produktlinien (zum Beispiel Hart-, Streich- und Weichkäse) anbietet, kann er zum Beispiel versuchen, das positive Image eines Produkts oder einer Produktgruppe werblich auf das restliche Sortiment zu übertragen. Der Hersteller kann mit der Werbung ferner Konsumenten und Absatzmittler über sein gesamtes Sortiment informieren. Ein leistungsfähiges Sortiment ist zudem ein zugkräftiges Werbeargument gegenüber dem Lebensmittelhandel.

Zwischen der **Preispolitik** und der **Werbung** bestehen sowohl substitutive als auch komplementäre Wirkungsbeziehungen. So kann der Käsehersteller einerseits Absatzverluste aufgrund einer Preiserhöhung in gewissem Umfang durch einen verstärkten Werbeinsatz kompensieren. Andererseits kann die Werbung den Effekt einer Preissenkung beziehungsweise eines Sonderpreises durch Massenkommunikation verstärken.

Zwischen der **Produkt-** und der **Distributionspolitik** des Käseherstellers besteht eine einseitige Abhängigkeit. Die Art des Produkts bestimmt sowohl die Absatzkanalpolitik als auch die Marketinglogistik. Käseprodukte erfordern als Güter des täglichen Bedarfs eine hohe Distributionsdichte (Ubiquität). Ihre beschränkte Lagerfähigkeit und Haltbarkeit bedingt außerdem ein Frischdienstsystem mit täglicher Lieferung sowie eine durchgängige Kühlkette im Absatzkanal.

Zwischen der **Werbung** und der **Distributionspolitik** bestehen sachliche Interdependenzen. Der Frischdienst kann als Werbeargument gegenüber Konsumenten und Händlern dienen. Bei der Auswahl der einzuschaltenden Lebensmittelhändler muss der Käsehersteller das Image von Verkaufsstätte und Produkt in Einklang bringen. So sollte zum Beispiel ein in der Werbung als hochwertiger Gourmetkäse kommuniziertes Produkt nicht über den Absatzkanal Discounter vertrieben werden.

Lösung Aufgabe 5   Interessenkonflikte im vertikalen Marketing

Im vertikalen Marketing können im Hinblick auf die angeführten Mix-Instrumente folgende strukturbedingte Interessengegensätze auftreten:

Mix-Instrument	Hersteller	Handel
Sortiments-politik	■ denkt in Einzelprodukten ■ fördert neue Produkte, ist innovationsfreudig ■ will möglichst voll distribuiert und breit im Laden vertreten sein	■ denkt in Sortimenten ■ ist zurückhaltend bei neuen Artikeln, Aufnahme neuer Produkte i. d. R. nur bei Eliminierung alter Produkte ■ will begrenztes Sortiment, muss selektieren und beschränken
Preispolitik	■ orientiert am eigenen Sortiment und am Sortiment der Wettbewerber ■ bezogen auf das Produktimage ■ möglichst einheitlich gegenüber Verbraucherzielgruppen	■ orientiert am Sortiment der Einkaufsstätte ■ bezogen auf das Image des Händlers/der Handelsgruppe ■ möglichst an der regional-differenzierten Wettbewerbssituation orientierte Preispolitik
Werbung	■ nationale Produktwerbung einheitlich in Inhalt/Stil ■ erstrebt Markenimage	■ regionale/lokale Firmenwerbung, gemischtes Produktangebot ■ erstrebt Organisationsimage
Markenpolitik	■ Profilierung gegenüber der Konkurrenz ■ Erzielung von Markentreue ■ preislagenorientiert	■ Schließung von Sortimentslücken ■ Erzielung von Geschäftsstättentreue, Aufbau von Geschäftsstättenmarken ■ Herstellermarke als Aktionsartikel ist Ausdruck besonderer Leistungsfähigkeit

GABLER GRAFIK

Abbildung 8-1:   Interessengegensätze zwischen Handel und Hersteller

Lösung Aufgabe 6   Berechnung des optimalen Marketing-Mix

Lösung Aufgabe 6a

Umsatzfunktion

$$U = p\,(2.200 - 12p + 2Q\,)$$

Kostenfunktion

$$K = kg \cdot x$$

$$= 5Q^2 + 40\,(2.200 - 12p + 2Q\,)$$

Gewinnfunktion

$$G = 2.200p - 12p^2 + 2pQ - (\,5Q^2 + 88.000 - 480p + 80Q\,)$$

$$= 2.680p - 12p^2 + 2pQ - 5Q^2 - 88.000 - 80Q$$

Lösung Aufgabe 6b

Das gewinnmaximale Marketing-Mix zeichnet sich dadurch aus, dass durch eine Umverteilung des Marketing-Budgets kein zusätzlicher Gewinn mehr erwirtschaftet werden kann. Wenn man ein unbegrenztes Budget unterstellt, ergibt sich als notwendige Bedingung für die Existenz eines gewinnmaximalen Marketing-Mix, dass die partiellen Ableitungen der Gewinnfunktion nach den Marketinginstrumenten gleich Null sind.

(1) $\dfrac{\partial G}{\partial p} = 2.680 - 24p + 2Q = 0$

(2) $\dfrac{\partial G}{\partial Q} = 2p - 10Q - 80 = 0$

Das Gleichungssystem lässt sich nun nach den einzelnen Instrumentevariablen auflösen:

$Q = \dfrac{2p - 80}{10}$ diese Gleichung wird in Gleichung (1) eingesetzt, und man erhält:

$$24p = 2.680 + 2\left(\frac{2p - 80}{10}\right) = 2.680 + \frac{2}{5}p - 16 <->$$

$$p = \frac{2.664}{23{,}6} = 112{,}88 \qquad \text{für Q ergibt sich}$$

$$Q = 14{,}58$$

Die hinreichende Bedingung dafür, dass es sich bei dieser Lösung um ein Maximum handelt, ist, dass die zugehörige 2X2-Matrix der zweiten partiellen Ableitungen negativ definit ist.

$$\frac{\partial G}{\partial p \partial p} = -24 \qquad \frac{\partial G}{\partial p \partial Q} = 2$$

$$\frac{\partial G}{\partial Q \partial Q} = 2 \qquad \frac{\partial G}{\partial Q \partial p} = -10$$

Die zugehörige Matrix sieht folgendermaßen aus:

$$\begin{array}{cc} -24 & 2 \\ 2 & -10 \end{array}$$

Die Determinante dieser Matrix hat den Wert: 236 und ist demnach > 0, daraus folgt für den Sonderfall einer 2X2-Matrix, dass die Matrix positiv oder negativ definit ist. Es gilt zudem, dass die 2X2-Matrix genau dann negativ definit ist, wenn gleichzeitig das Element $a_{11} < 0$ ist. Da $-24 < 0$ ist, ist die Matrix der zweiten Ableitungen negativ definit. Damit liegt für p = 112,88 und Q = 14,58 ein Maximum vor.

Das gewinnmaximale Marketing-Mix liegt also bei einem Preis von 112,88 € und einem Qualitätsindex von 14,58.

Lösung Aufgabe 6c

gewinnmaximale Nachfragemenge:

$$x = 2.200 - 12 \cdot 112{,}88 + 2 \cdot 14{,}58 = 874{,}54 \, (ME)$$

gewinnmaximale Produktionskosten:

$$K = kg \cdot x = 5Q^2 + 40x = 5 \cdot 14{,}58^2 + 40 \cdot 874{,}58 = 36.044{,}48 \, (€)$$

gewinnmaximale Deckungsspanne:

$$d = p - kv = 112{,}88 - 40 = 72{,}88 \, (€)$$

Höhe des maximalen Gewinns:

$$G = p \cdot x - k = 112{,}88 \cdot 874{,}54 - 36.044{,}48 = 62.673{,}59 \, (€)$$

Lösung Aufgabe 6d

Preiselastizität der Nachfrage:

$$\eta_{xp} = \frac{\partial x}{\partial p} \cdot \frac{p}{x} = -12 \cdot \frac{112{,}88}{874{,}54} = -1{,}55$$

Produkt aus Kostenelastizität der Nachfrage bei Qualitätsänderung und dem Quotient aus Preis und Kosten pro Mengeneinheit:

$$\eta_{xkg} = \frac{\partial x}{\partial kg} \cdot \frac{kg}{x} = \frac{\partial x}{\partial Q} \cdot \frac{\partial Q}{\partial kg} \cdot \frac{kg}{x}$$

$$= 2 \cdot \frac{x}{10Q} \cdot \frac{kg}{x}$$

$$\eta_{xkg} \cdot \frac{p}{kg} = 2 \cdot \frac{x}{10Q} \cdot \frac{kg}{x} \cdot \frac{p}{kg} = 2 \cdot \frac{112,88}{10 \cdot 14,58} = 1,55$$

Interpretation der Ergebnisse

Das Ergebnis zeigt, dass im Gewinnmaximum durch eine Umverteilung des Budgets kein zusätzlicher Gewinn erwirtschaftet werden kann. Der prozentuale Nachfragezuwachs bei einer 1%igen Preisreduzierung entspricht dem prozentualen Nachfragezuwachs bei einer 1%igen Kostensteigerung, die durch eine entsprechende Qualitätsverbesserung verursacht wird.

Lösung Aufgabe 7   Optimaler Marketing-Mix mit Hilfe des LP-Ansatzes

Lösung Aufgabe 7a

Zur Lösung des Problems sind zunächst die Zielfunktionen sowie die relevanten Nebenbedingungen aufzustellen:

Da die Vanadium AG das Ziel der Gewinnmaximierung verfolgt, entspricht die Zielfunktion der Gewinnfunktion:

$$G_B = 0,60x_1 + 0,48x_2 \rightarrow max.!$$

wobei: x_1 = Absatzmenge im Marktsegment der kommerziellen Verbraucher
         x_2 = Absatzmenge im Marktsegment der Heimwerker
         G_B = Bruttogewinn

Die Zielfunktion ist unter Beachtung folgender Restriktionen zu maximieren:

Besuchszeitrestriktion (in Minuten):

Die Gesamtkapazität ergibt sich aus 3.200 Stunden mal 60 Minuten = 192.000 Minuten. Pro Bohrer errechnet sich im Segment der kommerziellen Verwender ein Zeitbedarf von 0,12 Minuten (60 Minuten pro Auftrag/500 Bohrer pro Auftrag) und im Heimwerkerbereich von 0,03 Minuten (45 Minuten pro Auftrag/1.500 Bohrer pro Auftrag). Somit ergibt sich folgende Besuchszeitrestriktion:

$$0,12x_1 + 0,03x_2 \leq 192.000$$

Neben der Besuchszeit muss die Werbebudgetrestriktion berücksichtigt werden. Da sich die Werbeaufwendungen bei kommerziellen Verwendern auf einen Cent und bei Heimwerkern auf 2,5 Cent belaufen, ergibt sich folgende Restriktion:

$$0{,}01x_1 + 0{,}025x_2 \leq 47.500$$

Die Mindestabsatzmengen ergeben folgende Restriktion:

$$x_1, x_2 \geq 500.000$$

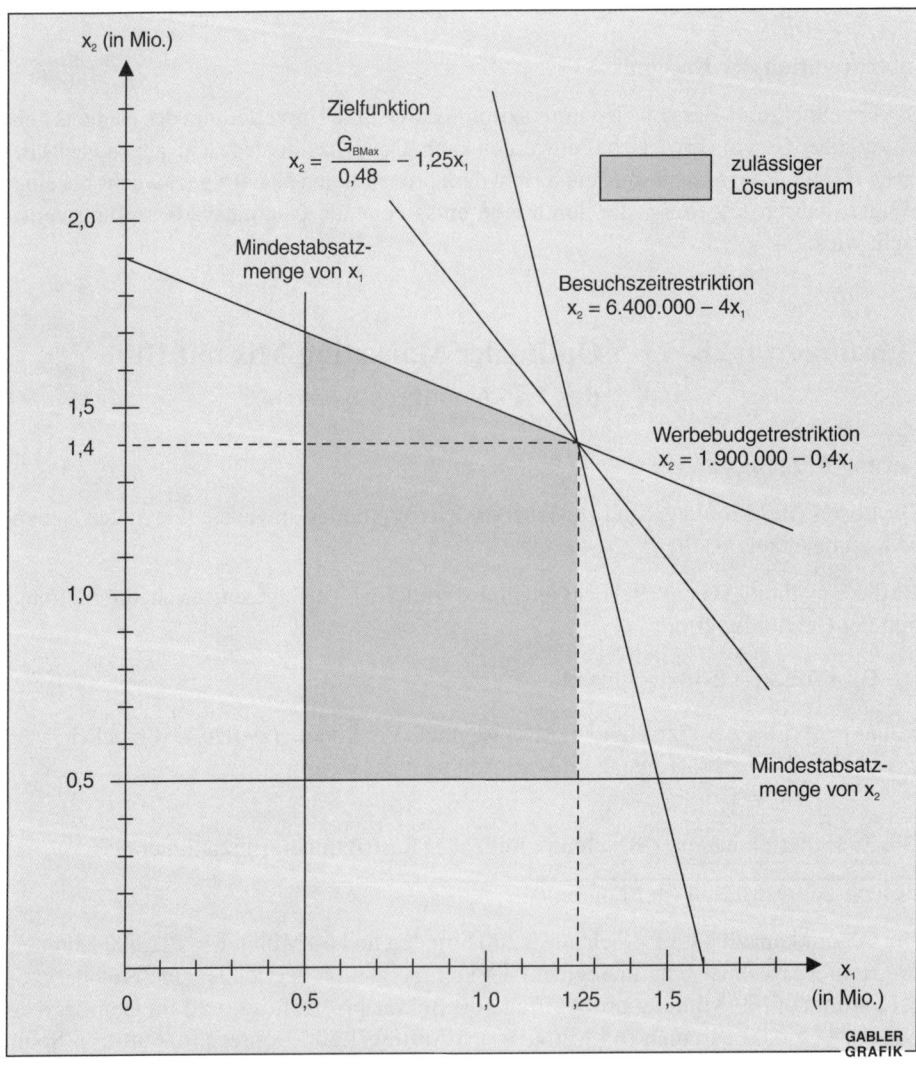

Abbildung 8-2: Graphische Bestimmung des Gewinnmaximums

Die gewinnmaximalen Werte von x_1 und x_2 können graphisch bestimmt werden. Die Zielfunktion und die Restriktionen werden in ein x_1/x_2-Koordinatensystem eingetragen. Die optimale Lösung ergibt sich dort, wo die Zielfunktion den zulässigen Lösungsbereich tangiert ($x_1 = 1.250.000$, $x_2 = 1.400.000$).

Die gewinnmaximale Absatzmenge beträgt im Marktsegment kommerzielle Kunden 1,25 Millionen Bohrer, im Marktsegment Heimwerker 1,4 Millionen Bohrer. Die Besuchskapazität und das Werbebudget werden auf die beiden segmentspezifischen Mixe wie folgt aufgeteilt:

Marktsegment	Absatzmenge in Mio. Stück	Besuchszeit in Stunden	Werbebudget in €
Kommerzielle Kunden	1,25	2.500	12.500
Heimwerker	1,40	700	35.000
Summe	2,65	3.200	47.500

GABLER GRAFIK

Abbildung 8-3:   Segmentspezifische Marktbearbeitung der Vanadium AG

Der Deckungsbeitrag des Marktsegments kommerzielle Kunden von 750.000 € und der des Marktsegments Heimwerker von 672.000 € ergeben einen Gewinnbeitrag von 1,422 Millionen €.

Lösung Aufgabe 7b

Gegen den Einsatz des Verfahrens linearer Programmierung zur Ermittlung des optimalen Marketing-Mix sprechen insbesondere folgende Argumente:

■ Die Wirkungen der einzelnen Instrumente sind vielfach nicht voneinander unabhängig und folglich nicht addierbar. Die auf komplementären und substitutiven Beziehungen beruhenden vielfältigen Interdependenzen zwischen den Marketing-Instrumenten können bei der linearen Programmierung nicht berücksichtigt werden.

■ Wegen der bestehenden Interdependenzen ist die notwendige Zurechnung von Erträgen auf die einzelnen Marketinginstrumente praktisch kaum lösbar.

■ Die Linearitätsannahme der zugrunde gelegten Funktionen sind unrealistisch, da konstante Wirkungen der Instrumente in der Realität nicht gegeben sind.

■ Es handelt sich um Allokationsmodelle, welche die Budgetverteilung optimieren. Daher ist die Entscheidung über die Höhe des Budgets bereits vorher zu fällen.

Somit ist ein LP-Ansatz nicht nur praktisch kaum anwendbar, da die benötigten exakten Informationen nicht verfügbar sind, sondern weist auch aufgrund der nicht abbildbaren, vielfachen, sachlichen und zeitlichen Interdependenzen analytische Schwächen auf.

3. Fallstudie: Marketing-Mix-Probleme bei der Einführung einer Bodylotion

Nach der überaus erfolgreichen Einführung eines neuen hautfreundlichen Rasierschaumes ist der Vorstand der Tenderskin GmbH davon überzeugt, dass die verantwortliche Produktmanagerin, Claudia Brand, zu den Koryphäen der Branche gehört. Aus einer gewissen Euphorie heraus beschließt der Vorstand nun auch in den Markt für Körpercremes einzutreten. Dazu wurde bereits eine hochwertige Bodylotion entwickelt. Frau Brand soll auch diesmal mit der Einführung des Produkts betraut werden und zunächst das optimale Marketing-Mix festlegen. Die Marktchancen für dieses Produkt werden positiv eingeschätzt, da die Tenderskin GmbH bereits seit Jahren mit einer qualitativ hochwertigen Rasier-Pflege-Serie im Markt vertreten ist. Das Image dieser Serie ist in erster Linie ein Pflegeimage, das nicht besonders maskulin aufgeladen ist. Für die Verbraucherpreise dieser Erzeugnisse gelten Preisempfehlungen, um eine Schädigung des Markenimage durch einen ruinösen Preiswettbewerb des Handels zu verhindern. Die Distribution des bisherigen Sortiments erfolgt über eine eigene Vertriebsorganisation direkt an den Einzelhandel. In den vergangenen Monaten sind jedoch personelle Engpässe aufgetreten.

Ein zentrales Ziel des Unternehmens besteht darin, seinen Marktanteil im Bereich der Körperpflegeprodukte auszuweiten. Dies ist auch der strategische Hintergrund für die Einführung der Bodylotion.

Im relativ jungen und nach wie vor expandierenden Körperlotionsmarkt wird das Konsumentenverhalten primär von folgenden Faktoren beeinflusst:

- positiver Imagewandel der Körperpflege: Körperpflege wird nicht mehr als notwendiges Übel angesehen, sondern wird zunehmend unter dem Aspekt betrachtet, sich selbst etwas Gutes zu tun, außerdem nimmt die Zahl der Männer ständig zu, die die Körperpflege positiv einschätzen

- ständig steigendes Gesundheits- und Körperbewusstsein (Fitnesswelle)

- verbreiteter Wunsch nach hochwertigen, ökologisch einwandfreien Pflegeprodukten

- wachsende Vorliebe für außergewöhnliche und angenehme Düfte, das heißt, Creme ist kein reines Funktionsprodukt mehr, sondern besitzt einen Zusatznutzen im Sinne eines Parfümcharakters und erhält dadurch einen zusätzlichen Erlebniswert

Mit Blick auf die Endverbraucher liegen Marktforschungsdaten (vgl. Abbildung 8-4) vor, die die Bedeutung verschiedener soziodemographischer Gruppen für den Absatz von Körperlotionen deutlich machen. Interessant ist ferner, dass Haushalte, die von ihrer Grundeinstellung her für Neuerungen grundsätzlich aufgeschlossen sind, auch tendenziell eher dazu neigen, eine Bodylotion zu verwenden. Andere Studien lassen erkennen, dass das Geschlecht bezüglich seiner zielgruppendiskriminierenden Relevanz bei jungen Konsumenten an Bedeutung verliert (Unisex-Trend). Bezüglich der Verpackung bemängeln viele Verwender, dass man bei den marktüblichen Flaschen, die standardmäßig 500 ml enthalten, nicht erkennen kann, wie viel Creme sich jeweils noch in der Flasche befindet.

Es lassen sich zwei Verwendungsbereiche für Bodylotions unterscheiden:

1. Verwendung für die tägliche regelmäßige Körperpflege

2. Verwendung bei besonderen Anlässen, zum Beispiel nach Sportaktivitäten oder bedingt durch spezifische Hautprobleme

In diesem Zusammenhang kann man noch zwischen Normalverwendern und Intensivverwendern, zum Beispiel Sportlern, die oft duschen, oder Personen mit besonders trockener Haut, unterscheiden. Als Intensivverwender bezeichnet man Personen, die ca. die doppelte Menge eines Normalverwenders verbrauchen.

Die Konkurrenzsituation stellt sich folgendermaßen dar:

Mit ca. 50 Prozent Marktanteil hat der Billiganbieter der Marke „Bodysmooth" seit langem eine marktbeherrschende Stellung inne. Diese Position scheint aber seit der letzten Saison nicht mehr gefestigt zu sein, denn „Bodysmooth" hatte 2002 einen Marktanteilsverlust von fast 10 Prozent im Vergleich zu 2001, obwohl 2002 eine fühlbare Preissenkung vorgenommen wurde. Dieser Marktanteilsverlust gewinnt an Bedeutung vor dem Hintergrund, dass der Produzent der Lotion „Körpernah" mit einem vergleichsweise teureren, in Qualität, Konsistenz und Duft besseren Produkt einen kleinen, aber beständigen Marktanteil (2002: 15 Prozent) erobern konnte. Der restliche Marktanteil verteilt sich auf zahlreiche unbedeutende Kleinanbieter, die sich in ihrer Produktpolitik an der Marke „Körpernah" orientieren.

Soziodemographische Gruppen	Lotions-verwender in %	Flaschen-verbrauch pro Jahr bezogen auf alle HH	Flaschen-verbrauch pro Jahr bezogen auf Verwender HH
Bundesdurchschnitt	41	1,14	2,78
Ortsgröße:			
Über 100.000 Einwohner	51	1,71	3,35
10.000 – 100.000 Einwohner	37	0,95	2,57
Unter 10.000 Einwohner	28	0,38	1,36
Soziale Schicht:			
Oberschicht	69	2,47	3,58
Mittelschicht	52	1,71	3,29
Unterschicht	30	0,38	1,27
Alter:			
15 – 35 Jahre	44	1,20	3,53
36 – 50 Jahre	34	1,14	2,59
51 Jahre und älter	37	0,76	2,05
Haushaltsgröße:			
1 Person	37	1,14	3,08
2 Personen	39	1,05	2,69
3 Personen	37	1,14	3,08
4 Personen	45	1,33	2,96
5 Personen	41	1,14	2,78
Geschlecht:			
Nicht Sport treibende Frauen	41	1,14	2,78
Sport treibende Frauen	68	2,47	3,63
Nicht Sport treibende Männer	37	1,07	2,89
Sport treibende Männer	51	1,71	3,35

GABLER GRAFIK

Abbildung 8-4: Bedeutung verschiedener soziodemographischer Gruppen für den Absatz von Bodylotion

Bezüglich der Absatzmittlerstruktur wurden ebenfalls Marktforschungsdaten erhoben, die den Distributionsgrad der Körperlotionsmarken beleuchten:

	Total[1]	Total[2]	Body-smooth[1]	Body-smooth[2]	Körper-nah[1]	Körper-nah[2]	übrige[1]	übrige[2]
Absatzmittler, die eine Body-lotion führen	76 %	9,50	46 %	9,88	30 %	3,04	25 %	8,55
Ortsgröße								
Unter 10.000 Einwohner	61 %	3,80	32 %	3,61	29 %	1,90	12 %	2,85
10.000 – 100.000 Einwohner	82 %	7,60	53 %	6,27	52 %	2,28	28 %	5,70
Über 100.000 Einwohner	85 %	14,25	53 %	11,21	29 %	4,18	33 %	12,54
Betriebsformen								
Warenhäuser	78 %	15,66	60 %	9,58	30 %	4,71	34 %	12,31
Drogerieketten etc.	82 %	4,75	49 %	3,99	33 %	2,28	26 %	4,37
Unabhängige Einzelhändler	48 %	2,28	17 %	3,23	27 %	0,95	10 %	2,09
Filialisten	94 %	25,65	63 %	1,53	12 %	12,16	43 %	19,57

1 $\stackrel{\wedge}{=}$ Prozentsatz der befragten Absatzmittler, die Bodylotions führen
2 $\stackrel{\wedge}{=}$ durchschnittlicher Tagesabsatz in Flaschen pro Outlet

GABLER
GRAFIK

Abbildung 8-5:   Distribution und durchschnittlicher Tagesabsatz bei Körperlotionen nach Ortsgrößen, Einkaufsquellen und Marken

Folgende Fixkosten werden durch das Neuprodukt verursacht:

■   0,9 Millionen € Investition/pro Jahr (Gesamtinvestition: 4,5 Millionen €)

■   0,4 Millionen € Markttest im Einführungsjahr

Für das Einführungsjahr 2003 sind bei unterschiedlichen Werbeaufwendungen folgende Marktanteile zu erwarten:

Werbung in Mio. €	1,36	2,04	2,55	3,40
Geschätzter Marktanteil in %	9,0	12,0	14,0	18,0 GABLER GRAFIK

Abbildung 8-6: Zusammenhang zwischen Werbung und Marktanteil

Für einen konstanten Werbeetat von 1,5 Millionen € und alternative Preise erwartet die Marktforschungsabteilung aufgrund von Markttests folgende Marktreaktionen:

Preis in €/500-ml-Flasche	5,–	6,–	7,–
Geschätzter Marktanteil in %	15,0	14,0	12,0 GABLER GRAFIK

Abbildung 8-7: Zusammenhang zwischen Werbung und Marktanteil

Der Produktmanagerin liegt zudem ein dreidimensionales Positionierungsmodell vor, das die Wahrnehmung der derzeit aktuellen Lotions-Marken aus der Sicht der Verbraucher darstellt. Als kaufrelevante Eigenschaften wurden der Preis, die Qualität und der Duft des Produkts ermittelt, die entsprechend als Dimensionen des Positionierungsmodells Verwendung finden (vgl. Abbildung 8-8).

Der Marketing-Planungsstab hat bezüglich der Entwicklung des Markt- und Absatz-volumens im Segment der Körperlotionen für die nächsten vier Jahre folgende Prognose aufgestellt:

	2003	2004	2005	2006
Marktvolumen für Körperlotionen	19.500	20.800	23.400	25.350
Prognostizierter Marktan-teil für die Körperlotion von Tenderskin in %	14	16	18	20
Erzielbarer Absatz in t	2.730	3.328	4.212	5.030 GABLER GRAFIK

Abbildung 8-9: Prognose des Markt- und Absatzvolumens für Körperlotionen

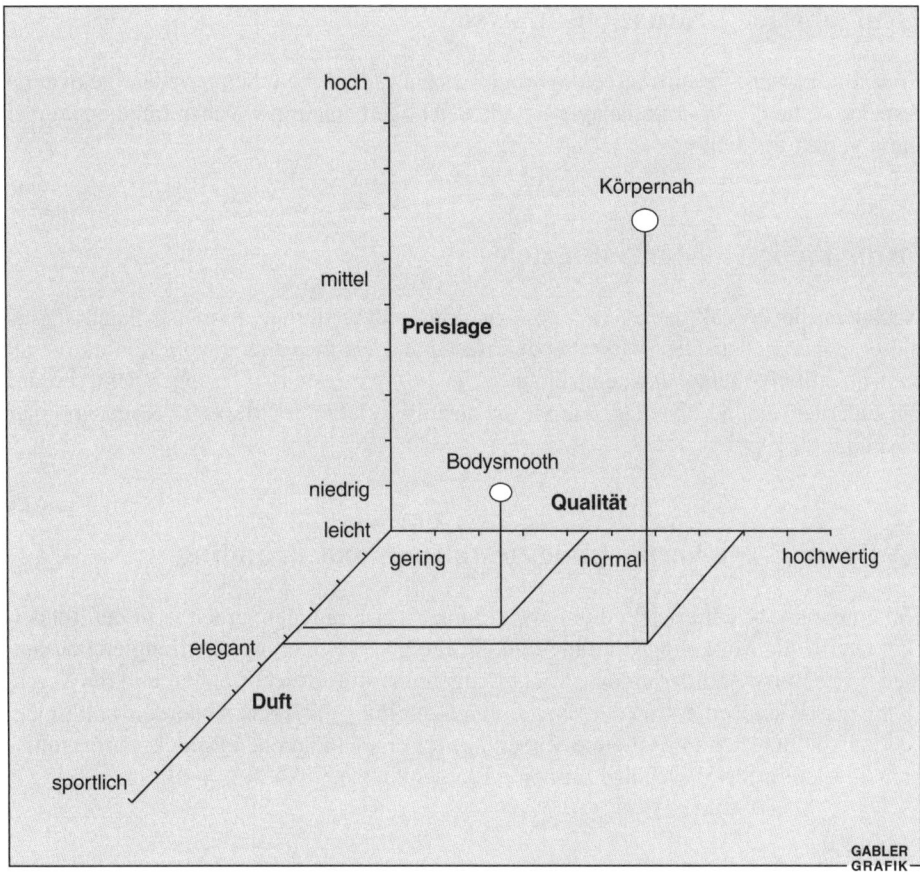

Abbildung 8-8:   Positionierungsmodell der relevanten Wettbewerber
                 von Tenderskin

Aufgabe 1   Situationsanalyse

Frau Brand wird beauftragt eine Situationsanalyse zu erstellen. Welche relevanten Aspekte sollte die Produktmanagerin berücksichtigen, und mit welchen Inhalten können diese gefüllt werden?

Aufgabe 2   Marketingziele

Nachdem die Produktmanagerin die Situationsanalyse durchgeführt hat, kann sie auf dieser Basis realistische Marketingziele festlegen. Nennen Sie sowohl qualitative als auch quantitative Ziele, und kennzeichnen Sie die wichtigsten Zielgruppen. Unterbreiten Sie außerdem einen Vorschlag, wie Sie die neue Bodylotion im Markt für Körperlotionen positionieren würden.

Aufgabe 3   Verpackungsgestaltung und Branding

Um eine marktorientierte Produktentwicklung zu ermöglichen, arbeiten in der Tenderskin GmbH die Marketingabteilung und die Produktentwicklungsabteilung eng zusammen. Frau Brand soll darum ihre Vorstellungen über die Beschaffenheit und die Verpackung der neuen Bodylotion der Entwicklungsabteilung darlegen. Außerdem soll sie der Geschäftsleitung schon jetzt erste Vorschläge für einen möglichen Produktnamen unterbreiten. Liefern Sie Vorschläge für beide Problemkreise.

Aufgabe 4   Distributionsstrategie

Ein wichtiger Erfolgsfaktor für die erfolgreiche Einführung eines Neuprodukts stellt die Wahl der richtigen Distributionsstrategie dar. Leider lässt die schlechte Informationslage keine Entwicklung einer entsprechenden Strategie zu. Das bestehende Vertriebsnetz sollte grundsätzlich zwar genutzt werden, muss aber nochmals gründlich überdacht und eventuell ergänzt werden. Entwickeln Sie für Frau Brand einen Vorschlag zur Lösung der distributionspolitischen Probleme.

Aufgabe 5   Einführungskampagne

Nachdem die Entscheidungen zu den übrigen Marketing-Mix-Instrumenten getroffen wurden, nimmt Frau Brand Kontakt zu ihrer Stamm-Werbeagentur auf. In einem ersten Briefing soll festgehalten werden, welche Aspekte in der Einführungskampagne für den Endverbraucher besonders herausgestellt werden können. Liefern Sie geeignete Vorschläge. Nennen Sie auch die Werbemittel beziehungsweise Werbeträger, mit deren Hilfe die zuvor abgegrenzten Zielgruppen erreicht werden können.

Aufgabe 6   Interdependenzen im Marketing-Mix

Die Entscheidungen, die Frau Brand für die Kommunikationspolitik treffen soll, kann sie nicht losgelöst von den jeweils anderen Mixbereichen treffen. Diskutieren Sie die hier vorhandenen Zusammenhänge.

Aufgabe 7   Werbebudgetierung

Die Unternehmensleitung der Tenderskin GmbH plant bis 2006 ein jährliches Werbebudget zu investieren, mit dessen Höhe gerade die Break-Even-Absatzmenge für das Einführungsjahr erreicht wird. Welche der angegebenen Budgetalternativen ist optimal? Gehen Sie hierbei von einer Deckungsspanne von 1.416,00 €/t aus.

Aufgabe 8   Preispolitik

Eine wichtige Entscheidung im Marketing-Mix ist die Festlegung des Preises der neuen Körperlotion. Dabei steht fest, dass die bisherige Preispolitik beibehalten werden soll, eine Billigpreisstrategie ist auch für dieses Produkt nicht gefordert. Welches ist der optimale Preis für die Tenderskin-Bodylotion? Gehen Sie bei Ihren Berechnungen von variablen Kosten pro 500-ml-Flasche in Höhe von 88,2 Prozent vom Endverbraucher-Preis (EVP) aus.

Aufgabe 9   Amortisationsrechnung

Frau Brand und das Entwicklungsteam erhalten von der Unternehmungsleitung die Vorgabe, dass sich die Investitionen innerhalb von drei Jahren amortisiert haben müssen. Wird diese Forderung erfüllt werden?

4.

Lösungen zur Fallstudie: Marketing-Mix-Probleme bei der Einführung einer Bodylotion

Lösung Aufgabe 1   Situationsanalyse

Als relevante Komponenten sollten die Unternehmenssituation, die Marktsituation, die Konkurrenzsituation, die Absatzmittlersituation und die Verbrauchersituation analysiert werden:

1. Unternehmenssituation

Die Tenderskin hat sich im Markt für Rasierpflegemittel bereits gut etabliert. Das Marktsegment Körperlotionen wird allerdings bislang gar nicht bearbeitet.

Zur Zeit bietet das Unternehmen ausschließlich Qualitätsprodukte an, die mit einem empfohlenen Verkaufspreis versehen sind, um Preisaktionen des Handels zu vermeiden.

Im Vertriebsbereich, speziell im Außendienst, bestehen personelle Engpässe.

2. Situation des Körperlotionsmarktes

Das Segment Körperlotionen stellt einen relativ jungen und nach wie vor expandierenden Teilmarkt im Bereich Körperpflege dar.

Wesentliche Entwicklungsdeterminanten dieses Marktes sind der beständige Trend zu einem positiven Image der Körperpflege, die wachsende Gesundheits-/Fitnesswelle, die gestiegenen qualitativen und ökologischen Ansprüche an Pflegeprodukte und der Wandel vom Funktionsproduktmarkt zum Erlebnisproduktmarkt.

3. Konkurrenzsituation

Der Anbieter der Lotion „Bodysmooth" hat mit 50 Prozent Marktanteil eine marktbeherrschende Stellung inne, aber es ist ein leichter Rückgang zu beobachten. Der Anbieter von „Bodysmooth" ist eindeutig ein Billiganbieter.

Die Marke „Körpernah" besitzt den zweitgrößten Marktanteil und verzeichnet zudem einen langsamen, aber stetigen Marktanteilszuwachs. Dieses Produkt ist qualitativ und preislich eindeutig höher einzustufen als „Bodysmooth".

Die übrigen Anbieter sind marktanteilsbezogen eher unbedeutend und orientieren sich überwiegend an der Marke „Bodysmooth".

4. Absatzmittlersituation

Der größte Distributionsgrad wird in Städten mit mehr als 100.000 Einwohnern erzielt. Die wichtigsten Absatzmittlerformen sind die Warenhäuser und Filialisten. Hier ist die Marke „Bodysmooth" weit besser vertreten als die Marke „Körpernah".

5. Verbrauchersituation

Die soziodemographische Käuferstruktur hat folgendes Aussehen: Bewohner von Städten mit über 100.000 Einwohnern, Zugehörigkeit zur Oberschicht, Sport treibende Frauen/ Männer, Altersschwerpunkt bei 15- bis 35-Jährigen, Drei-Personen-Haushalte.

Die Intensivverwender verbrauchen ca. die doppelte Menge wie Normalverwender.

Als generelle Verwendungsbereiche können die normale Körperpflege und die anlassbezogene Körperpflege unterschieden werden.

An den bisher angebotenen Flaschen wurde seitens der Verbraucher Kritik geübt, da es schwierig ist, festzustellen, wie viel Creme sich noch in der Flasche befindet.

Lösung Aufgabe 2   Marketingziele

Zielplanung

Die Grundlage für alle Ziele, die in einem Unternehmen geplant werden, bilden übergeordnete Unternehmensziele wie zum Beispiel Erhalt und Weiterentwicklung des Unternehmens oder die damit in Zusammenhang stehende Erzielung einer Mindestrendite. Auf Basis dieser übergeordneten Ziele lassen sich unter Berücksichtigung der Daten aus der Situationsanalyse qualitative und quantitative Marketingziele ableiten. Für die Tenderskin GmbH könnten im Markt für Körperlotionen folgende Ziele abgeleitet werden:

- **Qualitative Marketingziele:**

  Erfolgreiches Eindringen in einen bislang von der Tenderskin GmbH nicht bearbeiteten Markt mit Hilfe der neuen Körperlotion.

  Die neue Bodylotion soll einen hohen Bekanntheitsgrad erlangen und im evoked set der Konsumenten verankert werden. Das neue Produkt soll mit einem positiven Image versehen werden.

  Die neue Körperlotion soll in kurzer Zeit eine hohe Akzeptanz im Handel erreichen und entsprechend schnell in deren Sortimente aufgenommen werden.

- **Quantitative Marketingziele:**

  Im Einführungsjahr soll ein Distributionsgrad von 65 Prozent erreicht werden. Als Mindestumsatz werden ca. 20 Millionen € angestrebt. Außerdem soll ein Marktanteil von mindestens 10 Prozent erreicht werden.

Besonders die Prognose des möglichen Umsatzvolumens und des anzustrebenden Marktanteils sollte äußerst gewissenhaft durchgeführt werden, denn auf der Basis dieser Schätzungen wird die Höhe des einzusetzenden Kapitals bestimmt. Fehlprognosen in diesem Bereich können die zukünftige Gewinn- und Kostensituation negativ beeinflussen (zum Beispiel zu hohe Investitionen bei überschätztem zukünftigen Umsatz führen zu Verlusten beziehungsweise zu geringe Investitionen bei unterschätzter Nachfrage führen zu Lieferschwierigkeiten).

Zielgruppen

Die Festlegung der relevanten Zielgruppe muss auf zwei Ebenen vorgenommen werden: einerseits auf der Ebene der Endverbraucher, andererseits auf der Ebene der Absatzmittler.

Endverbraucherebene: Mit der neuen Körperlotion sollen in erster Linie jüngere, aufgeschlossene Konsumenten angesprochen werden. Dabei erscheinen Sport treibende Frauen als eine vielversprechende Zielgruppe. Der „Unisex-Trend" eröffnet die Möglichkeit, parallel auch Sport treibende Männer anzusprechen. Diese Zielgruppe weist zudem ein besonderes Entwicklungspotenzial auf, denn die Zahl der Männer, die die Körperpflege positiv einschätzen, nimmt nach wie vor zu. Beide Gruppen eignen sich auch darum besonders, da sie als Intensivverwender von Bodylotion eine hohe Effektivität der Kampagne ermöglichen. Die Konsumenten der neuen Bodylotion sind überwiegend in der Oberschicht und in Städten mit über 100.000 Einwohnern zu finden.

Auf der **Absatzmittlerebene** sollte die gesamte Breite der Betriebsformen, also Warenhäuser, Drogerieketten, unabhängige Einzelhändler und Filialisten angesprochen werden. In der Einführungsphase des neuen Produkts wäre es sinnvoll, besonders die sportlich und jugendlich orientierten Absatzmittler intensiv zu bearbeiten. Dazu gehören auch die unabhängigen Facheinzelhändler mit sportlicher Ausrichtung. Hier besteht zudem noch freies Entwicklungspotenzial. Die Hauptzielgruppe bleiben aber Warenhäuser, Drogerieketten und Filialisten, deren Umsatzanteil am höchsten ist und deren Zahl noch zunehmen wird.

Positionierung

Aufgrund der Ergebnisse der durchgeführten Situationsanalyse und einiger wichtiger Zusatzinformationen (zum Beispiel Marktanteilsentwicklung der Konkurrenzmarken) sowie vor dem Hintergrund der bislang verfolgten Unternehmenspolitik muss Frau Brand entscheiden, wo die neue Bodylotion im Produktmarktraum positioniert werden soll. Die gesammelten Informationen legen nahe, eine Lotion zu kreieren, die eine hohe Qualität besitzt, die preislich hoch angesiedelt ist und deren Duft einen intensiven, aber angenehmen Charakter hat.

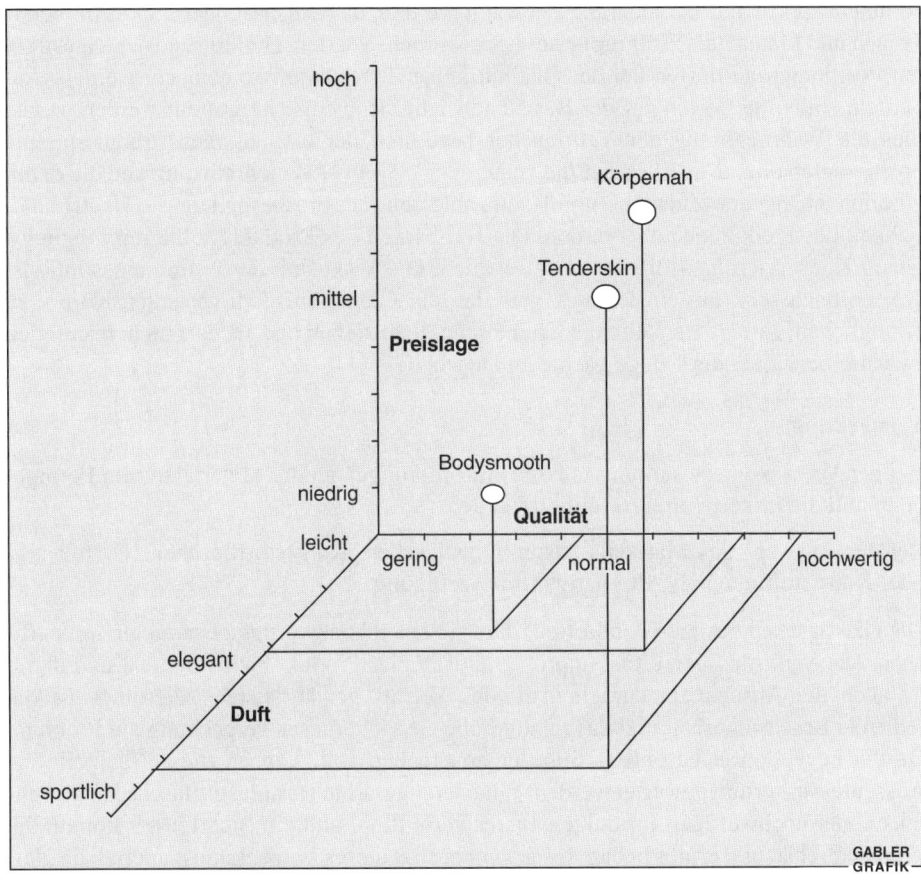

Abbildung 8-10: Positionierungsmodell von Tenderskin und ihren relevanten
                 Wettbewerbern

Lösung Aufgabe 3   Verpackungsgestaltung und Branding

Produktbeschaffenheit

Das Aussehen der Lotion sollte einen milchigen und damit sanften und pflegenden
Charakter haben. Als Farbe empfiehlt sich ein reines Weiß, denn damit lassen sich
Begriffe wie Sauberkeit, Reinheit und Gesundheit assoziieren.

Der Duft der Lotion sollte intensiv sein, um dem Konsumentenwunsch nach einem
Parfümcharakter von modernen Cremes gerecht zu werden. Mit Blick auf die beide
Geschlechter umfassende Zielgruppe sollte der Duft sowohl Männer als auch Frauen
anprechen. Dies entspräche auch dem zu beobachtenden „Unisex-Trend". Gleichzeitig

sollte ein sportlicher Duftcharakter gewählt werden, da ja insbesondere Sport treibende Frauen und Männer als Zielgruppe anvisiert werden. Vor dem Hintergrund der angestrebten Positionierung dürfen bei der Qualität keine Zugeständnisse gemacht werden. Außerdem sollte die Lotion auf der Basis natürlicher Rohstoffe hergestellt werden, zumal dies die Wahrnehmung der Verbraucher bezüglich der erstklassigen Produktqualität positiv unterstützt. Mit Blick auf die zunehmende Umweltverschmutzung und die damit zusammenhängende Zunahme von Hautproblemen muss insbesondere die Hautfreundlichkeit des Produkts betont werden. Die Haltbarkeit des Produkts sollte mit möglichst wenig Konservierungsstoffen erreicht werden. Die Viskosität der Lotion muss lotionstypisch hoch sein, um ein leichtes Verteilen der Creme auf dem gesamten Körper zu ermöglichen. Außerdem sollte die Creme schnell einziehen und sie darf nicht nachfetten (wichtig bezüglich der Pflege nach dem Duschen).

Verpackung

Bei der Verpackungsgestaltung müssen Anforderungen an die Materialart, die Formgebung und die Etikettierung formuliert werden.

Bei der Auswahl des Materials stehen Glasflaschen, Kunststoffflaschen (Hartplastik) oder Kunststofftuben als Alternativen zur Verfügung.

Die Glasflaschen besitzen den Vorteil, dass sie einen hochwertigen Charakter verdeutlichen. Die Verschließbarkeit ist unproblematisch, das Produkt bleibt sichtbar und damit ist auch die Abschätzungsmöglichkeit des Vorrats gewährleistet. Allerdings ist die fehlende Bruchsicherheit und das relativ hohe Gewicht dieser Verpackung ein Problem. Da die neue Lotion besonders Sportler ansprechen soll, können diese Nachteile als Ausschlusskriterium gewertet werden. Eine durchgefärbte Hartplastikflasche kann ebenfalls einen hochwertigen Produktcharakter vermitteln, und ein Sichtfenster könnte die Vorratsabschätzung ermöglichen. Insgesamt besitzt dieses Verpackungsmaterial die gleichen Vorteile wie eine Glasflasche und es ist zudem noch leicht und bruchsicher, was einen entscheidenden Vorteil darstellt. Eine durchsichtige Hartplastikflasche empfiehlt sich wegen der Kratzempfindlichkeit nicht. Eine weitere Verpackungsalternative besteht in der Tube, die zur Zeit im Trend liegt. Ein edler, hochwertiger Charakter ist aber mit dieser Verpackungsart nur schwer zu erreichen. Außerdem besteht bei dieser Verpackung nicht die Option der Nachfüllbarkeit, was aber unter ökologischen Aspekten eine wichtige Eigenschaft darstellt.

Die Form und der Verschluss der Flasche muss in erster Linie produktcharakteristisch sein. Sie sollte auf die Konsumentengewohnheit bezüglich der Inhalts- und Qualitätsanmutung hinweisen. Form und Verschluss müssen zudem eine gute Handhabbarkeit gewährleisten (Griffigkeit, einfache und schnelle Verschließbarkeit, Sauberkeit – kein Verschmieren). Gleichzeitig sollte die Flaschenform eine hochwertige und sportliche Anmutung besitzen, und das Etikett muss optimal zur Geltung kommen. Eine Einzigartigkeit der Flaschenform könnte zudem die Abgrenzung von Konkurrenzprodukten erleichtern.

Die Größe der Flasche steht in engem Zusammenhang mit dem angestrebten Preis pro Verpackungseinheit. Bei dieser Entscheidung sollte vor allem die Beziehung zu Konkurrenzprodukten beachtet werden. Aber auch der vorgesehene Verwendungskontext sollte in die Entscheidung einfließen. Eventuell sind in diesem Zusammenhang mehrere Packungsgrößen sinnvoll (Familienpackung, kleine Sportpackung).

Bei der Etikettierung sollte aus zuvor erstellten Alternativvorschlägen mit Hilfe eines Produkttests das ansprechendste Etikett ermittelt werden. Hierbei werden bei gleichen Produkten in gleichen Flaschen verschiedene Etiketten getestet. Es können folgende Etikettentypen gewählt werden:

▪ abstraktes Etikett nur mit dem Markennamen,

▪ Markenname ergänzt durch ein zusätzliches emotionales Signal (zum Beispiel Abbildung einer sich eincremenden Person),

▪ emotionales Signal im Vordergrund, Markenname als Ergänzung.

Markenname

Bei der Namensentwicklung muss zunächst entschieden werden, ob ein völlig neuer Name speziell für die neue Lotion entwickelt oder ob der Name in Anlehnung an den Firmennamen beziehungsweise in Anlehnung an die bereits erfolgreich eingeführte Produktfamilie gewählt werden soll. Außerdem muss der Name in Phonetik und Inhalt eine Assoziation zum Produkt und dessen Qualität ermöglichen. Da die Firma Tenderskin bereits mit ihren Rasierpflegemitteln gut am Markt eingeführt ist, bietet sich ein Name an, der den bereits bekannten Unternehmensnamen integriert. Eine derartige Dachmarkenstrategie besitzt den Vorteil, dass das Floprisiko eines neu zu positionierenden Produkts wegen des Goodwilleffektes vermindert wird. Die Komplementarität der Produkte ist ebenfalls gegeben, was als weiteres Argument für eine Dachmarkenstrategie spricht. Eine Gefahr der Dachmarkenstrategie könnte darin bestehen, dass die bestehende Rasierpflegeserie ein sehr männliches Image besitzt, was wiederum potenzielle weibliche Kunden irritieren könnte. Man kann aber davon ausgehen, dass die Tenderskin-Pflegeserie ein nicht so stark maskulin aufgeladenes Pflegeimage besitzt. Vor diesem Hintergrund überwiegen die Vorteile der Dachmarkenstrategie. Als Name könnte zum Beispiel „Tenderskin-Bodylotion" gewählt werden.

Lösung Aufgabe 4   Distributionsstrategie

Um einen konstruktiven Vorschlag machen zu können, wäre Frau Brand auf detaillierte Informationen über die Distributionspolitik der Konkurrenz sowie auf Informationen über die Struktur und Leistungsfähigkeit der Absatzkanäle angewiesen, die in expliziter Form leider nicht vorliegen. Frau Brand sollte deshalb folgende Fragen klären:

▪ Welche Vorteile besitzt das klassische Vertriebssystem, und welche Potenziale eröffnet zum Beispiel ein Direktvertriebssystem an den Endverbraucher?

- Könnte ein Direktvertriebssystem parallel zu einem klassischen Vertriebssystem aufgebaut werden? Wird durch die Einschaltung des Großhandels der gleiche oder ein höherer Distributionsgrad erreicht?

- Welche Folgen hätte ein Wechsel des Vertriebssystems (zum Beispiel Direktvertrieb oder Vertrieb ausschließlich über Großbetriebsformen) für die Kontrahierungspolitik und für die Effektivität und Wirtschaftlichkeit des Vertriebs?

- Gibt es eventuell marketingstrategische Gründe, die das eine oder andere Vertriebssystem erforderlich machen?

- Ist zum Beispiel der Großhandel überhaupt bereit, Produkte der Tenderskin GmbH aufzunehmen, und welche Eintrittsbedingungen werden gestellt?

Lösung Aufgabe 5   Einführungskampagne

Für die Einführung des neuen Produkts sollte in erster Linie der Markenname „Tenderskin-Bodylotion" herausgestellt werden, da dieser Name bislang nicht im Markt existierte und somit beim Konsumenten noch verankert werden muss (wenn möglich in dessen evoked set). Außerdem sollte bei der Kampagnenkonzeption weitgehend auf die Hervorhebung von Produkteigenschaften verzichtet werden und zwar zu Gunsten einer stark emotionalen (beziehungsweise affektiven) Werbeaussage. Denn gerade bei einer Einführungskampagne muss das wichtigste Ziel darin gesehen werden, das neue Produkt in der Wahrnehmung der Konsumenten mit einem entsprechenden Image zu versehen. Die Kampagne muss zudem einen hohen Aufmerksamkeitswert besitzen, was in erster Linie mit Hilfe der Gestaltung erreicht werden kann. Mit Blick auf die angestrebte Kernzielgruppe sollte also ein emotionaler, imageträchtiger Bildinhalt gewählt werden, der Assoziationen zu Jugend, Sport und Gesundheit erlaubt und sowohl Männer als auch Frauen anspricht. Da weitgehend auf informative Textargumente verzichtet werden soll, ist die Visualisierung der hochwertigen Qualität der Lotion erforderlich. Die Abbildung der konkreten Flasche ist ebenfalls hilfreich, um den Kunden das Wiedererkennen im Handel zu erleichtern.

Für die Ansprache der Endverbraucher bieten sich grundsätzlich folgende Werbemittel/ Werbeträgerkombinationen an, die allerdings nur in Abstimmung mit einem geplanten Werbebudget ausgewählt werden können:

Spots in Fernsehen und Rundfunk, Werbefilme im Kino, Anzeigen in Tageszeitungen und Zeitschriften (besonders Sportzeitschriften wie Fit for Fun etc.), Zeitungsbeilagen, Produktprobenversand mit Hilfe von Direct-Mailing-Aktion, Plakatwerbung, eventuell Nutzung neuer Medien (zum Beispiel Werbung im Internet durch Präsenz auf produktaffinen Themenseiten).

Lösung Aufgabe 6   Interdependenzen im Marketing-Mix

Die Marketing-Mixplanung für die neue Bodylotion stellt sich als ein mehrdimensionales Problem dar. Bei der Kommunikationspolitik sind zum Beispiel folgende Zusammenhänge mit den anderen Mixinstrumenten zu beachten:

Produktpolitik

Produkteigenschaften können ein Werbeargument darstellen. Aus der Produktkonzeption lassen sich bestimmte Image- und Kommunikationsziele (zum Beispiel Sportlichkeit) ableiten. Die Verpackung des Produkts stellt ein wichtiges Kommunikationsinstrument dar, mit dem ähnlich wie in der Werbekampagne ein bestimmtes Image kommunikativ vermittelt werden kann.

Sortimentspolitik

Die Heraushebung eines übergeordneten Markennamens im Sinne einer Dachmarkenstrategie bietet sich hier besonders an, da bereits ein breites Sortiment in einem anderen Hautpflegebereich (Rasierpflegemittel) gut eingeführt ist und entsprechend ein Imagetransfer (Qualität) angestrebt werden kann.

Distributionspolitik

Die distributionspolitisch angestrebte Ubiquität kann als Argument in der Endverbraucherwerbung verwendet werden. Ebenso könnte eine distributionspolitische Spezialisierung auf eine bestimmte Betriebsform kommunikationspolitisch genutzt werden (zum Beispiel „nur im guten Fachhandel"). Gegenüber Einzelhändlern lassen sich die Servicevorteile der geplanten Distributionspolitik hervorheben (zum Beispiel besonders intensive Betreuung durch Reisende beziehungsweise Key-Account-Manager). Sollte sogar eine Direktvertriebsstrategie verfolgt werden, hat dies ganz entscheidende Auswirkungen auf die Konzeption der Kommunikationsstrategie.

Preis- und Konditionenpolitik

Ein hoher Preis kann im Sinne eines Qualitätskriteriums bewusst kommuniziert werden. Bei der absatzmittlergerichteten Werbung kann eine besonders vorteilhafte Konditionenpolitik als Werbeargument verwendet werden.

Lösung Aufgabe 7   Werbebudgetierung

Zur Bestimmung des notwendigen Werbeetats muss Frau Brand zunächst die Break-Even-Absatzmenge bestimmen. Mit Hilfe der geschätzten Marktanteilswerte kann anschließend die entsprechende Absatzmenge für die einzelnen Werbebudgetalternativen bestimmt werden. Die Break-Even-Analyse lässt sich mit Hilfe der gegebenen Deckungsbeitragsspanne ermitteln:

$$x_B = k_F / DS$$

x_B: Break-Even-Absatzmenge des Einführungsjahres

k_F: Fixkosten des Einführungsjahres = 1,3 Millionen (jährlicher Investitionsanteil + Markttest im Einführungsjahr) + Werbebudget des Einführungsjahres

DS: Deckungsspanne = 1.416 €/t

Beispiel zur Bestimmung des Marktanteils in Tonnen: $2.730 \, t \cdot \dfrac{9 \, \%}{14 \, \%} = 1.755 \, t$

Werbung in Mio. €	1.360.000	2.040.000	2.550.000	3.400.000
Geschätzter Marktanteil in %	9	12	14	18
Erzielbarer Absatz in t	1.755	2.340	2.730	3.510
Break-Even-Absatz	1.879	2.359	2.719	3.319

GABLER GRAFIK

Abbildung 8-11:   Der Break-Even-Absatz in Abhängigkeit des Werbebudgets

Aus der Tabelle lässt sich ablesen, dass das Werbebudget bis 2006 jährlich 2,55 Millionen € betragen sollte.

Lösung Aufgabe 8   Preispolitik

Entsprechend der angestrebten Positionierung der Bodylotion sollte als Basisstrategie eine Hochpreispolitik verfolgt werden. Auch mit Blick auf die erfolgreiche Rasierpflegeserie der Tenderskin GmbH, die ebenfalls in höheren Preislagen angeboten wird, erscheint eine Billigstrategie grundsätzlich nicht empfehlenswert.

Bei der Preisentscheidung muss allerdings überprüft werden, ob bei der jeweiligen Preisalternative die Break-Even-Absatzmenge erreicht wird.

Dazu müssen zunächst die erzielbaren Absatzmengen bestimmt werden.

Preis pro 500-ml-Flasche	5,00	6,00	7,00
Marktanteil	15	14	12
Erzielbarer Absatz in t	2.925	2.730	2.340
Variable Kosten/Flasche in € (88,2 % EVP)	4,41	5,29	6,17
Fixkosten im Einführungsjahr in €	3.850.000	3.850.000	3.850.000
Break-Even-Absatzmenge in t	3.263	2.719	2.331
DB	3.451.500	3.865.680	3.865.680

GABLER GRAFIK

Abbildung 8-12:   Der Break-Even-Absatz in Abhängigkeit unterschiedlicher Preise

Bei einem Preis von 5,00 € wird die Break-Even-Menge nicht erreicht, damit scheidet diese Preisalternative aus. Bei einem Preis von 6,00 € wird der gleiche Deckungsbeitrag erzielt wie bei einem Preis von 7,00 € pro Flasche. Allerdings ermöglicht der Preis von 6,00 € pro Flasche einen größeren Marktanteil, nämlich 14 Prozent. Darum wird dieser Preis gewählt, da ein zentrales Ziel der Unternehmung in der Ausweitung von Marktanteilen liegt.

Lösung Aufgabe 9   Amortisationsrechnung

Um zu überprüfen, ob diese Forderung erfüllt werden kann, ist zu zeigen, dass der kumulierte Deckungsbeitrag in den drei Jahren alle Investitionen (inklusive jährlicher Fixkosten in Höhe des konstanten Werbeetats von 2,55 Millionen €) decken wird.

Dies lässt sich übersichtlich anhand der Tabelle in Abbildung 8-13 darstellen.

	2003	2004	2005	2006
Marktvolumen des Bodylotions-Marktes	19.500	20.800	23.400	25.350
Marktanteil der Tenderskin GmbH in %	14	16	18	20
Erzielbarer Absatz in t	2.730	3.328	4.212	5.070
Deckungsbeitrag in %	23,60	23,60	23,60	23,60
DB in T€	3.865,68	4.712,45	5.964,19	7.179,12
Fixe Kosten in T€	3.850	3.450	3.450	3.450
Bruttogewinn in Mio. €	15,68	1.262,45	2.514,19	3.729,12
Bruttogewinn kumuliert	15,68	1.278,13	3.792,32	7.521,44
Noch zu deckende Investitionen in T€	3.600,00	2.700,00	1.800,00	900,00
Nettogewinn in T€	−3.584,32	−1.421,87	1.992,32	6.621,44

GABLER GRAFIK

Abbildung 8-13:   Prognostizierter Deckungsbeitrag und Gewinn von Tenderskin

In der dritten Periode wird bereits ein Nettogewinn von 1.992 T€ erwirtschaftet. Damit wird die Forderung der Unternehmungsleitung voll erfüllt.

Kapitelübersicht

Kapitel 9

Mixübergreifende Marketingentscheidungen

Kapitel 9

Lernziele

Der Leser soll nach Bearbeitung dieses Kapitels in der Lage sein,

1. die Bedeutung des Kundendienstes für das Marketing-Mix aufzuzeigen,

2. die zentralen Entscheidungstatbestände des Verkaufsmanagement zu erläutern,

3. die Bedeutung von Komplexitätskosten für das Marketing zu erklären,

4. Determinanten von markenstrategischen Entscheidungen zu entwickeln und

5. den Zusammenhang zwischen Marketing und Organisationsstruktur eines Unternehmens zu diskutieren.

1. Mixübergreifende Marketingentscheidungen/Aufgaben

Aufgabe 1 Verkaufsmanagement

Die Car Inc. ist ein amerikanischer Automobilhersteller, der derzeit bemüht ist, auch in den europäischen Absatzmärkten Fuß zu fassen. Das Management beauftragt daher Herrn Sales, den internationalen Verkaufsleiter der Car Inc., eine Verkaufsorganisation für den deutschen Markt aufzubauen. Nach langen Verhandlungen gelingt es Herrn Sales, einen Kooperationsvertrag mit dem deutschen Anbieter Mobilo AG abzuschließen, der es der Car Inc. gestattet, die eigenen Fahrzeuge über das Händlernetz der Mobilo AG zu vertreiben. Im Rahmen der Detailplanungen für die Verkaufsorganisation im deutschen Markt, möchte Herr Sales zunächst die Zahl der notwendigen Außendienstmitarbeiter bestimmen. Dabei ist allerdings zu berücksichtigen, dass sich die erforderliche Besuchshäufigkeit eines Handelsbetriebs in Abhängigkeit des Absatzvolumens des jeweiligen Betriebs unterscheidet. Eine ABC-Analyse führte zu folgender Einteilung der insgesamt 800 Handelsbetriebe der Mobilo AG:

Handelsbetriebstyp	Anzahl der Betriebe	Jährliche Besuche je Betrieb
A-Händler (>200 Pkw-Verkäufe/Monat)	50	25
B-Händler (80 – 200 Pkw-Verkäufe/Monat)	250	15
C-Händler (<80 Pkw-Verkäufe/Monat)	500	10

GABLER GRAFIK

Abbildung 9-1: Ergebnisse der ABC-Analyse

Zur Ermittlung der Zahl an Außendienstmitarbeitern geht Herr Sales davon aus, dass jeder Verkäufer durchschnittlich 6 Besuche pro Tag durchführen kann. Weiterhin kalkuliert Herr Sales mit 200 Besuchstagen pro Mitarbeiter in einem Jahr. Insgesamt kostet ein Außendienstmitarbeiter durchschnittlich 150.000 GE im Jahr. Diese Kosten setzen sich aus 50.000 GE Reisekosten und 100.000 GE Vergütung zusammen.

Aufgabe 1a

Ermitteln Sie die Anzahl der zum Aufbau der Verkaufsorganisation im deutschen Markt erforderlichen Außendienstmitarbeiter für die Car Inc.. Welche Prämissen liegen Ihrer Berechnung zugrunde?

Aufgabe 1b

Herrn Sales erscheinen die Kosten für die Außendienstmitarbeiter sehr hoch. Insbesondere die Reisekosten von 50.000 GE sind seiner Ansicht nach durch die Zusammenfassung der Außendienstmitarbeiter in drei Verkaufsbezirke (Nord, Mitte, Süd) zu reduzieren. Herr Sales geht davon aus, dass sich so die Reisekosten je Außendienstmitarbeiter um ein Drittel reduzieren. Die Handelsbetriebe werden dabei wie folgt in die Bezirke aufgeteilt:

	Bezirk Nord	Bezirk Mitte	Bezirk Süd
A-Händler	15	5	30
B-Händler	50	150	50
C-Händler	350	50	100

Abbildung 9-2:   Aufteilung der Handelsbetriebe

■ Wie viele Außendienstmitarbeiter werden unter diesen Voraussetzungen für den Aufbau der Verkaufsorganisation benötigt?

■ Ist die Neuaufteilung der Verkaufsbezirke unter Kostengesichtspunkten sinnvoll?

Aufgabe 1c

Die sehr hohen Personalkosten haben die Car Inc. dazu bewogen, über alternative Möglichkeiten einer Informationsversorgung der Handelsbetriebe nachzudenken. Herr Sales erhofft sich insbesondere vom Einsatz neuer elektronischer Medien eine Kostenersparnis im Außendienst. Mit Hilfe von Online-Technik kann der Besuch eines Außendienstmitarbeiters durch eine postalische Versendung von Informations- und Prospektmaterial in Verbindung mit einer halbstündigen Online-Verkaufsberatung substituiert werden. Diese Variante würde jeweils Kosten von 165,00 GE verursachen. Planen Sie ein kostenminimales Programm zur Verkaufsunterstützung der Handelsbetriebe. Wie viele Außendienstmitarbeiter sind dabei einzusetzen? Gehen Sie bei der Lösung dieser Aufgabe bitte von der in Aufgabe 1b beschriebenen Aufteilung in drei Verkaufsbezirke aus.

Aufgabe 1d

Da Herr Sales sich von dem Einsatz der Online-Verkaufsberatung viel verspricht, überlegt er, welche weiteren modernen Informations- und Kommunikationsmöglichkeiten er für den Verkauf nutzen kann. Herr Sales erhofft sich von deren Einsatz auch einen positiven Imagetransfer in Bezug auf die Modernität seiner Automobile. Liefern Sie Vorschläge, welche neuen Medien in welcher Form im Verkauf eingesetzt werden können.

Aufgabe 2   Verkaufsorganisation

Welche grundsätzlichen Anforderungen sind an die Konzeptionierung der Verkaufsorganisation zu richten? Diskutieren Sie die verschiedenen Formen zur Strukturierung der Verkaufsorganisation. Gehen Sie dabei insbesondere auf die Vor- und Nachteile der unterschiedlichen Organisationsformen ein.

Aufgabe 3   Kundendienstpolitik

Der koreanische Automobilhersteller Fenitsi will in den deutschen Markt eintreten. Dabei kann das Unternehmen auf eine breite Produktpalette, die es schon im heimischen Markt anbietet, zurückgreifen. Folgende Autos werden angeboten:

- Fenitsi Simple: Kleinwagen
- Fenitsi Compact: Golf-Klasse
- Fenitsi Genius: Mittel- bis Oberklasse-Fahrzeug
- Fenitsi Rock: Geländewagen
- Fenitsi Van: Großraumfahrzeug
- Fenitsi Sprint: rassiger Sportwagen

Als besonders problematisch für den Einstieg in den deutschen Markt ist hervorzuheben, dass Anbieter aus Ostasien auf den deutschen Konsumenten alle sehr ähnlich wirken. Dies liegt vor allem an der Homogenität der Produkte in Bezug auf Design, Leistung, Qualität, Lebensdauer und Preis.

Eine Marktforschungsstudie hat ergeben, dass der Kundendienst das einzig sichtbare Differenzierungskriterium darstellt und die Kaufentscheidungen maßgeblich beeinflusst.

Das Modell Fenitsi Sprint soll von den Händlern für einen Preis von 30.000 € verkauft werden. Der Händlerabgabepreis wird voraussichtlich 20.000 € betragen. Zusätzlich zu diesen Kosten entstehen dem Händler für jeden verkauften „Sprint" pro Auto anteilige Kosten für Personal, Refinanzierung, anteilige Miete im Ausstellungsraum etc. in Höhe von 5.000 €. In den Gesamtkosten sind dabei durchschnittlich 5 Prozent Kosten für den Kundendienst enthalten. Diese Kundendienstkosten, die hauptsächlich auf Beratungsleistungen zurückzuführen sind, fallen zeitgleich mit dem Verkauf des „Sprint" an.

Im ersten Jahr nach dem Kauf müssen Sprint-Fahrer durchschnittlich 1.000 € für Serviceleistungen bezahlen. Diese Ausgaben steigern sich durchschnittlich pro Jahr um jeweils 10 Prozent bis zur „Verschrottung" des Autos nach ungefähr zehn Jahren. Dieser Kostenzuwachs ist auf die zunehmende Reparaturanfälligkeit der Autos im Zeitablauf zurückzuführen. Die Kosten zur Erzielung des Kundendienstumsatzes betragen im ersten Jahr 1.000 € pro Auto. Aufgrund von Erfahrungskurveneffekten bleibt dieser Betrag im Laufe der Jahre konstant, obwohl jeweils mehr Serviceleistungen angeboten werden. Eine Ausnahme bildet dabei jedoch das zweite Jahr, in dem durch Rückrufaktionen zusätzliche Kosten in Höhe von 300,00 € entstehen. Den Händlern werden diese Kosten zu 90 Prozent vom Hersteller ersetzt.

Insgesamt entstehen pro Jahr Kundendienstfixkosten in Höhe von 300.000 €. Dabei verursacht jedes Modell die identischen Fixkosten.

Aufgabe 3a

Was ist unter Kundendienst zu verstehen und in welchem Zusammenhang stehen die Kundendienstleistungen zu den Kernprodukten? Gehen Sie dabei auf die Funktionen des Kundendienstes ein, und geben Sie Beispiele für Kundendienstleistungen im Automobilbereich.

Aufgabe 3b

Im Rahmen der systematischen Planung des Kundendienstauftritts wird im Unternehmen diskutiert, wie der Kundendienst in das Marketing-Mix des Unternehmens einzuordnen ist. Ordnen Sie den Kundendienst in das Marketing-Mix ein, und nennen Sie Beispiele aus der Automobilbranche für Kundendienstleistungen in den vier Mixbereichen.

Aufgabe 3c

Das Unternehmen ist sich nicht sicher, in welchem Zusammenhang der Produktlebenszyklus eines Automodells und der technische Kundendienst stehen. Ändert sich die Wichtigkeit des Kundendienstes während des Produktlebenszyklusses? Verdeutlichen Sie Ihre Ausführungen durch eine Graphik, in der auf den Achsen die Zeit und der Umsatz abgetragen sind.

Aufgabe 3d

Als Kundendienststrategien bieten sich eine undifferenzierte (ein Kundendienststandard für alle Modelle) und eine differenzierte Kundendienststrategie an (für jedes Modell). Wie könnte eine differenzierte Kundendienststrategie aussehen?

Aufgabe 3e

Wie hoch ist der durchschnittliche Wert der Kundendienstleistungen pro „Fenitsi Sprint" für den Händler? Bei den Berechnungen kann davon ausgegangen werden, dass die Umsätze und Kosten jeweils komprimiert nach jeweils einem Jahr anfallen. Der Kalkulationszinsfuß beträgt 10 Prozent.

Aufgabe 3f

Wie viele „Sprints" müssen pro Jahr abgesetzt werden, damit die mit dem Modell Fenitsi Sprint verbundenen Kundendienstfixkosten gedeckt werden?

Aufgabe 4   Organisation und Implementierung

Die Automobilwerke DAW AG ist ein führender deutscher Hersteller von Mittel- und Oberklasseautomobilen. Als „Global Player" verkauft die DAW AG ihre Modelle erfolgreich auf allen wichtigen Weltmärkten. Produktionsstandorte bestehen neben dem Stammland Deutschland in Südafrika sowie in den USA.

Angesichts der ständig steigenden Wettbewerbsintensität hat sich der Vorstand der DAW AG zu einer Umstrukturierung des Marketing- und Vertriebsbereichs entschieden. Diese sieht eine Auflösung des Vorstandsressorts „Vertrieb und Marketing" vor. Die diesem Ressort obliegenden strategischen Aufgaben sollen stattdessen vom Gesamtvorstand wahrgenommen werden. Die übrigen Vorstandsressorts bleiben weiterhin funktional strukturiert. Die operativen Aufgaben des Vorstandsressorts werden auf fünf Vertriebsleiter verteilt, die jeweils eine Vertriebsregion betreuen (Regionen: Europa, Asien, Südamerika, USA, Südafrika). Die Vertriebsleiter besitzen jeweils die Gewinnverantwortung für ihre Vertriebsregion. Die abzusetzenden Fahrzeuge beziehen sie zu vorab festgelegten Verrechnungspreisen von den verschiedenen Produktionsstätten der DAW AG. Die Vertriebsleiter berichten fachlich an den Gesamtvorstand. Disziplinarisch ist jeder Vertriebsleiter jeweils einem Vorstandsmitglied unterstellt.

Die Vertriebsleiter sollen neben Vertriebsaufgaben innerhalb ihrer Vertriebsregion auch Marketingaufgaben wahrnehmen. Dabei soll ein Stabsbereich Marketing eingerichtet werden. Dieser Stabsbereich soll dem Vertriebsleiter „Europa" unterstellt werden.

Die folgenden zwei Organigramme (Abbildung 9-3 und 9-4) zeigen die Organisationsstruktur vor und nach der Umstrukturierung.

Aufgabe 4a

Worin besteht der zentrale Unterschied zwischen den beiden Organisationsformen?

Aufgabe 4b

Diskutieren Sie die Umstrukturierungspläne des DAW-Vorstands. Wo sehen Sie Vor- und Nachteile der Initiative aus Marketing- und Vertriebssicht? Welche Kriterien könnten der Beurteilung von Organisationsstrukturen zugrunde gelegt werden?

Aufgabe 4c

Nennen Sie Ansatzpunkte, wie die entstehenden Proleme überwunden werden könnten.

Aufgabe 4d

Welche Konsequenzen ergeben sich speziell für die Koordination der marktgerichteten Aktivitäten? Gehen Sie dabei insbesondere auf die Abstimmung regionenbezogener, produktbezogener und kundenbezogener Entscheidungen ein.

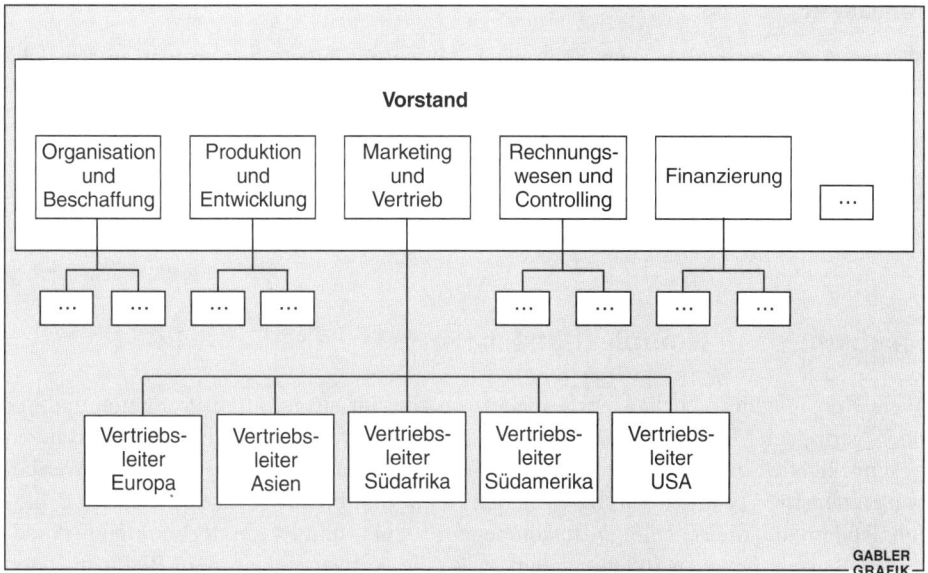

Abbildung 9-3:   Organisationsstruktur vor der Umstrukturierung

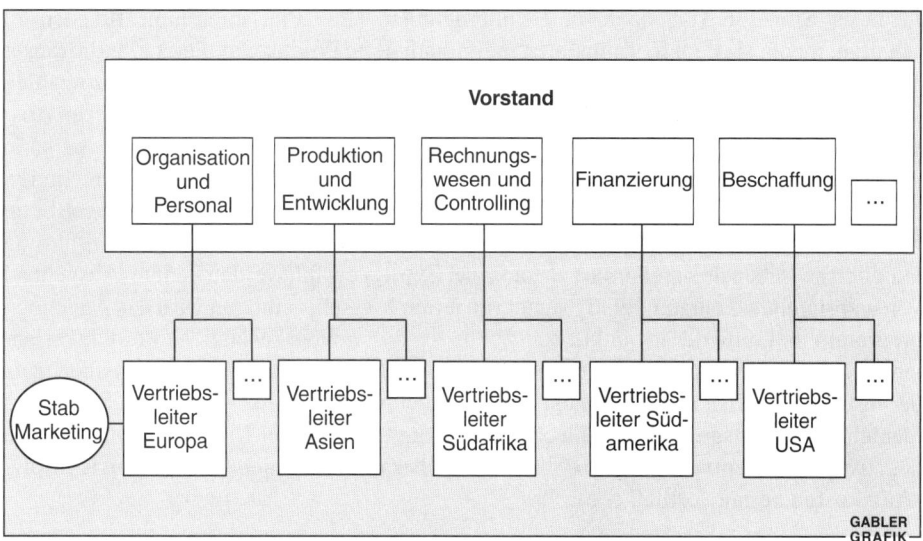

Abbildung 9-4:   Organisationsstruktur nach der Umstrukturierung

Aufgabe 4e

Welche Aufgaben sollten dem Zentralstab Marketing zugeordnet werden und welche sollten in die Verantwortlichkeit der Vertriebsleiter übergehen?

Aufgabe 4f

Wo liegen allgemein die Vor- und Nachteile einer dezentralen gegenüber einer zentralen Zuweisung von Verantwortlichkeiten?

Aufgabe 5 Komplexitätskosten

Viele Konsumgüterbranchen, insbesondere solche mit ausgereiften Produkten und nur noch geringem Marktwachstum, sind heute durch zwei gegenläufige Entwicklungen gekennzeichnet: einerseits durch einen **hohen Preisdruck** als Folge der hohen Wettbewerbsintensität vor allem durch neu in den Markt eintretende Konkurrenten aus Billiglohnländern und die schnelle Diffusion neuer Produkt- und Prozesstechnologien. Andererseits besteht heute in zunehmendem Maße die Notwendigkeit, dem Bedürfnis nach **individualisierten, kundenspezifisch gefertigten Produkten** zu entsprechen. Individualisierte Produkte als Ausdrucksmittel der eigenen Persönlichkeit führen dabei in der Regel zu weitaus höheren Kosten als standardisierte Produkte.

In dieser Situation versuchen viele Unternehmen, neue Preisspielräume für sich zu schaffen, indem sie dem Konsumenten individualisierte Produkte anbieten, für die dieser aufgrund der besseren Erfüllung seiner Produktanforderungen höhere Preise zu zahlen bereit ist. Die Individualisierung erfolgt zumeist durch das Angebot zusätzlicher Auswahlmöglichkeiten bei der Zusammenstellung des gewünschten Produktes. So kann selbst beim Kauf eines Massenprodukts wie dem VW Golf heute zwischen mehreren Millionen verschiedenen Ausstattungskombinationen gewählt werden, wohingegen beim VW Käfer, dem Vorgängermodell des VW Golf, zum Zeitpunkt seiner Markteinführung lediglich zwischen drei Außenfarben und zwei Extras gewählt werden konnte. Ausgehend von ursprünglich wenigen, relativ standardisierten Massenprodukten wird das Angebotsprogramm im Laufe des Produktlebenszyklusses durch viele zusätzliche Produktvarianten aufgebläht. Die Ausweitung des Produktprogramms führt dabei in vielen Fällen trotz der mit individualisierten Produkten verbundenen höheren Preisbereitschaft der Konsumenten zu einer insgesamt verschlechterten Ertragssituation der Unternehmen. Für diese negative Gewinnentwicklung wird häufig ein überproportionaler **Anstieg der Komplexitätskosten** verantwortlich gemacht.

Aufgabe 5a

Kennzeichnen Sie kurz den Begriff der Komplexitätskosten. Wie entstehen Komplexitätskosten?

Aufgabe 5b

Systematisieren Sie die mit einem Anstieg der Komplexität des Angebotsprogramms verbundenen Wirkungen.

Aufgabe 5c

Welche Ansätze sind geeignet, die Komplexitätskosten zu kontrollieren?

Aufgabe 6   Komplexität in der Automobilindustrie

Die Automobilindustrie ist seit Beginn der neunziger Jahre durch eine fortwährende Verschärfung des Wettbewerbs verbunden mit einem steigenden Kostendruck gekennzeichnet. Dabei steht einer stetigen, insbesondere durch den Markteintritt asiatischer Wettbewerber induzierten, Vergrößerung des Angebots eine zunehmende Individualisierung der Nachfrage gegenüber. Die Automobilindustrie befindet sich somit im Spannungsfeld zwischen Kostendruck und einem steigenden Wunsch der Konsumenten nach individuellen, bedarfsgerechten Lösungen.

Auch der Volkswagen-Konzern sah sich vor der Einführung des neuen VW Polo 1994 dieser Situation gegenüber, zudem sich gerade das Kleinwagensegment bislang eher durch Massen- als durch Individualprodukte charakterisieren ließ. Nachfrager, die auch in diesem Segment den Wunsch nach einem eigenständigen Angebot äußerten, mussten dafür zumeist stark überdurchschnittliche Preise zahlen. In den unteren Preissegmenten, die den Schwerpunkt in dieser Klasse ausmachten, blieb der Individualitätsgedanke indes nahezu völlig aus. Da sich die Bestrebungen einer Senkung der Kosten vorwiegend auf eine Reduktion der Komplexität und der damit verbundenen Teilevielfalt konzentrierten, erwies sich der fortwährende Wunsch des Marketing nach einer stärkeren Individualisierung des Angebots als kaum realisierbar. Dabei wurde von der Produktion stets das Argument angeführt, dass gerade die individualitätssteigernden Aggregate, Ausstattungsstufen oder Sonderausstattungen zu einer deutlichen Erhöhung der Komplexität führen (vgl. Abbildung 9-5).

Zur Lösung dieser scheinbaren Gegensätze und damit des Zielkonfliktes zwischen Produktion und Marketing entwickelte das Marketing von Volkswagen für den neuen Polo mit dem so genannten „Baukastensystem" eine innovative Angebotsform (vgl. Abbildung 9-6).

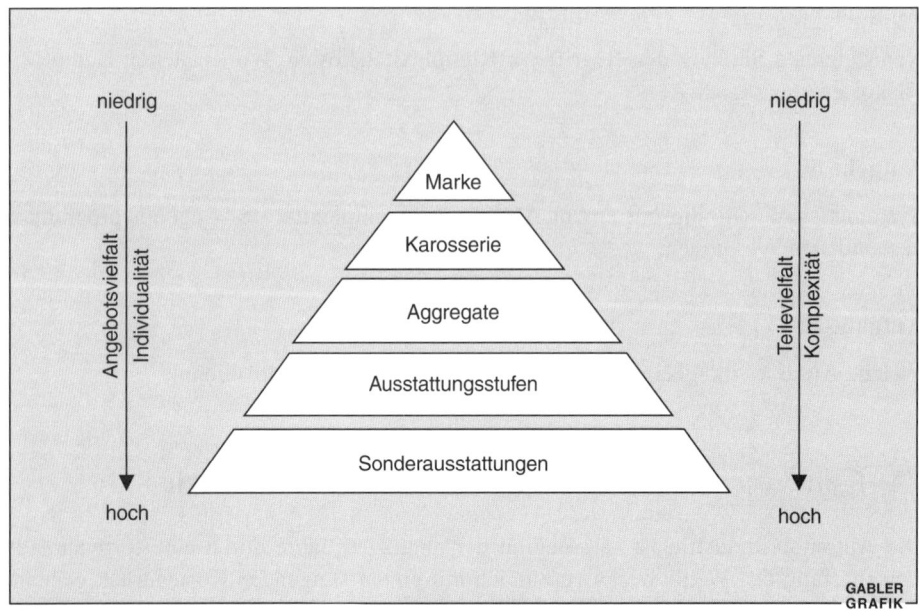

Abbildung 9-5: Entstehung der Komplexität in der Automobilindustrie

Basis-Modell		
■ 45-PS-Maschine	■ Außenausstattung	■ Innenausstattung
■ Sicherheitsfeatures	■ Funktionen	

+

Erweiterte Bausteine gegen Aufpreis			
Motoren und Fahrwerk	Innenausstattung	Sonderausstattung	Lackierungen
Polo 45 Servo – 45 PS – 175/65 Reifen – Servolenkung * * * *	Komfort 2„Flanellgrau" – Stoff „Flanellgrau" – höhenverstellbare Sitze – geteilte Rückbank – Kopfstützen hinten *	Styling – Stoßfänger in Wagenfarbe – weiße Blinkleuchten (vorne) – abgedunkelte Heckleuchten *	Metallic-Lack – Windsor-Blau – ... * * * * *
Polo 75 Interlagos – 75 PS – 175/65 Leichtmetallfelgen – Servolenkung	Sport-Plus „Lagune-Blau" – Stoff „Lagune-Blau" – Sportsitze – höhenverstellbare Sitze – beheizbare Vordersitze – geteilte Rückbank – Kopfstützen hinten	Licht und Sicht – Nebelscheinwerfer – elektrische und beheizbare Spiegel – beheizbare Scheibenwaschdüsen	Perleffekt-Lack – Dragongreen Perleffekt – ...

Abbildung 9-6: Neue Angebotsstruktur des VW Polo

Grundgedanke dieses Angebots war ein vollkommener Wegfall der in der herkömmlichen Angebotsstruktur auftretenden und hohe Komplexität erzeugenden Ausstattungsstufen (zum Beispiel Polo CL, Polo GT, Polo G40 etc.). Aufbauend auf einer aus Produktionsgesichtspunkten optimierten Basisausstattung wurde das erweiterte Angebot lediglich in Form von vier Baukästen offeriert. Mit dem Baukasten „Motoren und Fahrwerk" konnte die 45-PS-Maschine in der Basisaustattung des Polo durch leistungsfähigere Motoren und Fahrwerke gegen Aufpreis substituiert werden. In einem zweiten Baustein „Innenausstattung" konnten Pakete mit höherwertigeren Sitzen und Stoffen erworben werden. Damit bestand plötzlich auch für den Käufer eines Polo mit der 45-PS-Basismaschine die Möglichkeit, ein Sportinterior in das Fahrzeug zu integrieren, was bislang lediglich in teureren Ausstattungsstufen wie dem GT oder dem G40 möglich war. Der Wegfall dieser Ausstattungsstufen machte sich auch im dritten Baustein „Sonderausstattungen" zum Vorteil der Konsumenten bemerkbar. Hier wurden verschiedene Sonderausstattungspakete angeboten, die zusätzlich in das Fahrzeug integriert werden konnten. Das Programm wurde schließlich mit dem Baukasten „Lackierungen" abgerundet. Hier konnten Sonderfarben oder Metallic- und Perleffekt-Lackierung gegen Aufpreis bestellt werden.

Aus Sicht des Volkswagen-Konzerns konnte sich damit der Konsument abhängig vom zur Verfügung stehenden Budget seinen neuen Polo mit Hilfe der vier Bausteine individuell zusammenstellen. Dabei musste allerdings immer auf die vollständigen Bausteine zurückgegegriffen werden. Eine Bestellung einzelner Komponenten aus den jeweiligen Bausteinen war hingegen nicht möglich. Volkswagen berücksichtigte bei der Gestaltung der Baukästen sowohl Markt- als auch Produktionsgesichtspunkte. Die produktionstechnische Optimierung des Angebots führte schließlich zu einer drastischen Reduktion der Komplexität und Teilevielfalt. Während vom Vorgängermodell noch deutlich über 120 Millionen Varianten bestellt werden konnten, existierte der neue Polo in unter 100.000 Kombinationen.

Aufgabe 6a

Beschreiben Sie die Entstehung von Komplexität in der Automobilindustrie anhand der in Abbildung 9-5 dargestellten herkömmlichen Angebotsstruktur.

Aufgabe 6b

Diskutieren Sie Vor- und Nachteile des VW-Baukastensystems. Gehen Sie dabei insbesondere auf die Sichtweise des Marketing ein.

Aufgabe 6c

Skizzieren und erläutern Sie die Komplexitätskurven, die sich auf Basis der herkömmlichen Angebotsstruktur sowie der Angebotsgestaltung durch das Baukastensystem des VW Polo ergeben.

Aufgabe 6d

Diskutieren Sie Chancen und Risiken, die sich aus einer Ausweitung des Baukastensystems auf weitere Fahrzeuge des Volkswagen-Konzerns ergeben können.

Aufgabe 7   Variantenmanagement und Komplexitätskosten

Ein erfolgreicher Automobilhersteller produziert und verkauft von seinem Bestseller, dem Benito, einem Fahrzeug der unteren Mittelklasse, weltweit jährlich 1.000.000 Stück zum Durchschnittspreis von umgerechnet 25.000 €. Dabei wird eine zwar relativ geringe, aber seit Jahren stabile Umsatzrendite nach Steuern von 0,3 Prozent erwirtschaftet. Aufgrund der Markteinführung zahlreicher neuer Wettbewerbsmodelle hat sich die Marktführerposition des Benito auf dem deutschen Markt ausgehend von einem Marktanteil von 30 Prozent kontinuierlich auf aktuell nur noch 19,5 Prozent verringert. Der wichtigste Wettbewerber erreicht mit seinem Konkurrenzmodell mittlerweile einen Marktanteil von 18,8 Prozent. Der nationale und internationale Automobilmarkt ist durch eine oligopolistische Struktur gekennzeichnet.

In dieser Situation schlägt der Marketingchef zur Absicherung der Marktführerposition unter anderem vor, die Armaturenbretter des Benito in Deutschland zukünftig statt ausschließlich in Schwarz auch in den Farben Hellgrau und Braun anzubieten. Neueste Marktforschungsuntersuchungen hätten ergeben, dass die deutschen Konsumenten beim Autokauf der farblichen Gestaltung des Innenraums eine weitaus höhere Bedeutung zumessen als in der Vergangenheit. In diesem Zusammenhang habe sich in mehreren Kleingruppendiskussionen mit Autofahrern unterschiedlicher Marken gezeigt, so argumentiert der Marketingchef, dass die Kunden neben der Standardfarbe Schwarz, die von allen Wettbewerbern zurzeit als einzige Farboption angeboten wird, vor allem Grau- und Brauntöne besonders lieben und diese die Präferenz für ein Auto positiv beeinflussen.

Der Marketingchef argumentiert darüber hinaus, dass seine Nachforschungen bei den Lieferanten des Armaturenbretts ergeben hätten, dass die Zulieferer die Armaturenbretter in hellgrau und braun zum selben Preis liefern würden wie schwarze Armaturenbretter. Die Preisgleichheit ist darauf zurückzuführen, dass die aus recyceltem, buntem Kunststoffgranulat hergestellten Armaturenbretter nach der Herstellung der Rohform lackiert werden müssen. Der hierbei verwendete Farbton des Lackes hat keinen Einfluss auf die Herstellungskosten des Armaturenbretts. Die Umrüstung der Lackiermaschinen beim Farbwechsel kann während der allgemeinen Wartungsstillstandszeiten problemlos erfolgen und verursacht keine nennenswerten Mehrkosten. Ferner erwartet der Marketingchef, dass sich aufgrund der gestiegenen Bedeutung der farblichen Innenraumgestaltung beim Autokauf für die farbigen Armaturenbretter in Deutschland ein Aufpreis von jeweils 300,00 € je Fahrzeug durchsetzen lasse. Diese Preisanhebung sollte auch deshalb möglich sein, weil der Benito als einziges Fahrzeug seiner Klasse zukünftig die Wahlmöglichkeit zwischen verschiedenen Armaturenbrettfarben biete.

Der Produktionschef, von der Geschäftsleitung nach seiner Einschätzung des Vorschlags befragt, unterstützt den Marketingchef. Er beruft sich dabei auf eine Studie der Abteilung Arbeitsvorbereitung (vgl. Abbildung 9-7). Aus dieser Studie gehe hervor, dass im Gegensatz zu den üblichen Forderungen des Marketing, beim Benito zusätzliche Ausstattungsoptionen anzubieten (zum Beispiel Klimaanlage, Nebelscheinwerfer, CD-

Wechsler etc.), die Einführung von Armaturenbrettern in verschiedenen Farben keine Mehrkosten in der Produktion verursachen sollten.

Schritt	Arbeitstätigkeit	Durchschnittlicher Zeitbedarf
1	Armaturenbrett aus Vorratsbehälter entnehmen und inspizieren	0,15 Min.
2	Handschuhfach aus Vorratsbehälter entnehmen, inspizieren und einsetzen	0,12 Min.
3	6 Clips aus Vorratsbehälter entnehmen und befestigen	0,67 Min.
4	2 Befestigungsklammern einsetzen	0,11 Min.
5	Hilfsträger entfernen	0,11 Min.
6	2 Seitenklammern befestigen	0,12 Min
	Zwischensumme Vorgabezeit	1,28 Min.
	Verteilzeit für Reparaturen und persönliche Verteilzeit	0,23 Min.
	Gesamt-Vorgabezeit	**1,51 Min.**

GABLER
GRAFIK

Abbildung 9-7:   Arbeits-Vorgabezeiten bei der Montage
des Benito-Armaturenbrettes
(Zahlen entnommen aus Schmidt 1990, S. 150)

Durch die ansonsten seltene Übereinstimmung des Produktions- und Marketingchefs restlos überzeugt, beschließt die Geschäftsleitung die sofortige Einführung von zwei zusätzlichen Armaturenbrettfarben beim Benito.

Nach Ablauf eines Jahres interessiert sich die Geschäftleitung für den Erfolg der durchgeführten Maßnahme und bittet den Marketingchef um eine Stellungnahme. Dieser berichtet, dass sich die Marktanteilsposition des Benito nicht weiter verschlechtert habe. Diese positive Wirkung auf die Wettbewerbsposition begründet er unter anderem damit, dass in Marktforschungsstudien das Angebot einer zusätzlichen Wahlmöglichkeit (Armaturenbrettfarbe) beim Kauf des Benito von der Mehrzahl der Kunden positiv bewertet wird.

Um den Erfolg der Einführung zusätzlicher Armaturenbrettfarben abschließend beurteilen zu können, bittet die Geschäftsleitung auch die Controllingabteilung um eine Beurteilung. Überraschenderweise berichtet der Chefcontroller in der nächsten Geschäftsleitungssitzung, dass sich durch die Einführung der zwei Zusatzfarben der **Vorsteuergewinn um mehrere Millionen € verschlechtert** habe. Dies sei aus seiner Sicht eine Folge gestiegener Komplexitätskosten sowie der Tatsache, dass sich entgegen der ursprünglichen Erwartung weder der Preis des Benito noch der Absatz habe erhöhen lassen.

Aufgabe 7a

Wie lässt sich vor diesem Hintergrund die misslungene Durchsetzung eines Aufpreises für farbige Armaturenbretter und der nicht gestiegene Absatz des Benito erklären?

Aufgabe 7b

Worauf kann der Anstieg der Komplexitätskosten als Folge der Einführung von zwei zusätzlichen Armaturenbrettfarben zurückzuführen sein?

2. Lösungen zu den Aufgaben

Lösung Aufgabe 1   Verkaufsmanagement

Lösung Aufgabe 1a

Bei 6 Besuchen pro Tag und 200 Besuchstagen im Jahr kann jeder Außendienstmitarbeiter jährlich 1.200 Besuche durchführen.

In den Handelsbetrieben sind insgesamt folgende Besuche vorzunehmen:

A-Händler: 50 Betriebe · 25 Besuche je Betrieb = 1.250 Besuche im Jahr

B-Händler: 250 Betriebe · 15 Besuche je Betrieb = 3.750 Besuche im Jahr

C-Händler: 500 Betriebe · 10 Besuche je Betrieb = 5.000 Besuche im Jahr

10.000 Besuche im Jahr

Damit ergibt sich die Anzahl der notwendigen Außendienstmitarbeiter wie folgt:

$$\frac{10.000}{1.200} = 8,\overline{3} \approx 9 \text{ Außendienstmitarbeiter}$$

Der auf dem so genannten Arbeitslastverfahren beruhenden Berechnung liegen folgende vereinfachende Prämissen zugrunde:

▪ gleiche Dauer jedes Besuches,

▪ durchschnittliche Betrachtung der zurückzulegenden Reisestrecke zwischen den Handelsbetrieben,

▪ keine Zusammenfassung der Außendienstmitarbeiter in Verkaufsbezirke,

▪ Besuche eines Handelsbetriebs durch unterschiedliche Außendienstmitarbeiter sind nicht ausgeschlossen,

▪ Berücksichtigung ökonomischer Daten (Grenzertrag/Grenzkosten) fehlt.

Lösung Aufgabe 1b

In den drei Bezirken sind folgende Besuche vorzunehmen:

Notwendige Besuche Bezirk Nord   = 15 · 25 + 50 · 15 + 350 · 10 = 4.625
Notwendige Besuche Bezirk Mitte = 5 · 25 + 150 · 15 + 50 · 10 = 2.875
Notwendige Besuche Bezirk Süd   = 30 · 25 + 50 · 15 + 100 · 10 = 2.500

Die Anzahl der in den drei Bezirken erforderlichen Außendienstmitarbeiter lässt sich dann wie folgt bestimmen:

$$\text{Erforderliche Außendienstmitarbeiter Bezirk Nord} \quad = \quad \frac{4.625}{1.200} = 3,9 \approx 4$$

$$\text{Erforderliche Außendienstmitarbeiter Bezirk Mitte} \quad = \quad \frac{2.875}{1.200} = 2,4 \approx 3$$

$$\text{Erforderliche Außendienstmitarbeiter Bezirk Süd} \quad = \quad \frac{2.500}{1.200} = 2,1 \approx 3$$

Nach der Bildung von drei Verkaufsbezirken werden damit insgesamt zehn Außendienstmitarbeiter für die Verkaufsorganisation im deutschen Markt benötigt.

Der Kostenvergleich ergibt sich wie folgt:

Variante 1: keine Aufteilung in Verkaufsbezirke:

$$9 \cdot 150.000 = 1.350.000$$

Variante 2: Aufteilung in Verkaufsbezirke:

$$10 \cdot 100.000 + 10 \cdot \frac{2}{3} \cdot 50.000 = 1.333.333$$

Unter Kostengesichtspunkten ist somit eine Aufteilung in Verkaufsbezirke sinnvoll. Zwar benötigt die Car Inc. einen Außendienstmitarbeiter mehr, dieser Nachteil wird aber durch die Verminderung der Reisekosten um ein Drittel überkompensiert.

Lösung Aufgabe 1c

Da eine postalische Versendung von Informations- und Prospektmaterial in Verbindung mit einer Online-Verkaufsberatung jeweils Kosten von 165,00 GE verursacht, können im Fall höherer Besuchskosten Außendienstmitarbeiter substituiert werden.

Da für den Außendienstmitarbeiter von durchschnittlichen Kosten in Höhe von 133.333,00 GE (davon 100.000,00 GE Vergütung und 33.333,00 GE Reisekosten, vgl. Aufgabe 1b) im Jahr ausgegangen werden kann, sind die Kosten für einen Besuch im Falle einer vollständigen Kapazitätsauslastung am geringsten:

$$\text{Kosten je Besuch bei Kapazitätsauslastung} = \frac{133.333 \ \text{GE}}{1.200} = 111,00 \ \text{GE}$$

In der in Aufgabe 1b vorgenommenen Außendienstplanung liegt in keinem der drei Verkaufsbezirke eine vollständige Kapazitätsauslastung vor. Eine solche könnte dann erreicht werden, wenn in jedem Bezirk jeweils ein Außendienstmitarbeiter weniger eingesetzt würde. Damit wären allerdings in den drei Bezirken folgende Anzahl an Besuchen ungeplant:

$$\text{Restbesuche Bezirk Nord} \quad = \quad 4.625 - 3 \cdot 1.200 = 1.025$$
$$\text{Restbesuche Bezirk Mitte} \quad = \quad 2.875 - 2 \cdot 1.200 = \quad 475$$
$$\text{Restbesuche Bezirk Süd} \quad = \quad 2.500 - 2 \cdot 1.200 = \quad 100$$

Eine Erledigung dieser Besuche durch Außendienstmitarbeiter würde jeweils die vollständigen Kosten eines Außendienstmitarbeiters (unabhängig von dessen Auslastung), also jeweils 133.333,00 GE verursachen. Da insgesamt 1.600 Besuche zu absolvieren sind, müssten zwei Außendienstmitarbeiter eingestellt werden, die jeweils maximal 1.200 Besuche durchführen können.

Eine Substitution der Restbesuche durch eine postalische Versendung von Informations- und Prospektmaterial in Verbindung mit einer halbstündigen Online-Verkaufsberatung verursacht insgesamt folgende Kosten in den drei Bezirken:

$$\text{Versand- und Online-Kosten Bezirk Nord} \quad = 1.025 \cdot 165,00 \text{ GE} = 169.125,00 \text{ GE}$$
$$\text{Versand- und Online-Kosten Bezirk Mitte} \quad = \quad 475 \cdot 165,00 \text{ GE} = \quad 78.375,00 \text{ GE}$$
$$\text{Versand- und Online-Kosten Bezirk Süd} \quad = \quad 100 \cdot 165,00 \text{ GE} = \quad 16.500,00 \text{ GE}$$

Damit ist aus Kostengesichtspunkten in den Bezirken Mitte und Süd eine postalische Versendung von Informations- und Prospektmaterial in Kombination mit einer Online-Verkaufsberatung einer Anstellung eines zusätzlichen Außendienstmitarbeiters vorzuziehen. In Bezirk Nord dagegen sollte ein solcher Mitarbeiter trotz lediglich partieller Kapazitätsauslastung eingesetzt werden.

Zusammenfassend setzt sich das kostenminimale Verkaufsunterstützungsprogramm wie folgt zusammen:

- Bezirk *Nord*: 4 Außendienstmitarbeiter absolvieren 4.625 Besuche.

  Gesamtkosten Bezirk Nord: $4 \cdot 133.333,00 \text{ GE} = 533.333,00 \text{ GE}$

  Durchschnittskosten: $\dfrac{533.333,00 \text{ GE}}{4.625} = 115,00 \text{ GE}$

- Bezirk *Mitte*: 2 Außendienstmitarbeiter absolvieren 2.400 Besuche, das Versand/Online-Paket wird 475-mal eingesetzt.

  Gesamtkosten Bezirk Mitte: $2 \cdot 133.333,00 \text{ GE} + 475 \cdot 165,00 \text{ GE} = 345.042,00 \text{ GE}$

  Durchschnittskosten: $\dfrac{345.042,00 \text{ GE}}{2.875} = 120,00 \text{ GE}$

- Bezirk *Süd*: 2 Außendienstmitarbeiter absolvieren 2.400 Besuche, das Versand/Online-Paket wird 100-mal eingesetzt.

  Gesamtkosten Bezirk Süd: $2 \cdot 133.333,00 \text{ GE} + 100 \cdot 165,00 \text{ GE} = 283.167,00 \text{ GE}$

  Durchschnittskosten: $\dfrac{283.167,00 \text{ GE}}{2500} = 113,00 \text{ GE}$

Insgesamt werden 8 Außendienstmitarbeiter für die Verkaufsorganisation im deutschen Markt benötigt.

Lösung Aufgabe 1d

Neben den bekannten Kommunikationstechniken wie Telefon, Telefax etc. sollte Herr Sales insbesondere innovative neue Kommunikationstechniken einsetzen, um den angestrebten positiven Imagetransfer zu erreichen. Aufgrund des veränderten Informationsverhaltens der Konsumenten verbunden mit einem entsprechenden Trend zur Visualisierung und Emotionalisierung von Produktinformationen bieten sich besonders multimediale Kommunikationstechniken an. Es können zum Beispiel folgende Medien eingesetzt werden:

1. Internet-Seite mit Online-Verbindung zur Verkaufsabteilung: Das Internet lässt sich in zunehmendem Maße für den direkten Verkauf nutzen. Produktinformationen können hier in attraktiver Weise aufbereitet werden und die Angabe einer Telefonnummer oder E-Mail-Adresse ermöglicht eine direkte Kontaktaufnahme mit dem zuständigen Verkaufspersonal.

2. Laptop-Einsatz zur Unterstützung des persönlichen Verkaufs: Die Außendienstmitarbeiter können mit multimediafähigen Laptops ausgestattet werden, um durch das Einspielen von digitalen Videofilmen und anderen aufbereiteten Produktinformationen die Attraktivität der Verkaufsgespräche zu steigern. Außerdem können die wichtigsten Daten des Verkaufsgesprächs direkt an die Zentrale übermittelt werden, was zum Beispiel die Auftragserfassung und statistische Auswertungen erheblich vereinfacht.

3. Disketten- und CD-ROM-Direct-Mailing: Das Direct-Mailing lässt sich ebenfalls moderner gestalten, indem man den Kunden mit einem Anschreiben eine Diskette beziehungsweise CD-ROM zusendet, die im Vergleich zum Katalog mehr und besser aufbereitete Informationen über das Produkt liefern können, zusätzliche Kostenvorteile bieten und eine vereinfachte fehlertolerante Form der Auftragserteilung ermöglichen (zum Beispiel per Mausklick).

4. Multimediale Infoterminals am Point of Sale: Diese Terminals können in den Niederlassungen aufgestellt werden und die dortigen Verkäufer entlasten und unterstützen. Die benutzergesteuerten Terminals bieten Zugriff auf nahezu alle Daten, die das Produkt betreffen. Außerdem können zum Beispiel diverse Ausstattungs- und Preiskombinationen vom Konsumenten direkt und individuell abgefragt werden. Diese Möglichkeit der attraktiven Informationsvermittlung entlastet den Verkäufer vor Ort, der die Kunden entsprechend intensiver beraten kann.

5. Multimediale Unterstützung von Großpräsentationen und Messeauftritten: Der Messeauftritt beziehungsweise wichtige Präsentationen bei Großkunden können mit Hilfe multimedialer Techniken erheblich an Professionalität und Attraktivität gewinnen. Besonders bei Messen kann Multimedia-Technik zur effizienteren Bewältigung eines hohen Kundenandrangs einen Beitrag leisten, da nicht jeder Kunde im Einzelgespräch betreut werden muss, gleichzeitig aber, im Gegensatz zum Katalog, eine individuelle und interaktive Beratung erfolgen kann.

Lösung Aufgabe 2   Verkaufsorganisation

Im Rahmen der Konzeptionierung der Verkaufsorganisation ist sicherzustellen, dass das Verkaufsmanagement als ein Bestandteil des Marketing-Mix einen effektiven Beitrag zur Vermarktung der Güter und Dienstleistungen einer Unternehmung leisten kann. Zur Gestaltung einer leistungsfähigen Verkaufsorganisation sind dabei mehrere Kriterien zu berücksichtigen:

- die Konzeption der Verkaufsorganisation hat unter dem Primat der Kundenorientierung zu erfolgen,

- eine optimale Ausschöpfung der Kundenpotenziale ist sicherzustellen,

- Effizienz- und Produktivitätsgesichtspunkte (Kosten/Nutzen) sind zu berücksichtigen,

- im Hinblick auf die Dynamik der Märkte muss die Verkaufsorganisation eine hohe Flexibilität und Innovationsfähigkeit aufweisen,

- eine leistungsgerechte Steuerung und Kontrolle ist sicherzustellen,

- eine Struktur zur Förderung der Mitarbeitermotivation ist anzustreben und

- die Verkaufsorganisation muss auf eine horizontale (Verkauf und andere betriebliche Funktionen) und vertikale (unterschiedliche Funktionen innerhalb des Verkaufs) Integration sämtlicher betrieblicher Funktionen ausgerichtet sein.

Eine Strukturierung der Verkaufsorganisation kann auf folgende Weise erfolgen:

- funktionsorientiert,

- gebietsorientiert,

- produktorientiert,

- kundengruppenorientiert oder

- matrixorientiert.

Die Strukturierung der **funktionsorientierten Verkaufsorganisation** erfolgt hier nach unterschiedlichen Verkaufsfunktionen (zum Beispiel Verkaufsplanung, Verkaufsabwicklung, Außendienst, Training und Ausbildung, Verkaufs-Controlling). Die funktionsorientierte Verkaufsorganisation findet in der Praxis allenfalls bei kleinen oder mittelgroßen und nichtdiversifizierten Unternehmen Anwendung, da hier lediglich kleine Produktportfolios zu betreuen sind. Vorteil dieser Organisationsform ist deren Einfachheit.

Eine in der Praxis häufig anzutreffende Stukturierungsform ist die **gebietsorientierte Verkaufsorganisation**. Diese Organisationsform ist durch eine Aufteilung des gesamten Absatzgebiets in einzelne Verkaufsbezirke gekennzeichnet. **Vorteile** dieser Organisationsform sind:

▓ die intensive und überschneidungsfreie Bearbeitung des Marktes,

▓ der aus der einfachen Organisationsstruktur resultierende geringe Koordinationsaufwand,

▓ die Minimierung von Reisekosten und Reisezeiten aufgrund klar abgegrenzter Gebiete,

▓ die Möglichkeiten eines engen Beziehungsaufbaus zwischen Verkäufer und Kunden sowie

▓ die auf die regionalen Besonderheiten ausgerichtete Marktbearbeitung und der damit einhergehenden besseren Trainingsmöglichkeit der Verkäufer.

Nachteile der gebietsorientierten Verkaufsorganisation liegen demgegenüber in:

▓ einer oftmals fehlenden Spezialisierung der Verkäufer auf einzelne Verkaufsaufgaben und Kundengruppen,

▓ Koordinationsproblemen zwischen dem Verkaufsaußendienst und den zentralen Verkaufsfunktionen,

▓ Problemen im Hinblick auf die Allokation des Verkaufsbudgets auf Produkte, Kundengruppen und Verkaufsfunktionen sowie

▓ in der Gefahr einer nicht einheitlichen Verkaufspolitik.

Die gebietsorientierte Verkaufsorganisation wird insbesondere von kleinen und mittelgroßen Unternehmungen sowie bei einem kleinen Produktprogramm eingesetzt. In größeren Unternehmungen findet die gebietsorientierte Verkaufsorganisation lediglich in Kombination mit anderen Organisationsformen Anwendung.

Die **produktorientierte Verkaufsorganisation** ist durch die Zuordnung des Außendienstes zu einzelnen Produkten oder Produktlinien gekennzeichnet. Diese Organisationform bietet sich insbesondere dann an, wenn die Unternehmung sehr unterschiedliche Leistungen am Markt anbietet. Zumeist weist die Gesamtunternehmung in diesem Fall eine Sparten-Organisationsform auf, wobei die jeweiligen Verkaufsabteilungen dann den entsprechenden Sparten beziehungsweise Divisionen zugeordnet werden. **Vorteile** der produktorientierten Verkaufsform sind:

▓ die aufgrund der höheren Spezialisierung steigende Effizienz des Außendienstes,

▓ die Möglichkeit des Einsatzes spezifischer Verkaufsmethoden- und techniken,

▓ die guten Informations- und Kommunikationsmöglichkeiten zwischen Verkauf und Produktion innerhalb der entsprechenden Sparte,

▓ verbesserte Kontrollmöglichkeiten im Hinblick auf die Allokation der Verkaufsaktivitäten auf die einzelnen Produktlinien,

▓ ein zielgerichtetes Verkaufstraining sowie

▓ eine oftmals höhere Verkäufermotivation, die aus der Verkäufer-Expertise erwächst.

Demgegenüber weist die produktorientierte Verkaufsorganisation folgende **Nachteile** auf:

- höhere Verkäufer- und Reisekosten aufgrund einer Duplizierung der Verkaufsanstrengungen,

- hoher Koordinationsaufwand zwischen einzelnen Verkaufsdivisionen,

- großer Bedarf an qualifizierten Mitarbeitern sowie

- Gefahr einer Optimierung einzelner Verkaufsbereiche auf Kosten des Gesamtoptimums.

Die produktorientierte Verkaufsorganisation wird insbesondere von Unternehmen mit umfangreichem und diversifiziertem Produktprogramm eingesetzt. Darüber hinaus bietet sich diese Organisationsform aufgrund ihrer aus der Spezialisierung resultierenden Vorteile für Unternehmen mit stark erklärungsbedürftigen Produkten an.

Die **kundengruppenorientierte Verkaufsorganisation** lässt sich durch eine Strukturierung der Verkaufsorganisation nach unterschiedlichen Kundengruppen charakterisieren: Dabei werden die jeweiligen Außendienstmitarbeiter auf verschiedene Kundengruppen aufgeteilt. Die kundengruppenorientierte Verkaufsorganisation weist folgende **Vorteile** auf:

- gezielte und bedarfsgerechte Bearbeitung der Kundensegmente,

- bessere Berücksichtigung von Motiven und Bedürfnissen der Kunden,

- kundenspezifische Ausgestaltung des Verkaufsinstrumentariums und des Marketing-Mix sowie

- schnelle und flexible Möglichkeit, Marktveränderungen zu erkennen und auf diese zu reagieren.

Folgende **Nachteile** stehen dem gegenüber:

- hohe Verkäufer- und Reisekosten aufgrund einer parallelen Bearbeitung einzelner Verkaufsgebiete,

- hoher Koordinationsaufwand,

- fehlende Berücksichtigung von Marktinterdependenzen sowie

- Problem einer adäquaten Kundensegmentierung.

Aufgrund der sehr hohen Kosten wird die kundengruppenorientierte Verkaufsorganisation in der Praxis zumeist lediglich bei einzelnen Schlüsselkunden, so genannte Key-Accounts, eingesetzt. Darüber hinaus bietet sich diese Organisationsform bei Nachfragern mit differenziertem Bedürfnisprofil an.

Die **matrixorientierte Verkaufsorganisation** versucht schließlich, verschiedene Organisationsformen miteinander zu kombinieren, indem diese gleichberechtigt in das Strukturierungskonzept aufgenommen werden. Damit sollen die Stärken der oben angeführten Konzepte simultan genutzt werden. In der Praxis wird die matrixorientierte Verkaufsorganisation aufgrund ihrer zahlreichen Probleme allenfalls bei großen Unternehmen und meist in der Kombination aus produkt- und kundengruppenorientierter Organisationsform eingesetzt. Hauptkritikpunkte dieser Strukturierungsform liegen in einem fortwährenden Zuständigkeitskonflikt und einem damit verbundenen hohen Koordinationsaufwand.

Lösung Aufgabe 3   Kundendienstpolitik

Lösung Aufgabe 3a

Unter dem Begriff der Kundendienstpolitik werden zahlreiche unterschiedliche Leistungen zusammengefasst. Grenzt man den Begriff über das Kriterium Zusatzcharakter ab, so umfasst der Kundendienst solche Leistungen eines Unternehmens, die nicht Hauptleistungen, sondern Zusatzleistungen sind. Hauptleistungen umfassen Primärsachleistungen und -dienstleistungen, während man Zusatzleistungen als Sekundärleistungen bezeichnen kann, die sich in Vorleistungen, Nebenleistungen und Folgeleistungen gliedern lassen. Dies macht die folgende Abbildung nochmals deutlich:

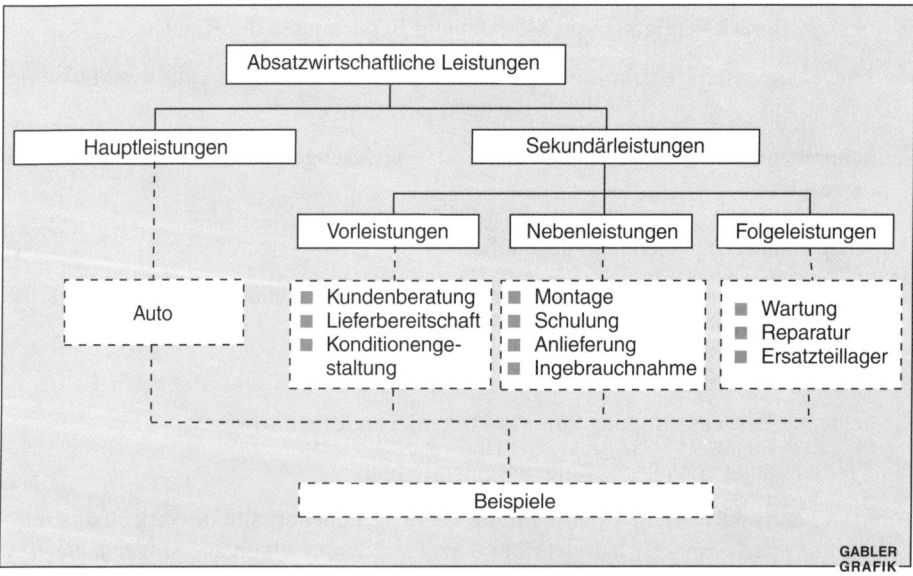

Abbildung 9-8: Systematisierung der Leistungen der Kundendienstpolitik

Es kann auch zwischen technischem und kaufmännischem Kundendienst einerseits und andererseits in Kundendienstleistungen vor und nach dem Kauf unterschieden werden:

Zeitpunkt / Art	Vor dem Kauf	Nach dem Kauf (Kundendienst i. e. S.)
Technisch (Hardware)	▪ technische Beratung ▪ Projektlösungsvorschläge ▪ Vorträge ▪ Lieferung zur Probe	▪ Änderungsdienst ▪ Montage ▪ Ersatzteilversorgung ▪ Wartung ▪ Reparaturdienst
Kaufmännisch (Software)	▪ Bestelldienst ▪ Beratung und Information	▪ Umtauschrecht ▪ Zustellen ▪ Verpacken ▪ Schulungskurse

GABLER GRAFIK

Abbildung 9-9:   Systematisierung der Leistungen der Kundendienstpolitik

Die hier gewählte Systematisierung scheint jedoch zu weit, sodass der Kundendienstbegriff auf die Leistungen nach dem Kauf (Kundendienst im engeren Sinne) einzugrenzen ist.

Generell sollten durch den Kundendienst die folgenden drei Funktionen erfüllt werden:

▪ **akquisitorische Funktion:** Schaffung und Erhaltung von Präferenzen bei aktuellen und potenziellen Kunden.

▪ **unterstützende Funktion:** Der Kundendienst muss unter Ausnutzung positiver Verbundeffekte in das Marketing-Mix integriert werden und soll den Wirkungsgrad der Marketing-Mix-Instrumente fördern.

▪ **informatorische Funktion:** Das Servicepersonal und die internen Kundendienstabteilungen sollen wichtige Informationen über den Servicebedarf der einzelnen Produkte sammeln.

Lösung Aufgabe 3b

Der Kundendienst kann als Teilbereich des Produktmix gesehen werden. Aufgrund der zunehmenden Homogenität der Produkte in Bezug auf Design, Leistung, Qualität, Lebensdauer und Preis ist der Kundendienst zu einem Differenzierungskriterium bei langlebigen und technisch komplexen Gebrauchsgütern geworden. Wegen der hohen Bedeutung von Kundendienstleistungen ergibt sich die Notwendigkeit eines eigenständigen Marketing-Mix für den Kundendienst, der aus den gleichen vier Instrumentalbereichen wie der der Hauptleistung besteht. Die folgende Abbildung verdeutlicht das:

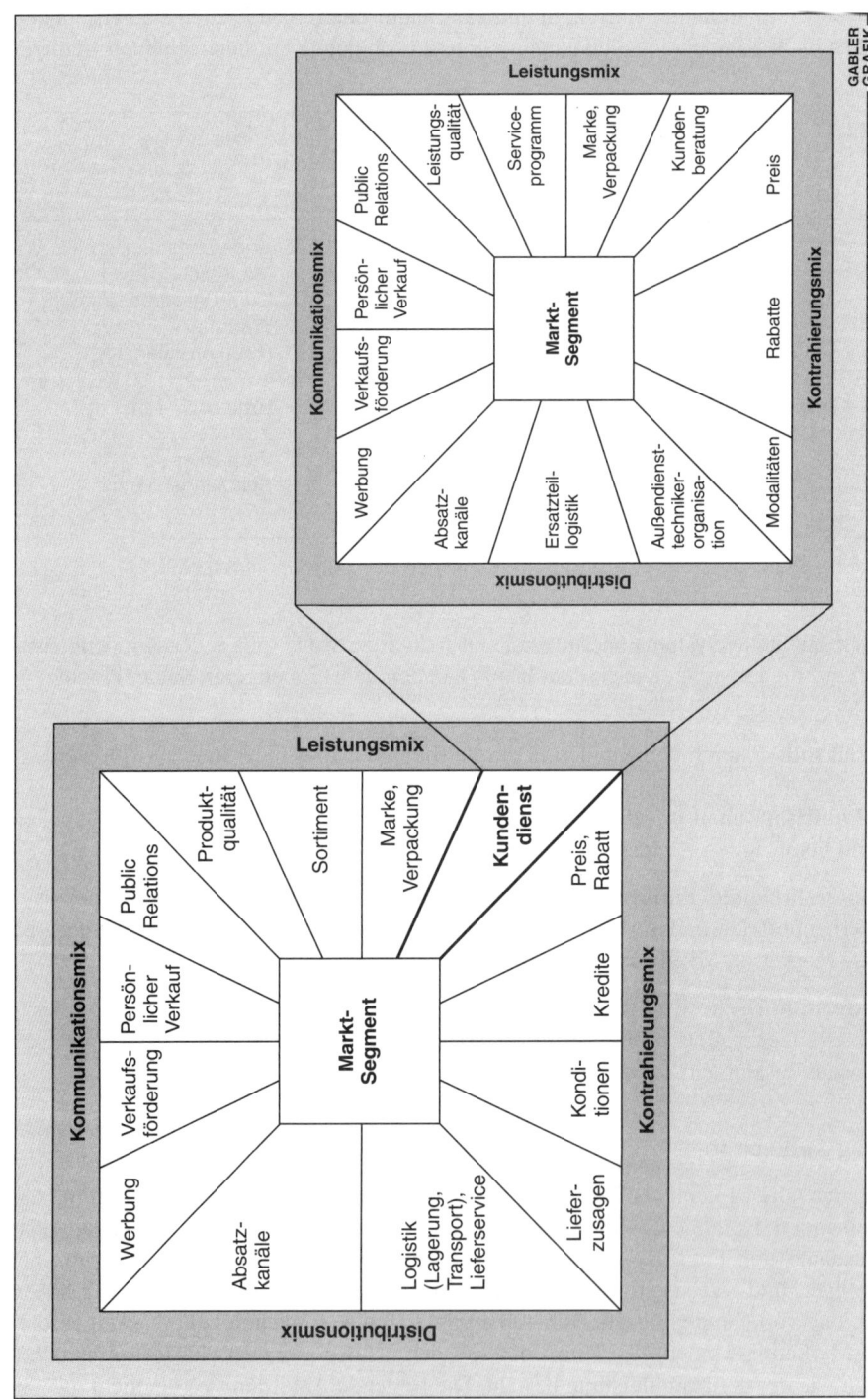

Abbildung 9-10: Eigenständiges Marketing-Mix für den Kundendienst

Beispiele für Kundendienstleistungen in den vier Mixbereichen können sein:

Produktmix

- Direktannahme
- Masterfit-Programm
- Notdienst, Pannenhilfe
- Schnelldienst
- erweiterte Öffnungszeiten ...

Kontrahierungsmix

- Komplettpreisangebote
- attraktive Angebote für Besitzer älterer Fahrzeuge
- Reparaturkostenversicherung
- Serviceverträge für gewerbliche Kunden
- Reparaturkostenfinanzierung ...

Distributionsmix

- erlebnisorientierte äußere und innere Gestaltung des Betriebs (Architektur, Einrichtung)
- Kundendienstannahme
- „gläserne Werkstatt"
- Direktannahmeplätze
- Kundenaufenthaltszonen ...

Kommunikationsmix

- zielgruppenspezifisches Direktmarketing, zum Beispiel Erinnerung an den TÜV-Termin, Komplettpreisangebote an Gebrauchtwagenkäufer
- Anzeigen für Saisonaktionen
- Handzettel
- persönliche Beratung, zum Beispiel bei Direktannahme ...

Lösung Aufgabe 3c

Im Produktlebenszyklusmodell wird die ökonomische Entwicklung (in der Regel der Umsatz) eines Produkts abgebildet und zeitbezogen erklärt. Im Automobilbereich kann gesagt werden, dass der Lebenszyklus der Sachleistung und der Lebenszyklus der Kundendienstleistungen etwa zeitgleich beginnen, da mit der Markteinführung der technischen Sachleistungen auch sofort technische Kundendienstleistungen bereitgestellt werden müssen. Jedoch ist der Marktzyklus der technischen Kundendienstleistungen wesentlich länger als der der Hauptleistung. Der Grund liegt darin, dass Kundendienstleistungen auch für Autos erbracht werden müssen, die vom Unternehmen zwar nicht mehr abgesetzt werden, die aber dennoch weiter im Einsatz bei den Kunden sind. Der technische Kundendienstlebenszyklus endet damit erst mit dem „Lebensende" der letzten bei einem Kunden eingesetzten technischen Sachleistung (Auto). Die folgende Abbildung verdeutlicht dies.

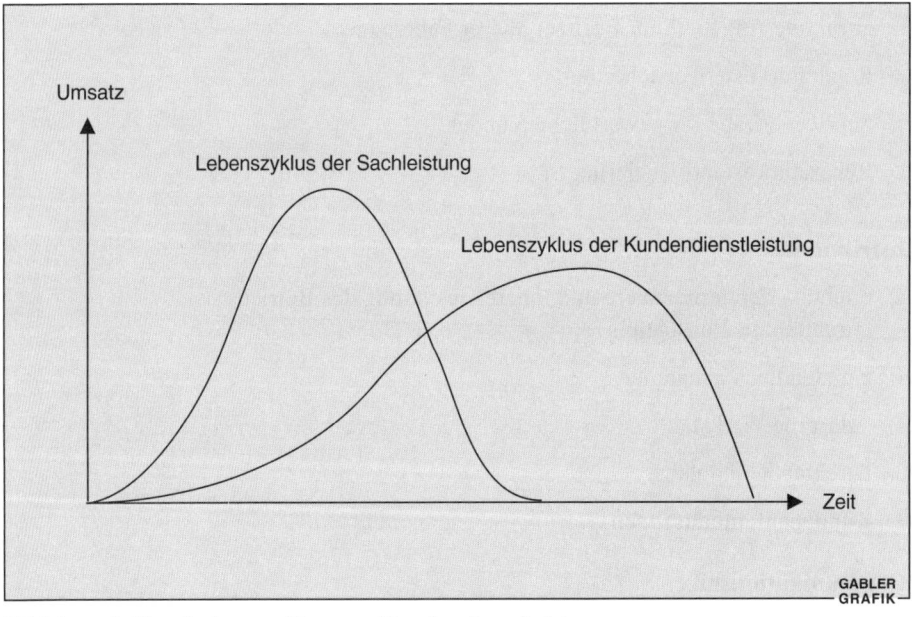

Abbildung 9-11:   Lebenszyklus von Kundendienstleistungen

In der Einführungsphase können die Kundendienstleistungen die Informations- und Vertrauensdefizite der potenziellen Kunden in Bezug auf das neue Modell reduzieren. Somit kann man davon ausgehen, dass die Kundendienstpolitik aus Sicht der potenziellen Abnehmer in der Einführungsphase besonders wichtig ist.

Unmittelbar nach der Markteinführung bis in die Reifephase hinein dominieren eindeutig die Charakteristika der Primärleistung. Jedoch verringern sich im Verlauf der Reifephase die Möglichkeiten, Wettbewerbsvorteile für das eigene Leistungsbündel zu erreichen. In dieser Phase präferiert der Nachfrager Verbesserungen im bislang vom Anbieter vernachlässigten Kundendienstbereich, sodass Wettbewerbsvorteile vornehmlich durch die Erbringung bedürfnisgerechter Sekundärdienstleistungen zu erzielen sind.

In der Sättigungsphase kommt der Kundendienstpolitik dann wieder eine besondere Bedeutung zu, da sie die Chance zum Aufbau einer dauerhaften „unique selling proposition" (USP) eröffnet, wohingegen relative Vorsprünge im Bereich der Primärleistung während dieser Marktphase in der Regel nur für einen begrenzten Zeitraum realisiert werden können.

In der Degenerationsphase bewirken die sinkenden Absatzzahlen reduzierte Gewinnaussichten. Die verbleibenden Unternehmen tendieren zu einer starken Kostenorientierung, um der wachsenden Bedeutung des Preiswettbewerbs genügen zu können. Der Nachfrager akzeptiert die zunehmende Leistungsreduktion vor allem im Bereich der Sekundärdienstleistungen zugunsten preislicher Zugeständnisse. Entsprechend geht der Stellenwert der Kundendienstpolitik in dieser Phase zurück.

Lösung Aufgabe 3d

Generell kann gesagt werden, dass bei unterschiedlichen Preislagen der verschiedenen Automobile von den aktuellen und potenziellen Käufern unterschiedliche Erwartungen an die Kundendienstpolitik gestellt werden. Tendenziell gilt, „je teurer das Auto, umso mehr Service wird erwartet".

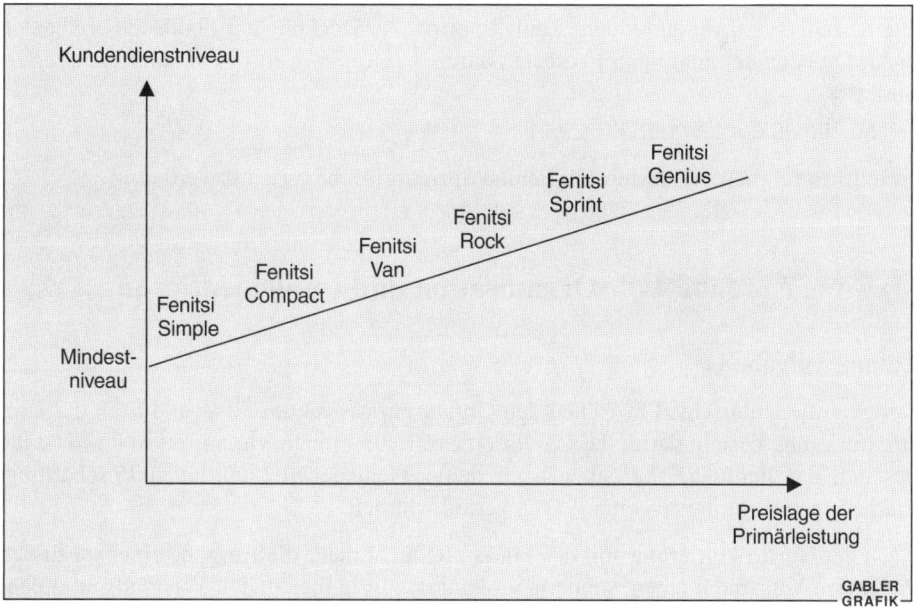

Abbildung 9-12:   Niveaus von Serviceleistungen

Im Sinne der Kundenorientierung sollte jedoch für alle verkauften Automobile ein Mindestniveau für Serviceleistungen eingehalten werden. Darauf aufbauend könnten dann zusätzliche Leistungen angeboten werden. Abbildung 9-12 verdeutlicht dies.

Lösung Aufgabe 3e

Pro Fenitsi Sprint entstehen Gesamtkosten in Höhe von 25.000 € (20.000 € + 5.000 €).

Die Kosten für den Kundendienst beim Verkauf eines Fenitsi Sprint betragen:

$$0,05 \cdot 25.000 \ € = 1.250 \ €$$

Die Kosten im zweiten Jahr betragen:

$$1.000 \ € - 300 \ € + 0,9 \cdot 300 \ € = 1.030 \ €$$

Für die Umsätze und Kosten ergeben sich demnach die Zahlungsreihen in Abbildung 9-13.

Der durchschnittliche Wert pro Fenitsi Sprint der Kundendienstleistungen beträgt damit 1.671,55 €.

Lösung Aufgabe 3f

Bei sechs Automodellen ergibt sich der durch das Modell „Fenitsi Sprint" verursachte Fixkostenbetrag pro Jahr durch Division der Gesamtfixkosten durch die Anzahl der Modelle:

$$300.000 \ € \div 6 = 50.000 \ €$$

Die Anzahl der zu verkaufenden „Fenitsi Sprint" zur Deckung der Fixkosten ergibt sich durch Division der anteiligen Fixkosten durch den Kapitalwert pro verkauftem „Fenitsi Sprint":

$$50.000,00 \ € \div 1.671,55 \ € = 29,91$$

Es müssen folglich mindestens 30 Fenitsi Sprint pro Jahr verkauft werden.

Lösung Aufgabe 4   Organisation und Implementierung

Lösung Aufgabe 4a

Der zentrale Unterschied zwischen den Organisationsstrukturen vor und nach der Umstrukturierung besteht darin, dass zuvor eine rein funktionale Organisation im Vorstand bestand, das heißt die Aufgaben nach den verschiedenen Funktionen Beschaffung, Marketing etc. auf jeweils eine Person verteilt wurden.

Nach der Umstrukturierung soll das Marketing nicht mehr die Aufgabe einer speziellen Person im Vorstand bleiben, sondern wird auf die übrig bleibenden Vorstandsmitglieder verteilt. Das Marketing wird somit zur Querschnittsfunktion im Vorstand.

t	0	1	2	3	4	5	6	7	8	9	10
Einstands-kosten	1.250,00										
Umsätze	0,00	1.000,00	1.100,00	1.210,00	1.331,00	1.464,10	1.610,51	1.771,56	1.948,72	2.143,59	2.357,95
Kosten	0,00	1.000,00	1.030,00	1.000,00	1.000,00	1.000,00	1.000,00	1.000,00	1.000,00	1.000,00	1.000,00
Umsatz ./. Kosten	−1.250,00	0,00	70,00	210,00	331,00	464,10	610,51	771,56	948,72	1.143,59	1.357,95
Abzinsungs-faktor	1,00	0,91	0,83	0,75	0,68	0,62	0,56	0,51	0,47	0,42	0,39
(U./.K) · AZF	−1.250,00	0,00	57,85	157,78	226,08	288,17	344,62	395,93	442,58	484,99	523,55
Kapitalwert	1.671,55										

GABLER GRAFIK

Abbildung 9-13: Zahlungsreihen beim Fenitsi Sprint

377

Lösung Aufgabe 4b

Zur Beurteilung von Organisationsstrukturen ist es zweckmäßig, Kriterien zu formulieren, anhand derer die unterschiedlichen Strukturen bewertet werden können. Folgende **Kriterien** könnten zum Beispiel herangezogen werden:

- Kundenorientierung

- Produktivität, Einfluss auf den Gesamtunternehmenserfolg

- Flexibilität, Anpassungsfähigkeit der Organisation bei Veränderungen in den Umweltbedingungen (Marktdynamik)

- Entscheidungsqualität (insbesondere im Marketing- und Vertriebsbereich)

- Möglichkeiten eines integrierten Marketing, das heißt, es muss sowohl eine effiziente Koordination aller Marketingaktivitäten als auch eine Abstimmung mit den anderen Funktionsbereichen (Beschaffung, Rechnungswesen etc.) erfolgen

- Kreativität und Innovationsbereitschaft der Beteiligten, das heißt, es muss ein Mindestmaß „produktiver" Konflikte zwischen den Organisationsmitgliedern bestehen

- Mitarbeitermotivation und -zufriedenheit, Konflikte

Es lassen sich zum Beispiel folgende **Vorteile** der Umstrukturierungspläne herausarbeiten:

- Marketing und Vertrieb werden zur Querschnittsaufgabe im Vorstand, das heißt, es wird eine Marktorientierung in allen Funktionsbereichen ermöglicht

- die operativen Marketing- und Vertriebsaufgaben werden in selbstständigen Profit-Centern abgewickelt. Dadurch werden ermöglicht:
  - Marktnähe (Befriedigung regionaler Wünsche)
  - Flexibilität (schnelle Anpassung an regionale Besonderheiten)
  - Motivation (größere Entscheidungsfreiheit der Vertriebsleiter)

- hohe Motivation der Vertriebsleiter durch die Selbstständigkeit

- steigende Flexibilität in den Vertriebsregionen durch kürzere Entscheidungswege in Marketing und Vertrieb

- die Marktnähe der Entscheidungen wird erhöht durch Entscheidungen vor Ort und nicht in der Zentrale

- Kostensenkungseffekte im Falle entsprechender Personalfreisetzungen (vor allem in der Zentrale)

- die Abstimmung strategischer Entscheidungen (zum Beispiel Modelleinführungen) erfolgt im Gesamtvorstand

- innerhalb der Vertriebsregionen wird die Abstimmung erleichtert, da die Regionen jeweils einem Vertriebsleiter unterstehen

378

- die Abstimmung kundenbezogener Entscheidungen innerhalb der jeweiligen Vertriebsregion ist möglich (zum Beispiel bei länderübergreifenden Zielgruppen)

Diesen Vorteilen könnten beispielsweise folgende **Nachteile** gegenüberstehen:

- Probleme des Marketing als Querschnittsfunktion im Vorstand
  - Ressortegoismus (Marketing als „lästige" Nebenaufgabe)
  - Kompetenzmangel im Marketingbereich
  - hohes Konfliktpotenzial bei der Entscheidungsfindung
  - Gefahr „fauler" Kompromisse und langwieriger Entscheidungsfindung
  - keine personale Verantwortlichkeit für strategische Marketing- und Vertriebsentscheidungen im Vorstand, somit mittelfristig Gefahr zu geringer Marktorientierung

- Standardisierungsprobleme im Marketing

- Anpassungsprobleme im Marketingbereich (Verunsicherung, Fluktuationen, Personalfreisetzungen)

- Probleme bei der Aufgabenverteilung zwischen Gesamtvorstand und Vertriebsleiter
  - steigender Koordinationsbedarf
  - fließender Übergang von strategischen zu operativen Aufgaben
  - Kompetenzkämpfe

- Aufweichung des Gesamtverantwortungsprinzips durch disziplinarische Unterstellung der Vertriebsleiter unter jeweils ein Vorstandsmitglied

- Abgrenzung strategischer und operativer Marketingentscheidungen ist problematisch (determinierte Kompetenz der Vertriebsleiter)

- je nach Aufgabenzuweisung Überlastung der Vertriebsleiter (Kompetenz- und Zeitmangel)

- Überlastung des Vertriebsleiters „Europa" wegen Doppelbelastung (Leiter Stabsstelle und Vertriebsleiter)

- gegebenenfalls zu starke Fixierung des Vertriebsleiters „Europa" auf Europa

- insgesamt steigender Koordinationsbedarf aufgrund der Dezentralisierung, dadurch gegebenenfalls Einrichtung zentraler Koordinationsstellen notwendig

Lösung Aufgabe 4c

Folgende Maßnahmen könnten beispielsweise zur Optimierung der Organisation beitragen:

- Marketing als regelmäßiges Pflichtprogramm im Vorstand

- regelmäßige Diskussion der Vertriebsleiter und Vorstände untereinander

▪ interaktive Festlegung der Kompetenzen von Vorstand und Vertriebsleiter

▪ Marketing-Stab als „Global Consultant" auf Vorstandsebene; dieser Stab übernimmt die Rolle des Vermittlers und Beraters für den Vorstand und sorgt gleichzeitig für die Beratung und Fortbildung der Vertriebsleiter

Lösung Aufgabe 4d

Unter Koordination ist die Abstimmung der Aktivitäten der einzelnen Organisationsmitglieder im Hinblick auf das Gesamtziel der Unternehmung zu verstehen.

Durch die Umstrukturierung entstehen folgende Konsequenzen für die Koordination:

▪ **Regionenbezogene Konsequenzen:**
  – Koordinationsbedarf: gering.
  – Die Märkte sind relativ unabhängig voneinander, dadurch ist entsprechend wenig zu koordinieren.

▪ **Produktbezogene Konsequenzen:**
  – Koordinationsbedarf: hoch.
  – Unterschiedliche nationale Produktanforderungen bei weitgehend gleichen Produktionszielen.

▪ **Kundenbezogene Konsequenzen:**
  – Koordinationsbedarf: hoch.
  – Abhängigkeit von der nationalen Homogenität der Zielgruppe (zum Beispiel Lebensstandard); je homogener sich die Zielgruppen in den Regionen verhalten, desto besser können sie als ein Segment bearbeitet werden.
  – Preispolitik kann bei unterschiedlichen Kunden unterschiedlich ausgestaltet sein.
  – Währungsschwankungen; gegebenenfalls sind zusätzliche währungspolitische Instrumente zur Absicherung gegen Währungsrisiken notwendig.
  – Politische Bedingungen (zum Beispiel Importverbote in Japan).

Lösung Aufgabe 4e

Folgende Aufgaben sollten die **Vertriebsleiter** übernehmen:

→ operatives Marketing-Mix

▪ Preispolitik:
  – spezifische Kaufkraft (erfordert die spezielle Kenntnis vor Ort)
  – Konkurrenzpreise (gelten nur für die spezifischen Regionen)

▪ Kommunikationspolitik:
  – Werbemöglichkeiten und -kosten
  – Werbung nach spezifischen Bedürfnissen ausrichten

- Distributionspolitik:
  - an Marktbedürfnisse anzupassende Distributionsnetze

- Produktpolitik:
  - Anpassung lokaler Produktanforderungen im Hinblick auf die Preisgestaltung
  - dezentrale Marktforschungsaufgaben
  - Marketing-Controlling bezüglich der operativen Aktivitäten

Folgende Aufgaben sollte der **Marketingstab** übernehmen:

- zentrale Neuproduktplanung und -entwicklung

- strategische Marketingaufgaben

- Marketingkoordination

- zentrale Marktforschung
  - Aufdeckung globaler Trends
  - Suche nach Standardisierungsmöglichkeiten

- Beratungs- und Vermittlungsfunktion für den Vorstand

- Fortbildung und Beratung der Vertriebsleiter

Lösung Aufgabe 4f

Unter Zentralisation versteht man die Zusammenfassung von merkmalsgleichen Teilaufgaben. Dezentralisation bezeichnet dementsprechend die Trennung merkmalsgleicher Teilaufgaben.

Es lassen sich allgemein folgende **Vorteile der Dezentralisation** nennen:

- schnellere Anpassung an Marktveränderungen

- Entlastung der Führungsspitze

- klar getrennte Verantwortungsbereiche

- Entlastung der Kommunikationsstruktur

Die **Nachteile** sind:

- größerer Bedarf an qualifizierten Führungskräften

- geringere Integration des Gesamtpersonals

- Ressortegoismen

- Bedarf an aufwendigen Koordinationsinstrumenten

Lösung Aufgabe 5   Komplexitätskosten

Lösung Aufgabe 5a

Der Komplexitätsbegriff kennzeichnet die Vielschichtigkeit eines Objekts oder Zustandes. Komplexitätskosten entstehen somit immer dann, wenn Faktorverbräuche (zum Beispiel Verbrauch an Material oder Arbeitszeit) vorliegen, die allein durch die Vielschichtigkeit von Produkten, Produktprogrammen, Produktionsprozessen oder Fertigungsprozessen verursacht werden. Produktkomplexität bezieht sich dabei primär auf eine hohe Teile- und Komponentenzahl, wohingegen von Programmkomplexität immer dann gesprochen wird, wenn eine hohe Variantenzahl und/oder eine kundenindividuelle Spezifizierung der Produkte bereits zu einem frühen Zeitpunkt des Produktionsprozesses erfolgt. Hohe Produkt- und Programmkomplexität mündet schließlich in einer hohen Komplexität der Produktionsprozesse. Demgegenüber sind komplexe Fertigungssysteme durch hoch integrierte, flexible Maschinenkonzepte gekennzeichnet.

Lösung Aufgabe 5b

Grundsätzlich kann zwischen Kosten- und Erlös- beziehungsweise Marktwirkungen der Komplexität unterschieden werden. Kostenwirkungen durch eine wachsende Komplexität des Angebotsprogramms können beispielsweise in den Bereichen Forschung & Entwicklung (zum Beispiel Konzeption einer neuen Motorvariante), Einkauf und Beschaffungslogistik (zum Beispiel Bestellung und Überwachung der für die neue Motorvariante zusätzlich benötigten Kaufteile wie Einspritzpumpen, Dichtungen etc.), Produktion, Distributionslogistik (zum Beispiel Transport der Fahrzeuge mit verschiedenen Motoren zu den richtigen Händlern), Marketing (zum Beispiel Erstellung neuer Verkaufsunterlagen für die Motorvariante), Kundendienst (zum Beispiel Erstellung neuer Schulungsunterlagen zur Wartung des neuen Motors), Personal oder der allgemeinen Verwaltung auftreten.

Als Marktwirkungen können im Wesentlichen Imagevorteile durch ein breiteres und individuelleres Angebotsprogramm und Mengeneffekte (Mehrverkäufe durch das Angebot zusätzlicher Varianten) unterschieden werden. Die Mengeneffekte setzen sich in der Regel aus Substitutions- und Partizipationseffekten zusammen. Erstere sind Verkaufsabschlüsse mit solchen Kunden, die ohne das Angebot einer neuen Produktvariante eine andere, bereits existierende Variante desselben Produkts erworben hätten. Der Partizipationseffekt umfasst demgegenüber diejenigen Verkäufe, die mit Kunden getätigt wurden, die ohne das Angebot einer neuen Produktvariante ein Wettbewerbsprodukt gekauft hätten. Bei den durch eine steigende Variantenzahl zu erzielenden Mengeneffekten wird zumeist von sinkenden Grenzerlösen ausgegangen. Das heißt, mit jeder zusätzlich angebotenen Produktvariante reduziert sich der Mengeneffekt.

Lösung Aufgabe 5c

Die Ansätze zur Kontrolle der Komplexitätskosten können in Maßnahmen zur Beherr-
schung der Komplexität und solche zur Reduktion der Komplexität unterteilt werden.
Eine Komplexitätsbeherrschung wird zum Beispiel durch konstruktive Maßnahmen am
Produkt (zum Beispiel Baukastenprinzip beziehungsweise Modulbauweise), durch die
Umsetzung von CIM-Konzepten in der Fertigung (Computer Integrated Manufacturing)
oder durch organisatorische Maßnahmen (Fremdbezug selten benötigter Produktkompo-
nenten oder -varianten) angestrebt. Insbesondere die Realisierung von CIM-Konzepten
wird in jüngster Zeit kritisch gesehen, weil diese Konzepte in vielen Fällen lediglich zu
einem weiteren Anstieg der Komplexität geführt haben. Aus diesem Grunde sind Maßnahmen zur Reduktion der Komplexität vorzuziehen. Eine Komplexitätsreduktion kann
zum Beispiel erreicht werden, wenn die Grundvarianten besser ausgestattet werden und
dafür auf das breite Angebot von Zusatzausstattungen verzichtet wird. Diese Politik
haben beispielsweise japanische Automobilproduzenten bei der Einführung ihrer Produkte auf dem deutschen Markt verfolgt. Des Weiteren kann durch die Vereinfachung
von Produktkonzepten (zum Beispiel durch die Verwendung standardisierter Gleichteile)
oder durch die Verschiebung der Variantenbildung auf einen möglichst späten Zeitpunkt
am Ende des Fertigungsprozesses die Komplexität reduziert werden. Darüber hinaus
kann auch durch dezentrale statt zentrale Organisationsstrukturen die Komplexität abge-
baut werden.

Lösung Aufgabe 6   Komplexität in der Automobilindustrie

Lösung Aufgabe 6a (vgl. Abbildung 9-5)

Ausgangspunkt der Entstehung von Komplexität in der Automobilindustrie sind verschiedene Produktmarken (zum Beispiel VW Golf, VW Polo, VW Sharan etc.). Bei
Automobilkonzernen existiert mit unterschiedlichen Herstellermarken sogar noch eine
weitere „Komplexitätsstufe" auf der oberen Ebene (zum Beispiel VW-Konzern mit den
Herstellermarken Volkswagen, Audi, Seat und Skoda). Die verschiedenen Produkte
werden in einer nächsten Stufe in unterschiedlichen Modell- beziehungsweise Karrosse-
rievarianten angeboten (zum Beispiel Golf, Golf-Variant, Golf-Cabrio), die zu einer
Erhöhung der Komplexität beitragen. Der Konsument kann jedes dieser Fahrzeuge
wiederum mit unterschiedlichen Aggregaten wählen (zum Beispiel 45-PS-Maschine,
75-PS-Maschine, Diesel, Benziner etc.). Auf einer nächsten Stufe werden dann zumeist
verschiedene Ausstattungsstufen der einzelnen Fahrzeuge angeboten, die zu einer weiteren Komplexitätssteigerung beitragen (zum Beispiel Golf CL, Golf GL, Golf GTI etc.).
Vielfach sind die Wahlmöglichkeiten im Hinblick auf die unterschiedlichen Aggregate
allerdings in den jeweiligen Ausstattungsstufen eingeschränkt. Auf der letzten Stufe
erreicht die Komplexität schließlich mit der Wahlmöglichkeit aus dem großen Spektrum
der Sonderausstattungen ihr Maximum.

Vor Einführung des Baukastensystems ließ sich damit ein VW Polo in weit über 10 Millionen Varianten zusammensetzen.

Lösung Aufgabe 6b

Das Polo-Baukastensystem bildet eine Synthese aus den Anforderungen verschiedener betriebswirtschaftlicher Teilbereiche (Produktion, F&E, Finanzierung, Marketing etc.) und kann daher als integratives Konzept bezeichnet werden.

Im **Gesamtzusammenhang** treten folgende **Vorteile** auf:

▪ Die Vereinheitlichung des Basismodells sowie die Zusammenfassung zusätzlicher Komponenten zu Baukästen führt zu einer Steigerung der Ertragssicherheit bei gleichzeitiger Reduktion des Volumen-Mix-Risikos,

▪ das Baukastensystem führt zu einer Erhöhung der Planungsgenauigkeit,

▪ der Ergebnisbeitrag einzelner Teile wird verbessert.

Probleme liegen demgegenüber in einer zweifelhaften Übertragung des Systems auf internationale Märkte. Dabei lassen sich möglicherweise die auf Basis der Nachfrage des deutschen Marktes entstandenen Baukästen nicht ohne Modifikation in anderen Ländern anbieten (Spannungsfeld von Standardisierung versus Differenzierung). Eine Modifikation der Angebotsstruktur würde allerdings wieder zu einer erhöhten Komplexität führen.

Aus Sicht der **Produktion** sind folgende **Vorteile** zu nennen:

▪ Reduktion der Teilevielfalt,

▪ Reduktion der Komplexität sowie

▪ Erhöhung der Kapazitätsauslastung aufgrund vieler Gleichteile.

Durch die produktionstechnische Optimierung des Basismodells sowie der einzelnen Bausteine lässt sich das Angebot durch eine modulare Struktur charakterisieren. Aufgrund der veränderten Angebotsstruktur sind daher zunächst hohe Anschaffungskosten für die Umstellung der Produktion und die damit verbundenen neuen Maschinen zu tätigen.

Vorteile aus Sicht des **Marketing** liegen in folgenden Punkten:

▪ Erhöhung der Individualität in den unteren und mittleren Preissegmenten durch Steigerung der Angebotsvielfalt,

▪ Baukastensystem stellt vorwärtsgerichtetes aktives Marktforschungsinstrument dar, abhängig von der Wahlhäufigkeit einzelner Bausteine lassen sich Variationen in der Gestaltung des Angebots durchführen,

▪ Erhöhung der Transparenz der Modell-/Preislisten sowie

▪ die attraktive Preisgestaltung der Bausteine führt in den unteren Preissegmenten zu einer erhöhten Preisbereitschaft der Konsumenten.

Nachteile sind dagegen in folgenden Punkten zu sehen:

- Das System führt zu verstärkten Preisverhandlungen des Kunden am POS, da aufgrund der Bausteinstruktur auch „ungewollte" Komponenten erworben werden müssen,

- durch die Vereinheitlichung des Basismodells (so beinhaltet zum Beispiel jeder Polo eine Dachantenne, unabhängig davon ob das Modell ein Radiogerät enthält oder nicht) sowie den Wegfall der Modellvarianten fehlt zum Teil eine stärkere (auch optische) Differenzierung der Produkte,

- Produktindividualität geht in den oberen Preissegmenten verloren sowie

- die Identifizierung bedarfsgerechter Baukästen ist zum Teil problematisch, der Fit mit den Kundenwünschen kann aus produktionstechnischen Gesichtspunkten nicht immer hergestellt werden.

Lösung Aufgabe 6c

Auf Basis der herkömmlichen Angebotstruktur sowie der Gestaltung des Angebots durch das Baukastensystem lassen sich die in Abbildung 9-14 dargestellten Komplexitätsverläufe skizzieren.

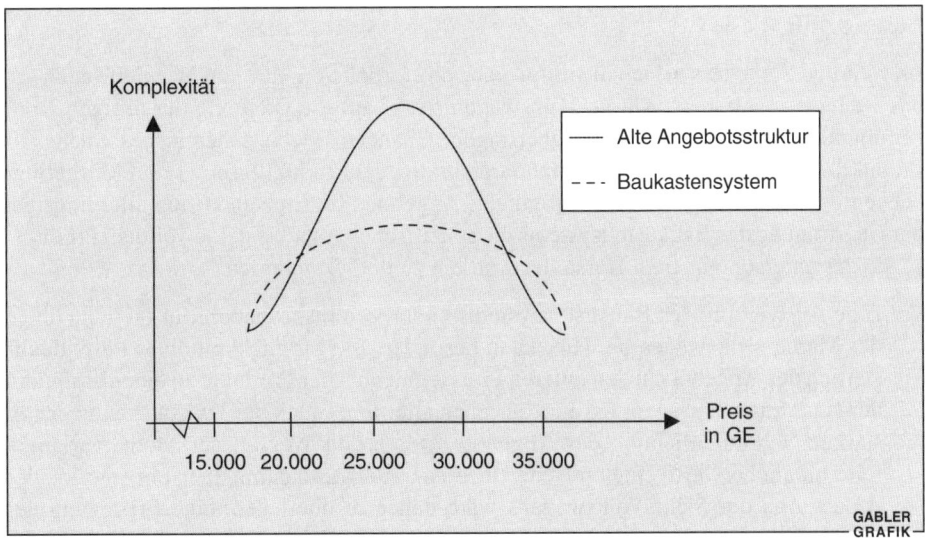

Abbildung 9-14:   Skizzierte Komplexitätskurve des VW Polo

In den unteren Preissegmenten besteht zunächst eine geringe Komplexität, da hier zumeist lediglich das Basismodell in unterschiedlichen Farben oder Innenausstattungen gewählt werden kann. Die Komplexitätskurve der herkömmlichen Angebotsstruktur

385

steigt anschließend stark an, da mit höheren Preisen andere Karosserievarianten, Aggregate, Ausstattungsstufen oder Sonderausstattungen integriert werden können. Aufgrund der zahlreichen Wahl- beziehungsweise Kombinationsmöglichkeiten bestand in der herkömmlichen Angebotsstruktur des Polo besonders im mittleren Preisbereich eine sehr hohe Komplexität. In den höheren Preissegmenten nahm die Komplexität dagegen wieder ab, da in den höherwertigen Ausstattungstufen (zum Beispiel Polo G40) bereits zahlreiche Ausstattungsitems enthalten waren und nur noch wenige Extras hinzugefügt werden konnten.

Durch den Wegfall der Ausstattungsstufen steigt die Komplexitätskurve auf Basis des Baukastensystems zu Beginn etwas stärker an, da bereits in den unteren Preissegmenten Bausteine (zum Beispiel Sportausstattung etc.) integriert werden können, die in der herkömmlichen Angebotsstruktur an höherwertige Ausstattungsstufen gebunden waren. Der weitere Anstieg der Komplexitätskurve erfolgt dann allerdings moderat, da die einzelnen Komponenten lediglich in Bausteinen erworben werden können. In den mittleren Preissegmenten ist eine Erhöhung des Fahrzeugpreises vielfach mit einem Austausch einzelner Bausteine verbunden (zum Beispiel Ausstattungsbaustein „Innenausstattung"). In den höheren Preissegmenten sinkt die insgesamt deutlich flachere Komplexitätskurve des Baukastensystems etwas schwächer, da hier aufgrund des Wegfalls der Ausstattungsstufen keine Fahrzeuge mit Fixausstattung existieren, sondern bis zum höchsten Preis zusätzliche Sonderausstattungsbausteine hinzugefügt werden können.

Lösung Aufgabe 6d

Im weiteren Sinne lassen sich die in Aufgabe 6b erarbeiteten Vor- und Nachteile auch auf das weitere Angebot der Marke Volkswagen sowie auf die Produkte der übrigen Konzernmarken (Audi, Seat, Skoda) übertragen. Chancen liegen daher insbesondere auf Produktionsebene in der weiteren Standardisierung der Produktion sowie auf Marketingebene in der Erhöhung der Transparenz des Angebots. Im Einzelnen sind allerdings bei der Übertragung des Baukastensystems die spezifischen Aspekte der jeweiligen Produkte sowie der unterschiedlichen Hersteller-Marken zu berücksichtigen:

- Eine Ausweitung des Baukastensystems bietet sich insbesondere für die Fahrzeuge der Marke Volkswagen an. Hier kann besonders die Möglichkeit einer Individualisierung des Angebots in den unteren Preissegmenten der Produkte zu einer Erhöhung der Nachfrage beitragen. Risiken bestehen allerdings auch bei Volkswagen in der zu starken Vereinheitlichung des Angebots. Durch den Wegfall der Modellvarianten fehlt möglicherweise eine optische Differenzierung und damit auch ein emotionaler Anker. Aus der Sicht Volkswagens wäre daher zu überlegen, eine Ergänzung der Angebotsgestaltung durch das Baukastensystem mit Hilfe einzelner Sondermodelle vorzunehmen. Damit könnte auch in den höheren Preissegmenten ein individuelles Angebot geschaffen werden, mit dem eine erhöhte Abschöpfung der Konsumentenrente realisiert werden kann.

▓ Für Automobilmarken, die primär in höheren Preissegmenten agieren wie die Konzernmarke Audi, birgt die Einführung des Baukastensystems insbesondere das Risiko einer Imageeinbuße. In den oberen Preissegmenten wird von den Konsumenten zumeist Individualität im Detail verlangt. Die Zusammenfassung einzelner Komponenten zu Baukästen schränkt daher die Individualität sogar ein. Darüber hinaus lässt sich in diesen Segmenten vielfach mit Prestigemodellen (also spezifischen Ausstattungsstufen) eine hohe Abschöpfung der Konsumentenrente erzielen.

▓ Auch bei Automobilmarken in den unteren Preissegmenten, die primär auf emotionale Bedürfnisse der Konsumenten ausgerichtet sind (wie die VW-Marke Seat), kann die Einführung des Baukastensystems zu Imageeinbußen führen, da hiermit eine zumindest optische Gleichförmigkeit des Angebots verbunden ist und attraktive Ausstattungsstufen oder Sondermodelle fehlen.

Lösung Aufgabe 7   Variantenmanagement und Komplexitätskosten

Lösung Aufgabe 7a

Die Farbe des Armaturenbretts ist für die Kaufentscheidung bei Automobilen im Vergleich zu anderen Kriterien (Marke, Preis, Motorleistung, Größe des Fahrzeugs, Verbrauch, Komfort, Wiederverkaufswert etc.) von zweitrangiger Bedeutung, obwohl die Wichtigkeit im Zeitvergleich wächst. Darüber hinaus entscheiden sich nach wie vor 80 Prozent der Benito-Käufer nach gründlicher Abwägung der zur Verfügung stehenden Farboptionen für das schwarze Armaturenbrett. Obwohl das Angebot zusätzlicher Wahlmöglichkeiten beim Autokauf von den Konsumenten grundsätzlich positiv bewertet wird, weil es das Individualisierungspotenzial der Produkte erhöht, nutzen die meisten Konsumenten diese Wahlmöglichkeit offenbar nicht aus. Dieser Mehrheit der Kunden bringt das Angebot von zwei zusätzlichen Armaturenbrettfarben keinen höheren Nutzen, sodass keine Bereitschaft zur Zahlung eines höheren Preises besteht. Die übrigen 20 Prozent der Kunden zeigen hinsichtlich der Armaturenbrettfarben ebenfalls keine höhere Preisbereitschaft als vor Einführung der Zusatzfarben, weil innerhalb weniger Wochen auch die Wettbewerber verschiedene Armaturenbrettfarben ohne Mehrpreis im Angebot hatten.

Um durch den Vorstoß des Benito bei farbigen Armaturenbrettern keine Wettbewerbsnachteile zu erleiden, entschlossen sich die Wettbewerber, schnell zu handeln. Im Gegensatz zum Benito, bei dem für die neuen Armaturenbretter zum Zeitpunkt der Markteinführung ein Aufpreis verlangt wurde, bieten die Wettbewerber die neuen Farben ohne Mehrpreis an, um sich ihrerseits Wettbewerbsvorteile zu verschaffen. Die schnelle Reaktion der Wettbewerber wurde dadurch erleichtert, dass alle Anbieter ihre Armaturenbretter von denselben Zulieferern beziehen und für den Benito keine Exklusivbelieferung mit farbigen Armaturenbrettern durchsetzbar war. In diesem Zusammenhang wird der enge Reaktionsverbund in einem oligopolistischen Markt besonders deutlich.

Lösung Aufgabe 7b

Um den Anstieg der Komplexitätskosten detailliert analysieren zu können, wurden von der Abteilung Arbeitsvorbereitung die Gesamt-Arbeits-Vorgabezeiten bei der Montage der Armaturenbretter erneut ermittelt. Dabei ergab sich das in Abbildung 9-13 dargestellte Ergebnis. Es wird deutlich, dass sich durch die Einführung der zwei zusätzlichen Armaturenbrettvarianten die Gesamt-Vorgabezeit von 1,51 auf 1,85 Minuten erhöht hat. Bei Lohnkosten für das Unternehmen in Höhe von 60,00 € pro Fertigungsstunde entstehen hierdurch bei einer Produktion von unverändert einer Million Benito pro Jahr c. p. Mehrkosten in Höhe von 340.000,00 €. Für diesen Kostenanstieg ist die kompliziertere Koordination und Steuerung des Montageprozesses durch den Mitarbeiter an der Montagelinie verantwortlich. Darüber hinaus hat die komplexere Produktionsplanung und -steuerung zu zwei zusätzlichen Ausfällen der Produktionssteuerungselektronik geführt, wodurch sich die Stillstandszeiten bei der Produktion des Benito erhöht haben. Die höheren Stillstandszeiten mussten bei einer im Vergleich zum Vorjahr unveränderten Gesamtproduktionsmenge durch zusätzliche Überstunden ausgeglichen werden. Für diese Überstunden in der Fertigung fielen Überstundenzuschläge in Höhe von 50 Prozent an, wodurch sich die Lohnkosten in der Fertigung auf 90,00 € erhöhten.

	3 Armaturenbrettfarben	1 Armaturenbrettfarbe
Laufzettel lesen	0,17 Min.	–
Armaturenbrett aus Vorratsbehälter entnehmen und inspizieren	0,21 Min.	0,15 Min.
Handschuhfach aus Vorratsbehälter entnehmen, inspizieren und einsetzen	0,16 Min.	0,12 Min.
Arbeitsschritte 3 – 6 unverändert (vgl. Abbildung 9-7)	1,01 Min.	1,01 Min.
Zwischensumme Vorgabezeit	1,61 Min.	1,28 Min.
Verteilzeit für Reparaturen und persönliche Verteilzeit	0,30 Min.	0,23 Min.
Gesamt-Vorgabezeit	1,85 Min.	1,51 Min.
in Prozent	100 %	82 %

GABLER GRAFIK

Abbildung 9-15: Arbeits-Vorgabezeiten **nach** Einführung von zwei zusätzlichen Armaturenbrettfarben
(Zahlen entnommen aus Schmidt 1990, S. 152)

Ferner entsteht durch die Zwischenlagerung und Bereitstellung von drei verschiedenen Armaturenbrettern an der Montagelinie ein erhöhter Flächenbedarf in der Produktion, der zur Anmietung einer zusätzlichen Produktions- und Lagerhalle geführt hat. Ferner hat die Zwischenlagerung von drei statt einer Armaturenbrettvariante in ausreichender Stückzahl zu einer erhöhten Kapitalbindung und entsprechend gestiegenen Kapitalkosten geführt. Auch der innerbetriebliche Materialtransport wurde durch die verschiedenartigen, sehr sperrigen Armaturenbrettvarianten komplexer und erforderte die Einstellung eines zusätzlichen Mitarbeiters.

In der Marketingabteilung verschlechterte sich die Kostensituation ebenfalls. Die Absatzplanung muss nun umfassender ausgeführt werden, weil neben der Prognose der Gesamtabsatzzahlen des Benito nunmehr auch die in den kommenden Perioden abzusetzenden Stückzahlen an schwarzen, hellgrauen und braunen Armaturenbrettern prognostiziert werden muss. Diese Prognosen werden unter anderem an die Einkaufsabteilung weitergegeben, damit entsprechende Stückzahlen beim Lieferanten bestellt werden können. Außerdem wuchsen auch die Tätigkeiten im Rahmen der Kommunikationsplanung und -durchführung. Zur Bekanntmachung der neuen Armaturenbrettoptionen wurde von der Werbeagentur des Unternehmens alle sich nur auf den Benito beziehenden Anzeigen in Deutschland geändert und mit einem entsprechenden Hinweis versehen. Außerdem wurden zur Einführung der farbigen Armaturenbretter für einen begrenzten Zeitraum von vier Wochen die Funkspots im Radio um einen deutlichen Hinweis auf die neuen Optionen ergänzt. Auch die Verkaufsprospekte und Bestellunterlagen für die deutschen Händler mussten entsprechend abgeändert und teilweise neu gedruckt werden. Neben den zusätzlichen Kosten für die Werbeagentur musste ein weiterer Mitarbeiter zur Erledigung der zusätzlichen Kommunikations- und Absatzplanungstätigkeiten eingestellt werden.

Besonders ärgerlich aus Sicht des Marketingchefs waren die seit der Einführung der farbigen Armaturenbretter zunehmenden Beschwerden. Diese zusätzlichen Beschwerden kamen von solchen Kunden, die bei der Übergabe ihres neuen Benito beim Händler feststellten, dass der Wagen mit der falschen Armaturenbrettfarbe produziert worden war. Die falsche Farbe war, so ergaben Nachforschungen, in 30 Prozent der Fälle auf die fehlerhafte Auftragsübermittlung seitens des Händlers und in den übrigen Fällen auf einen Fehler in der Produktionssteuerung des Herstellers zurückzuführen. In letzterem Falle beschwerte sich auch der Händler beim Hersteller, weil er zur Kompensation der falschen Armaturenbrettfarbe dem Kunden nachträglichen Rabatt gewähren musste, den der Händler seinerseits nun vom Hersteller zurückforderte.

Schließlich erhöhte sich auch der Arbeitsumfang in der Einkaufsabteilung, weil im Rahmen der Materialeingangskontrolle zusätzlich zu den üblichen Arbeitsschritten nun auch die Liefermengen für jede einzelne Armaturenbrettfarbe separat überprüft werden musste.

<table>
<tr><td>3.</td><td>

Fallstudie:
Einzel- versus Dachmarkenstrategie bei der
Einführung eines alkoholfreien Altbieres

</td></tr>
</table>

Teil 1: Die Einführungsentscheidung

Die Privatbrauerei Diebels hat sich seit ihrem Übergang von einer Sortimentsbrauerei mit den Sorten Alt, Export, Pils, Malz und Dunkel zum Altbierspezialisten im Jahr 1970 durch eine konsequente Premiummarkenstrategie zum absoluten Marktführer im Altbiermarkt entwickelt. Abbildung 9-16 verdeutlicht den eindrucksvollen Erfolg der Privatbrauerei Diebels im Altbiermarkt.

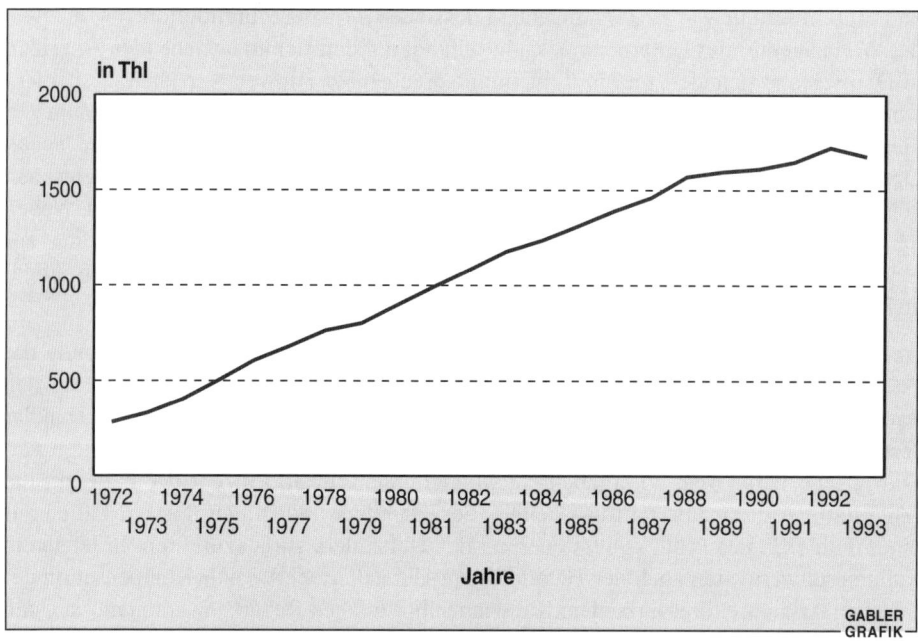

Abbildung 9-16:   Gesamtausstoß der Privatbrauerei Diebels von 1972 bis 1993
(Quelle: Geschäftsbericht der Privatbrauerei Diebels 1993, S. 8; Das Trendmarken-Konzept, in: Brauwelt, 124. Jg., 1984, H. 10, Sonderausgabe, S. 42)

Die dominante Position der Privatbrauerei Diebels spiegelt sich auch in ihrem Marktanteil im Altbiermarkt wider. Mit einem Marktanteil von 53,2 Prozent (1991) verfügt die Privatbrauerei Diebels über einen relativen Marktanteil (eigener Marktanteil dividiert durch Marktanteil des Hauptwettbewerbers) von fünf (vgl. Abbildung 9-17).

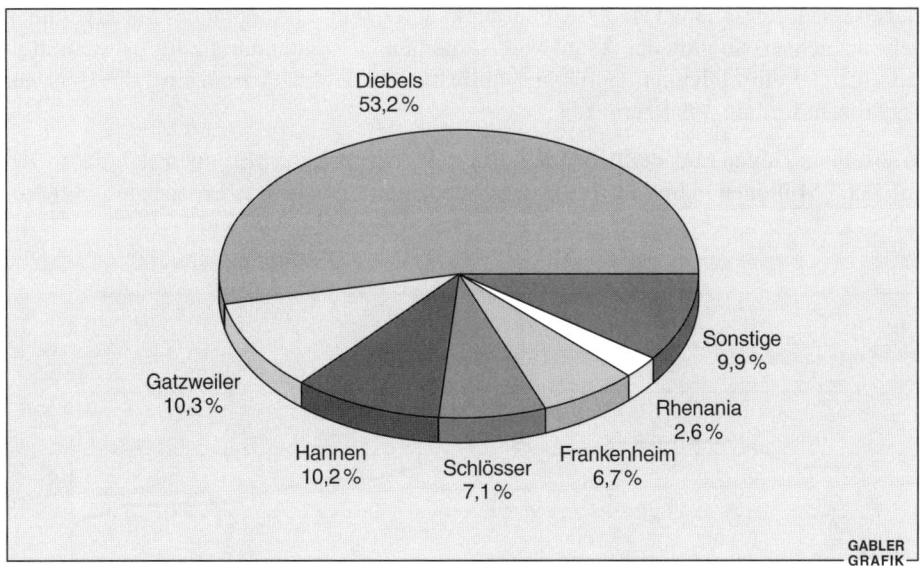

Abbildung 9-17:   Handelsmarktanteile führender Altbiermarken in NRW 1991

Diesen Erfolg konnte die Diebels-Brauerei in einem regional eng begrenzten Markt erzielen. Betrachtet man den in Abbildung 9-18 wiedergegebenen Absatz der Biersorten im Lebensmitteleinzelhandel des Jahres 1991 nach Bundesländern, so wird deutlich, dass Altbier außer in NRW (12,6 Prozent) in keinem Bundesland nennenswerte Sortenanteile erzielen konnte. Der Altbiermarkt wird somit zurecht als regionaler Teilmarkt charakterisiert.

Re-gion	National West	Hamburg, Bremen, Schleswig-Holstein, Niedersachsen	NRW	Hessen, Rheinland-Pfalz, Saarland	Baden-Württemberg	Bayern	Berlin (West)
An-teil Alt	4,2	0,4	12,6	0,9	0,4	0,4	0,4

Abbildung 9-18:   Anteil des Altbierabsatzes am westdeutschen
                   Gesamtbierabsatz (LEH und GAM) 1991
                   (Quelle: o. V., Biersorten-Trends, in: Getränkemarkt, 13. Jg., 1993, Heft 4, S. 141)

Dies gilt umso mehr, wenn man berücksichtigt, dass innerhalb von NRW mit dem Regierungsbezirk Düsseldorf ein eindeutiger Absatzschwerpunkt für Altbier existiert. So beträgt der Sortenanteil von Altbier zum Beispiel in der Stadt Düsseldorf 68 Prozent.

Neben seiner Regionalität ist der Altbiermarkt durch sein schrumpfendes Marktvolumen gekennzeichnet. So ging der Anteil von Altbier am Gesamtbierabsatz im Lebensmittel- einzelhandel einschließlich Getränkeabholmärkten von 4,8 Prozent im Jahr 1980 auf 3,9 Prozent im Jahr 1991 zurück.

In absoluten Zahlen sank der Altbierausstoß in NRW von 4,358 Millionen hl im Jahr 1980 auf 4,003 Millionen hl im Jahr 1991, der Sortenanteil fiel von 16,5 Prozent auf 13,0 Pro- zent.

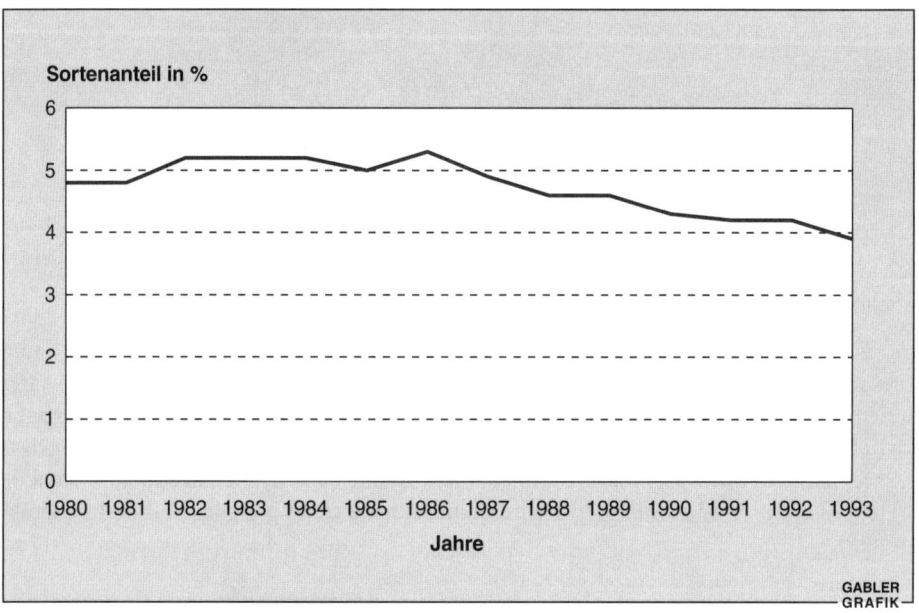

Abbildung 9-19: Anteil von Altbier am Gesamtbierabsatz (LEH und GAM)
von 1980 bis 1993
(Quelle: A. C. Nielsen Company)

Die Absatzsituation im Altbiermarkt stellt sich somit noch schärfer als im Gesamtbier- markt dar. Dies hat entsprechende Wirkungen auf den Wettbewerb, der als harter Ver- drängungswettbewerb geführt wird. Zusammenfassend lässt sich der Altbiermarkt wie folgt charakterisieren:

■ Der Altbiermarkt ist ein regionaler Markt, rund 90 Prozent des Altbieres werden in NRW, hier mit dem Schwerpunkt Regierungsbezirk Düsseldorf, verkauft.

■ Der Altbiermarkt schrumpft; im Zeitraum von 1980 bis 1991 um knapp 9 Prozent.

■ Der Altbiermarkt wird durch die Marke *Diebels Alt* absolut dominiert, Diebels konnte seinen Ausstoß innerhalb von 21 Jahren um knapp 500 Prozent(!) steigern.

Völlig anders stellte sich in den achtziger Jahren die Situation im Markt für alkoholfreies Bier dar. Das erste alkoholfreie Bier auf dem deutschen Markt war das bereits 1968 eingeführte *Birell*, das jedoch aufgrund geschmacklicher Probleme, Verbrauchervorbehalten und nicht zuletzt einer nicht biergerechten Vermarktung kein Markterfolg wurde.

Den großen Durchbruch brachte erst die Einführung der Marke *Clausthaler* der Binding Brauerei AG im Jahr 1979. Nachdem sich der Markt aufgrund von Akzeptanzproblemen zunächst nur schleppend entwickelte, zeichnet er sich seit Mitte der achtziger Jahre durch hohe Zuwachsraten aus. So betrug der Anteil der alkoholfreien Biere am gesamten Bierausstoß noch im Jahr 1984 lediglich 0,3 Prozent, lag aber 1987 bereits auf dem beachtlichen Niveau von 1,3 Prozent (vgl. Abbildung 9-20).

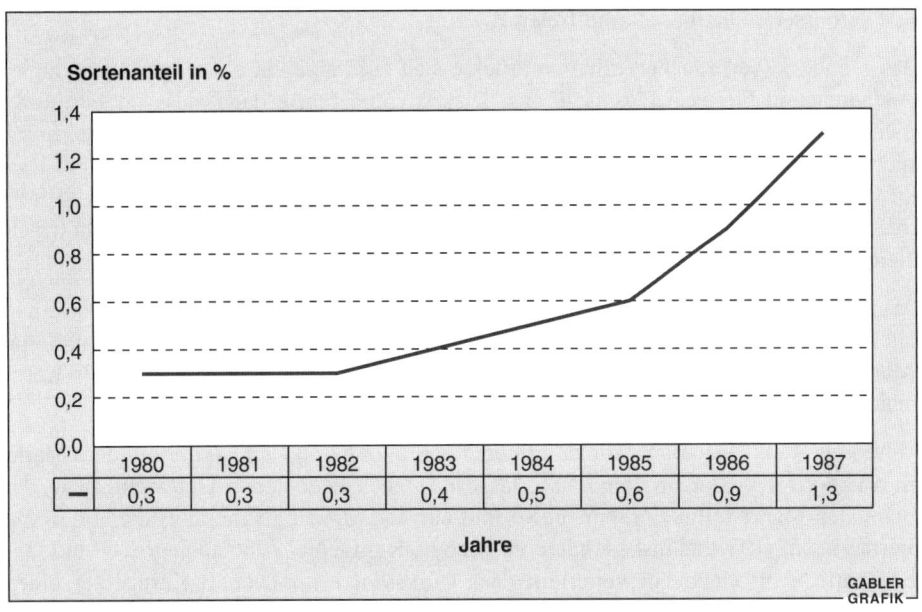

Abbildung 9-20:   Anteil alkoholfreier Biere am Gesamtbierabsatz (LEH und GAM) von 1980 bis 1987

Betrachtet man neben der Sortenanteilserhöhung noch die Entwicklung des Marktvolumens, so wird die rasante Entwicklung bei alkoholfreiem Bier besonders deutlich.

Noch 1979, also dem Zeitpunkt der Einführung von *Clausthaler*, lag das Volumen bei 30.000 hl im Jahr, schon 1981 wurden 201.000 hl produziert. Bis 1986 verdoppelte sich dieser Wert auf 481.000 hl. Hinzu kommt, dass von glänzenden Zukunftsperspektiven für alkoholfreies Bier berichtet wurde. So wurde das Marktvolumen für das Jahr 1996 auf ca. 4 Millionen hl geschätzt.

Ähnlich positiv wie der Gesamtausstoß entwickelte sich auch der von der GfK ermittelte Absatz alkoholfreier Biere: In den achtziger Jahren konnten jährliche Zuwachsraten von durchschnittlich 20 Prozent erzielt werden. Ebenso wie im gesamten Bundesgebiet war auch der Stammmarkt der Privatbrauerei Diebels, das Bundesland Nordrhein-Westfalen, von exorbitanten Zuwachsraten bei alkoholfreiem Bier geprägt. Im Kerngebiet der Privatbrauerei Diebels, den GfK-Gebieten 1 bis 9 in Nordrhein-Westfalen[1], stieg der Absatz alkoholfreier Biere von 1985 auf 1986 um 82 Prozent.

Als letzte Erfolgsgröße sei auf den Distributionsgrad hingewiesen: Mit einem gewichteten Distributionsgrad im Lebensmitteleinzelhandel und in Getränkeabholmärkten von 87 Prozent erreichte alkoholfreies Bier schon 1987 nach Pils (100 Prozent), Malz- (99 Prozent) und Exportbier (93 Prozent) die viertgrößte Verbreitung.

Ausschlaggebend für den großen Erfolg alkoholfreien Bieres in den achtziger Jahren waren vor allem zwei Gründe: erstens ein geändertes Verbraucherverhalten, zweitens eine verbesserte Qualität alkoholfreien Bieres.

Das geänderte Verbraucherverhalten drückte sich zum einen in einem gestiegenen Gesundheits- und Fitnessbewusstsein aus. Dieser Trend führte dazu, dass im Jahr 1987 erstmals seit 1980 in etwa genauso viel alkoholfreie wie alkoholhaltige Getränke konsumiert wurden. Da alkoholfreies Bier nur halb so viel Kalorien wie alkoholhaltiges Bier aufweist, passte alkoholfreies Bier zudem gut in den Trend der Light-Produkte. Hinzu kommt, dass über eine Verbesserung des Brauprozesses[2] der Geschmack alkoholfreier Biere deutlich verbessert werden konnte (vgl. Abbildung 9-21).

Das Marktvolumen verteilte sich im Jahr 1987 auf noch wenige Anbieter. Wirft man einen Blick auf die Marktanteile, so verwundert es nicht, dass *Clausthaler* sowohl national (Marktanteil = 50 Prozent) als auch in NRW (57,6 Prozent), als auch im Diebels-Kerngebiet (42,8 Prozent) unumstrittener Marktführer war (vgl. Abbildung 9-22).

Abbildung 9-22 verdeutlicht die dominierende Stellung von *Clausthaler* auf dem Markt für alkoholfreies Bier im Jahr 1986, lässt aber auch bedeutende Unterschiede in der regionalen Marktstellung erkennen. So fällt auf, dass *Birell* als die älteste alkoholfreie Biermarke in NRW und insbesondere im Diebels-Kerngebiet 1986 noch große Marktanteile hatte. Auffallend ist weiterhin, dass *Clausthaler* im Diebels-Kerngebiet einen wesentlich geringeren Marktanteil hatte als in NRW.

Aufschlussreich ist neben der Analyse der Marktanteile bei alkoholfreiem Bier ein Blick in die Sortenstruktur, denn prinzipiell kann jede Biersorte alkoholfrei sein. Im Jahr 1986 gab es auf dem Markt sortenneutrale alkoholfreie Schankbiere, alkoholfreie Pilsbiere und alkoholfreie Weizenbiere, aber kein alkoholfreies Altbier.

---

1   Dies sind in der Reihenfolge 1 bis 9: Kleve; Wesel; Bottrop, Gelsenkirchen, Essen; Oberhausen, Duisburg, Mülheim; Düsseldorf, Mettmann; Kreis Neuss; Mönchengladbach, Krefeld, Viersen; Aachen, Heinsberg, Düren; Wuppertal, Solingen, Remscheid. Das Gebiet entspricht in etwa dem Regierungsbezirk Düsseldorf.

2   Während früher eher robuste Methoden, wie zum Beispiel Erhitzen des Bieres zur Verdampfung des Alkohols, angewandt wurden, stoppte man nun den Gärungsprozess beziehungsweise benutzte Hefe, die erst gar keinen Alkohol entstehen ließ. Kurze Zeit später entwickelte man die Verfahren der Umkehrosmose beziehungsweise Dialyse, die dem heutigen Stand der Technik entsprechen.

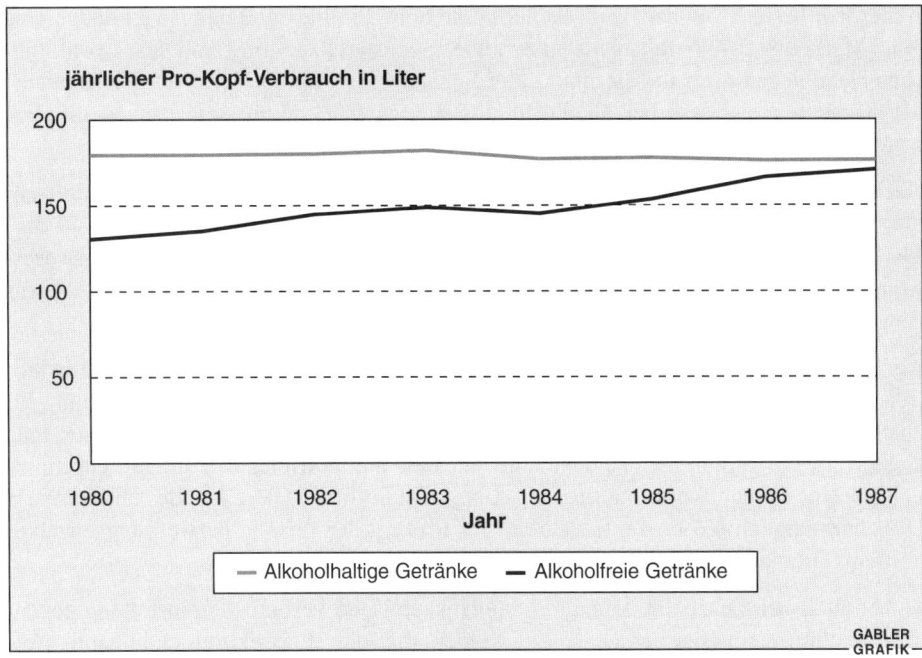

Abbildung 9-21:   Getränkeverbrauch in Westdeutschland von 1980 bis 1987

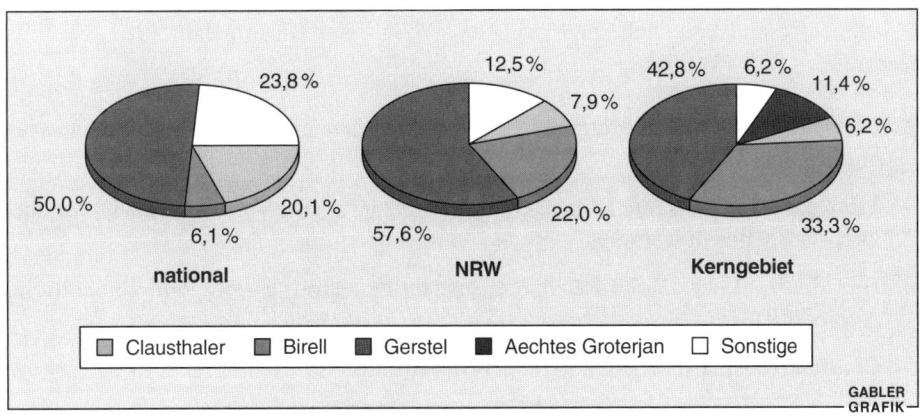

Abbildung 9-22:   Marktanteile ausgewählter alkoholfreier Biermarken national,
                   NRW und im Diebels-Kerngebiet 1986

Hinzu kommt, dass die Mehrzahl der alkoholfreien Biere sortenneutral war. Offensichtlich waren die Verbrauchsgewohnheiten bei alkoholfreiem Bier nicht so sortenfixiert wie
im übrigen Biermarkt. Ein alkoholfreies Altbier war daher aufgrund der spezifischen
Substitutionalitätsbeziehungen den alkoholfreien und nicht den Altbieren zuzurechnen.

395

Außerdem bestand bei den Verbrauchern eine hohe Probier- und damit verbunden eine hohe Markenwechselbereitschaft – auch über Sortengrenzen hinweg. Dieses vom üblichen Handlungsmuster im Biermarkt abweichende Verhalten basierte auf der Annahme der Konsumenten, dass bei alkoholfreiem Bier noch Qualitätssteigerungen möglich waren.

Nachdem die Entwicklung des Marktvolumens, der Marktstruktur und der Marktteilnehmer analysiert worden ist, soll im Folgenden ein Blick auf die Werbeintensität auf dem Markt für alkoholfreies Bier geworfen werden, um so Hinweise auf die Wettbewerbssituation auf diesem Markt zu erhalten. Nicht zuletzt unter dem Aspekt Dach- versus Einzelmarkenstrategie sind die Werbeausgaben ein wichtiger Indikator.

Als Maß für die Werbeintensität soll dabei das Verhältnis zwischen dem Anteil alkoholfreien Bieres am Gesamtbiermarkt (share of market) und dem Anteil von Werbung für alkoholfreies Bier an der Gesamtbierwerbung (share of voice) dienen. Betrachtet man diese Werte, so kommt man zu dem Ergebnis, dass alkoholfreies Bier überdurchschnittlich stark beworben wurde. So lag der Anteil alkoholfreier Biere am Gesamtbiermarkt 1984 bei lediglich 0,4 Prozent, während 2,1 Prozent der Gesamtbierwerbung für alkoholfreies Bier ausgegeben wurden.

Sicher muss bei dieser Betrachtung die noch skeptische Verbrauchereinstellung gegenüber alkoholfreiem Bier berücksichtigt werden, die logischerweise einen höheren Werbeaufwand erforderlich machte. Dennoch mag der überdurchschnittliche Werbeaufwand für alkoholfreies Bier als erstes Indiz für eine Verschärfung des Wettbewerbs Mitte der achtziger Jahre, bedingt durch massiven Markteintritt, gedeutet werden.

Zusammenfassend lässt sich der Markt für alkoholfreies Bier im Jahr 1987 wie folgt beschreiben:

- Er weist hohe Zuwachsraten auf und ihm werden große weitere Marktchancen eingeräumt.

- Mitte der achtziger Jahre können erste Anzeichen für eine Verschärfung des Wettbewerbs ausgemacht werden.

- Die Mehrzahl der alkoholfreien Biere ist sortenneutral; es gibt kein alkoholfreies Altbier.

- *Clausthaler* ist absolut dominierender Marktführer.

Beantworten Sie vor dem aufgezeigten Hintergrund folgende Fragen:

Aufgabe 1   Markteintrittsentscheidung

Sollte sich die Privatbrauerei Diebels im Jahr 1987 im Markt für alkoholfreies Bier engagieren? Begründen Sie ihre Entscheidung.

Aufgabe 2   Einzel- versus Dachmarkenstrategie

Die Privatbrauerei Diebels hat sich entschieden, im Jahr 1987 in den Markt für alkoholfreies Bier einzutreten. Fraglich war lediglich, ob das neue Produkt als Einzel- oder als Dachmarke in den Markt eingeführt wird. Unterbreiten Sie einen Entscheidungsvorschlag. Begründen Sie Ihren Vorschlag ausführlich. Gehen Sie dabei insbesondere auf die Faktoren Imagetransfer, Positionierung und Marketingaufwendungen ein.

Aufgabe 3   Markenname

Das alkoholfreie Bier wurde 1987 unter dem Namen Issumer Alt Alkoholfrei von der Privatbrauerei Diebels als Einzelmarke in den Markt eingeführt. Nehmen Sie zu der Namensgebung kritisch Stellung. Gehen Sie dabei insbesondere auf Positionierungsaspekte ein.

4. Lösungen zur Fallstudie: Einzel- versus Dachmarkenstrategie bei der Einführung eines alkoholfreien Altbieres

Lösung Aufgabe 1   Markteintrittsentscheidung

Der Altbiermarkt war im Jahr 1987 insbesondere von drei Faktoren gekennzeichnet:

■ regionaler Markt,

■ schrumpfender Markt,

■ dominiert von der Marke Diebels Alt.

Angesichts dieser Umstände stellt sich für die Privatbrauerei Diebels die Frage nach zukünftigen Wachstumspotenzialen. Wie dargelegt, bestanden solche auf dem Markt für alkoholfreies Bier, der 1987 von sortenneutralen Bieren, allen voran vom Marktführer *Clausthaler* geprägt war.

Analysiert man die Marktanteile im Markt für alkoholfreies Bier des Jahres 1986, so wird deutlich, dass *Clausthaler* im Diebels-Kernmarkt nicht so stark wie im Gesamtmarkt Nordrhein-Westfalen war. Hinzu kommt, dass Birell im Diebels-Kernmarkt noch einen sehr hohen Marktanteil hatte.

Somit ergab sich für die Privatbrauerei Diebels 1986 die Perspektive, selbst mit einem alkoholfreiem Bier in den Markt einzutreten, bevor Marktführer *Clausthaler*, der im Diebels-Kerngebiet bei weitem nicht so stark war wie in NRW und dem restlichen Bundesgebiet, auch dort weitere Marktanteile, insbesondere von *Birell*, gewinnt. Dieser Sachverhalt ist für die Entscheidung der Privatbrauerei Diebels, mit einem alkoholfreien Bier auf den Markt zu treten, wichtig, denn es war zu vermuten, dass der älteste Anbieter *Birell* auch im Diebels-Kerngebiet im Laufe der Zeit vom Newcomer *Clausthaler* verdrängt werden würde. Diese Annahme legte auch der Marktanteil von *Birell* im Bundesgebiet von lediglich 6,1 Prozent nahe.

Für die Privatbrauerei Diebels als Marktführer im Altbiermarkt stellte sich 1986 somit die Frage, ob sie die Marktnische selber besetzen oder aber einem konkurrierenden Altbierbrauer überlassen sollte. Nicht zuletzt unter dem Aspekt des Trends zu alkoholfreien Getränken und damit auch zu alkoholfreiem Bier ist es für die Privatbrauerei Diebels sinnvoll, in den Markt für alkoholfreies Bier einzutreten.

Lösung Aufgabe 2   Einzel- versus Dachmarkenstrategie

Eine eindeutige Entscheidung für eine Einzel- oder Dachmarkenstrategie ist im vorliegenden Fall nicht möglich. Es sprechen sowohl gute Gründe für eine Dachmarken- als auch für eine Einzelmarkenstrategie. Nachfolgend sollen die Vor- und Nachteile beider Strategien anhand der Parameter Imagetransfer beziehungsweise Risiko der Imageschädigung, Positionierung und Marketingaufwendungen erörtert werden.

Eine Einzelmarkenstrategie ermöglicht im Gegensatz zu einer Dachmarkenstrategie keinen Imagetransfer von einer bereits etablierten Marke auf das neue Produkt. Auf der anderen Seite besteht so auch nicht das Risiko eines Bad-Will-Transfers, also negativer Ausstrahlungseffekte von einem Produkt eines Herstellers auf andere Produkte oder das gesamte Unternehmen.

Im Jahr 1987 war die Einstellung der Konsumenten gegenüber alkoholfreiem Bier, ungeachtet eines zu beobachtenden veränderten Verbraucherverhaltens, noch nicht so gefestigt, dass eine risikolose Positionierung unter einer Dachmarke Diebels möglich gewesen wäre. Denn trotz verbesserter Qualität alkoholfreien Bieres, war es im Geschmack deutlich von alkoholhaltigem Bier zu unterscheiden. Die Gefahr für die Privatbrauerei Diebels bestand bei einer etwaigen Dachmarkenstrategie in den Qualitäts- und Geschmackserwartungen der Konsumenten. Wenn über die Marke **Diebels** beim Verbraucher bestimmte Ansprüche hinsichtlich Geschmack und Qualität geweckt worden wären, die aber von dem alkoholfreien Bier nicht hätten erfüllt werden können, wäre ein Bad-Will-Transfer auf die Stammmarke sehr wahrscheinlich gewesen.

Insgesamt ist zu konstatieren, dass unter Imageaspekten wegen des hohen Risikos eines Bad-Will-Transfers auf die Marke Diebels eine Einzelmarkenstrategie zu bevorzugen ist.

Neben Risikoaspekten ist eine Einzel- einer Dachmarkenstrategie in Hinblick auf eine eigenständige, segmentspezifische Positionierung überlegen. Das Image einer Dachmarke schränkt die Freiheitsgrade der Positionierung ein, da es auf das Image der einzelnen Produkte ausstrahlt. Dies ist dann unproblematisch, wenn mit allen unter einer Dachmarke platzierten Produkten immer das gleiche Segment angesprochen wird beziehungsweise wenn die Distanzen zwischen den Idealpunkten der einzelnen Zielsegmente sehr gering sind. Sollen die einzelnen Produkte jedoch verschiedene Segmente ansprechen, steht dem das Image der Dachmarke im Weg.

Hätte sich die Privatbrauerei Diebels nun für eine Dachmarkenstrategie entschieden, wären dem neuen Produkt damit die Merkmale eines Altbieres alleine schon über die Dachmarke mitgegeben worden. Das alkoholfreie Bier wäre so zwangsläufig in der Nähe des Altbiermarktes positioniert worden. Damit hätte man sich alleine über die Markenstrategie auf den Kernmarkt der Altbiertrinker beschränkt, den man ohnehin schon zu mehr als der Hälfte beherrschte. Unterstellt man zusätzlich Substitutionseffekte zwischen alkoholhaltigem Altbier und einem bewusst als Altbier positionierten alkoholfreiem Bier, wären von dem neuen Produkt vermutlich kaum Impulse auf den Gesamtabsatz der Privatbrauerei Diebels ausgegangen. Die Wahrscheinlichkeit, mit einem unter der Dachmarke **Diebels** platzierten alkoholfreien Bier auch über die Sortengrenzen hinweg erfolgreich zu sein, war eher gering. Dafür war die Assoziation zwischen der Marke **Diebels** und der Sorte Alt zu groß.

Eine Einzelmarkenstrategie hingegen erlaubte eine eigenständige, nicht so sehr an die Sorte Alt gekoppelte Positionierung. Die Einzelmarke konnte so den gesamten Markt für alkoholfreies Bier und nicht nur ein Sortensegment ansprechen. Insofern kann die Einzelmarkenstrategie als der Versuch gesehen werden, aus dem engen Altbiermarkt auszubrechen und sich neue Wachstumspotenziale zu erschließen.

Den aufgezeigten Vorteilen einer Einzelmarkenstrategie stehen jedoch Nachteile in quantitativer Hinsicht gegenüber: Die Einzelmarke muss alle Profilierungsaufwendungen selber tragen, was bei verkürzten Lebenszyklen zu unzureichender Amortisation der Markeninvestition führen kann. Dies ist gerade für den gesättigten Biermarkt relevant, denn in solchen Märkten ist die Markenpolitik im Wesentlichen auf eine psychologische Produktdifferenzierung angewiesen. Dabei steht die über Werbung bewirkte emotionale Produktdifferenzierung im Vordergrund. So kommt der kostenintensiven Werbung bei der Markenbildung, insbesondere auf gesättigten Märkten, wie dem deutschen Biermarkt, besondere Bedeutung zu.

Zusammenfassend bleibt festzuhalten, dass sowohl Risiko- als auch Positionierungsüberlegungen für eine Einzelmarkenstrategie sprachen. Den in dieser Hinsicht durch eine Einzelmarkenstrategie erzielbaren Vorteilen stehen allerdings die Nachteile einer Einzelmarkenstrategie in quantitativer Hinsicht gegenüber.

Lösung Aufgabe 3   Markenname

Wenn sich die Privatbrauerei Diebels aus den unter Aufgabe 2 erörterten Gründen für eine Einzelmarkenstrategie entschieden hat, erfordert dieser Entschluss eine konsequente Umsetzung.

Durch den Namen Issumer Alt Alkoholfrei werden die großen Vorteile einer Einzelmarkenstrategie im Vergleich zur Dachmarkenstrategie, nämlich im Wesentlichen ein geringeres Risiko des Bad-Will-Transfers und die Möglichkeit einer eigenständigen Positionierung, zunichte gemacht. Hinsichtlich des Risikos gilt, dass zumindest im Kernverbreitungsgebiet der Privatbrauerei Diebels, dem Regierungsbezirk Düsseldorf, die Assoziation zwischen dem Brauereiort Issum, einem kleinen Dorf im Kreis Kleve, und der Brauerei Diebels groß ist. Dadurch erhöht sich das Risiko eines Bad-Will-Transfers, das man ja gerade mit einer Einzelmarkenstrategie zu mindern sucht. Denn es ist zu vermuten, dass durch eine etwaige Unzufriedenheit der Konsumenten mit dem neuen Produkt auch der erkennbare Absender an Kompetenz in den Augen der Verbraucher verliert.

In Bezug auf Positionierungsgesichtspunkte liegt ein weiterer Nachteil der Marke Issumer Alt Alkoholfrei in dem Sortenzusatz Alt. Dieser Zusatz verhindert die angestrebte eigenständige Positionierung des alkoholfreien Produktes. Im Jahr 1987 hatte sich alkoholfreies Bier nicht als Subsegment in den einzelnen Sorten ausgebildet, sondern hatte sich im Gegenteil im Bewusstsein der Verbraucher zu einer eigenen Sorte entwickkelt. Darauf deutet auch die Vielzahl sortenneutraler alkoholfreier Biere hin. Durch den Sortenzusatz Alt würde sich das Absatzpotenzial des neuen Produkts von möglichen 1,3 Prozent (Sortenanteil alkoholfreien Bieres 1987) des Gesamtbierabsatzes auf 1,3 Prozent des Altbierabsatzes (4,9 Prozent Sortenanteil von Altbier 1987) vermindern. Das vergleichsweise nur kleine Absatzpotenzial machte die Verfolgung einer kostenintensiven Einzelmarkenstrategie sehr schwierig.

5.

Fortsetzung der Fallstudie: Der Wechsel zur Dachmarkenstrategie

Nach der Einführung von Issumer Alt Alkoholfrei im November 1987 entwickelte sich das Produkt zunächst besser als von Diebels erwartet. So setzte man innerhalb der ersten zwei Monate nach Einführung bereits die Planmenge der ersten 18 Monate ab. Im ersten kompletten Wirtschaftsjahr 1988 konnte mit 51.701 hl noch einmal deutlich mehr alkoholfreies Bier verkauft werden als die nach oben korrigierte Planung vorsah.

Die positive Entwicklung setzte sich auch im Jahr 1989 fort, in dem der Absatz abermals, auf nunmehr 56.814 hl, gesteigert werden konnte.

Im Jahr 1990 konnte der Ausstoß erstmals nicht mehr erhöht werden; er sank, wenn auch nur leicht, auf 54.475 hl. Zwar konnte sich der Absatz 1991 mit verkauften 58.328 hl noch einmal stabilisieren, fiel jedoch 1992 mit 49.496 hl erstmals unter die 50.000 hl Grenze (vgl. Abbildung 9-23).

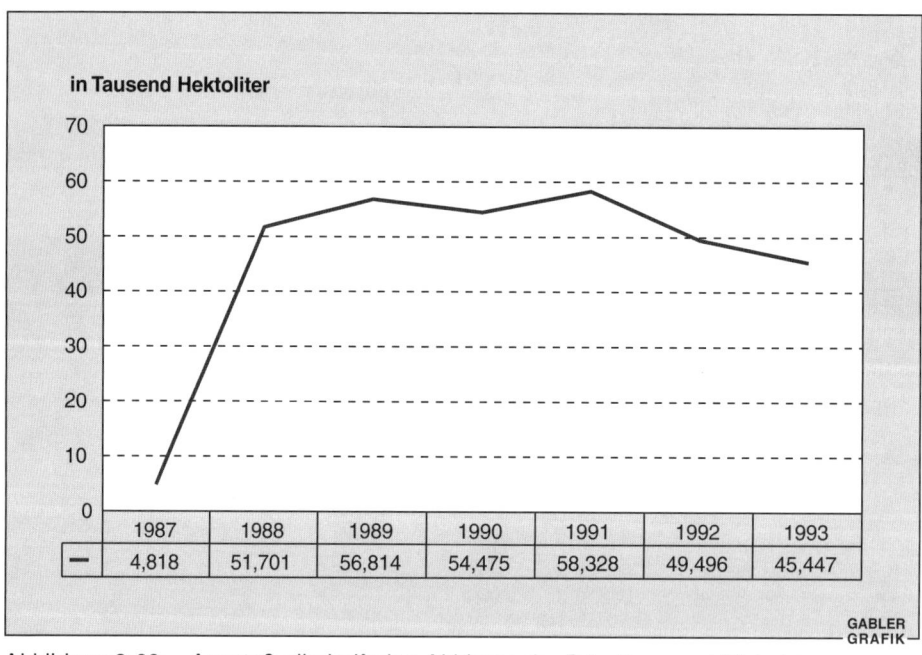

Abbildung 9-23:   Ausstoß alkoholfreien Altbieres der Privatbrauerei Diebels

Auf den ersten Blick scheinen die Verkaufszahlen einen Markterfolg von *Issumer Alt Alkoholfrei* zu untermauern. Diese Einschätzung muss jedoch revidiert werden, wenn man die Entwicklung des Absatzvolumens ins Verhältnis zur Entwicklung des Marktvolumens bei alkoholfreiem Bier setzt (vgl. Abbildung 9-24).

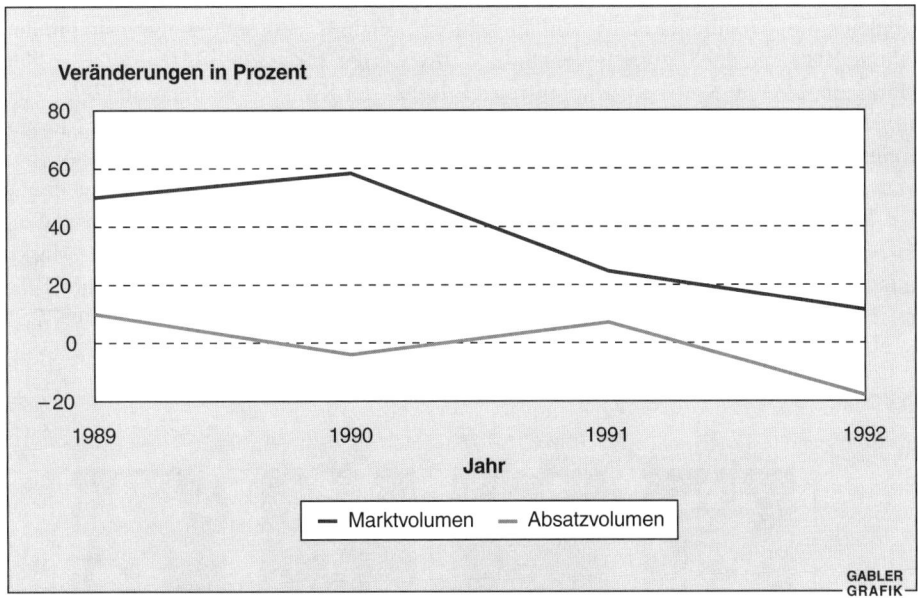

Abbildung 9-24:   Absatz- und Marktvolumen von Issumer Alt Alkoholfrei –
               Veränderungen zum Vorjahr in Prozent

Obgleich die Marktanteilsverluste auch mit dem Eintritt neuer Wettbewerber zusammenhingen, erkannte man bei der Privatbrauerei Diebels Handlungsbedarf und unterzog die Marke einem Relaunch. So wurde der Sortenzusatz Alt, der bei der Einführung noch als besonders wichtig erachtet wurde, nun aufgegeben. Fortan hieß das Produkt nur noch schlicht *Issumer Alkoholfrei*. Außerdem änderte man die Farbe der Kästen von grün in weiß und ersetzte die bislang verwendeten altbiertypischen Becher durch ein so genanntes „Issumer-Exklusiv-Glas". All diese Maßnahmen waren offensichtlich darauf gerichtet, *Issumer Alkoholfrei* vom Altbierimage loszulösen, um so den Anschluss an die Entwicklung im Markt für alkoholfreies Bier zu erreichen.

Außerdem änderte man das Herstellverfahren, um dem Produkt seinen, ursprünglich am Marktführer *Clausthaler* orientierten, süßlich-malzigen Geschmack zu nehmen, den man als zunehmendes Hindernis beim Verbraucher auszumachen meinte. Diese geschmacklichen Vorbehalte hatten ihre Ursache aber wohl weniger in objektiven Produkteigenschaften als in Imageproblemen der Marke. Darauf deuten die guten Erfolge von *Issumer Alkoholfrei* bei Blindtests hin.

Entwicklung der Wettbewerbssituation

Mitverantwortlich für die im Vergleich zum Marktvolumen enttäuschende Entwicklung von *Issumer Alkoholfrei* war auch eine veränderte Wettbewerbssituation im Markt für alkoholfreies Bier. Während 1986 nur 17 alkoholfreie Biermarken existierten, waren dies 1990 bereits 31, 1992 schon 45 und 1993 sogar 69.

Obgleich die meisten der neuen Anbieter nur regionale Bedeutung besaßen, sind in den Jahren 1989 und 1990 zwei bedeutende Wettbewerber für *Issumer Alkoholfrei* in den Markt eingetreten: *Kelts*, ein alkoholfreies Pilsener der König-Brauerei, und *Gatz Alkoholfrei*, ein unter der Dachmarke *Gatz* geführtes alkoholfreies Altbier. Beide Marken konnten in dem für die Privatbrauerei Diebels so wichtigen nordrhein-westfälischen Markt gute Erfolge erzielen, und zwar zulasten von *Issumer Alkoholfrei*. Denn während der Marktanteil des Marktführers *Clausthaler* auch nach der Einführung von *Gatz Alkoholfrei* und *Kelts* nahezu unverändert bei über 50 Prozent verblieb, sank der Marktanteil von *Issumer Alkoholfrei* in NRW (LEH und GAM) von 27,8 Prozent im Jahr 1988 auf 21,8 Prozent 1989, 14,1 Prozent 1990 und 12,9 Prozent 1991 (vgl. Abbildung 9-25).

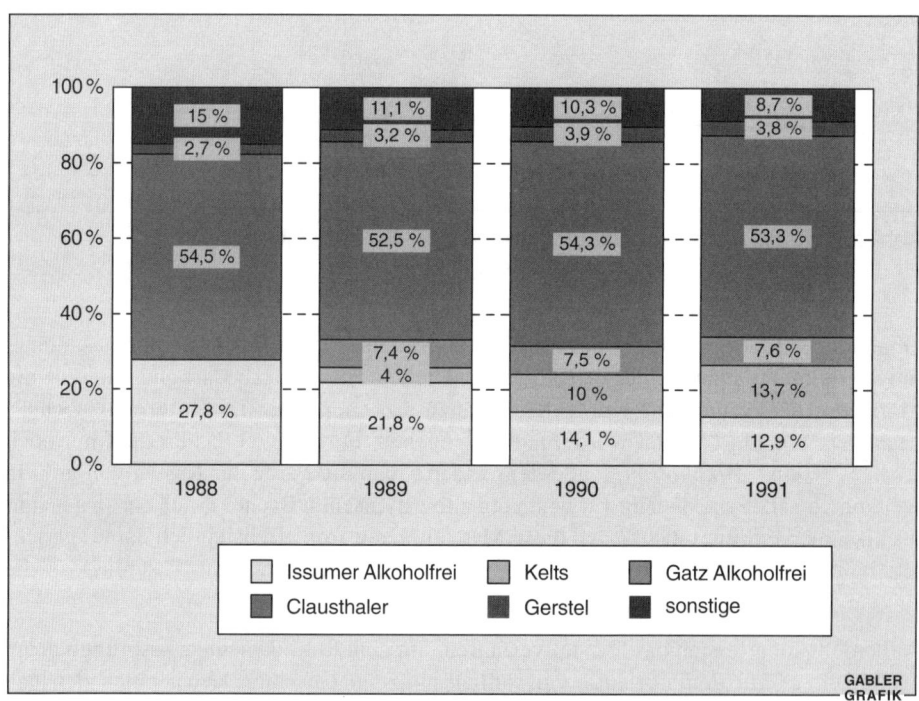

Abbildung 9-25: Marktanteile (LEH und GAM) alkoholfreier Biermarken in NRW von 1988 bis 1991

Nachdem schon durch den Markteintritt von *Kelts, Gatz Alkoholfrei* und einigen anderen Marken bis zum Zeitpunkt 1990 der Wettbewerb im Markt für alkoholfreies Bier härter geworden war, verschärfte sich dieser nochmals mit dem Markteintritt der beiden größten deutschen Biermarken: Ende 1991 brachte die Warsteiner-Brauerei ihre Marke *Warsteiner Fresh* und Anfang 1992 die Bitburger-Brauerei ihre alkoholfreie Marke *Bitburger Drive* auf den Markt. Aufschlussreich ist, dass beide Unternehmen dabei eine Dachmarkenstrategie verfolgten und neben einem alkoholfreien Bier auch ein Leichtbier unter der Dachmarke platzierten.

Mit dem vermehrten Markteintritt, auch der renommierten Brauereien, wurden die Marktanteile der bis dato am Markt befindlichen Marken zusehends kleiner. Da sich auch das Marktwachstum verlangsamte (vgl. Abbildung 9-24), gingen die Marktanteilsverluste mit sinkenden Ausstoßzahlen bei alkoholfreiem Bier der einzelnen Marken einher. Auf der anderen Seite bedingten der massive Markteintritt und der verschärfte Wettbewerb erhöhte Werbeanstrengungen (vgl. Abbildung 9-26).

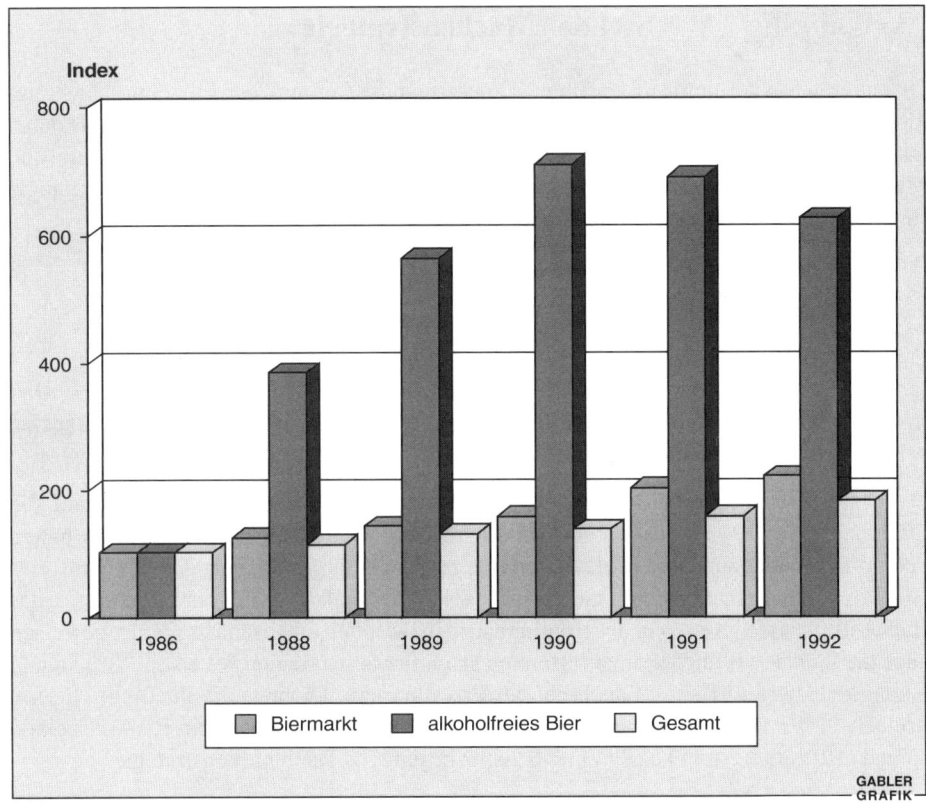

Abbildung 9-26:   Bruttowerbeaufwendungen von 1986 bis 1992 – Biermarkt, Markt für alkoholfreies Bier und Gesamtwerbung im Vergleich (1986: Index = 100)

All dies machte es für Einzelmarken zunehmend schwerer, sich am Markt zu behaupten, da der Profilierungsaufwand pro hl immer größer wurde. Als Beispiel sei hier auf die Marke *Clausthaler* verwiesen: Noch im Jahr 1992 konnten 1,5 Millionen hl abgesetzt werden, denen Werbeaufwendungen von 20,9 Millionen GE gegenüberstanden. 1993 konnten nur noch 1,25 Millionen hl verkauft werden, denen nun aber ein Werbeaufwand von 23,4 Millionen GE gegenüberstand. Setzt man Ausstoß und Werbeaufwand ins Verhältnis, so musste die Marke *Clausthaler* 1992 0,139 GE und 1993 sogar 0,187 GE Werbeaufwand pro Liter tragen. Beim Branchenprimus *Warsteiner* lag dieser Wert 1993 bei 0,027 GE/Liter. *Issumer Alkoholfrei* konnte im Durchschnitt einen jährlichen Absatz von etwa 50.000 hl verbuchen. Diesem Absatz standen jährliche Profilierungskosten von rund 3 Millionen GE oder 0,60 GE pro Liter gegenüber. Der Wettbewerber *Kelts* konnte bei einem Werbeetat von etwa 7 Millionen GE im Jahr 1992 rund 203.000 hl alkoholfreies Bier absetzen. Daraus ergab sich ein Werbeaufwand pro Liter von ca. 0,34 GE, also etwa der Hälfte des Wertes von *Issumer Alkoholfrei*.

Aufgabe 4 Wechsel der Markenstrategie

Diskutieren Sie vor dem aufgezeigten Hintergrund die Eignung der Einzelmarkenstrategie für das alkoholfreie Produkt der Privatbrauerei Diebels im Jahr 1993. Gehen Sie dabei auf die unter Teil 1 diskutierten Entscheidungsparameter Risiko, Positionierung und Marketingaufwendungen ein. Halten Sie einen Wechsel zu einer Dachmarkenstrategie für sinnvoll? Begründen Sie Ihre Antwort.

Lösung Aufgabe 4 Wechsel der Markenstrategie

In Teil 1 konnte gezeigt werden, dass die Einzelmarkenentscheidung des Jahres 1987 insbesondere von Risiko- und Positionierungsüberlegungen geprägt war; beide Aspekte sollen auch hier beleuchtet werden.

Das Risiko eines Bad-Will-Transfers von dem neuen alkoholfreien Produkt auf die Dachmarke war 1993 längst nicht mehr so groß wie noch 1987. Die Verbraucher hatten alkoholfreies Bier zunehmend akzeptiert und zur Kenntnis genommen, dass alkoholfreies Bier nun einmal einen anderen Geschmack als alkoholhaltiges aufweist. Wie gering das Bad-Will-Transfer-Risiko in der Brauindustrie inzwischen eingeschätzt wurde, beweisen auch die immer zahlreicher anzutreffenden Dachmarkenstrategien bei alkoholfreiem und alkoholreduziertem Bier; so auch bei der Privatbrauerei Diebels, die ihr Light-Bier im Frühjahr 1992 unter der Dachmarke *Diebels* eingeführt hatte. Unter Risikoaspekten sprach also zum Zeitpunkt 1993 nichts mehr gegen eine Dachmarkenstrategie.

Die Intention der Issumer Altbierbrauer, ihr alkoholfreies Produkt vom Altbierimage zu lösen und den gesamten Markt für alkoholfreies Bier anzusprechen, konnte nicht realisiert werden. Wie sich immer deutlicher zeigte, konnten kaum Kunden über den Altbiermarkt hinaus erreicht werden. Dies galt um so mehr nach der Einführung von *Kelts* durch die König-Brauerei im Jahr 1989. Wie an den Marktanteilen deutlich zu erkennen ist, verlor *Issumer Alkoholfrei* nach der Einführung des alkoholfreien Pilseners viele zuvor gewonnene Kunden wieder an die König-Brauerei.

Wie in Teil 1 ausgeführt, birgt eine Einzelmarkenstrategie in Hinblick auf quantitative Kriterien im Vergleich zur Dachmarkenstrategie viele Nachteile. Da die Einzelmarke ihren Profilierungsaufwand selber tragen muss, ist eine gewisse Segmentgröße, entweder in quantitativer oder qualitativer Hinsicht, unverzichtbar. *Issumer Alkoholfrei* konnte im Durchschnitt einen jährlichen Absatz von etwa 50.000 hl verbuchen. Diesem Absatz standen jährliche Profilierungskosten von rund 3 Millionen GE oder 0,60 GE pro Liter gegenüber. Offensichtlich reichte die Absatzmenge nicht aus, um den für eine Einzelmarkenstrategie nötigen Marketingaufwand über das Produkt wieder zu erwirtschaften. Der Wettbewerber *Kelts* konnte bei einem Werbeetat von etwa 7 Millionen GE im Jahr 1992 rund 203.000 hl alkoholfreies Bier absetzen. Daraus ergab sich ein Werbeaufwand pro Liter von ca. 0,34 GE, also etwa der Hälfte des Wertes von *Issumer Alkoholfrei*.

Zusammenfassend bleibt festzuhalten, dass der Wechsel von der Einzelmarken- zur Dachmarkenstrategie im Wesentlichen durch ihre quantitativen Vorteile begründet war. Diesen Vorzügen standen seitens etwaiger qualitativer Faktoren, wie Risiko oder Positionierung, nicht länger Nachteile gegenüber.

Somit bestand 1993 für die Privatbrauerei Diebels kein Anlass mehr, auf die Synergievorteile einer Dachmarkenstrategie zu verzichten.

407

Kapitelübersicht

Kapitel 5: Produk
Lernziele
1. Aufgaben
2. Lösungen zu A
3. Fallstudie
4. Lösungen zur F

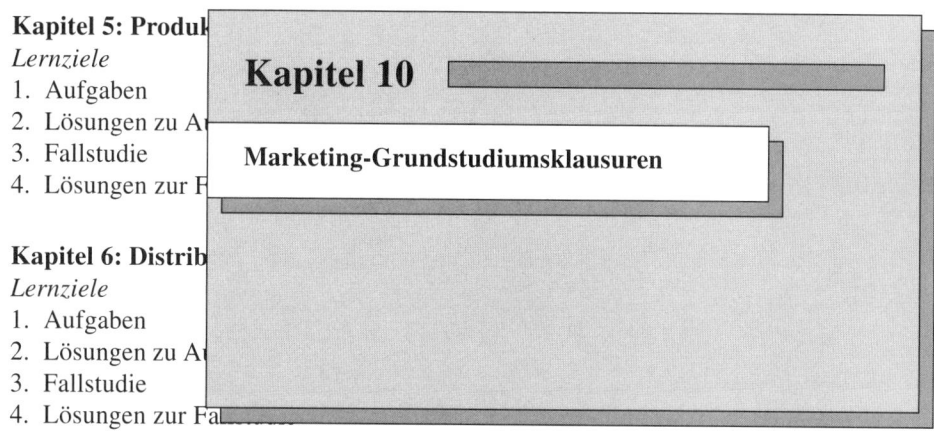

Kapitel 10

Marketing-Grundstudiumsklausuren

Kapitel 6: Distrib
Lernziele
1. Aufgaben
2. Lösungen zu A
3. Fallstudie
4. Lösungen zur Fa

Kapitel 7: Kommunikationspolitik
Lernziele
1. Aufgaben
2. Lösungen zu Aufgaben
3. Fallstudie
4. Lösungen zur Fallstudie

Kapitel 8: Marketing-Mix
Lernziele
1. Aufgaben
2. Lösungen zu Aufgaben
3. Fallstudie
4. Lösungen zur Fallstudie

Kapitel 9: Mixübergreifende Marketingentscheidungen
Lernziele
1. Aufgaben
2. Lösungen zu Aufgaben
3. Fallstudie
4. Lösungen zur Fallstudie

Kapitel 10:
Marketing-Grundstudiumsklausuren

1. Marketing-Grundstudiumsklausur

A. Marketingforschung

1. Eine Lebensmittel-Zentrale untersucht, ob sich unterschiedliche Preisniveaus von Sonderangeboten im Lebensmittelhandel lohnen. In einem Experiment vom Typ EBA-CBA werden in drei aufeinander folgenden Wochen in den Testgeschäften

   1. das Preisniveau der Testartikel von 10 Prozent über dem Einstandspreis

   2. auf den Einstandspreis beziehungsweise

   3. auf 10 Prozent unter dem Einstandspreis

   gesenkt (Einstandspreis = Wareneinkaufspreis abzüglich Mehrwertsteuer des jeweiligen Verkaufspreises). Das Experiment wird in zehn Testgeschäften in Frankfurt/Main durchgeführt. Darüber hinaus stehen vier Kontrollgeschäfte im Umkreis von Frankfurt zur Verfügung.

   Die Auswirkungen unterschiedlicher Preisniveaus werden durch die Abverkäufe der Testartikel während der Dauer des Sonderangebots (jeweils donnerstags bis samstags) gemessen. Die Test-Handelsbetriebe sind nicht bereit, einen identischen Artikel (zum Beispiel Persil) in kurzer Zeit zweimal hintereinander zu senken. Deshalb werden für jede Testperiode vom Untersuchungsleiter drei unterschiedliche Gruppen von Sonderangeboten mit vier Artikeln annähernd gleicher Attraktivität zusammengestellt.

   Nach Durchführung des Experiments wurden die folgenden Umsatzzahlen gemessen:

	Testmarkt Durchschnittlicher Umsatz pro Geschäft (in €)	Kontrollmarkt Durchschnittlicher Umsatz pro Geschäft (in €)
1. Preisniveau: 10 % über dem Einstandspreis	72.189	55.068
2. Preisniveau: Einstandspreis	74.250	54.623
3. Preisniveau: 10 % unter dem Einstandspreis	83.285	58.180

GABLER
GRAFIK

411

a) Berechnen Sie anhand der Umsatzwerte die prozentualen Nettoeffekte in diesem EBA-CBA-Test bei Senkung des Preisniveaus von 1. auf 2. beziehungsweise 2. auf 3. beziehungsweise insgesamt von 1. auf 3.

(4 Punkte)

b) Nennen Sie mögliche Störgrößen, die die Ergebnisse dieser Untersuchungsanlage beeinflussen können. Welche zusätzlichen Informationen benötigt die Handelszentrale zur Beantwortung der Frage, ob sich Preissenkungen bei den Sonderangeboten lohnen?

(4 Punkte)

Lösung

Zu a)

Da die Umsätze im Testmarkt und im Kontrollmarkt in der Before-Betrachtung jeweils voneinander abweichen, ist es notwendig, eine gemeinsame Basis zu schaffen, indem die Umsätze des Kontrollmarktes entsprechend gewichtet werden:

- Preissenkung von 1. auf 2.

  $(74.250 - 72.189) - (54.623 - 55.068) \cdot (72.189/55.068) = (+2.061) - (-583) = +2.644$

  2.644 von 72.189 = 3,66 %

- Preissenkung von 2. auf 3.

  $(83.285 - 74.250) - (58.180 - 54.623) \cdot (74.250/54.623) = (+9.035) - (4.835) = +4.200$

  4.200 von 74.250 = 5,66 %

- Preissenkung von 1. auf 3.

  $(83.285 - 72.189) - (58.180 - 55.068) \cdot (72.189/55.068) = (+11.096) - (4.080) = +7.016$

  7.016 von 72.189 = 9,72 %

Zu b)

Störgrößen (zum Beispiel):
- Gleichartigkeit der Test- und Kontrollgeschäfte (Durchschnittsbetrachtung über unterschiedliche Geschäftstypen)
- Werbeaktivitäten der Test- und Kontrollgeschäfte
- Konkurrenzaktivitäten
- Art der Artikel in den gleich attraktiven Gruppen von Sonderangeboten
- Wetterlage
- Sonstige Sonderangebote in den Geschäften

Zusätzliche Informationen werden vor allem benötigt über Deckungsbeiträge; aber auch über andere betriebswirtschaftlich relevante Zielgrößen wie Kundenzahl, Einkaufsbetrag, Anteil der Sonderangebote am Einkaufsbetrag, Wirkungen auf das Preisimage u. a.

B. Marketingprognosen

2. Ein Konsumgüterhersteller plant die Einführung einer neuen Seife. Dazu werden Informationen über die Wirkungsweise der zur Verfügung stehenden Marketinginstrumente benötigt. Kennzeichnen Sie mindestens vier Hauptprobleme bei der Erstellung von Wirkungsprognosen für den kombinierten Einsatz von Marketinginstrumenten.

(2 Punkte)

Lösung

▪ Interdependenzproblem zwischen den Marketinginstrumenten (Wirkungsverbund)

▪ Zurechenbarkeit der Wirkungen

▪ Zeitliche Ausstrahlungseffekte

▪ Art des unterstellten Funktionstyps

▪ Einbeziehung von Konkurrenzaktivitäten

C. Preispolitik

3. Ein Monopolist sieht sich der Preis-Absatz-Funktion $p = 15 - 0{,}2x$, einer Kostenfunktion $K = 20 + 2{,}5x$ und einer Kapitalbedarfsfunktion $C = 10 + 40x$ gegenüber. Der Unternehmer setzt seinen Preis fest, indem auf die durchschnittlichen totalen Stückkosten ein Gewinnzuschlag von 30 Prozent aufgeschlagen wird.

a) Ermitteln Sie den preispolitischen Spielraum des Monopolisten bei dieser Zielsetzung.

(4 Punkte)

b) Welchen Preis wird der Monopolist festlegen, wenn er unter Berücksichtigung des preispolitischen Spielraums von a) eine Rentabilitätsmaximierung anstrebt?

(4 Punkte)

c) Durch eine Verschlechterung der Absatzsituation verschiebt sich die Preis-Absatz-Funktion auf $p = 7 - 0{,}2x$. Der Monopolist legt langfristig seine preispolitische Verhaltensweise fest, indem er in jeder einzelnen Periode auf die durchschnittlichen totalen Stückkosten einen Gewinnzuschlag von 30 Prozent aufschlägt. Dabei orientiert er sich jeweils an der abgesetzten Menge in der Vorperiode (Ausgangspunkt: $x_0 = 20$ ME).

Welche Preismengenkombinationen wird der Monopolist in den vier Folgeperioden realisieren? Beurteilen Sie diese starre Form des Preisverhaltens.

(6 Punkte)

413

d) Wie lassen sich Preis-Absatz-Funktionen empirisch messen? Nennen Sie mindestens zwei Möglichkeiten der empirischen Bestimmung bei kurzlebigen Konsumgütern.

(2 Punkte)

Lösung

Zu a)

$$p = kg \cdot 1{,}3$$

$$15 - 0{,}2x = \frac{26}{x} + 3{,}25$$

$$15x - 0{,}2x^2 = 26 + 3{,}25x$$

$$0{,}2x^2 - 11{,}75x + 26 = 0$$

$$x^2 - 58{,}75x + 130 = 0$$

$$x_{1,2} = 29{,}375 \pm \sqrt{7}$$

$$x_1 = 2{,}303$$

$$x_2 = 56{,}44$$

Der preispolitische Spielraum liegt zwischen $p_1 = 14{,}539$ und $p_2 = 3{,}712$.

Zu b)

$$R = \frac{G}{C} \rightarrow max.$$

$$R = \frac{15x - 0{,}2x^2 - 20 - 2{,}5x}{10 + 40x}$$

$$R' = \frac{(12{,}5x - 0{,}4x)(10 + 40x) - (12{,}5x - 0{,}2x^2 - 20)(40)}{(10 + 40x^2)} = 0$$

$$R' = 125 - 4x + 500x - 16x^2 - 500x + 8x^2 + 800 = 0$$

$$R' = 925 - 4x - 8x^2 = 0$$

$$R' = x^2 + \frac{1}{2}x - \frac{925}{8} = 0$$

$$x_{1,2} = -\frac{1}{4} \pm \sqrt{\left(\frac{1}{4}\right)^2 + \frac{925}{8}}$$

$$x_1 = 10{,}5$$

$$x_2 = -11 \rightarrow \text{ökonomisch nicht sinnvoll}$$

Der Monopolist wird seinen Preis auf $p_1 = 12,9$ festlegen. Diese Preisforderung liegt innerhalb des preispolitischen Spielraums von a).

Zu c)

$$p = 1,3 \cdot \left(\frac{20}{x} + 2,5 \right)$$

$x_0 =$	20	$\rightarrow p_1 =$	4,55
$x_1 =$	12,25	$\rightarrow p_2 =$	5,37
$x_2 =$	8,14	$\rightarrow p_3 =$	6,44
$x_3 =$	2,77	$\rightarrow p_4 =$	12,61

Der Preis $p_4 = 12,61$ liegt über dem Prohibitivpreis von 7 GE. Damit verliert der Monopolist seine Nachfrage.

Durch das starre preispolitische Verhalten hat sich der Monopolist aus dem Markt „herauskalkuliert".

Zu d)

Messansätze:

▪ Preistests mit Konsumenten
▪ Preismengenschätzungen durch Händler
▪ Regressionsanalysen

4. Ein Polypolist sieht sich am Markt einer linearen, zweifach geknickten Preis-Absatz-Funktion gegenüber. Mit Hilfe von Markttests wurden die folgenden Daten ermittelt:
   – die Sättigungsmenge beträgt 30 ME;
   – bei einem Absatzpreis von 12 GE geht sämtliche Nachfrage an die Konkurrenz verloren;
   – im Punkt mit den Koordinaten $x = 4/p = 11$ ergibt sich eine Punktelastizität der Nachfrage in Höhe von -11;
   – der obere monopolistische Grenzpreis beträgt 10,5 GE;
   – der untere monopolistische Grenzpreis beträgt 3 GE;
   – die Steigung im monopolistischen Bereich beträgt $-\frac{5}{6}$.

a) Bestimmen Sie die gewinnmaximale Preismengenkombination bei einer gegebenen Gesamtkostenfunktion $K = 10 + 4x$ sowie die absolute Gewinnhöhe.

(12 Punkte)

b) Wie ändert sich die optimale Lösung, wenn die variablen Stückkosten auf 6 GE steigen?

(6 Punkte)

Lösung

Zu a)

Ermittlung der Preis-Absatz-Funktion

■ oberer atomistischer Bereich

$x = 0/p = 12$

$$\eta_{x,p} = \frac{dx}{dp} \cdot \frac{p}{x}$$

$$\eta_{4,11} = -11 = \frac{dx}{dp} \cdot \frac{11}{4}$$

$$\frac{dx}{dp} = -4$$

$$\frac{dp}{dx} = -\frac{1}{4}$$

$$p = a - \frac{1}{4}x$$

$$\rightarrow \ 12 = a$$

$$p = 12 - \frac{1}{4}x$$

■ monopolistischer Bereich

oberer Grenzpreis p = 10,5 eingesetzt in die PAF des oberen Bereiches:

$$10,5 = 12 - \frac{1}{4}x$$

$$-1,5 = -\frac{1}{4}x$$

$$x = 6$$

$$p = 10,5/x = 6$$

Steigung: $-\dfrac{5}{6}$

$$p = a - \frac{5}{6}x$$

$$\rightarrow \ 10,5 = a - \frac{5}{6} \cdot 6$$

$$a = 15,5$$

$$p = 15,5 - \frac{5}{6}x$$

▨ unterer atomistischer Bereich

$p = 0/x = 30$

Ermittlung der Absatzmenge im oberen Grenzpunkt $p = 3$

$$3 = 15,5 - \frac{5}{6}x$$

$$\frac{5}{6}x = 12,5$$

$$x = 15 \quad p = 3$$

Zwei-Punkte-Formel:

$p = a - bx$

$0 = a - 30b$

$\underline{3 = a - 15b}$

$3 = 15b$

$$b = \frac{1}{5}$$

aus $a = 30b$ folgt $a = 6$

$$p = 6 - \frac{1}{5}x$$

Damit stehen die drei Teilfunktionen fest. Die Intervallgrenzen wurden im Verlauf der Berechnung bereits ermittelt mit:

oberer atomistischer Ast: $0 \leq x \leq 6$
monopolistischer Bereich: $6 \leq x \leq 15$
unterer atomistischer Bereich: $15 \leq x \leq 30$

$$p = \begin{cases} 12 - 0,25x & \text{f. } 0 \leq x \leq 6 \\ 15,5 - \dfrac{5}{6}x & \text{f. } 6 \leq x \leq 15 \\ 6 - \dfrac{1}{5}x & \text{f. } 15 \leq x \leq 30 \end{cases}$$

Ermittlung des Gewinnmaximums nach $E' = K'$:

$K = 10 + 4x \qquad\qquad K' = 4$

a) $0 \leq x \leq 6$

$E' = 12 - 0,5x$

$E' = K' \rightarrow \quad 12, - 0,5x = 4$

$x = 16$ (nicht zulässig)

(b) $6 \leq x \leq 15$

$E' = 15,5 - \dfrac{5}{3}x$

$E' = K' \rightarrow 15,5 - \dfrac{5}{3}x = 4$

$11,5 = \dfrac{5}{3}x$

$x = 6,9$ (zulässig)

(c) $15 \leq x \leq 30$

$E' = 6 - \dfrac{2}{5}x$

$E' = K' \rightarrow 6 - \dfrac{2}{5}x = 4$

$2 = \dfrac{2}{5}x$

$x = 5$ (nicht zulässig)

Es ergibt sich nur ein zulässiger Wert im monopolistischen Bereich. Da an der 1. Intervallgrenze E′ (x = 6) > K′ und an der 2. Intervallgrenze E′ (x = 15) < K′ gilt, kann keine der Grenzen optimal sein.

Ermittlung des gewinnmaximalen Preises:

$x = 6{,}9$

$$p = 15{,}5 - \frac{5}{6} x$$

$$p = 15{,}5 - \frac{5}{6} \cdot 6{,}9$$

$$p = 15{,}5 - 5{,}75 = 9{,}75$$

Gewinnmaximum:

$p = 9{,}75 / x = 6{,}9$

Gewinnhöhe:

$E = 9{,}75 \cdot 6{,}9 = 67{,}275$

$K = 10 + 4 \cdot 6{,}9 = 37{,}6$

$G = 67{,}275 - 37{,}6 = 29{,}675$

Zu b)

$K = 10 + 6x \rightarrow K′ = 6$

Untersuchung der 3 PAF gemäß E′ = K′

(a) $0 \leq x \leq 6$	(b) $6 \leq x \leq 15$	c) $15 \leq x \leq 30$
$12 - 0{,}5x = 6$	$15{,}5 - \frac{5}{6} x = 6$	$6 - \frac{2}{5} x = 6$
$x = 12$ (nicht zulässig)	$9{,}5 = \frac{5}{3} x$	$\frac{2}{5} x = 0$
	$x = 5{,}7$ (nicht zulässig)	$x = 0$
		(nicht zulässig)

Alle Teilfunktionen ergeben nicht zulässige Lösungen. Somit muss das Optimum an der 1. Randstelle x = 6 liegen.

Bestimmung des gewinnmaximalen Preises:

$p = 12 - 0{,}25 \cdot 6 = 10{,}5$

Gewinnmaximum:

$p = 10{,}5 / x = 6$

Gewinnhöhe:

$E = 10{,}5 \cdot 6 = 63$

$K = 10 + 6 \cdot 6 = 46$

$G = 63 - 46 = 17$

D. Sortimentspolitik

5. Ein Haushaltsgerätehersteller bietet als Kleinzubehör vier Produkte an. Kosten- und Absatzanalysen werden zur Ermittlung des Produktions- und Absatzprogramms erstellt:

Produkt	Preis/Stück	Variable Stückkosten (GE/ME)	Fixkosten (nicht abbaubar, GE)	Absatzmenge (ME)
1	32	20,00	6.000	1.500
2	21	17,00	1.500	400
3	15	8,50	2.450	350
4	56	62,00	800	80

GABLER GRAFIK

a) Ermitteln Sie die Absatzprogramme auf der Grundlage von Voll- und Teilkosten. Begründen Sie, welches Kriterium zur optimalen Entscheidung führt.

(4 Punkte)

b) Wie ändert sich das in a) ermittelte optimale Programm, wenn bei Eliminierung von Produkt 4 der Absatz von Produkt 1 um 4 Prozent sinkt und der Preis von Produkt 3 auf 14,00 GE gesenkt werden muss, um den Absatz zu halten?

(4 Punkte)

c) Der Betriebsingenieur weist zusätzlich auf einen Engpass in der Fertigung hin. Alle vier Produkte werden auf einer Maschine mit einer Kapazität von 10.000 ZE produziert. Zur Erstellung der einzelnen Produkte benötigt diese Maschine die folgenden Zeiten:

Produkt 1	6 ZE/Stck.
Produkt 2	1 ZE/Stck.
Produkt 3	0,5 ZE/Stck.
Produkt 4	20 ZE/Stck.

GABLER GRAFIK

Ermitteln Sie unter Berücksichtigung der Verbundeffekte das optimale Absatzprogramm und die Maschinenbelegungszeit.

(6 Punkte)

419

Lösung

Zu a)

Vollkosten

$G_1 = 12 \cdot 1.500 - 6.000 = 12.000$ GE

$G_2 = 4 \cdot 400 - 1.500 = 100$ GE

$G_3 = 6,5 \cdot 350 - 2.450 = -175$ GE

$G_4 = -6 \cdot 80 - 800 = -1.280$ GE

Es werden die Produkte 1 und 2 angeboten. Der Gesamtgewinn beträgt $12.100 - 3.250 = \underline{8.850 \text{ GE}}$.

Teilkosten

$DB_1 = 12 \cdot 1.500 = 18.000$ GE

$DB_2 = 4 \cdot 400 = 1.600$ GE

$DB_3 = 6,5 \cdot 350 = 2.275$ GE

$DB_4 = 6 \cdot 80 = -480$ GE

Es werden die Produkte 1, 2 und 3 angeboten. Der Gesamtgewinn beträgt

$21.875 - 10.750 = \underline{11.125 \text{ GE}}$.

Die Teilkostenrechnung führt zu einem höheren Gewinn von 11.125 GE. Die Vollkostenrechnung führt zu einer falschen Entscheidung, weil die Fixkosten der vier Produkte auf jeden Fall getragen werden müssen.

Zu b)

Neue Daten unter Berücksichtigung der Substitutionseffekte: Bei Eliminierung von Produkt 4

■ sinkt die Absatzmenge von Produkt 1 auf 1.440 ME

■ sinkt der Preis von Produkt 3 auf 14 GE

Neue Rechnung:

$DB_1 = 12 \cdot 1.440 = 17.280$

$DB_2 = 4 \cdot 400 = 1.600$

$DB_3 = 5,5 \cdot 350 = 1.925$

Der Gesamtgewinn unter Berücksichtigung der Substitutionseffekte beträgt

$20.805 - 10.750 = \underline{10.055 \text{ GE}}$.

Wenn das Produkt 4 angeboten wird, ergibt sich folgende Rechnung:

$DB_1 = 18.000$ GE

$DB_2 = 1.600$ GE

$DB_3 = 2.275$ GE

$DB_4 = -480$ GE

Der Gesamtgewinn beträgt 10.645 GE (21.395 – 10.750). Es ist also insgesamt günstiger, das ursprüngliche Programm beizubehalten.

Zu c)

Bei Herstellung der vier Produkte wird benötigt:

Produkt 1:	$1.500 \cdot 6$	=	9.000 ZE
Produkt 2:	$400 \cdot 1$	=	400 ZE
Produkt 3:	$350 \cdot 0,5$	=	175 ZE
Produkt 4:	$80 \cdot 20$	=	1.600 ZE
			11.175 ZE

Da die Maschinenkapazität zur Herstellung von vier Produkten nicht ausreicht, ist als Entscheidungskriterium der Deckungsbeitrag je Engpasseinheit anzuwenden. Es ergibt sich:

Produkt 1:	2 DB/ZE
Produkt 2:	4 DB/ZE
Produkt 3:	13 DB/ZE
Produkt 4:	0,3 DB/ZE

Das Produkt 4 wird eliminiert. Es ergibt sich folgende Maschinenbelegung unter Berücksichtigung der Rangfolge der Deckungsbeiträge je Engpasseinheit:

Produkt 3:	350 ME	=	175 ZE
Produkt 2:	400 ME	=	400 ZE
Produkt 1:	1.500 ME	=	9.000 ZE
			9.575 ZE

(Unter Berücksichtigung des Substitutionseffektes von Aufgabe 5b: 9.215 ZE.)

E. Distributionspolitik

6. Ein Haushaltsgerätehersteller will ein neues Produkt einführen. Es muss innerhalb eines halben Jahres ein numerischer Distributionsgrad von 60 Prozent bei insgesamt 2.500 Facheinzelhändlern erreicht sein, wenn die Produkteinführung langfristig erfolgreich sein soll.

Es ist bekannt, dass beim Einsatz eigener Außendienstmitarbeiter durchschnittlich drei Kontakte mit dem Händler zur Neuproduktaufnahme führen. Jeder Außendienstmitarbeiter (AD) erhält in der Regel für eine Neuproduktaufnahme eine Provision von 75,00 € und ein monatliches Fixum von 2.100,00 €. Er kann pro Monat 125 Kontakte machen.

Handelsvertreter als Mehrfirmenvertreter erreichen nur in 80 Prozent der Fälle nach drei Kontakten eine Neuproduktaufnahme. Für die restlichen 20 Prozent müssen sie vier Kontakte machen. Pro Kontakt werden 30,00 € berechnet.

a) Soll sich der Hersteller für Handelsvertreter entscheiden, wenn
  – die eigene AD-Organisation noch genügend Kapazität hat, um die neue Distributionsaufgabe zusätzlich zu übernehmen?

(5 Punkte)

b) Soll sich der Hersteller für Handelsvertreter entscheiden, wenn
  – die eigene AD-Organisation schon ausgelastet ist und neue Reisende eingestellt werden müssen?

(3 Punkte)

Lösung

Zu a)

Distributionsziel: 60 % numerischer Distributionsgrad
$= 0,6 \cdot 2.500 = 1.500$ Einzelhändler

Kosten Handelsvertreter

$0,8 \cdot 3 + 0,2 \cdot 4 = 3,2$ durchschnittliche Kontakte/Neuproduktaufnahme
$1.500 \cdot 3,2 = 4.800$ Kontakte $\cdot$ 30 € = 144.000 €

Kosten Reisende

1.500 Neuaufnahmen $\cdot$ 75 € = 112.500 €

Die Fixkosten der Reisenden sind nicht entscheidungsrelevant.

Der Hersteller wird sich somit für Reisende entscheiden.

422

Zu b)

Kosten Handelsvertreter

  144.000 € (vgl. a)

Kosten Reisende

1.500 Geschäfte · 3 Kontakte = 4.500 Kontakte
4.500 notwendige Kontakte: 125 Kontaktkapazität = 36 Reisende
Fixkosten: 36 · 2.100 = 75.600 €
Gesamtkosten: 112.500 € (vgl. a)
                             <u> 75.600 €</u>
                             188.100 €

Der Hersteller wird sich für Handelsvertreter entscheiden.

F. Kommunikationspolitik

7. Ein Hersteller von Damenkosmetik plant die Belegung von Zeitschriftentiteln. Als Entscheidungskriterium legt der Werbeleiter den so genannten Tausender-Kontakt-preis zugrunde. Als Zeitschriften stehen zur Verfügung:

	Verkaufte Auflage in 1.000	Anzeigenpreis, 1/1 farbig (€)	Tausender-Preis (€)
Hörzu	3.869,2	108.160	27,95
Fernsehwoche	2.507,1	48.296	19,26
Stern	1.667,7	78.144	46,86
Brigitte	1.267,3	71.040	56,06
Für Sie	1.050,6	45.864	43,66

GABLER
GRAFIK

Aufgrund des begrenzten Werbebudgets entscheidet sich der Werbeleiter für je eine Belegung in den Fernseh-Programmzeitschriften „Hörzu" und „Fernsehwoche".

Nehmen Sie kritisch zu der Vorgehensweise des Werbeleiters Stellung, den oben angegebenen Tausender-Preis zu verwenden. Welche weiteren Entscheidungskriterien sind für die Streuplanung von Bedeutung?

(4 Punkte)

Lösung

▪ Gewichteter Tausender-Preis aussagekräftiger
▪ Tausender-Preis auf Leser beziehen

Weitere Entscheidungskriterien (unter anderem):

▪ Medienqualität
▪ Verfügbarkeit
▪ Räumliche Reichweite

G. Marketing-Mix

8. Ein Hersteller von Zubehörteilen beabsichtigt die Einführung eines Gerätes, das dem Autofahrer den Benzinverbrauch angibt. Die Marketingabteilung muss die drei Marketing-Instrumente Preis (P), Werbung (W) und Distribution (D) für die Produkteinführung festlegen. Bei jeweils zwei Ausprägungen der einzelnen Instrumente ergeben sich acht Marketing-Mixe. Die Instrumenteausprägungen und der zu erwartende Absatz sind in der folgenden Tabelle zusammengefasst:

Mix-nummer	Preis (P) (GE)	Werbung (W) (GE)	Distribution (D) (GE)	Erwarteter Absatz (ME)
1	20	50.000	30.000	46.000
2	20	50.000	80.000	72.000
3	20	120.000	30.000	62.000
4	20	120.000	80.000	90.000
5	32	50.000	30.000	20.000
6	32	50.000	80.000	32.000
7	32	120.000	30.000	28.000
8	32	120.000	80.000	40.000

GABLER
GRAFIK

Es fallen Produktions-Fixkosten in Höhe von 250.000 GE an. Die variablen Stückkosten betragen 15 GE.

a) Berechnen Sie die jeweilige Break-Even-Absatzmenge und den zu erwartenden Gesamtdeckungsbeitrag für die einzelnen Mixkombinationen. Welche Kombination der Marketinginstrumente führt zum höchsten Bruttogewinn?

(5 Punkte)

b) Kennzeichnen Sie die Hauptprobleme der Lösung des optimalen Marketing-Mix mit
    Hilfe der Break-Even-Analyse. Wie lassen sich diese Probleme lösen?

(5 Punkte)

Lösung

Zu a)

Mixnummer	Break-Even-Menge	Deckungsbeitrag	Bruttogewinn
1	66.000,0	230.000	./. 100.000
2	76.000,0	360.000	./. 20.000
3	80.000,0	310.000	./. 90.000
4	90.000,0	450.000	0
5	19.411,8	340.000	+10.000
6	22.352,9	544.000	+164.000
7	23.529,4	476.000	+76.000
8	26.470,6	680.000	+230.000

GABLER GRAFIK

$$\text{Break-Even-Menge} = \frac{F + W + D}{p - K_v}$$

Deckungsbeiträge = Erwarteter Absatz · Deckungsspanne

Bruttogewinn = Deckungsbeitrag ./. F ./. W ./. D

Die Mixkombination Nr. 8 führt zum höchsten Bruttogewinn.

Zu b)

Hauptprobleme (unter anderem)

- einperiodische Betrachtung
- Einprodukt-Betrachtung (keine Wirkungsverbundeffekte)
- keine zeitlichen Ausstrahlungseffekte
- konstante Kosten und Preise in der Periode
- keine Konkurrenzsituation
- Bestimmung des erwarteten Absatzes

Lösungsmöglichkeiten

- Einbeziehung ökonometrischer Überlegungen
- Mehrperiodische Break-Even-Analysen
- Komplexe Simultanmodelle

425

2. Marketing-Grundstudiumsklausur

A. Marketingforschung

1. Angesichts einer zunehmenden Marktdynamik in der Konsumgüterindustrie ist eine ständige Informationsgewinnung über die Produkte im Absatzmarkt erforderlich. Kennzeichnen Sie die wesentlichen Gemeinsamkeiten und Unterschiede zwischen einem Haushalts- und Handelspanel.

(4 Punkte)

Lösung

Definition

Bestimmter, gleich bleibender Kreis von Haushalten oder Händlern, bei denen wiederholt Erhebungen zum gleichen Untersuchungsgegenstand durchgeführt werden.

Gemeinsamkeiten

- (siehe Merkmale Definition)
- Zielsetzung: Erfassung von Veränderungen im Zeitablauf
- Primärerhebung
- Probleme: Aufbau, Pflege, Kontrolle, Paneleffekte etc.

Unterschiede

- Adressatenkreis
- Befragungsthematik
- Befragungsform

426

B. Marketingprognosen

2. Ein Rollschuhhersteller will den Marktanteil für sein Produkt „Superblitz" für die Jahre 2004 bis 2006 prognostizieren. Die Umsatzentwicklung der Branche sowie die bisherigen Umsätze von „Superblitz" (1995 bis 2003) sind bekannt. Aus gesicherten Quellen liegen Prognosewerte des Branchenumsatzes für die Jahre 2004 bis 2006 vor. Diese Daten sind in der folgenden Tabelle zusammengefasst:

Jahr	t_i	Branchenumsatz	„Superblitz"-Umsatz
1995	1	290	84,9
1996	2	313	88,0
1997	3	338	91,9
1998	4	362	97,1
1999	5	391	103,2
2000	6	420	108,4
2001	7	441	114,2
2002	8	467	110,6
2003	9	495	105,9
2004	10	519	
2005	11	542	
2006	12	570	

GABLER GRAFIK

a) Prognostizieren Sie den Umsatz der Unternehmung nach dem linearen Trendverfahren, und bestimmen Sie den Marktanteil für 2004 bis 2006.

Hilfsangaben

$$a = \frac{\sum t_i^2 \sum y_i - \sum t_i \sum t_i \cdot y_i}{n \sum t_i^2 - \left(\sum t_i\right)^2}$$

$$b = \frac{n \sum t_i \cdot y_i - \sum t_i \sum y_i}{n \sum t_i^2 - \left(\sum t_i\right)^2}$$

(10 Punkte)

427

b) Aufgrund der Umsatzentwicklung des Marktes für Skateboards wurde folgende Indikatorfunktion berechnet (x_i = Umsatz Skateboards):

$$y_i = 104,2 + 0,49 \cdot x_i$$

Für 2004 bis 2006 wird der Umsatz von Skateboards wie folgt prognostiziert:

2004: 140
2005: 160
2006: 180

Prognostizieren Sie den Marktanteil von „Superblitz" auf der Grundlage der Indikatorfunktion.

(6 Punkte)

Lösung

Zu a)

Summenwerte

$$\sum y_i = 904,2$$

$$\sum t_i = 45$$

$$\sum t_i \cdot y_i = 4,4728$$

$$\sum t_i^2 = 285$$

$$\left(\sum t_i\right)^2 = 2,025$$

$$a = \frac{285 \cdot 904,2 - 45 \cdot 4.728,7}{9 \cdot 285 - 2.025} = \frac{44.905,5}{540} = 83,158$$

$$b = \frac{9 \cdot 4.728,7 - 904,2 \cdot 45}{9 \cdot 285 - 2.025} = \frac{1.869,3}{540} = 3,46$$

$y_i = a + b \cdot t_i$ oder $y_i = 83,158 + 3,46\, x_i$
$y_{10} = 83,158 + 3,46 \cdot 10 = 117,77$
$y_{11} = y_{10} + 3,46 = 121,23$
$y_{12} = y_{11} + 3,46 = 124,69$

MA (04) = 22,69 %
MA (05) = 22,36 %
MA (06) = 21,87 %

Zu b)

$$y_{10} = 104,2 + 0,49 \cdot 140 = 172,8$$
$$y_{11} = 104,2 + 0,49 \cdot 160 = 182,6$$
$$y_{12} = 104,2 + 0,49 \cdot 180 = 192,4$$

$$MA\ (04) = 33,29\ \%$$
$$MA\ (05) = 33,69\ \%$$
$$MA\ (06) = 33,75\ \%$$

C. Preispolitik

3. Bei einer Unternehmung mit polypolistischer Angebotsstruktur wurde folgende Preis-Absatz-Funktion ermittelt:

$$p(x) = \begin{cases} 8 - \dfrac{1}{6}x & \text{f. } 0 \le x \le 6 \\[2mm] 10 - \dfrac{1}{2}x & \text{f. } 6 \le x \le 9 \\[2mm] 6 - \dfrac{1}{18}x & \text{f. } 9 \le x \le 108 \end{cases}$$

Die Produktionskosten betragen K = 6 + 4x. Für jede produzierte und abgesetzte Mengeneinheit x benötigt die Unternehmung einen Kapitalbedarf in Höhe der halben variablen Stückkosten (C = 2x).

Die Renditefunktion lautet:

$$p(x) = \begin{cases} 2 - \dfrac{1}{12}x \cdot - \dfrac{3}{x} & \text{f. } 0 \le x \le 6 \\[2mm] 3 - \dfrac{1}{4}x \cdot - \dfrac{3}{x} & \text{f. } 6 \le x \le 9 \\[2mm] 1 - \dfrac{1}{36}x \cdot - \dfrac{3}{x} & \text{f. } 9 \le x \le 108 \end{cases}$$

a) Bestimmen Sie die Rentabilitätsmaxima.

(10 Punkte)

b) Ermitteln Sie das absolute Rentabilitätsmaximum.

(8 Punkte)

Lösung

Zu a)

Bestimmung der relativen Gewinnmaxima $\qquad R(x) \rightarrow$ max.! $\qquad \dfrac{dR}{dx} = 0$

■ oberer atomistischer Bereich:

$$\frac{dR}{dx} = -\frac{1}{12} + \frac{3}{x^2} = 0$$

$$\frac{x^2}{3} = 12$$

$$x^2 = 36$$

$$x_1 = +6$$

$$x_2 = -6 \text{ (nicht definiert)}$$

$$R(x = 6) = 2 - \frac{1}{12} \cdot 6 - \frac{3}{6}$$

$$R(x = 6) = 1$$

$$R(x = 6) = 100 \ \%$$

■ monopolistischer Bereich:

$$\frac{dR}{dx} = -\frac{1}{4} + \frac{3}{x^2}$$

$$\frac{x^2}{3} = 4$$

$$x^2 = 12$$

$$x_1 = +3{,}46 \text{ (nicht definiert)}$$

$$x_2 = -3{,}46 \text{ (nicht definiert)}$$

■ unterer atomistischer Bereich:

$$\frac{dR}{dx} = -\frac{1}{36} + \frac{3}{x^2} = 0$$

$$\frac{x^2}{3} = 36$$

$$x^2 = 108$$

$$x_1 = +10{,}39$$

$$x_2 = -10{,}39 \text{ (nicht definiert)}$$

$$R(x = 10{,}39) = 1 - \frac{1}{36} \cdot 10{,}39 - \frac{3}{10{,}39}$$

$$R(x = 10{,}39) = 0{,}4226$$

$$R(x = 10{,}39) = 42{,}26 \ \%$$

Zu b)

Zur Bestimmung der absoluten Rentabilitätsmaxima sind noch die Grenzen des monopolitischen Bereichs zu überprüfen:

Oberer monopolistischer Grenzpreis (x = 6, p = 7)

$$R(x) = \frac{U(x) - K(x)}{C(x)} = \frac{42 - 30}{12} = 1 \qquad \Rightarrow R(6) = 100\,\%$$

Unterer monopolistischer Grenzpreis (x = 9, p = 5,5)

$$R(x) = \frac{U(x) - K(x)}{C(x)} = \frac{49,5 - 42}{18} = 0,41\overline{6} \qquad \Rightarrow R(9) = 41,\overline{6}\,\%$$

Das im oberen Bereich ermittelte relative Rentabilitätsmaximum entspricht dem absoluten Rentabilitätsmaximum.

4. In einem bestimmten Marktgebiet stehen sich zwei konkurrierende Anbieter gegenüber, deren Nachfragestruktur gleich ist und durch die Preis-Absatz-Funktion $p_A = p_B = 8 - \frac{1}{100}\,x$ gekennzeichnet ist. Die unternehmensspezifische Situation der Konkurrenten A und B wird durch folgende Daten beschrieben:

	A	B
Eigenkapitalausstattung	2.000	2.200
Liquiditätsspielraum	2.600	2.150
Fixkosten pro Periode	500	600
Variable Stückkosten	4	5
Liquiditätsentgang pro Mengeneinheit – 1. Periode	3	2
Liquiditätsentgang pro Mengeneinheit – 2. Periode	4	2,5

GABLER
GRAFIK

Die günstigere Kostenstruktur veranlasst A, einen Preiskampf zu beginnen, indem er den Marktpreis in Höhe seiner variablen Stückkosten festsetzt. B folgt der Preisstellung des A in der aktuellen Periode, unterbietet aber in der Folgeperiode den Preis des A und verlangt einen Preis von 3 GE.

Welche Gewinn- und Liquiditätssituation ergibt sich nach zwei Jahren für die beiden Anbieter?

(8 Punkte)

Lösung

1. **Konkurs wegen Überschuldung**

t_1:   Absatzmenge in t_1 für beide Hersteller

$$p = 4 = 8 - \frac{1}{100} \, x$$

$$x = 400$$

Verlust des A: $500 \, GE \rightarrow K_F$

Verlust des B: $\left.\begin{array}{l} 600 \, GE \rightarrow K_F \\ 400 \, GE \rightarrow DB \end{array}\right\} = 1.000 \, GE$

t_2:   Absatzmenge in t_2 für beide Hersteller

$$p = 3 = 8 - \frac{1}{100} \, x$$

$$x = 500$$

Verlust des A: $\left.\begin{array}{l} 500 \, GE \rightarrow K_F \\ 500 \, GE \rightarrow DB \end{array}\right\} = 1.000 \, GE$

Verlust des B: $\left.\begin{array}{l} 600 \, GE \rightarrow K_F \\ 2 \cdot 500 \, GE \rightarrow DB \end{array}\right\} = 1.600 \, GE$

Gesamtverlust A: $1.500 \, GE < $ EK-Ausst.: $2.000 \rightarrow 500 \, GE$

Gesamtverlust B: $2.600 \, GE > $ EK-Ausst.: $2.200 \rightarrow - 400 \, GE$

$\rightarrow$ B scheidet aus dem Markt aus.

2. **Konkurs wegen Illiquidität**

t_1:   Liquiditätsentgang A: $3x = 3 \cdot 400 = 1.200 \, GE$
         Liquiditätsentgang B: $2x = 2 \cdot 400 = 800 \, GE$

t_2:   Liquiditätsentgang A: $4x = 4 \cdot 500 = 2.000 \, GE$
         Liquiditätsentgang B: $2,5x = 2,5 \cdot 500 = 1.250 \, GE$

$\left.\begin{array}{l} \text{Gesamtliquiditätsentgang} \quad A : 3.200 \, GE > \\ \text{Gesamtliquiditätsentgang} \quad B : 2.050 \, GE < \end{array}\right\}$ Liquiditätsspielraum

Beide Anbieter scheiden nach zwei Perioden aus dem Markt aus.

D. Kommunikationspolitik

5. Für eine technisch hochwertige Filmkamera, mit der im Jahr 2002 ein Umsatz von
    15 Millionen € erzielt wurde, will der zuständige Produktmanager den Mediaplan
    für das Jahr 2003 festlegen. Er ist der Überzeugung, dass er seine Zielgruppe am
    besten durch eine auflagenstarke Fachzeitschrift und durch das Herrenmagazin
    „Maskulin" erreichen kann. Um das Werbebudget, das in der Unternehmung aus dem
    Vorjahresumsatz abgeleitet wird und seit Jahren 5 Prozent beträgt, optimal auf die
    beiden Werbeträger aufzuteilen, hat der Produktmanager folgende planungsrelevan-
    ten Informationen zusammengestellt:

Medium	Zielgruppen-größe (in Mio.)	Kontakt-wahrschein-lichkeit	Kontakt-qualität	Einschalt-kosten (in €)	Erscheinungs-weise
Fachzeit-schrift (x_1)	4	0,85	1	75.000	alle 2 Monate
Herren-magazin „Maskulin" (x_2)	10	0,60	0,8	150.000	vierteljährlich

GABLER GRAFIK

a) Bestimmen Sie die Werbewirkungskoeffizienten für die beiden Werbeträger.

(2 Punkte)

b) Stellen Sie einen LP-Ansatz für das Entscheidungsproblem auf.

(3 Punkte)

c) Bestimmen Sie auf graphischem Wege die optimalen Belegungshäufigkeiten für die
    beiden Werbeträger. Wie hoch ist die gesamte Werbewirkung?

(7 Punkte)

Lösung

Zu a)

$w_1 = 4 \cdot 0,85 \cdot 1 = 3,4$ Millionen

$w_2 = 10 \cdot 0,60 \cdot 0,8 = 4,8$ Millionen

Zu b)

LP-Ansatz

▨ Zielfunktion:
$$W_G = w_1 x_1 + w_2 x_2 \rightarrow \text{max.!}$$
$$W_G = 3,4 x_1 + 4,8 x_2 \rightarrow \text{max.!}$$

▨ Restriktionen:
Budgetrestriktion
Werbebudget: 15 Mio. · 0,05 = 750.000
$$75.000 x_1 + 150.000 x_2 \leq 750.000$$

▨ Belegungsrestriktionen:
$$0 \leq x_1 \leq 6$$
$$0 \leq x_2 \leq 4$$

Zu c)

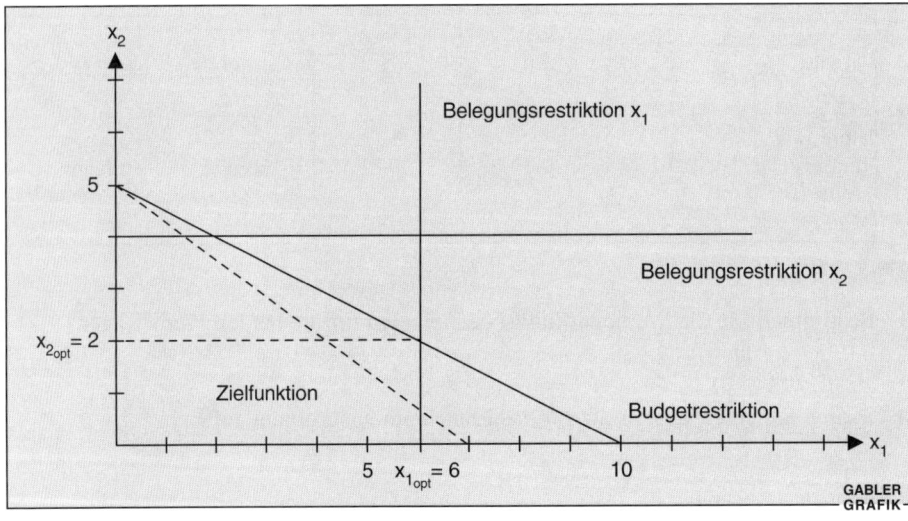

$$\left. \begin{array}{l} x_1 = 0; \, x_2 = 5 \\ x_2 = 0; \, x_1 = 10 \end{array} \right\} \text{Budgetrestriktionen}$$

$$3,4 x_1 + 4,8 x_2 = 24$$
$$x_1 = 0; \, x_2 = 5$$
$$x_2 = 0; \, x_1 = 7,06$$

$$x_{1_{opt}} = 6$$
$$x_{2_{opt}} = 2$$

gesamte Werbewirkung:
$$W_G = 3,4 \cdot 6 + 4,8 \cdot 2 = 30 \text{ Millionen}$$

E. Distributionspolitik

6. Ein japanischer Videorecorderhersteller plant, mit seinem Produkt VR 2000 den deutschen Markt zu beliefern. Die Produktionskosten betragen 1.000 €/ME. Für die Einführungsstrategie stehen zwei alternative Absatzkanäle zur Verfügung:

1. Alternative: Nur der Fachhandel wird bedient, wobei 100 große Facheinzelhändler direkt und die übrigen Fachgeschäfte indirekt über 50 Fachgroßhändler versorgt werden. Absatzmengen, Abgabepreise an den Handel und die Transportkosten pro Händler und Monat ergeben sich aus der folgenden Tabelle:

Handelsstufe	Absatzmenge pro Geschäft und Monat (ME)	Abgabepreis (€/ME)	Transportkosten pro Geschäft und Monat (€)
Fach**groß**handel	200	1.100	3.000
Fach**einzel**handel	14	1.200	462

GABLER GRAFIK

2. Alternative: Der Vertrieb erfolgt exklusiv über die bundesdeutschen Warenhäuser, wobei die gleiche Menge abgesetzt werden soll, wie sie über den Fachhandel (Alternative 1) realisiert wird. Dem Hersteller ist aus einer Marktforschungsstudie bekannt, dass die monatliche Abnahmemenge (x) aller Warenhäuser vom Bezugspreis (p) abhängig ist. Die aggregierte Nachfragefunktion lautet:

$$p = 9.130 + 5x - 0,0005x^2.$$

Bei der Wahl dieser Alternative fallen für den Schiffstransport 100.000 € pro Monat und für die Auslieferung an die Warenhäuser insgesamt Kosten von 400.000 € pro Monat an.

Führen Sie einen Gewinnvergleich für die beiden Absatzkanalalternativen durch.

(12 Punkte)

Lösung

1. Gewinn der Alternative Fachhandel

Deckungsspanne:

FGH: $d = p - k_v - k_T$

$$DS = 1.100 - 1.000 - \frac{3.000}{200}$$

$$DS = 85$$

Gesamter Deckungsbeitrag:

$DB = d \cdot x \cdot v$

$x = $ Absatzmenge pro Geschäft

$v = $ Anzahl Geschäfte

Berechnung des Deckungsbeitrags:

$DB = 85 \cdot 200 \cdot 50 \quad = \quad 850.000 \text{ €}$

$DB = 167 \cdot 14 \cdot 100 \quad = \quad \underline{233.800 \text{ €}}$

$ 1.083.800 \text{ €}$

Da im Beispiel keine Fixkosten anfallen, gilt: DB = G.

2. Gewinn der Alternative Warenhäuser

Gesamte Absatzmenge Fachhandel:

$50 \cdot 200 + 100 \cdot 14 = 11.400 \text{ ME}$

Beschaffungspreis der Warenhäuser:

$p = 9.130 + 5 \cdot 11.400 - 0,0005 \cdot 11.400^2$

$p = 1.150 \text{ €}$

Berechnung des Gewinns:

$G = (p - k_{vp})x - k_T$

$G = (1.150 - 1.000) \, 11.400 - 400.000 - 100.000$

$\underline{G = 1.210.000 \text{ €}}$

Fazit: $DB_{WH} > DB_{FH}$

→ Alternative 2 (Warenhäuser) ist wirtschaftlicher.

F. Produkt- und Sortimentspolitik

7. Bei der Erstellung eines Deckungsbeitragsprofils in Form einer Lorenzkurve deuten niedrige Deckungsbeiträge in der Regel auf eliminierungsverdächtige Produkte hin. Sind diese Informationen als Grundlage für Programmänderungen ausreichend? Welche Informationen müssten zusätzlich berücksichtigt werden?

(5 Punkte)

Lösung

1. nicht ausreichend
2. weitere Informationen über:
    – Umsatzstruktur
    – Kundenstruktur

- Lebenszyklusstellung
- Sortimentsverbund
- Kapazitätsauslastung
- Engpässe
- Deckungsspanne
- Vollkosten
- zukünftige Preis-, Kostenentwicklung etc.

G. Marketing-Mix

8. Kennzeichnen Sie die Hauptprobleme der Lösung des optimalen Marketing-Mix mit Hilfe der linearen Programmierung. Zeigen Sie Erweiterungsmöglichkeiten dieses Ansatzes auf.

(5 Punkte)

Lösung

Probleme

- Zurechenbarkeit der Wirkungsbeiträge

- additive Verknüpfung, das heißt Unabhängigkeit
  - keine: Komplementarität
  - Substitutionalität
    (Interdependenzen)

- Linearität: konstante Wirkungsbeiträge

- nur Allokation, das heißt Budgetverteilung

- nicht artmäßige Zusammensetzung wird ermittelt

- nur quantitative, nicht qualitative Größen werden berücksichtigt

- nicht explizit Preispolitik

- statisches Modell etc.

Erweiterungen

- dynamische Programmierung

- nichtlineare Programmierung

- Berücksichtigung weiterer Einflussgrößen, zum Beispiel Konkurrenz etc.

3. Marketing-Grundstudiumsklausur

A. Marketingforschung

1. Ein Hersteller von Hundetrockenfutter plant, sein Produkt durch eine verbesserte Rezeptur zu variieren. Um dem Konsumenten die Produktverbesserung zu verdeutlichen, soll zusätzlich eine Änderung der Verpackung durchgeführt werden.

Diskutieren Sie die Eignung (Vor- und Nachteile) von Produkt- und Markttest im Hinblick auf die konkreten geplanten Produktveränderungen.

(5 Punkte)

Lösung

	Produkttest	**Markttest**
Vorteile	■ isolierte Produktveränderungen gut überprüfbar (Rezeptur: Test mit Hunden, Verpackung: Test mit Hundebesitzern) ■ geringe Kosten ■ schnelle Durchführbarkeit	■ realistische Kaufbedingungen
Nachteile	■ Kaufverhaltensrelevanz nicht gegeben	■ hoher Aufwand, hohe Kosten ■ zeitaufwendig ■ Störeinflüsse (unter anderem Konkurrenz) ■ Rezeptur schwierig zu testen

GABLER
GRAFIK

Tendenziell ist der Produkttest für geplante Produktveränderungen besser geeignet als der Markttest.

B. Marketingprognosen

2. In der Planungsabteilung eines Unternehmens werden die Umsatzzahlen für das Waschmittel „Sensil" prognostiziert. Im abgelaufenen Jahr wurden bei einem Preis (p) von 16 GE ein Werbebudget (W) von 40 GE und ein Distributionsbudget (D) von 21 GE festgelegt.

Der Vertriebsleiter, Werbeleiter und Produktmanager werden aufgefordert, aufgrund ihrer Erfahrungen eine Wirkungsprognose zu erstellen. Sie legen folgende Funktionen vor:

Vertriebsleiter: $Y_{VL} = 55{,}538 + 7{,}509 \cdot D + 2{,}3 \cdot W - 0{,}219p$

Werbeleiter: $Y_{WL} = 27{,}09 + 1{,}27 \cdot D + 0{,}265 \, W^2 - 0{,}343 \cdot p$

Produktmanager: $Y_{PM} = 307{,}6 \cdot D^{0{,}26} \cdot W^{0{,}61} \cdot p^{-1{,}20}$

Legt man die Marketingaktivitäten des letzten Jahres zugrunde, dann führt dies zu folgenden Absatzwerten:

$Y_{VL} = 356{,}051$

$Y_{WL} = 345{,}659$

$Y_{PM} = 364{,}995$

a) Analysieren Sie anhand der drei Wirkungsfunktionen die Bedeutung, die die Manager den Marketinginstrumenten zumessen. Nehmen Sie dabei insbesondere Bezug auf
   – die Art der mathematischen Verknüpfung in den Funktionen,
   – die unterschiedlichen Meinungen der Manager über die Marktreaktionen.

(5 Punkte)

b) Welche weiteren Informationen – über die angegebenen Wirkungsfunktionen hinausgehend – benötigt die Planungsabteilung zur Verbesserung der Prognose des Waschmittelumsatzes?

(4 Punkte)

Lösung

Zu a)

Art der mathematischen Verknüpfung der Reaktionsfunktionen

▪ **additive** Verknüpfung bei Vertriebs- und Werbeleiter, das heißt zwischen den Instrumenten, Linearität (außer W^2)

▪ **multiplikative** Verknüpfung bei Produktmanager, das heißt explizite Berücksichtigung der Interdependenzen zwischen den Instrumenten, nicht-lineare Wirkungsverläufe der einzelnen Instrumente

439

Annahmen der Manager über Marktreaktion

▪ **Vertriebsleiter:** Wirkung des Distributionsbudgets am größten; Werbung und Preis nur geringe Bedeutung

▪ **Werbeleiter:** Wirkung des Werbebudgets am größten; Distribution und Preis von geringerer Bedeutung; Annahme eines exponentiellen Verlaufs der Werbewirkung

▪ **Produktmanager:** Wirkung des Preises am größten; Distribution und Werbung von geringerer Bedeutung

Zu b)

Zusätzliche Informationen, zum Beispiel

▪ Information über die Wirkung weiterer Marketinginstrumente (zum Beispiel Verkaufsförderung, Kundendienst)

▪ Strukturbrüche, zum Beispiel durch Veränderungen im Käuferverhalten, rechtliche Reglementierungen, Stagnation, Rezession, Schrumpfung des Marktes

▪ Einführung von neuen Produkten beziehungsweise Eliminierung vorhandener Produkte

▪ Aktionen und Reaktionen der Konkurrenz

C. Preispolitik

3. Ein Monopolist sieht sich der Gesamtkostenfunktion

K = 200 + 1,5x

gegenüber. Den Preis des Produkts kalkuliert er mit 20 Prozent auf die Durchschnittskosten.

Eine Marktanalyse hat zu folgender Absatzprognose geführt:

Jahr	Absatzmenge
2003	100
2004	90
2005	81

GABLER
GRAFIK

Diese Prognose legt der Monopolist seiner Preiskalkulation zugrunde.

Die Nachfrager verhalten sich im Jahr 2003 nach der Preis-Absatz-Funktion

p = 6 − 0,02x.

Es ist mit einem Nachfragerückgang von jährlich 10 Prozent zu rechnen. Entsprechend verändern sich die Preis-Absatz-Funktionen für den Monopolisten:

2004: p = 6 − 0,022x

2005: p = 6 − 0,025x

a) Ermitteln Sie auf der Basis einer Vollkostenkalkulation die Gewinne des Monopolisten für 2003, 2004 und 2005.

(6 Punkte)

b) Ermitteln Sie die gewinnmaximale Preismengenkombination für 2004 und den realisierten Gewinn.

(4 Punkte)

c) Nehmen Sie kritisch zu der vom Monopolisten durchgeführten Preiskalkulation auf der Basis von Vollkosten und der Gewinnmaximierung Stellung.

(2 Punkte)

Lösung

Zu a)

Der Monopolist legt die Preise wie folgt fest:

Jahr	Preis
2003	4,20
2004	4,47
2005	4,76

GABLER GRAFIK

Berechnung der Absatzmenge:

2003: $p = 6 - 0,02x$

$$x = \frac{6 - p}{0,02} = 90$$

2004: $p = 6 - 0,022x$

$$x = \frac{6 - p}{0,022} = 69,55$$

441

2005: $\quad p = 6 - 0,025x$

$$x = \frac{6-p}{0,025} = 49,60$$

$G \quad = p \cdot x - k_v \cdot x - K_F$
$G_{2003} = 4,20 \cdot 90 - 1,5 \cdot 90 - 200 = \underline{43,00}$
$G_{2004} = 4,47 \cdot 69,55 - 1,5 \cdot 69,55 - 200 = \underline{6,56}$
$G_{2005} = 4,76 \cdot 49,60 - 1,5 \cdot 49,60 - 200 = \underline{-38,30}$

Zu b)

$p \quad = 6 - 0,022x$
$U \quad = 6x - 0,022x^2$
$G \quad = -0,022x^2 + 4,5x - 200$
$G' \quad = -0,044x + 4,5 = 0$
$$\underline{x = 102,27}$$
$$\underline{p = 3,75}$$
$\underline{G \quad = 30,11}$

Zu c)

Die Gewinnentwicklung in Aufgabe a) verdeutlicht, dass das Unternehmen bei rückläufiger Nachfrage und Kalkulation auf Vollkostenbasis in die Verlustzone gerät. Die im Zeitablauf steigenden Verkaufspreise vermindern sukzessiv die Nachfrage. Die Kalkulation auf Vollkostenbasis kann daher zu einem Ausscheiden des Unternehmens aus dem Markt führen. Bei der Gewinnmaximierung wird eine optimale Preismengenkombination erreicht.

4. Ein Anbieter auf einem Markt mit polypolistischer Konkurrenz sieht sich einer doppelt geknickten Preis-Absatz-Funktion für die drei Preisbereiche gegenüber:

   $1,60 \leq p \leq 2,20$

   $1,40 \leq p \leq 1,60$

   $\quad 0 \leq p \leq 1,40$

   Zur Zeit erhält der Anbieter bei einem Preis von $p_o = 1,50$ GE eine Menge von $x_o = 100$ ME.

   Nach seinen Erfahrungen muss er zur Erhöhung der Absatzmenge im monopolistischen Bereich der Preis-Absatz-Funktion um 1 ME den Preis so stark reduzieren, dass er einen zusätzlichen Erlös von 0,5 GE erzielt.

   Die Steigungen der Preis-Absatz-Funktion sind im oberen und unteren atomistischen Bereich gleich. Die Kostenfunktion lautet

   $K = 66,\overline{6} + 0,4x$.

a) Berechnen Sie unter Bezugnahme auf die Amoroso-Robinson-Relation die Preiselastizität der Nachfrage bei dem zur Zeit geforderten Preis.

(4 Punkte)

b) Berechnen Sie die Steigung der Preis-Absatz-Funktion im monopolistischen Bereich.

(4 Punkte)

c) Ermitteln Sie die untere Grenze (x_u) und die obere Grenze (x_o) für die Absatzmengen im monopolistischen Bereich der Preis-Absatz-Funktion.

(6 Punkte)

Lösung

Zu a)

Berechnung der Preiselastizität der Nachfrage

◼ Amoroso-Robinson-Relation

$$U' = p \cdot \left(1 + \frac{1}{\eta}\right)$$

$$1 + \frac{1}{\eta} = \frac{U'}{P} - 1$$

$$\eta = \frac{1}{\dfrac{U'}{P} - 1}$$

$$\eta = \frac{1}{\dfrac{0,5}{1,5} - 1} = -1,5$$

Die Preiselastizität der Nachfrage beträgt $-1,5$.

Zu b)

Berechnung der Steigung der PAF im monopolistischen Bereich

$$\eta = \frac{dx}{dp} \cdot \frac{p}{x}$$

$$\frac{dx}{dp} = \eta \cdot \frac{x}{p}$$

$$\frac{dp}{dx} = \frac{1}{\eta \cdot \dfrac{x}{p}} = \frac{1}{-1,5 \cdot \dfrac{100}{1,5}} = -\frac{1}{100}$$

Die Steigung der PAF im monopolistischen Bereich beträgt $-\dfrac{1}{100}$.

Zu c)

Ermittlung der unteren und der oberen Grenz-Absatz-Mengen

▨ Berechnung der PAF im monopolistischen Bereich

$$p = a - \frac{1}{100} x$$

$$a = p + \frac{1}{100} x = 1,5 + \frac{1}{100} \cdot 100 = 2,5$$

Die PAF lautet $p = 2,5 - \frac{1}{100} x$.

▨ Berechnung der Grenz-Absatz-Mengen

$$p = 2,5 - \frac{1}{100} x$$

$$\frac{1}{100} x = 2,5 - p$$

$$x = 250 - 100p$$

$$x_o = 250 - 100 \cdot 1,6 = 90$$

$$x_u = 250 - 100 \cdot 1,4 = 110$$

Die untere Grenze für die Absatzmenge liegt bei 110 ME, die obere Grenze bei 90 ME.

D. Produkt- und Sortimentspolitik

5. Das Produktprogramm eines Fahrradherstellers umfasst fünf verschiedene Fahrradmodelle. Im Rahmen einer Kostenanalyse wurden die Durchschnittskostenfunktionen der fünf Produktvarianten ermittelt.

$$k_{g1} = \frac{120}{x} + 5,0$$

$$k_{g2} = \frac{100}{x} + 6,1$$

$$k_{g3} = \frac{110}{x} + 4,3$$

$$k_{g4} = \frac{80}{x} + 3,1$$

$$k_{g5} = \frac{90}{x} + 4,8$$

Der Bewertung der Produktvarianten wurden die im abgelaufenen Jahr erzielten Absatzmengen und Handelsabgabepreise zugrunde gelegt.

Modell	Absatzmenge	Handelsabgabepreis
1	100	7,3
2	80	5,9
3	40	5,6
4	200	6,4
5	50	6,3

GABLER GRAFIK

Aufgrund einer Analyse der Stückgewinne entschließt sich die Geschäftsführung des Fahrradherstellers, die Modelle 2, 3 und 5 aus dem Produktionsprogramm zu eliminieren.

a) Ermitteln Sie die Stückgewinne, und nehmen Sie zur Entscheidung der Geschäftsführung Stellung.

(5 Punkte)

b) Zu welcher Vorgehensweise würden Sie der Geschäftsführung raten? Begründen Sie, welche Fahrradmodelle Ihrer Meinung nach eliminiert werden sollten.

(3 Punkte)

Lösung

Zu a)

▨ Ermittlung der Stückgewinne

$$G_{si} = p_i - k_{gi}$$

$$G_{s1} = 7,3 - \frac{120}{100} - 5,0 = 1,10$$

$$G_{s2} = 5,9 - \frac{100}{80} - 6,1 = -1,45$$

$$G_{s3} = 5,6 - \frac{110}{40} - 4,3 = -1,45$$

$$G_{s4} = 6,4 - \frac{80}{200} - 3,1 = 2,90$$

$$G_{s5} = 6,3 - \frac{90}{50} - 4,8 = 0,30$$

▨ Kritische Stellungnahme
Die in den Stückgewinnen enthaltenen Fixkosten sind kurzfristig nicht abbaubar, auch wenn die Produkte nicht mehr gefertigt werden. Der Stückgewinn ist jedoch

445

um anteilige Fixkosten gemindert. Deshalb führt die Orientierung an den Stückgewinnen zur Fehlentscheidung. Besser ist eine Orientierung an den Deckungsbeiträgen.

Zu b)

Orientierung an den Deckungsbeiträgen pro Stück

Berechnung der Deckungsspannen:

$DS = p - k_v$

$DS_1 = 7,3 - 5,0 = 2,3$

$DS_2 = 5,9 - 6,1 = -0,2$

$DS_3 = 5,6 - 4,3 = 1,3$

$DS_4 = 6,4 - 3,1 = 3,3$

$DS_5 = 6,3 - 4,8 = 1,5$

Der Fahrradhersteller sollte Modell 2 eliminieren, da dieses Produkt eine negative Deckungsspanne aufweist.

E. Distribution

6. Ein Beratungsunternehmen analysiert die Leistungsfähigkeit unterschiedlicher Betriebsformen im Hinblick auf den Absatz von Tennisschlägern. Den Beratern liegen folgende Informationen vor:

Betriebsformen	Durchschnittlich gebundenes Kapital in Mio. GE	Verkaufspreis/Stück GE	Bezugspreis/Stück GE	Distributionskosten/ Stück GE	Absatz/ Periode in Tsd. ME
Fachhandel	50,0	140	105	28	600
Versandhandel	36,0	120	98	18	850
Verbraucherma rkt	70,0	110	90	14	1.080
Discounter	100,0	105	88	10	1.600

GABLER GRAFIK

a) Berechnen Sie die Umsatzrentabilität und die Kapitalrendite für die einzelnen Betriebsformen.

(5 Punkte)

b) Erläutern Sie am obigen Beispiel den geschäftspolitischen Grundsatz „Steigerung der Kapitalrentabilität durch Senkung der Umsatzrentabilität bei gleichzeitiger Erhöhung des Kapitalumschlags". Für welche Betriebsform des Handels ist er als Verhaltensmaxime besonders zu empfehlen? (Begründen Sie Ihre Aussage.)

(5 Punkte)

Lösung

Zu a)

Ermittlung von Umsatzrentabilität und Kapitalrendite

Umsatzrendite $\quad r_U = \dfrac{G}{U}$

Kapitalrendite $\quad r_C = \dfrac{G}{C}$

- Fachhandel

$U = x \cdot p = 600.000 \cdot 140 = 84.000.000$

$G = x \cdot (p - k_g) = 600.000\,(140 - 105 - 28) = 4.200.000$

$C = 50.000.000$

$r_U = \dfrac{4.200.000}{84.000.000} = 0,05$

$r_C = \dfrac{4.200.000}{50.000.000} = 0,084$

Die Umsatzrentabilität beträgt 5 Prozent, die Kapitalrendite 8,4 Prozent.

- Versandhandel

$U = x \cdot p = 850.000 \cdot 120 = 102.000.000$

$G = x \cdot (p - k_g) = 850.000\,(120 - 98 - 18) = 3.400.000$

$C = 36.000.000$

$r_U = \dfrac{3.400.000}{102.000.000} = 0,033$

$r_C = \dfrac{3.400.000}{36.000.000} = 0,094$

Die Umsatzrentabilität beträgt 3,3 Prozent, die Kapitalrendite 9,4 Prozent.

- Verbrauchermarkt

$U = x \cdot p = 1.080.000 \cdot 110 = 118.800.000$

$G = x \cdot (p - k_g) = 1.080.000\,(110 - 90 - 14) = 6.480.000$

$C = 70.000.000$

$$r_U = \frac{6.480.000}{118.800.000} = 0,055$$

$$r_C = \frac{6.480.000}{70.000.000} = 0,093$$

Die Umsatzrentabilität beträgt 5,5 Prozent, die Kapitalrendite 9,3 Prozent.

▪ Discounter

$U = x \cdot p = 1.600.000 \cdot 105 = 168.000.000$

$G = x \cdot (p - k_g) = 1.600.000 \ (105 - 88 - 10) = 11.200.000$

$C = 100.000.000$

$$r_U = \frac{11.200.000}{168.000.000} = 0,067$$

$$r_C = \frac{11.200.000}{100.000.000} = 0,0112$$

Die Umsatzrentabilität beträgt 6,7 Prozent, die Kapitalrendite 1,12 Prozent.

Zu b)

Zusammenhang zwischen Umsatz- und Kapitalrendite

$$\frac{G}{C} = \frac{G}{U} \cdot \frac{U}{C}$$

Die Umsatzrendite lässt sich somit mittels des Kapitalumschlags in die Kapitalrendite überführen. Sofern die Umsatzrendite bei überproportionaler Erhöhung des Kapitalumschlags sinkt, wirkt diese Entwicklung positiv auf die Kapitalrendite. Dieses Prinzip kann durch einen Vergleich von Fach- und Versandhandel verdeutlicht werden. Der Fachhandel hat eine Umsatzrendite von 5 Prozent bei einem Kapitalumschlag von 1,68. Dies führt zu einer Kapitalrendite von 8,4 Prozent. Die Umsatzrendite des Versandhandels liegt bei 3,3 Prozent, also unter der des Fachhandels. Die erhöhte Kapitalrendite von 9,4 Prozent wird durch eine Erhöhung des Kapitalumschlags auf 2,83 erreicht.

Eignung für Betriebsformen des Handels

Der geschäftspolitische Grundsatz „Steigerung der Kapitalrentabilität durch Senkung der Umsatzrentabilität bei gleichzeitiger Erhöhung des Kapitalumschlags" ist insbesondere für Discounter und Verbrauchermärkte anwendbar, da in diesen Betriebsformen, bedingt durch die Preisaggressivität, hohe Umsätze bei gleichzeitig geringer Kapitalbindung erzielt werden müssen. Diese Verhaltensmaxime trifft für Fach- und Versandhandel nicht in dem Maße zu, da insbesondere der Fachhandel, bedingt durch die Standortwahl und die Höhe des Lagerbestands (dies gilt auch für den Versandhandel), eine relativ kapitalintensive Betriebsform ist, die zur Sicherung ihrer Kapitalrendite aufgrund höherer Handelsspannen geringere Umsätze zu erzielen braucht.

7. Interpretieren Sie die Aussage „Mit steigender Lieferbereitschaft steigen (sinken) die Kosten (Opportunitätskosten) der Lieferzeitpolitik".

(6 Punkte)

Lösung

Mit steigender Lieferbereitschaft steigen die Kosten der Lieferzeitpolitik.

Interpretation: Eine hohe Lieferbereitschaft führt zu einer Verkürzung der Lieferzeit, führt aber gleichzeitig aufgrund der Erhöhung der Sicherheitsbestände zu einem hohen Lagerbestand. Die damit einhergehende Erhöhung des im Lager gebundenen Kapitals führt zu einer Steigerung der Kosten der Lieferzeitpolitik.

Mit steigender Lieferbereitschaft sinken die Opportunitätskosten der Lieferzeitpolitik.

Interpretation: Unter Opportunitätskosten der Lieferzeitpolitik sind entgangene Gewinne zu verstehen, die dadurch auftreten, dass Nachfrager aufgrund zu hoher Lieferzeit ihre Bedürfnisse bei der Konkurrenz befriedigen. Lange Lieferzeiten treten insbesondere dann auf, wenn die Sicherheitsbestände im Lager gering sind. Durch eine Erhöhung der Sicherheitsbestände im Lager und der damit verbundenen Steigerung der Lieferbereitschaft sinken somit die Opportunitätskosten der Lieferzeitpolitik.

F. Kommunikation

8. Diskutieren Sie die Eignung der unterschiedlichen Werbeträgergruppen im Hinblick auf die Bekanntmachung eines Neuprodukts und die Möglichkeit der Erfolgskontrolle der Werbewirkung.

(8 Punkte)

Lösung

	Eignung des Mediums zur Bekanntmachung eines Neuprodukts (mit Begründung)	Möglichkeiten und Eignung des Mediums zur Erfolgskontrolle der Werbewirkung
Zeitung	gut geeignet, wegen hoher Reichweite; aber hohe Kosten	gut geeignet durch Coupons
Fernsehen	gut geeignet wegen hoher Reichweite; aber hohe Kosten	geeignet durch Panels
Prospekt	nur bedingt geeignet wegen hoher Kosten	gut geeignet durch Coupons
Plakat	weniger geeignet wegen begrenzter Reichweite	weniger geeignet, evtl. durch Explorationen

GABLER GRAFIK

G. Marketing-Mix

9. Ein Hersteller von Kosmetikprodukten will das Parfüm „Sweet Fragrance" in den Markt einführen. Die Marktforschung hat für dieses Neuprodukt folgende Marktreaktionsfunktion ermittelt:

$$x = x\,(p, q, s) = 3.500 - 25p + 1{,}5q + \frac{s}{50}$$

wobei   p = Produktpreis
            q = Index der Produktqualität ($1 \leq q \leq 19$)
            s = Werbeaufwand pro Periode

Die durchschnittlichen Produktionskosten hängen von der Absatzmenge und dem Qualitätsindex ab:

$$c\,(x, q) = \frac{4q^2}{x} + 50$$

Der Produktmanager berechnet aufgrund der vorliegenden Informationen das Marketing-Mix und kommt zu folgendem Ergebnis: Bei einem Werbebudget von 11.000 GE, einem Produktqualitätsindex von 11 sowie einem Preis von 110,25 GE können 980,25 ME abgesetzt werden.

a) Beschreiben Sie die einzelnen Rechenschritte, die erforderlich sind, um mit Hilfe des Dorfman-Steiner-Theorems das optimale Marketing-Mix ermitteln zu können. (Keine Berechnung erforderlich!)

(2 Punkte)

b) Berechnen Sie für die Ausprägungen des oben angegebenen Marketing-Mix
– die Preiselastizität der Nachfrage
– den Grenzertrag der Werbung
– die mit dem Quotienten aus Preis und Durchschnittskosten der Produktion multiplizierte Kostenelastizität der Nachfrage in Bezug auf die Qualitätsänderung

Hilfsangabe: $\eta_{x,c} = 1{,}5\,\dfrac{x}{8q} \cdot \dfrac{c}{x}$

(6 Punkte)

Lösung

Zu a)

Ermittlung des optimalen Marketing-Mix

1. Bildung der Umsatzfunktion aus der Preis-Absatz-Funktion und der Gesamtkostenfunktion aus der Stückkostenfunktion.

2. Formulierung der Gewinnfunktion als Umsatz minus Kosten.

3. Die Gewinnfunktion ist zu maximieren. Als notwendige Bedingung für die Existenz des optimalen Marketing-Mix müssen die partiellen Ableitungen der Gewinnfunktion nach den Marketinginstrumenten den Wert Null annehmen.

4. Auflösung dieses Gleichungssystems nach den Marketinginstrumenten.

Zu b)

Preiselastizität der Nachfrage

$$\eta_{xp} = \frac{dx}{dp} \cdot \frac{p}{x}$$

$$\frac{dx}{dp} = -25$$

$$\eta_{xp} = -25 \cdot \frac{110,25}{980,25} = -2,81$$

Die Preiselastizität der Nachfrage beträgt –2,81.

Grenzertrag der Werbung

$$U = p \cdot x = 3.500p - 25p^2 + 1,5pq + \frac{s}{50} \cdot p$$

$$\frac{dU}{ds} = \frac{p}{50} = \frac{110,25}{50} = 2,205$$

Der Grenzertrag der Werbung beträgt 2,205.

Kostenelastizität der Nachfrage multipliziert mit dem Quotienten aus Preis und Durchschnittskosten der Produktion

$$\eta_{xc} \cdot \frac{p}{c} = 1,5 \cdot \frac{x}{8q} \cdot \frac{c}{x} \cdot \frac{p}{c}$$

$$= 1,5 \cdot \frac{p}{8q}$$

$$= 1,5 \cdot \frac{110,25}{8 \cdot 11} = 1,88$$

4. Marketing-Grundstudiumsklausur

A. Marketingforschung

1. Das Marktforschungsinstitut „Random" wird von mehreren Herstellern der Sportartikelbranche beauftragt, ein Einzelhandelspanel im Sportartikelbereich aufzubauen. Als Auswahlverfahren für die Einzelhandelsgeschäfte soll das Quotenverfahren eingesetzt werden.

a) Erläutern Sie die wesentlichen Merkmale des Quotenverfahrens.

(3 Punkte)

b) Welche Auswahlkriterien sollten im vorliegenden Fall bei der Quotenbildung berücksichtigt werden?

(4 Punkte)

c) Welche Probleme können beim Aufbau und der laufenden Durchführung des Panels entstehen?

(3 Punkte)

Lösung

Zu a)

Dem Befrager werden Quoten angegeben, die bei der Auswahl der Befragten beachtet werden müssen. Dadurch soll gewährleistet werden, dass die Struktur der Grundgesamtheit mit der Struktur der Stichprobe identisch ist. Um dies zu realisieren, werden spezielle Kenngrößen der Grundgesamtheit (Beispiel: Alter, Beruf, Einkommen) ermittelt und die Verteilung in der Grundgesamtheit dem Interviewer zur Bildung der Stichprobe vorgegeben.

Zu b)

Bei der Quotenbildung sollten folgende Auswahlkriterien berücksichtigt werden:

- Umsatz
- Sortimentsstruktur
- Bedienungsform
- Standort
- Preisniveau

Zu c)

Die wesentlichen Probleme beim Aufbau des Panels sind:

- Fehlende Repräsentativität
- Overreporting in der Einführungsphase

Bei der laufenden Durchführung sind dagegen

- Panelsterblichkeit und
- Paneleffekt

als problematische Auswirkungen anzusehen.

B. Marketingprognosen

2. Ein EDV-Hersteller will eine Entwicklungsprognose der zukünftigen Absatzzahlen seiner Produkte erstellen lassen. Die damit beauftragte Marktforschungsabteilung steht nun vor der Aufgabe, einen geeigneten Funktionstyp für die Prognose herzuleiten.

a) Nennen Sie drei Möglichkeiten, und kennzeichnen Sie die jeweiligen Prämissen.

(6 Punkte)

b) Zeigen Sie den Unterschied zwischen einer Entwicklungs- und einer Wirkungsprognose auf.

(4 Punkte)

Lösung

Zu a)

Folgende drei Funktionstypen der Indikatorprognose existieren:

- linearer Verlauf

- logistischer Verlauf

- exponentieller Verlauf

Sie gehen im Einzelnen von folgenden Prämissen aus:

linearer Trend: stetig wachsender Markt ohne Sättigungserscheinungen
logistischer Trend: am Markt zeichnen sich Sättigungserscheinungen ab
exponentieller Trend: stark wachsender Markt

453

Zu b)

Entwicklungsprognosen berücksichtigen bei den zu prognostizierenden Größen nicht den Einsatz des absatzpolitischen Instrumentariums, sondern ausschließlich Größen, die kaum von Unternehmern selbst zu steuern sind (zum Beispiel sind solche Größen in einer Trendprognose die Zeit und in einer Indikatorprognose bestimmte für die Entwicklung des Unternehmens wichtige Faktoren wie Volkseinkommen, Investitionsindex etc.).

Im Gegensatz zu einer Entwicklungsprognose berücksichtigt die Wirkungsprognose explizit den Einsatz des absatzpolitischen Instrumentariums.

C. Preispolitik

3. Ein Monopolist legt seinen preispolitischen Erwägungen die Preis-Absatz-Funktion $p = 15 - \frac{1}{2}x$ und die Gesamtkostenfunktion $K(x) = 8 + x$ zugrunde und strebt nach Gewinnmaximierung.

a) Bestimmen Sie die kurz- und langfristige Preisuntergrenze, und erläutern Sie die Bedeutung von Preisuntergrenzen im Monopol.

(5 Punkte)

b) Berechnen Sie für den Fall, dass die Kapitalbedarfsfunktion $C = 100x$ beträgt, die rentabilitätsmaximale Preismengenkombination.

(5 Punkte)

Lösung

Zu a)

Analytische Bestimmung der kurz- und langfristigen Preisuntergrenze

■ **Bestimmung der kurzfristigen Preisuntergrenze:**
Sie ergibt sich aus der Teilkostendeckung.
Grenzkostenfunktion: $K'(x) = 1$
Daraus folgt, die kurzfristige Preisuntergrenze mit $p_k = 1$.

■ **Bestimmung der langfristigen Preisuntergrenze:** (Vollkostendeckung)
Die Durchschnittskostenfunktion kg ist:

$$kg = \frac{K}{x} = \frac{8}{x} + 1$$

Die langfristige Preisuntergrenze ergibt sich aus p = kg, also

$$15 - \frac{1}{2}x = \frac{8}{x} + 1 \quad \rightarrow \quad x^2 - 28x = -16 \quad \rightarrow \quad x_{1,2} = 14 \pm 13{,}42$$

Bei $x_1 = 0,58$ ergibt sich $p_1 = 14,71$, bei $x_2 = 27,42$ ergibt sich $p_2 = 1,29$.

Bei beiden Preis-Mengen-Kombinationen ergibt sich ein Gewinn von 0 GE. Bei einer abgesetzten Menge zwischen 0,58 und 27,42 Mengeneinheiten ist der Gewinn positiv. Die langfristige Preisuntergrenze liegt daher bei $p_2 = 1,29$.

Für einen nach Gewinnmaximierung strebenden Monopolisten haben kurz- und langfristige Preisuntergrenzen keine praktische Bedeutung, da er in der gegebenen Absatz- und Kostensituation stets seine gewinnmaximale Preismengenkombination realisieren wird. Mit dem Preisuntergrenzenproblem wird er erst dann konfrontiert, wenn eine Verschlechterung der Absatz- und/oder Kostensituation eintritt. Dabei interessiert zunächst nur die langfristige Preisuntergrenze. Die kurzfristige Preisuntergrenze gewinnt erst dann an Bedeutung, wenn der Monopolist keine Vollkostendeckung mehr erzielen kann.

Zu b)

$$G(x) = U(x) - K(x) = 15x - \frac{1}{2}x - \frac{1}{2}x^2 - 8 - x = 14x - \frac{1}{2}x^2 - 8,$$

zu maximieren ist die Funktion $\quad \dfrac{G(x)}{C(x)} \rightarrow \text{max.!}$

$$\frac{G(x)}{C(x)} = \frac{14x - \frac{1}{2}x^2 - 8}{100x}$$

$$\left(\frac{G(x)}{C(x)}\right)' = \frac{(14-x)\,100x - (14x - \frac{1}{2}x^2 - 8)\,100}{10.000x^2}$$

$$\left(\frac{G(x)}{C(x)}\right)' = 0 \rightarrow -\frac{1}{2}x^2 + 8 = 0 \rightarrow x_{1,2} = \pm 4$$

$$\left(\frac{G(x)}{C(x)}\right)'' = \frac{(-x)\,100x^2 - \left(-\frac{1}{2}x^2 - (-\frac{1}{2}x^2 + 8)\,200x\right)}{100^2x^4} = \frac{-8x}{100x^3}$$

Die rentabilitätsmaximale Preismengenkombination liegt also bei

$$x_{1_{opt}} = 4,\ p_{1_{opt}} = 13.$$

4. In der Vergangenheit wies der Markt für Kohlepapier stagnierende bis rückläufige Entwicklungstendenzen auf. Die beiden Hauptkonkurrenten dieses Marktes verfügen derzeit über einen Marktanteil von jeweils 45 Prozent. Um eine Umsatzexpansion zu erreichen, strebt eine Unternehmung eine Preissenkung für ihr Produkt an.

a) Zeigen Sie die Voraussetzungen für eine erfolgreiche Preispolitik dieser Unternehmung auf.

(5 Punkte)

b) Kennzeichnen Sie mögliche Reaktionen des Konkurrenten.

(3 Punkte)

Lösung

Zu a)

Die wesentlichen Prämissen einer erfolgreichen Preispolitik dieser Unternehmung sind:

- keine Veränderung der Gesamtmarktelastizität

- es dürfen keine präferenzpolitischen Bindungen der Konsumenten an den Konkurrenten bestehen

- eine günstige Kostenstruktur

- das Unternehmen muss über eine ausreichende Kapazität verfügen, um die durch die Preissenkung gestiegene Gesamtnachfrage nach dem eigenen Produkt zu befriedigen

- keine Preisreduktion der Konkurrenz

Zu b)

Folgende alternative Reaktionen des Konkurrenten sind denkbar:

- Der Konkurrent senkt ebenfalls den Preis, um am Markt bestehen zu können.

- Aufgrund einer stark ausgeprägten präferenzpolitischen Käuferbindung verliert der Konkurrent kaum an Nachfrage, sodass er keine preispolitischen Maßnahmen in Erwägung ziehen muss.

- Der gesunkene Preis lässt es dem Konkurrenten unrentabel erscheinen, weiter im Markt zu bleiben. Daher scheidet er aus dem Markt aus.

D. Produkt- und Sortimentspolitik

5. Ein Unternehmen ist mit seinem Produkt A Marktführer und beabsichtigt aufgrund von Konkurrenzaktivitäten die Neueinführung einer Zweitmarke B. Die Marketingabteilung erhält die Aufgabe, die Vorteilhaftigkeit dieser Investition zu überprüfen. Die Entwicklungskosten des Produkts betragen 2.000,00 €, und die jährlich zu erwartenden Fixkosten belaufen sich auf 1.000,00 €. Die Deckungsbeiträge beider

Produkte sowie die zu erwartenden Absatzmengen sind für die ersten vier Perioden in folgender Übersicht zusammengefasst:

Perioden	1	2	3	4
X_A	300	200	100	50
X_B	150	400	50	200
g_A	40	35	20	15
g_B	30	20	10	10

X_A = Partizipationseffekt g_A = Deckungsspanne A
X_B = Substitutionseffekt g_B = Deckungsspanne B

GABLER GRAFIK

a) Erläutern Sie das allgemeine Vorteilhaftigkeitskriterium der Produktdifferenzierung anhand des Partizipations- und Substitutionseffektes.

(4 Punkte)

b) Prüfen Sie die Vorteilhaftigkeit der Produktdifferenzierung mittels des Kapitalwertkriteriums. Legen Sie Ihren Berechnungen einen Kalkulationszinsfuß von i = 10 Prozent zugrunde.

(5 Punkte)

c) Welche Prämissen der Vorteilhaftigkeitsrechnung sind aus absatzwirtschaftlicher Sicht als problematisch anzusehen?

(2 Punkte)

Lösung

Zu a)

Eine Produktdifferenzierung ist vorteilhaft, wenn der Bruttogewinn der Zweitmarke unter Berücksichtigung des Partizipations- und Substitutionseffektes positiv ist. Der Bruttogewinn ist größer Null, wenn

▪ die Deckungsspanne der Zweitmarke größer ist als die der Erstmarke ($g_B \geq g_A$).

▪ der Deckungsbeitrag des Partizipationseffektes größer ist als der des Substitutionseffektes.

457

Zu b)

$$G_{B_0} = \sum_{t=1}^{4} x_B \cdot g_B - x \, (g_A - g_C) \cdot (1 + i)^{-t}$$

1. Periode: $G_{B_1} = (300 \cdot 30 - 150 \, (40 - 30)) \cdot 1{,}1^{-1} = 7.500 \cdot 1{,}1^{-1} \rightarrow x_1 = 6.818{,}18$

2. Periode: $G_{B_2} = (200 \cdot 20 - 400 \, (35 - 20)) \cdot 1{,}1^{-2} = -2.000 \cdot 1{,}1^{-2} \rightarrow x_2 = -1.652{,}89$

3. Periode: $G_{B_3} = (100 \cdot 10 - 50 \, (20 - 10)) \cdot 1{,}1^{-3} = 500 \cdot 1{,}1^{-3} \rightarrow x_3 = 375{,}66$

4. Periode: $G_{B_4} = (50 \cdot 10 - 200 \, (15 - 10)) \cdot 1{,}1^{-4} = -500 \cdot 1{,}1^{-4} \rightarrow x_4 = -341{,}50$

$G_{B_0} = 5.199{,}45$

Diskontierung der Fixkosten:

$$K_{F_0} = 1.000 \cdot \frac{(1 + i)^4 - 1}{i \, (1 + i)^4} = 3.169{,}87$$

Überprüfung der Vorteilhaftigkeit unter Einbeziehung der Teilergebnisse:

$C_0 = G_{B_0} - K_{F_0} - K_E > 0$

$G_{B_0} = 5.199{,}45$

$-K_{F_0} = 3.169{,}87$

$-K_E = \dfrac{2.000}{29{,}58}$ (K_E = Entwicklungskosten)

Die Investition ist aufgrund des positiven Kapitalwertes vorteilhaft.

Zu c)

Folgende Prämissen sind als problematisch anzusehen:

- Schätzung des Substitutionseffektes und der Deckungsbeiträge

- Keine Veränderung der Fixkosten im Zeitablauf

- Keine Berücksichtigung von Vertriebs- und Lagerkosten

- Keine Berücksichtigung qualitativer Kriterien

E. Distributionspolitik

6. Ein Mehrproduktunternehmen ist auf drei Absatzmärkten tätig. Die Marktforschungsabteilung hat festgestellt, dass auf diesen Absatzmärkten unterschiedliche Beziehungen zwischen den Absatzmengen (x) und der Lieferzeit (t) bestehen.

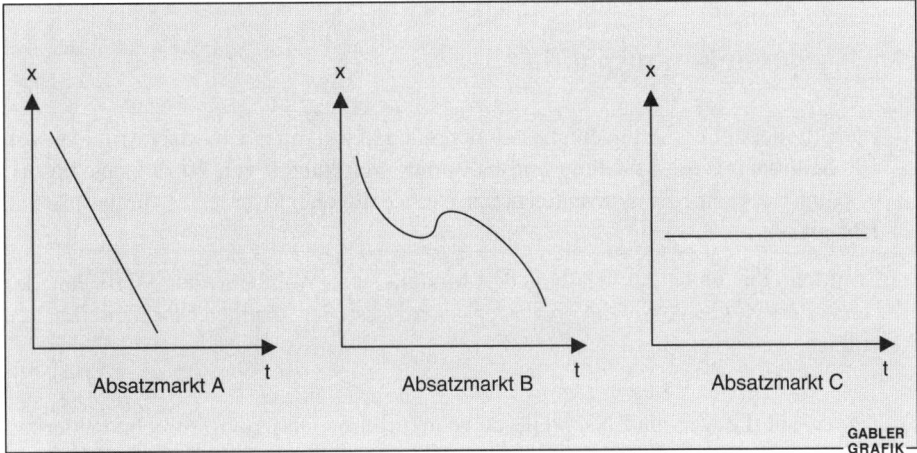

Erläutern Sie die unterschiedlichen Zusammenhänge zwischen Absatzmenge und Lieferzeit in den drei Absatzmärkten, und nennen Sie die Hauptgründe für diese Zusammenhänge.

(9 Punkte)

Lösung

Absatzmarkt A

Es liegt der Normalfall des Zusammenhangs zwischen Absatzmenge und Lieferzeit vor. Mit zunehmender Lieferzeit sinkt die Nachfrage:

Gründe:
- Es liegen Substitutionsgüter vor, die die gleichen Bedürfnisse befriedigen.
- Der Bedarf muss kurzfristig befriedigt werden.

Absatzmarkt B

Doppelt geknickter Zusammenhang zwischen Absatzmenge und Lieferzeit:

Gründe:
- Die Konsumenten scheinen einen Zusammenhang von Lieferzeit und Qualität zu unterstellen.
- Die Konsumenten disponieren relativ langfristig.

459

Absatzmarkt C

Die Absatzmenge ist unabhängig von der Lieferzeit:

Gründe:
- ▨ Keine Substitutionsgüter.
- ▨ Bedarf kann nicht zurückgestellt und vermieden werden.

F. Kommunikationspolitik

7. Der Bürohersteller X ist in einem stagnierenden Markt mit einem Marktvolumen von 100 Millionen € pro Jahr tätig und hält einen Marktanteil von 20 Prozent. Ihm ist bekannt, dass seine Konkurrenten einen Werbeetat von 6 Millionen € für das nächste Jahr planen.

a) Ermitteln Sie unter Anwendung des Modells von Weinberg den Werbeetat des Herstellers X. Gehen Sie davon aus, dass der Hersteller X seinen Marktanteil halten will.

(4 Punkte)

b) Zeigen Sie die Vor- und Nachteile der konkurrenzorientierten Werbebudgetierung auf.

(6 Punkte)

Lösung

Zu a)

Formel zur Berechnung des Werbeetats beim Weinberg-Modell:

$$e = \frac{W_U}{U_U} : \frac{W_K}{U_K}$$

Die Auflösung nach W_U ergibt:

$$\frac{W_U}{U_U} = e \cdot \frac{W_K}{U_K}$$

$$W_U = e \cdot U_U \cdot \frac{W_K}{U_K}$$

U_U liegt bei 20 Millionen €, U_K bei 80 Millionen €. Da der Hersteller X seinen Marktanteil halten will, ist die Größe e = 1.

$$W_U = 1 \cdot 20 \cdot \frac{6}{80} = 1,5 \text{ Mio. } €$$

Zu b)

Vorteile

- Die Zielsetzung „Marktanteil" ist praxisgerecht.

- Die Konkurrenzorientierung wird speziell in stagnierenden Märkten immer wichtiger.

- Informationen sind ermittelbar.

- Berücksichtigung von Konkurrenzaktivitäten.

Nachteile

- Marktanteil ist keine generelle Zielsetzung und kann in Konflikt mit anderen Zielen treten.

- Vernachlässigung anderer Marketinginstrumente.

- Vernachlässigung der Werbequalität.

- Vernachlässigung der speziellen Unternehmenssituation.

G. Marketing-Mix

8. Ein mittelständisches Unternehmen der Hausgerätebranche ist vor allem in den Bereichen Haushaltsbügelmaschinen und Waschvollautomaten aktiv. Das Unternehmen kann im Büglermarkt mit einem Marktanteil von 40 Prozent als Marktführer angesehen werden. Hier werden wegen der anspruchsvollen Gerätetechnologie und der hohen Qualität zugleich überdurchschnittliche Marktpreise erzielt. Im Bereich der Waschgeräte liegt der Marktanteil dagegen unter 2 Prozent; wegen des großen Volumens des Waschmaschinenmarktes trägt der Waschmaschinenbereich dennoch zu etwa 40 Prozent zur Auslastung der Produktionskapazität bei.

   Obwohl die Qualität der hergestellten Waschvollautomaten in der obersten Kategorie einzuordnen ist, wurde in der Vergangenheit nur ein allenfalls durchschnittliches Preisniveau durchgesetzt. Infolge der kleinen Produktionsserien und des hohen Qualitätsanspruchs standen den Erlösen so hohe Kosten gegenüber, dass im Waschmaschinenbereich hohe Verluste anfielen.

   Der Verkaufsleiter der Unternehmung schlägt vor, die Waschmaschinenpreise zu senken. Eine Preissenkung würde zu einer raschen Steigerung der Marktanteile führen. Nur unter dieser Voraussetzung könne die Unternehmung die Produktion so weit rationalisieren, dass die Verlustphase überwunden werden könne.

   Dagegen vertritt der Produktmanager die Auffassung, die Preise müssten deutlich erhöht werden, um ein angemessenes Preis-Qualitäts-Verhältnis herzustellen. Die

Ausweitung der Marktanteile müsse durch den Einsatz anderer Marketing-Instrumente erreicht werden.

a) Welchen Einfluss haben die beiden alternativen Preisstrategien auf die anderen Bereiche des Marketing-Mix?

(6 Punkte)

b) Nennen Sie drei wesentliche Auswirkungen, die für beziehungsweise gegen die Niedrigpreisstrategie in diesem Oligopolmarkt sprechen.

(6 Punkte)

Lösung

Zu a)

Niedrigpreisstrategien haben folgende Auswirkungen auf andere Bereiche des Marketing-Mix:

- Qualität wird vom Konsumenten niedrig eingeschätzt.
- Breitere Zielgruppenansprache in der Kommunikation.
- Reduzierung des Kommunikationsbudgets (Hauptverkaufsargument ist der Preis).
- Eventuelle Änderung der Distributionskanäle (Selbstabholung, Cash & Carry).
- Herabsetzung der Serviceleistungen.

Hochpreisstrategien bewirken dagegen eher entgegengeartete Einflüsse:

- Der vermutete Preis-Qualitäts-Zusammenhang ist relativ hoch.
- Beratung und Kundendienst erhalten große Bedeutung.
- Verstärkung der Zielgruppenwerbung.
- Distribution erfolgt über hochpreisige Kanäle.

Zu b)

Für Niedrigpreisstrategien sprechen folgende Auswirkungen:

- Eine Marktanteilssteigerung ist zur Sicherung von Kostenvorteilen in der Produktion notwendig.
- Kosteneinsparungen im Marketing durch Reduzierung der Budgets, Herabsetzung der Serviceleistungen etc.

Gegen die Durchführung von Niedrigpreisstrategien spricht:

- Die Produktqualität wird nicht im Preis honoriert.
- Die Distribution ist nur über Kanäle mit geringen Serviceleistungen möglich.
- Bei Niedrigpreisen ergeben sich geringere Deckungsspannen.
- Die Gefahr von Konkurrenzreaktionen ist groß.

5. Marketing-Grundstudiumsklausur

A. Marketingforschung

1. Eine Direktmarketing-Agentur wurde von einem Lackhersteller beauftragt, eine briefliche Werbeaktion für eine Fassadenfarbe durchzuführen. Von den bundesweit existierenden 1.500 Hobbymärkten beziehungsweise Malerbetrieben, die für den Absatz des Produkts in Betracht kommen, wurden 800 Unternehmen direkt angeschrieben. Um die Werbewirkung dieser Aktion auf den durchschnittlichen Ansatz dieser Fassadenfarbe pro Monat und Unternehmen zu ermitteln, wurde folgende Befragungskonzeption durchgeführt:

   – Eine repräsentative Befragung der angeschriebenen Unternehmen vor und nach der Kampagne.
   – Eine repräsentative Befragung aller infrage kommenden Hobbymärkte vor und nach der Aktion.

   Dabei ergaben sich folgende Ergebnisse:

Befragungsgruppe	Unternehmen	
	die angeschrieben wurden	die nicht angeschrieben wurden
Befragungszeitpunkt		
Vor der Aktion	$x_0 = 800$ kg	$y_0 = 800$ kg
Nach der Aktion	$x_1 = 1.100$ kg	$y_1 = 950$ kg

a) Ermitteln Sie die Werbewirkung der Aktion auf der Grundlage der EBA- und EBA-CBA-Experimentalanordnung.

(3 Punkte)

b) Diskutieren Sie den Aussagewert der Ergebnisse.

(3 Punkte)

463

Lösung

Zu a)

EBA-Typ: $\quad x_1 - x_0 = 1.100 - 800 = 300$

EBA-CBA-Typ: $\quad (x_1 - x_0) - (y_1 - y_0) = (1100 - 800) - (950 - 800)$
$$= 300 - 150 = 150$$

Zu b)

▪ Das Ergebnis des EBA-Typs ist aus folgenden Gründen kritisch zu beurteilen:
  – Verbrauchsänderung resultiert unter Umständen nicht ausschließlich aus der Werbekampagne
  – keine Berücksichtigung von Umwelteinflüssen
  – keine Beachtung von Carry-over-Effekten

▪ Beim EBA-CBA-Typ werden dagegen störende Entwicklungs- oder Carry-over-Effekte vermieden. Der Nachteil liegt in der Aufwendigkeit des Verfahrens.

B. Marketingprognose

2. Ein Haushaltsgerätehersteller beauftragt seine Marktforschungsabteilung, Absatzprognosemodelle unter Berücksichtigung des absatzpolitischen Instrumentariums herzuleiten. Die Marktforschung unterbreitet folgende zwei Vorschläge:

I: $\quad y_i = -a_1 p_i + b_1 W_i + c_1 D_i$

II: $\quad y_i = (a_2 p_i)^{-1} b_2 W_i c_2 D_i$

$\quad y \ = \text{Absatz}$
$\quad p \ = \text{Preis}$
$\quad W = \text{Werbung}$
$\quad D = \text{Distribution}$
$\quad i \ = \text{Marketingstrategie}$

a) Analysieren Sie den Aussagewert beider Modelle (I und II) für die Planung des Marketing-Mix unter besonderer Berücksichtigung der mathematischen Verknüpfung.

(3 Punkte)

b) Welche Einflussgrößen werden von den Modellen nicht erfasst?

(4 Punkte)

Lösung

Zu a)

I: Eine lineare Verknüpfung des Instrumenteeinsatzes impliziert die Unabhängigkeit und Unverbundenheit der betrachteten Marketinginstrumente; eindeutige Zurechenbarkeit zu einzelnen Instrumenteausprägungen.

II: Eine multiplikative Verknüpfung betont die Verbundenheit sowie die weitreichenden Interdependenzen unter den Instrumenten; keine eindeutige Zurechenbarkeit.

Zu b)

Folgende Aspekte werden nicht erfasst:

- Konkurrenzbeziehungen

- Time Lags

- spezifische Instrumentewirkung

- eventuell vorhandene Substitutions- beziehungsweise Partizipationseffekte zu anderen Produkten

C. Preispolitik

3. Aufgrund von Nachfragerückgängen hat sich die linear fallende Preis-Absatz-Funktion eines Monopolisten um den Prohibitivpreis zum Ursprung hin gedreht. Die gewinnmaximale Menge ist von 20 ME auf 15 ME gesunken. Der ursprünglich gewinnmaximale Preis betrug 8 GE. Aufgrund gezielter Marketingaktivitäten ist der Monopolist in der Lage, die Absatzverschlechterung zu kompensieren. Dadurch erhöhen sich die bisherigen Grenzkosten um 2 GE, und es treten zusätzliche fixe Kosten in Höhe von 3 GE pro Periode auf. Die bisherige Kostenfunktion lautete K (x) = 20 + 3x.

a) Bestimmen Sie die Preis-Absatz-Funktion vor und nach Durchführung der Marketingaktivitäten.

(8 Punkte)

b) Entscheiden Sie ferner, ob der Monopolist die Maßnahmen durchführen soll, falls er
   - nach Gewinnmaximierung strebt oder
   - unter Berücksichtigung einer Kapitalbedarfsfunktion von $c(x) = \frac{1}{2} x$ die Rentabilität maximieren will.

(10 Punkte)

c) Nennen Sie Lösungsmöglichkeiten zur Bewältigung des in Teil b) der Aufgabe auftretenden Zielkonfliktes.

(3 Punkte)

um anteilige Fixkosten gemindert. Deshalb führt die Orientierung an den Stückgewinnen zur Fehlentscheidung. Besser ist eine Orientierung an den Deckungsbeiträgen.

Zu b)

Orientierung an den Deckungsbeiträgen pro Stück

Berechnung der Deckungsspannen:

$$DS = p - k_v$$
$$DS_1 = 7,3 - 5,0 = 2,3$$
$$DS_2 = 5,9 - 6,1 = -0,2$$
$$DS_3 = 5,6 - 4,3 = 1,3$$
$$DS_4 = 6,4 - 3,1 = 3,3$$
$$DS_5 = 6,3 - 4,8 = 1,5$$

Der Fahrradhersteller sollte Modell 2 eliminieren, da dieses Produkt eine negative
Deckungsspanne aufweist.

E. Distribution

6. Ein Beratungsunternehmen analysiert die Leistungsfähigkeit unterschiedlicher Be-
    triebsformen im Hinblick auf den Absatz von Tennisschlägern. Den Beratern liegen
    folgende Informationen vor:

Betriebs-formen	Durch-schnittlich gebundenes Kapital in Mio. GE	Verkaufs-preis/Stück GE	Bezugs-preis/Stück GE	Distributions-kosten/ Stück GE	Absatz/ Periode in Tsd. ME
Fachhandel	50,0	140	105	28	600
Versand-handel	36,0	120	98	18	850
Verbraucher-markt	70,0	110	90	14	1.080
Discounter	100,0	105	88	10	1.600

GABLER
GRAFIK

a) Berechnen Sie die Umsatzrentabilität und die Kapitalrendite für die einzelnen Be-
    triebsformen.

(5 Punkte)

$$\left(\frac{G(x)}{C(x)} \right)' = -\frac{2}{3} + \frac{40}{x^2} = 0$$

$x_{1,2} = \pm \sqrt{60}$ und daher ist

$x_{opt}^0 = 7{,}75$ und $p_{opt}^0 = 10{,}42$.

Die Rentabilität beträgt: $\dfrac{G^0(x_{opt})}{C^0(x_{opt})} = 9{,}672$

■ mit Durchführung der Aktivitäten

$$\frac{G(x)}{C(x)} \rightarrow \text{max.!}$$

$$\frac{G(x)}{C(x)} = \frac{8x - \frac{1}{5}x^2 - 23}{\frac{1}{2}x}$$

$$\left(\frac{G(x)}{C(x)} \right)' = -\frac{2}{5} + \frac{46}{x^2} = 0$$

$x_{1,2} = \pm \sqrt{115}$ und daher ist

$x_{opt}^m = 10{,}72$ und $p_{opt}^m = 10{,}86$.

Die Rentabilität beträgt: $\dfrac{G^0(x_{opt})}{C^0(x_{opt})} = 7{,}421$

Im Sinne der Zielsetzung sind daher keine Marketingaktivitäten durchzuführen.

Zu c)

Möglichkeiten zur Lösung des Zielkonfliktes:

■ Herleitung einer Zielgewichtung aufgrund folgender Entscheidungsregeln:
  – eine relativ gleich gewichtige Behandlung der Ziele in Form der Nutzenmaximierung
  – die Formulierung so genannter Zielnebenbedingungen (Haupt- und Nebenziel)

■ Erstellung einer Zielordnung nach Mittel-Zweck-Vermutungen (Mittel-Zweck-Hierarchie)

4. Ein Kosmetikhersteller plant die Aufnahme von Modeprodukten in seine Produktpalette, um auf dem Wege der Diversifikation neue wachstumssichernde Märkte zu erschließen. Im Rahmen preispolitischer Überlegungen für das neue Produktpro-

gramm stellt sich dem Marketingleiter die Aufgabe, den neuen Markt zu identifizieren und abzugrenzen.

a) Nennen Sie die wichtigsten Abgrenzungskriterien der Marktformenlehre.

(3 Punkte)

b) Welche Ansätze werden in der praktisch orientierten Marktabgrenzung unterschieden?

(3 Punkte)

Lösung

Zu a)

- Spielregeln des Marktes
- Zugang zu den Märkten
- Anbieter- und Nachfragestruktur
- Vollkommenheitsgrad des Marktes
- Verhalten der Marktteilnehmer
- Zahl der Marktteilnehmer

Zu b)

Produktorientierung

- Konzept der physisch-technischen Ähnlichkeit

Anbieterorientierung

- Konzept der Kreuzpreiselastizität
- Konzept der Wirtschaftspläne

Nachfrageorientierung

- Konzept der funktionalen Ähnlichkeit
- Konzept der Kundentypendifferenzierung
- Konzept der subjektiven Austauschbarkeit

D. Produkt- und Sortimentspolitik

5. Ein Unternehmen beabsichtigt, sein Produktprogramm zu bereinigen. Die Programmanalyse soll auf der Grundlage folgender Daten durchgeführt werden:

Produkt	Absatz	Preis	Variable Kosten	Lagerkosten je Periode	Marketing-kosten je Periode	Zeitbedarf ME/ZE
1	2.500	200	160	20.000	40.000	2
2	1.000	350	190	60.000	30.000	4
3	1.500	250	150	65.000	45.000	3 GABLER GRAFIK

a) Stellen Sie die Rangfolge der Produkte anhand einer Umsatz- und Deckungsbeitrags-analyse her.

(3 Punkte)

b) Nehmen Sie zu beiden Verfahren kritisch Stellung.

(3 Punkte)

Lösung

Zu a)

Produkte	Umsatz (absolut)	Umsatz in %	Kapazität absolut	Kapazität in %	Umsatz/ Kapazität in %
1	500.000	41	5.000	37	1,108
2	350.000	29	4.000	30	0,966
3	375.000	30	4.500	33	0,909

Die Rangfolge bezüglich der Umsatzanalyse ist: Produkt 1, Produkt 2, Produkt 3

Produkte	DB (absolut)	DB in %	Kapazität absolut	Kapazität in %	DB/ Kapazität in %
1	40.000	27	5.000	37	0,729
2	70.000	47	4.000	30	1,567
3	40.000	26	4.500	33	0,788

Die Reihenfolge bezüglich der Deckungsbeitragsanalyse ist:
Produkt 2, Produkt 3, Produkt 1

Zu b)

Umsatzanalysen geben Hinweise auf die Marktstellung unter Berücksichtigung der zu verteilenden Produktionskapazität. So zeigen sich fertigungswirtschaftliche Nachteile, falls eines der Erzeugnisse starke Umsatzeinbußen verzeichnet. Da umsatzbezogene Analysen über die Erfolgswirksamkeit der Produkte aussagen, bedürfen sie einer Ergänzung durch Deckungsbeitragsanalysen.

E. Distributionspolitik

6. Der italienische Speiseeishersteller „Rivolino" strebt eine Ausweitung seines bisher nationalen Absatzbereichs durch die Erschließung des bundesdeutschen Marktes an. Nach der Erstellung einer Marketingkonzeption steht die Unternehmensleitung in Mailand vor der Aufgabe, die Problemstellungen der Marketinglogistik ergänzend zu berücksichtigen. Kennzeichnen Sie die wesentlichen Entscheidungen im logistischen System, und geben Sie mindestens drei Beispiele für Interdependenzen mit den übrigen Marketingaktivitäten!

(8 Punkte)

Lösung

■ Entscheidungen über Transportmittel und -wege

■ Lagerhaltungsentscheidungen

■ Standortentscheidungen

Beispiele für Interdependenzen

■ Produkteigenschaften beeinflussen die Art des Transports

■ Besondere Werbeaktionen erfordern besondere logistische Maßnahmen, um der steigenden Nachfrage gerecht zu werden

■ Eine hohe Distribution lässt sich durch gezielte Standortpolitik unterstützen

■ Bei preispolitischen Entscheidungen sind Lagerhaltungsentscheidungen (insbesondere Kostenkriterien) von zusätzlicher Bedeutung

■ Preisnachlässe können durch logistische Überlegungen (zum Beispiel günstige Transportwege) ausgelöst sein.

F. Kommunikationspolitik

7. Ein Computerhersteller plant die Einführung eines neuen Kleincomputers für Kinder. Entwickeln Sie eine Kommunikationsstrategie unter besonderer Berücksichtigung der Ziele, Zielgruppen und der einzusetzenden Werbeträger!

(14 Punkte)

Lösung

Ziele

- Erreichen einer bestimmten Produktbekanntheit (unter Vorgabe des Zielausmaßes und -zeitbezugs)

- Erzielung einer hohen Aufmerksamkeitswirkung

- Realisierung von Imagezielen
  - kreatives, forschungsintensives Unternehmen
  - individuelle Problemlösungen für jedermann
  - benutzerfreundliche Produktgestaltung
  - hohe qualitative Produkte

- Steigerung der Präferenz- und Kaufabsichtsziele
  - Abbau von Komplexität („Computer ist auch für Kinder geeignet")
  - Reduzierung des Kaufrisikos

Zielgruppen

Konsumentenebene:

- Eltern

- Meinungsführer (zum Beispiel Pädagogen, Wissenschaftler, Journalisten)

Handelsebene:

- Spielwarenhandel

- Warenhäuser

- Fachgeschäfte

Werbeträger

- Funk- und Fernsehwerbung

- Printmedien (zum Beispiel Fachzeitschriften des Spielwarenhandels, Elternzeitschriften)

471

- Präsenz auf Spielwarenmessen (Produktdemonstration)

- Prospektwerbung

- Direktwerbung

- Verkaufsförderungsmaßnahmen beim Handel

Darüber hinaus muss die Höhe des Kommunikationsbudgets festgelegt werden. Dabei ist insbesondere zu berücksichtigen, dass sich das Produkt in der Einführungsphase befindet. Im nachfolgenden Schritt sind entsprechend den Zielen die Fragen der Botschaftsgestaltung zu klären. Daran schließt sich die Aufteilung des Budgets nach sachlichen und zeitlichen Kriterien an (Streuung).

G. Marketing-Mix

8. Ein Werkzeughersteller beabsichtigt die Einführung eines preiswerten Steckschlüssel-Sets. Die Marketingabteilung hat die Aufgabe, die vier Marketinginstrumente Preis (P), Distribution (D), Werbung (W) und Verkaufsförderung (VF) festzulegen. Während die Kosten der Distribution aufgrund eines Kooperationsvertrags nur eine Ausprägung annehmen können, sind bei den übrigen Instrumenten jeweils zwei Ausprägungen denkbar. Die folgende Tabelle fasst mögliche Mixkombinationen und den zu erwartenden Absatz zusammen:

Mix-nummer	Preis (P) (GE)	Verkaufsför-derung (VF) (GE)	Werbung (W) (GE)	Distribu-tion (D) (GE)	Erwarteter Absatz (ME)
1	26	40.000	35.000	16.000	24.000
2	26	55.000	35.000	16.000	26.000
3	26	40.000	60.000	16.000	44.000
4	26	55.000	60.000	16.000	66.000
5	29	55.000	35.000	16.000	40.000
6	29	40.000	60.000	16.000	69.000
7	29	40.000	35.000	16.000	36.000
8	29	55.000	60.000	16.000	70.000

GABLER GRAFIK

Bei einem Preis von 26 GE fallen Produktions-Fixkosten von 260.000 GE an, während bei einem Preis von 29 GE Produktions-Fixkosten von 290.000 GE anfallen. Die variablen Stückkosten betragen immer 21 GE.

a) Berechnen Sie die jeweilige Break-Even-Absatzmenge, und nennen Sie die Haupt-probleme bei der Ableitung des optimalen Marketing-Mix mittels dieser Analyse-methode.

(7 Punkte)

b) Ermitteln Sie die Deckungsbeiträge der einzelnen Mixkombinationen, und kenn-zeichnen Sie die Kombination mit dem höchsten Bruttogewinn.

(5 Punkte)

Lösung

Zu a)

Formel zur Berechnung der Break-Even-Menge:

$$B = \frac{F + W + D + VF}{P - K_V}$$

Mixnummer	Break-Even-Menge
1	70.200
2	73.200
3	75.200
4	78.200
5	49.500
6	50.750
7	47.625
8	52.625

GABLER
GRAFIK

Probleme der Break-Even-Analyse

- einperiodische Betrachtung

- Einprodukt-Betrachtung (keine Wirkungsverbundeffekte)

- keine zeitlichen Ausstrahlungseffekte

- konstante Kosten und Preise in der Periode (zeitliche Stabilität der Marketing-Mix-Aktivitäten)

- keine Berücksichtigung von Konkurrenzaktivitäten

- Bestimmung des zu erwartenden Absatzes und der Kosten

Zu b)

Mixnummer	Deckungsbeitrag	Bruttogewinn
1	120.000	– 231.000
2	130.000	– 236.000
3	220.000	– 156.000
4	330.000	– 61.000
5	320.000	– 76.000
6	552.000	+146.000
7	288.000	– 93.000
8	560.000	+139.000

GABLER
GRAFIK

Deckungsbeitrag   = erwarteter Absatz x Deckungsspanne
Bruttogewinn   = Deckungsbeitrag – F – W – D – VF

Die Mixkombination Nr. 6 führt zum höchsten Bruttogewinn.

6. Marketing-Grundstudiumsklausur

A. Marketingforschung

1. Die Geschäftsleitung eines Waschmittelherstellers steht vor der Entscheidung, umfangreiche Marketinginvestitionen (neue Verpackung, Aufstockung des Werbe- und Verkaufsförderungsetats) in ihren Haushaltsreiniger „Blitz" vorzunehmen. Zur Fundierung der Entscheidung wird die Planungsabteilung beauftragt, eine Prognose des Absatzvolumens bis 2005 vorzunehmen.

   Der Leiter der Abteilung beauftragt einen seiner Mitarbeiter, wie in den Jahren zuvor die Prognoseberechnung auf der Grundlage einer linearen Trendextrapolation

   $y_t = a + b \cdot t$

   durchzuführen. Ein Kollege, der bereits in den letzten Jahren Bedenken gegen die lineare Trendfunktion angemeldet hatte, schlägt dem Abteilungsleiter vor, auf eine logistische Trendfunktion

   $$y_t = \frac{S}{1 + e^{a - b \cdot t}}$$

   zurückzugreifen. Der Abteilungsleiter lässt sich überzeugen und legt der Geschäftsleitung die bis 2005 ermittelten Prognosewerte vor.

   Auf der Sitzung der Geschäftsleitung kommt es jedoch erneut zu einer Auseinandersetzung über die Wahl des Prognoseverfahrens. Während der Vorstand Finanzen und Rechnungswesen den Leiter der Planungsabteilung unterstützt, weist der Vorstandsassistent auf das gestiegene Umweltbewusstsein der Verbraucher hin und schlägt vor, die Prognose mit Hilfe eines Indikators durchzuführen.

   a) Diskutieren Sie die Vor- und Nachteile einer Trendextrapolation auf der Basis einer linearen beziehungsweise einer logistischen Trendfunktion.

   (4 Punkte)

   b) Ist das Prognoseproblem mit Hilfe einer Indikatorprognose zu lösen? Setzen Sie sich kritisch mit den Vor- und Nachteilen einer Indikatorprognose auseinander.

   (5 Punkte)

Lösung

Zu a)

Lineare Trendfunktion:

Vorteile	Nachteile
■ rechnerisch einfache Handhabung	■ kein Ursache-Wirkungs-Zusammenhang
■ kaum Informationsprobleme	■ Erfassung von Strukturbrüchen
	■ keine Sättigungsannahme
	■ Extrapolation von Vergangenheitsdaten

GABLER
GRAFIK

Logistische Trendfunktion:

Vorteile	Nachteile
■ Marktsättigung berücksichtigt	■ Extrapolation von Vergangenheitsdaten
■ Anlehnung an Lebenszyklusmodell	■ keine Analyse der Ursachen

GABLER
GRAFIK

Zu b)

■ Eine Indikatorprognose bietet keine ausreichende Prognosegenauigkeit, da das Unternehmen sein Marketing-Mix verändern will. Besser wäre eine Wirkungsprognose.

■ Indikatorprognose

Vorteile	Nachteile
■ Ursache-Wirkung ansatzweise berücksichtigt	■ keine Berücksichtigung des Marketing-Mix
■ relativ einfache Erfassung des Indikators	■ Prognosen der Indikatorgrößen
■ Erfassung von Strukturbrüchen möglich	■ Wahl eines geeigneten Indikators

GABLER
GRAFIK

B. Preispolitik

2. Für ein Unternehmen, das auf einem polypolistisch strukturierten Markt tätig ist, gilt folgende Preis-Absatz-Funktion:

$$p = \begin{cases} 8 - \dfrac{1}{40}x & 0 \le x \le 40 \\ 13 - \dfrac{3}{20}x & 40 \le x \le 60 \\ 5 - \dfrac{1}{60}x & 60 \le x \le 300 \end{cases}$$

Die Kostenfunktion des Polypolisten lautet:

$K = 5 + 1{,}5x$

a) Bestimmen Sie die lang- und kurzfristige Preisuntergrenze sowie deren jeweilige Lage.

(13 Punkte)

b) Bestimmen Sie die renditemaximalen Absatzmengen sowie die Höhe der maximalen Rendite für den Fall, dass die Kapitalbedarfsfunktion

(1) $C(x) = 2.000$ *(8 Punkte)*

(2) $C(x) = 50\,x$ *(8 Punkte)*

lautet.

Lösung

Zu a)

■ Bestimmung der kurzfristigen Preisuntergrenze:
Die kurzfristige PUG liegt dort, wo die variablen Kosten gedeckt sind.

$p_k = k_v = K'(x) = 1{,}5$

Lage der kurzfristigen PUG:

$8 - \dfrac{1}{40}x = 1{,}5 \qquad x = 260 \qquad$ nicht definiert

$13 - \dfrac{3}{20}x = 1{,}5 \qquad x = 76{,}66 \quad$ nicht definiert

$5 - \dfrac{1}{60}x = 1{,}5 \qquad x = 210 \qquad$ definiert

Die kurzfristige PUG liegt somit bei $x = 210$ ME und $p = 1{,}5$ GE.

■ Bestimmung der langfristigen Preisuntergrenze:
Sie ist dort gegeben, wo die gesamten Stückkosten gedeckt sind.

$p_L = k_G$

- **oberer atomistischer Bereich**

$$8 - \frac{1}{40} x = \frac{5}{x} + 1,5$$

$$\frac{1}{40} x^2 - 6,5x + 5 = 0$$

$$x^2 - 260x + 200 = 0$$

$$x_{1,2} = 130 \pm \sqrt{16.700}$$

$$x_{1,2} = 130 \pm \sqrt{129,2}$$

$x_1 = 0,8$ definiert $p = 7,98$ GE

$x_2 = 259,2$ nicht definiert

- **monopolistischer Bereich**

$$13 - \frac{3}{20} x = \frac{5}{x} + 1,5$$

$$\frac{3}{20} x^2 - 11,5x + 5 = 0$$

$$x^2 - 76,67x + 33,33 = 0$$

$$x_{1,2} = 38,33 \pm \sqrt{1.436,24}$$

$$x_{1,2} = 38,33 \pm \sqrt{37,90}$$

$x_1 = 0,43$ nicht definiert

$x_2 = 76,23$ nicht definiert

- **unterer atomistischer Bereich**

$$5 - \frac{1}{60} x = \frac{5}{x} + 1,5$$

$$\frac{1}{60} x^2 - 3,5x + 5 = 0$$

$$x^2 - 210x + 300 = 0$$

$$x_{1,2} = 105 \pm \sqrt{10.725}$$

$$x_{1,2} = 105 \pm \sqrt{103,56}$$

$x_1 = 1,44$ nicht definiert

$x_2 = 208,56$ definiert $p = 1,52$ GE

Die langfristige PUG liegt somit bei x = 208,56 ME und p = 1,52 GE.

Zu b)

(1) C (x) = 2.000

Die Rentabilitätsmaximierung führt zum gleichen Ergebnis wie die Gewinnmaximierung, da der Kapitaleinsatz unabhängig von der Absatzmenge ist.

Berechnung des Gewinnmaximums:

$G'(x) = U'(x) - K'(x) = 0$

$8 - \dfrac{1}{20}x - 1,5 = 0$

           $x = 130$ nicht definiert

$13 - \dfrac{3}{10}x - 1,5 = 0$

           $x = 38,33$ nicht definiert

$5 - \dfrac{1}{30}x - 1,5 = 0$

           $x = 105$ definiert

           $p = 3,25$

$G (x = 105) = 178,75$ GE.

Das Gewinnmaximum könnte jedoch auch am oberen monopolistischen Grenzpreis liegen:

$x = 40$ ME; $p = 7$ GE

$G (x = 40) = 215$ GE

Das Gewinn- beziehungsweise Rentabilitätsmaximum liegt bei p = 7 GE und x = 40 ME.

Die Rendite beträgt $R = \dfrac{215}{2.000} = 10,75\,\%$

(2) C (x) = 50 x

Das Renditemaximum $R(x) = \dfrac{G(x)}{C(x)}$

muss bestimmt werden.

▪ oberer atomistischer Bereich

$$R(x) = \frac{6,5x - \dfrac{1}{40}x^2 - 5}{50x} \rightarrow \text{max.!}$$

$$R'(x) = \frac{\left(6,5 - \frac{1}{20}x\right) \cdot 50x - 50 \cdot \left(6,5x - \frac{1}{40}x^2 - 5\right)}{(50x)^2} = 0$$

$$325x - \frac{5}{2}x^2 - 325x + \frac{5}{4}x^2 + 250 = 0$$

$$\frac{5}{4}x^2 = 250$$

$$x^2 = 200$$

$$x_1 = 14,14 \qquad \text{definiert}$$

$$x_2 = -14,14 \qquad \text{nicht definiert}$$

■ monopolistischer Bereich

$$R(x) = \frac{11,5x - \frac{3}{20}x^2 - 5}{50x} \rightarrow \text{max.!}$$

$$R'(x) = \frac{\left(11,5 - \frac{3}{10}x\right) \cdot 50x - 50 \cdot \left(11,5x - \frac{3}{20}x^2 - 5\right)}{(50x)^2} = 0$$

$$575x - 15x^2 - 575x + 7,5x^2 - 250 = 0$$

$$7,5x^2 = 250$$

$$x^2 = 33,33$$

$$x_1 = 5,77 \qquad \text{nicht definiert}$$

$$x_2 = -5,77 \qquad \text{nicht definiert}$$

■ unterer atomistischer Bereich

$$R(x) = \frac{3,5x - \frac{1}{60}x^2 - 5}{50x} \rightarrow \text{max.!}$$

$$R'(x) = \frac{\left(3,5 - \frac{1}{30}x\right) \cdot 50x - 50 \cdot \left(3,5x - \frac{1}{60}x^2 - 5\right)}{(50x)^2} = 0$$

$$175 - \frac{5}{3}x^2 - 175x + \frac{5}{6}x^2 + 250 = 0$$

$$\frac{5}{6}x^2 = 300$$

$$x_1 = 17,32 \qquad \text{nicht definiert}$$

$$x_2 = -17,32 \qquad \text{nicht definiert}$$

Aufgrund von Plausibilitätsüberlegungen kann das Renditemaximum an keiner Sprungstelle liegen.

$$R(x = 14,14) = \frac{18,91}{707} = 11,59\%$$

C. Distributionskanäle

3. Ein Hersteller von Kühltruhen plant, den französischen Markt mit der Kühlbox 2000 zu beliefern. Die variablen Produktionskosten belaufen sich auf 500 GE/ME. Der Hersteller kann dieses Produkt über zwei alternative Absatzkanäle in den Markt einführen.

1. Alternative

Es wird ausschließlich der Fachhandel bedient, wobei 100 große Fachhändler direkt und die übrigen Fachhändler über 50 Fachgroßhändler beliefert werden.

Handelsstufe	Absatzmenge pro Geschäft und Monat (ME)	Abgabepreis GE/ME	Transportkosten pro Geschäft und Monat (GE)
Fachgroßhandel	200	600	1.500
Facheinzelhandel	14	700	230

GABLER GRAFIK

2. Alternative

Die Produkteinführung wird exklusiv über die französischen Warenhäuser vorgenommen. Die Warenhäuser machen die Höhe der Absatzmenge x jedoch vom Bezugspreis p abhängig. Die aggregierte Nachfragefunktion lautet:

$$p = 1.200 - 0{,}053x$$

Bei dieser Alternative fallen Transportkosten zum Zwischenlager von 100.000 GE pro Monat sowie Auslieferungskosten von 400.000 GE pro Monat an.

a) Führen Sie einen Gewinnvergleich der beiden Absatzkanalalternativen durch.

(8 Punkte)

b) Welche qualitativen Kriterien sollten darüber hinaus in die Entscheidungsfindung einbezogen werden?

(3 Punkte)

c) Nehmen Sie kritisch zu Punktbewertungsverfahren bei distributionspolitischen Entscheidungen Stellung.

(3 Punkte)

481

Lösung

Zu a)

Alternative 1

Deckungsspannen:

$$DS_{FGH} = 600 - 500 = 100$$
$$DS_{FEH} = 700 - 500 = 200$$

Deckungsbeitrag:

$DB_{FGH} = 100 \cdot 200 \cdot 50$		=	1.000.000
./. kanalspezifische Transportkosten			
$1.500 \cdot 50$		=	75.000
			925.000

$DB_{FEH} = 200 \cdot 14 \cdot 100$		=	280.000
./.	$230 \cdot 100$	=	23.000
			257.000

Gewinn Alternative 1:

		925.000 GE
+		257.000 GE
		1.182.000 GE

Alternative 2

$$G = 1.200x - 0.053x^2 - 500x - 500.000$$
$$G' = 700 - 0.106x = 0$$
$$x = \frac{700}{0.106} = 6.604 \text{ ME}$$
$$p = 849.99 \text{ GE}$$
$$G = p \cdot x - k_v \cdot x - \text{Transportkosten}$$
$$G = 849.99 \cdot 6.604 - 500 \cdot 6.604 - 500.000$$
$$G = 1.811.33,96$$

Der Exklusivvertrieb über die Warenhäuser führt zu einem höheren Gewinn.

Zu b)

- Langfristige Gewinnwirkungen
- Erreichbarer Distributionsgrad
- Wachstumspotenzial des Kanals
- Kontrolle der Absatzmittleraktivitäten
- Flexibilität
- Absatzkanalimage
- Kundendienstleistungsniveau der Absatzmittler

Zu c)

- Notwendigkeit überschneidungsfreier Kriterien

- Gewichtung der Kriterien subjektiv

- Entscheidungsregeln subjektiv

- Problem der Scheingenauigkeit

D. Kommunikationspolitik

4. Ein Waschmittelhersteller beobachtet seit Jahren die Entwicklung des Marktanteils und Werbeanteils, das heißt der Anteil der eigenen Werbeaufwendungen an den Gesamtwerbeaufwendungen der Branche für sein Produkt „Sauberkraft". Mit Hilfe der linearen Einfachregression wurde folgende, hinreichend signifikante Beziehung zwischen Marktanteil (MA) und Werbeanteil (WA) nachgewiesen:

MA $= 5{,}628 + 0{,}409 \cdot$ WA

Dieser Zusammenhang wird als Entscheidungsgrundlage für die Bestimmung des Werbeaufwands herangezogen.

a) Ermitteln Sie den Werbeaufwand in GE für die kommende Periode, wenn der Waschmittelhersteller einen Marktanteil von 8,50 Prozent für „Sauberkraft" anstrebt. Gehen Sie dabei von einem geschätzten Gesamtwerbeaufwand aller Anbieter in der kommenden Periode von 220.000 GE aus.

(3 Punkte)

b) Nehmen Sie kritisch zu den konkurrenzorientierten Verfahren der Werbebudgetierung Stellung.

(5 Punkte)

Lösung

Zu a)

1. Ermittlung des erforderlichen Werbeanteils

   MA $= 5{,}628 + 0{,}409 \cdot$ WA

   $$WA = \frac{MA - 5{,}628}{0{,}409}$$

   Für MA $= 8{,}5\,\%$ gilt:

   WA $= 7{,}02\,\%$

2. Ableitung des Werbeaufwands

   W $=$ WA $\cdot$ 220.000

   W $= 0{,}0702 \cdot 220.000 = 15.448{,}4$ GE

Zu b)

- Implizite Berücksichtigung der Konkurrenz

- Eliminierung von Umwelt- und Saisoneinflüssen

- Unabhängig von Veränderungen des Marktvolumens

- Informationsbedarf hoch

- Prognose des Gesamtwerbeaufwands schwierig

E. Marketing-Mix

5. Ein Hersteller von Videorecordern sieht sich in diesem oligopolistischen Markt einem zunehmenden Konkurrenzdruck insbesondere von fernöstlichen Billiganbietern ausgesetzt. Es ist davon auszugehen, dass der Marktanteil des Herstellers in diesem wachsenden Markt bei konstantem Marketing-Mix von zur Zeit 8 Prozent auf 3 Prozent in vier Jahren sinken wird. Aus Marktstudien kennt die Marketingleitung die Elastizitätskoeffizienten für Preis (p), Werbung (w) und Kundendienst (k):

$$\eta_{x,p} = -1,13$$
$$T = 6,2$$
$$\eta_{x,w} = 0,94$$
$$\eta_{x,k} = 1,28$$

Der Verkaufsleiter des Unternehmens schlägt vor, die Preise um 10 Prozent zu senken und damit den Billiganbietern anzupassen. Dadurch könnten die Marktanteilsverluste kompensiert werden.

Demgegenüber vertritt der Produktmanager die Auffassung, die Qualität des Produkts über Stereo-Ausstattung zu erhöhen und durch erhöhten Werbedruck und verstärkte Kundendienstanstrengungen diese Qualitätsführerschaft zu dokumentieren.

a) Interpretieren Sie die Elastizitätskoeffizienten.

(4 Punkte)

b) Nennen Sie die wesentlichen Argumente, die für die Preissenkung beziehungsweise für die Qualitätsführerschaft sprechen.

(7 Punkte)

c) Erörtern Sie stichpunktartig die Risiken, die mit einer Preissenkungsstrategie verbunden sind.

(9 Punkte)

Lösung

Zu a)

$\eta_{x,p}$ = $-1,13$:   Die Nachfrager reagieren überproportional auf Preisänderungen

T   = 6,2:   Es liegen intensive Konkurrenzbeziehungen vor

$\eta_{x,w}$ = 0,94:   Die Nachfrager reagieren unterproportional auf Änderungen des Werbebudgets

$\eta_{x,k}$ = 1,28:   Die Nachfrager reagieren überproportional auf Änderungen des Kundendienstniveaus

Zu b)

1. Preissenkung

- Preiselastizität hoch

- Kurzfristig realisierbar

- Kompensierung der Marktanteilsverluste

2. Qualitätsführerschaft

- Kundendienstelastizität hoch

- Von der Konkurrenz nur schwierig imitierbar

- Sicherung der „Hochpreispolitik"

- Klare Profilierung gegenüber Billiganbietern

Zu c)

- Konkurrenz senkt aufgrund der hohen Kreuzpreiselastizität ebenfalls den Preis.

- Preissenkungen führen häufig zwangsläufig zur Senkung des Kundendienstniveaus. Aufgrund der hohen Kundendienstelastizität hat dies einen Nachfragerückgang zur Folge.

- Preissenkungen führen häufig dazu, dass die Nachfrager eine Qualitätsminderung vermuten.

- Absinken der Preiselastizität im Zeitablauf.

- Über Minderung der Deckungsspannen besteht die Gefahr der Gewinnminderung.

- Spätere Preiserhöhungen nur schwer durchsetzbar.

- Preissenkung birgt Gefahr des Imageverlusts in sich.

7. Marketing-Grundstudiumsklausur

Aufgabe 1

Bei der Beurteilung von zwei Neuproduktideen A und B ergibt sich das folgende Bewertungsprofil:

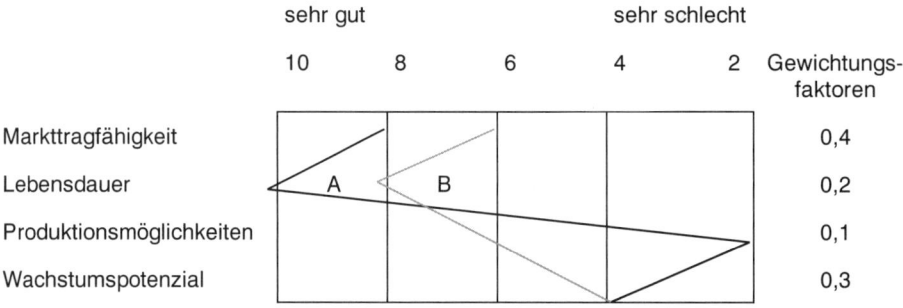

	sehr gut				sehr schlecht	
	10	8	6	4	2	Gewichtungsfaktoren
Markttragfähigkeit						0,4
Lebensdauer						0,2
Produktionsmöglichkeiten						0,1
Wachstumspotenzial						0,3

A und B können nur alternativ verwirklicht werden.

a) Überführen Sie das obige Bewertungsprofil in ein gewichtetes Punktbewertungsmodell. Welche der beiden Produktideen sollte danach die Unternehmung verwirlichen?

(4 Punkte)

b) Wie beurteilen Sie das gewichtete Punktbewertungsmodell? Vergleichen Sie es dabei auch mit dem oben dargestellten Bewertungsprofil.

(6 Punkte)

Lösung

Zu a)

Kriterien	Punkte 2-4-6-8-10		Gewichtungs-faktoren	Punktwerte	
	A	B		A	B
Markttragfähigkeit	8	6	0,4	3,2	2,4
Lebensdauer	10	8	0,2	2,0	1,6
Produktionsmöglichkeiten	2	6	0,1	0,2	0,6
Wachstumspotenzial	4	4	0,3	1,2	1,2
Summe				6,6	5,8

GABLER GRAFIK

Das Punktbewertungsmodell geht davon aus, dass diejenige Alternative zu wählen ist, die den höchsten Punktwert erzielt. Demnach sollte Produktidee A der Vorzug gewährt werden.

Zu b)

Generelle **Vorteile** von Punktbewertungsmodellen:

- Allein die Auswahl der Kriterien und die Festlegung der Gewichte sensibilisieren für die zugrunde liegende Fragestellung

- Schnelle Durchführbarkeit/leichte Handhabung

- Es werden „eindeutige" Ergebnisse abgeleitet

- Leichte Kommunizierbarkeit

- Berücksichtigung sowohl qualitativer als auch quantitativer Faktoren möglich

Generelle **Nachteile** von Punktbewertungsmodellen:

- Starke Subjektivität bei Auswahl und Gewichtung der Kriterien

- Leichte Manipulierbarkeit der Ergebnisse durch Ersteller des Punktbewertungs-Modells

- Durch Aggregation auf einen Wert starker Informationsverlust

- Punktbewertungsmodelle gehen von überschneidungsfreien Kriterien aus; diese Bedingung ist bei Erstellung des Modells schwer zu berücksichtigen

■ Vor der Anwendung eines Punktbewertungsmodells muss sich der Anwender über die generelle Realisierbarkeit der Alternativen bei bestimmten Kriterienausprägungen im Klaren sein. Das heißt, dass bestimmte Kriterienausprägungen zum Ausschluss der Alternative führen und daher nicht, wie es das Punktbewertungsmodell unterstellt, durch andere Kriterienausprägungen kompensiert werden können.

■ Unsicherheitsgesichtspunkte werden nicht berücksichtigt

Beurteilung des vorliegenden Punktbewertungsmodells:

■ Sehr beschränkte Kriterienanzahl

■ Kriterien nicht überschneidungsfrei

■ Fragliche Gewichtungsfaktoren (trotz einer sehr schlechten Produktionsmöglichkeit für Alternative A schneidet diese besser als Alternative B ab)

■ Gegenüber dem Bewertungsprofil verliert der reine Scoringwert an Aussagekraft (Informationsverlust). Zudem leidet die Kommunizierbarkeit der Problematik an der gegenüber dem dargestellten Bewertungsprofil fehlenden Graphik.

Aufgabe 2

Das Software-Unternehmen „Macrosoft" möchte ein neues Computerspiel auf den Markt bringen. Die Marketingabteilung muss insbesondere die beiden Marketing-Instrumente Preis (P) und Werbung (W) für die Produkteinführung festlegen. Für die Preisbestimmung und Werbebudgetallokation sind der Marktforschungsabteilung folgende Preiselastizitäten und Grenzerträge der Werbung bekannt:

Preiselastizitäten:

Werbebudget \ Preis	15 €/Stück	40 €/Stück
40.000 €	− 0,4	− 1,3
80.000 €	− 0,2	− 1,0

Grenzertrag der Werbung:

Werbebudget \ Preis	15 €/Stück	40 €/Stück
40.000 €	− 0,8	− 2,4
80.000 €	− 0,7	− 1,9

Interpretieren Sie diese Ergebnisse! Gehen Sie dabei zunächst auf die Preiselastizität sowie die Grenzerträge der Werbung getrennt ein. Erläutern Sie darüber hinaus den Zusammenhang zwischen Preiselastizität und Grenzertrag der Werbung!

(15 Punkte)

Lösung

Die Reaktion der Nachfrage auf Änderungen des Preises wird durch die Preiselastizität der Nachfrage gemessen. Sie ist ein allgemeines Maß für die Bestimmung der Konsequenzen von Preisentscheidungen und somit ein Zentralbegriff der Preispolitik. Den Anbieter interessiert, wie sich die Nachfrage nach einem Gut verändert, wenn der Preis des Guts um einen bestimmten Betrag erhöht oder gesenkt wird.

Die (direkte) Preiselastizität ist definiert als das Verhältnis der relativen (prozentualen) Änderung der Nachfrage nach einem Gut zu der sie auslösenden relativen (prozentualen) Änderung des Preises dieses Guts. Man kann die Änderung infinitesimal oder finitesimal ausdrücken. Bei infinitesimaler Änderung ergibt sich für die direkte Preiselastizität die folgende Formel:

$$\eta_{x_i, p_i} = \frac{dx_i}{x_i} : \frac{dp_i}{p_i} = \frac{dx_i}{dp_i} \cdot \frac{p_i}{x_i}$$

Hierbei bedeuten:

x_i = Absatzmenge des i-ten Guts
p_i = Preis des i-ten Guts
dx_i = Änderung der Nachfragemenge
dp_i = Preisänderung

Die Preiselastizität hat bei fallenden Preis-Absatz-Funktionen stets ein negatives Vorzeichen.

Die Werte der Preiselastizitäten lassen sich damit wie folgt interpretieren: Bei einem Preis von 15,00 €/Stck. und einem Werbebudget von 40.000 € ergibt sich eine Preiselastizität von –0,4. Eine Steigerung (Senkung) des Preises um 10 Prozent bewirkt eine Senkung (Steigerung) der abgesetzten Menge um 4 Prozent. Da der Elastizitätskoeffizient gleich –1 ist, spricht man hier von einer unelastischen Nachfrage. Das Gegenteil ist bei dem Elastizitätskoeffizienten –1,3 der Fall: Eine Senkung (Steigerung) des Preises um 10 Prozent hätte eine Steigerung (Senkung) der abgesetzten Menge um 13 Prozent zur Folge. Da der prozentuale Mengeneffekt größer als der prozentuale Preiseffekt ausfällt, spricht man in diesem Fall von einer elastischen Nachfrage. Bei einem Elastizitätskoeffizienten von –1 müssen sich nachgefragte Menge und nachgefragter Preis um den gleichen Prozentsatz ändern.

Aus der Amoroso-Robinson-Relation lässt sich leicht folgender Zusammenhang zwischen Umsatz- und Preisentwicklung ableiten:

Elastizität Preis- änderung	h > -1	h = -1	h < -1
Preiserhöhung	Umsatzsteigerung	Umsatz konstant	Umsatzsenkung
Preissenkung	Umsatzsenkung	Umsatz konstant	Umsatzsteigerung

GABLER GRAFIK

Damit lassen sich die Preiselastizitäten wie folgt interpretieren: Bei einem Preis von 15,00 € und einem Werbebudget von 40.000 € besagt der Wert von –0,4, dass eine Preiserhöhung eine Umsatzsteigerung nach sich zieht. Unter Einbeziehung der Elastizität bei einem Preis von 40,00 € (–1,4) lässt sich sagen, dass der umsatzmaximale Preis bei einem Werbebudget von 40.000 € zwischen 15 und 40,00 € liegt. Weiterhin kann gesagt werden, dass bei einer Erhöhung des Werbebudgets auf 80.000 € die Preiselastizität der Nachfrage abnimmt. Das Umsatzmaximum liegt dann genau bei einem Preis von 40,00 €.

Der Grenzertrag der Werbung ist definiert als:

$$\mu = \frac{x}{s} \cdot p$$

das heißt als die mit dem Preis (p) bewertete Absatzänderung (x) in Relation zur Änderung der Werbeaufwendungen (s).

In diesem Zusammenhang sind die vier Werte der Matrix wie folgt zu interpretieren: Bei einer Erhöhung der Werbeaufwendungen um 1,00 € erhöht sich der Umsatz um 0,80 € (beziehungsweise 2,40; 0,70; 1,90). Bei alleiniger Betrachtung der Werbung lohnt sich eine Erhöhung der Werbeausgaben immer dann, wenn der Grenzertrag der Werbung größer 1 ist. Zudem wird deutlich, dass bei einem höheren Produktpreis der Grenzertrag der Werbung auffallend höher ist als beim niedrigen Produktpreis. Weiterhin ist der Grenzertrag der Werbung bei einem niedrigeren Werbebudget größer als bei einem höheren Budget (sinkende Grenzerträge).

Zwischen Preiselastizität und Grenzertrag der Werbung besteht ein Zusammenhang, der im Dorfman-Steiner-Theorem wiedergegeben wird: Dieses besagt, dass das optimale Marketing-Mix einer Unternehmung (die das Werbebudget, die Preispolitik und als im Beispiel nicht angesprochenen Aktionsparameter die Qualitätspolitik nutzt) dann erreicht ist, wenn die Preiselastizität der Nachfrage, der Grenzertrag der Werbung und die mit dem Quotienten aus Preis und Durchschnittskosten multiplizierte Nachfrageelastizität in Bezug auf Qualitätsänderungen einander gleich sind. Bezogen auf die in der Aufgabenstellung genannten Parameter bedeutet das, dass ein optimaler Einsatz der Parameter Preis und Werbung dann erreicht ist, wenn die Preiselastizität der Nachfrage gleich dem Grenzertrag der Werbung ist.

8.   # Marketing-Grundstudiumsklausur

Aufgabe 1

Eine Unternehmung kann pro Woche maximal 60 Mengeneinheiten des Erzeugnisses A produzieren. An variablen Kosten fallen bei der Herstellung 9 GE/ME an. Die Fixkosten pro Woche betragen 200 GE.

Die Unternehmung hat ihr Absatzgebiet in zwei Segmente S_1 und S_2 regional aufgeteilt. In Segment S_1 ist die Unternehmung Monopolist. Die Sättigungsmenge liegt bei 60 ME pro Woche. Der Prohibitivpreis beträgt 40 GE.

In Segment S_2 sieht sich die Unternehmung einer Vielzahl von Konkurrenten gegenüber. Die Marktforschung hat durch einen Preistest folgende Daten erhoben:

- Innerhalb der Preise $p_1 = 10$ GE und $p_2 = 17{,}5$ GE kann der Hersteller wie ein Monopolist Preispolitik betreiben.

- Beim unteren Grenzpreis ist eine Menge von 60 Gütereinheiten absetzbar.

- Die Punktelastizität im unteren Grenzpreis beträgt für den monopolistischen Bereich $-\frac{2}{3}$, für den atomistischen Bereich $-\frac{10}{3}$.

- Bei einem Preis $p_3 = 22{,}5$ GE verliert der Hersteller seine gesamte Nachfrage an die Konkurrenz.

Aufgrund der ihr vorliegenden Daten und Erkenntnisse ist die Marktforschung davon überzeugt, dass eine abschnittsweise linear fallende Nachfragefunktion die Realität in Segment S_2 am besten erklärt.

Beim Absatz der Produkte in Segment S_1 fallen (bedingt durch Transport und Lagerung) weitere 4 GE/ME an; in Segment S_2 sind es 2 GE/ME. Die Fixkosten pro Woche verteilen sich gleichmäßig auf beide Segmente.

a) Bestimmen Sie analytisch die Preis-Absatz-Funktion für die Segmente S_1 und S_2, und geben Sie die jeweiligen Definitionsbereiche an.

(12 Punkte)

b) Bestimmen Sie den gewinnmaximalen Absatzplan für eine Woche. Wie viele Mengeneinheiten sollen zu welchem Preis in S_1 und S_2 abgesetzt werden, und wie hoch ist der Wochengewinn?

(12 Punkte)

c) Im Segment S_2 tritt eine strukturell bedingte Verschlechterung der Nachfragesituation ein. Die Preis-Absatz-Funktion verschiebt sich parallel. Bestimmen Sie analytisch die langfristige Preisuntergrenze, die die Unternehmung gerade noch akzeptieren wird.

(10 Punkte)

Lösung

Zu a)

1. Ermittlung der PAF in Segment S_1

$p = a - b \cdot x$

1. $x = 0 \Rightarrow p = p_H = a = 40$

2. $p = 0 \Rightarrow x_s = 60$

$\Rightarrow 0 = 40 - b \cdot x_s = 40 - b \cdot 60$

$\Rightarrow b = \dfrac{2}{3}$

PAF: $p = 40 - \dfrac{2}{3} x$

Def.bereich: $0 \leq x \leq 60$

2. Ermittlung der PAF in Segment S_2

▪ monopolistischer Bereich

$p_1 = 10; \; x_1 = 60; \; \eta = -\dfrac{2}{3}$

$\eta_{x_1, p_{11}} = \dfrac{dx}{dp} \cdot \dfrac{p}{x} = \dfrac{dx}{dp} \cdot \dfrac{10}{60} = -\dfrac{2}{3}$

$\Rightarrow \dfrac{dp}{dx} = -\dfrac{1}{4}$

$a = p_1 + b \cdot x_1 = 10 + \dfrac{1}{4} \cdot 60 = 25$

PAF: $p = 25 - \dfrac{1}{4} x$

Def.bereich: $p_2 = 17{,}5 = 25 - \dfrac{1}{4} x_2 \Rightarrow x_2 = 30$

$30 \leq x \leq 60$

▪ oberer atomistischer Bereich

$p_3 = 22{,}5 = a, \text{ da } x_3 = 0$

$p_2 = 17{,}5, \; x_2 = 30$

$b = \dfrac{\Delta p}{\Delta x} = \dfrac{p_3 - p_2}{x_3 - x_2} = \dfrac{22{,}5 - 17{,}5}{0 - 30} = -\dfrac{1}{6}$

PAF: $p = 22{,}5 - \dfrac{1}{6}\,x$

Def.bereich: $0 \le x \le 30$

▨ unterer atomistischer Bereich

$p_1 = 10$, $x_1 = 60$, $\eta = -\dfrac{10}{3}$

$\eta_{x_1,\,p_1} = \dfrac{dx}{dp} \cdot \dfrac{p}{x} = \dfrac{dx}{dp} \cdot \dfrac{10}{60} = -\dfrac{10}{3}$

$\dfrac{dx}{dp} = -\dfrac{10}{3} \cdot \dfrac{60}{10} = -20$

$a = p_1 + b \cdot x_1 = 10 + \dfrac{1}{20} \cdot 60 = 13$

PAF: $p = 13 - \dfrac{1}{20}\,x$

Def.bereich: $p = 0 \Rightarrow x = 260$
$60 \le x \le 260$

PAF_{s1} : $p = 40 - \dfrac{2}{3}\,x$

$0 \le x \le 60$

$PAF_{s2}: p = \begin{cases} 22{,}5 - \dfrac{1}{6}\,x & 0 \le x \le 30 \\[2mm] 25 - \dfrac{1}{4}\,x & 30 \le x \le 60 \\[2mm] 13 - \dfrac{1}{20}\,x & 60 \le x \le 260 \end{cases}$

Zu b)

1. Berechnung der optimalen Menge in Segment 1

Optimalitätskriterium: G_{max} da, wo $E' - K' = 0$

Ermittlung von E':

$E = p \cdot x = 40x - \dfrac{2}{3}\,x^2$
$E' = 40 - \dfrac{4}{3}\,x$

Ermittlung von K':

$K = \quad KfS_1 + 9x + 4x \; [KfS_1 \ne 200 \; GE]$
$K' = \quad 13$

Ermittlung der Cournot'schen Menge in Segment S_1:

x_c da, wo $E' - K'\ 0$
$40 - \dfrac{4}{3}\,x - 13 = 0$

$$\frac{4}{3}x = 27$$

$$x = \frac{81}{4} = 20{,}25$$

Ermittlung des Cournot'schen Preises:

$$p_c = 40 - \frac{2}{3} \cdot x_c$$

$$= 40 - \frac{2}{3} \cdot \frac{81}{4}$$

$$= 26{,}5$$

2. Berechnung der optimalen Menge in Segment 2

$$K = KfS_2 + 9x + 2x$$

$$K' = 11$$

■ oberer atomistischer Bereich

$$E' = 22{,}5 - \frac{1}{3}x$$

$$E' - K' = 22{,}5 - \frac{1}{3}x - 11 = 0$$

$$\frac{1}{3}x = 11{,}5$$

$$x_{opt} = 34{,}5$$

$\Rightarrow x_{opt}$ liegt nicht im Definitionsbereich

$\Rightarrow x = 30$

p_{opt}: $p_{opt} = 22{,}5 - \frac{1}{3}x_{opt}$

$$= 22{,}5 - \frac{30}{6}$$

$$= 17{,}6$$

■ monopolistischer Bereich

$$E' = 25 - \frac{1}{2}x \quad \text{und} \quad K' = 11$$

$$E' - K' = 25 - \frac{1}{2}x - 11 = 0$$

$$\frac{1}{2}x = 14$$

$$x_{opt} = 28$$

$\Rightarrow x_{opt}$ liegt nicht im Definitionsbereich

$\Rightarrow x = 30$

$\Rightarrow p_{opt} = 17{,}5$

■ unterer atomistischer Bereich (zwei mögliche Antworten)

a) $E' = 13 - \frac{1}{10}x \quad \text{und} \quad K' = 11$

$$E' - K' = 13 - \frac{1}{10}x - 11 = 0$$

$$\frac{1}{10} x = 2$$

$x_{opt} = 20 \Rightarrow$ nicht definiert

b) Dieser Bereich ist nicht relevant, da die Unternehmung nur max. 60 ME pro Woche produzieren kann.

3. Ergebnis

1. Optimaler Absatzplan

$x_{S1} = 20{,}25$

$x_{S2} = 30$

zulässig, da $50{,}25 < 60$ (Kapazitätsrestriktion)

2. Bestimmung des Wochengewinns

$$\begin{aligned}
G &= E_{S1} + E_{S2} - Kf - k_{S1} \cdot x_{S1} - K_{S2} \cdot x_{S2} \\
&= 26{,}5 \cdot 20{,}25 + 17{,}5 \cdot 30 - 200 - 13 \cdot 20{,}25 - 11 \cdot 30 \\
&= 268{,}375
\end{aligned}$$

Zu c)

Die langfristige PUG liegt da, wo $p = \dfrac{K}{x}$ (Preis = durchschnittliche Kosten), das heißt, an dieser Stelle gilt:

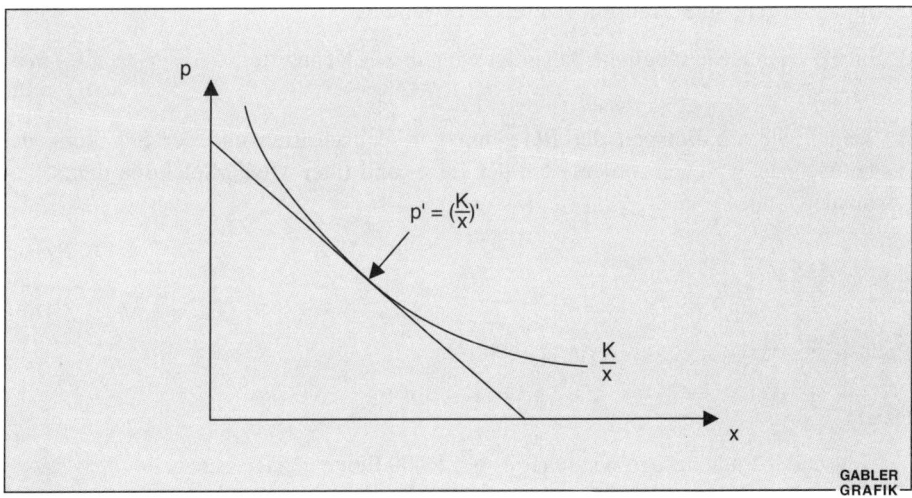

1. PUG im Bereich $0 \leq x \leq 30$

$$p = 22{,}5 - \frac{1}{6}x \qquad\qquad p' = -\frac{1}{6}$$

$$\frac{K}{x} = \frac{K_f S_1}{x} + \frac{K_v}{x}$$

$$K_f S_1 = 200 \cdot \frac{1}{2} = 100$$

$$\frac{K}{x} = \frac{100}{x} + 11$$

$$\frac{dK}{dx} = -\frac{100}{x^2}$$

$$\Rightarrow -\frac{1}{6} = -\frac{100}{x^2}$$

$$x^2 = 600$$

$$x_{1,2} = \pm 24{,}49 \qquad\qquad x_2 = -24{,}49 \text{ nicht im Definitionsbereich}$$

Aufgabe 2

Zur Lösung des Mediaselektionsproblems wird in der Praxis als vereinfachte Faustregel häufig der so genannte „Tausender-Preis" verwendet.

a) Interpretieren Sie mögliche Ausprägungen dieser Kennziffer.

(6 Punkte)

b) Zeigen Sie am Beispiel der Belegung von Zeitschriften und der Schaltung des Fernsehens, welche Probleme bei der Intra- und Inter-Media-Selektion damit verbunden sind.

(10 Punkte)

Lösung

Zu a)

Der Tausender-Preis besagt, wie teuer es ist, 1.000 Leute anzusprechen.

$$\text{Tausender-Preis} = \frac{\text{Preis je Anzeige} \cdot 1.000}{\text{Vertriebsauflage(Leser pro Nummer)}}$$

dabei kann der Tausender-Preis nach bestimmten Kriterien gewichtet werden, zum Beispiel

- Zielgruppe

- Leser-Blatt-Verhältnis.

Zu b)

- Inter-Media-Selektion bezieht sich auf die Auswahl von Kommunikationsmedien beziehungsweise Werbeträgergruppen (Zeitschriften, TV etc.), während bei der

- Intra-Media-Selektion eine Entscheidung über die einzelnen Werbeträger einer Gruppe getroffen wird.

Bei der Inter-Media-Selektion sind neben dem Tausender-Preis weitere Kriterien zu beachten, zum Beispiel:

- Verhältnis Werbung/Redaktion

- Darstellungsmöglichkeiten

- Auswahlmöglichkeiten

- Erscheinungshäufigkeit

- Verfügbarkeit

Bei der Intra-Media-Selektion sind zusätzlich zu beachten:

- Image der Medien

- redaktionelles und werbliches Umfeld

- räumliche Reichweite

- zeitliche Verfügbarkeit

- quantitative (globale) Reichweite

- qualitative (gruppenspezifische) Reichweite

Schwierigkeiten bei der ausschließlichen Bewertung mit dem Tausender-Preis ergeben sich auch aus der Träger-Kombination, da hier Reichweitenüberschneidungen vorkommen können. Hinzu kommt das Problem der Mehrfachkontakte, insbesondere bei mehrfacher Belegung eines Trägers zeitlich hintereinander.

9. Marketing-Grundstudiumsklausur

Aufgabe 1

Märkte können nach bestimmten Kriterien segmentiert werden. *(15 Punkte)*

a) Welchen Anforderungen müssen Marktsegmentierungskriterien genügen?

(5 Punkte)

b) Welche Kriterien sind zur Segmentierung des Automobilmarktes aus der Sicht eines Automobilherstellers besonders geeignet? Begründen Sie Ihre Aussage.

(10 Punkte)

Lösung

Zu a)

An die Segmentierungskriterien sind folgende Anforderungen zu stellen:

- Die Kriterien müssen mit vorhandenen Marktforschungsmethoden messbar sein.

- Die Kriterien müssen in einem nachweisbaren Zusammenhang zum Käuferverhalten stehen.

- Die gewählten Kriterien müssen zu tragfähigen Marktsegmenten führen, die eine differenzierte Marktbearbeitung lohnenswert machen.

- Die Kriterien müssen über einen längeren Zeitraum stabil sein.

- Die Kriterien müssen in einem Zusammenhang mit möglichen Marketingmaßnahmen stehen, sodass die ermittelten Segmente ansprechbar und beeinflussbar sind.

Zu b)

Ziele der Segmentierung

Es bestehen zahlreiche Möglichkeiten zur Segmentierung des Automobilmarktes. Die in der Aufgabenstellung angesprochene Eignung der Kriterien muss anhand der Ziele beziehungsweise der Zielerreichungsgrade der Segmentierung beurteilt werden. Diese liegen global in einer differenzierten Behandlung der Segmente, was einen höheren Zielerreichungsgrad bei Oberzielen wie Gewinn ermöglichen soll als die undifferenzierte Behandlung.

Die meisten Automobilhersteller sehen eine differenzierte Marktbearbeitung bereits dadurch realisiert, dass verschiedene Produktlinien angeboten werden (zum Beispiel Corsa, Astra usw.). Diese unterscheiden sich zumeist nach funktional-technischen Kriterien (Größe, Motorleistung, Karosserieform), die aus Sicht der Automobilhersteller stellvertretend für gewisse Käufersegmente stehen. Beispiel hierfür ist das Segment der kompakten Sportlimousinen mit einer ganz bestimmten Käuferschaft. Dementsprechend sind die zentralen Segmentierungskriterien der aktuelle Autobesitz (zum Beispiel wird das Segment der Astra-Fahrer gebildet). Darüber hinaus gibt es noch weitere Kriterien, die entweder zur Markterfassung (segmentbildende Kriterien) oder zur Marktbearbeitung (segmentbeschreibende Kriterien) herangezogen werden können:

Demographische Kriterien

■ Verwendet werden insbesondere sozio-ökonomische Kriterien (Geschlecht, Ausbildung, Beruf, Einkommen und Alter), da sie einen deutlichen Bezug zum Kaufverhalten aufweisen. Zudem sind sie relativ leicht erfassbar. Im Gegensatz dazu werden geographische Kriterien (Größe von Städten) selten verwendet, da sie nicht immer in einem deutlichen Bezug zum Kaufverhalten stehen.

Kriterien des beobachtbaren Kaufverhaltens

■ Gegenwärtiger Automobilbesitz: Die ermittelten Segmente werden dann mittels anderer Kriterien beschrieben, um ein Bild vom zum Beispiel typischen „Astra-Fahrer" zu erhalten und damit zum Beispiel bei Modellveränderungen entsprechende Wünsche berücksichtigen zu können oder in der Kommunikationspolitik entsprechend reagieren zu können.

■ Vor dem jetzigen Automobil gefahrenes Fahrzeug (Vorkäuferstruktur): Anhand derartiger Untersuchungen lässt sich die Markentreue erkennen.

Psychographische Kriterien

■ Einstellungen und Erwartungen (insbesondere Einstellungen gegenüber Eigenschaften von Automobilen; zum Beispiel Sportlichkeit, Umweltaspekte, Sicherheit) unterteilen die Gesamtkäuferschaft in sehr heterogene Cluster.

■ Allgemeine grundlegende Persönlichkeitsmerkmale, Charaktereigenschaften (zum Beispiel ängstlich, prestigeorientiert oder sicherheitsbewusst) werden vielfach verwendet, um schon ermittelte Segmente zu beschreiben (segmentbeschreibende Kriterien). Beispielsweise wurde das Segment der Golf I-Fahrer (Segmentierung nach Kriterien des beobachtbaren Kaufverhaltens) als eher ängstlich in ihrer Persönlichkeitsstruktur beschrieben. Grundsätzlich sind diese Kriterien schwieriger zu erheben als beispielsweise die demographischen.

Aufgabe 2

Ein Hersteller, der im Bereich Foto und Video tätig ist, plant Mitte 2003 die Einführung einer Bild-Disc, auf der Fotos abgespeichert werden können und über ein Disc-Abspielgerät auf dem Fernsehgerät angeschaut werden können. Aus Testmarktdaten weiß die Unternehmensleitung, dass die Absatzmenge dieses neuen Produkts erheblich durch den Preis, die Qualität der Bildplatten und das eingesetzte Werbebudget bestimmt wird. Über die Zeitdauer von einem Monat wurden Testmarktdaten gewonnen, die zur Ermittlung der folgenden Marktreaktionsfunktion herangezogen wurden:

$$x = 500 - 12p + 0,04\,W + 1,5Q$$
$$K = 3Q^2 + 10x + W$$

wobei x = Absatzmenge (pro Monat)
   p = Preis
   W = Werbebudget (pro Monat)
   Q = Qualitätsindex
   K = Gesamtkosten (pro Monat)

a) Ermitteln Sie den optimalen Einsatz des Marketing-Mix.

(15 Punkte)

b) Von anderen Produkteinführungen liegen Erfahrungswerte vor, dass gerade im Einführungsjahr durchschnittlich 40 Prozent des Umsatzes für Werbung eingesetzt werden müssen. Ermitteln Sie, inwieweit dieser Anteil beim optimalen Einsatz der Marketinginstrumente erreicht wird.

(4 Punkte)

c) Die Geschäftsleitung plant im Jahr 2004 einen Marktanteil von 40 Prozent im Markt der Bild-Discs zu erreichen. Da in der Branche schnell neue Wettbewerber mit ähnlichen Produktangeboten und entsprechenden Werbeaufwendungen auftreten, wird im Jahr 2004 insgesamt mit Werbeaufwendungen in der Branche für Bild-Discs von 100.000,00 € gerechnet. Welches Werbebudget müsste der Hersteller nach dem Kriterium „share of voice – share of market" 2004 mindestens einplanen und welche Vorteile weist diese Budgetierungsmethode gegenüber der Umsatzanteilsmethode auf?

(6 Punkte)

Lösung

Zu a)

Ermittlung der Gewinnfunktion

Umsatzfunktion: $U = p \cdot x = p \cdot (500 - 12p + 0,04W + 1,5Q)$

Kostenfunktion: $K = 3Q^2 + 10x + W$

Gewinnfunktion: $G = U - K = 500p - 12p^2 + 0,04pW + 1,5pQ - 3Q^2 - 10 \cdot$
$(500 - 12p + 0,04W + 1,5Q) - W$
$= 500p - 12p^2 + 0,04pW + 1,5pQ - 3Q^2 - 5.000 + 120p - 0,4W$
$- 15Q - W$
$= 620p \; 12p^2 + 0,04pW + 1,5pQ - 3Q^2 - 15Q - 1,4W - 5.000$

Erläuterung

Als notwendige Bedingung für die Existenz eines gewinnmaximalen Marketing-Mix müssen die partiellen Ableitungen der Gewinnfunktion nach den Marketinginstrumenten den Wert Null annehmen.

Ermittlung der partiellen Ableitungen

$$\frac{\delta G}{\delta p} = 620 - 24p + 0,04W + 1,5Q = 0$$

$$\frac{\delta G}{\delta W} = 0,04P - 1,4 = 0$$

$$\frac{\delta G}{\delta Q} = 1,54P - 6Q - 15 = 0$$

Das Gleichungssystem ist eindeutig lösbar.

Bestimmung der einzelnen Parameter

$0,04p - 1,4 = 0$	$\Leftrightarrow$	$p = 35$
$1,5p - 6Q - 15 = 0$	$\Rightarrow$	$52,5 - 6Q - 15 = 0$
	$\Leftrightarrow$	$Q = 6,25$
$620 - 24p + 0,04W + 1,5Q = 0$	$\Rightarrow$	$620 - 840 + 0,04W + 9,375 = 0$
	$\Leftrightarrow$	$W = 5.265,625 \approx 5.265,63$

Das gewinnmaximale Marketing-Mix liegt bei einem Preis von 35,00 €, einem Qualitätsindex von 6,25 und einem monatlichen Werbebudget von 5.265,63 €.

Bewertung der Lösung:

Anzumerken ist zu dieser Lösung, dass sie das Entscheidungsproblem nicht unbedingt vollständig abbildet und daher weitere Einflussgrößen in das Modell einbezogen werden könnten, um die Realitätsnähe zu verstärken. Dazu gehören weitere quantitative Größen wie zum Beispiel das Distributionsbudget, aber auch qualitative Größen wie zum Beispiel die Qualität der Werbung. Der Einbezug eher qualitativer Größen in ein mathematisches Modell beinhaltet natürlich den Zwang zur Quantifizierung der betrachteten Größen.

Ergänzung: Ermittlung des Gewinns

Der Gewinn liegt beim ermittelten optimalen Einsatz der Marketinginstrumente bei 2.117,19 €.

Zu b)

Ermittlung der Umsatzhöhe beim gewinnoptimalen Einsatz der Instrumente

Absatzmenge: $x (p = 35; W = 5265,63; Q = 6,25) = 300$

Umsatz = $p \cdot x = 35 \cdot 300 = 10.500$

Ermittlung des Anteils der Werbung am gewinnoptimalen Umsatz

Anteil der Werbung am Umsatz:

$$\frac{5.265,63}{10.500} = 0,50148857 => 50,15\ \%$$

Der Wert von 40 Prozent wird beim gewinnoptimalen Einsatz des Marketing-Mix mit 50,15 Prozent deutlich überschritten. Wenn der vorgegebene Wert von 40 Prozent als Mindestwert verstanden wird, ist das Kriterium erfüllt.

Zu c)

Erläuterung des „Share of voice – share of market"-Kriteriums:

Das „Share of voice – share of market"-Kriterium besagt, dass in einer betrachteten Branche der Wert des Anteils der Werbeaufwendungen eines Wettbewerbers an den Werbeaufwendungen der gesamten Branche ähnlich dem Wert seines Marktanteils in dieser Branche ist. In seiner normativen Ausprägung verlangt das Kriterium, dass zur Erlangung eines bestimmten Marktanteils dieser Anteil auch mindestens bei den Werbeaufwendungen erreicht werden muss.

Ermittlung des Mindest-Werbebudgets:

$0,4 \cdot 100.000 = 40.000$

Im Jahr 1994 müssten mindestens 40.000 € als Werbebudget eingeplant werden, um einen Marktanteil von 40 Prozent zu erreichen.

Die Vorteile der „Share of voice – share of market"-Methode gegenüber der Umsatzanteilsmethode liegen in

- der Einbeziehung der Konkurrenz in das Entscheidungskalkül,

- der expliziten Formulierung eines Ziels der Kommunikation,

- der leichten Kontrollierbarkeit des formulierten Ziels.

Grundsätzlich ist jedoch zu bedenken, dass ähnlich wie bei der Umsatzanteilsmethode eine Verdrehung der Kausalitäten vorliegen kann: Während bei der Anwendung der Umsatzanteilsmethode vom Umsatz auf das Werbebudget geschlossen wird, kann bei der Ermittlung des Zusammenhangs zwischen Marktanteil und Werbeanteil der Marktanteil die Ausgangsgröße sein, wenn die Unternehmen jeweils nach der Umsatzanteilsmethode vorgehen.

502

10. Marketing-Grundstudiumsklausur

Aufgabe 1   Marktforschung/Messewirkung

(10 Punkte)

Ein Hersteller von Spezialmaschinen war auf der Hannover Messe erstmalig mit einem Stand vertreten. Die zahlreichen Kunden, die den Stand besuchten, wurden ausnahmslos EDV-technisch erfasst. Nach Beendigung der Messe stellte der Hersteller fest, dass ihm 2.100 seiner insgesamt 3.900 Kunden auf der Messe einen Besuch abgestattet hatten.

Die Gruppe der Messebesucher unter den Kunden hatte vor der Messe ein durchschnittliches jährliches Ordervolumen von 150.000 € getätigt. Bei den übrigen Kunden lag dieser Wert bei jährlich 100.000 €.

Ein Jahr später verlangt der Firmenchef von seiner Marketingabteilung eine erste Bilanz der Messepräsenz. Aus den Auftragsbüchern geht hervor, dass das durchschnittliche Ordervolumen der Messebesucher in diesem Jahr bei 170.000 € gelegen hatte, wogegen die nicht auf der Messe registrierten Kunden nur noch Aufträge in Höhe von durchschnittlich 85.000 € erteilt hatten.

a) Berechnen Sie die Wirkung der Messepräsenz auf Grundlage der EBA-Experimentalanordnung.

(3 Punkte)

b) Berechnen Sie die Wirkung der Messepräsenz auf Grundlage der EBA-CBA-Experimentalforschung.

(3 Punkte)

c) Erläutern Sie die Probleme und Unterschiede zwischen den beiden Experimentalanordnungen. Stützen Sie sich dabei auf die zuvor ermittelten Ergebnisse.

(4 Punkte)

Lösung

Zu a)

EBA-Typ: 170.000 – 150.000 = 20.000

Zu b)

EBA-CBA-Typ: (170.000 – 150.000) – (85.000 – 100.000) = 35.000

Zu c)

EBA:

■ Vernachlässigung von Störvariablen.

■ Kontrollgruppe fehlt.

■ Zeitliche Entwicklungseffekte nicht messbar.

EBA-CBA:

■ Auch hier Vernachlässigung von Störvariablen.

■ Hier aber Bereinigung der Wirkung der unabhängigen Variablen in der Experimentiergruppe um die Entwicklungseffekte, die sich in der Kontrollgruppe zeigen.

Zum vorliegenden Beispiel:

Der offensichtliche Nachfragerückgang der sich in der Gruppe der Nicht-Besucher zeigt, konnte durch die Messeaktivität nicht nur aufgefangen, sondern sogar in eine Nachfragesteigerung umgewandelt werden. Doch Vorsicht: Vielleicht sind viele Kunden nicht zum Messestand gekommen, weil sie sowieso nichts mehr mit dem Unternehmen zu tun haben wollen. Hier sind also noch einige unbekannte Faktoren im Spiel.

Aufgabe 2   Sortimentsplanung im Waschmittelbereich

(25 Punkte)

Ein Chemieunternehmen produziert und vertreibt zur Zeit die Waschmittel „Clean", „Ultra Clean", „Phosphatfrei" und „Parfümfrei" auf dem deutschen Markt: Zur Herstellung einer Mengeneinheit des jeweiligen Waschmittels sind unterschiedlich hohe Aufwendungen an Betriebs- und Materialstoffen erforderlich, die sich in den entsprechend differenzierten variablen Kosten niederschlagen. Zusätzlich sind zur Kostenkalkulation und Herstellung einer Mengeneinheit (ME) Waschpulver je nach Produktart verschiedene Intensitäten des Zusatzstoffs Tensid zu berücksichtigen.

Produkt	Clean	Ultra Clean	Phosphatfrei	Parfümfrei
Verkaufspreis (GE)	5,5	14,0	12,0	9,0
Variable Kosten (GE/ME)	5,0	6,5	6,0	5,5
Produktionskoeffizient Tensid (kg/ME)	0,5	1,5	1,0	0,5
Max. Absatzmenge (ME)	20.000	8.000	16.000	10.000

GABLER GRAFIK

Das Unternehmen muss für den Kauf von 1 kg Tensid 2 GE aufbringen. Für die Produktion der Waschmittel fallen in der Unternehmung pro Periode Fixkosten von insgesamt 32.000 GE an.

a) Führen Sie eine Sortimentsanalyse im Hinblick auf eine mögliche Produkteliminierung auf Basis des Deckungsbeitrags durch.

(7 Punkte)

b) Wie verändert sich Ihr Entscheidungskalkül, wenn in der betrachteten Periode der Unternehmung lediglich 27 t Tensid zur Verfügung stehen? Welchen Gewinn kann die Unternehmung dann erzielen?

(7 Punkte)

c) Nennen Sie vier weitere, über die Deckungsbeitragsanalyse hinausgehende Faktoren, die bei einer Eliminationsentscheidung herangezogen werden sollten.

(2 Punkte)

d) Bewertung einer Neuprodukteinführung

Mit Wechsel des Lieferanten stehen der Unternehmung nunmehr 100 t Tensid pro Periode zur Verfügung. Die Unternehmensleitung beschließt, für die folgende Periode neben dem bereits etablierten Produkt „Phosphatfrei" zusätzlich ein phosphatfreies Waschmittelkonzentrat auf den Markt zu bringen. Nach zwei Jahren liegen der Marketingabteilung der Unternehmung folgende Substitutions- und Partizipationseffekte des neuen Produkts bezüglich des alten Produkts „Phosphatfrei" vor:

Periode	X_B	x_B	g_B
1	3.500	2.000	4,5
2	1.500	3.000	3

GABLER GRAFIK

X_B = Substitutionseffekt (ME)
x_B = Partizipationseffekt (ME)
g_B = Deckungsspanne des neuen Produkts (GE/ME)

Erläutern Sie stichpunktartig die Begriffe Substitutions- sowie Partizipationseffekt und berechnen Sie den kumulierten Bruttogewinn der Zweitmarke nach zwei Perioden.

Beantworten Sie zudem stichpunktartig die Frage, wie die Einführung des neuen Produkts zu beurteilen ist.

(9 Punkte)

Lösung

Zu a)

Sortimentsanalyse auf Basis der Deckungsbeitragsrechnung:

Produkt	Clean	Ultra Clean	Phosphatfrei	Parfümfrei
Verkaufspreis	5,5	14,0	12,0	9,0
Variable Kosten	5,0	6,5	6,0	5,5
Variable Gesamt-kosten (inkl. Tensid)	6,0	9,5	8,0	6,5
Max. Absatzmengen	20.000	8.000	16.000	10.000
Deckungsspanne	– 0,5	+4,5	+4,0	+2,5
Deckungsbeitrag	– 10.000	+36.000	+64.000	25.000

GABLER GRAFIK

(Die Kosten des Faktors Tensid betragen: 2 GE/kg.)

■ Das Produkt „Clean" ist bedingt durch seine negative Deckungsspanne zu eliminieren.

Zu b)

Berücksichtigung des Materialengpasses „Tensid" (27 t):

Produkt	Ultra Clean	Phosphatfrei	Parfümfrei
Produktions-koeffizient	1,5	1,0	0,5
Deckungsspanne	+4,5	+4,0	+2,5
Relative Deckungsspanne	3,0	4,0	5,0
Produktionsmenge	4.000	16.000	10.000 GABLER GRAFIK

- Produkt „Clean" wird nicht berücksichtigt

- Produkt „Parfümfrei" weist die höchste relative Deckungsspanne auf und wird deshalb entsprechend seiner maximalen Absatzmenge produziert

- Rang 2 belegt das Produkt „Phosphatfrei"

- Aufgrund des Engpasses können von „Ultra Clean" lediglich 4.000 ME produziert werden (statt der maximalen Absatzmenge von 8.000 ME)

- Der Gewinn beträgt:
  $10.000 \cdot 2,5 + 16.000 \cdot 4 + 4.000 \cdot 4,5 - 32.000 = 75.000$ GE

Zu c)

Weitere Faktoren der Eliminationsentscheidung:

- Beschaffungsverbundwirkungen

- Produktionsverbund der Waschmittel

- Auswirkungen auf das Sortenimage

- Auswirkungen auf die Sortimentsstruktur

- langfristige Zielsetzungen

Zu d)

Substitutions- und Partizipationseffekt:

1. Definition **Partizipationseffekt**:
   Käuferzugewinn durch Mobilisierung latenter Nachfrage und Markenwechsler von der Konkurrenz

2. Definition **Substitutionseffekt**:
   Nachfrageverlagerung innerhalb des eigenen Sortiments vom alten zum neuen Produkt

3. Berechnung des kumulierten Bruttogewinns:

$$\text{Bruttogewinn:} \quad G_B = x_B \cdot g_B - x_B \cdot (g_A - g_B)$$

$$\text{1. Periode:} \quad G_B = 3.500 \cdot 4,5 - 2.000 \cdot (4 - 4,5)$$
$$= 16.750 \text{ GE}$$

$$\text{2. Periode:} \quad G_B = 1.500 \cdot 3 - 3.000 \cdot (4 - 3)$$
$$= 1.500 \text{ GE}$$

■ Eine Produktdifferenzierung ist vorteilhaft, wenn der Bruttogewinn der Zweitmarke unter Berücksichtigung des Partizipations- und Substitutionseffektes positiv ist. Dies wird im konkreten Fall in beiden Perioden erfüllt.

Aufgabe 3   Preispolitik

In der Praxis findet sich im Rahmen der Preisfindung häufig das Verfahren der Zuschlagskalkulation auf Vollkostenbasis.

a) Zeigen Sie die zentralen Probleme einer solchen Preisfindung auf.

(6 Punkte)

b) Welche Zielsetzung ist der beschriebenen Methode der Preisfindung immanent? Begründen Sie Ihre Antwort.

(4 Punkte)

Lösung

Zu a)

■ Kosten sind nur im Rahmen der Preisuntergrenze Informationsgrundlage der Preispolitik;

■ durch die Berücksichtigung nicht relevanter Fixkosten besteht die Gefahr, sich aus dem Markt zu kalkulieren;

■ umgekehrt führt eine steigende Nachfrage zu sinkenden Preisen (prozyklische Preispolitik);

■ die Preissetzung ist nicht gewinnoptimal;

■ die Art der Preisfindung unterstellt eine verursachungsgerechte Fixkostenzurechnung, die nicht möglich ist etc.

Zu b)

Ein Marktgleichgewicht ist erst dann erreicht, wenn der Anbieter genau den Preis fordert, der seinen Vollkosten pro Stück plus Gewinnzuschlag entspricht. Das einer solchen Vorgehensweise implizit innewohnende Ziel ist Absatzmaximierung unter der Nebenbedingung eines angemessenen Stückgewinns (Gewinnzuschlag).

| 11. | **Marketing-Grundstudiumsklausur** | |

Preispolitik

(15 Punkte)

Das Unternehmen Gewinn AG stellt hochwertiges Computerzubehör her. Die Forschungsabteilung hat ein neues Material entwickelt, das für die Herstellung von Mousepads besonders geeignet ist. Ein Mousepad ist eine Unterlage für das Steuerungselement des Computers, das wegen seines Aussehens „Mouse" genannt wird. Es verhindert die Verschmutzung der Mouse und sorgt so für ihren einwandfreien Gebrauch.

Die variablen Kosten für die Herstellung eines Mousepads belaufen sich auf 0,50 €. Fixkosten entstehen in Höhe von 2.000 € pro Periode. Das beauftragte Marktforschungsinstitut prognostiziert aufgrund der Neuartigkeit des Materials einen monopolartigen Verlauf der Preis-Absatz-Funktion. Das Institut war jedoch nicht in der Lage, die Gleichung der Preis-Absatz-Funktion zu bestimmen. Es konnte aber ermittelt werden, dass bei einem Preis von 19 € 100 Mousepads abgesetzt werden können. Ebenso wurde festgestellt, dass die Preiselastizität der Nachfrage bei diesem Preis $\eta_{100,19} = -19$ beträgt.

a) Bestimmen Sie den umsatzmaximalen sowie den gewinnmaximalen Preis.

(10 Punkte)

b) Welche Konsequenzen ergeben sich in folgenden zwei Situationen für die Lage der Preis-Absatz-Funktion der Gewinn AG? Verdeutlichen Sie Ihre Antwort durch Skizzen.

(5 Punkte)

b1) Die Inflationsrate erhöht sich sprunghaft.

b2) Es treten drei neue Wettbewerber aus Asien in den Markt für Mousepads ein.

Lösung

Zu a)

Zunächst ist die Preis-Absatz-Funktion zu bestimmen. In ihrer allgemeinen Form lautet die Formel: $p(x) = a - bx$

Die Steigung b kann mit Hilfe der angegebenen Preiselastizität der Nachfrage im Punkt $p = 19$; $x = 100$ anhand der Preiselastizitätsformel ermittelt werden:

■ Allgemein: $\eta_{x,p} = \dfrac{d_x}{d_p} \cdot \dfrac{p}{x}$

■ Speziell: $-19 = \dfrac{d_x}{d_p} \cdot \dfrac{19}{100} \quad \Leftrightarrow \quad \dfrac{d_x}{d_p} = -100 \quad \Leftrightarrow \quad b = \dfrac{d_x}{d_p} = -\dfrac{1}{100}$

Den Prohibitivpreis a erhält man durch Einsetzen des Punktes p = 19 / x = 100 in die allgemeine Gleichung p (x). Es ergibt sich a = 20. Die Preis-Absatz-Funktion lautet somit:

$$p(x) = 20 - \frac{1}{100}\, x$$

Zur Berechnung des **umsatzmaximalen** Preises gibt es zwei Möglichkeiten:

1. Möglichkeit: Differenzierung der Umsatzfunktion

$$U(x) = x \cdot p(x) = 20x - \frac{1}{100}\, x^2 \quad \rightarrow \text{ max!}$$

$$U'(x) = 20 - \frac{1}{50}\, x = 0$$

$\Leftrightarrow \quad x = 1.000$

$$U''(x) = -\frac{1}{50} < 0$$

Die umsatzmaximale Menge beträgt 1.000 ME. Durch Einsetzen in die Preis-Absatz-Funktion ergibt sich der umsatzmaximale Preis von 10 €.

2. Möglichkeit:

Bei einer linear fallenden Preis-Absatz-Funktion lässt sich der umsatzmaximale Preis unmittelbar aus dem Prohibitivpreis ableiten. Er ist halb so groß (20 € / 2 = 10 €).

Zur Berechnung des **gewinnmaximalen** Preises wird die Gewinnfunktion abgeleitet und gleich Null gesetzt:

$$G(x) = U(x) - K(x) = 20x - \frac{1}{100}\, x^2 - 2.000 - 0{,}5x$$

$$G'(x) = 20 - \frac{1}{50}\, x - 0{,}5 = 0$$

$\Leftrightarrow \quad 19{,}5 = \dfrac{1}{50}\, x$

$\Leftrightarrow \quad x = 975$

Der gewinnmaximale Preis beträgt somit: $p(975) = 20 - \dfrac{1}{100} \cdot 975 = 10{,}25\ €$

Zu b 1)

Wenn sich die Inflationsrate sprunghaft ändert, dreht sich die Preis-Absatz-Funktion um die Sättigungsmenge, weil sich die Inflationsrate auf die Preise aller Wettbewerber gleichermaßen auswirkt und deshalb keine Mengeneffekte auftreten (vgl. Abbildung auf der nächsten Seite):

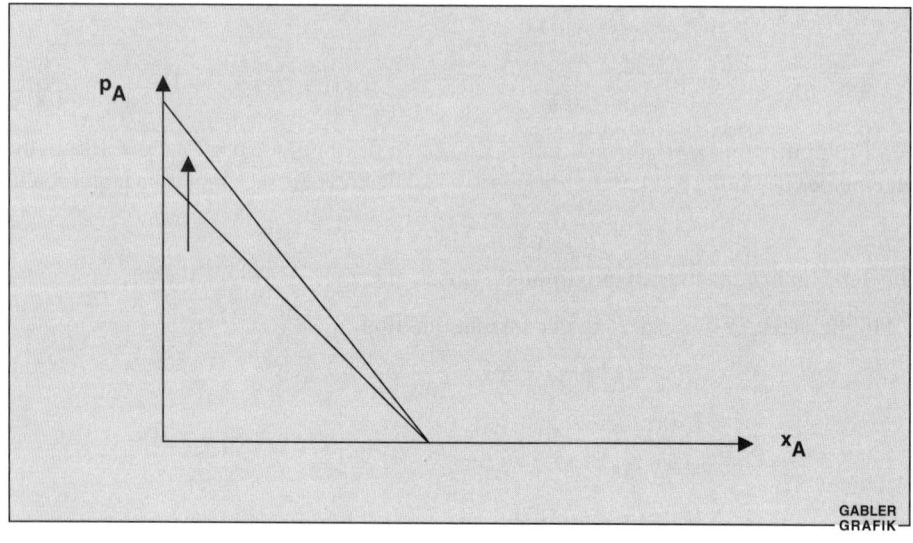

Zu b 2)

Durch die neuen Wettbewerber verschiebt sich die Preis-Absatz-Funktion zum Ursprung hin. Jedoch kann über die Art der Verschiebung (Parallelverschiebung oder Drehung um Sättigungsmenge oder Prohibitivpreis) keine Aussage getroffen werden. Unabhängig davon ist bei gegebenem Preis aufgrund des Markteintritts der Wettbewerber mit einem Rückgang der Absatzmenge zu rechnen.

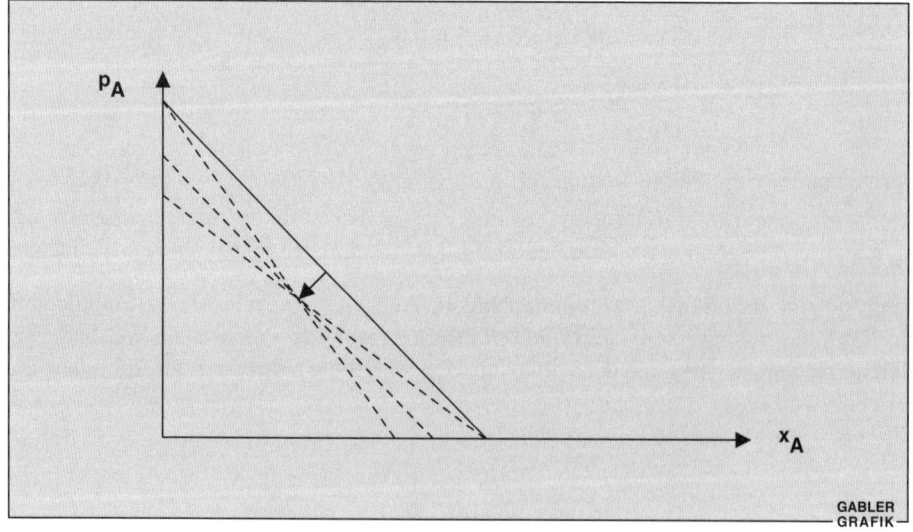

Aufgabe 2   Marktsegmentierung

(8 Punkte)

a) Was versteht man unter Marktsegmentierung, und welches Hauptziel wird mit ihr verfolgt?

(2 Punkte)

b) Welche Anforderungen sind an die Kriterien der Marktsegmentierung zu stellen?

(2 Punkte)

c) Inwieweit werden sozio-ökonomische Segmentierungskriterien diesen Anforderungen gerecht?

(4 Punkte)

Lösung

Zu a)

Unter der Marktsegmentierung versteht man die Aufteilung des Gesamtmarktes in homogene Käufergruppen bzw. -segmente. Die Segmente sollten intern homogen und extern heterogen sein.

Hauptziel der Marktsegmentierung ist es, Unterschiede zwischen Käufern darzulegen und daraus Schlussfolgerungen im Hinblick auf eine differenzierte Marktbearbeitung zu ziehen. Es soll ein hoher Grad an Identität der angebotenen Marktleistung und der segmentspezifischen Anforderung an diese Leistung erzielt werden.

Zu b)

Die wesentlichen Anforderungen an die Kriterien der Marktsegmentierung sind:

- Sie müssen sich mit den vorhandenen Marktforschungsmethoden erfassen und messen lassen.

- Sie müssen für Marketingmaßnahmen verwertbar sein. Es muss auf Basis der Kriterien möglich sein, Gruppen zu bilden, die hinsichtlich ihres Kaufverhaltens ähnlich sind.

- Die Kriterien sind so zu wählen, dass ausreichend große Marktsegmente entstehen, für die sich die Entwicklung eines eigenen Marketingprogramms lohnt.

- Die Kriterien sollten über einen längeren Zeitraum aussagefähig bleiben.

Zu c)

Zu den sozio-ökonomischen Segmentierungskriterien zählen vor allem Geschlecht, Alter, Familienstand, Einkommen, Beruf, Ausbildung, Religion, sozialer Status und die Haushaltsgröße.

Der große Vorteil der sozio-ökonomischen Kriterien liegt in der relativ leichten Erfass- und Messbarkeit. Somit wird das Kriterium der „Messbarkeit mit den vorhandenen Marktforschungsmethoden" gut erfüllt.

Eine Marktsegmentierung auf Basis von sozio-ökonomischen Kriterien ist nicht so sehr geeignet, homogene Gruppen hinsichtlich des Kaufverhaltens zu bilden. Die Kriterien sollten vor allem hinsichtlich der Produktpräferenzen sensitiv genug sein, was bei den sozio-ökonomischen Kriterien aber nicht der Fall ist.

Im Rahmen der Marktsegmentierung sollen ausreichend große Marktsegmente entstehen, für die es sich lohnt, ein eigenes Marketingprogramm zu entwickeln. Diese Anforderung wird von den sozio-ökonomischen Kriterien hinreichend erfüllt.

Sozio-ökonomische Segmentierungskriterien können schließlich als durchaus zeitstabil angesehen werden. Einige Kriterien wie Geschlecht usw. verändern sich gar nicht, andere wie Haushaltsgröße, Einkommen usw. nur langfristig.

Aufgabe 3   Produktpolitik

(22 Punkte)

Das Unternehmen Hopfen GmbH ist ein traditionsreiches Unternehmen in der Lebensmittelindustrie und hat sich bisher ausschließlich auf den Biermarkt konzentriert. Seit geraumer Zeit ist die Hopfen GmbH jedoch einem verschärften Wettbewerb, vor allem durch die Wettbewerber *Königinnen Pilsener* und *Flipburger*, ausgesetzt. Dies schlägt sich in erheblichen Umsatzeinbußen nieder. Die Unternehmensführung plant angesichts dieser Entwicklungen die Einführung eines neuen Produkts. Als Ergebnis eines internen Wettbewerbs werden dem Marketingleiter als dem für Produktinnovationen Verantwortlichen 30 Vorschläge für eine solche Innovation unterbreitet.

a)   Im Rahmen einer Grobauswahl soll die Menge der Vorschläge durch ein Scoring-Modell reduziert werden. Erläutern Sie die Vorgehensweise beim Einsatz eines Scoring-Modells. Nehmen Sie kritisch zum Aussagewert von Scoring-Modellen Stellung.

(6 Punkte)

b)   Vom Assistenten der Marketingleitung werden vier Kriterien (A, B, C, D) vorgeschlagen, mit denen das Scoring-Modell durchgeführt werden soll. Die Kriterien werden als geeignet angenommen, jedoch besteht noch Uneinigkeit hinsichtlich der Kriteriengewichtung. Über folgende Aussagen herrschte unter den Beteiligten jedoch Einvernehmen:

- Kriterium A ist viermal wichtiger als Kriterium B.
- Die Summe der Kriterien B und D soll 200% der Gewichtung des Kriteriums C betragen.
- Die Summe der Kriterien A und B soll gleich der Summe von C und D sein.

Berechnen Sie die Gewichte der Kriterien.

(10 Punkte)

c) Ein Produkt soll eine Deckungsspanne von 5 € erwirtschaften. Zur Herstellung des Produkts entstehen Kosten für die Beschaffung einer neuen Produktionsanlage in Höhe von 5.000 €. Weiterhin sind eine Personalschulung (2.725 €) und eine organisatorische Umgestaltung (2.275 €) notwendig. Die Materialkosten belaufen sich auf 10 €, während die Kosten für die Verpackung 25 % der Materialkosten betragen. Weiterhin sind Absatzwegekosten in Höhe von 7,50 € pro Stück zu berücksichtigen!

1) Berechnen Sie die Break-Even-Menge für das Produkt.

(4 Punkte)

2) Eine Marktforschungsstudie hat ergeben, dass mehr Einheiten des Produkts als die Break-Even-Menge abgesetzt werden können. Welche zentralen Kritikpunkte sind angebracht, wenn die Break-Even-Menge als alleiniges Entscheidungskriterium herangezogen wird?

(2 Punkte)

Lösung

Zu a)

Im ersten Schritt werden geeignete Bewertungskriterien formuliert. Geeignete Kriterien für die Neuproduktwahl sind dabei vor allem: Markttragfähigkeit, Lebensdauer, Produktionsmöglichkeiten und das Wachstumspotenzial. Da die Kriterien von unterschiedlicher Bedeutung sind, ist eine Gewichtung zweckmäßig. Im Anschluss an die Kriterienformulierung sind die Ausprägungen der einzelnen Merkmale festzulegen. Im Rahmen der eigentlichen Punktbewertung werden die 30 Produktinnovationen dann jeweils hinsichtlich jedes Kriteriums bewertet. Für jede Produktidee wird dann ein Gesamtpunktwert ermittelt. Im einfachsten Fall geschieht dies über eine additive Verknüpfung der gewichteten Teilpunktwerte.

Wesentliche **Vorteile** von Scoring-Modellen:

- Es handelt sich um ein sehr einfaches und gut strukturiertes Verfahren.
- Es werden auch qualitative Gesichtspunkte berücksichtigt.
- Der Datenaufwand ist sehr gering.

Wesentliche **Nachteile** von Scoring-Modellen:

- Die Generierung und Gewichtung der Kriterien sowie die Beurteilung sind subjektiv.

- Die Kriterien sind häufig nicht unabhängig voneinander.

- Der Gesamtpunktwert lässt sich wegen seiner Dimensionslosigkeit kaum interpretieren. Darüber hinaus ist die Verdichtung zu einem Gesamtpunktwert immer mit einem Informationsverlust verbunden.

- Es wird unterstellt, dass die unzureichende Eignung einer Alternative bei einem Kriterium durch die besondere Eignung bei einem zweiten Kriterium kompensiert werden kann.

- Es steht nicht eindeutig fest, wie die Grenze bestimmt wird, die über Vorteilhaftigkeit bzw. Unvorteilhaftigkeit einer Alternative entscheidet (kritischer Punktwert).

Zu b)

- Die Summe der Kriterien ergibt 1. Das heißt formal: $A + B + C + D = 1$.

- Kriterium A ist viermal wichtiger als Kriterium B. Das heißt formal: $A = 4 \cdot B$.

- Die Summe der Kriterien B und D soll um 200% die Gewichtung des Kriteriums C übersteigen. Das heißt formal: $B + D = 2 \cdot C$

- Die Summe der Kriterien A und B soll gleich der Summe der Kriterien C und D sein. Das heißt formal: $A + B = C + D$. Unter Berücksichtigung dieser Sachverhalte lässt sich ein Gleichungssystem aufstellen, aus dem sich die Gewichte berechnen lassen:

I. $\qquad A + B + C + D = 1$

II. $\qquad A = 4 \cdot B$

III. $\qquad B + D = 2 \cdot C$

IV. $\qquad A + B = C + D$

I – IV: $\quad A + B + C + D - A - B = 1 - C - D$

$\Leftrightarrow \qquad\qquad 2C + 2D = 1$

$\Leftrightarrow \qquad$ (V)$\quad C + D = 0,5$

$\Leftrightarrow$

V in IV: (VI)$\quad A + B = 0,5$

II in VI: $\qquad 4 \cdot B + B = 0,5$

$\Leftrightarrow \qquad\qquad B = 0,1$

in IV: $\qquad\qquad A = 0,4$

V unter Berücksichtigung von $A = 0,4$ und $B = 0,1$:

$\qquad\qquad\qquad 0,1 + D = 2 \cdot C$

$\Leftrightarrow \qquad\qquad 0,1 + 0,5 - C = 2 \cdot C$

$\Leftrightarrow \qquad\qquad 0,6 = 3 \cdot C$

$\Leftrightarrow \qquad\qquad C = 0,2$

aus V: $\qquad\qquad D = 0,3$

Die Kriterien haben damit folgende Gewichte: A = 0,4; B = 0,1; C = 0,2 und D = 0,3.

Zu c1)

Für die Berechnung der Break-Even-Menge sind die Fixkosten sowie die Deckungsspanne relevant. Die Fixkosten betragen: 5.000 € + 2.275 € + 2.725 € = 10.000 €. Da die Deckungsspanne 5 € beträgt, ergibt sich der Break-Even als 10.000 / 5 = 2.000. Der Break-Even wird bei einem Absatz von 2.000 Stück erreicht.

Zu c2)

Die wesentlichen Kritikpunkte an der Break-Even-Analyse sind:

- Es handelt sich um eine statische Betrachtung.

- Es wird mit Durchschnittsgrößen gerechnet.

- Risikoaspekte werden vernachlässigt.

- Die Wirkung unterschiedlicher Marketinginstrumente auf den Absatz wird nicht explizit berücksichtigt.

12. Marketing-Grundstudiumsklausur

Aufgabe 1   Produktpolitik

Ein Unternehmen, das bislang nur Vollmilchschokolade hergestellt und verkauft hat, plant die Einführung einer Zartbitterschokolade zusätzlich zur bereits etablierten Vollmilchschokolade.

Die Marktforschungsabteilung hat die in folgender Tabelle dargestellten Substitutions- und Partizipationseffekte sowie die Deckungsbeiträge der beiden Produkte für die nächsten drei Jahre erhoben.

Periode	1	2	3
X_{ZB} [ME]	1.200	800	750
$\overline{X}_{ZB}$ [ME]	950	900	975
D_{VM} [GE/ME]	0,80	0,85	0,90
D_{ZB} [GE/ME]	0,70	0,85	0,95

Symbole:

X_{ZB} Partizipationseffekt Zartbitter

$\overline{X}_{ZB}$ Substitutionseffekt Zartbitter

D_{VM} Deckungsspanne Vollmilch

D_{ZB} Deckungsspanne Zartbitter

a) Definieren Sie zunächst die Begriffe *Partizipationseffekt* und *Substitutionseffekt*. Erklären Sie aufbauend auf den Definitionen allgemein, wie der Bruttogewinn des neu einzuführenden Produkts in der ersten Periode zu berechnen ist, und geben Sie die Berechnungsvorschrift unter Verwendung der angegebenen Symbole an.

(6 Punkte)

b) Berechnen Sie unter Berücksichtigung des Partizipations- und Substitutionseffektes die periodenspezifischen sowie den kumulierten Bruttogewinn der Zweitmarke nach drei Perioden. Wie ist die Einführung des neuen Produkts zu beurteilen?

(6 Punkte)

Lösung

Zu a)

Partizipationseffekt: Als Partizipationseffekt wird die Nachfrage der durch die zusätzliche Produktvariante *neu hinzugewonnenen Käufer*, die bislang *Konkurrenzprodukte* erworben oder *keinerlei Käufe* in der betrachteten Produktkategorie getätigt haben, bezeichnet.

Substitutionseffekt: Substitutionseffekte treten bei einem *Wechsel der Kunden* von anderen Produkten des Unternehmens zu den neuen Produktvarianten auf, das heißt, es gibt eine interne Konkurrenz der Produkte eines Unternehmens (Kannibalisierungseffekt).

Für die erste Periode kann der Bruttogewinn wie folgt bestimmt werden:

(1) Durch die *Partizipation* kann für jede an neue Kunden verkaufte Mengeneinheit des neuen Produkts eine Deckungsspanne von D_{ZB} erzielt werden. Damit ergibt sich eine Wirkung von

$$D_{ZB} \cdot X_{ZB}$$

(2) Durch die *Substitution* kommt es zu einer „Abwanderung" der Nachfrage vom alten Produkt zum neuen Produkt. Daher entgeht dem Unternehmen für jeden internen Wechsel zunächst die Deckungsspanne des alten Produkts. Es ergibt sich eine Wirkung von

$$-(D_{VM} \cdot \overline{X}_{ZB})$$

(3) Gleichzeitig substituieren die Nachfrager jedoch das alte Produkt durch das neue Produkt. Daher erzielt das Unternehmen für jeden internen Wechsel die Deckungsspanne des neuen Produkts. Es ergibt sich eine Wirkung von

$$D_{ZB} \cdot \overline{X}_{ZB}$$

Damit ergibt sich für die erste Periode ein Bruttogewinn von

$$G_B = D_{ZB} \cdot X_{ZB} - D_{VM} \cdot \overline{X}_{ZB} + D_{ZB} \cdot \overline{X}_{ZB} \text{ oder}$$

$$G_B = D_{ZB} \cdot X_{ZB} - \overline{X}_{ZB} \cdot (D_{VM} - D_{ZB}) \text{ oder}$$

$$G_B = D_{ZB} \cdot X_{ZB} + \overline{X}_{ZB} \cdot (D_{ZB} - D_{VM})$$

519

Zu b)

$$G_B = D_{ZB} \cdot X_{ZB} - \overline{X}_{ZB} \cdot (D_{VM} - D_{ZB}) \quad \text{oder}$$

$$G_{B1} = 0{,}70 \cdot 1200 - 950 \cdot (0{,}80 - 0{,}70) = 840 - 95 \qquad = \textbf{745,00 GE}$$

$$G_{B2} = 0{,}85 \cdot 800 - 900 \cdot (0{,}85 - 0{,}85) = 680 - 0 \qquad = \textbf{680,00 GE}$$

$$G_{B3} = 0{,}95 \cdot 750 - 975 \cdot (0{,}90 - 0{,}95) = 712{,}50 + 48{,}75 = \textbf{761,25 GE}$$

$$\sum \qquad \textbf{2.186,25 GE}$$

Die Einführung des neuen Produkts ,,Zartbitter" ist nach den vorliegenden Daten als vorteilhaft zu beurteilen und sollte durchgeführt werden.

Aufgabe 2   Preispolitik

Eine Unternehmung sieht sich der polypolistischen Preis-Absatz-Funktion

$$p = \begin{cases} 50 - x & 0 \le x \le 20 \\ 80 - 2{,}5x & 20 \le x \le 25 \\ 30 - 0{,}5x & 25 \le x \le 60 \end{cases}$$

und der Gesamtkostenfunktion $K = 15 + 25x$ gegenüber.

a) Berechnen Sie für die angegebene Situation das Gewinnmaximum und die zugehörige Preis-Mengen-Kombination.

(6 Punkte)

b) Erklären Sie, was unter dem monopolistischen Abschnitt der polypolistischen Preis-Absatz-Funktion zu verstehen ist. Durch welche Faktoren wird die Größe und der Verlauf des monopolistischen Abschnitts bestimmt?

(4 Punkte)

Lösung

Zu a)

Gewinnmaximale Situation

$G = U - K$

$G_1 = 50x - x^2 - 15 - 25x = 25x - x^2 - 15$

$G_1' = 25 - 2x = 0 \rightarrow$ **x = 12,5** (definiert)

$G_2 = 80x - 2{,}5x^2 - 15 - 25x = 55x - 2{,}5x^2 - 15$

$G_2' = 55 - 5x = 0 \rightarrow$ **x = 11** (nicht definiert)

$G_3 = 30x - 0{,}5x^2 - 15 - 25x = 5x - 0{,}5x^2 - 15$

$G_3' = 5 - x = 0 \rightarrow$ **x = 5** (nicht definiert)

Das Gewinnmaximum beträgt **141,25** bei **x = 12,5** und **p = 37,5**. **(1,5 Punkte)**

Zu b)

Monopolistischer Bereich:

Im monopolistischen Bereich der PAF kann sich die Unternehmung preispolitisch ähnlich verhalten wie ein Monopolist. Innerhalb dieses preispolitischen Spielraums kann eine Unternehmung operieren, ohne Gefahr zu laufen, ihre Kunden zu verlieren. Dies resultiert aus der *Unvollkommenheit des Marktes* und den durch Marketingmaßnahmen bewirkten *Präferenzen*, die ihrerseits zu einer wahrgenommenen Heterogenität der Güter führen.

Faktoren:

- Abstand der Grenzpreise ist umso größer, je stärker die Bindung der Käufer an das Unternehmen ist; je größer die Präferenzen, umso freier kann die Unternehmung preispolitisch operieren

- Monopolistischer Bereich wird umso größer, je geringer die Substituierbarkeit der konkurrierenden Erzeugnisse ist

- Einfluss der akquisitorischen Potenziale aller konkurrierenden Anbieter

- Reaktionsgeschwindigkeit der Käufer auf Preisänderungen

| Aufgabe 3 | Distributionspolitik |

Konflikte zwischen Hersteller- und Handelsunternehmen können aus der Verfolgung unterschiedlicher Zielsetzungen resultieren.

Zeigen Sie mögliche Zieldivergenzen beim Einsatz der vier klassischen Marketinginstrumente durch Hersteller- und Handelsunternehmen auf.

(8 Punkte)

| Lösung |

Mögliche Zieldivergenzen zwischen Hersteller- und Handelsunternehmen:

(Erläuterung ausgewählter Beispiele in den vier Bereichen erforderlich!)

Ziele	Hersteller	Handel
Produktpolitische Ziele	■ Produkt- und Markenimage ■ Förderung der Hersteller-marke ■ Hohe Innovationsrate, auch durch Produkte mit geringem Innovationsgrad	■ Sortimentsimage ■ Konzentration auf Markenneuheiten ■ Förderung von Eigenmarken
Distributions-politische Ziele	■ Große Bestellmengen ■ Hohe Distributionsdichte ■ Günstige Platzierung der eigenen Marke ■ Präsenz des gesamten Herstellersortiments	■ Schnelle Lieferung auch kleiner Mengen ■ Selektive oder exklusive Distribution ■ Gleichmäßige Platzierung aller Produkte ■ Präsenz ausgewählter Marken
Kommunikations-politische Ziele	■ Erhöhung oder Stabilisie-rung der Markentreue ■ Überregionale Marken-bekanntheit ■ Schaffung von Marken-präferenzen ■ Profilierung der Marken-persönlichkeit	■ Erhöhung oder Stabilisie-rung der Händlertreue ■ Regionale Marken-förderung ■ Profilierung der Einkaufs-stätte ■ Kommunikative Förderung komplementärer Produkte
Kontrahierungs-politische Ziele	■ Seriöse Preisaktivität ■ Einheitliche Endverbrau-cherpreise für eine Marke ■ Niedrige Handelsspanne	■ Aggressive Preispolitik (preispolitischer Ausgleich) ■ Standortspezifische Preis-differenzierung ■ Hohe Handelsspanne

Aufgabe 4   Produktpolitik

In einem Unternehmen aus dem Pharmasektor sollen aus einer Reihe von Neuprodukt-ideen die Erfolg versprechenden ausgewählt werden, um deren Entwicklung schnell voranzutreiben.

Ein Mitarbeiter, der mit der Vorbereitung der Entscheidung beauftragt wurde, schlägt vor, zunächst ein Punktbewertungsmodell einzusetzen, um dann mit Hilfe einer Break-Even-Analyse eine abschließende Bewertung Erfolg versprechender Produktideen vorzunehmen.

a) Warum findet bei der Prüfung von Neuproduktideen häufig eine derartige mehrstufige Vorgehensweise Anwendung?

(2 Punkte)

b) Welche Kriterien sollten Ihrer Meinung nach in einem Punktbewertungsmodell zur Prüfung von Neuproduktideen herangezogen werden? Nennen Sie die wesentlichen Kritikpunkte, die den Aussagewert eines derartigen Punktbewertungsmodells einschränken können.

(6 Punkte)

Zur Berechnung der Break-Even-Menge des Präparats ZX17 liegen folgende Informationen vor:

Die einmaligen Entwicklungskosten betragen 500.000 €. Die Herstellung einer Packung des Präparats verursacht variable Kosten in Höhe von 5 €. Die Marktforschungsabteilung geht davon aus, dass eine Packung des Präparats zu einem Preis von 18 € abgesetzt werden kann.

c) Bestimmen Sie die Break-Even-Menge für dieses Präparat. Wie hoch müsste der Preis für eine Packung des Präparats gesetzt werden, um die Break-Even-Menge um 20 % zu senken?

(4 Punkte)

Lösung

Zu a)

Phasen der Prüfung von Neuideen:

Ziel des zweistufigen Vorgehens ist die Minimierung des Misserfolgsrisikos. Es wird eine schnelle Konzentration der Ressourcen angestrebt, indem nicht Erfolg versprechende Ideen möglichst früh ausgesondert werden (Filter).

Durch das zweistufige Verfahren soll eine möglichst optimale Ressourcenallokation erreicht werden. Die Kosten zur Überprüfung einer Produktidee steigen für die Feinanalyse in der Regel an, da die Produktideen weiter konkretisiert sowie Prototypen und

Markteinführungskonzeptionen entwickelt werden müssen, um genaue Kosten- und Umsatzschätzungen vornehmen zu können.

Zu b)

Punktbewertungsmodell:

Kriterien: (Beispiele)

- Erwartete Zahl an Abnehmern
- Wachstumspotenzial
- Erforderliche/Einsetzbare Absatzwege (Pharma)
- Konkurrenzfähigkeit
- Einfluss auf Umsatz der alten Produkte (Überschneidung)
- Benötigte Ressourcen/Beanspruchung
- Benötigtes Personal und technisches Wissen
- Möglicher Markteintritt

Kritikpunkte Punktbewertungsmodell:

- Vollständigkeit der Kriterien
- Überschneidung der Kriterien
- Subjektive Auswahl der Kriterien
- Subjektive Bewertung der Kriterien
- Subjektive Gewichtung der Kriterien
- Kompensationseffekte

Zu c)

Break-Even:

$500.000 + 5x = 18x$

$500.000 = 13x$

$\rightarrow$ **x = 38.462 ME**   Break-Even-Menge

Senkung der Break-Even-Menge um 20 % $\rightarrow$ **x = 30.769 ME**

$500.000 + 5 \cdot 30.769 = p \cdot 30.769$

$653.845 = p \cdot 30.769$

p = 21,25 €

Aufgabe 5   Marketing-Mix

Zwischen den einzelnen Instrumenten des Marketing-Mix bestehen vielfältige Wirkungsbeziehungen, die eine integrierte Planung des Marketing-Mix erforderlich machen.

a) Zeigen Sie anhand der Bereiche
   – Preispolitik und Kommunikationspolitik
   – Produktpolitik und Distributionspolitik
   – Kommunikationspolitik und Distributionspolitik
   – Produktpolitik und Preispolitik
   unterschiedliche Wirkungsbeziehungen im Marketing-Mix auf, die eine integrierte Planung des Marketing-Mix notwendig erscheinen lassen.

(6 Punkte)

b) Welche grundlegenden Ansätze zur integrierten Planung des Marketing-Mix lassen sich unterscheiden? Wie beurteilen Sie die Eignung dieser Ansätze zur integrierten Planung des Marketing-Mix?

(6 Punkte)

Lösung

Zu a)

Interdependenzenen im Marketing-Mix

Beispiele:

■ **Preispolitik und Kommunikationspolitik:**
   Werbung kann bspw. den Effekt einer Preissenkung oder eines Sonderpreises verstärken; Absatzverluste aufgrund einer Preiserhöhung können unter Umständen in gewissem Umfang durch verstärkte Werbung kompensiert werden

■ **Produktpolitik und Distributionspolitik:**
   Art des Produkts (Größe, Verpackung, Gewicht, Verderblichkeit) bestimmt sowohl die Absatzkanalpolitik als auch die Marketinglogistik (zum Beispiel Transportmittelwahl)

■ **Kommunikationspolitik und Distributionspolitik:**
   Distributionsdienst (zum Beispiel zuverlässige Logistik) kann als Werbeargument gegenüber Konsumenten und Händlern dienen; Auswahl der einzuschaltenden Händler und Absatzwege muss die in der Kommunikationspolitik vermittelten Botschaften berücksichtigen

■ **Produktpolitik und Preispolitik:**
   Preis kann als Qualitätsindikator eingesetzt werden; dies bedarf dann einer entsprechenden Gestaltung/Verpackung des Produkts (Qualität, Design ...)

Zu b)

Planungsansätze des Marketing-Mix

Bei der integrierten Planung des Marketing-Mix lassen sich grundsätzlich

- Heuristische Planungsverfahren und
- Analytische Planungsverfahren

unterscheiden.

Unter heuristischen Planungsverfahren sind systematische Problemlösungsverfahren zu verstehen, die mit Hilfe so genannter heuristischer Regeln bestimmte Probleme zu lösen versuchen. Kennzeichen:

- Selektiv wirkende methodische Handlungsregeln (Vorauswahl)
- Die zur Reduktion der Problemkomplexität führen (Vereinfachung)
- Die in der Regel jedoch nicht zur optimalen Lösung führen und
- Keine Lösungsgarantie bieten.

Analytische Verfahren sind durch eindeutige Lösungsvorschriften gekennzeichnet. Analytische Verfahren versuchen, auf formalem Weg den „optimalen" Marketing-Mix zu berechnen oder zumindest eine Instrumentekombination zu finden, die allen Nebenbedingungen gerecht wird.

Beurteilung heuristischer Verfahren (Beispiele):

- Keine optimalen Lösungen für Marketing-Mix
- Bestimmung des zweckmäßigen Anwendungsbereichs von Problemlösungsregeln ist problematisch; inverse Beziehung zwischen der Breite des Anwendungsbereichs und der Lösungstauglichkeit von Entscheidungsmethoden
- Einfachheit und Verständlichkeit
- Benutzungssicherheit
- Realitätsnahe Modellvoraussetzungen

Beurteilung analytischer Verfahren (Beispiele):

- Eindeutiges Optimalitätskriterium
- Mangelnde Benutzungssicherheit
- Ungenügende Informationsverarbeitung
- Geringe Anpassungsfähigkeit
- Realitätsferne Modellvoraussetzungen
- Probleme bei Verständlichkeit

Aufgabe 6   Distributionspolitik

Ein Hersteller von Waschmitteln, die in 10-kg-Paketen verkauft werden, bietet Handelsunternehmen die Möglichkeit, diese neuerdings via Internet zu bestellen.

Für jede bestellte Lieferung soll automatisch eine Reservierung beim jeweils günstigsten Transportdienstleister erfolgen. Als Transporteure kommen ein Kurierdienst, die Bahn und eine Großspedition in Frage.

Die Großspedition verlangt eine Grundpauschale von 200 € sowie einen Kostensatz von 1 € pro 10-kg-Paket des Waschmittels. Der Kurierdienst setzt demgegenüber keine Grundpauschale an, es fallen jedoch 3 € an Kosten pro 10-kg-Paket des Waschmittels an. Die Bahn stellt eine Grundvergütung von 400 € in Rechnung, pro 10-kg-Paket des Waschmittels fallen dann jedoch nur 0,25 € an weiteren Kosten an.

Ermitteln Sie für alternative Bestellmengen das jeweils kostenminimale Transportmittel.

(4 Punkte)

Lösung

Aufstellung der Kostenfunktionen:

Spedition: $200 + 1x$
Kurier: $3x$
Bahn: $400 + 0,25x$

Kostenvergleich: (Start mit geringsten Fixkosten)

Kurier versus Spedition

$3x = 200 + 1x \rightarrow \mathbf{x = 100}$

Spedition versus Bahn:

$200 + 1x = 400 + 0,25x \rightarrow \mathbf{x = 266,66}$

Ergebnis:

Für Mengen bis $x = 100 \rightarrow$ Kurierdienst

Für Mengen von $x = 100$ bis $x = 266,66 \rightarrow$ Spedition

Für Mengen größer $x = 266,66 \rightarrow$ Bahn

13. Marketing-Grundstudiumsklausur

Aufgabe 1 Lebenszykluskonzept

Die folgende Abbildung zeigt den schematischen Verlauf eines Produktlebenszyklus.

a) Tragen Sie in die Abbildung die einzelnen Phasen des Lebenszyklus ein und kennzeichnen Sie kurz die wesentlichen Merkmale jeder Phase.

(8 Punkte)

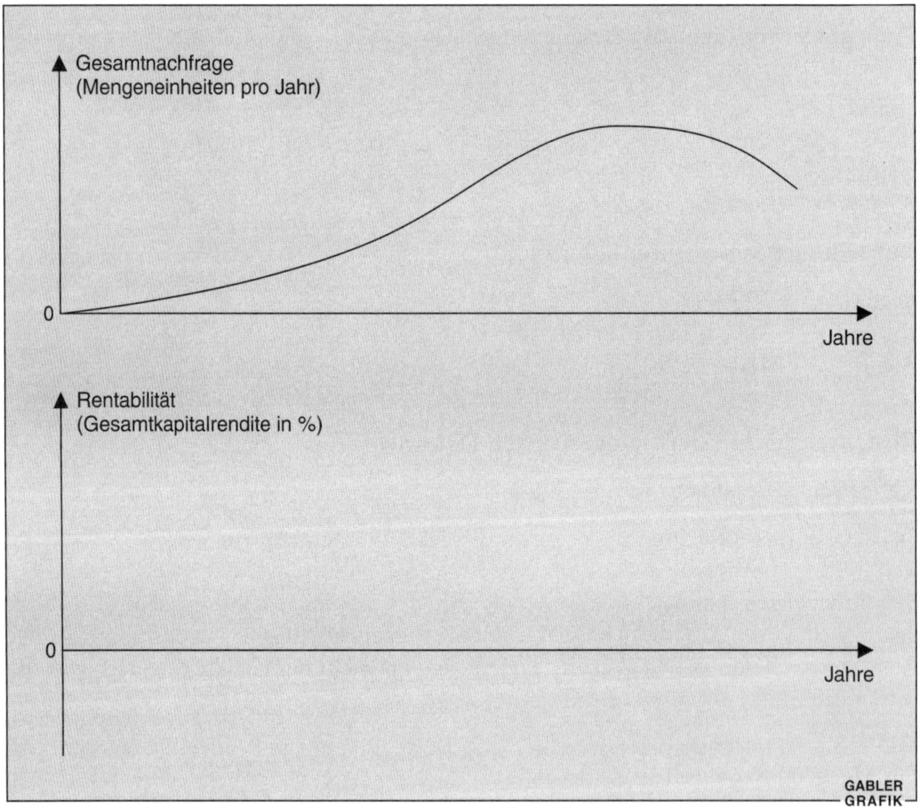

Gesamtnachfrage
(Mengeneinheiten pro Jahr)

0

Jahre

Rentabilität
(Gesamtkapitalrendite in %)

0

Jahre

GABLER
GRAFIK

b) Tragen Sie weiterhin in der Abbildung den typischen Verlauf der Rentabilität in Abhängigkeit des Marktlebenszyklus ein. Begründen Sie den von Ihnen skizzierten Verlauf.

(5 Punkte)

c) Erläutern Sie die Bedeutung des Marktlebenszykluskonzepts für strategische Marketingentscheidungen.

(6 Punkte)

Lösung

Zu a)

In der Einführungsphase entwickelt sich das Marktvolumen „zögerlich". Der Markt muss durch Investitionen noch entwickelt werden. In der Wachstumsphase wächst das Volumen mit steigenden Wachstumsraten; durch Wirkungen der Absatzpolitik in früheren Perioden wird das Produkt immer größeren Abnehmerkreisen bekannt. In der Reifephase wächst das Volumen zwar weiterhin, die Wachstumsrate geht aber zurück. In der Sättigungsphase erreicht das Marktvolumen sein Maximum – der Markt stagniert, um anschließend in der Degenerationsphase zu schrumpfen. Die Abbildung auf der folgenden Seite oben verdeutlicht die zentralen Charakteristika der Produktlebenszyklusphasen.

Zu b)

Vgl. die Abbildung auf der folgenden Seite unten. Die negative Rentabilität in der Einführungsphase ist in erster Linie über die hohen Investitionen in einen Markt zu erklären. So muss ein neues Produkt zunächst hinreichend bekannt gemacht und sein Nutzen kommuniziert werden. Diesen Investitionen stehen noch vergleichsweise geringe Einzahlungen gegenüber.

Der Anstieg der Rentabilität bis zum Höhepunkt am Übergang von der Wachstums- zur Reifephase ist vor allem auf den so genannten Marktvolumenseffekt zurückzuführen. In der Wachstumsphase wächst das Marktvolumen mit steigenden Wachstumsraten. Dadurch steigen die Stückzahlen sehr stark. Kosteneinsparungen über Erfahrungs- und Auslastungseffekte stellen sich ein. Zudem sind nunmehr nur noch geringere Investitionen in den Markt nötig.

Mit Beginn der Reifephase wächst der Märkt nur noch mit sinkenden Wachstumsraten. Trotz weiterhin steigenden Marktvolumens sind nunmehr zur Sicherung von Markanteilen wachsende Marktinvestitionen erforderlich. Dies gilt in verstärktem Maße für die Sättigungs- und Degenerationsphase, die durch sinkendes Marktvolumen und damit eine durchschnittlich schlechtere Kostensituation sowie hohe Investitionen induzierenden Verdrängungswettbewerb gekennzeichnet sind.

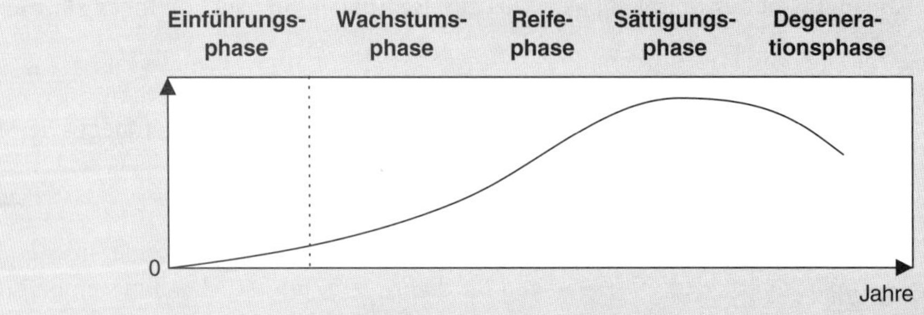

	Einführungs-phase	Wachstums-phase	Reife-phase	Sättigungs-phase	Degenera-tionsphase

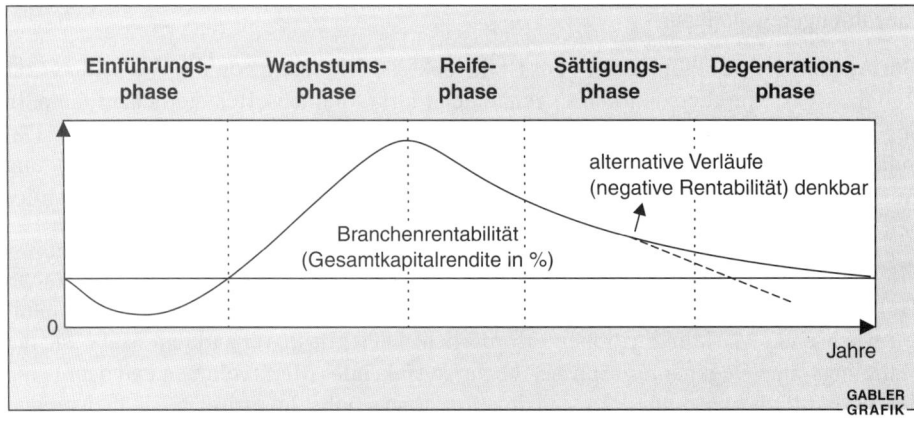

	Einführungs-phase	Wachstums-phase	Reife-phase	Sättigungs-phase	Degenera-tionsphase
Technologie	Technologische Innovation	Produkt- und Verfahrensver-besserungen	Optimierung von Prozessen	Standardtechnologie	
Anzahl der Wettbewerber	gering	Höchstwert	Kristallisierung des Wettbewerbs	weitere Verringerung der Wettbewerber	
Sortiment	Spezialisierung	Ausweitung	Bereinigung	Abbau	
Marktanteile	starke Schwan-kungen	Konsolidierung	Änderung nur aufgrund außergewöhnlicher Ereignisse		

GABLER
GRAFIK

Zu c)

Eine Strategie ist ein langfristiger, bedingter, globaler Verhaltensplan. Strategische Marketingentscheidungen beschäftigen sich mit der längerfristigen Akzentsetzung zur Erlangung von Wettbewerbsvorteilen. Dazu zählen Entscheidungen darüber, welche Produkte und Dienstleistungen angeboten werden sollen und in welchen Märkten beziehungsweise strategischen Geschäftsfeldern dies mit welchem marktteilnehmergerichteten Verhalten geschehen soll.

Das Lebenszykluskonzept verdeutlicht insbesondere Wachstumspotenziale. Insofern ist es grundsätzlich geeignet, in Fragen von Marktein- und -austritt Handlungsempfehlungen zu geben. Beispielhaft kann hierbei das „Strategie-Tool" Boston-Portfolio genannt werden, das auf dem Konzept des Lebenszyklus aufbaut.

Als zentraler Kritikpunkt am Konzept gilt seine fehlende Allgemeingültigkeit. Differenzierte Forschungen, die Lebenszyklen für bestimmte Güterkategorien nachweisen, fehlen bezeiehungsweise scheitern an der Definition einer adäquaten Bezugsbasis. Ebenso werden situative Einflussgrößen nicht berücksichtigt, die zu einer Verschiebung der Phasen führen können. Weiterhin existieren keine eindeutigen Kriterien zur Abgrenzung der Phasen und die Phasenbestimmung ist nur ex post durchführbar.

Das Lebenszykluskonzept ist ein heuristisches Instrument für Markteintritts- bzw. -austrittsentscheidungen. Es unterstreicht die besondere Relevanz der richtigen Marktidentifikation, Marktabgrenzung und -entwicklung als Ausgangspunkt der strategischen Marketingplanung.

Aufgabe 2   Marketingziele

a) Tragen Sie die wichtigsten psychographischen Marketingziele in die Abbildung auf der folgenden Seite oben ein. Geben Sie über Pfeile in der Abbildung die wichtigsten Beziehungen zwischen den Zielen wieder.

(6 Punkte)

b) Erläutern Sie kurz die Operationalisierung eines psychographischen Marketingziels an einem selbst gewählten Beispiel.

(4 Punkte)

c) Erläutern Sie, inwieweit zwischen den Zielen „Marktanteil" und „Gewinn" Zielkonflikte bestehen können.

(6 Punkte)

531

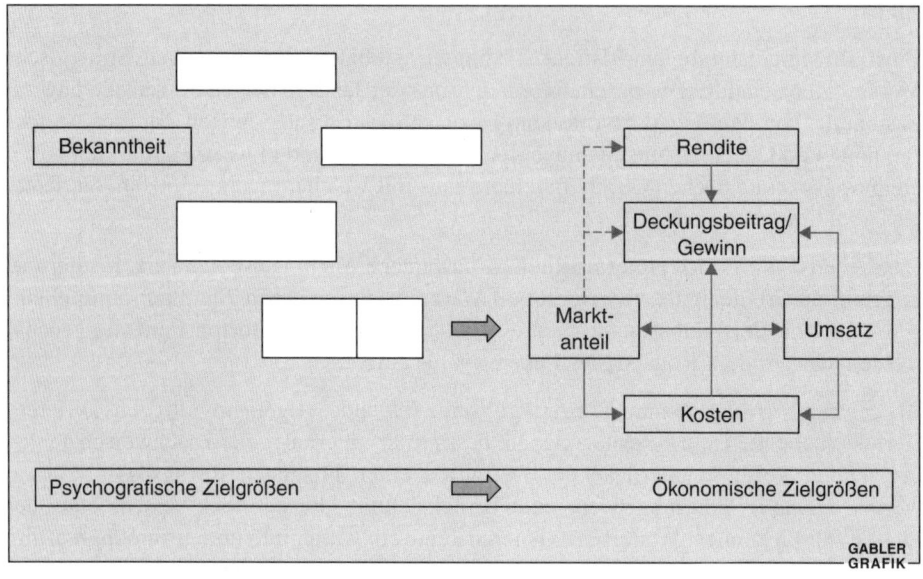

Lösung

Zu a)

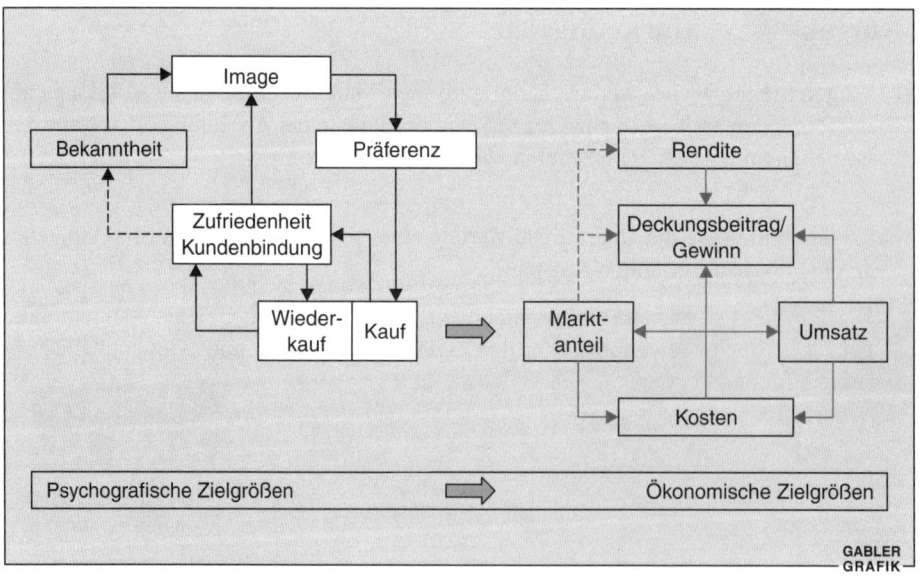

Zu b)

Die Operationalisierung eines Ziels umfasst die vier Dimensionen: Inhalt, Ausmaß, Zeit-
und Segmentbezug. Bekanntheit, Image, Präferenz, Zufriedenheit und Kundenbindung
ergeben sich als mögliche psychographische Ziele aus Aufgabe a). Am Beispiel der
Bekanntheit kann die Operationalisierung eines Ziels wie folgt geschehen:

Inhalt:	Steigerung des Bekanntheitsgrads
Ausmaß:	um 10 Prozent-Punkte
Zeitbezug:	bis zum Ende des laufenden Jahres
Segmentbezug:	bei der Zielgruppe 16- bis 23-jährige Männer in ganz Deutschland

Zu c)

Zielkonflikte liegen dann vor, wenn sich die Erreichung eines Ziels negativ auf die
Erfüllung eines anderen Ziels auswirkt. Der Marktanteil gibt das Verhältnis von Absatzvolumen zu Marktvolumen in Prozent an, während sich der Gewinn eines Unternehmens
aus dem Überschuss des Umsatzes über die Kosten ergibt.

Eine Steigerung des Marktanteils kann einerseits über eine Preissenkung, andererseits
über kostensteigernde Marketingmaßnahmen erreicht werden. Bei einer Preissenkung
hängt die Wirkung von der Elastizität der Nachfrage ab.

1. Ist die Elastizität größer -1, so reagiert die Nachfrage proportional stärker als die
   Preissenkung. Das Ergebnis ist eine Mengensteigerung und eine Umsatzsteigerung.
   Da die Kosten unberührt bleiben, steigen sowohl der Marktanteil als auch der Gewinn
   es liegt somit keine Zielkonflikt vor.

2. Ist die Elastizität kleiner -1, so reagiert die Menge prozentual schwächer als die
   Preissenkung. Damit sinkt der Umsatz. Allerdings steigt die Menge im Vergleich zur
   Ausgangssituation. Insgesamt steigt der (mengenmäßige) Marktanteil, der Gewinn
   sinkt jedoch – es liegt ein Zielkonflikt vor.

Bei einer Marktanteilssteigerung durch (kostensteigernde) Marketingmaßnahmen (zum
Beispiel Werbung), hängt es davon ab, ob die Marketingmaßnahme auf die Mengen- oder
Wertkomponente des Deckungsbeitrags wirkt.

3. Wird zum Beispiel die Preisbereitschaft erhöht, ändert sich die Absatzmenge nicht.
   Insofern liegt zwischen (mengenmäßigem) Marktanteil und Gewinn Zielneutralität
   vor.

4. Wird nicht die Preisbereitschaft, sondern die Absatzmenge erhöht, steigt auf jeden
   Fall der (mengenmäßige) Marktanteil. Möglicherweise ist der zusätzliche Deckungsbeitrag aber kleiner als die Marketingkosten; in diesem Fall steigt der Marktanteil,
   der Gewinn sinkt, somit liegt ein Zielkonflikt vor. Ist der zusätzliche Deckungsbeitrag größer als die Marketingkosten, steigen Marktanteil und Gewinn – es liegt kein
   Zielkonflikt vor.

Aufgabe 3   Preispolitik

a) Definieren Sie den Triffin'schen Koeffizienten.

(2 Punkte)

b) Was bedeutet es für die Konkurrenzbeziehungen zwischen zwei Unternehmen, wenn der Triffin'sche Koeffizient den Wert 0 bzw. den Wert ∞ (unendlich) aufweist?

(2 Punkte)

c) Welche Bedeutung hat der Triffin'sche Koeffizient für die Abgrenzung des relevanten Marktes? Begründen Sie Ihre Aussage.

(6 Punkte)

Zu a)

Der Triffin'sche Koeffizient, der auch als Kreuzpreis- oder Substitutionselastizität gekennzeichnet wird, gibt die Intensität der Konkurrenzbeziehungen wieder. Dabei werden die relative Mengenänderung eines Guts i und die relative Preisänderung eines Guts j zueinander in Beziehung gesetzt:

$$T = \frac{dx_i}{x_i} : \frac{dp_j}{p_j}$$

Zu b)

Weist der Triffin'sche Koeffizient den Wert 0 auf, bedeutet das, dass zwischen zwei Unternehmen keinerlei Konkurrenz herrscht, da die Preisänderung beim Gut j keine Veränderung der Nachfrage nach dem Gut i bewirkt.

Weist der Triffin'sche Koeffizient den Wert ∞ (unendlich) auf, so besteht zwischen zwei Unternehmen eine so genannte homogene Konkurrenz. Schon die kleinste relative Preisänderung des Guts j bewirkt einen totalen Rückgang der Nachfrage nach dem Gut i (Preissenkung bei j) oder einen totalen Übergang der Nachfrage von j zu i (Preiserhöhung bei j).

Zu c)

Märkte sind allgemein definiert als Menge der aktuellen und potenziellen Abnehmer bestimmter Leistungen sowie der aktuellen und potenziellen Mitanbieter dieser Leistungen sowie den Beziehungen zwischen diesen Abnehmern und Mitanbietern. Der Begriff relevanter Markt verdeutlicht, dass die Abgrenzung eines Marktes nur im Einzelfall für ein konkretes Unternehmen vorgenommen werden kann – das Unternehmen also seinen relevanten Markt definieren muss.

Der relevante Markt umfasst die Leistungen, die durch eine hohe Kreuzpreiselastizität miteinander verbunden sind. Dabei kann zwischen engen Substitutions- und engen Komplementärbeziehungen unterschieden werden. Eine enge Substitutionsbeziehung liegt bei einer hohen positiven Kreuzpreiselastizität vor, eine enge Komplementärbeziehung bei einer hohen negativen Kreuzpreiselastizität.

Positiv kann zum Beispiel angemerkt werden, dass über das Konzept der Kreuzpreiselastizität – obgleich zur Gruppe der anbieter- beziehungsweise produktorientierten Ansätze gehörend – die Konsumentenreaktion den relevanten Markt abgrenzt. Diese implizite Berücksichtigung des Nachfragers kann als Pro-Argument für die Eignung der Kreuzpreiselastizität zur Abgrenzung des relevanten Marktes angeführt werden. Gegen das Konzept sprechen zum Beispiel die folgenden zwei Argumente: Erstens stellt sich die Frage nach der Operationalisierung einer hohen Kreuzpreiselastizität, zweitens ist die Fokussierung auf den Preis kritisch zu betrachten, womit alle anderen Marketinginstrumente und auch andere Parameter, wie zum Beispiel der technische Fortschritt, die auch eine Nachfrageverschiebung bewirken können, außer Acht gelassen werden.

Aufgabe 4   Preispolitik

Ein Monopolist sieht sich der Preis-Absatz-Funktion $p = 5 - \frac{1}{6}x$, der Kostenfunktion $K = 2 - \frac{1}{5}x$ und einer Kapitalbedarfsfunktion von $C = 100 + 80x$ gegenüber.

a) Berechnen Sie die renditemaximale Preismengenkombination sowie die maximale Rendite.

(10 Punkte)

b) Zeigen Sie graphisch, wie sich die renditemaximale Preismengenkombination verändert, wenn es der Unternehmung gelingt, den Kapitalbedarf pro Mengeneinheit zu halbieren.

(5 Punkte)

Zu a)

$$R(x) = \frac{G(x)}{C(x)} = \frac{5x - \frac{1}{6}x^2 - 2 - \frac{1}{5}x}{100 + 80x} = \frac{4{,}8x - \frac{1}{6}x^2 - 2}{100 - 80x}$$

$$R'(x) = 0$$

$$R'(x) = \frac{\left(4{,}8 - \frac{1}{3}x\right) \cdot (100 + 80x) - 80\left(4{,}8x - \frac{1}{6}x^2 - 2\right)}{(100 + 80x)^2}$$

$$R'(x)6 = \frac{480 + 384x - 33,\overline{3}x - 26,6x^2 - 384x + 13,3x^2 + 160}{(100 + 80x)^2}$$

$$R'(x) = \frac{640 - 33,\overline{3}x - 13,\overline{3}x^2}{(100 + 80x)^2}$$

$$\Rightarrow \quad 640 - 33,\overline{3}x - 13,\overline{3}x^2 = 0$$

$$\Leftrightarrow \quad -x^2 - 2,5x + 48 = 0$$

$$\Leftrightarrow \quad x^2 + 2,5x - 48 = 0$$

$$\Leftrightarrow \quad x_{1,2} = \frac{-2,5}{2} \pm \sqrt{\left(\frac{2,5}{2}\right)^2 + 48} = 0$$

$$\Leftrightarrow \quad x_{1,2} = -1,25 \pm \sqrt{49,5625} = 0$$

$$\Leftrightarrow \quad x1 = 5,79$$

$$\Leftrightarrow \quad x2 < 0 \notin D$$

$$p(R_{max)} = 5 - \frac{1}{6} \cdot 5,79$$

$$p(R_{max}) = 4,035$$

$$R_{max} = \frac{5,79 \cdot 4,035 - 2 - \frac{1}{5} 5,79}{100 + 80 \cdot 5,79}$$

$$R_{max} = \frac{23,36265 - 2 - 1,158}{563,2}$$

$$R_{max} = \frac{20,20465}{563,2} \cdot 100 = 3,587 \ \%$$

Zu b)

Graphisch lässt sich die renditemaximale Preismengenkombination durch eine Verlängerung der Kapitalbedarfsfunktion bis zur x-Achse ermitteln. Von da aus wird eine Tangente an die Gewinnlinse gelegt.

Die neue Kapitalbedarfsfunktion lautet: $C = 100 + 40x$. Dementsprechend verläuft die Kurve flacher. Daher liegt der Schnittpunkt der Hilfslinie mit der x-Achse weiter hinten. Die Hilfslinie wird darum erst später zur Tangente an die Gewinnlinse. Dementsprechend hat die Halbierung des Kapitalbedarfs folgende Effekte: Die renditemaximale Menge erhöht sich, der renditemaximale Preis wird geringer.

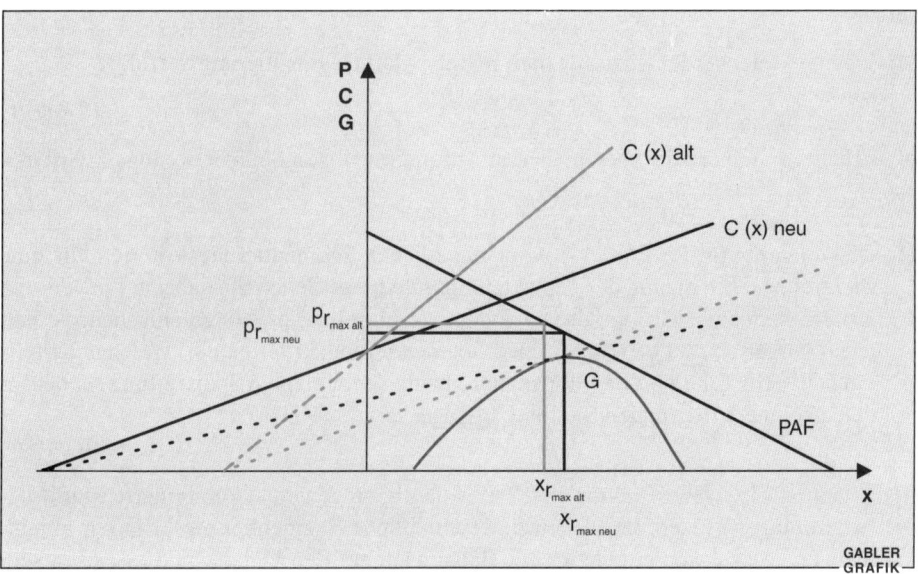

14. Marketing-Grundstudiumsklausur

Marktsegmentierung

Ein großes deutsches Verlagsunternehmen plant die Einführung einer täglichen Sportzeitung nach dem Vorbild der italienischen „Gazetto Della Sport". Da der Verlag ein zielgruppengenaues Angebot auf den Markt bringen will, werden Sie als Assistent des Marketingvorstands beauftragt, einen Vorschlag für eine Marktsegmentierung zu entwickeln.

a) Welche Ziele werden grundsätzlich mit der Marktsegmentierung verfolgt?

(3 Punkte)

b) Erläutern Sie kurz die verschiedenen Anforderungen an Segmentierungskriterien.

(5 Punkte)

c) Diskutieren Sie die Eignung unterschiedlicher Segmentierungskriterien für eine Zielgruppenabgrenzung der geplanten Sportzeitung. Gehen Sie dabei auf jeweils ein Kriterium aus der Gruppe der soziodemographischen, psychographischen, verhaltensorientierten und geographischen Segmentierungskriterien ein. Welches Kriterium halten Sie für eine Zielgruppenabgrenzung der geplanten Sportzeitung für besonders geeignet? Begründen Sie Ihre Aussage.

(6 Punkte)

d) Erläutern Sie, warum sich in der Praxis häufig so genannte kombinierte Marktsegmentierungen finden, bei denen unterschiedliche Segmentierungskriterien kombiniert eingesetzt werden. Gehen Sie dabei auch auf den Unterschied zwischen segmentbildenden und segmentbeschreibenden Kriterien ein.

(4 Punkte)

Lösung

Zu a)

Unter einer Marktsegmentierung wird die Aufteilung des Gesamtmarktes in bezüglich ihrer Marktreaktion intern homogenen und untereinander heterogenen Untergruppen sowie die Bearbeitung eines oder mehrerer dieser Segmente verstanden. Das Ziel der Marktsegmentierung ist es, den heterogenen Bedürfnissen der Marktsegmente durch differenzierte Marktleistungen beziehungsweise durch den differenzierten Einsatz von Marketinginstrumenten zu entsprechen. Dieser Zielsetzung liegt der Grundgedanke zugrunde, die Unternehmensaktivitäten am Kunden auszurichten und einen hohen Identitätsgrad zwischen der angebotenen Marktleistung und den Bedürfnissen der jeweiligen Zielgruppe zu erreichen. Marktlücken sind aufzufinden und zu besetzen und eine geeignete Positionierung gegenüber dem Wettbewerb ist anzustreben. Als wesentliche Ziele der Marktsegmentierung lassen sich informationsbezogene, aktionsbezogene und wettbewerbsbezogene Ziele unterscheiden:

1. **Informationsbezogene Ziele**
    – Marktidentifizierung: Potenziale
    – Abschätzung der Marktreaktion
    – Prognose der Absatzentwicklung

2. **Aktionsbezogene Ziele**
    – Maßgeschneiderte Angebote
    – Gezielter Einsatz der Marketinginstrumente
    – Wirksame Allokation des Marketingbudgets

3. **Wettbewerbsbezogene Ziele**
    – Positionierung in Wettbewerb
    – Besetzung von Marktlücken

Zu b)

■ **Kaufverhaltensrelevanz**
Als Kriterien sind geeignete Indikatoren für das zukünftige Kaufverhalten der Konsumenten auszuwählen. Es sind somit Eigenschaften und Verhaltensweisen zu erfassen, die Voraussetzungen für den Kauf eines bestimmten Produkts darstellen und anhand derer intern homogene und extern heterogene Marktsegmente voneinander abgegrenzt werden können.

■ **Messbarkeit (Operationalität)**
Die Marktsegmentierungskriterien müssen mit vorhandenen Methoden mess- und erfassbar sein. Das ist eine wichtige Vorraussetzung für den Einsatz mathematisch-statistischer Verfahren zur Identifikation von Marktsegmenten.

■ **Erreichbarkeit bzw. Zugänglichkeit**
Segmentierungskriterien müssen die gezielte Ansprache der abgegrenzten Segmente gewährleisten.

■ **Handlungsfähigkeit**
Nur wenn Segmentierungskriterien den gezielten Einsatz von Marketinginstrumenten ermöglichen, sind sie für eine Marktsegmentierung als geeignet anzusehen. Ist dies der Fall, wird die Verbindung zwischen Markterfassung und Marktbearbeitung geschaffen.

■ **Wirtschaftlichkeit**
Der Nutzen der Marktsegmentierung muss die zusätzlichen Kosten einer Segmentierung zumindest ex post rechtfertigen.

■ **Zeitliche Stabilität**
Die Informationen, die mittels der Kriterien erhoben werden, müssen über den Planungshorizont stabil sein.

Zu c)

■ **Geographische Marktsegmentierung:** Beispielsweise könnten die Bewohner von Küstengebieten von Bewohnern alpiner Räume abgegrenzt werden.
  – Kaufverhaltensrelevanz ist bei Ausrichtung auf unterschiedliche Sportarten möglicherweise bedingt gegeben, zum Beispiel bei Wassersport versus Skisport, allgemein aber gering.
  – Messbarkeit gegeben
  – Erreichbarkeit/Zugänglichkeit gegeben
  – Handlungsfähigkeit bedingt gegeben (unterschiedliche Schwerpunktsetzung in Bezug auf den Inhalt der Zeitung)
  – Wirtschaftlichkeit gegeben (geringe Kosten)
  – Zeitliche Stabilität gegeben (Umzüge relativ selten)

■ **Soziodemographische Marktsegmentierung:** Beispielsweise könnte eine Segmentierung des Produktmarktes nach dem demographischen Kriterium „Geschlecht" erfolgen.
  – Kaufverhaltensrelevanz, zum Beispiel bei Fußball gegeben, allerdings allgemein eher gering
  – Messbarkeit gegeben (männlich/weiblich)
  – Erreichbarkeit/Zugänglichkeit gegeben
  – Handlungsfähigkeit nur bedingt gegeben (Werbung in typischerweise von Männern gelesenen Zeitschriften wie Men's Health oder in der Sportschau)
  – Wirtschaftlichkeit gegeben (kaufentscheidungsrelevant bei Fußball, Kosten der Erhebung relativ gering)
  – Zeitliche Stabilität gegeben

■ **Psychographische Marktsegmentierung:** Hier könnte beispielsweise die Einstellung gegenüber einer täglichen Sportzeitung als mögliches Kriterium herangezogen werden.
  – Kaufverhaltensrelevanz gegeben, aber nicht allein entscheidend (Verhaltensdivergenzen)
  – Messbarkeit möglich (Interviews)
  – Erreichbarkeit/Zugänglichkeit bedingt gegeben
  – Handlungsfähigkeit gegeben (Werbung in Sportzeitschriften, Sponsoring von Vereinen etc.)
  – Wirtschaftlichkeit nur bedingt gegeben (Kosten der Erhebung hoch)
  – Zeitliche Stabilität gegeben

■ **Verhaltensorientierte Marktsegmentierung:** Hier könnte beispielsweise anhand des Nutzungsverhalten von Medienangeboten wie der Sportschau, DSF und Eurosport oder der regelmäßigen Lektüre von Kicker oder anderen Sportzeitschriften segmentiert werden.

- Kaufverhaltensrelevanz gegeben, aber nicht allein entscheidend (Formatabhängig, Kosten, ...)
- Messbarkeit möglich (beispielsweise Interviews)
- Erreichbarkeit/Zugänglichkeit bedingt gegeben
- Handlungsfähigkeit gegeben (Werbung in Sportzeitschriften, Sponsoring von Vereinen etc.)
- Wirtschaftlichkeit nur bedingt gegeben (Kosten der Erhebung)
- Zeitliche Stabilität nicht unbedingt gegeben (Weltmeisterschaft, Olympia)

Isoliert wird keines der Segmentierungskriterien alle Anforderungen optimal erfüllen. Um die Schwächen der einzelnen Verfahren auszugleichen, sind unterschiedliche Kriterien kombiniert einzusetzen.

Zu d)

Kombinierte Marktsegmentierungen werden aufgrund der Unzulänglichkeiten eingesetzt, die die einzelnen Segmentierungskriterien aufweisen. Man spricht dabei auch von dem Dilemma der Marktsegmentierung, da jene Kriterien, die die Zugänglichkeit beziehungsweise Erreichbarkeit der Segmente gewährleisten (Anbieterorientierung) die Bedürfnisse der Konsumenten (Nachfragerorientierung) nicht ausreichend erfassen. Im Rahmen der kombinierten Marktsegmentierung werden segmentbildende Kriterien zur Abgrenzung der einzelnen Segmente eingesetzt. Sie sollten deshalb eine hohe Kaufentscheidungsrelevanz aufweisen und Ansatzpunkte für die konkrete Ausgestaltung des Marketinginstrumentariums liefern. Es eignen sich demzufolge insbesondere Werte, Motive und psychographische Kriterien. Die anhand der segmentbildenden Kriterien abgegrenzten Segmente können durch segmentbeschreibende Kriterien weiter beschrieben werden. So erhöht sich die Möglichkeit einer gezielteren Ansprache der Segmente.

Aufgabe 2   Strategische Marketingplanung

Die „Issumer Altbierbrauerei" ist mit ihrem Altbier „Issumer" bei einem Marktanteil von 65 % unangefochtener Marktführer auf dem Altbiermarkt. Altbier wird als regionale Spezialität fast ausschließlich im Raum Düsseldorf und am Niederrhein getrunken. Da das Marktvolumen im Altbiermarkt ähnlich wie im gesamten Biermarkt seit vielen Jahren rückläufig ist, sucht die Brauerei nach möglichen Wachstumsfeldern für die Zukunft.

a) Entwickeln Sie mit Hilfe der Ansoff-Matrix Vorschläge für das strategische Marketing der „Issumer Altbierbrauerei". Gehen Sie dabei auf jedes Feld der Ansoff-Matrix ein.

(5 Punkte)

b) Welche der unter a) entwickelten Alternativen würden Sie der Geschäftsleitung empfehlen? Begründen Sie Ihre Empfehlung.

(3 Punkte)

Lösung

Zu a)

Märkte Produkte	Gegenwärtig	Neu
Gegenwärtig	Marktdurchdringung	Marktentwicklung
Neu	Produktentwicklung	Diversifikation

- Im Rahmen der Marktdurchdringung könnte eine Verdrängung der Konkurrenten im Altbiermarkt und eine Erhöhung des Marktanteils über 65 % angestrebt werden.

- Eine Marktentwicklung könnte die verstärkte Bearbeitung der Gebiete in Deutschland beziehungsweise im Ausland zum Ziel haben, in denen bisher kein Altbier getrunken wurde. Beispielsweise könnte ein Export des Altbiers nach Köln erfolgen.

- Eine Produktentwicklung beinhaltet die Entwicklung innovativer Neuprodukte, wie beispielsweise Mixgetränke, Öko-Altbier, alkoholfreies Alt oder auch Verpackungsinnovationen. Diese neu entwickelten Produkte würden dann im bisherigen Absatzgebiet der „Issumer Altbierbrauerei", das heißt im Raum Düsseldorfer und Niederrhein angeboten werden.

- Eine weitere Möglichkeit stellt die Diversifikation dar, wobei neue Produkte (zum Beispiel Mineralwasser) in neuen Märkten (zum Beispiel Köln) angeboten werden könnten.

Zu b)

Die Marktdurchdringung als Marktführer gestaltet sich eher schwierig und teuer. Ebenso ist die Marktentwicklung bei regionalen Spezialitäten eher schwierig und mit hohen Werbeaufwendungen verbunden. Sinnvoll scheit dagegen die Produktentwicklung, die vergleichsweise kostengünstig durchgeführt werden kann. Die Diversifikation stellt eine größere Herausforderung dar und ist somit erst in einem zweiten Schritt sinnvoll durchzuführen.

Daher kann die Empfehlung abgegeben werden, kurzfristig eine Produktentwicklung durchzuführen und erst mittel- bis langfristig die Strategien der Marktentwicklung und Diversifikation zu verfolgen.

Aufgabe 3   Preispolitik

Ein nach Gewinnmaximierung strebender Monopolist legt seinen preispolitischen Überlegungen die Kostenfunktion K = 2 + 0,5x und die Preis-Absatz-Funktion p = 6 – 0,25x zugrunde.

a) Berechnen Sie die kurz- und langfristige Preisuntergrenze des Monopolisten.

(6 Punkte)

b) Inwieweit haben die unter a) berechneten Preisuntergrenzen für den Monopolisten preispolitische Relevanz? Unter welchen Bedingungen muss der Monopolist die ermittelten Preisuntergrenzen in seiner Preissetzung berücksichtigen?

(4 Punkte)

Lösung

Zu a)

Ermittlung der kurzfristigen Preisuntergrenze:

Kurzfristig entspricht die Preisuntergrenze den variablen Kosten (Grenzkosten) des Anbieters. In der Aufgabe also 0,5 €.

Ermittlung der langfristigen Preisuntergrenze:

Langfristig entspricht die Preisuntergrenze den Gesamtkosten pro Stück.

$$6 - 0{,}25x = \frac{5{,}25}{x} + 0{,}5$$

$$6x - 0{,}25x^2 = 5{,}25 + 0{,}5x$$

$$5{,}5x - 0{,}25x^2 - 5{,}25 = 0$$

$$22x - x^2 - 21 = 0$$

$$x^2 - 22x + 21 = 0$$

$$x_{1,2} = 11 \pm \sqrt{11^2 - 21}$$

$$x_{1,2} = 11 \pm \sqrt{100}$$

$$x_{1,2} = 11 \pm 10$$

$$x_1 = 21 \text{ und } x_2 = 1$$

Die gesuchte langfristige PUG ergibt sich durch Einsetzen der größeren Absatzmenge x_1 in die Preis-Absatz-Funktion:

$$PUG_{lang} = 6 - 0,25 \cdot 21$$

$$PUG_{lang} = 6 - 5,25 = 0,75$$

Die langfristige PUG beträgt 0,75 €.

Zu b)

Die Preisuntergrenze kann als ein Entscheidungskriterium interpretiert werden. Sie informiert darüber, inwieweit der Preis eines Produkts reduziert werden kann, damit Produktion und Absatz einer Produkteinheit hinsichtlich des Gewinnziels noch lohnen. Von Ausgleichsmöglichkeiten innerhalb eines Sortimentsverbunds wird dabei abgesehen. Während kurzfristig zumindest die Kosten, die durch eine Stilllegung vermieden werden können – also die variablen Kosten – durch den Preis gedeckt sein müssen, haben Anbieter auf lange Sicht nur dann Überlebenschancen, wenn vollkostendeckende Erlöse erwirtschaftet werden.

Für einen nach Gewinnmaximierung strebenden Monopolisten haben die unter a) berechneten Preisuntergrenzen kaum praktische Bedeutung, da er in der gegebenen Absatz- und Kostensituation seine Preismengenkombinationen stets autonom festlegt und dabei bestimmte Zielsetzungen berücksichtigt. Mit dem Preisuntergrenzenproblem wird er erst dann konfrontiert, wenn eine Verschlechterung der Absatz- und/oder Kostensituation eintritt. Dabei interessiert zunächst nur die langfristige Preisuntergrenze. Die kurzfristige Preisuntergrenze gewinnt erst dann an Bedeutung, wenn der Monopolist keine Vollkostendeckung mehr erzielen kann.

Aufgabe 4   Produktpolitik

Die Deutsche Bahn AG plant, auf der Strecke Münster – Hamburg einen neuen Zug vorwiegend für Geschäftsreisende einzusetzen, der die bisherige Fahrtzeit um eine Stunde verkürzt. Der Zug soll wie die bisherige Verbindung auch von Montag bis Freitag zehnmal täglich zwischen Münster und Hamburg eingesetzt werden. Aufgrund des einzigartigen Kundennutzens „Arbeitsmöglichkeit im Zug" geht das Preismanagement davon aus, im Geschäftsreisesegment als monopolistischer Anbieter auftreten zu können.

Aufgrund intensiver Marktforschung weiß man, dass im Segment der Geschäftsreisenden die Verkürzung der Fahrtzeit zu einer Veränderung der Nachfragefunktion führen würde. Die alte Nachfragefunktion hatte für jeden der zehn pro Tag eingesetzten Züge den Verlauf $p = 110 - 0,5x$. Nach Verkürzung der Fahrtzeit wird die Nachfragefunktion den Verlauf $p = 125 - 0,1x$ für jeden der zehn pro Tag eingesetzten Züge aufweisen.

Allerdings ist die geplante Fahrtzeitverkürzung auch mit erheblichen Investitionen für die Deutsche Bahn AG verbunden. Das Management kalkuliert für die neuen Züge und den erforderlichen Streckenausbau eine Investitionssumme von 200 Millionen €. Die Züge und das Gleismaterial müssen aufgrund der erhöhten Beanspruchung bereits nach fünf Jahren komplett erneuert werden. Die Grenzkosten pro Fahrgast würden sich durch die neuen Züge nur unwesentlich von 20 € auf 25 € pro Fahrgast erhöhen. Gehen Sie vereinfachend davon aus, dass die Fixkosten – abgesehen von der Anfangsinvestition – unverändert bleiben.

Soll die Deutsche Bahn AG den neuen Zug einführen? Entwickeln Sie eine Entscheidungsgrundlage. Gehen Sie dabei von einem Kalkulationszinsfuß von 10 % aus.

(15 Punkte)

Lösung

Abgezinste Gewinne pro Jahr, $i = 0,1$							
t_1	t_2	t_3	t_4	t_5		Gesamt-gewinn:	206.484.155,33
49.518.181,8	45.016.528,9	40.924.117,21	37.203.742,91	33.821.584,47			
paf_{alt}	K'_{alt}	$x_{opt\ alt}$	$p_{opt\ alt}$	Gewinn pro Fahrt	Delta G pro Fahrt	Delta G pro Tag	Delta G pro Jahr
$110 - 0,5x$	20	90	65	4.050			
					20.950	209.500	54.470.000
paf_{neu}	K'_{neu}	$x_{opt\ neu}$	$p_{opt\ neu}$	Gewinn pro Fahrt			
$125 - 0,1\ x$	25	500	75	25.000			

Obige Tabelle gibt alle relevanten Zahlen wieder. Der Gesamtgewinn durch die Produktvariation beträgt abgezinst auf t_0 206.484.155,33 €. Demnach sollte die DB AG den Zug angesichts einer erforderlichen Investitionssumme von 200 Millionen € einführen.

Aufgabe 5   Kommunikationspolitik

Ein mögliches Verfahren im Rahmen der Mediaselektion ist die Lineare Programmierung (LP). Dabei ist folgende Zielfunktion zu maximieren:

$$\sum_{i=1}^{n} x_1 \cdot w_i \rightarrow \max.$$

mit: x_i = Anzahl der Schaltungen für jeden Werbeträger i
w_i = Werbewirkung des Werbeträgers i

Bei gegebenem Budget B und den gegebenen Schaltpreisen b_i für jeweils eine Belegung des Werbeträgers i ist folgende Budgetrestriktion zu beachten:

$$\sum_{i=1}^{n} b_i \cdot x_i \leq B$$

Da einerseits die Zahl möglicher Belegungen beziehungsweise Schaltungen in einer Periode nach oben beschränkt ist (zum Beispiel bei monatlicher Erscheinungsweise von Zeitschriften auf zwölf pro Jahr), und andererseits gewisse Untergrenzen für die Schaltungen pro Medium eingehalten werden sollen, sind darüber hinaus für die Zahl der Belegungen x_i gewisse Bereiche zu definieren, die nicht zu unter- oder überschreiten sind.

$x_{iUntergrenze} \leq x_i \leq x_{iObergrenze}$ wobei $x_i \geq 0$ (Nichtnegativitätsbedingung)

Analysieren Sie kritisch den Aussagewert der Linearen Programmierung (LP) für Optimierungsaufgaben im Rahmen der Mediaselektion.

(9 Punkte)

Lösung

Neben den grundsätzlichen Problemen des LP-Ansatzes (s. u.) wird in der obigen Funktion die Werbewirkung nicht weiter spezifiziert. Dazu müsste man zunächst die Zielgruppe eines Mediums im Hinblick auf die Attraktivität gewichten (zum Beispiel nach Alter, Geschlecht, Verbrauchsverhalten etc.). Darüber hinaus müsste die Qualität des Werbeträgers in die Funktion eingebaut werden. Imagekomponente und Wirkung sind zum Beispiel zwischen Zeitschriften sehr unterschiedlich.

Die Eignung des Ansatzes ergibt sich insbesondere vor dem Hintergrund der zahlreichen, restriktiven Prämissen:

- Linearer Verlauf der Zielfunktion. Mehrfachkontakte (interne Überschneidungen) bleiben dabei unberücksichtigt.

- Einschaltkosten werden als konstant angenommen. Die in der Praxis üblichen Werbeträgerrabatte gehen nicht in den Lösungsansatz ein.

- Die Werbewirkung unterschiedlicher Medien wird als unabhängig angenommen. Wirkungen über Mehrfachkontakte (externe Überschneidungen) werden nicht berücksichtigt.

- Es wird ein regelmäßiges Mediennutzungsverhalten unterstellt, das heißt, bei mehrfacher Belegung desselben Werbeträgers werden immer wieder dieselben Personen erreicht.

- Der Zeitaspekt wird vernachlässigt. Damit geht der Lösungsansatz davon aus, dass es unerheblich ist, ob die Zielperson zehn Kontakte innerhalb eines Monats oder eines Jahres hat.

- Der LP-Ansatz liefert nur ganzzahlige Lösungen.

Der LP-Ansatz ist grundsätzlich zur Lösung des Mediaselektionsproblems geeignet. In der Praxis werden aber eher Heuristiken eingesetzt, die zwar nur suboptimale Lösungen liefern, dafür aber leichter zu handhaben sind und von realistischeren Annahmen ausgehen.

MEFFERT Marketing Edition

Heribert Meffert
Marketing
Grundlagen marktorientierter Unternehmensführung.
Konzepte – Instrumente – Praxisbeispiele.
Mit neuer Fallstudie VW Golf
9., überarb. u. erw. Aufl. 2000.
XXIV, 1472 S. Geb. EUR 39,90
ISBN 3-409-69017-4

Heribert Meffert/Christoph Burmann
Strategisches Marketing-Management
Analyse – Konzeption – Implementierung
2., vollst. überarb. u. erw. Auflage 2004.
ca. 600 S. Geb. ca. EUR 44,90
ISBN 3-409-33613-3

Heribert Meffert/Manfred Bruhn
Dienstleistungsmarketing
Grundlagen – Konzepte – Methoden. Mit Fallstudien
4., vollst. überarb. u. erw. Aufl. 2003.
XVI, 841 S. Geb. EUR 44,90
ISBN 3-409-43688-X

Manfred Bruhn/Heribert Meffert
Exzellenz im Dienstleistungsmarketing
Fallstudien zur Kundenorientierung
2002. X, 394 S. Geb. EUR 39,90
ISBN 3-409-11923-X

Heribert Meffert/Christoph Burmann/Martin Koers (Hrsg.)
Markenmanagement
Grundfragen der identitätsorientierten Markenführung.
Mit Best Practice – Fallstudien
2002. XX, 680 S. Geb. EUR 39,00
ISBN 3-409-11821-7

Heribert Meffert
Marketing Arbeitsbuch
Aufgaben – Fallstudien – Lösungen
9., akt. u. erw. Aufl. 2003.
VIII, 547 S. Br. EUR 29,90
ISBN 3-409-99086-0

Änderungen vorbehalten. Stand: Juli 2003.

Gabler Verlag · Abraham-Lincoln-Str. 46 · 65189 Wiesbaden · www.gabler.de **GABLER**

Mit einem Klick alles im Blick

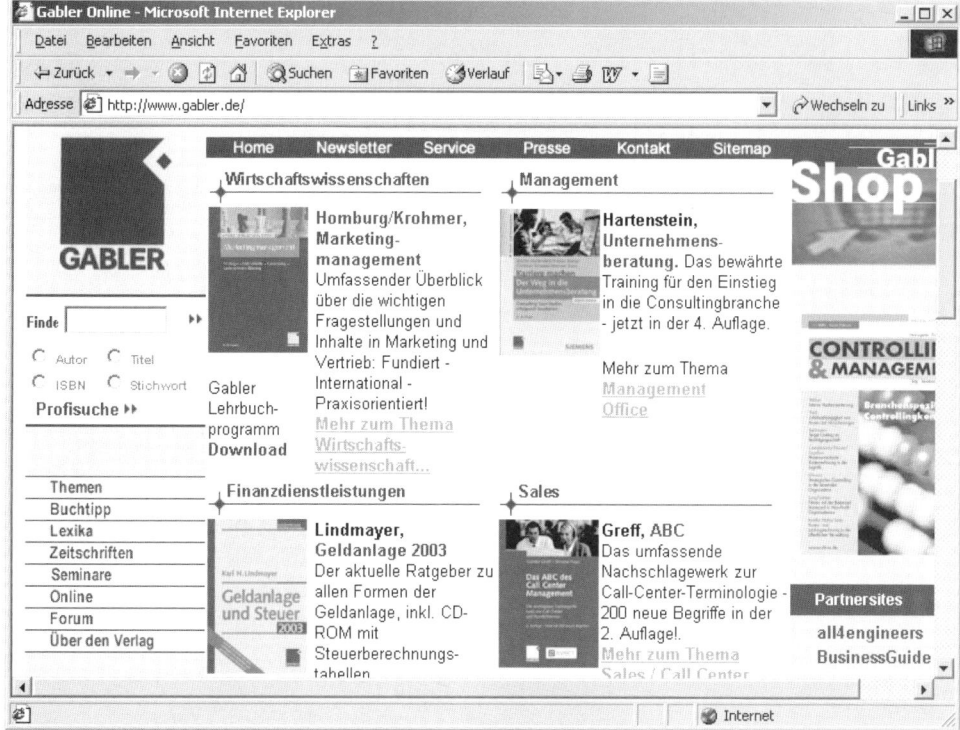

- Tagesaktuelle Informationen zu Büchern, Zeitschriften, Online-Angeboten, Seminaren und Konferenzen

- Leseproben - z. B. vom Gabler Wirtschaftslexikon -, Online-Archive unserer Fachzeitschriften, Aktualisierungsservice und Foliensammlungen für ausgewählte Buchtitel, Rezensionen, Newsletter zu verschiedenen Themen und weitere attraktive Angebote, z. B. unser Bookshop

- Zahlreiche Servicefunktionen mit dem direkten Klick zum Ansprechpartner im Verlag

- *Klicken Sie mal rein: www.gabler.de*

Abraham-Lincoln-Str. 46
65189 Wiesbaden
Fax: 06 11.78 78-400

**KOMPETENZ IN
SACHEN WIRTSCHAFT**

GABLER